教育部“资源勘查工程特色专业”建设基金
中国地质大学(武汉)“十一五”精品教材建设基金　　联合资助
“矿产(能源)资源勘查工程”国家级教学团队建设基金

含油气盆地沉积学

周江羽　王家豪　杨香华　马立祥　编著

中国地质大学出版社
ZHONGGUO DIZHI DAXUE CHUBANSHE

内 容 提 要

本书着重介绍含油气盆地沉积学的基本概念、研究内容、基本原理和基本方法，以及在含油气盆地油气勘探领域的具体应用。内容包括含油气盆地沉积学的基本概念、研究现状、发展历史和趋势，沉积学研究的主要内容和方法，碎屑岩和碳酸盐岩的基本岩石学特点，陆相沉积体系，海相碎屑岩沉积体系，过渡相沉积体系，水下重力流沉积体系，碳酸盐岩沉积体系，中国含油气盆地沉积学的基本特点，盆地构造-沉积响应关系和当前沉积学分支学科介绍。

本书的特点是强调基础知识和基本应用。内容丰富而全面，并力求反映国内外在本领域的最新研究成果和主要进展，是作者们在长期从事本课程教学和科研成果基础上编著的。适用于能源地质、基础地质以及矿产普查勘探专业的本科生和研究生学习和参考，同时也可供沉积学以及油气勘探和开发领域的教学、科研人员参考。

图书在版编目(CIP)数据

含油气盆地沉积学/周江羽，王家豪，杨香华，马立祥编著.—武汉：中国地质大学出版社，2010.9

ISBN 978-7-5625-2535-6

Ⅰ.含…

Ⅱ.①周…②王…③杨…④马…

Ⅲ.含油气盆地-沉积学

Ⅳ.P618.130.2

中国版本图书馆 CIP 数据核字(2010)第 115796 号

含油气盆地沉积学 周江羽　王家豪　杨香华　马立祥 编著

责任编辑：张晓红　王凤林　　责任校对：戴　莹

出版发行：中国地质大学出版社(武汉市洪山区鲁磨路 388 号)　　邮政编码：430074

电话：(027)67883511　　传真：67883580　　E-mail：cbb @ cug.edu.cn

经　销：全国新华书店　　http://www.cugp.cn

开本：787 毫米×1 092 毫米 1/16　　字数：612 千字　印张：24

版次：2010 年 9 月第 1 版　　印次：2010 年 9 月第 1 次印刷

印刷：武汉市教文印刷厂　　印数：1—5 000 册

ISBN 978-7-5625-2535-6　　定价：46.00 元

前 言

《含油气盆地沉积学》是我校新一轮专业调整和教学改革后，资源勘查工程专业（油气方向）的专业主干必修课程，是在多年来石油地质专业和石油工程专业沉积学课程教学基础上编撰完成的。课程融合了国内外最新的沉积学研究成果，力求全面、系统地体现当前沉积学学科研究的最新进展。课程的目的在于引导学生正确理解和掌握含油气盆地沉积学的基本概念、研究内容、研究思路和工作方法，培养和提高学生利用所学知识分析问题和解决实际问题的能力。

从沉积岩石学到沉积学的研究已经历了一个多世纪的历程。19世纪中叶人们利用偏光显微镜对沉积岩的观察标志着“沉积岩石学”的诞生，1932年德国人瓦德尔创造了“沉积学”这一术语，标志着人类对沉积岩的认识步入了从特征描述到成因研究的阶段，从此沉积学成为一门独立的学科。Walther (1894) 提出了“Walther 相律”，Hatch (1913) 出版了《沉积岩石学》，标志着沉积岩石学已从地层学中分离成为一门独立的地球科学分支学科，美国SEPM学会(1931)创刊了《沉积岩石学杂志》，标志着沉积学已成为一门独立学科。20世纪50年代以来，随着科学的进步，各国对能源资源需求的不断加大，加上板块构造、泥沙水槽实验、粒度分析及相关学科理论和技术的不断发展和相互渗透，使得沉积学的基本理论和原理方法在油气和矿产资源勘探、环境保护领域得到了广泛的应用。Kuenen等(1950)发表了《浊流为形成递变层理的原因》，Folk(1959)提出了碳酸盐岩的岩石学分类，Bouma (1961) 提出了浊积岩的鲍马序列，Fisher (1965) 沉积相模式的建立，标志着沉积岩石学和沉积学逐步走向成熟。戴东林、曾允孚和刘宝珺(1961，1962)出版的《沉积岩石学》、《沉积岩研究方法》、《沉积相及古地理教程》开始了我国拥有自己编写的沉积岩石学教材时代。Vail(1977)的《地震地层学》、Reading (1978) 的《沉积环境和相》、Friedman等 (1978) 的《沉积学原理》、何起祥(1978)的《沉积岩和沉积矿床》、刘宝珺(1980)的《沉积岩石学》等经典专著的出版，代表了当时沉积学研究的最高水平，沉积学进入了一个新的历史发展阶段。20世纪80年代以来，Galloway(1983)的《陆源碎屑沉积体系》、《沉积学报》杂志在中国创刊，Mail (1984) 的《沉积盆地分析原理》、Vail (1988)的《海平面变化综合分析》、Sagree(1988)《层序地层学基础》、曾允孚及夏文杰(1986)的《沉积岩石学》、余素玉及何镜宇的《沉积岩石学》、孙永传及李蕙生(1986)的《碎屑沉积相和沉积环境》、朱夏(1989)的《中国的沉积盆地》、李思田等(1988，1996)的《断陷盆地分析和煤聚集规律》和《含能源盆地沉积体系》、吴崇筠及薛叔浩(1992)的《中国含油气盆地沉积学》相继问世，代表了我国的沉积学研究在引进和吸收国外先进理论和技术方法基础上，将沉积学理论应用于我国特色的沉积盆地分析，系统总结和提升了具有中国特色的沉积学理论和研究方法。21世纪以来，随着油气勘探的不断深入，多学科交叉渗透和综合研究、地震综合处理和解释技术、数字测井综合解释技术、图形工作站、盆地模拟和实验室技术的飞速发展，为沉积学研究开辟了新的途径和更加广阔的应用领域，使得从真三维乃至四维空间研究盆地沉积体的精细构成和演化成为可能，进一步推动了沉积学在含油气盆地勘探领域的应用前景，为寻找隐伏圈闭、精细储层描述发挥了重要作用。赵澄林(2001)的《沉积学原理》、于兴河(2002)的《碎屑岩系油气储层沉积学》、姜在兴(2003)的《沉积学》、王成善及李祥辉(2003)的《沉积盆地分析原理与方法》、李思田等(2004)的《沉积盆地分析基础与应用》、王华等(2008)的《层序地层学——基本原理、方法与应用》等各类应用沉积学专著和教材问世，标志着沉积学进入了从宏观到微观、定性到定量、理论到应用、静态到动态、地区向全球的综合化发展阶段，达到了历史发展的鼎盛时期。

随着社会进步和经济发展，对矿产和能源资源的需求不断加大，迫切需要利用新理论和新技术在新的勘探领域获得突破。国内外油气勘探的不断深入，石油地质和勘探的新理论、新方法和新技术不断涌现，极大地推动了沉积学理论的发展和技术进步，学科之间的交叉渗透已经成为科学发展的必然趋势，层序地层学、储层沉积学、地震沉积学、构造沉积学、动力沉积学、环境沉积学等一系列新理论和方法的出现即为佐证，综合运用相关学科的理论和技术方法去解决实际问题已成为现代沉积学家的必然选择。

全书共分为十二章，其中前言、第一章、第二章、第三章和第十一章、第十二章由周江羽编写，第四章由周江羽、杨香华编写，第五章、第六章、第七章由王家豪编写，第八章、第九章由周江羽、王家豪编写，第十章由马立祥、周江羽编写。全书由周江羽负责统稿，配套的《含油气盆地沉积学实习指导书》也同时出版。

本教材的编写和出版得到教育部“资源勘查特色专业”建设基金、中国地质大学(武汉)“十一五”精品教材建设基金和“矿产(能源)资源勘查工程”国家级教学团队建设基金的共同资助。在编写过程中参考和引用了大量的国内外专著、教材、公开文献和内部资料，初稿完成后得到了何生、王华、陈红汉、梅廉夫、赵彦超、叶加仁、解习农、任建业、姚光庆、焦养泉、王龙樟、关振良、陆永潮、张树林等教授的审阅，提出了很多有益的建议和修改意见，在此一并表示衷心感谢！

本教材涉及内容较多，编撰体系也处于尝试阶段，加上时间紧，编者水平有限，书中一定存在许多不足及错误之处，敬请广大读者批评指正。

编著者

2010 年 3 月

目　录

第一章　概　论

第一节　基本概念

沉积学的研究对象是沉积岩。沉积岩是组成岩石圈的三大类岩石之一，它是在地壳表层条件下由母岩（岩浆岩、变质岩、先成的沉积岩）的风化产物、生物来源的物质、火山物质、宇宙物质等原始物质，经过搬运作用、沉积作用和沉积后成岩作用而形成的岩石。陆地表面的75％为沉积岩或沉积物所覆盖，其中蕴藏着占总储量约75％的全球自然资源。

沉积岩形成于常温、常压之下，一般在40～50℃之间，沉积物形成带的压力在1.01×10^5～2.02×10^6Pa之间。大多数沉积物和沉积岩在水中形成，生物和生物化学作用对于沉积物和沉积岩的形成具有特殊的意义。有的沉积物和沉积岩本身就是由生物遗体形成的，如能源矿产的煤和石油、生物礁灰岩等。沉积岩的化学成分和岩浆岩很相近，但Fe_2O_3的含量多于FeO，K比Na含量高，Al_2O_3大于K_2O+Na_2O+CaO之和，Mg含量大于Ca，富含H_2O和CO_2。沉积岩中高温矿物少见，石英和长石等低温矿物富集，重矿物和自生矿物常见。沉积岩的结构多样，其中碎屑结构、粒屑（颗粒）结构、生物结构都是沉积岩所特有的，绝大部分沉积物是在流体（空气、水）中进行搬运和沉积的，因此在沉积岩中常见成层构造、层内构造以及层面构造。

沉积岩石学是一门地质基础理论学科，是研究沉积岩（物）的物质成分、结构构造、分类及其形成作用以及沉积环境和分布规律的一门科学（刘宝珺，1980）。它的研究内容和意义表现在以下几个方面：

(1)全面研究沉积岩的物质组分、结构、构造、岩石产状和岩层之间的接触关系，为阐明其成因及分布规律提供依据。

(2)总结沉积岩形成的理论，包括风化作用、搬运作用、沉积作用以及沉积期后（沉积物埋藏以后）变化的理论，特别是要研究沉积作用及沉积期后的变化所形成的物质组分和结构构造的特点，搞清楚沉积物（岩）的成因和某些矿床的成岩成矿机理。

(3)进行沉积环境分析。主要根据沉积岩的物质组分与原生的结构构造特点以及空间分布的状况，恢复沉积物形成时的古地理环境以及大地构造的环境。研究成果可以用来划分对比地层、研究沉积岩中有关矿产的赋存条件和分布规律，指导矿产及能源资源的勘探。

沉积学是研究沉积岩或沉积物及其形成作用的科学，包括沉积岩及沉积物的描述、分类、成因及其解释。盆地沉积学是沉积学与石油地质学之间的边缘学科，是沉积学理论与油气勘探和开发实践密切相结合的产物。

含油气盆地是指正在发生或曾经发生过油气聚集过程,并形成一定数量油气聚集的沉积盆地。含油气盆地沉积学是运用沉积学的理论和方法,研究含油气盆地中沉积岩体的充填特征、层序特征、岩石学特征、沉积相特征及其不同时期的演化,与烃源岩、储集岩和封闭岩成因关系及其在三度空间上的分布规律和预测,从而为油气勘探和开发实践提供科学依据的一门基础和实践性的学科。它是介于沉积学和石油与天然气地质学之间的一门边缘学科,是沉积学理论和技术方法与沉积盆地的油气勘探和开发生产实践密切结合的产物。

第二节　沉积学的发展历史和现状

沉积学的发展不仅受到全球科学技术进步的影响,而且对全球经济的发展与社会进步又起到了不可忽视的推动作用,尤其在各种沉积矿床和油气勘探领域。随着地质勘探与开发实践的不断深入,已陆续在沉积体中发现了油气、煤、黄金、铀、金刚石、钾、水晶、铂、铝、锰、膏盐及天然气水合物等多种重要矿产,促进了全球经济的快速发展(于兴河等,2004)。沉积学未来的发展体现了从宏观到微观、浅层到深层、定性到定量、理论到应用、静态到动态、单学科到多学科、地区到全球的总体发展趋势。

一、沉积岩石学阶段(1830—1950年)

该阶段主要是结合地层学进行的沉积岩石学研究,研究对象主要是"沉积岩",野外研究和室内鉴定处于主要地位(曾允孚等,1999)。Wadell(1932)最早提出了沉积学的概念,定义为"研究沉积物的科学"。Lyell(1837)提出了划时代的"地质学原理" 和"将今论古"的现实主义原理与方法,这一思想成为后来地质科学领域,尤其是沉积学研究的行动指南。Gressly(1838)在"阿尔卑斯的地质调查"一文中首次提出"相"的概念。Sorby(1857)首次使用偏光显微镜研究沉积岩石,从此拉开了对岩石进行镜下微观研究的序幕,标志着岩石学研究的重大转折。Walther(1894)提出了"相序"的概念(即著名的 Walther 相律)。Thomas(1902)利用重矿物分析沉积物物源方向及性质,Gilbert(1912)首次进行了沉积物水槽实验,美国的 SEPM 学会(1931)创刊了《沉积岩石学杂志》,标志着沉积学已形成一门独立的学科。Krumbein(1934)对沉积环境作了定量研究,使用了碎屑磨圆度的概念,开始着手对沉积过程和作用的分析。Halbouty 等(1940)率先将沉积学的理论系统应用于油气勘探领域,Weeks (1948)从石油地质的角度研究了影响沉积盆地形成与演化的因素,Pettijohn(1949)编写了《沉积岩》一书,标志沉积岩石学进入成熟发展阶段。

二、沉积学阶段(1950—1980年)

1950 年开始进入现代沉积学阶段,提出了众多的沉积模式,对沉积物的沉积作用和搬运方式、沉积体的形态特征、从生物与化学方面来认识碳酸盐岩起到了很大的推动作用。该阶段的突出进展为模式化、成因解释及图解法的应用。Kuenen(1950)发表了《浊流为形成递变层理的原因》,Bouma(1961)建立了著名的"鲍马序列",使人们对浊流的认识进入模式化时代。美国地质学家 Simons(1960)应用水力学的概念进行水槽实验,并从其结果了解到层理和波痕形成的水动力条件。为应用沉积构造特征来判别其沉积环境奠定了理论基础。Passega(1964)提出了 $C-M$ 图解，使得沉积环境分析和成因解释趋于科学化和具备可操作性。Folk(1959)将碎屑岩的成因观点引入到碳酸盐岩分类之中，对碳酸盐岩进行了分类和解释，标志着碳酸盐岩研究进入了新的阶段。Fisher(1965)从垂向沉积序列的角度建立了 13 种相模式，为沉积相的野外和钻井识别奠定了基础。该阶段涌现了大量专著，Bathurst(1971)编写了《碳酸盐沉积物及其成岩作用》，从此，碳酸盐岩方面的研究基本趋于成熟。Pettijohn 等(1964)出版了著名的《砂和砂岩》。德国的 Reineck 与印度的 Singh 合作(1973)出版了《陆源碎屑沉积环境》。最值得一提的是 20 世纪 70 年代后期，英国的 Reading(1978)主编的《沉积环境和相》与同年美国的 Friedman 等出版的《沉积学原理》两部著作，系统总结了各种沉积环境的地质特征与形成机理，反映了当时沉积学研究的最高水平。我国学者此时主要是引进与学习国外的新理论与技术，各高等学校开始编写出了一批"沉积岩石学"与"沉积环境和沉积相"的试用教材，如何起祥(1978)的《沉积岩和沉积矿床》、刘宝珺(1980)的《沉积岩石学》等。

综上所述，这个时期沉积学研究的总体特点是：①广泛开展沉积相识别标志的研究，并建立了各种沉积环境的相模式；②从沉积演化的角度来分析沉积相的变迁；③开始了全球沉积盆地范围的相分析；④ 重力流的认识进入了颗粒支撑机理的解释与分类阶段；⑤ 开始将沉积学的理论应用于油气勘探与开发，诞生了一门新的沉积学与储层地质学的交叉学科——储层沉积学。

三、沉积地质学(或应用沉积学)阶段(1980 年至今)

20 世纪 80 年代以来开始进入全球沉积学的全面快速发展阶段，新的沉积学观点和理论大量出现。由全球沉积地质委员会(GSGC)组织实施的全球沉积地质计划(GSGP)如全球沉积岩、全球沉积相、全球地层、全球古地理和矿产资源等的相继实施，代表了全球沉积学时代的来临，从而使沉积学的发展出现了根本性变化，进入了"沉积地质学"的发展阶段，强调古气候在沉积记录中的意义，注重沉积记录的全球同时性研究，强调各种事件在沉积作用中的意义，注重矿产资源分布的全球性成因特征的研究，研究兴趣从地球本身转向地球外部世界，强调全球海平面变化在沉积记录中的作用，注重多学科的相互渗透和综合研究(曾允孚等，1999)。

随着差热分析，X-衍射等新技术在沉积学领域的应用，沉积岩中黏土矿物的研究开始从单纯的定性描述走向半定量化(李汉瑜等，1981)发展。Harms (1975)发现了丘状交错层理——风暴事件的标志性层理类型，Dott(1988)提出"幕式沉积"的概念，Friedman(1978)提出"复理石沉积模式"，以及盆地分析与沉积体系、成岩作用对孔隙度的影响、层次分析与构形(Miall，1985)、大地构造沉积学、三角洲的结构-成因分类、层序地层学的兴起(Vail，1977)等，标志着沉积学开始向综合性方向发展。1983 年，由中国沉积学会主编的《沉积学报》杂志创刊，曾允孚及夏文杰(1986)的《沉积岩石学》、余素玉及何镜宇(1987)的《沉积岩石学》、朱夏(1989)的《中国的沉积盆地》相继出版，标志着我国的沉积学在高起点的基础上，应用国外的先进理论和方法，结合中国特色沉积盆地和沉积学特点，对我国的沉积学理论进行了较为系统的总结和提升，形成了具有中国特色的沉积学理论。

20 世纪 90 年代以来，由于全球经济的快速发展和对油气资源的大量需求，新技术、新方法的不断出现和引进，多学科的相互渗透，极大拓宽了沉积学研究的深度与广度。地震处理与解释技术、综合测井解释技术、实验室分析和测试技术的飞速发展，为沉积学研究开辟了新途径和更广阔的领域，相继出现了如构造沉积学、地震沉积学、储层沉积学等沉积学的分支学科。尤其是三维地震资料的解释和图形工作站的快速发展，使沉积体系的研究走向了真三维空间，沉积学向综合、定量、演化方向快速发展。吴崇筠及薛叔浩(1992)的《中国含油气盆地沉积学》、田在艺(1996)的《中国含油气沉积盆地论》、李思田(1996)的《含能源盆地沉积体系》、赵澄林(2001)的《沉积学原理》、于兴河(2002)的《碎屑岩系油气储层沉积学》、姜在兴(2003)的《沉积学》、王成善及李祥辉(2003)的《沉积盆地分析原理与方法》、李思田等(2004)的《沉积盆地分析基础与应用》、王华等(2008)的《层序地层学——基本原理、方法与应用》等各类应用沉积学专著和教材问世，标志着沉积学进入了从宏观到微观、定性到定量、理论到应用、静态到动态、地区向全球的综合化发展阶段，也标志着我国沉积学发展进入了历史上的鼎盛时期。21 世纪的沉积学将向资源和环境领域进一步渗透，将为人类生存和发展作出更大贡献。

沉积学发展过程中的重要历史事件见表 1-1。

表 1-1　沉积学发展过程中的重要历史事件一览表(据于兴河等，2004 概括)

时间(年)	作者	书名或重要事件	观点和意义
1837	Lyell C	《地质学原理》出版	提出"将今论古"原理
1894	Walther J	《地质学导论》出版	提出了"Walther 相律"
1913—1929	Hatch F H 等	《沉积岩石学》	沉积岩石学成为独立分支学科
1931	美国 SEPM 学会	《沉积岩石学》杂志创刊	沉积学成为独立分支学科
1949	Pettijohn F J	《沉积岩》出版	沉积岩石学达到成熟阶段的标志
1950	Kuenen P H	《浊流为形成递变层理的原因》	揭开了浊流研究的新篇章
1959	Folk R L	《石灰岩的岩石学分类》	标志着碳酸盐岩研究进入了新阶段
1960	Simons	《水槽实验》	解释层理和波痕形成的水动力条件
1961	Bouma A H	《浊积岩》	提出了著名的鲍马序列
1964	Passega R & Fisher G S	《粒度分析》	解释水动力和沉积环境
1961—1965	曾允孚、刘宝珺、何起祥、孟祥化等	《沉积岩石学》、《沉积相和古地理》、《碳酸盐岩的结构成因分类》	结束了外国学者的著作占据我国高等学校课堂的局面，开始有了我们自己编写的沉积岩石学教材
1965	Fisher G S	《垂向序列和沉积相模式》	为沉积相分析奠定了基础
1977	Vail P R	《地震地层学》	率先将地震资料与沉积相分析结合
1978	Reading H G	《沉积环境和相》	沉积学经典巨著，全面总结了沉积学的理论，反映了当时沉积学研究的最高水平
1978	Friedman Gm	《沉积学原理》	

续表 1-1

时间(年)	作者	书名或重要事件	观点和意义
1978	何起祥	《沉积岩和沉积矿床》	率先应用沉积学理论来分析沉积矿产的分布,为我国沉积学发展奏响了新篇章
1980	刘宝珺	《沉积岩石学》	
1983	Galloway W E	《陆源碎屑沉积体系》	使沉积体系分析的理论和方法走向系统化和应用阶段
1984	Mail A D	沉积盆地分析原理	盆地分析与地层学、构造和沉积学的结合
1988	Vail P R,Sagree J B,Wagoner J C	层序地层学工作手册,层序地层学基础,SEPM 层序地层学特刊	标志着层序地层学的诞生
1983	中国沉积学会	《沉积学报》创刊	中国特色沉积学理论的形成和发展阶段
1986	曾允孚、夏文杰	《沉积岩石学》	
1987	余素玉、何镜宇	《沉积岩石学》	
1989	朱夏	《中国的沉积盆地》	
1992	吴崇均,薛叔浩	《中国含油气盆地沉积学》	是 20 世纪 90 年代以后出版的各类应用沉积学专著的基石,也是目前沉积学研究和发展的理论基础,标志着我国沉积学发展进入了历史上的鼎盛时期
1996	田在艺	《中国含油气沉积盆地论》	
1996	李思田	《含能源盆地沉积体系》	
2001	赵澄林	《沉积学原理》	
2002	于兴河	《碎屑岩系油气储层沉积学》	
2003	姜在兴	《沉积学》	
2008	王华	《层序地层学——基本原理、方法与应用》	

第三节 沉积学与其他学科的关系

综上所述,盆地沉积学包含的内容远远超过了早期的岩类学和原始地质学的界限,盆地沉积学正是在社会经济发展、技术进步和上述多学科进展的基础上应运而生,是 20 世纪 80 年代末逐渐发展起来的概念,是油气地质学家根据油气勘探和开发实践所提出和发展起来的一门边缘学科。沉积学作为一门科学，只是在20世纪50年代以来才从纯科学向应用科学转变，经济增长的刺激，特别是油气勘探的刺激促进了沉积学的迅速发展。石油地质学家和勘探人员开始意识到，沉积学是勘探成功的钥匙，改变了过去只寻找构造圈闭的观念，而将重点转移到勘探地下地层圈闭，将沉积学的研究作为发现地层圈闭的关键，这种认识代表了这门科学在其发展历史上的一个转折点。

20世纪80—90年代，地震地层学和层序地层学的兴起，使人们认识到地下沉积岩层不是杂乱的堆叠，相反它具有良好的规律性，并具有特征的沉积地层的接触关系、厚度、侧向延伸、侧向岩性的变化和垂向层序。石油地质人员能够通过露头、测井和地震资料综合研究沉积体系域的时空演化和分布，以及沉积体的充填样式，并预测生、储、盖层的空间分布，使沉积学的研究内容和方法技术手段更具广阔性和先进性，在油气勘探和开发过程中发挥了巨大的作用。

盆地沉积学的诞生和发展主要依赖于以下几个方面的进展：

(1)层序地层学理论的提出及其对沉积学的促进。近年来，层序地层学是地学界的一个热点研究领域，并在地层学、沉积学以及一切与沉积岩有关的科学领域引起了极大的震动。层序地层学和传统的地层学、沉积学及石油地质学的结合，在油气勘探中发挥了重要的作用。

(2)现代沉积研究进一步加强了“将今论古”的现实主义原则。在现代湖泊沉积、现代生物礁沉积、现代三角洲沉积、深海浊流沉积等方面的研究均取得了重要进展。

(3)将沉积后作用的研究纳入盆地演化的大系统中。沉积后作用研究主要是成岩作用的研究，也是沉积学研究中的一个热点，与石油、天然气、地下水和各种层控矿床有密切的关系。目前成岩作用的研究，摆脱了过去将一定的成岩事件和成岩阶段与一定的埋藏深度简单相对应的模式，而是将其与盆地的温度场、压力场和流体动力场和流体化学场一起作为盆地发育演化的结果。

(4)沉积相的分析精度和广度不断提高。随着油气勘探和开发工作的不断深入，对沉积相的分析精度越来越高。如沉积微相的研究、岩相古地理研究向着定量化和活动论方向发展。

(5)沉积地球化学研究日益得到重视。

(6)全球沉积学研究方兴未艾。近年来一系列全球对比计划的实施，出现了以整个地球为对象来研究历史变迁以及某些特殊沉积事件在全球范围内的出现和演变。

(7)盆地分析工作日益深入。对沉积盆地类型的认识，促进了盆地沉积学的发展，不同沉积盆地(如坳陷盆地、前陆盆地、走滑-拉分盆地)具有不同的沉积充填体的几何形态和岩相的分布特点，盆山耦合研究涉及大地构造与沉积响应的关系，及其对油气富集的控制作用。

(8)石油系统理论中的四个基本要素：生油层、储集层、盖层、上覆层的研究与沉积学密切相关。

(9)测井和地震资料处理和解释技术的快速发展，为盆地沉积学研究提供了有力的工具。

所有上述学科的进展，促进了盆地沉积学的诞生和发展。目前，地球科学已从学科的高度分化发展到了以学科的高度综合为代表的地球系统科学时代，含油气盆地沉积学也是适应了这一发展趋势，它不仅与沉积学和石油地质学密切相关，而且与岩石学、地层学、古生物学、构造地质学、海洋地质学、矿床地质学和经济地质学密切相关(图1-1)。

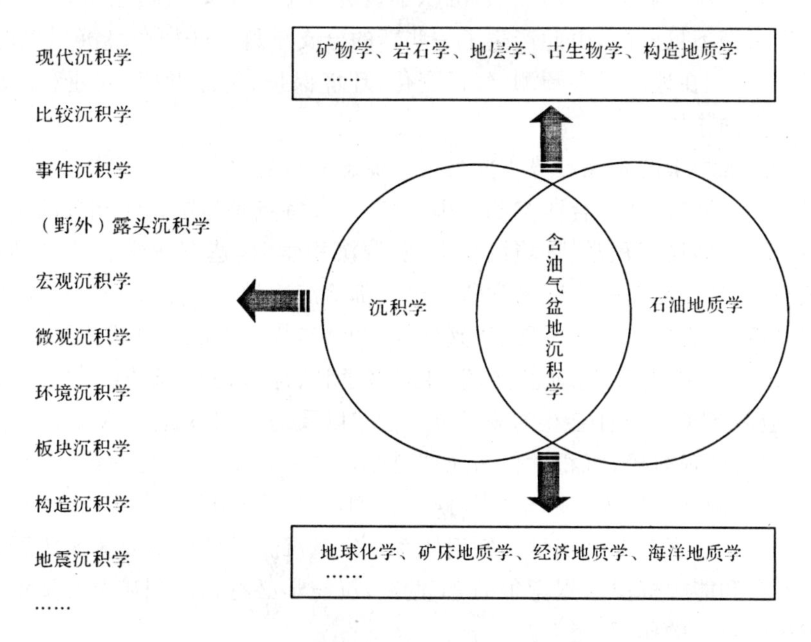

图 1-1　沉积学与其他地质学科的关系

第四节　沉积学的研究意义和发展趋势

岩石圈中的沉积岩(物)蕴藏着约 75%的全球矿产和能量资源。可燃性矿产(石油、天然气、煤和油页岩)、铝土矿、锰矿、盐矿以及放射性铀矿等几乎全为沉积类型。沉积型和沉积变质型矿床可占世界矿产资源总储量的 80%左右。而且,有些沉积岩本身就是多种工业的主要原料或辅助原料,如石灰岩及白云岩不仅可作为建筑材料,而且还是冶金工业中常用的熔剂,石灰岩又是制造水泥和人造纤维的主要原料,白云岩则可作为镁质耐火材料。纯净的黏土岩按性质不同可作为耐火材料、陶瓷原料、钻井液原料、吸收剂、填充剂和净化剂;沉积石英岩及石英砂可作为玻璃原料等。

沉积学研究还与农业、工业和军事有关。沉积地球化学可解决土壤的地球化学特征及其分布。可寻找地下蓄水层,解决水库、港口和河流的冲淤及土壤的侵蚀问题。国防军港设计、潜艇和海底导弹基地的建设等,均与沉积岩(物)的研究密切相关。

进入 20 世纪 90 年代和 21 世纪,随着油气勘探领域由中浅层向深层、由构造圈闭向隐蔽圈闭、由盆地边缘向盆地腹地、由海岸浅海向半深海和深海的不断拓展,随着石油工程领域由二次采油向三次采油、减少地层伤害、开采剩余油、提高采收率、以效益为中心的转移,沉积学正发挥重大的作用(姜在兴,2003)。

随着社会进步和经济发展,人类正面临着人口、资源、灾害、环境等全球性问题,直接威胁着人类的生存和社会的进步。而沉积学是以蕴藏着有关地质、资源、生命、气候、环境等变化信息的地球表层沉积圈作为研究对象，显然，沉积学研究与上述全球问题息息相关，也是与人类生存和可持续发展密不可分的，由此产生了一些新的分支学科——如环境沉积学、资源沉积学等。目前，沉积学研究在地质灾害预测、气候变化、环境保护、资源勘探、农业和国防建设领域正发挥着越来越大的作用。

进入21世纪，沉积学的发展趋势主要表现为概念的转变、新技术和新方法的应用、理论的逐步完善、学科的交叉渗透及综合研究和应用等，其最大特点是与沉积学相关的交叉学科大量出现，如地震沉积学、储层沉积学、环境沉积学、资源沉积学、构造沉积学、全球旋回地层学、事件沉积学和试验沉积学等，每一个交叉学科的出现都给沉积学注入了新的生机和活力，使沉积学的研究范围向更深、更广的层次发展（于兴河等，2004），标志着沉积学进入了从宏观到微观、定性到定量、理论到应用、静态到动态、单学科到多学科、地区向全球的综合化发展阶段。在“一切科学技术应服务于人类社会生存和发展条件”以及地球科学进入大综合、大交叉、大联合、大协调整合飞跃的现阶段，沉积学作为地球科学的主要基础学科之一，其重点和前缘正在发生转移，并围绕资源、环境、灾害和全球气候变化四个主题展开，无论从深度和广度，还是从研究范围上均远远超过了现有沉积学的知识体系。定量沉积学的研究是未来沉积学研究的热点和难点。在矿产和能源资源激烈竞争的21世纪，沉积学必将在沉积矿产和资源的勘探与开发方面发挥越来越重要的作用。

第17届国际沉积学大会（ISC）讨论了微生物过程和沉积成岩作用、深海与陆缘沉积过程及产物、沉积记录与重大地质环境演化、火山-沉积大地构造，以及与人类活动密切相关的环境沉积学与资源问题等热点领域，将会继续成为未来若干年内国际沉积学发展的重要方向，并可能成为今后理论沉积学创新的重要生长点。但是在本次大会上，对陆相（或非海相）沉积与大陆构造、活动古地理、盆地流体动力学及相关成岩作用的研究并未形成热点。与国际沉积学研究强国相比，我国沉积学研究危机与机会共存，在服务国民经济建设和国际沉积学前沿研究领域，我国沉积学家可望作出更大贡献。本次大会显示当今沉积学研究已经具有极大的辐射性，从陆地到海洋、从外动力作用到内-外动力作用结合、从水圈-生物圈到岩石圈和大气圈甚至外星球（层圈界面演化、地外沉积学），其学科分支越来越细。总之，在当今地球系统科学的发展和与人类生存环境密切相关的资源环境问题方面，沉积学的重要地位也愈来愈显著，沉积学的学科发展正面临着一次重要转型或交叉整合，发展前景广阔（李忠，2006）。

孙枢（2005）和刘宝珺（2006）较为系统地总结和分析了我国沉积学的发展趋势，并提出了相应建议。需要加强和重视包括陆相沉积、碳酸盐沉积、近岸和浅海硅质碎屑沉积、深海沉积（深水沉积学）的研究，新的发展方向包括盆地资源沉积学、古气候、古构造与沉积作用、前寒武纪沉积学、人类生存环境沉积学、区域沉积学和全球沉积学。

第二章　沉积学研究的主要内容和方法

沉积岩不仅是产生油气的源岩，也是极为重要的油气储集岩。石油和天然气本身也和煤、油页岩、盐类及其他沉积矿产一样，与沉积岩密切共生。沉积学是研究沉积岩或沉积物及其形成作用的科学，是沉积岩及沉积物的描述、分类、成因及其解释的基础学科。因此，资源勘查专业（包括油气地质、石油工程）和矿产普查与勘探专业的大学生以及从事石油地质勘探的工作人员，必须了解和掌握沉积学的基本知识、理论和方法。“含油气盆地沉积学”是资源勘查工程专业本科生的一门重要的专业必修课程。

第一节　沉积学研究的主要内容

一、含油气盆地沉积学所要解决的主要问题

（1）利用现代多学科理论和技术，研究和对比不同类型沉积盆地的沉积发育特征、沉积相带（沉积体系）的时空分布规律。

（2）有效烃源岩的时空分布范围（生油凹陷）。

（3）烃源岩邻近的砂体或其他具有孔渗性岩体的预测和储集性能评价。

（4）沉积体与圈闭（构造或岩性）的匹配关系。

二、含油气盆地沉积学的主要研究内容

（1）含油气盆地沉积学的基本概念、基本原理、研究思路和工作方法。

（2）沉积学与油气资源的关系。研究沉积岩（物）及其中的有用矿产（包括固体矿产、有机可燃矿产中的石油和天然气等）的形成机理、聚集规律，为科学、有效地指导油气勘探和开发提供依据。

（3）地层层序与盆地沉积体的几何形态。为层序地层学、储层沉积学和油气地质学研究提供基础资料。

（4）影响盆地沉积充填和演化的控制因素。

（5）沉积环境和沉积相研究。进行古沉积环境和沉积条件分析，根据沉积岩的原生特点以及时空分布和变化特点，恢复沉积岩形成时的古气候条件、古地理条件、古介质条件以及大地构造条件等，预测有利储集砂体的时空分布。

（6）盆地沉积学的野外和室内工作方法。

（7）盆地沉积学的主要编图技术。

含油气盆地沉积学的主要内容体系见图 2－1。

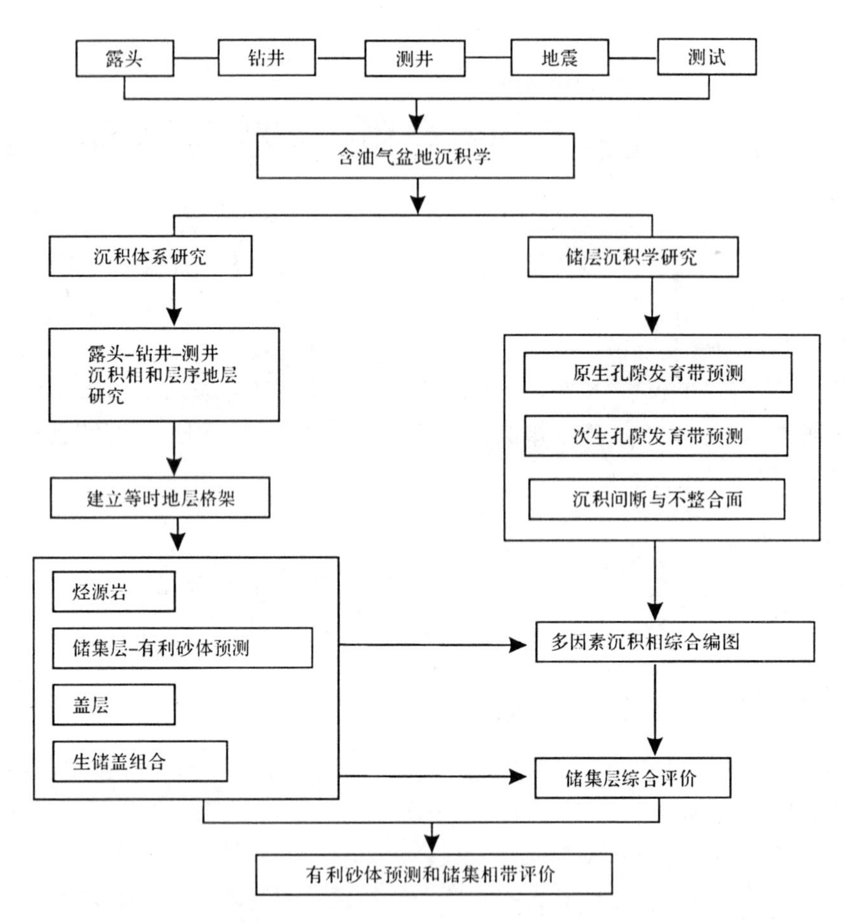

图 2－1　含油气盆地沉积学研究内容体系

第二节　野外工作方法

随着新技术、新方法的不断应用，使得沉积学在宏观和微观领域的研究深度、广度不断拓展，成效大大提高，更使得对于沉积岩的客观规律的研究与认识达到了一个新的水平。由于沉积学是一门实践性极强的学科，必须强调野外考察与室内研究密切结合，野外研究是室内研究的基础，室内研究是野外研究的继续和深入。此外，沉积学研究过程必须与传统沉积岩石学方法、地质学方法、盆地分析方法、地震解释技术和分析测试手段密切结合，特别注意与构造作用和盆地演化之间的关系研究。充分利用相关学科的最新研究成果，将其充实到沉积学的研究中去，这样才能使我们获得有关沉积岩(物)成因及演化的全面、系统的认识，为盆地矿产和能源资源勘探提供科学依据。

一、野外工作前的准备工作

1. 资料准备

包括区域地质资料和盆地地质资料两大部分。

区域地质资料包括：盆地地层组成、构造、岩浆活动、区域重力、磁力和电测深资料等，以及比较完整的工作底图（1∶50 000 或 1∶200 000 地质图）。了解研究区前人研究工作的主要成果和认识，分析存在和尚未解决的问题。有哪些可供研究利用的资料，盆地所处的区域地质背景或板块构造背景、基底结构和构造特征、区域地层发育、构造和岩浆活动特点等。

盆地地质资料包括：野外露头资料、钻井岩心、岩屑、测井、地震剖面、分析测试、地球化学、古生物资料等，以及相应图件；了解前人工作现状、油气勘探现状，广泛收集盆地的地层、构造和岩浆活动等资料、盆地地震数据或剖面资料、地层分层数据、钻井和分析测试资料等。收集前人的科研成果报告、公开出版的专著、论文等资料。

2. 生活和科研工具准备

生活：生活必需品、雨衣、常用药品、帐篷、睡袋等。

科研：野外记录本、铅笔、橡皮、小刀、哨子、罗盘、锤子、放大镜、望远镜、手持 GPS、数码相机、比例尺、样品袋、记号笔、3%盐酸、吴氏网、透明纸、Jacob Staff 测杆、地质包、1∶50 000 或 1∶200 000 研究区地质图等（图 2-2）。

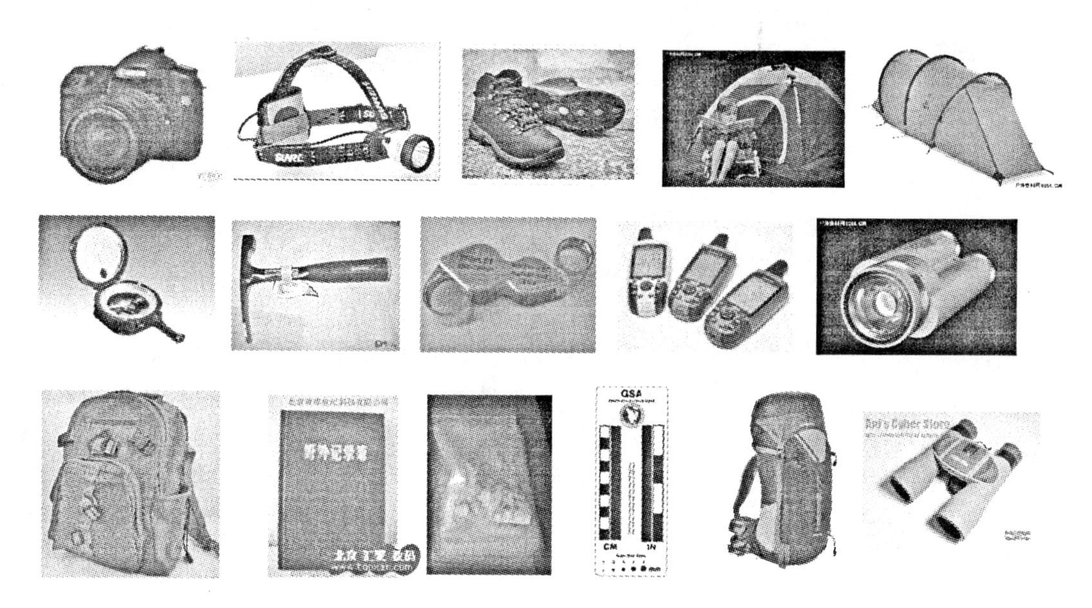

图 2-2　野外地质工作常用装备

3. 基本要求

（1）制定详细的野外工作计划（包括路线、观察内容和样品采集方案等）。

（2）野外露头剖面观察、描述和测制：包括沉积岩的颜色、岩性、结构和沉积构造、生物化石情况、地层接触关系、岩石的几何形态等。

(3)野外填图:根据研究需要,开展研究区的野外填图工作。

(4)样品采集:根据研究需要,开展系统的野外露头样品采集工作。

二、沉积学的野外工作方法

开展沉积学的野外工作之前,一定要详细制定野外工作计划,包括野外路线、观察内容和样品采集方案等,详细观察、描述、照相和样品采集,地质素描和照相相结合,照相一定要有比例尺,远距离宏观和近距离微观观察相结合。

沉积学的研究对象为沉积体。因此,在野外对沉积岩进行研究时,首先要使用地质学的方法,详细观察和描述沉积岩(物)的物质组分、结构构造、岩体产状、岩层间的接触关系、岩层厚度、各种成因标志和岩性组合在纵向和横向上的变化。收集古流向资料,查明沉积岩体在时间上和空间上的分布和演化特点。系统测制露头区沉积岩剖面,根据研究需要系统采集所需样品,并进行区域剖面的分析与对比。

现场钻井岩心和沉积构造的观察记录和描述(素描图或照相)记录内容包括:

(1)时间、地点、观察井号、层位、深度、岩性、沉积构造、比例尺,垂向层序变化。

(2)典型层段,岩石样品的采集(作粒度分析、薄片矿物成分、结构成熟度、胶结物等微观现象的观察和测试)。

(3)现场沉积相的初步解释。

(4)岩心岩性和测井曲线的对应关系。

第三节　室内工作方法

在室内研究中,显微镜薄片法仍是研究沉积岩最基本的方法,作为一个沉积学工作者必须熟练掌握此方法。此外,常用的其他室内方法还有粒度(机械)分析、重矿物分析、不溶残渣分析、热分析、化学分析、光谱分析等。近年来,室内研究中也引进了不少新的测试手段,如阴极发光显微镜、同位素分析(碳、氧、硫)、扫描电子显微镜、X射线衍射仪、图像分析仪、电子探针、原子吸收光谱、红外光谱、气相色谱以及激光拉曼光谱和古地磁的研究等。同时计算机技术已广泛应用于沉积学研究中,包括沉积过程和沉积体系的展布的模拟和预测等。此外,还有遥感技术、钻探技术、深海钻探及采取长岩心、各种测井技术和地震勘探技术、航空摄影或地面摄影用的测视雷达以及探测水下地形的测视声纳等新技术和方法,也逐渐应用于沉积学研究领域。沉积学的室内研究和工作方法主要包括:

(1) 地震资料的综合解释和成图技术。

(2) 综合利用测井、古生物、钻井资料进行层序地层划分和对比。

(3) 岩石薄片的镜下观察和描述技术,包括普通薄片、铸体薄片、阴极发光、扫描电镜等。

(4) 开展样品的分析测试、实验数据的分析、整理和解释工作。

(5) 利用常规岩石学和粒度分析技术,初步判断岩石类型、水动力条件和沉积环境。

(6) 利用常用的地震解释、地质统计、盆地模拟和编图软件,开展含油气盆地沉积学的综合编图工作,是沉积学研究的极为重要的技术手段和基本技能训练。包括一维图件——单井柱状图、地层综合柱状图、单井相解释图等、盆地充填序列图等；二维图件——各种平面图和剖面图，如等 T_0 图(构造等值线图)、勘探成果图、地层厚度图、砂体厚度图、含砂率图、沉积相图、地层对比图、油层对比图、砂体对比图、地震解释剖面图、构造演化图、成藏模式图等；三维图件——沉积模式图、古地貌图、成藏模式图等。

(7) 含油气盆地沉积学研究的常用软件有：地震工作站解释软件——Landmark，Jason，Petrel，PetroMod，Discovery；盆地模拟软件——IES，BasinMod，Basin 2；地质统计软件——Statistics，SPSS，Ansys；图形编辑软件——Coreldarw，Suefer，Grapher，Geomap，MapGis。

第三章　碎屑岩的岩石学特点

碎屑岩是指主要由陆源碎屑物质组成的沉积岩，包括砾岩、砂岩、粉砂岩和黏土岩。由火山碎屑物质组成的岩石称为火山碎屑岩(非正常碎屑岩)。陆源碎屑岩特征的描述内容有物质组成、结构、构造和颜色。碎屑岩是主要的油气储集层。

第一节　碎屑岩的物质组成及分类

碎屑岩主要由碎屑、杂基和胶结物三部分物质组成，杂基和胶结物也称为填隙物。碎屑物质主要来源于陆源区母岩机械破坏的产物，故也称陆源碎屑。所有的组成火山岩、变质岩和沉积岩的矿物和岩石碎屑(简称岩屑)，都可以在碎屑岩中出现。然而，由于各种矿物和岩石的风化稳定程度不同，易风化分解的成分在风化、搬运过程中逐渐破坏，而难以到达沉积地区。比较稳定的不易破坏的成分就得以保存于沉积物中。所以碎屑岩中经常见到的矿物或岩屑的种类是不多的，最常见的碎屑物是石英、长石、云母、各种岩屑和重矿物。岩屑在粗粒碎屑岩中出现比较多，而矿物碎屑则大量分布在中细粒碎屑岩中。

一、碎屑

碎屑又称为颗粒，又分为矿物碎屑和岩屑。矿物碎屑由石英、长石和重矿物组成。石英来自深层岩浆岩、变质岩、喷出岩、热液岩石和再旋回石英，一般出现在砂岩和粉砂岩中。长石一般来自花岗岩和花岗片麻岩，主要分布在粗砂岩和中砂岩中。重矿物是指相对密度大于2.86的矿物。它们在岩石中含量很少，一般不超过1%。其中在0.25～0.05mm的粒级范围内含量最高。从砂岩成分来看，在成分纯、分选好的石英砂岩中重矿物含量少，而且其中只含有那些风化稳定度高的重矿物组分(如锆石、电气石、金红石等)；在成分复杂、分选差的岩屑砂岩中，则重矿物含量高，稳定与不稳定的重矿物(如辉石、角闪石、绿帘石等)均可出现。不同类型的母岩其矿物组分不同，经风化破坏后会产生不同的重矿物组合，因此利用重矿物恢复母岩是非常有用的(表3-1)。黑云母和白云母也是砂岩中常见的重矿物组分。云母常与细砂级甚至粉砂级的石英、长石共生。黑云母的风化稳定性差，主要见于距母岩较近的砾岩或杂砂岩中，经风化及成岩作用常分解为绿泥石和磁铁矿，经海底风化还可海解为海绿石。白云母的抗风化能力要比黑云母强得多，相对密度也略小，常见其呈鳞片状平行分布于细砂岩、粉砂岩的层面上，有时会富集成层。

表 3-1 不同母岩的重矿物组合特征

母岩	重矿物组合
酸性岩浆岩	磷灰石、普通角闪石、独居石、金红石、榍石、锆石、电气石(粉红色变种)、锡石、黑云母
伟晶岩	锡石、萤石、白云母、黄玉、电气石(蓝色变种)、黑钨矿
中性及基性岩浆岩	普通辉石、紫苏辉石、普通角闪石、透辉石、磁铁矿、钛铁矿
变质岩	红柱石、石榴石、硬绿泥石、蓝闪石、蓝晶石、硅线石、十字石、绿帘石、黝帘石、镁电气石(黄、褐色变种)、黑云母、白云母、硅灰石、堇青石
沉积岩	锆石(圆)、电气石(圆)、金红石

岩屑是母岩的碎块，又称为岩块，是保持母岩结构的矿物集合体。因此，岩屑是提供沉积物来源区岩石类型的直接标志。但是由于各类岩石的成分、结构、风化稳定度等存在着显著差别，所以在风化、搬运过程中，各类岩屑含量变化极大，并不是各类母岩都能形成岩屑。岩屑含量明显取决于粒级，并随粒级的增大而增加。砾岩中岩屑含量最大，砂岩中只存在有细粒结构及隐晶结构的岩屑，约占10%～15%。岩屑含量与碎屑岩成熟度有关。结构上成熟的砂岩，因碎屑的圆度和分选都较好，岩屑含量一般较低，而岩屑砂岩则常表现出很低的结构成熟度。

二、杂基

杂基是碎屑岩中细小的机械成因组分，其粒级以泥为主，可包括一些细粉砂。杂基的成分，最常见的是高岭石、水云母、蒙脱石、绿泥石等黏土矿物，有时见有灰泥和云泥，它们主要是作悬移载荷而沉积下来的，也可能有一部分是海解阶段或成岩阶段，甚至是后生阶段的自生矿物。在杂砂岩内，可能出现大量的绿泥石和绢云母类的杂基，他们常常是由其他黏土矿物如水云母、蒙脱石等变化而来。各种细粉砂级碎屑，如绢云母、绿泥石、石英、长石及隐晶结构的岩石碎屑等，也属于杂基范围。在不同的碎屑岩中杂基含量不同，碎屑岩中保留大量杂基，表明沉积环境中分选作用不强，沉积物没有经过再改造作用，从而不同粒度的泥和砂混杂堆积。在泻湖及湖泊的低能环境中形成的砂岩，洪积及深水重力流成因砂岩中都混有大量杂基，这正是不成熟砂岩的特征。

识别杂基不能只依据矿物成分，结构是最重要的鉴别标志。例如，碎屑岩中最重要的杂基成分是黏土矿物，但碎屑岩中的黏土矿物并非全是杂基，以化学沉淀方式由孔隙水中析出的黏土矿物为自生矿物，有时在砂岩粒间孔隙中见有蠕虫状的高岭石晶体集合体。

三、胶结物

胶结物是一切填隙的化学物资，是碎屑岩中以化学沉淀方式形成于粒间孔隙中的自生矿物。它们有的形成于沉积—同生期，但大多数是成岩期的沉淀产物。碎屑岩中主要胶结物是硅质(石英、玉髓和蛋白石)、碳酸盐(方解石、白云石)及一部分铁质(赤铁矿、褐铁矿)。此外，硬石膏、石膏、黄铁矿以及高岭石、水云母、蒙脱石、海绿石、绿泥石等黏土矿物都可作为碎屑岩的胶结物。

胶结类型是指碎屑颗粒和充填物之间的关系。

四、孔隙和裂缝

碎屑、杂基、胶结物和孔隙构成了整个岩石，岩石中未被固体物质(不包括沥青质)充填的空间称为孔隙或裂缝。孔隙和裂缝是油(含沥青质)、气、水的赋存场所，可以分为原生孔隙和次生孔隙两类。

原生孔隙主要是粒间孔隙，即碎屑颗粒原始格架间的孔隙。原生的孔隙度和渗透率与碎屑颗粒的粒度、分选性、球度、圆度和填集性有关。通常当岩石粒度变小时，孔隙度增高，但渗透率要降低。分选好的净砂岩比分选差的杂砂岩的孔隙度和渗透率都要高。此外颗粒的排列方向也有很大的影响，如在河床砂岩中，由于砂粒定向、平行于砂体的长轴方向排列，导致此方向的渗透性较好。

次生孔隙绝大多数是形成于成岩中期之后及后生期，一般都是岩石组分发生溶解作用的结果，如长石、碳酸盐、硫酸盐和氯化物矿物都是比较易于溶解的。一些难溶的硅酸盐矿物(如火山灰物质)，它们则可能于成岩早期先为易溶矿物所交代(如沸石)，然后再发生溶解并产生次生孔隙。石英在强碱性条件下也可被溶解而形成次生孔隙。此外，由于岩石的破碎和收缩，也可以产生次生的储集空间——裂缝。

五、化学成分

碎屑岩的成分可以用其所含的矿物成分表示，也可用化学成分表示。化学成分对岩浆岩、变质岩的研究十分重要。如岩浆岩，实际上是以化学成分为分类基础的。

由于砂岩化学成分与大地构造环境关系密切，化学分析方法在碎屑岩研究中的应用比较广泛。在砂岩中，不同碎屑岩组分的砂岩，其化学成分特点不同。因为岩石的化学成分与其碎屑组分在很大程度上表现出一致性，而这些特征都共同地反映了砂岩的化学成分范围(表3-2)。只有杂砂岩类的化学成分更趋接近岩浆岩的平均化学成分。

表3-2　各主要类型砂岩的平均化学组分(据Pettijohn,1963)　　单位:%

化学成分	砂岩类型		
	石英砂岩	岩屑砂岩	长石砂岩
SiO_2	95.4	66.1	77.1
Al_2O_3	1.1	8.1	8.7
Fe_2O_3	0.4	3.8	1.5
FeO	0.2	1.4	0.7
MgO	0.1	2.4	0.5
CaO	1.6	6.2	2.7
Na_2O	0.1	0.9	1.5
K_2O	0.2	1.3	2.8
CO_2	1.1	5.0	3.0

成熟的砂岩在矿物成分上必然是以最稳定组分石英为主，因此构成了石英砂岩。在这类砂岩中石英含量高于75%～90%。化学成分上，这类砂岩的特点是SiO_2含量极高，达95.4%，而Al_2O_3等其他化学组分的含量极低。也有人用SiO_2/Al_2O_3这一比值作为表示成熟度高低的指标。在长石砂岩中，长石的含量大于25%，在化学成分上表现为Al_2O_3、K_2O和Na_2O的含量均较高，而铁、镁的含量则很低。岩屑砂岩中岩石碎屑的含量大于25%，在化学成分上除Al_2O_3含量较高以外，铁、镁等化学组分的含量也都比较高。这是由于在大多数岩屑砂岩中常含有富铁、镁的不稳定岩屑，以及一些碎屑的铁镁矿物。

化学成分与粒度之间存在明显相关关系，因为在页岩中粉砂部分的矿物成分和黏土部分不相同，所以矿物成分和化学成分在结构上有清楚的依存性。粒度和成分之间的关系是由于较细粒沉积物石英含量较少而黏土矿物较丰富，所以与较粗粒沉积物在化学成分上差异明显。此外，沉积物中的微量元素用于辅助判断沉积环境、古水深和古盐度。常用作指相标志的主要是黏土沉积物中的微量元素，如Mn、B、Br、Cl、Na、Sr、P、Ni、Co、V、Cr、U、Cu、As、Zn和Ga等。在沉积作用的过程中，沉积物与介质之间存在着复杂的地球化学平衡，如沉积物与介质之间的物质交换、沉积物对某些元素的吸附等，这种交换或吸附作用除与元素本身性质有关外，还受到各种环境的一系列物理化学条件的影响，因此，在不同的环境中，元素分散与聚集规律也不相同。例如，沉积物中的硼，除来源于陆源碎屑(电气石)外，主要是从海水中吸取而来的。现代海水中硼为4.7mg/L，而淡水中一般不含硼，内陆盐湖中具有很高的含硼量。

成分成熟度是指碎屑颗粒在风化、搬运、沉积等作用的改造下接近终极产物的程度，以碎屑岩中最稳定组分的相对含量表示。单晶非波状消光石英是最稳定的，它的相对含量是碎屑岩成熟程度的重要标志。在重矿物中，锆石(Zircon)、电气石(Tourmaline)、金红石(Rutile)是最稳定的，这三种矿物在透明重矿物中所占比例称为"ZTR"指数，也是判别成分成熟度的标志。碎屑岩的成分成熟度反映碎屑组分所经历的地质作用的时间和强度，它们在很大程度上受搬运距离远近、水动力条件、物源方向、气候和大地构造条件的制约。

六、碎屑岩的分类

碎屑岩是沉积岩的一种类型，属于由母岩风化产物组成的沉积岩系列(表3-3)(冯增昭，1991)。按照成分-成因分类法，碎屑岩可以分为砾岩、砂岩、粉砂岩、泥岩、页岩、黏土岩和火山碎屑岩。

表3-3　沉积岩基本类型划分表(据冯增昭1991，改编)

母岩风化产物组成		火山碎屑物质组成	生物遗体组成	
碎屑岩	化学岩	火山碎屑岩	可燃生物岩	非可燃生物岩
角砾岩	碳酸盐岩	火山灰	煤	
砾岩	硫酸盐岩	凝灰岩	油页岩	
砂岩	卤化物岩	火山砂		
粉砂岩	硅质岩	集块岩		
泥岩	其他化学岩	火山角砾岩		
页岩				
黏土岩				

1. *砾岩和角砾岩*

小于1ϕ（＞2mm）的碎屑属于粗碎屑粒级范围，称之为砾石或角砾，主要由砾或角砾组成的岩石称为砾岩或角砾岩。砾岩的分类可以根据磨圆度、砾石大小、砾石赋存层位进行划分（表3－4），也可以采用岩石特征和成因意义分类方案（表3－5），砾岩的主要成因类型及沉积学特征见表3－6。

表3－4　砾岩的特征分类方案

根据砾石磨圆度		根据砾石大小		根据砾石赋存层位	
角砾岩	砾岩	漂砾岩	砾岩	底砾岩	层间砾岩
砾石中棱角状和次棱角状碎屑含量＞50％	砾石中圆状和次圆状碎屑含量＞50％	主要粒级的砾石直径d为64～256mm	主要粒级的砾石直径d为2～64mm	分布于侵蚀基准面上，与下伏岩层呈不整合或假整合关系，砾石为陆源来源，它常位于海进层序的最底部，代表一定地质时期的侵蚀沉积间断	砾石与填隙物质及围岩物质几乎同时形成。它往往是同时冲刷同时沉积的产物，岩石成分与胶结物成分相近。砾岩（或角砾岩）整合地产在其他岩层之中，它不代表任何侵蚀间断，是一种特殊环境的产物

表3－5　砾岩和角砾岩的分类（据Pettijohn，1975）

<table>
<tr><td rowspan="6">外生碎屑</td><td rowspan="5">外成</td><td rowspan="2">正砾岩
（杂基＜15％）</td><td>准稳定碎屑＜10％</td><td>正石英岩质砾岩</td></tr>
<tr><td>准稳定碎屑＞10％</td><td>岩屑砾岩（石灰岩砾岩、花岗岩砾岩等）</td></tr>
<tr><td rowspan="3">副砾岩
（杂基＞15％）</td><td>杂基具层理</td><td>层纹状砾质泥岩或泥板岩</td></tr>
<tr><td rowspan="2">杂基无层理</td><td>冰碛岩（冰川成因的）</td></tr>
<tr><td>类冰碛岩（非冰川成因的）</td></tr>
<tr><td>层内</td><td colspan="3">层间砾岩和角砾岩</td></tr>
<tr><td>火山碎屑</td><td colspan="4">火山角砾岩和集块岩</td></tr>
<tr><td rowspan="3">后生碎屑</td><td colspan="4">地滑角砾岩和滑塌角砾岩</td></tr>
<tr><td colspan="4">断层角砾岩和褶皱角砾岩，构造冰碛岩</td></tr>
<tr><td colspan="4">溶解角砾岩</td></tr>
<tr><td>陨石</td><td colspan="4">冲击角砾岩</td></tr>
</table>

表 3-6　砾岩的主要成因类型及沉积学特征表

沉积特征	砾岩成因类型					
	滨岸砾岩	河成砾岩	洪积砾岩	冰川角砾岩	滑塌角砾岩	岩溶角砾岩
形成环境	海(湖)滨岸	山区河流的河床底部	沿山麓分布，厚度巨大，与砂岩、泥岩一起构成磨拉石建造	冰川	地形陡峻地区的边界地带，与泥石流和浊流共生	灰岩地区岩溶坍塌
砾石成分	较单一，石英岩、燧石及石英等	复杂，复成分的岩屑砾岩	复杂	复杂	复杂	单一
分选、磨圆	好—极好	较差	极差	较差	极差，含斑性	极差
砾石长轴排列方向	与海(湖)岸线平行	与水流方向垂直	杂乱	杂乱	杂乱	杂乱
成层性	好	较差	一般	一般	较差	一般
砂体形状	席状	透镜体，底部冲刷	透镜体，底部冲刷	层状，透镜状	透镜状	透镜状
横向分布	稳定	不稳定	较稳定	较稳定	稳定—不稳定	不稳定
沉积构造	韵律沉积	叠瓦状	冲刷—充填	块状，砾石擦痕	块状	顶、底界线清楚

2. 砂岩和粉砂岩

砂岩分布在沉积岩中仅次于黏土岩而居第二位，约占沉积岩的 1/3，它是最主要的油气储集岩之一。粉砂岩也是重要的油气储集岩。主要由大于 50%砂(2～0.1mm 的陆源碎屑颗粒)组成的碎屑岩称为砂岩，当杂基含量>15%时称为杂砂岩。

目前砂岩分类普遍采用三组分体系(石英、长石及岩屑)和四组分体系(石英、长石、岩屑及杂基)方法(表 3-7，图 3-1)。

(1)石英砂岩：颜色大都为灰白色，有些略带浅红、浅黄、浅绿等，少数为较深色调。石英碎屑占 95%以上的砂岩为石英砂岩，含有少量长石和燧石等岩屑。重矿物含量极少，往往不超过千分之几，且多为稳定组分，通常由极圆的锆石、电气石、金红石等组成，有时含有钛铁矿及其衍生的白钛石。长石主要是微斜长石、正长石和钠长石，通常在大多数比较细粒的石英砂岩中至少含少量长石。岩屑可能只包括少量磨圆好的燧石和石英岩等。胶结物大多为硅质，次为钙质、铁质及海绿石等。石英砂岩主要发育在稳定的地台区，因此，通常认为石英砂岩标志着稳定大地构造环境，并进而表明基准面的夷平作用以及长期的风化作用。

表 3－7　砂岩成分分类表(据朱筱敏,2007)

岩类名称	岩石名称	主要碎屑颗粒含量(%)			备注
		石英	长石	岩屑	
石英砂岩	石英砂岩	＞90	＜10	＜10	
	长石石英砂岩	75～90	5～25	＜15	长石＞岩屑
	岩屑石英砂岩	75～90	＜15	5～25	岩屑＞长石
	长石岩屑石英砂岩	50～70	＜25	＜25	
长石砂岩	长石砂岩	＜75	＞25	＜25	
	岩屑长石砂岩	＜65	25～75	10～25	长石＞岩屑
岩屑砂岩	岩屑砂岩	＜75	＜25	＞25	
	长石岩屑砂岩	＜65	10～25	25～75	岩屑＞长石
说明	当基质含量＞15%时,岩石名称相应改为石英杂砂岩、长石杂砂岩和岩屑杂砂岩				

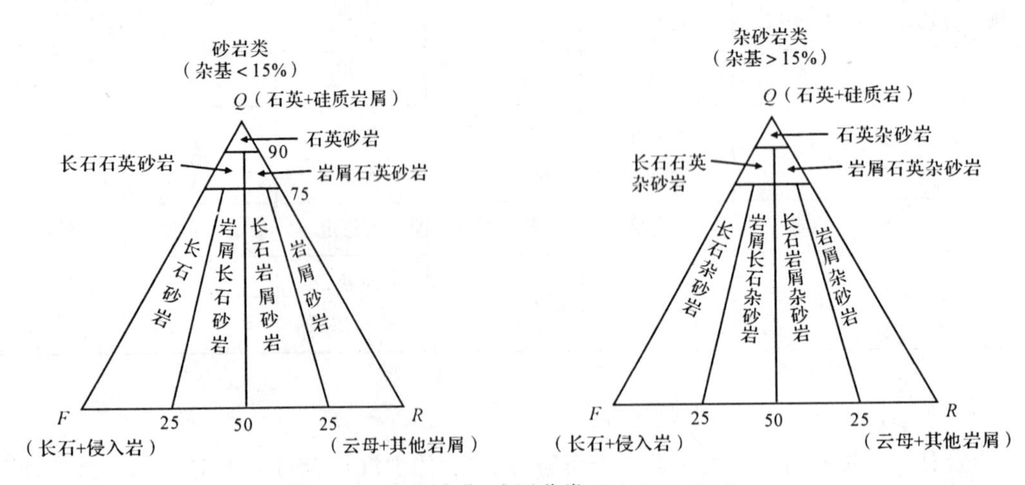

图 3－1　砂岩成分-成因分类(据刘宝珺,1980)

(2)长石砂岩:主要由石英和长石组成,石英含量＜75%,长石含量＞25%,岩屑含量＜25%。石英颗粒一般不规则,并且磨圆度差。因为颗粒较粗,所以有较多的多晶石英存在,同时还有石英和长石连在一起的颗粒。含有大的云母碎屑是长石砂岩的特征,白云母和黑云母二者都常见,含量高达10%以上。重矿物一般比石英砂岩类的含量高,可达1%以上,成分较复杂,既有稳定组分,如锆石、金红石、电气石、石榴石和磁铁矿等,还常见稳定性差的矿物,如磷灰石、榍石、绿帘石和电气石。长石砂岩的形成在很大程度上取决于母岩成分,首先要有富含长石的母岩如花岗岩、花岗片麻岩等,这是长石砂岩形成的物质基础。另外,还需要有利于母岩崩解的条件,主要是构造条件和气候条件。

(3)岩屑砂岩:岩屑砂岩含有丰富的岩屑。在其碎屑含量中,岩屑＞25%;长石＜25%,石英含量在75%以下。石英一般也是岩屑砂岩的主要成分,长石含量一般较少,可以有黑云母和白云母。岩屑砂岩常有碳酸盐和氧化硅胶结物。岩屑砂岩分布也较广，估计占全部砂岩的1/5到1/4。岩屑砂岩的形成条件与长石砂岩基本类似，需要有利于不稳定物质产生和沉积的条件。

(4)杂砂岩：是指杂基含量大于15%的砂岩。一般呈暗灰色或黑色，杂砂岩一般富含石英，有不同比例的长石和岩屑，通常含少量云母碎屑。石英一般有棱角，常有显著的波状消光，通常构成碎屑部分半数左右。长石主要是斜长石，钾长石少见。岩屑主要是泥页岩、粉砂岩、板岩、千枚岩和云母片岩，燧石和细粒石英及多晶石英也可以较丰富。有些砂岩含具长石微晶的细粒火山岩屑，其中以酸性火山岩屑较常见，安山岩屑较少。碎屑云母，如白云母和黑云母以及绿泥石化的黑云母常见。杂砂岩常具递变层理和底面印模构造，一般与泥岩或板岩呈韵律互层。磨圆度和分选性均不好，颗粒一般具尖锐棱角状，颗粒之间为黏土杂基所填塞，以致较大颗粒被泥质所隔开而呈杂基支撑，渗透性较差。杂砂岩的形成条件与长石砂岩类似，即需要侵蚀、搬运及沉积的快速进行，这可使物质不发生完全的化学风化。和长石砂岩一样，杂砂岩可在不同气候下形成，既可以形成于湿热条件，也可以形成于干旱的或寒冷的气候条件。典型的杂砂岩通常堆积在急速沉降的构造活动区，并且主要是在较老层系的复理式建造中，如海相浊积岩和深湖相浊积岩中。

(5)粉砂岩：主要由0.1～0.01mm粒级(含量＞50%)的碎屑颗粒组成的细粒碎屑岩。粗粉砂岩粒级范围是0.1～0.05mm，细粉砂岩是0.05～0.01mm。粗粉砂岩很像砂岩，可以作为油气的储集岩，而细粉砂岩尤其是富含黏土物质的细粉砂岩，或多或少具有黏土岩特性，可以成为生油层。黄土为粉砂质沉积的典型代表之一，它是一种半固结泥质粉砂岩，其中粉砂含量超过50%～60%，泥质含量常可达30%～40%。粉砂岩可根据粒度、碎屑成分和胶结物成分进一步分类。根据粒度，除一般分为粗粉砂岩和细粉砂岩以外，若粉砂岩中混有较多的砂和黏土，亦可按二级复合命名原则来命名，如含砂泥质粉砂岩、含泥砂质粉砂岩等。

在粉砂岩的碎屑物质中，稳定组分较多，成分较单纯，常以石英为主，长石较少，多为钾长石，次为酸性斜长石，岩屑极少或不存在，常含较多白云母。重矿物含量比砂岩多，可达2%～3%，多为稳定性高的组分，如锆石、电气石、石榴石、磁铁矿、钛铁矿等。黏土杂基含量一般相当多，常向黏土岩过渡形成粉砂质黏土岩。碳酸盐胶结物较常见，铁质和硅质较少。磨圆度不高，和砂岩相比，在相同的搬运条件下，粉砂碎屑具有更低的磨圆度，特别是细粉砂多呈悬浮负载，故几乎总是棱角状的。分选性一般较好；当有较多砂粒混入时，可以变差。粉砂岩常见薄的水平层理及波状层理；交错层理较少，多为小型的，且斜层倾角比相邻的砂岩小得多。粉砂饱含水后易于流动，故粉砂岩中常见水平滑动所形成的包卷层理等变形构造。

3.黏土岩、泥岩和页岩

黏土岩是指以粒径在0.005mm或0.001mm以下黏土矿物为主(含量＞50%)的沉积岩。黏土岩是沉积岩中分布最广的一类，约占沉积岩总量的60%，它是重要的烃源岩和油气储集的良好盖层。构成黏土岩主要组分的黏土矿物大多数来自母岩风化的产物，并以悬浮方式搬运至盆地，以机械方式沉积而成。盆地中SiO_2和Al_2O_3胶体的凝聚作用形成的自生黏土矿物，以及由火山碎屑物质蚀变形成的黏土矿物，在黏土岩中所占比例较少。黏土岩的矿物成分以黏土矿物为主，如高岭石、蒙脱石、绿泥石、水云母等，次为陆源碎屑矿物、化学沉淀的非黏土矿物及有机质。其化学成分以SiO_2、Al_2O_3、H_2O为主，次为Fe、Mg、Ca、Na、K的氧化物及一些微量元素。黏土岩的物理特征有非渗透性、吸附性、吸水膨胀性、可塑性、耐火性、烧结性、黏结性、干缩性等。

泥岩与页岩是固结程度较高的黏土岩类。泥岩无页理构造，页岩的页理构造发育。两者矿物成分较为复杂，常以伊利石为主，次为高岭石、蒙脱石、绿泥石及自生非黏土矿物和陆源碎屑矿物，有些含丰富的有机质。因颜色、混入物及化学成分不同，常见有钙质、铁质、硅质、炭质泥岩和页岩、黑色页岩和油页岩。钙质泥岩和页岩常见于大陆和海陆过渡环境及浅海环境的红色岩系中，铁质泥岩和页岩形成于干旱、半干旱气候的氧化环境，硅质泥岩和页岩主要分布于海洋环境，在闭塞海湾和淡化泻湖中也可出现。黑色页岩与炭质页岩的区别在于黑色页岩不染手，一般形成于乏氧的、富 H_2S 的闭塞海湾、泻湖和湖泊的深水区以及欠补偿盆地与深海沟内，是良好的生油岩系。

4. *火山碎屑岩*

火山碎屑岩是主要由火山碎屑物质组成的岩石，是介于火山岩与沉积岩之间的岩石类型，在沉积岩系中它属于碎屑沉积岩中的一种特殊类型。与火山碎屑岩相伴生的还有熔岩、次火山岩（或超浅层侵入岩）和正常沉积岩类。火山碎屑岩在自然界分布十分广泛，从前寒武纪至第四纪均有分布。不少重要矿产与其有关，火山岩和火山碎屑岩还可作为油气储集层，是我国中、新生代陆相含油气盆地重要的油气储集层类型之一。

火山碎屑物质按其组成及结晶状况分为岩屑（岩石碎屑）、晶屑（晶体碎屑）和玻屑（玻璃碎屑）三种。此外还有一些其他物质成分，如正常沉积物、熔岩物质等。火山碎屑岩的成分-成因分类见表 3-8。

表 3-8 火山碎屑岩的成分-成因分类表（据浙江省地质局，1976）

<table>
<tr><td>类　型</td><td>向熔岩过渡类型</td><td colspan="2">火山碎屑岩类型</td><td colspan="4">向沉积岩过渡类型</td></tr>
<tr><td>岩　类</td><td>火山碎屑熔岩类</td><td>熔结火山碎屑岩类</td><td>火山碎屑岩类</td><td colspan="2">沉火山碎屑岩类</td><td colspan="2">火山碎屑沉积岩类</td></tr>
<tr><td>碎屑相对含量</td><td>熔岩基质中分布有10%～90%的火山碎屑物质</td><td>火山碎屑物质＞90%，其中以塑变碎屑为主</td><td>火山碎屑物质＞90%，无或很少塑变碎屑</td><td colspan="2">火山碎屑物质占90%～50%，其他为正常沉积物质</td><td colspan="2">火山碎屑物质占50%～10%，其他为正常沉积物质</td></tr>
<tr><td rowspan="3">碎屑粒度</td><td colspan="7">成岩方式</td></tr>
<tr><td>熔浆黏结</td><td>熔结和压结</td><td>压结</td><td colspan="4">压结和水化学物胶结</td></tr>
<tr><td colspan="7">岩石名称</td></tr>
<tr><td>主要粒级＞100mm</td><td>集块熔岩</td><td>熔结集块岩</td><td>集块岩</td><td>沉集块岩</td><td colspan="3">凝灰质巨砾岩</td></tr>
<tr><td>主要粒级100～2mm</td><td>角砾熔岩</td><td>熔结角砾岩</td><td>火山角砾岩</td><td>沉火山角砾岩</td><td colspan="3">凝灰质砾岩</td></tr>
<tr><td rowspan="3">主要粒级＜2mm</td><td rowspan="3">凝灰熔岩</td><td rowspan="3">熔结凝灰岩</td><td rowspan="3">凝灰岩</td><td rowspan="3">沉凝灰岩</td><td colspan="2">2～0.1mm</td><td>凝灰质砂岩</td></tr>
<tr><td colspan="2">0.1～0.01mm</td><td>凝灰质粉砂岩</td></tr>
<tr><td colspan="2">＜0.01mm</td><td>凝灰质泥岩</td></tr>
</table>

(1)火山碎屑熔岩类：是火山碎屑岩向熔岩过渡的一个类型，熔岩基质中可含90%～10%的火山碎屑物质，具有碎屑熔岩结构、块状构造。熔岩基质中含斑晶，呈斑状结构，或气孔杏仁构造。火山碎屑主要是晶屑及一部分岩屑，玻屑少见。当成分相近时，往往不易区分岩屑与熔岩基质，而误认为熔岩。按主要粒级碎屑划分为集块熔岩、角砾熔岩和凝灰熔岩。

(2)熔结火山碎屑岩类：是以熔结(焊结)方式而形成的一类火山碎屑岩。火山碎屑物质达90%以上，其中以塑变碎屑为主，主要产于火山颈、破火山口、火山构造洼地和巨大的火山碎屑流与侵入状的熔结凝灰岩体中，其中较粗粒的熔结集块岩和熔结角砾岩分布不广，主要组成近火山口相。细粒的熔结凝灰岩分布很广，可组成厚度大的火山碎屑岩层，它主要由小于2mm的塑性玻屑和岩屑组成，也有一定数量晶屑，具有熔结凝灰结构、假流纹构造，碎屑以相互熔结压紧成岩，还可根据熔结(焊结)强度划分亚类。

(3)火山碎屑岩类：即狭义的火山碎屑岩类，火山碎屑占90%以上，经压积或压实作用成岩，其按粒度大小分为集块岩、火山角砾岩和凝灰岩。集块结构由火山弹及熔岩碎块堆积而成，也常混入一些火山管道的围岩碎屑，一般未经过搬运而呈棱角状，由细粒级角砾、岩屑、晶屑及火山灰充填压实胶结成岩，多分布于火山通道附近构成火山锥，或充填于火山通道之中。火山角砾岩主要由大小不等的熔岩角砾组成，分选差，不具层理，通常为火山灰充填，并经压实胶结成岩，多分布在火山口附近。“凝灰”系指主要由小于2mm的火山碎屑组成的结构。按碎屑粒级，进一步分为粗(2～1mm)、细(1～0.1mm)、粉(0.1～0.01mm)和微(<0.01mm)4种凝灰岩。碎屑成分主要是火山灰，按其物态及相对含量，分为单屑凝灰岩(玻屑凝灰岩、晶屑凝灰岩或岩屑凝灰岩)、双屑凝灰岩(两种物态碎屑均在25%以上)和多屑凝灰岩(几种物态碎屑均在20%以上)，其中以玻屑凝灰岩、晶屑-玻屑凝灰岩最常见。具有典型凝灰结构，熔岩成分多为流纹质，次为英安质。

(4)沉火山碎屑岩类：是火山碎屑岩和正常沉积岩间的过渡类型，火山碎屑物质占90%～50%，其他为正常沉积物质，经压积和水化学物胶结成岩，常显层理，故有时也称为层火山碎屑岩类。它与陆源火山碎屑沉积物的区别是新鲜、棱角明显、无明显磨蚀边缘及风化边缘。正常沉积物除陆源砂泥外，还可有化学及生物化学组分，以及生物碎屑等。

(5)火山碎屑沉积岩类：以正常沉积物为主，火山碎屑物质占50%～10%，岩性特征基本与正常沉积岩相同。当主要为陆源的砂时，称为凝灰质砂岩；主要为泥时，称为凝灰质泥岩；主要为碳酸盐时，称为凝灰质石灰岩或凝灰质白云岩等一系列过渡类型岩石。

第二节　碎屑岩的结构和构造

碎屑岩的结构是指构成碎屑岩的矿物及岩石碎屑的大小、形状以及空间组合方式。碎屑的结构组分包括碎屑颗粒、填隙物——杂基及胶结物和孔隙结构。碎屑岩的结构是沉积成因分析的重要标志。

碎屑沉积的原始结构中可以存在大量的粒间孔隙，如天然砂的孔隙度可为35%～40%，这一特点也是碎屑岩在结构上与结晶岩的重要区别。在结晶岩中很少，甚至完全没有孔隙。

碎屑颗粒的粒间孔隙可能被杂基所充填，也可由于粒间水的循环和沉淀，形成大量胶结物，从而减少甚至最终填满孔隙。这些填隙作用除部分出现在沉积同生期外，大部分发生在碎屑沉积物固结成岩过程中。

碎屑岩的孔隙是碎屑岩中油气的主要储集空间。而孔隙的存在及其形成、发育特点，除与组分的类型和性质有关外，主要依赖于碎屑颗粒的形状、大小、分选性及填集方式。因此碎屑岩的结构分析是储集沉积学研究中必不可少的部分。

一、碎屑岩结构

1.碎屑颗粒的结构

碎屑颗粒的结构特征一般包括粒度、球度、形状、圆度以及颗粒的表面特征。

(1)粒度：粒度是指碎屑颗粒的大小，常用线性值度量。它是碎屑颗粒最主要的结构特征。碎屑颗粒的大小直接决定着岩石的类型和性质，因此它是碎屑岩分类命名的重要依据。粒级划分在国际上应用较广的是伍登-温特华斯(Udden - Wentworth)的方案，可以称之为2的几何级数制。它是以1mm为基数，乘以2或除以2来进行分级。我国生产实际中应用较广泛的是十进制(表3-9)。

表3-9 常用的碎屑颗粒粒度分级表

<table>
<tr><th colspan="2">十进制</th><th colspan="3">2的几何级数制</th></tr>
<tr><th>颗粒直径(mm)</th><th colspan="3">粒级划分</th><th>颗粒直径(mm)</th></tr>
<tr><td>>1 000</td><td>巨砾</td><td rowspan="4">砾</td><td>巨砾</td><td>>256</td></tr>
<tr><td>1 000～100</td><td>粗砾</td><td>中砾</td><td>256～64</td></tr>
<tr><td>100～10</td><td>中砾</td><td>砾石</td><td>64～4</td></tr>
<tr><td>10～2</td><td>细砾</td><td>卵石</td><td>4～2</td></tr>
<tr><td>2～1</td><td>巨砂</td><td rowspan="5">砂</td><td>极粗砂</td><td>2～1</td></tr>
<tr><td>1～0.5</td><td>粗砂</td><td>粗砂</td><td>1～0.5</td></tr>
<tr><td>0.5～0.25</td><td>中砂</td><td>中砂</td><td>0.5～0.25</td></tr>
<tr><td rowspan="2">0.25～0.1</td><td rowspan="2">细砂</td><td>细砂</td><td>0.25～0.125</td></tr>
<tr><td>极细砂</td><td>0.125～0.062 5</td></tr>
<tr><td>0.1～0.05</td><td>粗粉砂</td><td rowspan="4">粉砂</td><td>粗粉砂</td><td>0.062 5～0.031 2</td></tr>
<tr><td>0.05～0.01</td><td>细粉砂</td><td>中粉砂</td><td>0.031 2～0.015 6</td></tr>
<tr><td></td><td></td><td>细粉砂</td><td>0.015 6～0.007 8</td></tr>
<tr><td></td><td></td><td>极细粉砂</td><td>0.007 8～0.003 9</td></tr>
<tr><td><0.01</td><td></td><td>黏土(泥)</td><td></td><td><0.003 9</td></tr>
</table>

2的几何级数制所划分的粒度级别较多，造成在肉眼描述中应用的困难。但是应该看到，

粒级划分的细致正好又是 2 的几何级数制的优点。它在各个粒间构成了 2 的几何级数的等间距，因此在室内分析中详细划分粒级、应用数理统计方法以及作图和参数计算都很方便。

克鲁宾(Krumbine,1934)将伍登-温特华斯的粒级划分转化为 ϕ 值，即将 2 的几何级数制标度转化为 φ 值标度(表 3-10)。其转换公式为：

$$\phi=-\log_2 D$$

式中：D 为颗粒的直径(mm)。因为 $D=2^n$，$\log_2 D=n$。

(2)球度：球度是一个定量参数，用它来度量一个颗粒近于球体的程度。颗粒的三个轴越接近相等，其球度越高，相反，片状和柱状颗粒都具有很低的球度。在搬运过程中，不同球度的颗粒表现不同。如在悬浮搬运组分中，球度小的片状颗粒最容易漂走，因此在细砂和粉砂甚至黏土岩层面上常聚集有较大片的云母碎屑或植物碎屑。在滚动搬运中，则只有球度大的颗粒才最易于沿底床滚动。

表 3-10 D 与 ϕ 的粒级换算关系

D(mm)		$D=2^n$	ϕ 值
小数式	分数式		
8	8	$8=2^3$	−3
4	4	$4=2^2$	−2
2	2	$2=2^1$	−1
1	1	$1=2^0$	0
0.5	1/2	$1/2=2^{-1}$	1
0.25	1/4	$1/4=2^{-2}$	2
0.125	1/8	$1/8=2^{-3}$	3

(3)形状：颗粒的形状是由颗粒的长轴(L)、中轴(I)和短轴(S)三个轴的相对大小决定的。根据这三个轴的长度比例，将颗粒分为 4 种形状(图 3-2)。

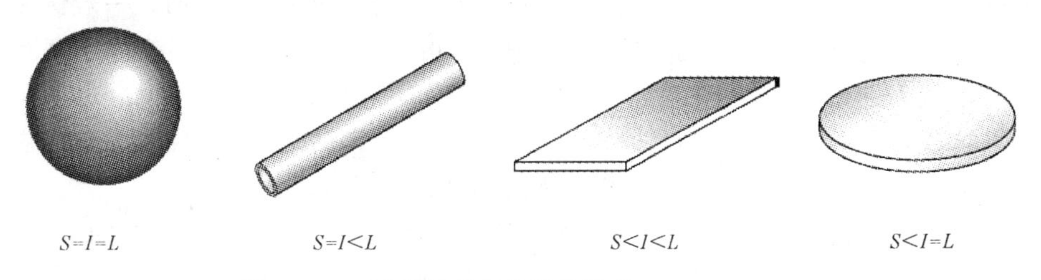

图 3-2 四种常见的颗粒形状类型(据 Tucker,2003)

(4)圆度：是指碎屑颗粒的原始棱角被磨圆的程度，它是碎屑的重要结构特征之一。

圆度在几何上反映了颗粒最大投影面影像中的隅角曲率，它的定量定义是：

$$圆度=\frac{\sum r/n}{R}$$

式中：r 为隅角的内切圆半径(mm)；n 为隅角数；R 为颗粒的最大内切圆半径(mm)。

上式表明，圆度为角的平均曲率半径与颗粒最大内切圆半径之比(图 3－3)。圆度的数值变化在 0 与 1 之间，圆度越高，圆度的数值越大。圆度和球度是沉积物成熟度的反映，圆度好及球度高，可直接说明沉积物的成熟度高。

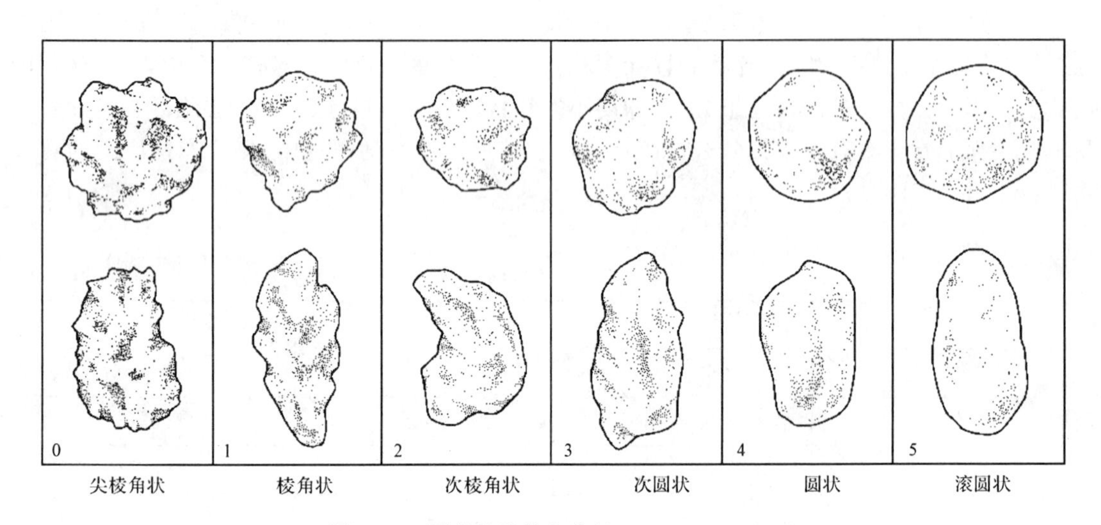

图 3－3　圆度的形状和分级(据 Tucker，2003)

棱角状：碎屑的原始棱角无磨蚀痕迹或只受到轻微的磨蚀，其原始形状无变化或变化不大。

次棱角状：碎屑的原始棱角已普遍受到磨蚀，但磨蚀程度不大，颗粒原始形状明显可见。

次圆状：碎屑的原始棱角已受到较大的磨蚀，其原始形状已有了较大的变化，但仍然可以辨认。

圆状：碎屑的棱角已基本或完全磨损，其原始形状已难以甚至无法辨认，碎屑颗粒大都呈球状、椭球状。

(5)颗粒表面结构：表面结构是碎屑颗粒表面的形态特征，一般主要观察表面的磨光程度及表面刻蚀痕迹两个方面。霜面似毛玻璃，在反射光下看表面模糊、不透明。一般认为霜面是沙丘石英砂粒的特征。磨光面是光滑的磨亮的表面，由水力搬运的河流石英砂和海滩石英砂具有这种外貌。刻蚀痕是由碰撞作用造成的。在冰川环境可以形成擦痕砾石，这是在搬运过程中砾石被冰或坚硬的冰床基岩刻画造成的。在海滩带及海的近岸高能带，石英砂粒表面具有机械成因的 V 形坑，并可见到不同形状的槽沟及贝壳状断口。

(6)颗粒组构：组构是指沉积岩中颗粒的排列方式、充填方式以及颗粒之间的接触关系(图 3－4)，是沉积物结构的一个重要方面。在很多砂岩和砾岩中，砂和砾在同一方向沿长轴方向排列。这种定向排列是沉积岩的一种主要的组构(如果岩石没有发生构造变形)，并且是由沉积介质(风、冰川、水)和沉积物相互作用产生的。颗粒的定向排列能作为一种古水流方向的标志，尤其在那些沉积构造发育不好的岩石中。沉积物颗粒的充填方式影响到孔隙度和渗透率。充填方式主要取决于颗粒的大小、形状和分选。现代海滩和沙丘砂由分选好、磨圆也好的颗粒组成，孔隙度为 25%～65%。分选差的沉积物颗粒间接触更紧密，因而孔隙度更低、粒度变化更大，颗粒间的孔隙被较细的成分充填。

2. 填隙物结构

碎屑岩的填隙包括杂基和胶结物。由于它们的成因不同，因此在结构上也表现着各自的特点。

(1)杂基的结构：杂基是碎屑岩中与粗碎屑一起沉积下来的细粒填隙组分，粒度小于 0.03mm(或＞5ϕ)，它们是机械沉积产物而不是化学沉淀组分。杂基粒度是相对的，对于更粗的碎屑岩，如在泥石流的砾岩中，杂基相对变粗，除泥以外可以包括粉砂甚至砂级和砾级颗粒。

杂基的含量和性质可以反映搬运介质的流动特征，反映碎屑组分的分选性，因而也是碎屑岩结构成熟度的重要标志。沉积物重力流中含有大量杂基，以杂基支撑结构为特征，而牵引流中主要搬运床砂载荷，最终形成的砂质沉积物以表现颗粒支撑结构为特征，杂基含量很少，粒间由化学沉淀胶结物充填。可见杂基含量是识别流体密度和黏度的标志。

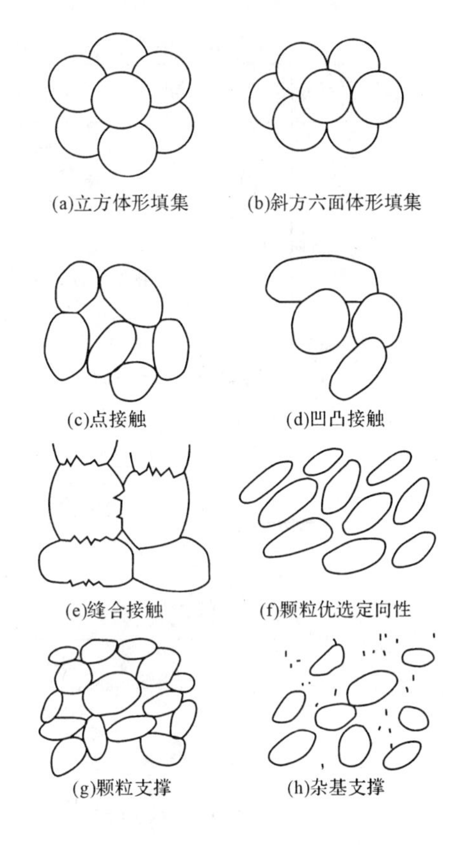

图 3-4　颗粒的组构(据 Tucker,1991)

同时，杂基含量也是重要的水动力强度标志。在高能量环境中，水流的簸选能力强，黏土会被移去，从而形成干净的砂质沉积物；相反，砂岩中杂基含量高表明分选能力差，这是结构成熟度低的表现。只有同生期杂基具有成因意义，代表原始沉积状态的杂基称原杂基。原杂基表现泥质结构，由未重结晶的黏土质点组成，可含有碳酸盐泥及石英、长石等矿物的细碎屑。原杂基与碎屑颗粒的界线清楚，二者间无交代现象。在杂基支撑结构的砂岩中，原杂基含量可高于 30%，同时碎屑颗粒常表现较差的分选性。原杂基经成岩作用明显重结晶后则转变为正杂基。正杂基在含量和分布上继承了原杂基的特点。原杂基和正杂基都可以作为沉积环境的标志。但在碎屑岩中还可见到一些与杂基极为相似的细粒组分，它们在成因上与杂基完全不同，可称之为“似杂基”，包括：①淀杂基——指在成岩作用过程中，由孔隙水中析出的黏土矿物胶结物；②外杂基——指碎屑沉积物堆积后，在成岩后生期充填于其粒间孔隙中的外来杂基物质；③假杂基——是软碎屑经压实碎裂形成的类似杂基的填隙物。

(2)胶结物的结构：胶结物的结构特点与本身的结晶程度、晶粒大小和分布的均匀性有关(图 3-5)。常见的胶结物结构类型有：①非晶质结构，呈此种结构的胶结物如蛋白石、铁质等；②隐晶质结构，如玉髓、隐晶质磷酸盐、碳酸盐等；③显晶质结构，最常见的如碳酸盐等胶结物。

当胶结物呈不等粒状且晶粒间彼此为一平直的接触面时，巴瑟斯特(Bathurst,1951)称为

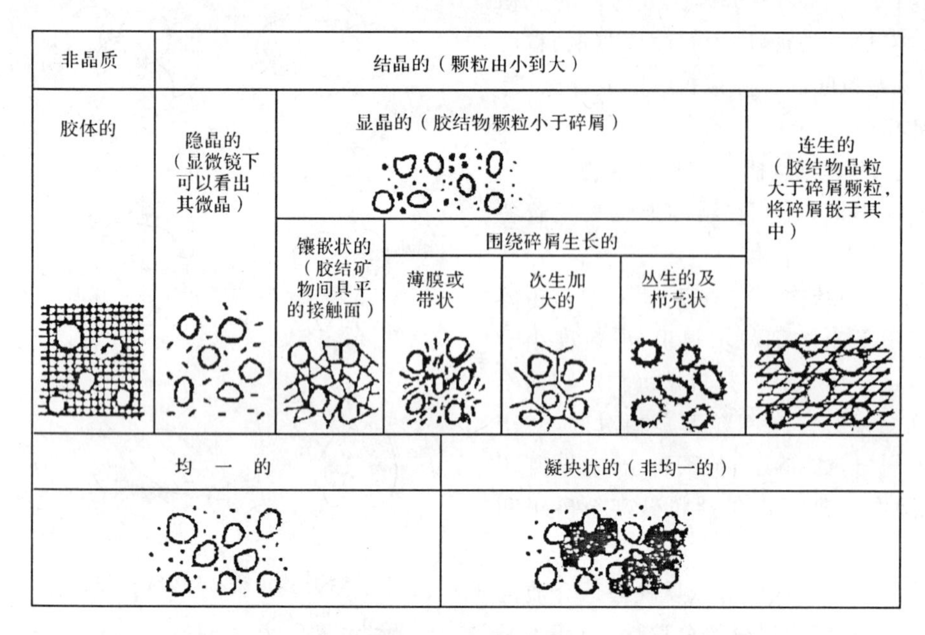

图 3-5　胶结物的结构特征(据姜在兴等,2003)

协和界面,这种晶粒间的接触特点表明了两个晶体在其生长方向上、生长速度和其间的夹角都是稳定的。如果是三个晶体接合,其中有一个结构面的夹角是180°时,巴瑟斯特称为贴面接合,它表明胶结过程有间歇。

4)带状(薄膜状)和栉壳状(丛生)结构:胶结物环绕碎屑颗粒呈带状分布,当胶结物呈纤维状或细柱状垂直碎屑表面生长时,称为栉壳状胶结。带状和栉壳状胶结多形成于成岩期或同生期。

5)再生(次生加大)结构:自生石英胶结物沿碎屑石英边缘呈次生加大边,而且两者的光性方位是大体一致的,这种石英胶结物称为次生加大或再生石英。除石英外,还有长石和方解石形成的次生加大结构。次生加大结构大都是在成岩期形成的。

6)嵌晶(连生)结构:指胶结物在重结晶时形成很大的晶体,或者是从孔隙水溶液结晶的粗大晶体,往往将一个或几个碎屑颗粒包含在一个晶体之中。嵌晶结构是典型的后生阶段产物。

此外,还有凝块状或斑点状结构,这是由于胶结物在岩石中分布的不均匀性所造成的。

3. 孔隙结构

储集岩的孔隙结构是指岩石所具有的孔隙和喉道的几何形状、大小、分布及其相互连通关系。岩石未被颗粒、胶结物或杂基充填的空间称为岩石的孔隙空间。孔隙空间可以均匀地散布在整个岩石内,亦可以不均匀地分布在岩石中形成孔隙群。岩石孔隙空间又可分为孔隙和喉道。一般可以将岩石颗粒包围着的较大空间称为孔隙,而仅仅在两个颗粒间连通的狭窄部分称为喉道。

孔隙和喉道的配置关系是比较复杂的。每一支喉道可以连通两个孔隙,而每一个孔隙则至少可以有三个以上的喉道相连接,最多的可以与六个到八个喉道相连通。孔隙反映了岩石的储集能力,而喉道的形状、大小则控制着孔隙的储集和渗透能力。

砂岩的孔隙和喉道的大小及形态主要取决于颗粒的接触类型和胶结类型，砂岩颗粒本身的形状、大小、圆度和球度也对孔隙和喉道的形状有直接影响。流体沿着复杂的孔隙系统流动时，将要经历一系列交替着的孔隙和喉道。无论在石油的二次运移过程中从孔隙介质中驱替在沉积期间所充满的水时，或者是在开采过程中石油从孔隙介质中被驱替出来时，都受到流体通道中最小的断面（即喉道直径）所控制。显然，孔隙结构是影响储集岩渗透能力的主要因素。孔隙喉道的大小和形状主要取决于砂岩颗粒的接触类型和胶结类型，以及砂粒本身的大小和形状。在不同的砂岩接触类型和胶结类型中常见到 4 种孔隙喉道类型（图 3-6）。

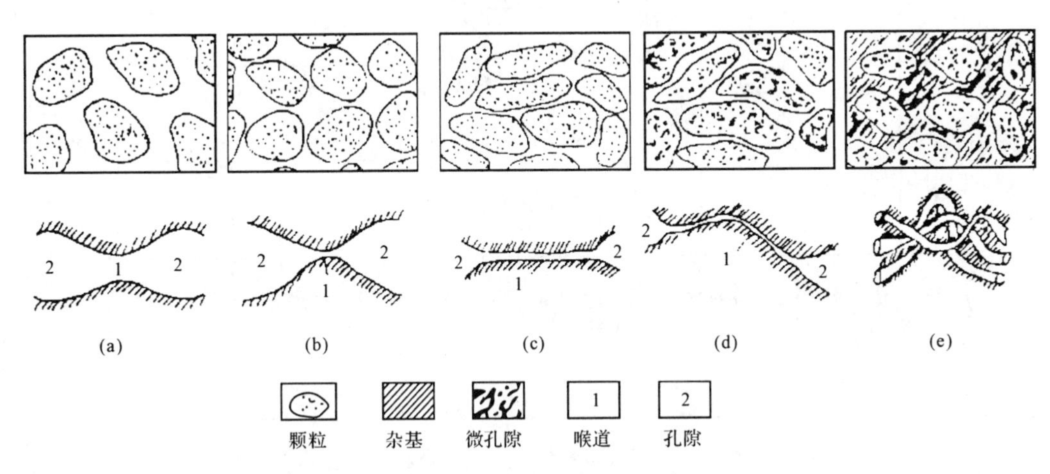

图 3-6　孔隙喉道的类型及特征（据姜在兴等，2003）

(a)喉道是孔隙的缩小部分；(b)喉道是可变断面收缩部分；

(c)、(d)片状或弯片状喉道；(e)管束状喉道

4.胶结类型和颗粒接触类型

在碎屑岩中，碎屑颗粒和填隙物间的关系称为胶结类型或支撑类型。它与碎屑颗粒和填隙物的相对含量、颗粒间的接触关系有关。按碎屑和杂基的相对含量可以分为杂基支撑和颗粒支撑两大类，按颗粒和填隙物的相对含量和相互关系可以分为基底式胶结（或半基底式胶结）、孔隙式胶结、接触式胶结和镶嵌胶结等；按颗粒间的接触性质还可细分为若干类型。基底式胶结一般讲属杂基支撑类型，孔隙式胶结、接触式胶结以及镶嵌胶结属颗粒支撑类型（图 3-7）。在杂基支撑结构中，杂基含量高，颗粒在杂基中呈漂浮状。在颗粒支撑结构中，颗粒之间可有不同的接触性质，包括点接触、线接触、凹凸接触和缝合接触（图 3-7）。

5.结构成熟度

碎屑岩的改造程度既反映在成分上，也反映在结构上。结构成熟度是指碎屑沉积物在其风化、搬运和沉积作用的改造下接近终极结构特征的程度（Fork，1954）。从理论上讲，碎屑沉积物的理想终极结构应该是碎屑为等大球体，而且还应为颗粒支撑类型的化学胶结物填隙。即结构成熟度的高低应反映在碎屑的分选性、磨圆度、黏土（或杂基）的含量上。按这三个标准可将结构成熟度分为四个级别：未成熟、次成熟、成熟、极成熟（表 3-11）。

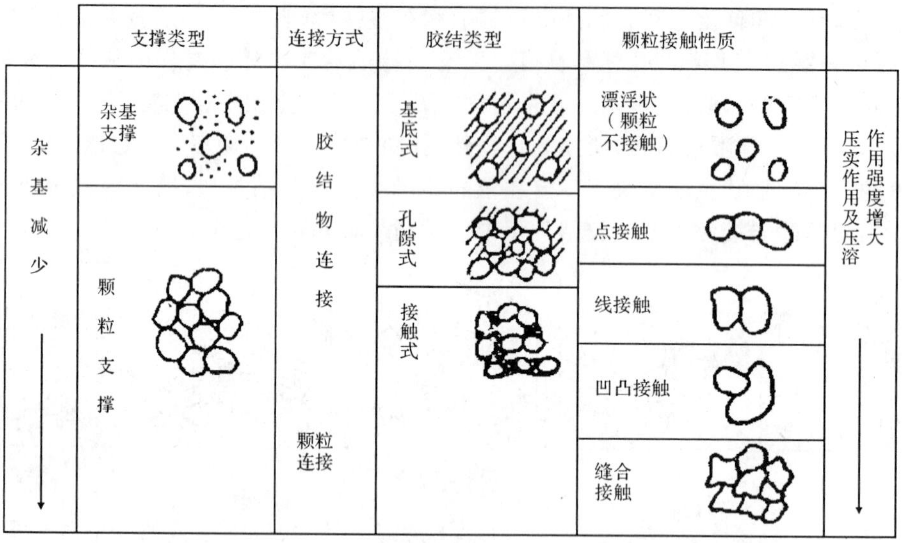

	支撑类型		连接方式	胶结类型	颗粒接触性质	
杂基减少 ↓	杂基支撑		胶结物连接	基底式	漂浮状（颗粒不接触）	作用强度增大 压实作用及压溶 ↓
	颗粒支撑			孔隙式	点接触	
				接触式	线接触	
					凹凸接触	
			颗粒连接		缝合接触	

图 3-7 支撑类型、胶结类型和颗粒接触关系(据姜在兴等,2003)

表 3-11 确定结构成熟度的程序(据 Fork 修改,1968)

第一步:黏土含量(含<30%的云母物质,不包括自生矿物)
①>5%,属未成熟的
②<5%,再根据分选性细分
第二步:分选性
①>0.5ϕ,属次成熟的
②<0.5ϕ,再根据圆度细分
第三步:圆度
①若碎屑为次棱角状至棱角状,属成熟的
②若碎屑为次圆状以上,则是极成熟的

由于结构成熟度最终受着复杂的搬运和沉积环境所控制,因此还可出现更为复杂的情况。如在风暴期,可使得成分单纯、圆度高、分选好的海岸砂和由较深水环境带来的大量黏土杂基相混合,致使浅海砂的结构成熟度降低。此外,生物扰动也可以产生这种混合作用。这种现象称为结构退变。碎屑岩在经过成岩过程的变化后,其结构成熟度可以得到提高(如黏土杂基被化学胶结物交代)或者降低(如碎屑因溶蚀作用、交代作用而降低圆度,或生成了似杂基,增加了“杂基”的含量),因此,在作结构成熟度分析时,要注意剔除这些影响。成分成熟度和结构成熟度可以一致,也可以不一致。

二、碎屑岩构造

碎屑岩的构造即沉积构造,是指沉积物沉积时,或沉积之后,由于物理作用、化学作用及生物作用形成的各种构造，具有明确的环境指相意义。在沉积物沉积过程中及沉积物固结成岩之前形成的构造即原生构造，例如层理、包卷构造等。固结成岩之后形成的构造为次生构造，例如缝合线等。研究沉积岩的原生构造，可以确定沉积介质的营力及流动状态，从而有助于分析沉积环境，有的还可确定地层的顶底层序等。

按照构造形态-成因分类，大类按成因划分，次一级分类按分布和形态划分，沉积构造可以分为物理成因、化学成因和生物成因构造三大类（表 3－12）。相关内容将在第四章第四节详细论述。

表 3－12　碎屑岩沉积构造的分类（据姜在兴，2003 修改）

物理成因构造			化学成因构造	生物成因构造
流动成因构造	同生变形构造	暴露成因构造		
一、层理构造	重荷模（负荷）构造	干裂	1.结晶构造	1.生物遗迹构造
1.简单层理	包卷构造	雨痕	晶体印痕	居住迹
块状层理	砂球和砂枕构造	冰雹痕	假晶	爬迹
水平层理	碟状构造	泡沫痕	示顶底构造	停息迹
平行层理	柱状构造	流痕	2.压溶构造	进食迹
粒序（递变）层理	滑塌构造		缝合线	觅食迹
交错层理	碟状构造		叠锥	潜穴
爬升波痕层理	泄水构造		3.增生交代构造	钻孔
2.复合层理			结核	2.生物扰动构造
波状层理			成岩层理	3.生物生长构造
脉状层理				叠层石
透镜状层理				植物根痕迹
韵律层理				
二、层面构造				
1.顶面构造				
波痕				
剥离线理构造				
2.底面构造				
侵蚀模-槽模				
刻蚀模-沟模				
跳模、刷模、锥模等				
三、其他				
冲刷充填构造				
侵蚀面构造				

1.流动成因的沉积构造

沉积物在搬运和沉积时，由于介质（如水、空气）的流动，在沉积物的内部以及表面形成的构造,属于流动成因的构造。主要有各种层理构造及顶底层面构造。

2.(准)同生变形构造

沉积物沉积后,在固结成岩之前,还处于富含孔隙水的状况下所发生的形变,均称同生变形构造。变形的程度可以从轻微的扭曲层到复杂的"褶曲"层、破碎层及变位层。一般地说,这样的变形构造是局部性的,基本上局限于未形变层内的一个层,常出现在粗粉砂、细砂沉积层中,主要受颗粒的黏性、渗透性和沉积速率控制。(准)同生变形构造包括包卷构造、重荷模、滑塌构造、砂火山、砂球及砂枕构造、碟状构造、砂岩岩脉及岩床等。引起沉积物形变的机理有密度差、沉积物的液化和流化作用、重力作用而产生移动及滑塌,由于流体流动施加给沉积物表面上的切应力,而产生表层沉积物的形变等。

3.暴露成因的构造

有些层面构造并非流动成因的,而是沉积物露出水面(或在水面附近),处在大气中,表面干涸收缩,或者受到撞击而形成的,如干裂、雨痕、泡沫痕和冰成痕等。这些构造具有指示沉积环境及古气候的意义。

4.化学成因的构造

有些构造如结核、缝合线、叠锥等是与化学溶解、沉淀作用有关。

5.生物遗迹构造

即生物遗迹化石或生物扰动构造,是指保存在沉积物层面上及层内的生物活动的痕迹。遗迹化石可按形态及行为方式不同分为8种常见类型:居住迹、爬迹、停息迹、进食迹、觅食迹、逃逸迹、耕作迹、植物根痕迹。

详细的沉积构造将在第四章第三节指相标志中论述。

三、碎屑岩颜色

颜色是沉积岩最醒目的标志,它取决于岩石的成分及物理化学形成条件,因而也是鉴别岩石、划分和对比地层、分析古地理的重要依据之一。按成因可分为三类,即继承色、自生色和次生色。继承色和自生色都是原生色。

1.继承色

继承色主要决定于碎屑颗粒的颜色,而碎屑颗粒是母岩机械风化的产物,故碎屑岩颜色是继承了母岩的颜色。如长石砂岩多呈红色,这是因为花岗质母岩中的长石颗粒是红色的缘故。同样,纯石英砂岩因为碎屑石英无色透明而呈白色。

2.自生色

决定于沉积物堆积过程及其早期成岩过程中自生矿物的颜色。比如,含海绿石或鲕绿泥石的岩石常呈各种色调的绿色和黄绿色,红色软泥是因为其中含脱水氧化铁矿物(赤铁矿)。

3.次生色

是在后生作用阶段或风化过程中,原生组分发生次生变化,由新生成的次生矿物所造成的颜色。这种颜色多半是由氧化作用、还原作用、水化作用或脱水作用,以及各种矿物(化合物)带入岩石中或从岩石中析出等引起的。比如在有些情况下,含黄铁矿岩层的露头呈现红褐色,这是由于黄铁矿分解形成红色的褐铁矿所致,而在另一种情况下,同样是这种露头,由于低价铁和高价铁硫酸盐的渗出而呈现浅绿—黄色。

岩石颜色的原生性(继承色和自生色)和次生性都可用作找矿标志。原生色与层理界线一致,在同一层内沿走向分布均匀稳定。次生色一般切穿层理面,分布不均匀,常呈斑点状,沿缝洞和破碎带颜色有明显变化。碎屑岩的颜色多半是由于含铁质化合物(绿、红、褐、黄色)或含游离碳(灰、黑色)等染色物质即色素造成的。大多数岩石由暗灰色变为黑色,是因为存在有机质(炭质、沥青质)或分散状硫化铁(黄铁矿、白铁矿)造成的。岩石的颜色随着有机碳含量的增加而变深,表明岩石形成于还原或强还原环境中。红、棕、黄色通常是由于岩石中含有铁的氧化物或氢氧化物(赤铁矿、褐铁矿等)染色的结果。若系自生色,则表示沉积时为氧化或强氧化环境。大陆沉积物多为红黄色,然而,海洋沉积物有时也呈红色,这多半是由于海底火山喷发物质的影响或海底沉积物氧化所致,也有的红色岩层是由于大陆形成的红色沉积物被搬运入海,处于近岸氧化环境或是迅速埋藏造成的。故通常所谓的红层不一定都是陆相沉积。绿色多数是由于其中含有低价铁的矿物,如海绿石、鲕绿泥石等所致,少数是由于含铜的化合物所致,如含孔雀石而呈鲜艳的绿色。若系自生色,绿色一般反映弱氧化或弱还原环境。颜色的描述方法,应以表示主要颜色为主,必要时在主要颜色之前附以补充色,并以深浅表示色调,例如,深紫红色或浅黄灰色。其中红、灰是主要颜色,放在后面,紫、黄是次要颜色放在主色前面作为形容词。

第三节 碎屑岩的水动力学及成因

碎屑岩的形成及演化过程大致可分为以下几个阶段,即原始物质(主要是母岩的风化产物)的形成阶段、原始物质的搬运和沉积阶段(即沉积物的形成阶段)、沉积后作用阶段(其中又包括沉积物的同生作用和准同生作用阶段、沉积物的成岩作用阶段以及沉积岩的后生作用阶段)。

一、碎屑岩的水动力学

牵引流和沉积物重力流在流体力学性质、沉积物的搬运方式和驱动力、流体与沉积颗粒之间的力学关系等方面都有显著差异,即它们的沉积机理是不一样的,从而形成的沉积物也有各自的特点。

牵引流指的是能沿沉积底床搬运沉积物的流体。在沉积学范畴中牵引流是最常见的,例如含有少量沉积物的流水(包括河流、海流、波浪流、潮汐流以及 20 世纪 60 年代中期提出来的等深流等)和大气流。随着流体中碎屑颗粒数量的不断增加,逐渐向重力流过渡,例如水中浓集有大量沉积物的浊流、泥石流等都属沉积物重力流。重力流的重要性日益为人们所重视,并已掌握其鉴别标志。

由于沉积物(岩)极大部分是在水的作用下形成的,涉及到与水有关的流体动力学问题。碎屑颗粒在流体中的运动方式有滑动、滚动、跳跃、悬浮和层移方式。

1. 牛顿流体和非牛顿流体

从流体力学性质来看,凡服从牛顿内摩擦定律的流体称为牛顿流体,否则称为非牛顿流体。内摩擦定律可表示为:

$$\tau=\mu\frac{d\mu}{dy}$$

式中:τ 为单位面积上的内摩擦力,称为黏滞切应力;$\frac{d\mu}{dy}$称为流速梯度(或称为剪切变形率);μ 是反映流体黏滞性大小的系数,称为动力黏滞系数;也可用 $V=\frac{\mu}{\rho}$表示,V 称为运动黏滞系数,ρ 为流体密度。

服从内摩擦定律是指在温度不变的条件下,随着$\frac{d\mu}{dy}$变化,μ 值始终保持为一常数。牵引流就属于牛顿流体。若 μ 值随$\frac{d\mu}{dy}$变化而变化,即不服从内摩擦定律。沉积物重力流属于非牛顿液体。

2.沉积物机械搬运的方式和床沙形体(或称为床面形态、底形)

(1)沉积物的机械搬运方式和驱动力:牵引流与重力流对沉积物的机械搬运方式和引起沉积物搬运的驱动力是不同的,牵引流既有推移方式搬运,又有悬移方式搬运,而重力流则以悬移方式搬运为主。

牵引流的搬运力表现在两个方面:一是流体作用于沉积物上的推力(即牵引力),推力的大小主要取决于流体的流速,推力越大则能搬运的沉积物颗粒越大;另一是负荷力(或称为载荷力),负荷力的大小取决于流体流量,负荷力越大则能搬运的沉积物数量就越多。推力大不一定负荷力就大,反之亦然。例如,山溪急流可以搬运达几十吨重的巨石,而浩瀚的长江,尽管每年能搬运 4.8×10^8 t 物质,却不能推动一块大的砾石。山溪急流的负荷力虽不大而推力却很大,长江推力不大而负荷力却很大。

可见,牵引流驱使沉积颗粒移动的动力是流体流动所产生的推力(牵引力)。大部分流体(如水)多半是由高处向低处流,沉积物亦由高处往低处搬运;但也有的流体可向高处流动,如风与海滩上的冲流,这时亦可使沉积颗粒往高处搬运。

流体中被搬运的沉积物称为载荷,单位时间内流经某一横断面的沉积物总量(或容量)称为载荷量。按沉积物搬运方式不同,可分为溶解载荷、悬移载荷、推移载荷或床沙载荷。当流体不能再携带更多的沉积物时,那就是满载,随着流速降低、流量减小,流体的推力和负荷力就要减弱,成为超载,这时沉积物就会由粗到细依次发生沉积。

重力流的流动以及驱使沉积物发生移动的动力是重力。重力流是流体和悬浮颗粒的高密度混合体,它的流动主要是作用于高密度固态物质上的重力所引起,因此重力流的流动都是沿斜坡向下移动的,使重力流沉积物大量分布在大陆斜坡边缘的盆地深处。

(2)床沙形体与佛罗德数:沉积物呈床沙方式搬运主要见于牵引流中。所谓“床沙载荷”,按爱因斯坦(Einstein H A,1950)的定义是指直接覆于床底上的有两个(被搬运的)颗粒直径那么厚的、作层状运动的底部颗粒。随着流体流动强度的变化,在床沙表面会相应出现不同的几何形体,称为床沙形体(底形,在我国水力学中习惯称为底床形态)(图 3-8)。在明渠水流(包括河流、湖、海中的水流)中,按流动强度的不同可出现急流、缓流和临界流三种流态,这三种流态的判别标志为佛罗德数。不同流态可出现不同类型床沙形体。

1)急流、缓流与佛罗德数:明渠水流的特点是存在与大气相接触的自由表面,因而明渠水

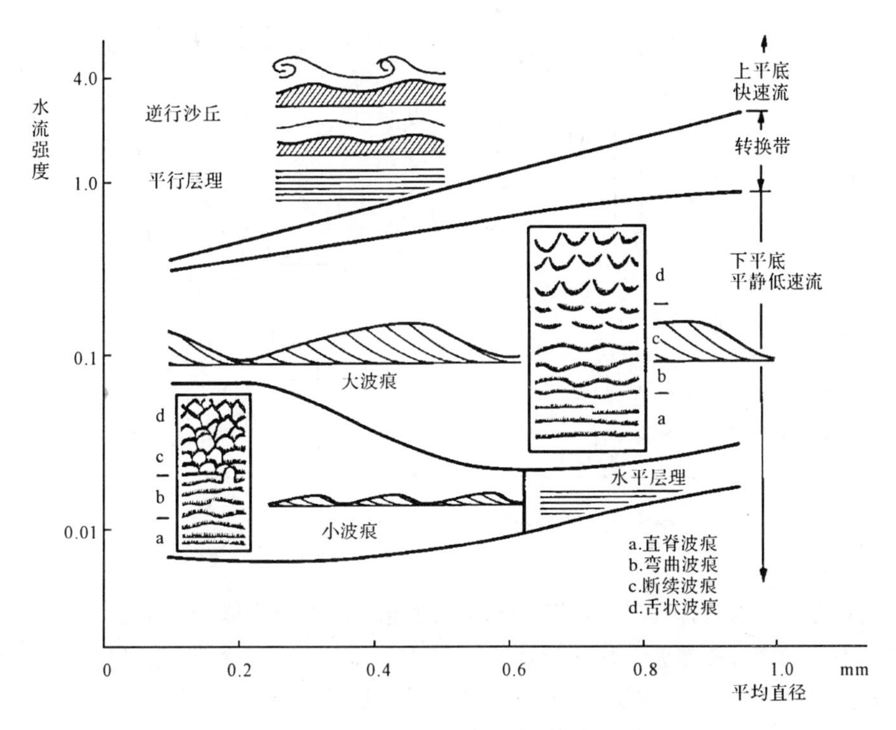

图 3-8　底形随水流强度的演化图(Simons,1965)

流是一种无压流,只有这种流动才具有上述三种流态变化。

急流与缓流的判别准则是佛罗德数(Fr),即

$$Fr=v\sqrt{h\cdot g}$$

式中:v 是平均流速(m/s);h 是水深(m)。佛罗德数为量纲为 1 的量,用它可以判别明渠水流的流态。$Fr<1$ 时,水流为缓流,也称为临界下的流动状态或低流态,它代表一种水深流缓的流动特点;$Fr=1$ 时,水流为临界流;$Fr>1$ 时,水流为急流,也称为超临界的流动状态或高流态,它代表一种水浅流急的流动特点。

2)床沙形体:床沙表面可随水流强度变化而出现各种类型的床沙形体(图 3-8)。每一类型的床沙形体不是固定不动的,而是通过组成床沙的砂砾颗粒的滚动、滑动或跳跃移动而使床沙形体发生顺流或逆流移动,这种现象在水力学上称为沙波运动。

明渠水流随着流动强度加大,在床面上会依次出现下列床沙形体:无颗粒运动的平坦床沙→沙纹→沙浪→沙丘→过渡型(或低角度沙丘)→平坦床沙→逆行沙丘→流槽和凹坑。由于床沙形体与层理之间的成因关系密切,床沙形体迁移过程在层内留下的痕迹就是层理。如果属沙纹迁移,即形成小型交错层理;沙浪、沙丘迁移时,能够形成中型或大型的交错层理;平坦床沙的迁移可形成平行层理。另外,按床沙形体脊的几何形态可分为:直线状、弯曲状、链状、舌状、新月状和菱形(图 3-9)。脊的几何形态与交错层理的类型有密切的关系,如脊为直线状和微弯曲状,可形成板状交错层理;而脊为弯曲状、链状、舌状和新月状时,则形成槽状交错层理。

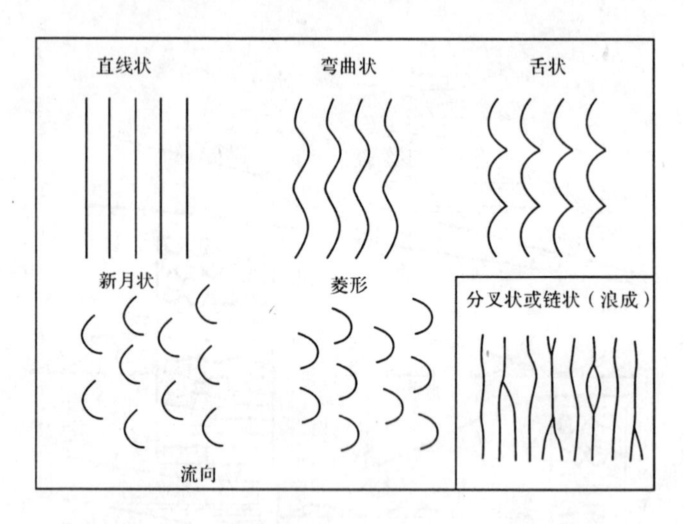

图 3-9 床沙形体脊的类型(Simons,1965)

随着流水的向前流动，则床沙载荷不断地向前迁移。床沙形体的表面总是向下游倾斜较陡，而向上游倾斜较缓；在陡坡上加积形成的纹层称为前积层，在缓坡上加积形成的纹层称为后积层。床沙形体迁移时，后积层不断地被侵蚀，前积层不断地加积。

3)层流、紊流与雷诺数：自然界任何流体的流动特点均有层流与紊流(或称为湍流)两种流动形态。层流是一种缓慢的流动，流体质点作有条不紊及平行和线状运动，彼此不相掺混。紊流是一种充满了漩涡的急湍的流动，流体质点的运动轨迹极不规则，其流速大小和流动方向随时间而变化，彼此互相掺混(图 3-10)。层流和紊流的水力学性质及对沉积物的搬运和沉积特点是不一样的，现以流水为例予以说明。

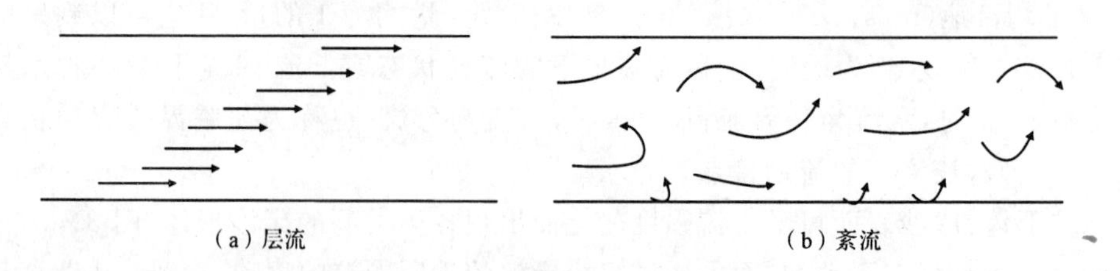

图 3-10 层流、紊流的流动特点

英国学者雷诺(Reynolds)首先从实验室中观察到流速大小和流动方向随时间而变化这一物理现象，他曾用不同管径的管道和不同流体进行试验，获得了一个判别层流与紊流的准则，称为雷诺数 Re，即

$$Re=\frac{vd\rho}{\mu}$$

式中：直径 d 为管道直径(mm)；v 为流体流速(m/s)；ρ 为流体密度(kg/m^3)；μ 为流体黏度。经过许多实验，对于任何管径和任何牛顿流体，所得紊流转变为层流时的临界雷诺数大体是相同的，约为 2 000，故对管道流，当 $Re<2\ 000$ 时，为层流，$Re>2\ 000$ 时，为紊流。

对于明渠来说，则应该用水力半径(R)代替管道半径(d)来计算临界雷诺常数，因 $R=1/4d$，所以明渠流的临界雷诺数应为500。雷诺数为一无量纲数。

层流与紊流具有不同的力学特点。紊流不仅具有黏滞切应力，而且还有流体质点的紊乱流动而引起的附加切应力(或称为惯性切应力)，而层流只有黏滞切应力。因此，紊流的搬运能力要强于层流，并且紊流还具有漩涡扬举作用，这是使沉积物呈悬浮搬运的主要因素。

从沉积物沉积时遭受的阻力来说，紊流兼有黏滞阻力和惯性阻力，层流则只有黏滞阻力，因此沉积物不易从紊流中沉积下来，而在层流中则如同在静水中一样很容易沉积下来。

自然界中绝大多数水体是紊流运动。不过任何紊流的水体在与固体边界接触处(如河道底和两壁)，由于固体边界效应，在紧靠固体边界处的流动仍是黏滞力起主导作用下的流动，即流体运动型态仍属于层流，所以称此层为层流底层(或称为黏性底层，图3-11)。层流底层的厚度是随雷诺数的增大而减小的。层流底层的存在对沉积物的搬运和沉积起着重要作用，使得图3-11平行流向的河流，垂直剖面表示紊流及层流底层，流线长度代表流速大小，沉积物与流体之间界面上不断发生的沉积和搬运的交替作用非常活跃。

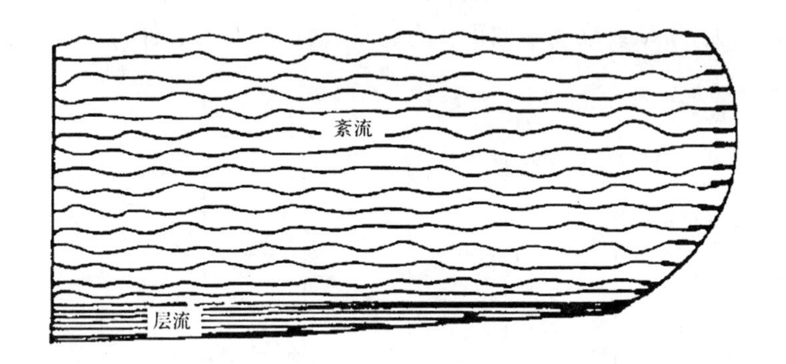

图3-11　平行流向的河流，垂直剖面表示紊流及层流底层，流线长度代表流速大小

二、碎屑岩的成因

(一)原始物质形成阶段

地壳上先形成的出露(或曾出露)的岩石称为母岩。母岩可以是岩浆岩、变质岩或沉积岩，母岩分布的地区称为母岩区。陆源物质是母岩风化作用的产物，是沉积岩原始物质最主要的来源。沉积岩的原始物质有母岩的风化产物、火山物质、有机物质以及宇宙物质等，其中母岩的风化产物是最主要的。

风化作用是地壳表层岩石的一种破坏作用。引起岩石破坏的外界因素有温度、水以及各种酸的溶蚀作用、生物作用以及各种地质营力的剥蚀作用等。在这些因素的共同影响下，地壳表层的岩石就处于新的不稳定状态，逐渐地遭受破坏，转变为风化产物。这些风化产物就是最主要的沉积岩的原始物质成分。风化作用按其性质可分为：物理风化作用、化学风化作用和生物风化作用。

（二）原始物资搬运和沉积阶段

流水和大气是两种最主要的搬运和沉积介质，它们都是流体。自然界中的流体存在两种基本类型，即牵引流与重力流。区分这两种沉积物流体，并识别牵引流和重力流所形成的沉积物，具有重要的理论和实际意义。

1. 牵引流的机械搬运和沉积作用

牵引流不但可以搬运碎屑物质，而且还可以搬运溶解物质；不仅有机械沉积作用，而且还广泛进行着化学和生物沉积作用。

（1）单向水流：碎屑颗粒在流水中可以推移（床沙）载荷和悬移载荷方式被搬运。较细碎屑（较细砂、粉砂）则呈跳跃搬运。搬运方式和碎屑大小之间的关系不是恒定的，随水流强度而变，水流强度大时，跳跃颗粒偏粗，反之则偏细。细小的碎屑颗粒在流水中不易沉到底部，总是呈悬浮状态被搬运。悬移搬运主要发生在紊流中，因为紊流中存在有紊涡产生的水流的紊动作用。由于上举力的作用使颗粒跳起达到一定高度，若遇到紊流漩涡，而漩涡又具有足够的能量，漩涡就能携带颗粒运动。漩涡的紊动作用将下部水流中的颗粒带到上部；同时，颗粒又因重力作用不断下沉（图 3－12）。颗粒的搬运方式不是固定不变的，可随流动强度变化而相互转化。随着流速增大，滑动或滚动颗粒可变为跳动，跳动的变为悬浮；流速降低时，则发生相反的转变。

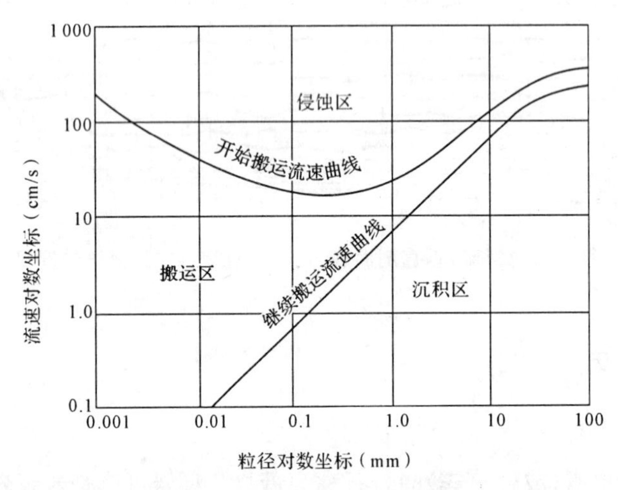

图 3－12　碎屑物质在流水中侵蚀、搬运、沉积与流速的关系

（据尤尔斯特隆，1936）

沃克（Walker，1975）根据流水的流动强度所能滚动和悬浮的最大粒径的关系，作出了图 3－13。该图可解释以下一些沉积现象：

1）当流动强度为 P 时，它所能滚动的砾石最大粒径为 8cm，同时所能悬浮的最大颗粒粒径为 2.2mm。

2）当流动强度小于 P 时，可使粒径为 8cm 的砾石和粒径为 2.2mm 的颗粒同时沉积，从而可能形成双众数的砂砾岩。

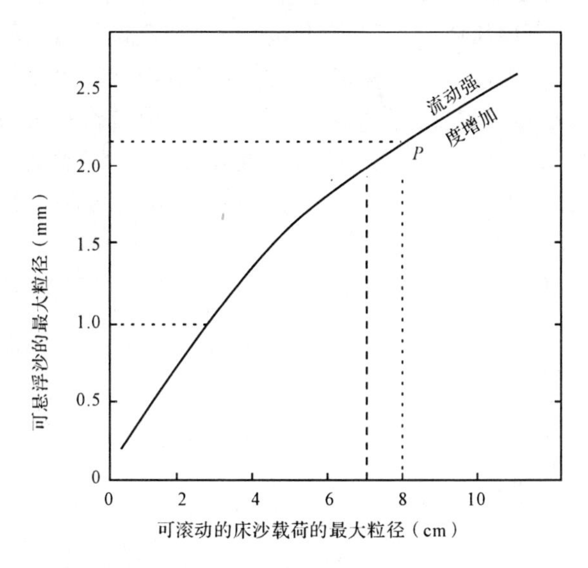

图 3-13　随着流动强度的变化，流水所能悬浮和滚动的最大颗粒直径

（据 Walker，1975）

3）当流动强度在 P 附近反复变动时，即属持续水流，此时可形成砂质沉积与砾石质沉积的互层，其平均粒径应分别为 2.2mm 与 8cm 左右。

4）如果流动强度急剧减小，则可能造成分选极差的多众数的砾、砂、粉砂和泥的混合沉积物。

5）如图 3-12 中虚线所示，沉积粒径为 1mm 的砂粒所需要的流动强度比沉积粒径为 7cm 的砾石所需的强度小得多。因此在平均粒径为 7cm 的砾石沉积的孔隙中所充填的 1mm 粒径的砂，不可能是同时沉积的，后者应是在水流强度减小后的孔隙渗滤充填物，例如冲积扇筛积物中的充填物就是这种情况。

（2）空气：由于空气的密度（15℃时为 0.001 22g/cm^3）比水（1g/cm^3）小很多（1∶800），这就决定了空气搬运不同于水流搬运的一系列特征。由于空气流动产生风的搬运动力比水小得多，在同一速度下只有水的搬运能力的 1/300，但这种差异随粒级变小而不明显。

一颗石英的重量相当于同体积水重量的 2.65 倍，却相当于同体积空气重量的 2 000 倍，因此要移动同一石英颗粒，风速要比水速大得多才行，据计算需要大 283 倍，才能获得相同的推移力，即在同一速度下风能移动的颗粒比水小得多。所以空气一般只能搬运细小的碎屑物质，主要是砂及更细物质，只有狂风才能移动砾石，其所能搬运的最大粒径比水要小得多。据巴格诺尔德（Bagnold，1941）观察，沙漠砂的粒径一般在 0.15～0.30mm 之间，没有小于 0.08mm的颗粒，因为它们都已作为尘埃而被吹走。由于风速受地形、地物影响大而有突然变化，加之密度小，因此能搬运的颗粒粒径范围较窄，风成沉积物的分选性一般比流水要好。空气中的悬移载荷可作长距离搬运，在距来源地很远的大陆或海洋中沉积下来，推移载荷则多半在来源地（沙漠或海滩）附近堆积下来，其最主要的堆积形式是沙丘。

2. 重力流的机械搬运和沉积作用

重力流占绝对优势的是机械搬运和沉积作用。沉积物重力流是一种在重力作用下发生流动的弥散有大量沉积物的高密度流体。约翰逊(Johnsun,1930)曾将这类流体称为“浊流”,浊流仅是沉积物重力流中的一种类型。沉积物重力流是不服从内摩擦定律的非牛顿流体,随着搬运距离增大,浊流可与上覆水体混合而降低其密度,但这种混合作用是相当缓慢的,或者由于流速降低而使运载的悬浮物下沉,密度也就降低。重力流随着密度降低,可向牵引流转变。

重力流可以分为水下的和大气两大类。水下沉积物重力流是指在水体底部流动的沉积物与水混合的高密度流体。米德尔顿和汉普顿(Middleton 和 Hampton,1973)根据碎屑支撑机理,即碎屑呈悬浮状态的机理,将水下重力流分为四类:碎屑流或泥石流、颗粒流、液化沉积物流和浊流(图 3-14)。

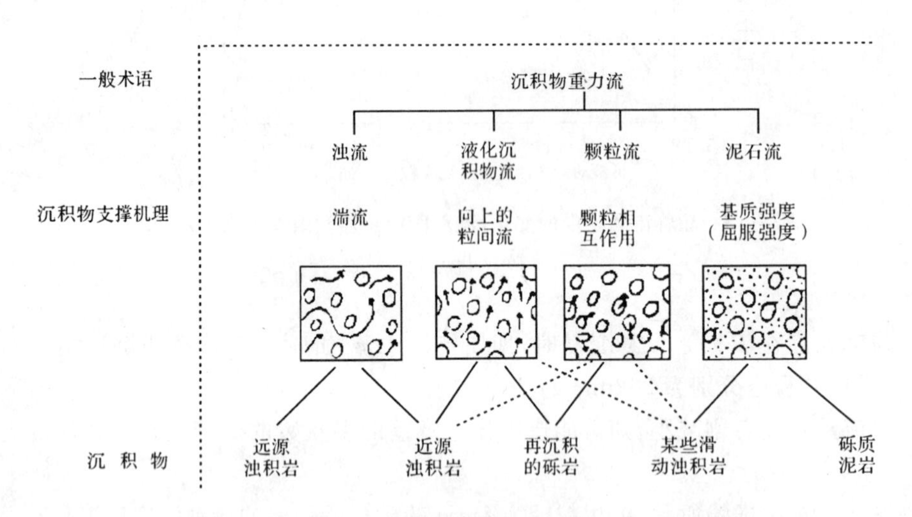

图 3-14　水下重力流的类型(据 Middleton 等,1973)

大气沉积物重力流是指与大气相接触的沉积物与水或气体相混合的高密度流体。据弗雷德曼(Friedman,1978)等人资料,大气重力流包括岩块崩塌流,这是一种沉积物与气体的混合体,类似于水下颗粒流;大气中也有碎屑流,这是一种火山物质或正常沉积物与水的高密度混合体;由火山喷发出来的膨胀气体与火山物质的高密度混合体,当沿地表流动时称为热气底浪沉积;火山灰被喷到空气中悬浮在大气中的高密度火山灰流,即热灰云或发光云。

3. 冰的机械搬运和沉积作用

冰川和浮冰是一种搬运能力巨大的搬运介质。现代冰川覆盖面积约占陆地的 10%,在地质历史中的一些时期曾有更广泛的冰川分布。冰川具有强大的搬运能力和侵蚀力,能携带冰蚀作用产生的许多岩屑物质,接受周围山地因冰融风化、雪崩、泥石流等作用所造成的坠落堆积物。它们不加分选地随着冰川的运动而位移。这些大小不等的碎屑物质,统称为冰碛物,冰碛物中的巨大石块称为漂砾。

冰碛物是一种由砾、砂、粉砂和黏土组成的混杂堆积,结构疏松,粒度差别悬殊,由几微米至几米,磨圆度较差,颗粒形态多呈棱角状和半棱角状,分选性比泥石流、冲积扇沉积物还差。冰碛物一般缺乏层理构造,砾石排列有时略具定向性,漂砾长轴与冰川流向基本一致,扁平面倾向上游。在冰碛物的表层与下层之间,常夹有薄层冰水沉积。

冰川是固体物质,它的移动机理包括两个方面:一是塑性流动,由于冰川自身重力使其下部处于塑性状态，上部则为脆性带；二是滑动，由于冰融水的活动或冰川底部常处于压力融解（冰的融点每增加一个大气压力就要降低 0.007 5℃）状况下，所以冰川底部与基岩并没有冻结在一起，冰体可沿冰床滑动。此外，还可沿着冰川内部一系列的破裂而滑动，这是由于下游冰川消融变薄而速度降低，上游运动较快的冰川向前推挤，形成一系列滑动面。冰川移动速度每年可由数十米到数百米。

冰川主要搬运碎屑物质，它们可浮于冰上或包于冰内。碎屑物质可来自冰川对底部和两壁基岩的侵蚀，或由两侧山坡崩塌而来。由于冰川是固体搬运，因而搬运能力很大，可搬运大至直径数十米、重达数千吨的岩块。由于碎屑不能在冰体中自由移动，彼此间极少撞击和摩擦，因此碎屑缺乏磨圆与分选，大小混杂堆积在一起。碎屑与底壁基岩间的磨蚀和刻划，以及塑性流动所产生的部分岩块间的摩擦，都可产生特殊的冰川擦痕。

冰川流动到雪线以下就要逐渐消融，所载运的碎屑就沉积下来。沉积作用主要发生在冰川后退或暂时停顿期，随着冰川的消融就有冰水产生，冰碛物遭到流水的改造即成冰水沉积物。当冰川入海裂变为冰山后可到处漂浮流动，浮冰融化后，冰体所含碎屑即行下沉，形成冰川-海洋沉积。现代南极四周、阿拉斯加北部陆棚上部均广泛分布有这种沉积。

4.化学和生物搬运与沉积作用

溶解物质可以呈胶体溶液或真溶液被搬运，这与物质的溶解度有关。Al、Fe、Mn、Si 的氧化物难溶于水，常呈胶体溶液搬运，而 Ca、Na、Mg、K 的盐类则常呈真溶液搬运。

低溶解度的金属氧化物、氢氧化物和硫化物常呈胶体溶液被搬运。溶解物质中的氯、硫、钙、钠、钾、镁等成分都呈离子状态存在于水中，即呈真溶液搬运，有时铁、锰、铝和硅也可呈真溶液搬运。真溶液的搬运（溶解）和沉淀除了受主要因素——溶解度（溶度积）控制外，还受介质 pH 值、Eh 值、温度、压力、CO_2 含量等因素的影响。溶解物质的搬运和沉淀是与一定的地球化学条件密切相关的。因此，化学沉积物可作为判断沉积环境的良好标志之一。

生物作为一种搬运营力的意义较小，但生物的沉积作用却是很重要的，它不仅可使溶解物质大量沉淀，还可使部分黏土物质和内源粒屑物质以及大量大气迁移元素沉积下来。生物的沉积作用可表现为生物遗体直接堆积形成岩石或沉积矿床。生物的沉积作用还表现为间接的方式，即在生物的生命活动过程中或生物遗体分解过程中引起介质的物理环境的变化，从而促使某些溶解物质沉淀，或由于有机质的吸附作用而使得某些元素沉积，称为生物化学沉积作用。还可以在生物生命活动过程中通过捕获、黏结或障积等作用使沉积物发生沉积，即生物物理沉积作用。生物骨屑石灰岩、球粒石灰岩、生物磷块岩、硅藻土、白垩、礁灰岩、藻类等是生物遗体直接堆积成岩石的证据，生物在其生命活动过程中或生物遗体分解过程中要产生大量 H_2S、NH_3、CH_4、O_2 等气体或吸收大量 CO_2 气体，影响介质环境的物理化学条件，从而促使某些物质溶解或沉淀。

（三）沉积后阶段

沉积物沉积以后，由于温度、压力、地层水等作用，会使其由疏松的沉积物变成坚硬的岩石，当埋到一定深度会向变质岩演化，也可以由于构造抬升或基准面下降暴露于大气中发生风化作用。把沉积物形成后到变质作用或风化作用之前所发生的作用称为沉积后作用，包括同生、成岩、后生、表生等阶段的变化，总称为沉积后变化，而英美学者统归称为成岩作用。在沉积岩形成作用的各个阶段所发生的作用，决定着沉积岩层的成分、结构及储集性质以及其他许多特点。煤、石油、天然气及许多层控金属矿床的形成和聚集，常与这些特点有关，特别与沉积期后变化的一定阶段有关。

1. 同生作用

系指沉积物沉积下来后，与沉积介质还保持着联系，沉积物表层与底层水之间所发生的一系列作用和反应。同生作用发生于海洋沉积时，称为海解作用；发生于大陆淡水沉积时，则称为陆解作用。海解作用系指沉积于海底的颗粒或质点与海的底层水之间的一种化学反应。由于在此阶段内颗粒中的一些元素（如 Ca、Si、P）也可能转移至海水中，因此也称为“海底风化作用”。陆解作用表示淡水环境中的沉积物在搬运、风化和埋藏前的“成岩”过程中所发生的化学及物理化学变化（Muller，1976）。海解作用阶段的代表性新生矿物是海绿石、钙十字沸石和沸石，以及结核型的铁、锰质矿物。

2. 成岩作用

系指松散沉积物脱离沉积环境而被固结成岩石期间所发生的作用。此处所称的同生作用和成岩作用两个阶段合在一起可相当于英美所称的早期成岩作用阶段（Chilingar，1967）或德国（Fuchtbauer，1972）所称的早期埋藏阶段或浅埋作用阶段。一般情况下，成岩作用阶段的沉积物被埋藏，使之与底层水隔绝，沉积物的质点便与孔隙水发生作用，此阶段主要作用因素是厌氧细菌。成岩作用主要特点是以由本层物质的迁移而产生重新分配组合为主，没有或很少有外来物质参加，低温低压，主要是碱性还原条件。所表现的结构构造特征是自生矿物颗粒不大，新生矿物和集合体的分布受层理控制，可穿过层理，但不穿过层面。成岩阶段是一个相当重要的阶段，有机质经过细菌发酵等作用产生甲烷或低熟油，沼泽植物可形成泥炭。

3. 后生作用

后生作用是继成岩作用阶段之后，在沉积岩转变为变质岩之前所产生的一切作用和变化。此变化阶段英美常称为晚期成岩作用，德国（如 Fuchtbauer，1972）称为晚期埋藏或深埋作用，加拿大（如 Hesse，1984；Schmidt，1979）所称的中成岩作用则相当于成岩和后生作用两个阶段。

后生作用的发生与较高温度、压力以及外来物质的加入有关，因此后生作用的强度在很大程度上取决于大地构造条件。在地壳强烈下沉的地区，由于上覆巨厚沉积的负荷，以及强烈的构造力叠加，岩石发生剧烈的后生变化，甚至变质作用。由于压力（静水压力、负荷压力及构造力）的作用，可出现大量裂隙，它有助于水溶液的流动，促进后生变化的进程。后生作用的介质为碱性至弱碱性及弱还原，或近于中性的氧化还原条件。后生作用阶段因温度、压力高，作用时间长，所形成的矿物晶体也较粗大；由于外来物质的加入，新生矿物（自生矿物）的性质往往与本层物质迥然不同，其分布也不受原生的层理控制，既可穿过层理，也可穿过层面。最常见的现象是交代、重结晶、次生加大等。所形成的自生矿物反映了后生阶段介质的 pH、Eh 条件，而且是分子体积较小的变种。有机质在该阶段变为成熟至过成熟，形成石油或进一步裂解成天然气。

4. 表生作用

是指沉积岩上升到近地表，在潜水面以下常温常压或低温低压条件下，由于渗透水和浅部地下水（包括上升水）的影响所发生的变化。主要通过大气水渗透到地下深处所发生的作用，称为潜在表生作用或隐伏表生作用，此种作用基本上是在厌氧细菌条件下进行的。在接近地壳表面，在地下水潜水面以下进行的作用称为浅部表生作用或狭义的表生作用，此种作用的特点是以喜氧细菌条件为主。这里指的表生作用与费尔布里奇(Fairbridge,1967)的表生成岩作用相当，与加拿大的晚成岩作用相当(Hesse,1984; Schmidt,1979)。

当岩层向上抬升时，由于来自大气水的地下水常富含氧和 CO_2，所以常出现氧化作用。pH 值的降低，使岩石产生次生氧化矿物、硅质矿物及硫酸盐矿物等。富含氧及 CO_2 的大气水向地下渗透(最深可达数千米)与深部埋藏水混合，或者溶滤膏盐层，常产生矿化度较高的卤水。在适当的条件下，可成为多金属硫化物矿床的重要来源。

表生作用与风化作用往往容易混淆，且有时可互相叠置。风化作用主要是潜水面以上发生的岩石分解和成壤作用，是一种"去石化作用"。而表生作用是在潜水面以下的地下水作用下所发生的变化，主要表现为溶蚀、充填、交代以及某些物质的次生富集以至成矿的作用。表生作用可向风化作用过渡。表生作用在碳酸盐岩中表现明显，产生溶孔、溶洞等，大大改善了储集层的储集性能。

沉积岩沉积后变化的影响因素包括：沉积物的成分、温度、压力、生物，以及层间水溶液的性质(溶度积、自由能、pH 值、Eh 值、浓度、溶解气体的状况等)。沉积物经历了成岩-后生作用之后，不仅固结成岩，还发生结构、构造上的变化和形成新矿物(自生矿物)。其中主要作用有压实作用、压溶作用、胶结作用、矿物的多相转变、重结晶作用、溶蚀作用、交代作用等，它们之间互相联系和互相影响。

第四章 沉积体系分析的基本原理和方法

沉积体系分析是含油气盆地沉积学研究的重要内容。尽管沉积物与沉积岩只占岩石圈体积的5%,但地球表面的75%是被沉积物与沉积岩覆盖的。沉积体系的研究不仅对了解古代及近代地理变迁、沉积盆地的充填样式及其对构造活动与气候变化的响应、湖泊及海洋的水介质特征有重要意义,而且对指导矿产和能源资源的勘探极为重要,如石油、煤、石灰岩与铀等都与特定的沉积体系及环境有关。沉积体系研究对于预测砂体和储层分布、寻找隐蔽及岩性圈闭、确定有利勘探目标具有十分重要的意义。

第一节 沉积相和沉积体系的概念和分类

沉积相分析和沉积体系分析既不相同又相互关联(王成善等,2003)。按照空间尺度,沉积相分析主要为露头或局部范围内的相组合,以及所进行的环境解释,涉及盆地自旋回机制、相模式等。沉积体系主要强调沉积盆地范围的大型充填型式或沉积构型,侧重于盆地三维沉积体及其等时性,以及它们的影响因素,如大地构造、海平面变化和气候等。按照分析方法尺度,在沉积构造和古水流方面,沉积相分析主要侧重于床砂的床型几何体和相对组合,局部水动力条件是河流、波浪还是浊流。沉积体系则侧重于盆地水流分散模型及其构造单元之间的关系。在垂向剖面上,沉积相分析着重于环境判别标志和自旋回机制,沉积体系则强调异旋回机制。对于硅质碎屑岩,沉积相多使用自生成因的组分作为环境判别标志,而沉积体系主要研究源岩的板块构造背景和盆地分布样式方面,对于碳酸盐岩,则两者均考虑各种尺度岩相判别作用和古地理重建的作用。由此可以看出,沉积相分析和沉积体系分析均是作为沉积特征依据对盆地进行分析的两个基础步骤。

对沉积岩的结构、沉积构造、化石和岩性组合的研究和解释,构成了沉积相分析的核心内容。相分析的规模可以是一个露头、一个钻井剖面,或盆地的某一部分。有关相分析的优秀专著主要有 Walker(1979)的入门性读物和 Wilson(1975)、Reading(1978)、Galloway(1986)的高级读物。此外,Blatt 等(1984)和 Leder(1982)等的著作中也较集中地讨论了相分析这一主题。国内最权威的有关相分析著作是刘宝珺和曾允孚(1986)主编的《岩相古地理基础与工作方法》,以及刘宝珺等(1996)的基础性教材《岩相古地理学教程》。本章将较为全面地介绍沉积体系分析的基本概念、原理和分析方法。

一、基本概念

1. 沉积相和成因相

“相”这一概念是由丹麦地质学家斯丹诺(Steno,1669)引入地质文献的,并认为是在一定地质时期内地表某一部分的全貌。1838年瑞士地质学家格列斯利(Gressly)开始把相的概念用于沉积岩研究中,他认为“相是沉积物变化的总和,它表现为这种或那种岩性的、地质的或古生物的差异”。油气田勘探及其他沉积矿产勘探事业的飞速发展促进了对相的研究,使人们对相这一概念的认识更加深入。目前较为普遍的看法是,相的概念中应包含沉积环境和沉积特征这两个方面的内容,它具有描述性和解释性,描述性是指具体的沉积,解释性则指环境。不应当把相简单地理解为环境,更不应当把它与地层概念相混淆。

沉积相是指在一定的沉积环境中所形成的沉积岩(物)与古生物特征的综合,即古代沉积环境的物质表现,包括沉积亚相或沉积微相。微相是在薄片、揭片和光片中能够被分类的所有古生物学和沉积学标志的总和。亚相为微相与相的过渡类型,系微相组合而成,大致对应于该环境低一级的亚环境及其物质表现。如生物礁相包括了礁顶、礁坪、礁前、礁后等亚相。

成因相是沉积体系内部构成的基本单位。同一种成因相是在相同的环境、条件和作用控制下形成的。

与相的概念同时存在的还有沉积相、岩相等这些流行的术语。在沉积学中,相就是沉积相,两者是同义语。岩相是一定沉积环境中形成的岩石或岩石组合,它是沉积相的主要组成部分。岩相和沉积相是从属关系而不是同义关系(姜在兴,2003)。

2. 沉积体系和沉积体系域

沉积体系这一概念是在1967年由Fisher和McGowen首次引入沉积学文献的,沉积体系是指在沉积环境和沉积作用过程方面具有成因联系的一系列三维成因相的集合体。组成沉积体系的最基本单元是相。鉴于相的概念使用十分广泛,Galloway(1986)建议使用“成因相”或“相构成单元”来表示沉积体系分析中“相”的特定范畴。因此,成因相是构成沉积体系内部的基本构成单位。如三角洲体系包括三角洲平原相、三角洲前缘相和前三角洲相。

沉积体系是与地貌或自然地理单位相当的地质体。在自然界,每一种沉积体系都具有复杂的内部结构,在沉积体系内部,成因相并不是孤立存在的,它们之间总是由一种或几种主要的沉积作用把不同的成因相联系起来构成一个系统,因而成因相彼此之间具有成因联系。由于同样的原因,沉积体系内部的成因相空间配置是有规律的,不同的成因相具有各自相对固定的分布空间。

沉积体系的基本建造块体或单元是沉积相。这些建造块体代表了特定的沉积环境,而这些成因相关的建造块体(沉积相)的组合体即构成一个沉积体系。沉积体系和沉积体系组作为沉积盆地生成、发展、演化过程的产物,它们反映沉积盆地的构造背景及性质的演变过程。

值得强调的是,沉积体系内部成因相的识别和命名并不在于其体积的大小,而更强调沉积环境或沉积作用的变化。如障壁-泻湖沉积体系中的涨潮三角洲和冲越扇,虽然其形成的沉积环境相同,但沉积作用却大不相同。

沉积体系分析的优点首先在于强调环境与几何形态的统一,即把成因相和沉积体系都理解为三维地质体,其次在于强调成因相在空间上的成因联系,即一系列有成因联系的相是作为体系而存在的。

沉积体系域是同一时期内具成因联系的沉积体系的组合(Brown 和 Fisher,1977)。

3.沉积环境

沉积环境是指发生沉积作用的地貌单元,在物理、化学条件和生物方面与邻区有差别的地区。每一沉积体系中可以包含有许多沉积环境,每一沉积环境以自身特有的沉积物、动物群、植物群以及相关过程为特征。

沉积环境是在物理上、化学上和生物上均有别于相邻地区的一块地表,是发生沉积作用的场所。沉积环境是由下述一系列环境条件(要素)所组成的:

(1)自然地理条件,包括海、陆、河、湖、沼泽、冰川、沙漠等的分布及地势的高低。

(2)气候条件,包括气候的冷、热、干旱、潮湿。

(3)构造条件,包括大地构造背景及沉积盆地的隆起与坳陷。

(4)沉积介质的物理条件,包括介质的性质(如水、风、冰川、清水、浑水、浊流)、运动方式和能量大小以及水介质的温度和深度。

(5)介质的地球化学条件,包括介质的氧化还原电位(Eh)、酸碱度(pH)以及介质的含盐度及化学组成等。

沉积环境是形成沉积岩特征的决定因素,沉积岩特征则是沉积环境的物质表现。换句话说,前者是形成后者的基本原因,后者乃是前者发展变化的必然结果。这就是相的概念中沉积环境和沉积岩特征的辩证关系(姜在兴,2003)。

4.沉积层序(垂向层序)

沉积层序(垂向层序)是指顶和底以不整合或可与之对比的整合面为界的、彼此相对整一的、或成因上有联系的一套沉积地层的垂向组合。

5.沉积结构

沉积结构是指沉积物与沉积岩颗粒特征(粒度、圆度、球度等)、填隙物性质(杂基类型、胶结物结晶程度及分布特征)以及支撑性质、胶结类型等。

6.沉积构造

沉积构造(层理)是指沉积物沉积时至石化前由物理、化学、生物等作用在沉积物内部或者沿着沉积物与流体的界面所形成的构造;是由沉积作用形成的岩石内部的结构、成分和颜色等的变化沿垂直方向所表现出来的层状构造。

7.沉积(相)模式

沉积(相)模式是指根据现代沉积环境和古代沉积相的研究,对于古代的沉积作用机理所作的成因解释模型;是以图解、文字或数学等方法表现的对沉积环境及其产物、作用过程的高度概括。

沉积模式必须起到四个方面的作用(Walker,1967):①对比标准的作用;②进一步观察的提纲和指南的作用;③对新的地质环境的“预测者”的作用;④水动力学解释基础的作用。

沉积模式是从许多实例中经过提炼和概括的,可以反映沉积物的空间、时间的变化规律,以及与沉积环境的成因联系,可以作为研究其他实例时对比的标准。对沉积模式可以采用不同的分析方法和不同的表现形式(据 Reading,1978):

(1)直观模式:以简化的图式直观地表现出沉积环境、作用过程和最终产物之间的复杂关系。

(2)事实模式(或译成实际模式):以现代的有代表性的地区或古代的沉积岩层的相组相序为基础而建立的模式。例如北海模式是以北海为基础归纳出的大致可表示潮汐作用为主的一种浅海沉积的模式。

(3)动态模式:又称为相层序,能表示形成一个特征的沉积体的沉积作用全过程的沉积模式。例如一个推进的堡岛模式为一个向上变粗的垂直层序;再如一个曲流河模式为一个向上变细的垂直层序;又如一套沉积层代表雨量逐渐增加而造成的从碎屑旋回过渡到化学旋回的变化等。

(4)静态模式:表示在一个特定时间的沉积层内的沉积环境特征和沉积物的相变规律。这种模式能用来预测物源区的位置,预测资料不足地区的古沉积环境,以及再造古地理。以现有资料不断检验这个模式,还可以不断修改和提炼,使之更精确、完善。

(5)比拟实验模式:以模拟实验所获得的沉积特征为基础而做成沉积模式,是有助于查明具特殊沉积特征的沉积物成因的可靠准则。

(6)数学模式:为以数学方法模拟复杂的沉积作用过程的模式。如以数学方法表示海平面上升或降雨量增加和沉积物供给量增加的相互关系而做成的模式,有助于对比和预测。

8. 相序

相序或相序列是指几种有成因联系的沉积相和沉积环境在垂向上的叠置关系。正旋回是指在某一相序列中,沉积物的粒度自下而上由粗变细,底部为突变接触关系,测井曲线呈圣诞树型;反旋回是指在某一相序列中,沉积物的粒度自下而上由细变粗,底部为渐变接触关系,测井曲线呈倒圣诞树型(图 4-1)。

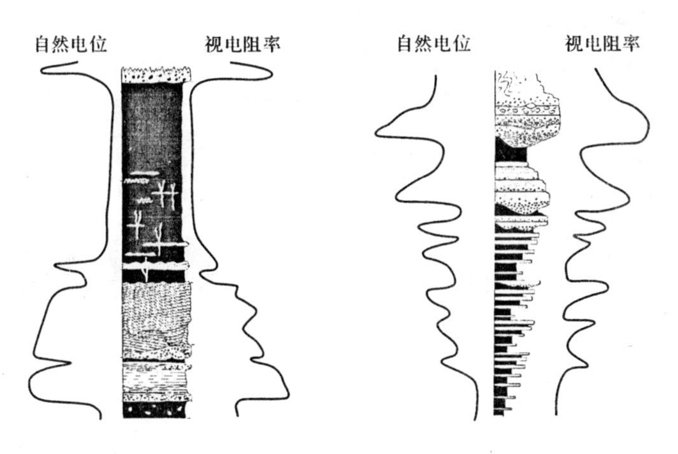

图 4-1　正旋回和反旋回的测井曲线特征示意图

二、沉积体系和沉积相分类

沉积相可根据沉积岩原始物质的不同,分为碎屑岩沉积相和碳酸盐岩沉积相。前者以砂、粉砂、黏土等碎屑物质为主,沉积介质以浑水为特征,岩性以碎屑岩为主;后者以化学溶解物质(尤以碳酸盐物质)为主,介质以清水为特征,岩性以碳酸盐岩为主。目前沉积相的分类通常以沉积环境中占主导地位的自然地理条件为主要依据,并结合沉积动力、沉积特征和其他沉积条件进行划分。

沉积体系的划分继承了沉积相划分的思想，是沉积相划分的继续和发展。根据沉积物组分特征、沉积构型、形成环境、发育过程及其控制因素，可划分为陆相、海相（包括碎屑岩和碳酸盐岩）、过渡相三大沉积体系组，每一种沉积体系组又包含若干种沉积体系和沉积相。考虑到水下重力流体系的特殊性，将其单独列出（表 4－1）。

表 4－1　沉积体系和沉积相的划分（据王成善等，2003 修编）

<table>
<tr><th>沉积体系组</th><th colspan="2">沉积体系</th><th>沉积（亚）相</th><th>沉积亚相（微相）</th></tr>
<tr><td rowspan="10">陆相沉积体系组</td><td>冲积扇体系</td><td></td><td>扇端、扇中、扇根</td><td>筛积物、泥石流、辫状水道、漫流</td></tr>
<tr><td rowspan="4">河流体系</td><td>顺直河</td><td></td><td></td></tr>
<tr><td>辫状河</td><td>河道滞留沉积、河道沙坝沉积（心滩）</td><td></td></tr>
<tr><td>曲流河</td><td>河床、堤岸、洪泛盆地、废弃河道充填</td><td>河道底部滞留沉积、边滩沉积（点沙坝）、天然堤沉积、决口扇沉积</td></tr>
<tr><td>网状河</td><td>河道相、天然堤相、决口扇相、泛滥湖泊相、岸后沼泽相和泥炭沼泽相</td><td></td></tr>
<tr><td rowspan="3">湖泊体系</td><td>碎屑型</td><td>滨湖、浅湖、滩坝、半深湖、深湖、湖湾</td><td></td></tr>
<tr><td>碳酸盐型</td><td>滨湖相、浅湖相、半深湖相和深湖相</td><td></td></tr>
<tr><td>（干）盐湖</td><td>深水、半深水、干盐湖</td><td></td></tr>
<tr><td>沙漠体系</td><td></td><td>扇体沉积、间歇河沉积、沙丘、干盐湖或萨布哈</td><td></td></tr>
<tr><td>冰川体系</td><td></td><td></td><td></td></tr>
<tr><td rowspan="7">过渡相沉积体系组</td><td rowspan="3">滨岸三角洲体系</td><td>河控三角洲</td><td rowspan="6">三角洲平原、三角洲前缘、前三角洲</td><td>（水下）分流河道、分流间湾、河口坝、天然堤、决口扇、沼泽相、前缘席状砂</td></tr>
<tr><td>浪控三角洲</td><td></td></tr>
<tr><td>潮控三角洲</td><td></td></tr>
<tr><td>湖泊三角洲体系</td><td></td><td>水下分流河道、河口坝、前缘席状砂</td></tr>
<tr><td>扇三角洲体系</td><td>河控、浪控、潮控</td><td></td></tr>
<tr><td>辫状河三角洲体系</td><td></td><td>辫状河道沉积、废弃河道充填沉积、越岸沉积、水下分流河道沉积、分流河道间沉积、席状砂、远沙坝</td></tr>
<tr><td>河口湾沉积体系</td><td></td><td colspan="2">河道、潮坪、泻湖</td></tr>
</table>

续表 4－1

沉积体系组	沉积体系		沉积(亚)相	沉积亚相(微相)
海相沉积体系组	碎屑岩型沉积体系	浪控型海岸体系	临滨带、前滨带、后滨带和风成沙丘带	
		潮控型海岸体系	潮下带、潮间带和潮上带	
		障壁岛-泻湖型海岸体系	障壁岛-海滩、潮道-潮汐三角洲、泻湖	冲溢扇、涨潮和退潮三角洲、潮道充填
		浅海体系	潮控陆架、风暴控陆架、入侵洋流控陆架	沙垄、沙波、潮流沙脊和潮流沙席、潮流冲刷槽、风暴岩
		半深海-深海体系	泥质等深岩相和砂质等深岩相、远洋和半远洋沉积物	
	碳酸盐岩型沉积体系	陆棚内部沉积体系	潮坪海岸	潮上带和潮间带、海岸萨布哈
			潮坪泻湖	正常盐度泻湖、半咸水泻湖和超盐度泻湖
		陆棚边缘沉积体系	生物礁、生物丘和碳酸盐滩坝	礁核、礁翼和礁间、陆棚边缘砂体、潮汐砂体
		台地斜坡沉积体系	重力滑塌、浊流沉积、深海扇	
		台盆-深海沉积体系	远洋—半远洋泥质、海底水道、深海平原	
水下重力流沉积体系组	湖泊重力流体系	近岸水下扇		内扇、中扇和外扇、重力流水道砂体、风暴重力流砂体
		水下浊积扇	浅水浊积扇、深水浊积扇	
		水下泥石流		
		水下滑塌浊积岩		
	深海重力流体系	深海扇		内扇、中扇和外扇

第二节　沉积体系分析的基本原理和方法

沉积体系分析方法的基础是 Walther 相律和相模式概念在整个沉积盆地范围内的应用与引申。Walther 相律指出，在一个整合的序列中，只有那些在自然界相邻出现的相才能在垂向层序中出现。一个进积的三角洲是其良好的范例。进积的三角洲在平面上包括了前三角洲、三角洲前缘和三角洲平原，其相邻发育的顺序及其沉积物与在垂向序列中的顺序相同(图 4－2)。一种沉积体系就是这样一种完整的环境与其产物的结合。

一、沉积相的识别依据

沉积相研究是沉积体系分析的基础，沉积相识别的主要依据包括以下几点。

(1)沉积物的组成和结构构造特征：包括粒径、结构、岩性(微相)、沉积构造等。

(2)生物化石特征：有生物组成、保存状况、生态类型、群落、生物遗迹。

(3)地球化学特征：以沉积岩的元素地球化学和同位素为主。

(4)地球物理特征：地震相解释和测井曲线形态等。

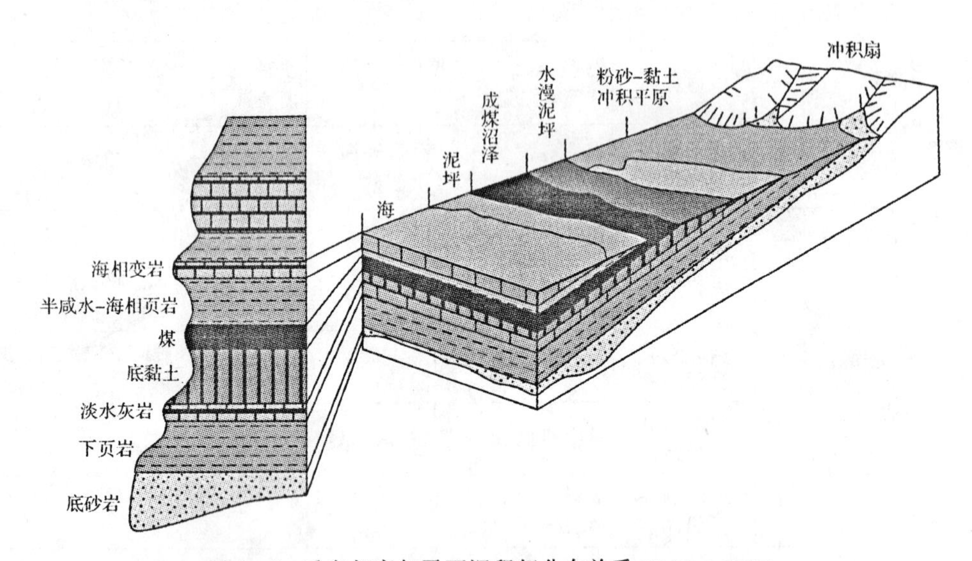

图 4-2　垂向相序与平面沉积相分布关系(Walther,1984)

二、沉积体系的分析方法

上述沉积相鉴定依据为沉积体系分析提供了思路，沉积体系研究包括资料收集、野外和室内分析三大阶段。

1. 资料收集阶段

(1)区域地质资料。包括盆地所处的区域地质背景或板块构造背景，基底结构和构造特征，区域地层发育，构造和岩浆活动特点，区域重力、磁力和电测深等资料。

(2)盆地地质资料。了解前人工作现状，广泛收集盆地的地层、构造和岩浆活动等资料，盆地地震数据或剖面资料，地层分层数据、钻井和分析测试资料等。

(3)收集前人的科研成果报告、公开出版的专著、论文等资料。

(4)准备比较完整的工作底图，如 1∶50 000 地形图，1∶50 000、1∶200 000 地质图。

2. 野外工作阶段

野外露头剖面观察、描述和测制，野外填图和样品采集。

3. 室内工作阶段

室内分析包括地震解释、测井曲线解释、样品分析测试及其数据分析、钻井岩性编录、图件编绘等，具体包括：①钻井岩性编录和单井微相分析；②粒度分析；③古水流测量和数据分析；

④生物微相分析；⑤元素地球化学—稳定同位素分析；⑥地震相解释和测井曲线解释等；⑦图件编绘。

对于每一种专项分析的具体方法这里不做赘述，读者可以参考相关书籍。

4. 沉积体系分析的主要技术和方法

(1)综合地层分析和对比技术。

(2)沉积学和层序地层学方法。

(3)井-震结合的地震沉积学方法。

(4)储层综合评价和预测技术。

(5)构造-沉积-储层联合储集相带评价方法。

目前，在油气勘探领域，含油气盆地沉积体系和沉积相研究是基于地震、钻井、野外露头观察、测井、样品分析测试等技术的综合一体化研究。在野外露头观察和调查基础上，结合研究区的地震资料，开展井震结合的地震相、地震属性反演和地震层序解释，建立等时底层格架。充分利用钻井和测井资料，开展单井微相和测井相解释，编制砂体厚度图和含砂率图。在没有钻井资料的地区，利用地震属性反演资料确定砂体边界，最终编制沉积相平面展布图和剖面砂体分布图(图 4-3)。同时，物源分析、古水流、生物化石和地球化学等资料可以更好地帮助分析沉积环境，可以作为沉积体系和沉积相分析的重要依据。当然，结合断裂分布和砂体厚度资料，还可以分析断裂对砂体分布的控制关系，结合地球化学资料可以提供物源和古气候方面的有关证据。结合钻井、地震和层序地层学研究预测规模砂体分布，结合储层地质学研究可以预测有利储集相带展布。综合上述研究，可以对研究区的隐蔽圈闭和有利勘探区带进行预测(图 4-4)。

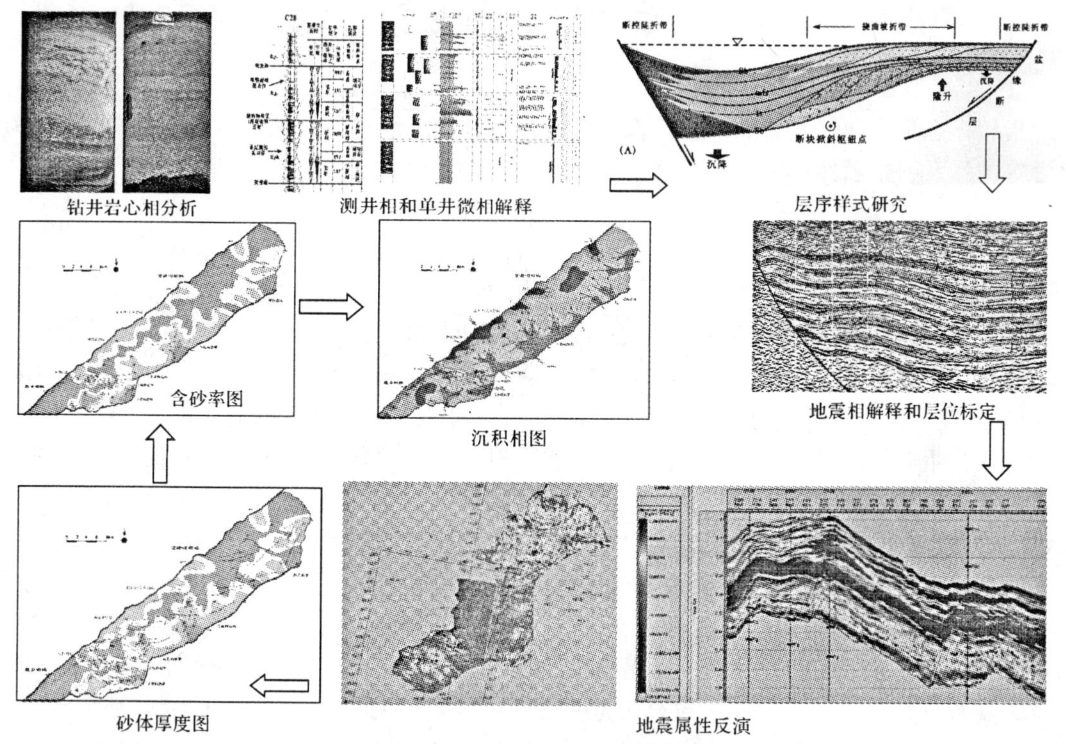

图 4-3　综合沉积相研究及编图技术流程(周江羽等，2009)

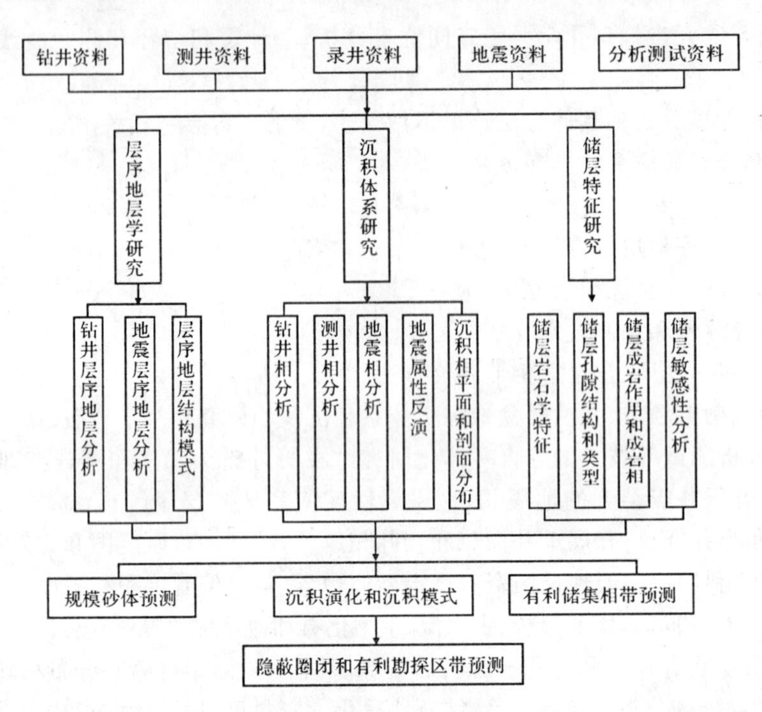

图 4-4　含油气盆地沉积层序、沉积体系和有利储集相带研究流程(周江羽等,2009)

第三节　指相标志

指相标志是指能够判断沉积岩形成环境的颜色、岩性、结构和构造、生物、地球物理和地球化学等的一系列指示性现象。它是沉积相分析及岩相古地理研究的重要基础内容。

一、岩性标志

1. 颜色

颜色是沉积岩最直观、最醒目的标志。观察和描述中要注意区分继承色、自生色(原生色)和次生色。继承色是母岩机械风化的产物,继承了母岩的颜色,主要决定陆源碎屑颗粒的颜色,一般不反映沉积环境。自生色是在沉积和成岩阶段由原生矿物造成的颜色,主要决定于岩石中含铁自生矿物及有机质的种类及数量。黏土岩、化学岩和生物化学岩的自生颜色,对古水介质的物理化学条件有良好的反映,是良好的地球化学指标。次生色是在后生作用阶段或风化过程中,岩石的原生组分发生次生变化所引起的,不反映沉积条件。

此外,白色或极浅色指示岩石中不含染色的元素(如铁、锰的化合物和有机物)或含钙量很高,如纯净的高岭土、蛋白土、盐岩和石英砂岩。灰色和黑色是由于岩石中含有有机物质(碳和沥青等)或分散状的黄铁矿,含量多时呈黑色,少时呈灰色,往往形成于还原和半还原的沉积环境中。红黄色是由于岩石中含铁的氧化物或氢氧化物染色的结果,一般反映氧化环境。绿色是岩石中含铁的低价氧化物矿物海绿石和鲕绿泥石所致,少数是由于含铜和铬的矿物如孔雀石和铬高岭石,一般反映半氧化-半还原环境。紫色是由于岩石中含铁的氧化物或氢氧化物染色的结果，一般反映氧化环境。

2. 岩石类型

陆源碎屑岩本身不是鉴别沉积相的良好标志，必须结合其他证据（如化石、自生矿物和结构构造等）进行鉴定。常与陆源碎屑岩共生的碳酸盐岩、硅质岩、蒸发岩和红色岩层等具一定的指相性。砂体厚度图和含砂率图编是制沉积相图的重要基础图件。浊积岩、风暴岩等均具良好的指相性意义。

鲕绿泥石和海绿石虽均可为海相标志，但形成温度及水深有差别。鲕绿泥石水偏浅、温度偏高；海绿石水偏深、温度偏低。我国华北地区中、上元古界青白口系龙山组主要为海绿石石英砂岩，寒武系徐庄组、张夏组中的石灰岩和砂岩也富含海绿石，均为正常浅海相沉积。近海湖泊相中出现海绿石，总是与短暂的海水侵入有关（图 4－5）。海绿石的形成与古地理、古构造及水介质条件等有关。

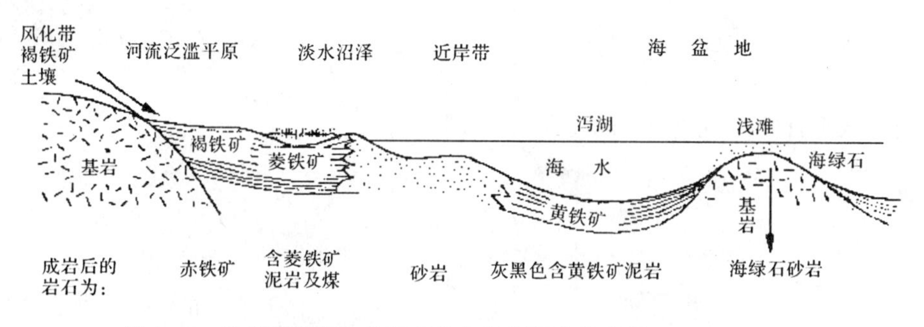

图 4－5　海绿石和其他铁质矿物与沉积环境关系图（据姜在兴，2003）

自生黏土矿物可反映水介质条件。大陆环境主要是酸性介质，以高岭石为主，海洋环境黏土沉积多以伊利石和蒙脱石为主，更重要的是黏土矿物沉淀时要吸取水介质中的大量微量元素，它们具有良好的指相性，但要注意剔除埋藏成岩作用的影响。自生磷灰石或隐晶质胶磷矿是海相标志。陆相的磷质矿物主要由脊椎动物的骨骼组成。大量锰结核目前主要分布在深海和开放大洋洋底环境，湖泊和浅海环境少见。

一般认为，自生长石、自生沸石是湖相标志，钾长石次生加大是海相标志，天青石、萤石和重晶石是咸化泻湖环境标志。由于它们分布规律还不十分清楚，用在指相时还应慎重（姜在兴，2003）。

3. 结构

碎屑颗粒的粒度、圆度、球度、表面特征及其定向分布等均具一定指相性。粒度参数与沉积环境关系密切，不同沉积环境砂质沉积物具有特定的粒度概率和 $C-M$ 图特征（图 4－6，图 4－7）。

颗粒形态和圆度取决于搬运介质和搬运模式，可用于相分析。

4. 颗粒定向

颗粒定向有时也归入构造特征，如砾石、石英、云母、有机颗粒等的长轴排列方向和对于水平面的倾斜，可以用于相分析。长条形砂粒和砾石一样，也有趋向于平行水流方面的优选方位。例如具有薄纹层的平行层理砂岩，在急流态水流机制作用下，长形颗粒普见定向组构，同

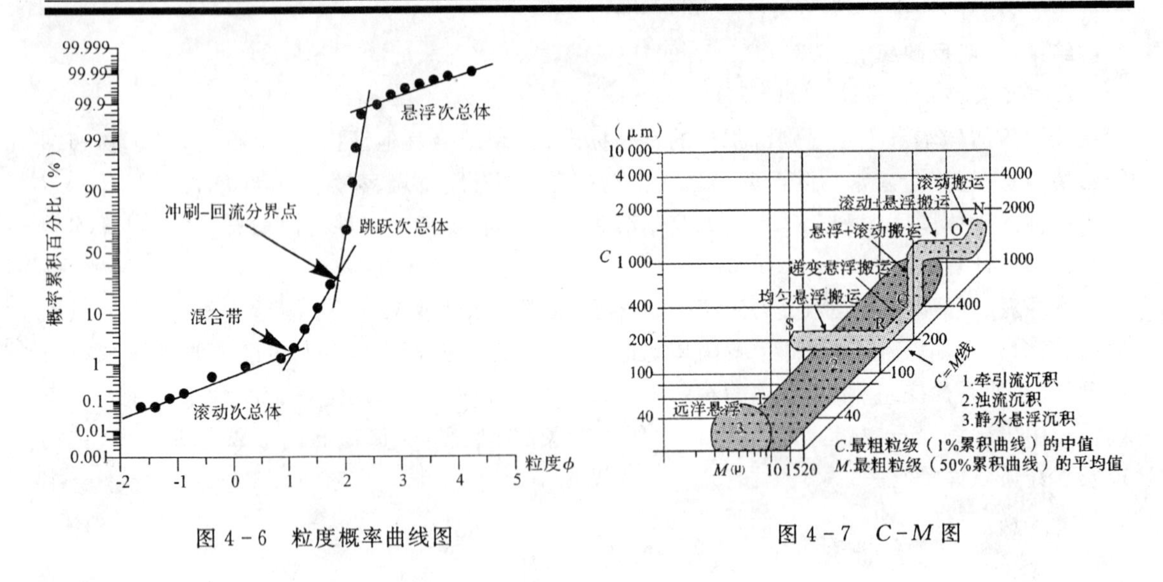

图 4-6 粒度概率曲线图

图 4-7 $C-M$ 图

时伴有由大致平行的沟和脊构成的剥离线理(图 4-8)。.

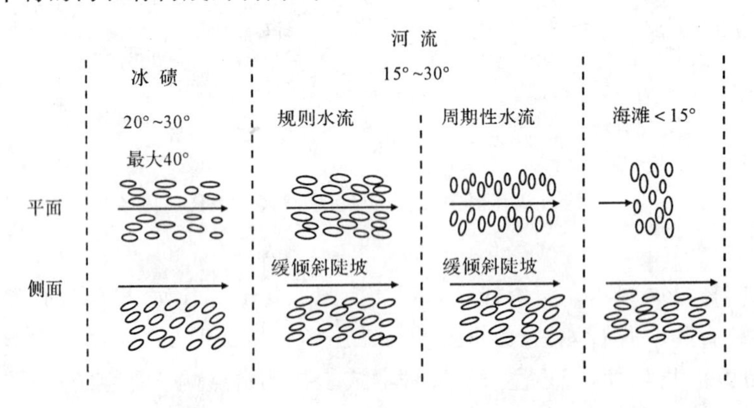

图 4-8 各种环境中的砾石方位示意图

基质(或杂基)少于 10％或 15％,一般指示牵引流水流体系;基质(或杂基)大于 10％或 15％,一般指示块体流、密度流,或沉积物重力流水流体系。碎屑沉积物遭受较强化学成岩作用和物理成岩作用后,这种组构特征可依然保存,故具重要指相意义。用扫描电镜研究石英颗粒表面特征,可以识别的环境有:①滨海环境(高能海滩、中能海滩、低能海滩);②风成环境(热带沙漠、沙丘);③冰川环境(冰川、冰水)。

5.沉积构造(层理)

沉积构造(层理)是由沉积物的成分、结构、颜色的不匀一性而表现出的宏观特征,是沉积时水动力条件的直接反映,又较少受沉积后各种作用的影响。根据形成时间可划分为原生沉积构造和次生沉积构造。原生沉积构造是在沉积物沉积时或沉积后不久以及其固结以前形成,因而是沉积环境的重要判别标志。

结合构造形态和成因,沉积构造可以划分为物理构造、生物构造和化学构造三大类(表 3-12)。物理成因的及生物成因的构造均为原生构造;化学成因的构造可有原生的(如同生结核)，也可有次生成因的(如缝合线、叠锥等)。另外，还有几种成因结合的复合成因构造。鉴于沉积构造在沉积环境和沉积相分析中的重要性，本章第四节将作详细论述。

二、生物化石标志

生物与其生活环境是不可分割的统一体。不同的环境(包括盐度和水深)，其生物类别、生物数量和形态构造方面具有不同的特征。因此，不同的生物群落或化石组合面貌，可以大致表明其所属的生活环境或沉积相。化石还是区分海相和非海相沉积环境的重要标志。例如，无脊椎动物是海相所特有的，或主要是海相的，包括有孔虫、放射虫、腔肠动物、苔藓动物、腕足类动物、掘足动物、头足动物、笔石、三叶虫和棘皮动物等。无脊椎动物中非海相的包括有部分的双壳动物、腹足动物、介形虫、海绵、昆虫等(表 4－2)。

表 4－2　不同沉积环境生物化石组合特征

大陆环境		过渡环境		海相环境		
湖泊体系	河流体系	三角洲体系	泻湖体系	滨海体系	浅海体系	深海体系
1. 淡水湖泊：腹足动物、双壳动物、介形虫、叶肢介、鱼、昆虫等； 2. 盐湖：双壳动物、介形虫、植物碎片及硬鳞鱼类的鳞甲、龟类等	植物碎片、硅化木、双壳动物和腹足动物的介壳	有壳变形虫、陆相介形虫、海相介形虫、棘皮动物、海胆刺、蛇尾类的骨针；双壳动物、腹足动物、苔藓动物及少量有孔虫；植物碎片；虫孔遗迹化石	海相生物与陆相生物混生标志：鱼类、双壳动物、腹足动物、有孔虫、介形虫和藻类及孢粉等	海生动物介壳碎屑及陆生植物碎片；虫穴、虫管、生物扰动构造	藻类、有孔虫、古杯类、珊瑚、层孔虫、三叶虫、放射虫、笔石、海百合、珊瑚、海绵、钙藻、苔藓动物等；腕足类动物、双壳动物、棘皮动物	海百合和硅质海绵；浮游有孔虫介壳；具薄壳的腕足类动物、苔藓动物、海胆和某些小型单体珊瑚；远海自游和浮游生物，如放射虫、硅质海绵骨针、牙形刺等
淡水生物组合		半咸水-咸水生物组合		正常海水生物组合		
主要是轮藻、带壳变形虫，以及少数特殊的双壳类、介形虫、鳃足亚钢的贝甲目、普通海绵、硅藻、蓝绿藻等。它们都属窄盐度生物，可以各种组合形式出现		双壳类、腹足类、介形虫、鳃足亚钢、软甲亚钢、胶结壳有孔虫、硅藻、蓝绿藻和蠕虫管等		包括钙质红藻和绿藻、放射虫、硅质鞭毛虫，颗石藻、钙质有孔虫、钙质和硅质海绵、珊瑚、苔藓虫、腕足类动物、棘皮动物、膝壶、鲎、软体动物的有板类、掘足类及头足类等		
生物组合与水深的关系		0～50m：主要是大量藻类、底栖有孔虫、双壳类、腹足类、造礁珊瑚、钙质海绵及无铰纲腕足类动物 100～200m：生物逐渐减少，但有很多苔藓虫，具铰纲腕足类动物、海绵和海胆 200m 以下：远洋底栖生物主要是海百合、硅质海绵、少数薄壳腕足类及细枝状的苔藓动物				
生物组合与古气候关系		热带气候：古生代的真蕨植物、石松植物；中生代的真蕨植物、苏铁植物；新生代的棕榈和樟树 草本主要是寒带草原植物，温带以木本植物(如橡树、松树)孢粉为主				

藻类与环境关系密切。蓝藻或绿藻的形态呈叠层状是潮坪泻湖及半咸水环境的特征，树枝状和结核团块、轮藻是淡水河流和湖泊的特征。绿藻既有海相又有非海相，海松类和粗枝藻类的绿藻、红藻是海相。某些轮藻可生活在半咸水边缘环境。

遗迹相（又称痕迹相）是指特定沉积环境中生物遗迹化石的组合。目前，国际上已建立的遗迹相模式有10种，其中陆相1种，即 *Scoyenia*（斯科阳迹）遗迹相；过渡相3种，包括 *Teredolites*（蛀木虫迹）遗迹相、*Psilonichnus*（螃蟹迹）遗迹相和 *Curvolithus*（曲带迹）遗迹相；海相6种，包括 *Trypanites*（钻孔迹）遗迹相、*Glossifungites*（舌菌迹）遗迹相、*Skolithos*（石针迹）遗迹相、*Cruziana*（二叶石）遗迹相、*Zoophycus*（动藻迹）遗迹相和 *Nereites*（类沙蚕迹）遗迹相（表4-3）。

三、地球化学标志

沉积物在风化、搬运、沉积过程中，不同的元素可以发生一些有规律的迁移、聚集，沉积区的大地构造背景、古气候、源区母岩性质、沉积盆地地形、沉积环境和沉积介质的物理化学性质对元素的分异和聚集均有影响。我们可以利用这些元素的分异与富集规律来研究和推断控制元素运动和变化的各种环境因素。

地球化学在古环境分析中的应用，主要包括元素地球化学、稳定同位素地球化学及有机地球化学等方面。

1. 微量元素地球化学

目前已广泛使用 Fe、Mn、Sr、Ba、B、Ga、Rb、Co、Ni、V 及 Sr/Ba、Fe/Mn、V/Ni、Fe^{3+}/Fe^{2+} 等元素含量和比值来判别海相与陆相、氧化与还原、水体深度、盐度等沉积特征。

(1)测定某种黏土矿物的相对硼含量，是目前古盐度测定中的最有效的方法之一。不同的黏土矿物吸取硼元素的能力不同，以伊利石最强（$100\times10^{-6}\sim200\times10^{-6}$），高岭石最弱（$10\times10^{-6}\sim30\times10^{-6}$），因而泥岩中伊利石最能反映古盐度的情况。

现代海洋沉积物中硼含量一般大于 100×10^{-6}，而现代淡水湖相沉积物中吸附硼的含量一般为 $30\times10^{-6}\sim60\times10^{-6}$。值得说明的是在利用黏土矿物中硼含量来计算古盐度之前，要消除黏土矿物中继承硼的影响。另外，因黏土颗粒和表面积大小对吸附硼有重要影响，一般用 $<1\mu m$ 的黏土组分作硼含量分析和矿物鉴定。

(2)在沉积水体中 B/Ga 比随盐度的增加而增加。从淡水环境向海相过渡，沉积物中 Sr/Ba值急剧增大。Sr/Ca 比随盐度增加而增大。海相页岩中 Mn/Fe 值比淡水页岩要高得多，C/S 比随盐度增加而减小。此外，尚有 Th/U 比、Na/Ca 比、Rb/K 比、V/Ni 比与盐度均有一定的关系。

(3)Nelson(1967)根据美国现代河流和河口湾的资料，发现了在沉积磷酸盐中，钙盐与铁盐的相对比值与盐度的密切关系。计算公式为：

F_{Ca-P}（磷酸钙组分）$=0.09+0.26$ 盐度（‰）＝磷酸钙/（磷酸铁＋磷酸钙）

通过岩石中总铁向菱铁矿和黄铁矿的转化程度（K_{Fe}系数）来反映环境的氧化还原程度：

$$K_{Fe}=\frac{Fe^{2+}_{HCl}+Fe^{2+}_{FeS_2}}{FeO}$$

其值越大表明还原程度越强。考虑到有机碳含量对该值的影响，石油系统的地质工作者也提出了采用铁还原系数 K_{Fe} 值来划分氧化还原相。

表 4-3　遗迹相与沉积环境关系(据姜在兴,2003 整理)

遗迹相	沉积环境	生物活动底层	示意图
Scoyenia 遗迹相	低能的极浅水湖泊和缓流河的滨岸带,通常处于淡水水上和水下之间,并有周期性的暴露和洪水侵漫	潮湿到湿、塑性的泥质到沙质	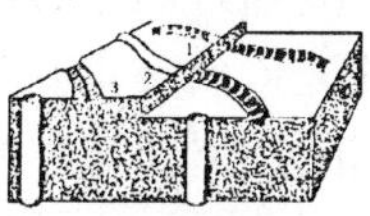
Teredolites 遗迹相	河口湾、三角洲和其他障壁后(潮坪、泻湖),泥炭沼泽环境	受海洋环境影响的木质底层	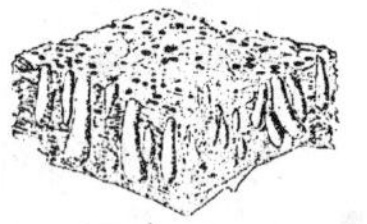
Psilonichnus 遗迹相	前滨最上部、海滩滨后、沙丘、冲溢扇和扇上坪	砂、软泥	
Curvolithus 遗迹相	三角洲和陆棚浅海上部的近滨带,静水环境中快速沉积的指示标志	沙质底层	
Trypanites 遗迹相	滨海和潮下带	岩石质海岸、海滩、各种海洋硬底	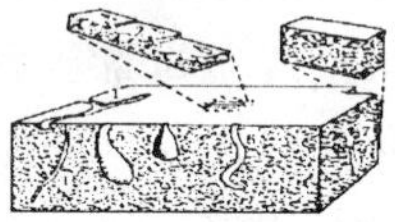
Glossifungites 遗迹相	滨海和潮下带	半固结的碳酸盐或泥质底层,中等或较高能量	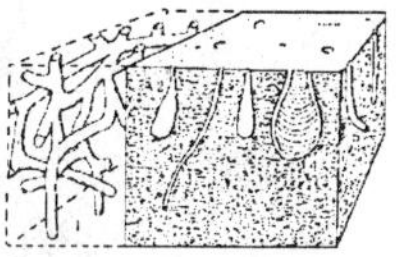
Skolithos 遗迹相	海滩的前滨带和临滨带,潮坪、潮汐三角洲和河口湾点沙坝,海底峡谷和深海砂扇	干净的泥质、分选良好的沙,较高能的地区	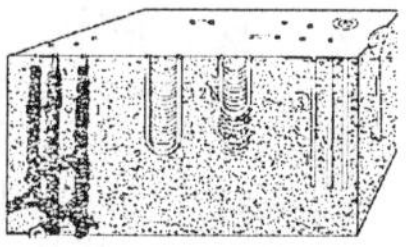
Cruziana 遗迹相	陆棚、河口湾、泻湖等	几乎包括了海底底栖生物遗迹所有的生态类型,如爬行迹、停息迹、觅食迹、进食迹以及少量的居住迹和逃逸迹等	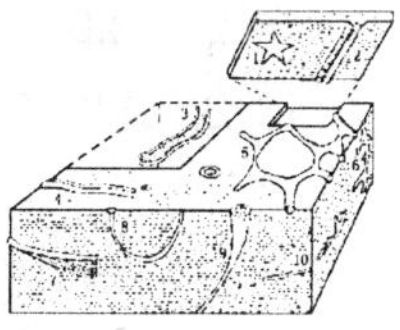
Zoophycus 遗迹相	泻湖和滨外-半深海-深海	富含有机物质的泥、灰泥或泥质沙底层	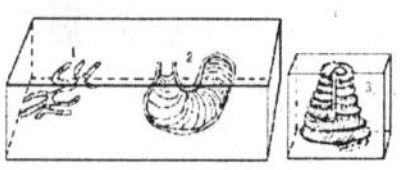
Nereites 遗迹相	深水或深海	深海软泥	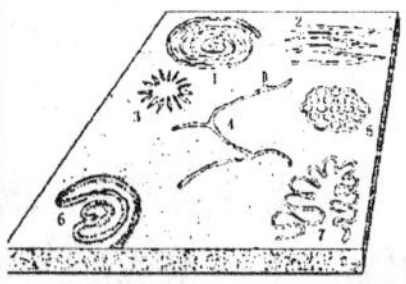

$$K_{Fe}=\frac{0.236Fe^{2+}_{HCl}+Fe^{2+}_{FeS_2}}{FeO}$$

(4)由于元素在沉积作用中所发生的机械分异作用、化学分异作用和生物化学分异作用，使元素的聚集和分散与水盆深度也有一定的关系。三角洲及滨浅湖地带 Fe_2O_3 含量最高，MnO_2 含量一般较低；湖区则相反，随湖水加深 MnO_2 含量由 0.009 4(滨浅湖)→0.001 5(浅湖)→0.051(较深湖)(刘平略等，1985)。

2. 稀土元素地球化学

20 世纪 70 年代以来，由于测试方法和测试精度的不断进步，稀土元素(REE)在沉积岩和现代沉积物研究中作为物源和环境指示标志的作用越来越受到重视。轻稀土元素指按原子序数排列的 La、Ce、Pr、Nd、Sm 和 Eu，而重稀土元素指 Gd～Lu 的稀土元素(有时加上 Y 元素)，前者用 LREE 表示，后者用 HREE 表示。

稀土元素和稀土总量与 Fe 有极密切的关系。在较强氧化条件下，与稀土元素特别是 Ce 共同沉淀可能形成稀土元素相对富集的沉积，导致与其共生的沉积物接受了大量的稀土元素。含生物 SiO_2 较多的泥质层中稀土元素含量最低，SiO_2 含量与稀土元素呈负相关关系。在碱性—碳酸介质中，重稀土元素溶解度大，在酸性介质中(pH 为 4.7～5.6)先沉淀轻稀土元素，最后才是重稀土元素。沉积物中 Ce 主要赋存于陆源碎屑、氧化相及吸附相中。即环境的氧化程度越强，Ce 为正异常；而 Ce 亏损程度越大，说明沉积还原程度越大。海盆中央的沉积物中相对贫 Ce。

3. 稳定同位素地球化学

随着测试手段、测试仪器的发展，同位素地球化学在全球地层对比、灾变事件的确定、海平面升降分析、大陆迁移以及全球性气候和生物产率的变化等方面的研究中，已成为不可缺少的重要方法。在沉积岩古地理环境和成岩环境的重建中，同位素标志的应用也日渐广泛。

实验证明，海水中氧、碳同位素含量均高于淡水，因而海水中 $^{18}O/^{16}O$、$^{13}C/^{12}C$ 值高。对于中新生代的样品，Keith 和 Weber(1964)提出了经验公式：

$$Z=2.048(\delta^{13}C+50)+0.498(\delta^{18}O+50)\text{(PDB 标准)}$$

当 $Z>120$ 时为海相灰岩，$Z<120$ 时为淡水灰岩。

PDB -碳同位素的国际通用标准(美国卡罗莱纳州白垩系 Pee Dee 组地层中的美洲拟箭石 *Belemnite*)。

Shacleton(1974)提出了古温度的经验公式：

$$t=16.9-4.38(\delta C-\delta W)+0.10(\delta C+\delta W)^2$$

式中：t 为 δ 温度(℃)；δC 为 25℃条件下真空中碳酸盐与纯磷酸反应时产生的 CO_2 的 $\delta^{18}O$ 值；δW 为 25℃条件下所测试的 $CaCO_3$ 样品形成时与海水平衡的 CO_2 的 $\delta^{18}O$ 值。二者均采用 PDB 标准。

沉积碳酸盐的碳同位素组成对环境的封闭性和还原程度反映较为灵敏。一般说来，在开放环境中，$\delta^{13}C$ 值要高。这主要由于在封闭体系中，生物成因的富含轻同位素 ^{12}C 的化合物进入介质并参与形成碳酸盐的结果，因而贫 ^{13}C 的碳酸盐除表明该时期生物产率较高外，还可以指示环境的闭塞程度(Lettolle，1984)或还原程度。

处于热带和亚热带的湖泊，由于湖水的分层作用造成底层水与表层水化学性质不同。开放的表层水富含^{13}C，封闭的处于还原状态的底层水由于死亡的有机质的沉降作用及以后的降解作用使相对富含^{12}C的碳的化合物进入水介质中，造成$\delta^{12}C$的低值。

除上述碳、氧同位素分析广泛应用于古环境恢复以外，近年来，硫、硼、锶同位素等也广泛应用于古环境恢复方面。

4.有机地球化学

一些有机质和有机化合物在热演化过程中，有一定的稳定性，能继承和保存原始有机质的结构特征，不同程度地反映原始有机质的类型，因而也就能直接或间接地反映有机质来源和沉积环境的物理化学条件。

(1)正烷烃：烃源岩中正烷烃的分布受热成熟作用影响较为明显，但对于处于低—中成熟阶段的有机质来说，可以保持一定的稳定性。

一般认为正烷烃主要来源于动植物体内的类脂化合物。其中来源于浮游生物和藻类的脂肪酸形成低碳数正烷烃，碳数分布范围$<C_{20}$；来源于高等植物的蜡质则形成高碳数正烷烃，碳数分布范围C_{24}—C_{26}。

正烷烃分布曲线(以正烷烃碳数为横坐标，以其百分含量为纵坐标绘制的曲线)，主峰碳数(百分含量最高的正烷碳数)、碳数分布范围、碳优势*CPI*值或奇偶优势*OEP*值等均可用来确定有机质的生源组合特征。如：后峰型奇碳优势正烷烃代表内陆湖泊三角洲平原沼泽相、湖沼相，前峰型奇偶优势正烷烃代表海相和较深水湖相沉积，偶碳优势正烷烃代表咸水湖泊或盐湖相沉积。

(2)生物标记化合物：指在有机质演化中仍能在一定程度上保存原始生物化学组分和基本格架的有机化合物。

比如萜烷中的奥利烷和羽扇烷是原始有机质中高等植物输入的标志；伽马蜡烷高含量表征着原始有机质以动物型输入为主，同时也可以作为高盐度的标志；松香烷可作为陆生植物影响的标志。甾烷是另一类生物标记化合物，是生物体中的甾醇经过复杂的成岩改造转化而成，开阔海相动物和水生浮游生物富含C_{27}甾醇，C_{29}甾醇次之；陆生植物富含C_{29}甾醇，一般常用烃源岩中甾烷C_{27}/C_{29}值来推断有机质原始母质类型，C_{27}/C_{29}值高，表明水生生物来源的有机质含量高，反之则预示着陆源植物组分比例大。

(3)姥鲛烷与植烷：姥鲛烷、植烷及其比值(Pr/Ph)常用来判断原始沉积环境氧化条件及介质酸碱度。一般认为，植烷、姥鲛烷来源于植物中的叶绿素和藻菌中的藻菌素等在微生物作用下形成的植醇。植醇在弱氧化酸性介质条件下易形成姥鲛烷，还原偏碱性介质条件下经不同地球化学作用形成植烷。因此高的Pr/Ph值指示有机质形成于氧化环境，低的Pr/Ph值则指示还原环境(表4-4)。另外，低的Ph/Pr值也可以比较可靠地指示一个高盐度的环境(李任伟等，1986、1988)。

(4)干酪根类型：陆上、沼泽及近岸地区干酪根一般以Ⅲ型为主，远岸及稳定水体沉积中则以Ⅱ型和Ⅰ型干酪根为主。

表 4-4 不同沉积环境的 Pr/Ph 变化(据梅博文等,1980)

沉积相	生油岩系	水介质	Pr/Ph	*CPI*	原油类型
咸水深湖	膏盐、灰岩、泥灰岩、泥岩	强还原	0.2~0.8	<1	植烷优势
淡水—微咸水深湖	富有机质黑色泥岩、油页岩	还原	0.8~2.8	≥1	植烷优势
淡水湖泊	煤、油页岩、黑色页岩	弱氧化—弱还原	2.8~40	>1	姥鲛烷优势

四、地球物理标志

1. 地震相标志

地震反射界面与时间地层界面和岩性界面的关系可以形成连续反射的地质界面、不整合面及流体界面。地震反射界面具有两方面含义:首先,它是一个波阻抗界面,另一方面,它是一个具有年代地层学意义的界面,这一点是地震地层学的重要基础。在此基础上可根据地震反射面建立等时地层格架,并进一步确定各成层单元中的沉积体系和沉积环境。值得注意的是,并不是所有的地震反射同相轴都平行于等时面。

划分地震层序的关键是确定代表层序边界的不整合和与之对应的整合面。而在地震剖面上主要依据反射终端特征来确定不整合面的位置,并进一步追踪与之对应的整合面。地震反射终端或地层不协调接触的类型有上超、下超、顶超和削蚀(图 4-9)四种接触关系。在实际划分层序过程中,可利用合成地震及垂直地震等资料,对地震反射层所对应的地质层位进行标定,建立起地震反射与地质分层之间的对应关系(图 4-10)。

地震相是由特定的地震反射参数所限定的三维空间的地震反射单元,是特定的沉积相或

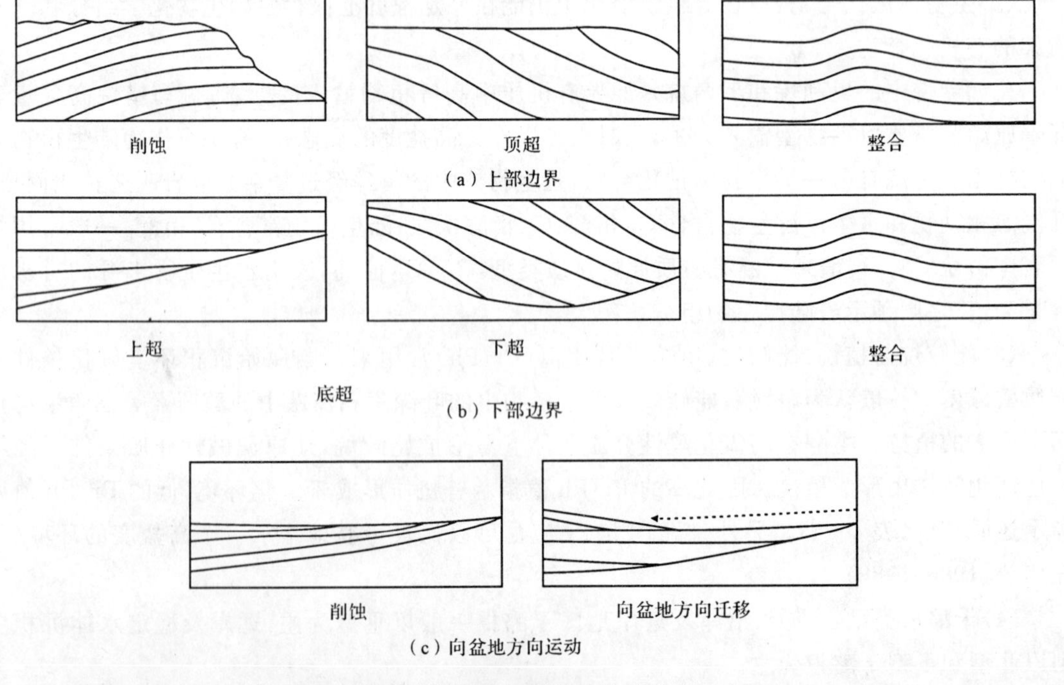

图 4-9 地层与沉积层序边界的各种关系(据 Allen,1990)

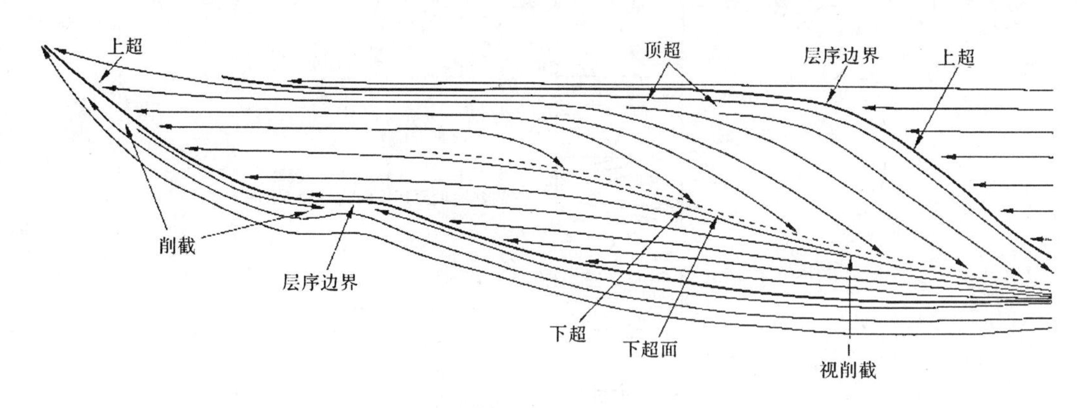

图 4-10　反射终止类型示意图(据 Vail 等,1989)

地质体的地震响应,该单元在三维空间的地震反射特征与其相邻单元不同,代表了产生其反射的沉积物的一定岩性组合、层理和沉积特征(王华等,2008)。地震相参数是识别地震相的标志。在区域地震相分析中,常用内部反射结构、外部几何形态、连续性、振幅、频率、波形和层速度等参数区分不同的地震相(表 4-5)。地震相分析就是根据一系列地震参数确定地震相类型,并结合钻井、测井等资料建立地震相和沉积相的映射关系,为沉积相和沉积环境解释和编图提供依据。

表 4-5　地震相参数与地质解释(据 Sangree 等,1977 修改)

地震相参数	地质解释
反射结构	反映层理类型、沉积作用、剥蚀及古地貌以及流体类型
反射连续性	直接反映地层本身的连续性,与沉积作用有关。连续性越好,表明地层越是与相对较低的能量级有关。连续性越差,反映地层横向变化越快,沉积能量越高
反射振幅	与波阻抗差有关,反映界面速度-密度差、地层间隔及流体成分和岩性变化。大面积的振幅稳定揭示上覆、下伏地层的良好连续性,反映低能级沉积;振幅快速变化,表示上覆和(或)下伏地层岩性快速变化,是高能环境的反映
反射频率	受多种因素的影响,如地层厚度、流体成分、埋深、岩性组合、资料处理参数等。视频率的快速变化往往说明岩性的快速变化,因而是高能环境的产物
层速度	反映岩性、孔隙度、流体成分和地层压力
外形及平面分布关系	不同沉积环境下形成的岩相组合有特定的层理模式和形态模式,导致反射结构和外形的特定组合,从而反映沉积环境、沉积物源和地质背景

内部反射结构是指地震剖面上层序内反射同相轴本身的延伸情况及同相轴之间的关系。它是揭示总体地震模式或沉积体系最可靠的地震相参数。根据内部反射结构的形态划分为平行与亚平行反射结构、发散反射结构、前积反射结构、乱岗状反射结构、杂乱反射结构和无反射结构几类(图 4-11～图 4-13)。

外部几何形态可以提供有关沉积体的几何特征、水动力、物源及古地理背景等。外形可进一步分为席状、席状披覆、楔状、滩状、透镜状、丘状、充填形等(图 4-13)。

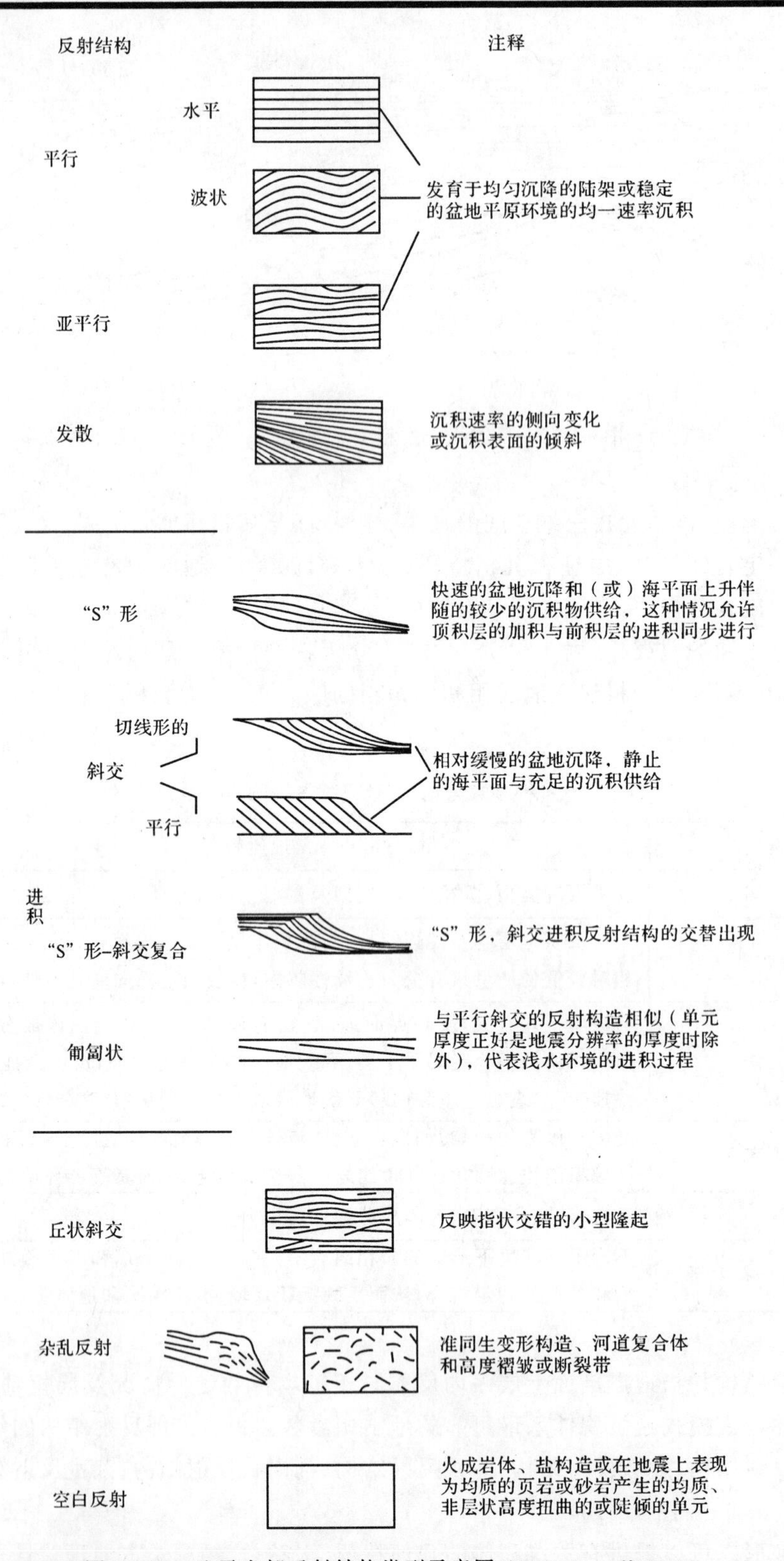

图4-11 地震内部反射结构类型示意图(据Mitchum等,1977)

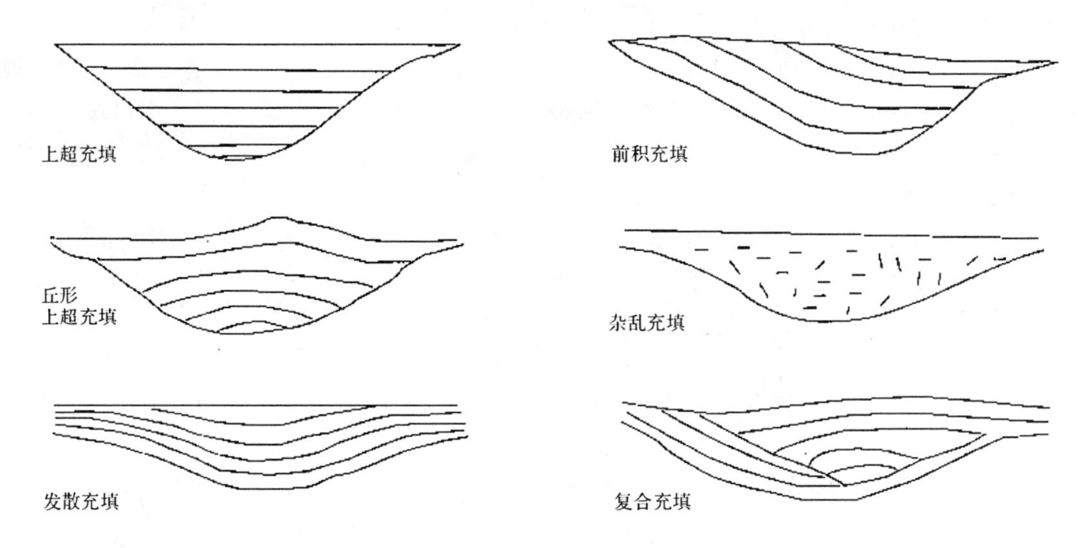

图 4-12 充填反射结构示意图(据 Mitchum 等,1977)

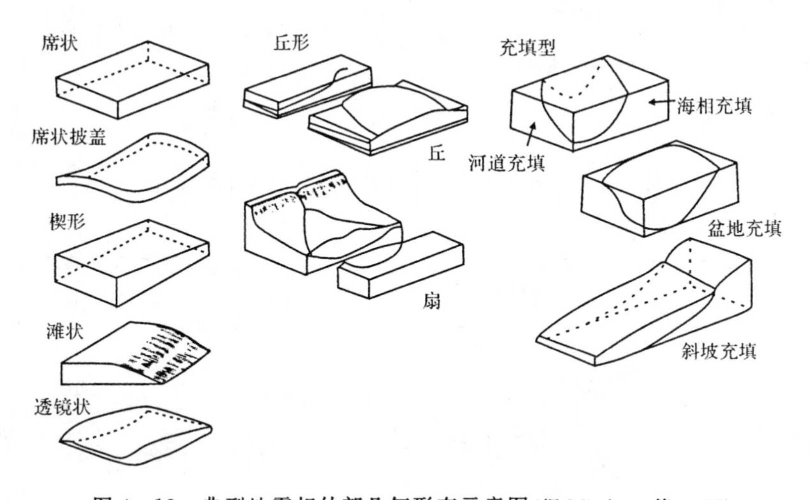

图 4-13 典型地震相外部几何形态示意图(据 Mitchum 等,1977)

反射连续性与地层本身的连续性有关,它主要反映了不同沉积条件下地层的连续程度及沉积条件变化。一般反射连续性好表明岩层连续性好,反映沉积条件稳定的较低能环境;反之,连续性差代表较高能的不稳定沉积环境。衡量连续性的标准包括长度标准和丰度标准。

连续性好——同相轴连续长度大于 600m,好同相轴在一个地震相中占 70%以上。

连续中等——同相轴长度接近 300m。

连续性差——同相轴长度小于 200m,差同相轴在一个地震相中占 70%以上。

振幅与反射界面的反射系数相关。振幅中包括反射界面的上下层岩性、岩层厚度、孔隙度以及所含流体性质等方面信息,可用来预测横向岩性变化和直接检测烃类。但由于振幅还受地震激发与接收条件、大地衰减及处理方法等因素影响,使用振幅时应注意排除这些干扰。振幅的标准包括强度与丰度标准。

频率在一定程度上和地质因素有关，如反射层间距、层速度变化等。但它与激发条件、埋藏深度、处理条件也有密切关系。因此在地震相分析中仅可作为辅助参数。频率可按波形和排列疏密程度分为高、中、低三级。频率横向变化快说明岩性变化大，属高能环境；频率稳定，属低能或稳定沉积环境。

在上述地震相参数中，反射结构和外形最为可靠，其次为连续性和振幅，频率可靠性最差。断陷盆地典型地震相类型和模式见图 4－14、图 4－15。

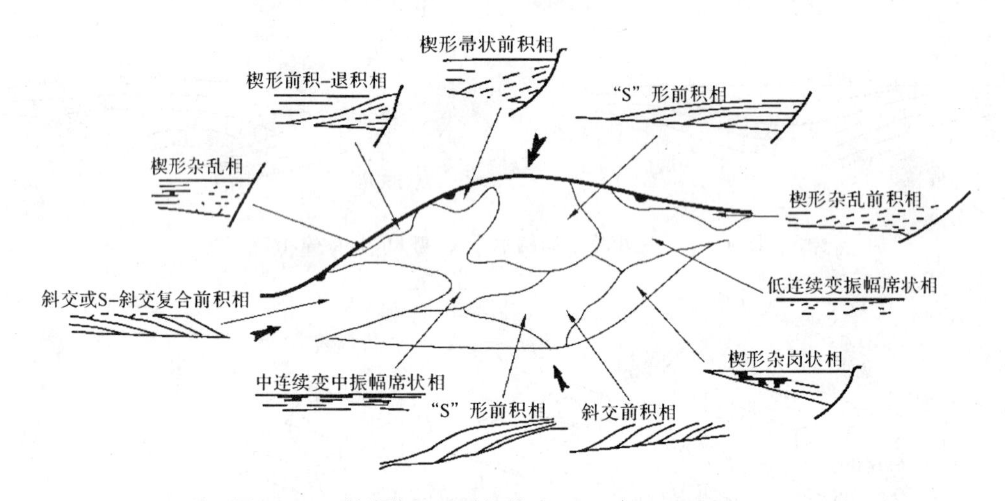

图 4－14　断陷盆地地震相模式(据张万选等，1988 简化)

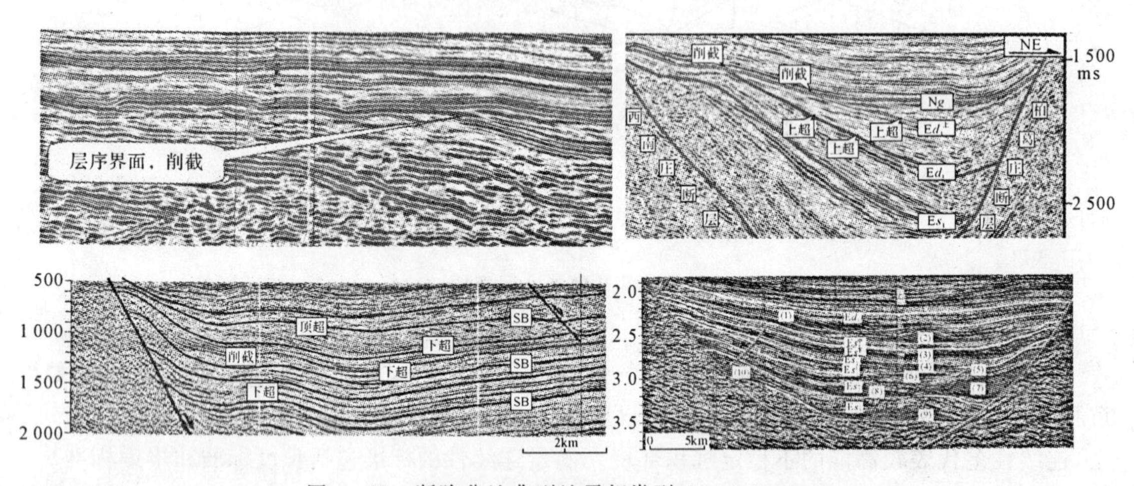

图 4－15　断陷盆地典型地震相类型(据王华等，2008)

2. 测井相标志

测井相是指利用测井曲线参数(如电阻率、含氢指数、体积密度、声波时差、光电截面指数)所反映的电相响应函数所确定的沉积相。典型的测井方法包括 LDT(岩性密度)、体积密度(LDT)、DEN(补偿地层密度)、CNL(补偿中子)、BHC(井眼补偿声波)、声波传播时间(BHC)、声波衰减(WF)、电阻率(RT)、自然电位(SP)、自然伽马(GR)、自然伽马能谱(NGS)、光电俘获截面(LDT)、井径(CAL)、温度计(HRT)、高分辨率地层倾角(HDT)。

测井曲线的幅度受地层岩性、厚度、流体性质等控制，可以反映出沉积物的粒度、分选性及泥质含量等沉积特征的变化。一般而言，颗粒粗、渗透性好的是高能环境中的产物。对油层条件，具有高的电阻率、高的自然电位异常和低的自然伽马等曲线特征，反映强水流；反之，为低幅度弱水流特征。

测井曲线的形态取决于：①顶部或底部渐变型；②搬运能量的变化；③沉积物源供应的变化。分为箱形、钟形、漏斗形(或树形)和复合形等(图4-16)。

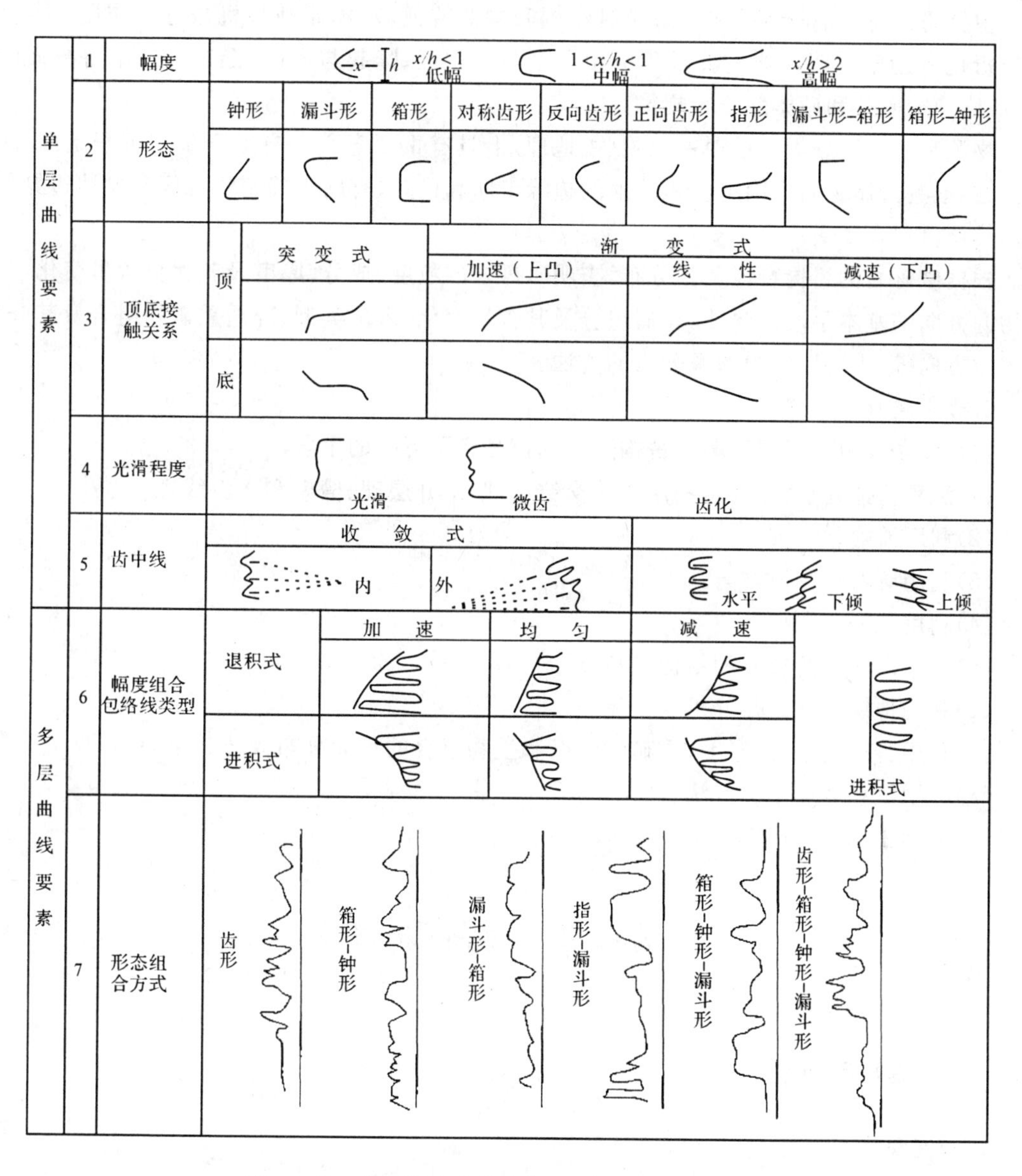

图4-16　常规测井曲线要素及特征(据蔡希源，2003)

测井曲线的渐变表示沉积环境的过渡，突变往往表示冲刷(底部突变)或物源中断(顶部突变)。曲线形态的次一级变化，可分为光滑、微齿、齿化三级。光滑代表物源丰富，水动力作用强；齿化则代表间歇性沉积的叠积，如冲积扇和辫状河道沉积。

测井曲线的各种理论沉积模式反映了各类沉积环境的曲线组合特征及主要相标志(图4-17、图4-18)。

五、物源和古水流分析

物源分析的主要任务是确定沉积物来源方向、侵蚀区或母岩区位置、搬运距离及母岩的性质。主要研究对象是陆源碎屑组分及其结构和构造特征，基本原理是机械分异作用。通过物源分析也有助于查明盆地发育过程中侵蚀区与沉积区、隆起与坳陷、凸起与凹陷等方面的关系，最终确定砂层和砂体的分布规律。

物源和古水流分析在重塑古地貌(古地理)上具有重要意义。有助于确定沉积走向、圈绘古斜坡，推测海岸走向。确定沉积盆地的边缘走向和位置，有助于确定物源区和盆地边界。

1.物源判定方法

根据砂砾岩的组构特征及其分布，查明砂砾岩的粒度、成分、厚度及其百分含量变化，是确定物源方向的基本手段。此外，碎屑组分及其含量变化、岩屑类型、碎屑重矿物组合及其分布、古水流方向等，也可以作为物源分析的方法。

2.古水流确定方法

古水流条件对于沉积环境和古构造研究都是必不可少的手段。

(1)沉积构造判别古水流：利用槽状交错层理、攀升层理、槽模和水流线理。

(2)利用波痕。

(3)利用砾石的排列方向。

(4)利用粒径的大小。

(5)利用沉积岩的成分和结构成熟度。

(6)利用地层倾角测井分析古水流。

(7)利用古地貌、砂体厚度、重矿物组合和生物组合的平面分布规律。

(8)利用沉积地球化学方法。

(9)编制古水流玫瑰花图。

第四节　沉积构造

一、物理成因构造

(一)流动成因构造

1.层理构造

(1)层理的基本术语：层理是绝大部分沉积物或沉积岩的外貌特征之一，也是沉积岩区别

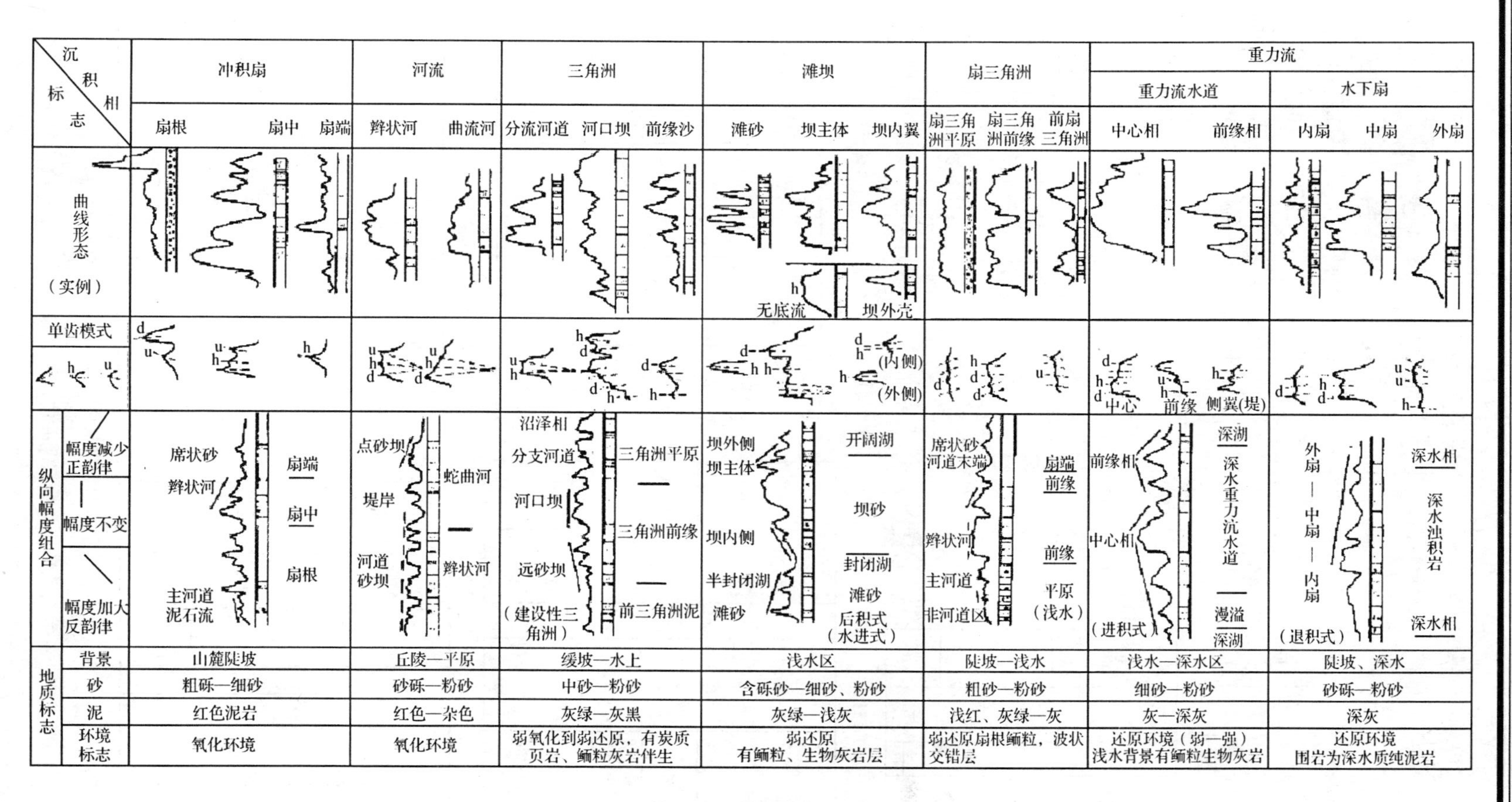

图4-17　各类沉积环境的测井曲线组合形态示意图（据龚绍礼等，1998）

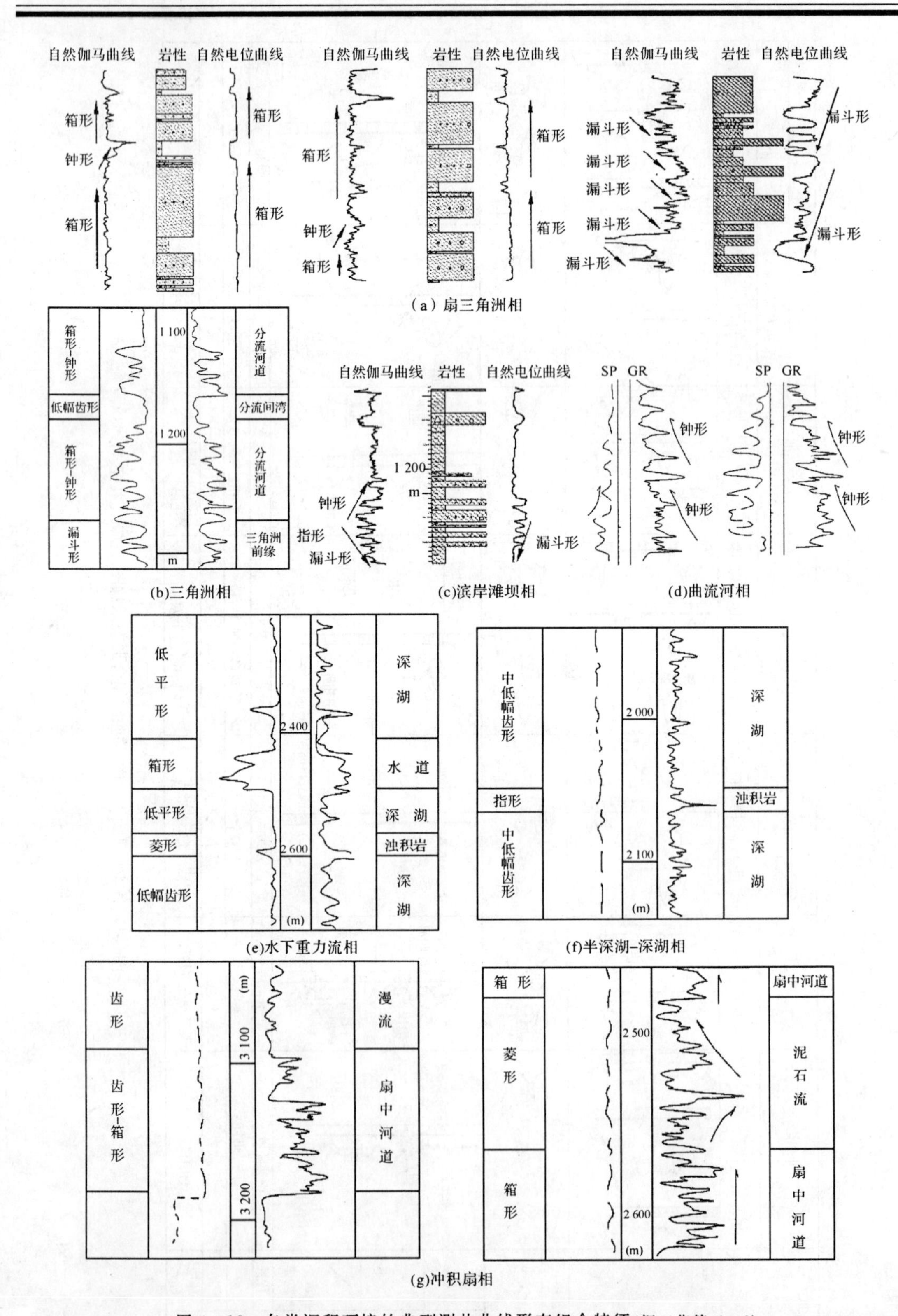

图 4-18　各类沉积环境的典型测井曲线形态组合特征(据王华等,2008)

于岩浆岩和部分变质岩的主要标志。层理是岩石性质沿着沉积物堆积方向上发生变化而形成的层状构造。一般来说，沉积岩往往由于下列原因而显示层理：岩层物质成分或颜色的变化；岩层结构或构造的变化，其中包括：颗粒大小和外形的变化、生物遗体的有无或变化；造岩颗粒及其他组分（生物遗体，包裹体）的排列情况或填集方式的变化（有规律的、杂乱的）等。

如果一个层组是由两个或两个以上成分相似的单层叠置而成的，则称为简单层理；如果是由两个或两个以上成分不同，但成因上有联系的单层有规律地叠置而成的，则称为复合层理（图 4－19）。

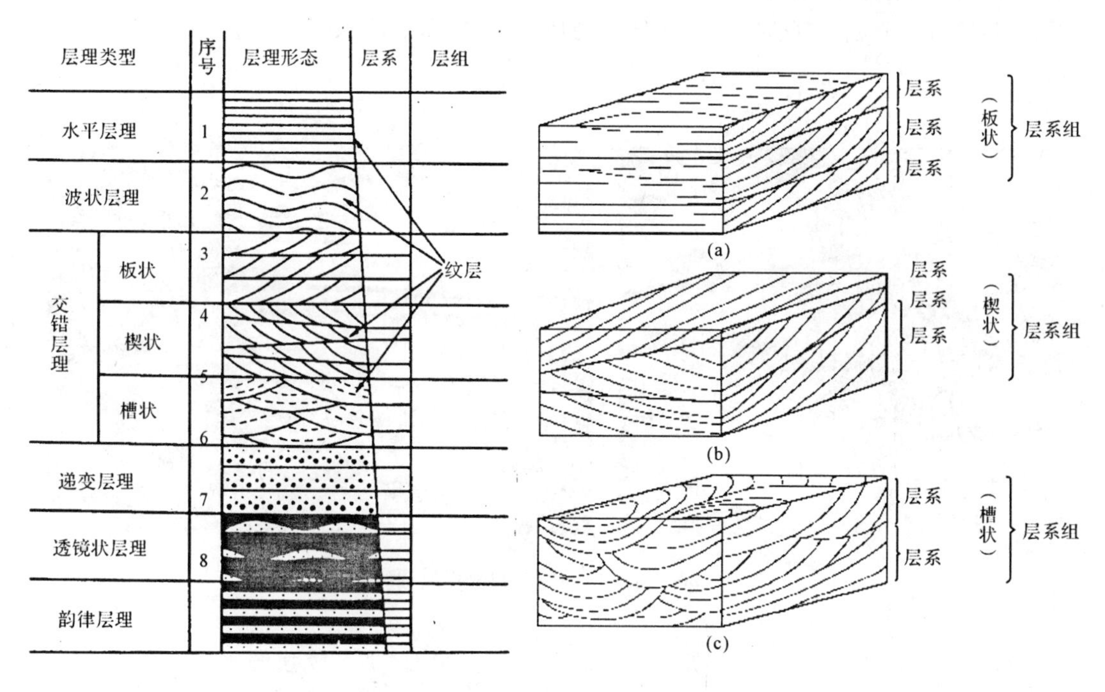

图 4－19 表示层理术语的示意图（据赖内克，1973）

1）纹层（或细层）：是组成层理的最小宏观单位。其上下界线被纹层所限。一个纹层住往具有比较均一的成分和结构，但有时可存在渐变的岩性特征。纹层厚度一般为 1mm 到数毫米，有时可达数厘米。它们是在大致不变的物理条件中有一些小波动的情况下产生的，一个纹层是同时形成的，一般不再含有宏观上的内部分层。纹层的断面形态可以是直线形的、简单弯曲形的（如槽状交错层）、“S”形的（如爬升波痕纹理）或复杂弯曲的（如变形层理）。纹层和层面的关系可以是平行的，也可以是斜交的。

2）单层（或层系）：是组成层理的基本单位。由一组形状相似的纹层按不同的方式组合而成，单层内的成分和结构可以是一致的或均匀的、韵律变化的或递变的，相邻的单层为层理面分开。层理面基本上代表了一个沉积间断面或沉积条件的突变面，或者是一个侵蚀面。层理面可以是平行的或倾斜的，而其本身呈直线状、波状或曲线状。单层的厚度一般为数厘米到数米，他们是在物理条件大致不变的情况下形成的。

3）层组（或层系组）：是由两个或两个以上成因有联系的，性质相似或不同的单层叠置而成。相邻层组间以层组面为界，它们代表侵蚀面或间断面。层组的形成是由沉积环境的变化引起的。

(2)块状层理：层内物质均匀、组分和结构上无差异、不显细层构造的层理，称为块状层理，在泥岩及厚层的粗碎屑岩中常见。一般认为块状层理是在快速堆积、沉积物来不及分异条件下形成的，如冲积扇、河流洪泛期快速堆积形成的混岩层。另外，块状层理也可由沉积物重力流快速堆积而成，有时块状层理是由强烈的生物扰动、重结晶或交代作用破坏原生层理所形成的。

(3)水平层理和平行层理：水平层理主要产于细碎屑岩(泥质岩、粉砂岩)和泥晶灰岩中，细层平直并与层面平行，细层可连续或断续，细层约 0.1μm。水平层理是在比较弱的水动力条件下，悬浮物沉积而成，因此，它出现在低能的环境中，如湖泊深水区、泻湖及深海环境(图 4-20)。

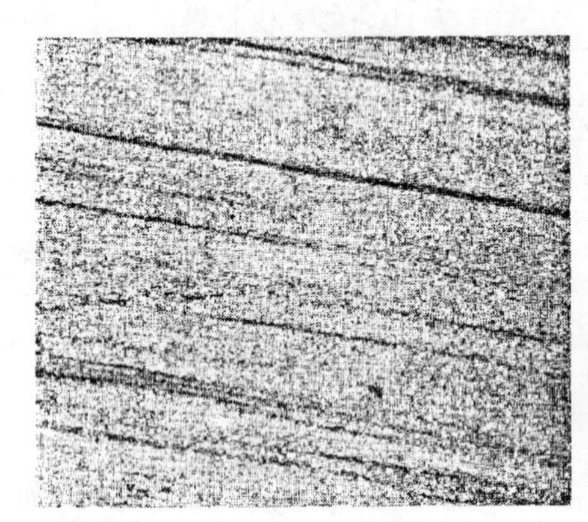

图 4-20　水平层理(左)和平行层理(右)

平行层理主要产于砂岩中，在外貌上与水平层理极相似，是在较强的水动力条件下，高流态中由平坦的床沙迁移，床面上连续滚动的砂粒产生粗细分离而显出的水平细层。因此，细层的侧向延伸较差，沿层理面易剥开，在剥开面上可见到剥离线理构造(图 4-20)。平行层理一般出现在急流及能量高的环境中，常与大型交错层理共生，构成良好储层。

(4)粒序(或递变)层理：粒序层理又称为递变层理。从层的底部至顶部，粒度由粗逐渐变细者称为正粒序，若由细逐渐变粗则称为逆粒序。粒序层理底部常有一冲刷面，内部除了粒度渐变外，不具任何纹层，可分为含杂基和不含杂基两种类型(图 4-21)。粒序层理有多种成因，可在不同的环境中形成。主要由悬移搬运的沉积物，在搬运和沉积过程中，因流动强度减小、流水携带能力减弱、沉积物按粒度大小依次先后沉降而形成。粒序层理是浊积岩中的一种特征性的层理。逆粒序层理不多见，主要出现在沉积物重力流及水动力强度较大的环境，如冲积扇和河流。

(5)爬升波痕层理：当存在大量的沉积物，特别是以悬浮物供给，以及具备足够强的水动力条件时，沙纹不断向前迁移和攀叠而形成爬升沙纹层理(图 4-22)。沙纹层理、爬升沙纹层理可以出现在河流的上部边滩及堤岸沉积、洪泛平原、三角洲及浊流沉积环境中。

爬升波痕纹理基本上可分为两种类型：同相位的波痕纹理和迁移的波痕纹理。

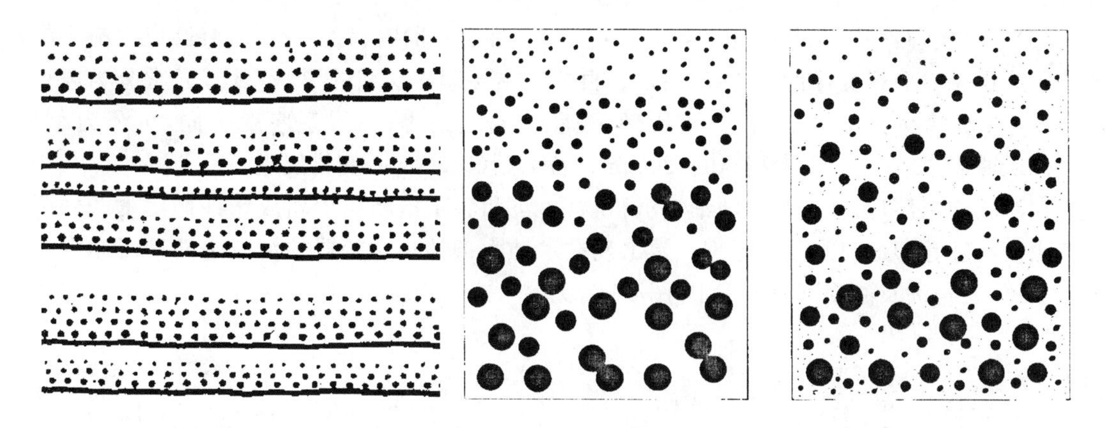

图 4-21　粒序层理

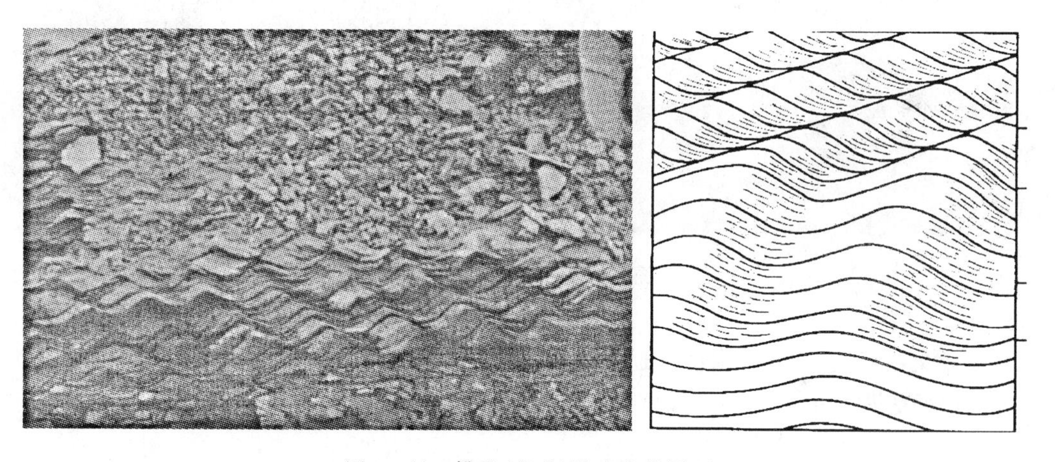

图 4-22　攀升(爬升)波痕交错层理

1)同相位波痕纹理的特征是:一个波痕纹层直接盖在另一个波痕纹层之上,通常其波峰在水流方向上仅有小的移动。波痕纹层彼此平行,而且迎流面和背流面的厚度基本相等。纹层形状一般不对称(由水流或波浪作用产生),但有时又是对称的(由波浪作用产生)。

2)迁移性波痕纹理的特征是:在垂直于波痕脊的剖面上,波峰在水流方向上有明显的迁移,甚至出现一些逆水流倾斜的,几乎近于平行的假界面。这些界面代表了波痕迎流面一侧的间断面或微侵蚀面。其倾斜角度随着水流速度的增加而减小。

爬升波痕纹理存在着各种过渡类型。这些类型的变化与沉积环境中悬浮负载(悬移质)与底负载(推移质)比值的变化有关。当悬浮负载与底负载比值较大,即悬浮沉积物供应充分时,迎流面几乎不发生侵蚀,波痕能完全被埋藏和保存下来,或者波脊稍有迁移。如果悬浮负载与底负载比值减小,波痕的迎流面在被埋藏和保存之前就受到侵蚀,于是产生了只有背流面保存的迁移爬升波痕。如果悬浮负载与底负载的比值进一步减小,只有少量沉积物以悬浮方式供给时,波痕则只有迁移而没有同时向上增长,其结果形成不具爬升波痕纹理特点的波痕交错层理。根据爬升波痕纹理的形成方式,可以认为沉积物周期性的快速堆积的环境有利于它们的发育。相反，沉积物供给得少而遭受再造作用强的环境则不利于它们的形成。

(6)交错层理：交错层理是最常见的一种层理。在层系的内部由一组倾斜的细层(前积层)与层面或层系界面相交，所以又称斜层理。根据交错层理内层系的形状不同，通常分为：板状交错层理、楔状交错层理、槽状交错层理、波状交错层理等；按层系厚度不同，可分为小型(<3cm)、中型(3～10cm)、大型(10～200cm)、特大型(>200cm)交错层理。

1)波状交错层理：在非黏性的细粒沉积物中，沉积物供给相对少而成床沙搬运的条件下，由流水沙纹迁移形成流水沙纹层理。常出现在水动力条件相对较弱的河流边滩及堤岸沉积、洪泛平原、三角洲及浊流沉积环境中(图4-23)。

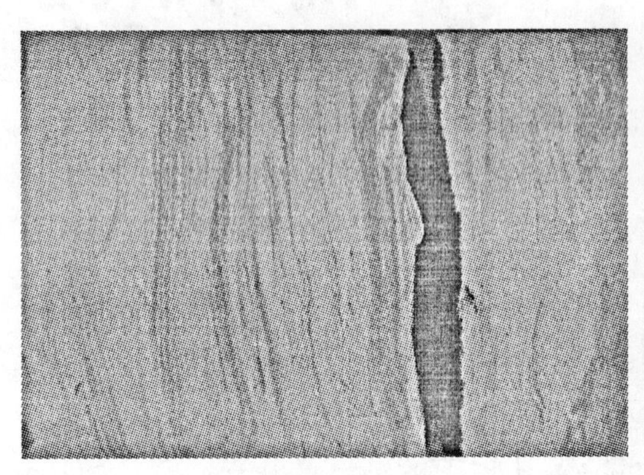
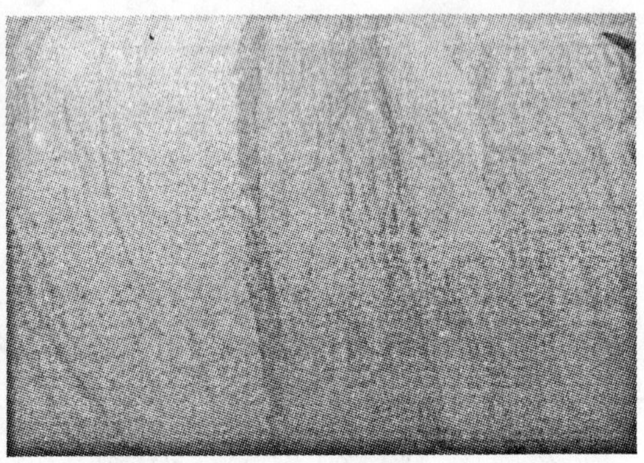

图4-23　波状交错层理

2)板状交错层理：主要是由沙浪迁移形成的，层系呈板状，层系厚度大于3cm，可达1m或更厚。层理面为相互平行的平面，内部纹层与层理面斜交(图4-24)。

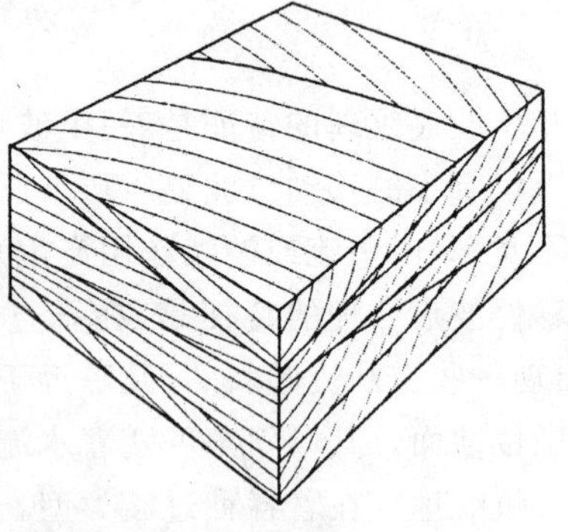

图4-24　板状交错层理

板状交错层理主要出现在河流点沙坝、水下分流河道沙坝和沙漠风成环境。点坝(边滩)交错层理是指曲流河道内由点沙坝迁移所形成的交错层理。

3)槽状交错层理：主要是由沙丘迁移形成的，层理面为曲面，纹层呈槽状或弧形，层系呈槽状或小舟状(图4-25)，槽的宽度和深度都可从几厘米到数米，槽的宽深比常趋于固定值(Allen,1963)。主要出现在河道边滩和沙漠风成环境。

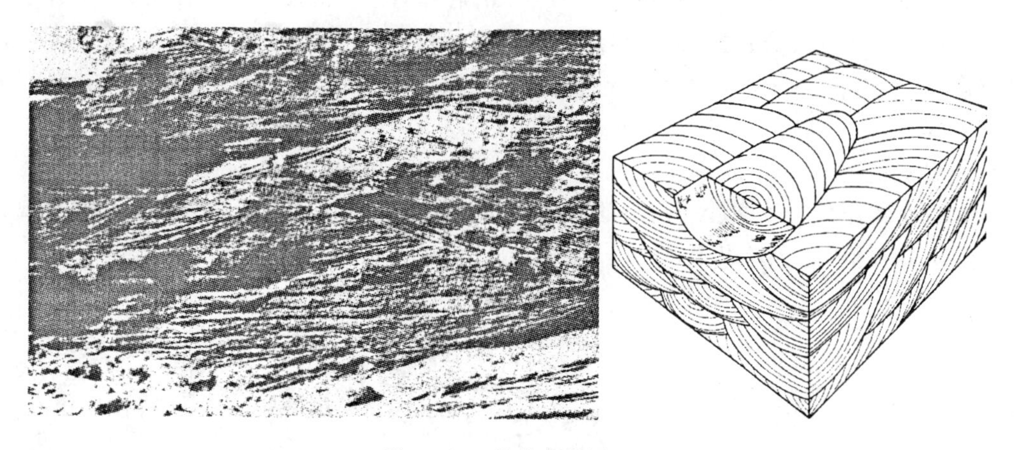

图 4-25　槽状交错层理

4)浪成交错层理:由对称波浪产生的、浪成沙纹迁移形成的交错层理,是由倾向相反、相互超覆的前积层组成,内部具有特征的“人”字形构造。由不对称的波浪产生的浪成沙纹层理的特点为:不规则的波状起伏的层系界面,前积纹层成组排列成束状层系,前积层可通过波谷到达相邻沙纹的翼上,前积层表现出“人”字形构造,即相邻层系前积层倾向相反(图 4-26)。由于波浪向岸和离岸运动的速度不同以及流水的叠加,浪成交错层理的前积层也可向一个方向倾斜,层系界面变为缓的波状起伏。浪成交错层理主要出现在海岸、陆棚、泻湖、湖泊等沉积环境中。

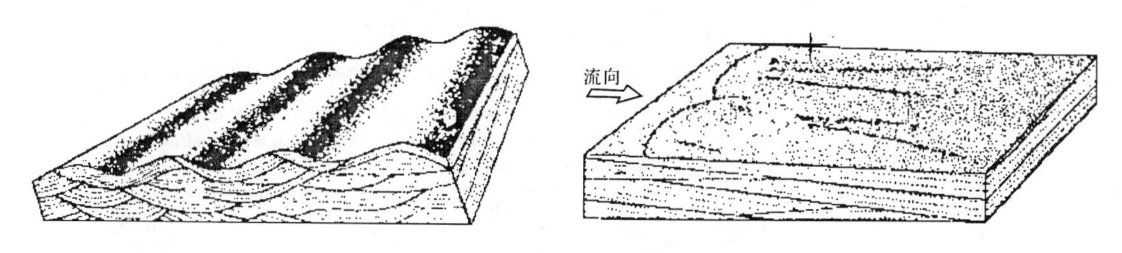

图 4-26　浪成交错层理(左)和冲洗交错层理(右)

(据 Reineck 和 Singh,1973; Harms,1975)

5)冲洗(或楔状)交错层理:当波浪破碎后,继续向海岸传播,在海滩的滩面上,产生向岸和离岸往复的冲洗作用,形成冲洗交错层理,又称海滩加积层理(图 4-26)。这种层理的特征是:层系界面成低角度相交,一般为 2°～10°;相邻层系中的细层面倾向可相同或相反,倾角不同;组成细层的碎屑物粒度分选好,并有粒序变化,含重矿物多;细层侧向延伸较远,层系厚度变化小,在形态上多呈楔状,以向海倾斜的层系为主。冲洗交错层理常出现在后滨—前滨带及沿岸沙坝等沉积环境中。

6)丘状交错层理,在正常的浪基面以下,风暴浪基面之上的陆棚地区,由风暴浪形成一种重要的原生沉积构造。丘状交错层理是由一些大的宽缓波状层系组成，外形上像隆起的圆丘状，向四周缓倾斜，丘高为20～50cm，宽为1～5m；底部与下伏泥质层呈侵蚀接触，顶面有时可见到小型的浪成对称波痕；层系的底界面曾被侵蚀，细层平行于层系底界面，它们的倾向呈幅射状，倾角一般小于15°；层系之间以低角度的截切浪成纹层分开。丘状交错层理主要出现于粉砂岩和细砂岩中，常有大量云母和炭屑(图4－27左)。

7)风成交错层理：风的吹扬作用可以形成风沙流，风沙流的流动造成床沙形体的迁移，从而形成风成交错层理。风成沙丘形成的交错层理的特点是：规模大，层系的厚度一般由几十厘米到1～2m，有时可达十米以上(图4－27右)。

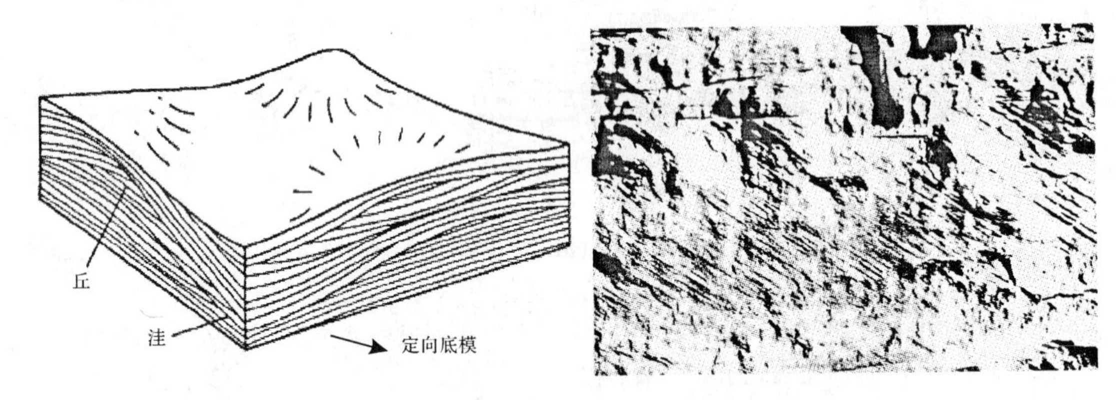

图4－27　丘状交错层理(左)和风成交错层理(右)

(7)韵律层理：由不同成分、结构、颜色的纹层构成，纹层厚度小于3～4mm，主要为细粒沉积物。不同的纹层可以指示气候条件、沉积物供给、潮汐及水流动态的变化(图4－28)。

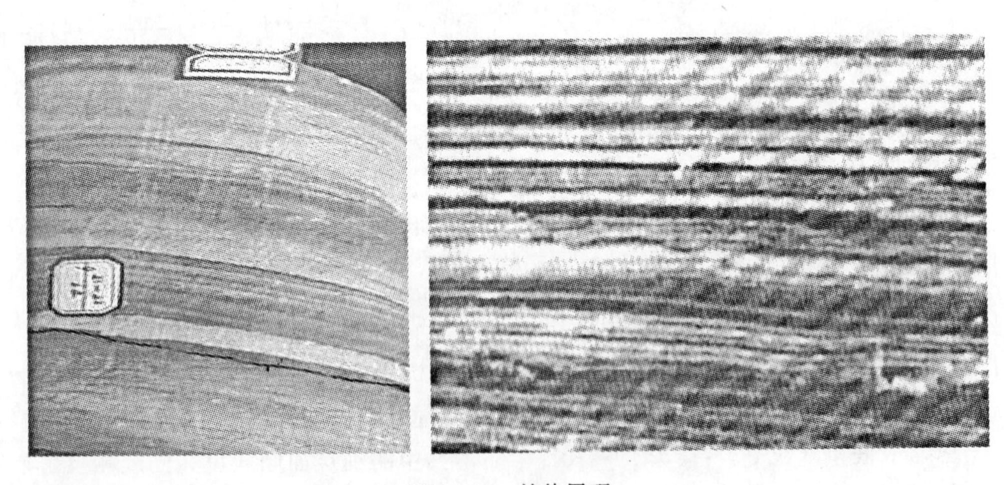

图4－28　韵律层理

(8)潮汐成因层理：潮汐流，除了形成与流水、波浪成因相同的交错层理以外，由于潮汐流是一种往复流动的水流，还可以形成一些特殊的层理和其他构造，如羽状(或"人"字形)交错层

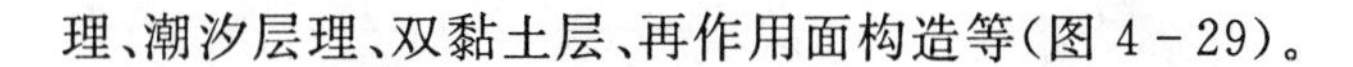
理、潮汐层理、双黏土层、再作用面构造等(图 4-29)。

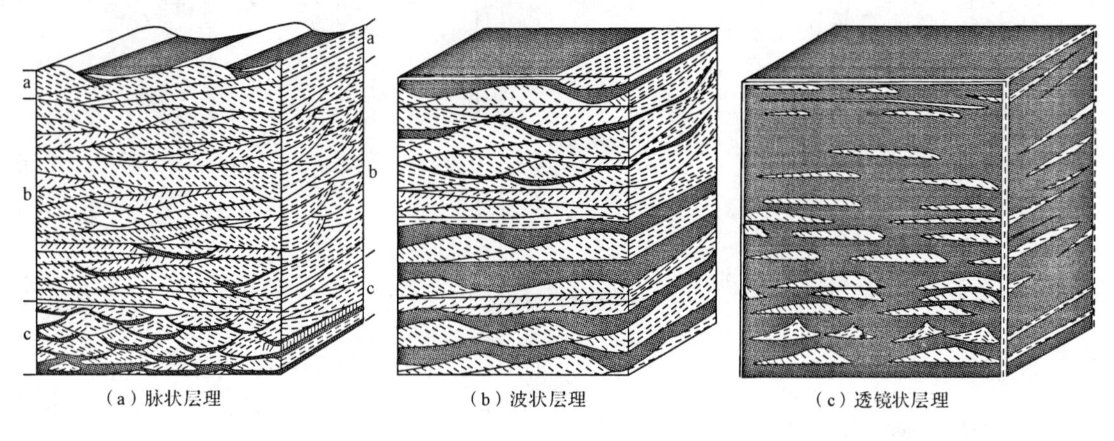

(a)脉状层理　(b)波状层理　(c)透镜状层理

图 4-29　潮汐层理

从脉状层理、波状层理到透镜状层理，水动力逐渐变强。上述层理反映形成过程中水流强度发生交替变化。

1)脉状层理:主要由沙组成，泥呈“脉状”分布在沙波波谷中，沙中发育纹理构造。有时称为“砂包泥”。脉状层理是在波谷及部分波脊上含有泥质条纹的沙纹层理。在涨潮流和退潮流的活动期，形成沙质沙纹，而泥质保持悬浮状态;在憩水期，悬浮泥质沉降覆盖在沙纹上，当下一个潮汐流的活动期开始时，波脊上的泥被削去而波谷中的泥被新沙纹覆盖而保存，最终形成脉状层理。

2)波状复合层理:由波状起伏的沙、泥层交互叠置而成，沙层内发育纹理构造。波状复合层理是上述两种之间的过渡类型，成砂泥互层的波状层理。这三种层理常相互伴生，主要出现在潮间坪及潮上坪沉积环境中。另外，在三角洲前缘、浅水陆棚及河流的洪泛沉积中，当存在形成这些层理相似的水动力条件时，也可以出现。

3)透镜状层理:主要由泥质构成，砂呈透镜状分布在泥中，砂质中发育纹理构造。有时称为“泥包砂”。透镜状层理的特征是在泥质层中夹有砂质透镜体，其形成的条件与脉状层理相反。它是在潮汐水流或波浪作用较弱，并且砂的供应不足，泥质比砂质的沉积和保存均有利的条件下形成的。

4)羽状交错层理:是涨潮流形成的前积层与退潮流形成的前积层交互而成，在层面上层系互相叠置，相邻层系的细层倾向正好相反，呈羽毛状或“人”字形(图 4-30);层系间常夹有薄的水平层。羽状交错层理一般出现在潮间带的下部及潮汐通道中。

5)双黏土层和再作用面:双黏土层是在涨潮和退潮过程中，形成的多个砂层和黏土(泥岩)的互层沉积构造。在涨潮过程中形成相对较厚的砂层，在涨潮静止期形成泥岩;在退潮期形成较薄的砂层，在退潮静止期形成泥岩，泥岩的厚度取决于静止期时间的长短，由于涨潮期的水动力强度大于退潮期，所以，一般来说，涨潮期形成的砂体厚度和粒度要大于退潮期。如此往复而形成多个砂泥互层的双黏土层(图 6-13)。

再作用面是指同一层系内的一个侵蚀面，因而再作用面两侧的前积纹层的倾向是基本一致的。再作用面的形成与水流的方向或水位的变化有关。由于潮汐流的方向改变可以使先形

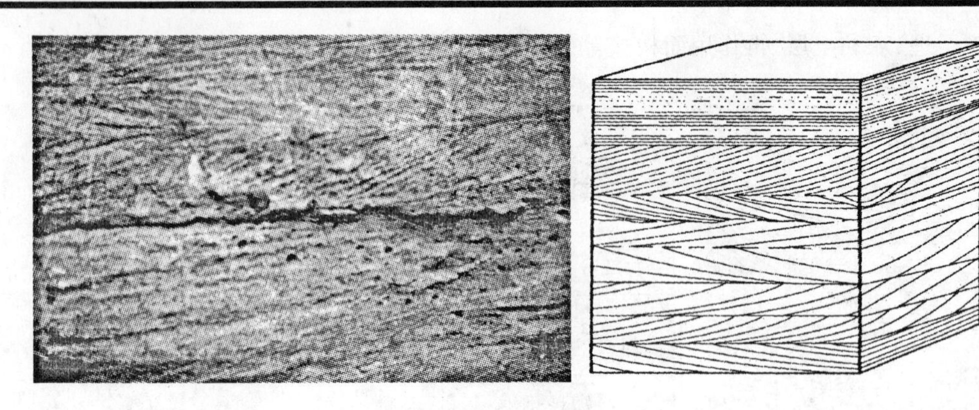

图 4-30　羽状交错层理

成前积层遭受侵蚀改造，当潮汐流的方向恢复原来方向时，在此侵蚀面上又重建另一组的前积层，这一侵蚀面即再作用面(图 4-31)。

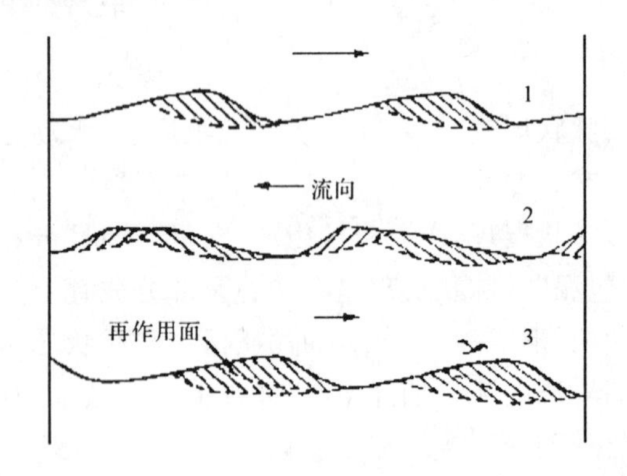

图 4-31　潮汐作用形成的再作用面构造示意图

2. 上层面构造

当岩层沿着层面分开时，在层面上可出现各种构造和铸模，有的保存在岩层顶面上，如波痕、剥离线理、干裂纹、雨痕等；有的在岩层的底面上，特别是下伏层为泥岩的砂岩底面上成铸模保存下来，如沟模、槽模等，总称为层面构造。

(1)波痕：是非黏性的砂质沉积物层面上特有的波状起伏的层面构造，在砾岩和泥岩中见不到波痕。波痕是保留在层面上的床沙形体痕迹，在层内的痕迹就是层理。习惯上，用垂直波脊的剖面来描述波痕(图 4-32)。波长(L)是垂直两个相邻波峰之间的水平距离，波高(H)是谷底至脊顶的垂直距离；脊顶(波峰)是波痕垂直剖面上最高的点，波脊是大于 1/2 波高向上凸出部分，波谷(或槽)是小于 1/2 波高向下凹的部分；波痕缓倾斜的部分称迎水坡(或迎风坡)，

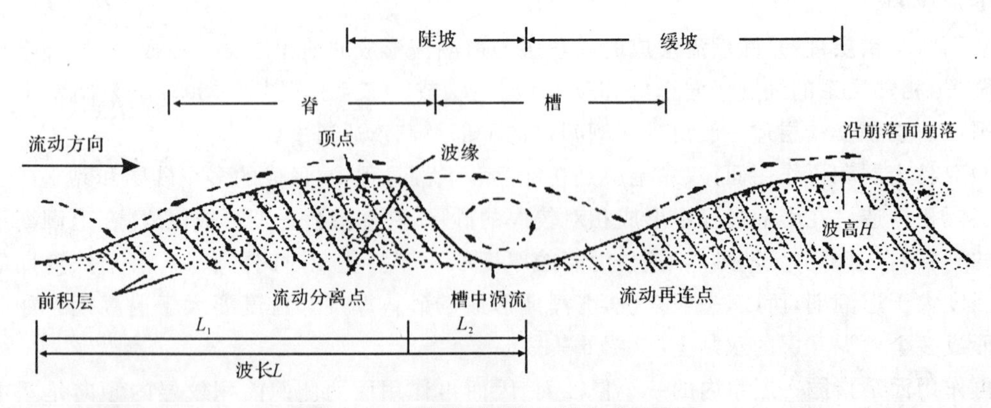

图 4-32　波痕要素及流动方式示意图

又称缓坡；陡倾斜的部分称背水坡（或背风坡），又称陡坡；水流的流动分离点称作波缘点。波痕指数（RI）＝波长（L）/波高（H），表示波痕相对高度和起伏情况；波痕对称指数（SI）＝迎水坡水平长度（L_1）/背水坡水平长度（L_2），表示波痕的对称程度。波脊可以呈直线状、弯曲状、舌状（脊向背水方向弯曲），新月形状（脊向迎水方向弯曲），以及波脊之间可以平行、分叉或分叉合并、呈菱形等。

波痕按成因分为水流波痕、波浪波痕、风成波痕、干涉波痕与孤立波痕；按规模可分为小型波痕、大型波痕与巨型波痕（表4-6，图4-33）。按照对称指数可分为对称波痕（$SI \approx 1$），不对称波痕（$SI > 1$）。流水波痕和风成波痕属于不对称波痕，浪成波痕有对称的和不对称的。

表4-6　三种成因类型波痕对比

特征＼类型	水流波痕	波浪波痕	风成波痕
形态	$RI > 15$　$SI > 3.8$	$RI < 15$，　$SI < 3.8$	$RI = 10 \sim 70$
波脊	不规则或弯曲的，无分叉	较规则，直脊，分叉	直、长且平行
内部构造	直线型、切线型和"S"形前积纹层，不对称	"人"字形、束状纹层，对称或不对称	粗粒在波脊，细粒在波谷

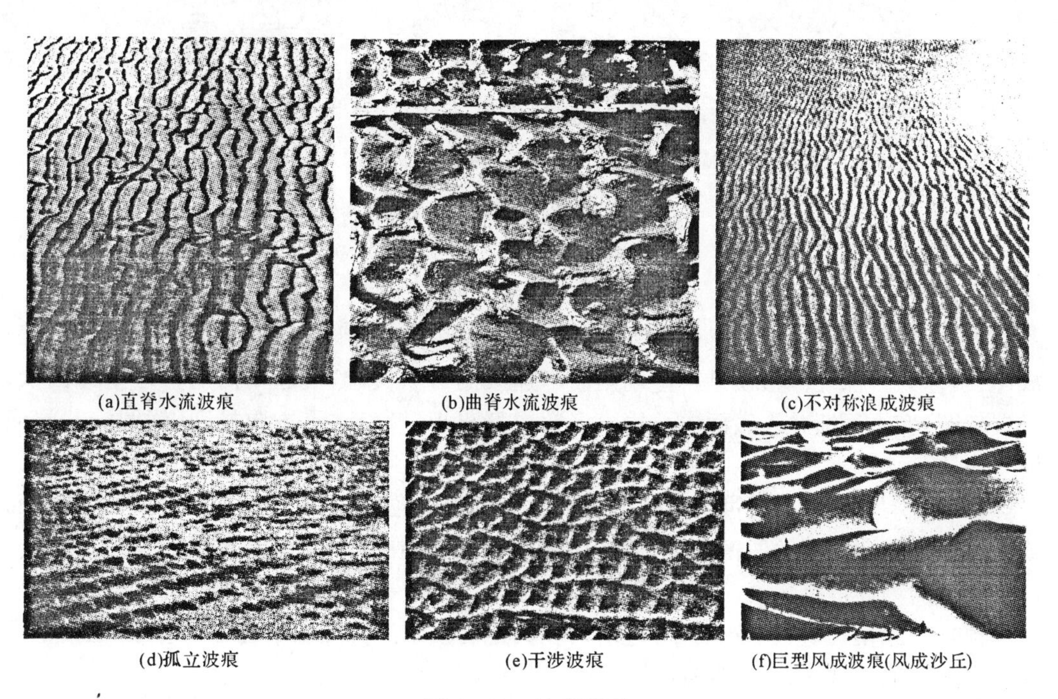

(a)直脊水流波痕　(b)曲脊水流波痕　(c)不对称浪成波痕

(d)孤立波痕　(e)干涉波痕　(f)巨型风成波痕(风成沙丘)

图4-33　波痕类型

由于水位、水流和波浪方向、浪基面的变化，导致早先形成的波痕被修饰和改造，如果水流、波浪的方向不同，形成的波峰互不平行，并为同时形成，即成干涉波痕。修饰波痕及叠置波痕都形成于浅水环境中。菱形波痕为两组不同方向的波脊相交，似菱形，是在高流速并有回流作用，或极浅水区有流水相互干扰的条件下形成的，所以菱形波痕常出现于河流边滩、海滩、潮坪及浅水湖等浅水环境中。

根据波痕的类型可以了解沉积物形成的条件并指示介质流动的方向(特别是不对称波痕)。虽然有些波痕如流水波痕及浪成波痕，可以在不同的沉积环境中出现，但是它们的形态及分布，特别是相对丰度是不相同的。所以，波痕的类型和特征，仍是识别沉积环境的重要依据之一，在浅水砂质沉积环境中波痕最丰富。

(2)剥离线理构造：这种构造常出现在具有平行层理的薄层砂岩中，沿层面剥开，出现大致平行的非常微弱的线状沟和脊，常代表水流方向，所以斯托克斯(Stokes，1947)称之为原生流水线理；因它在剥开面上比较清楚，所以又称剥离线理构造(图 4-34)。它是由砂粒在平坦床沙上作连续的滚动留下的痕迹，所以与平行层理经常共生。

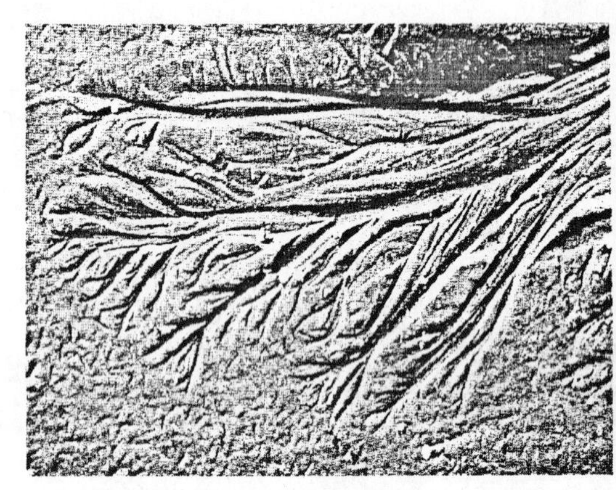

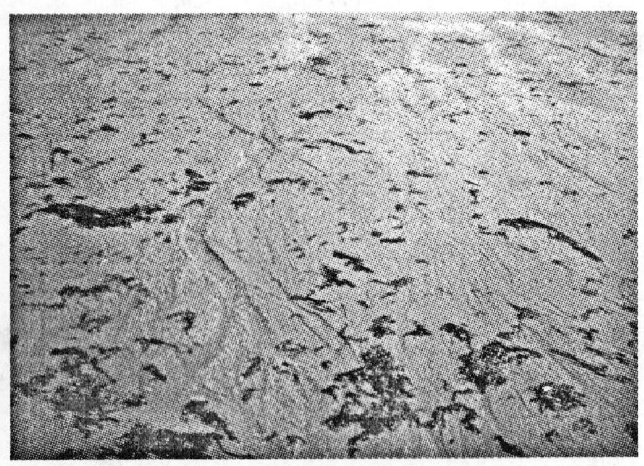

图 4-34　沉积物表面的剥离线理构造和流痕

3. 下层面构造

(1)侵蚀模-槽模：由于水流的涡流对泥质物的表面侵蚀成许多凹坑，在上覆砂岩的底面上铸成印模，称为侵蚀模。槽模是一些规则而不连续的舌状突起，突起稍高的一端呈浑圆状，向另一端变宽、变平逐渐并入底面中。槽模多数成群出现，顺着水流方向排列，浑圆突起端迎着水流方向。

(2)刻蚀模：水流流动的过程中挟带着刻蚀工具如砂粒、介壳等物体，在泥质沉积物表面滚动或间歇性撞击所留下的凹槽和坑，被砂质沉积物充填，在砂岩底面上保存的印模，称为刻蚀模。最常见的刻蚀模有沟模、跳模、刷模、锯齿模等。锥模一端低而尖(迎水流向)，一端高而宽(顺水流向)。底模构造在浊积岩中最多，而在其他的浅水沉积环境中也可以形成，但由于沉积物易受到改造而被破坏，不易保存。

4. 冲刷-充填构造

由于水道的多次交替冲刷-充填而形成的沉积构造，可单个充填，也可以多个充填形成侧向和垂向叠置关系。其特征是底凸顶平，可与槽状交错层理区别，常出现在冲积扇和河流环境(图 4-35)。

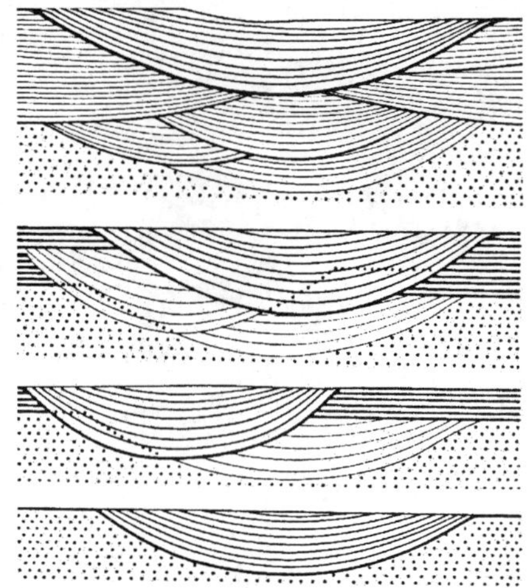

图 4 - 35　水道充填交错层理

（二）（准）同生变形构造

1. 重荷模（负荷）和火焰状构造

重荷模又称负荷构造，是指覆盖在泥岩上的砂岩底面上的圆丘状或不规则的瘤状突起[图 4 - 36(a)]。突起的高度从几毫米到几厘米，甚至达几十厘米。它是由于下伏饱和水的塑性软泥承受上覆砂质层的不均匀负荷压力而使上覆的砂质物陷入到下伏的泥质层中，同时泥质以舌形或火焰形向上穿插到上覆的砂层中，形成火焰状构造。重荷模与槽模的区别在于形状不规则，缺乏对称性和方向性，它不是铸造的，而是砂质向下移动和软泥补偿性的向上移动使两种沉积物在垂向上再调整所产生的。

2. 包卷和滑塌构造

包卷构造或称包卷层理、旋卷层理、扭曲层理，它是在一个层内的层理揉皱现象，表现为由连续的开阔"向斜"和紧密"背斜"所组成。它与滑塌构造不同，虽然细层扭曲很复杂，但层是连续的，没有错断和角砾化现象。而且，一般只限于一个层内的层理形变，而不涉及上下层；一般细层向岩层的底部逐渐变正常，向顶部扭曲细层被上覆层截切，表明层内扭曲是发生在上覆层沉积之前。包卷构造可能是由于沉积层内的液化、沉积物内孔隙水泄作用、上覆砂质沉积所引起超负荷垂向力作用形成[图 4 - 36(c)]。

滑塌构造是指已沉积的沉积层在重力作用下发生运动和位移所产生的各种同生变形构造的总称。沉积物可以顺斜坡呈非常缓慢的运动——蠕动，也可以产生较大的水平位移的运动——滑动，从而引起沉积物的形变、揉皱、断裂、角砾岩化以及岩性的混杂等。滑塌构造往往局限于一定的层位中，与上、下层位的岩层呈突变接触。其分布范围可以是局部的，也可延伸数百米，甚至几千米以上。滑塌构造是识别水下滑坡的良好标志，一般伴随着快速的沉积而产生。多半出现在三角洲的前缘、礁前、大陆斜坡、海底峡谷前缘及湖底扇沉积中[图 4 - 36(d)、(e)]。

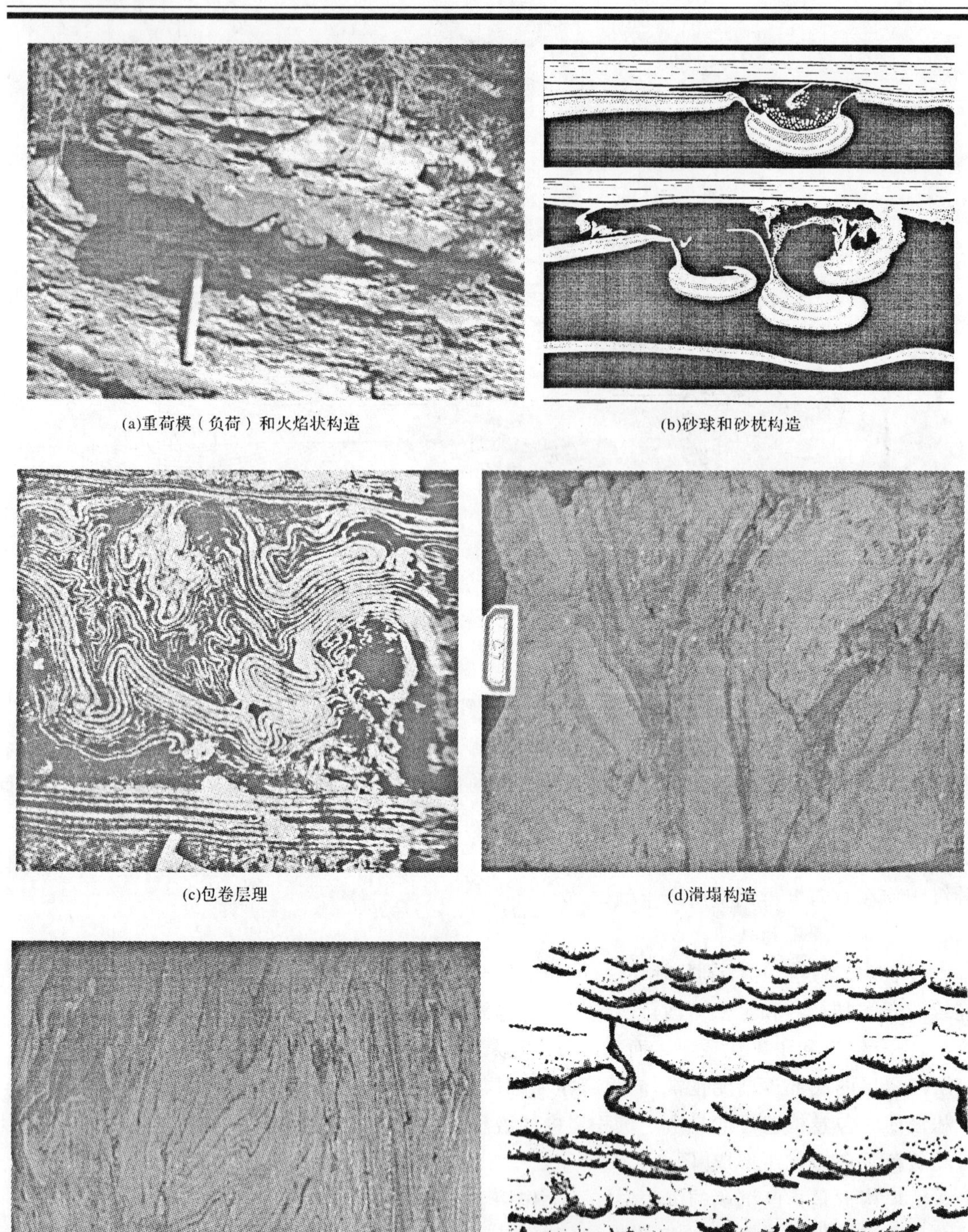

(a)重荷模（负荷）和火焰状构造　(b)砂球和砂枕构造

(c)包卷层理　(d)滑塌构造

(e)滑塌变形构造　(f)砂岩中的碟状构造

图 4-36　(准)同生变形构造的常见类型

3.砂球和砂枕构造

这种构造主要出现在砂、泥互层并靠近砂岩底部的泥岩中，是被泥质包围了的紧密堆积的砂质椭球体或枕状体，大小从十几厘米到几米，孤立或成群作雁行排列。一般不具内部构造，如果原来的砂层内具有纹层，则在椭球体或枕状体内的纹层形变成为复杂小褶皱，很像“复向斜”，并凹向岩层顶面，所以，可利用砂球来确定地层的顶底[图4-36(b)]。

4.泄水(或碟状)构造

泄水构造是迅速堆积的松散沉积物内由于孔隙水的泄出所形成的同生变形构造。在孔隙水向上泄出的过程中，破坏了原始沉积物的颗粒支撑关系，而引起颗粒移位和重新排列，形成新的变形构造。碟状构造是砂岩和粉砂岩中的模糊纹层向上弯曲如碟形，直径常为1～50cm，互相重叠，中间为泄水通道的砂柱分开[图4-36(f)]；有的碟状构造向上强烈卷曲变为包卷构造。泄水构造主要出现在迅速堆积的沉积物中，如浊流沉积、三角洲前缘沉积及河流的边滩沉积中。

(三)暴露成因构造

有些层面构造并非流动成因的，而是沉积物露出水面(或在水面附近)，处在大气中，表面干涸收缩，或者受到撞击而形成的，如干裂、雨痕、泡沫痕和冰成痕等。这些构造具有指示沉积环境、岩层顶底及古气候的意义。

1.干裂(泥裂)

泥裂是指软泥干枯、收缩后，在泥岩表面留下的裂痕，在平面上为多边形，剖面上为“V”字形，由泥岩脱水、收缩或干化而成，指示干旱气候或水上环境(图4-37)。

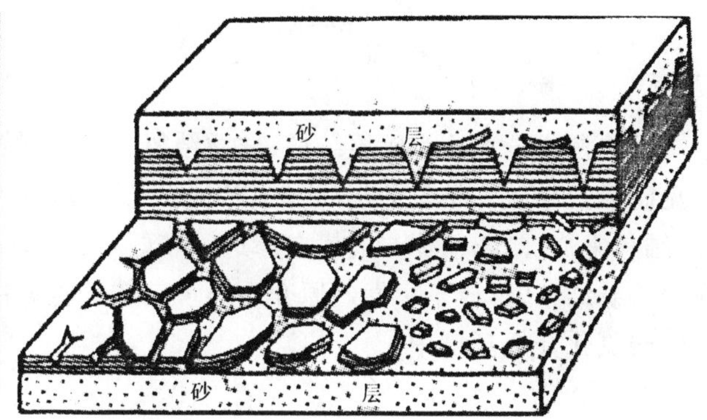

图4-37　泥裂

2.雨痕和冰雹痕

雨滴和冰雹在软泥表面留下的痕迹叫雨痕和冰雹痕，呈圆形或椭圆形，在少雨区发育较好。指示水上环境或半干旱环境，说明沉积物曾经出露水上。雨痕和泥裂属于暴露标志，也可以只是岩层的顶面，也称作示顶底构造。此外，还有细流痕、工具痕迹、障碍痕迹、弹跳痕迹等表面痕迹构造。流痕是在水位降低，沉积物即将露出水面时，薄水层汇集在沉积物表面上流动时形成的侵蚀痕。一般呈齿状、梳状、穗状、树枝状、蛇曲状等。潮坪上形成的流痕，主要与退潮流有关，海滩上形成的流痕，主要与回流有关。

二、化学成因构造

由于化学溶解、沉淀作用形成的构造称为化学成因构造。化学成因构造分为结晶构造、压溶构造和增生交代构造三类。

1. 结核

结核是岩石中自生矿物的集合体。这种集合体在成分、结构、颜色等方面与围岩显著不同，常成球状、椭球状及不规则的团块状，大小从几毫米到几十厘米，分布较广。主要出现在泥质岩、粉砂岩、碳酸盐岩及煤系地层中。

结核按形成阶段可分为同生结核、成岩结核及后生结核（图 4－38 ）。龟背石是一种特殊的成岩结核，它是在富水凝胶沉积物中析出的结核物质经脱水收缩而成裂隙，再被其他矿物充填而成。煤系地层中常见菱铁矿质的龟背石结核。

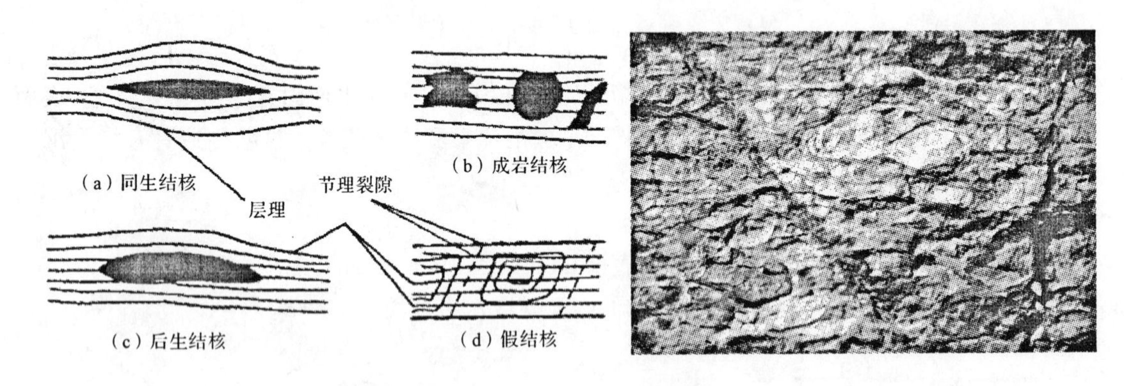

图 4－38　结核的类型

结核按成分可分为钙质结核、硅质结核、黄铁矿结核、磷质结核、锰质结核等。在碎屑岩中常见碳酸盐结核。结核的形状和大小与岩石的渗透性有关。由于砂岩中各向渗透性近于相等，结核常似球状；而泥岩的横向渗透性较好，结核即常成扁平状。煤系地层中常出现黄铁矿或菱铁矿结核，形成于中性还原介质环境。碳酸盐岩中常出现顺层分布的燧石结核，多形成于酸性弱氧化介质环境中。

2. 缝合线

缝合线最常见于碳酸盐岩中，但也出现在石英砂岩、硅质岩及蒸发岩中。在垂直层面的切面中呈锯齿状微裂缝，颇似头盖骨接缝。从立体上看则为参差不齐的垂直小柱（缝合柱）。缝合线的形态是多种多样的，如锯齿状及波状。缝合线的起伏幅度不一，从 1mm 至几厘米，甚至几十厘米。缝合线与层面的关系，可以平行、斜交或垂直，也可以几组相交成网状。

关于缝合线的成因，假说很多，多数人接受压溶说，即在上覆岩层的静压力和构造应力的作用下，岩石发生不均匀的溶解而成。缝合柱上的滑动擦痕以及被缝合线切断的方解石脉位移，都说明缝合线生成时有压力作用；在缝合面上有一层泥质薄膜的不溶残余物，表明缝合线生成时伴有溶解作用。与层面平行的缝合线，压力主要与上覆层的负荷压力有关；与层面斜交或垂直的缝合线，则压力主要与构造应力有关。大多数缝合线形成于后生阶段，它切过结核、化石或鲕粒，切断方解石脉；

缝合线也可形成于成岩阶段，它常绕过结核或鲕粒，或被方解石脉切断。

3. 鸟眼构造

鸟眼构造是指碳酸盐岩溶解后所形成的空洞，1～3mm 大小，大致平行层面排列，因形状类似鸟眼而得名。有的被其他矿物，如方解石、白云石、石膏等所充填。一般鸟眼构造指示干旱潮坪环境。

晶体印痕是指石膏和石盐晶体印痕为正四面体和正八面体，指示干旱气候条件。钙结层是由于土壤蒸发和沉淀所形成的钙结核层，指示不整合和沉积间断。倒石锥具有锥状纹理，由未固结灰泥蒸发脱水所成。此外，还有示顶底构造和层状晶洞等。

三、生物成因构造

生物在沉积物内部或表面活动时，把原来的沉积构造加以破坏和变形，而留下的它们活动的痕迹，称生物成因构造，分为生物遗迹构造、生物扰动构造和生物生长构造三类。不同的生物具有不同的生活和环境行为习性，因而可以确定其沉积环境（图 4－39）。

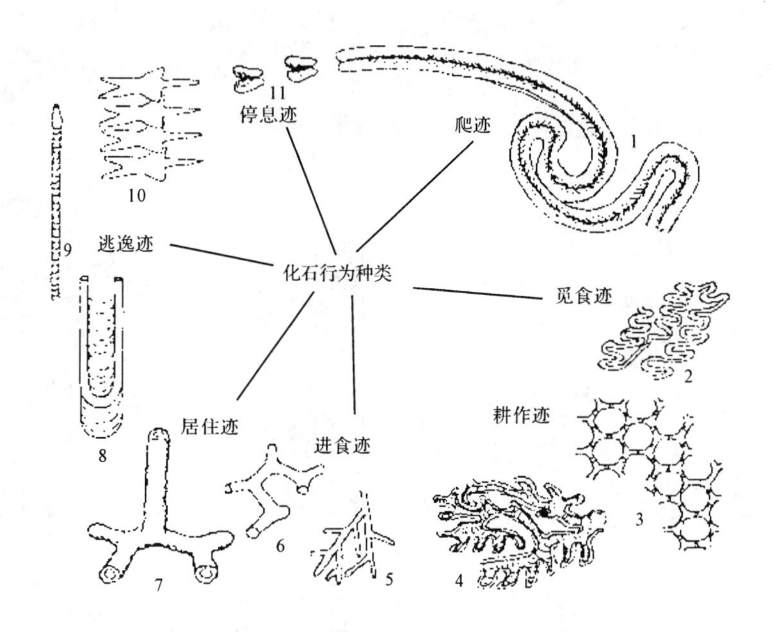

图 4－39　遗迹化石的生活行为习性分类（据胡斌，1997）

1. 生物遗迹构造

生物遗迹构造，即生物遗迹化石，是指保存在沉积物层面上及层内的生物活动的痕迹。分为居住迹、爬迹、停息迹、进食迹、觅食迹、潜穴和钻孔（图 4－40）。

（1）居住迹亦称居住构造或居住潜穴，它是由潜底动物群或内栖动物群建造的。造迹生物包括食悬浮物和食沉积物的生物，甚至还有食肉动物。

居住潜穴有永久性和临时性之分，前者具有十分坚固的衬壁构造，如黏结的蠕虫管和具球粒衬壁的虾潜穴；后者往往是一些挖潜的两栖动物营造的无衬壁井形穴和巷形穴。居住迹的形态各异，有垂直或斜向的管状潜穴，有“U”形或分枝的潜穴，甚至还有复杂的潜穴系统。常

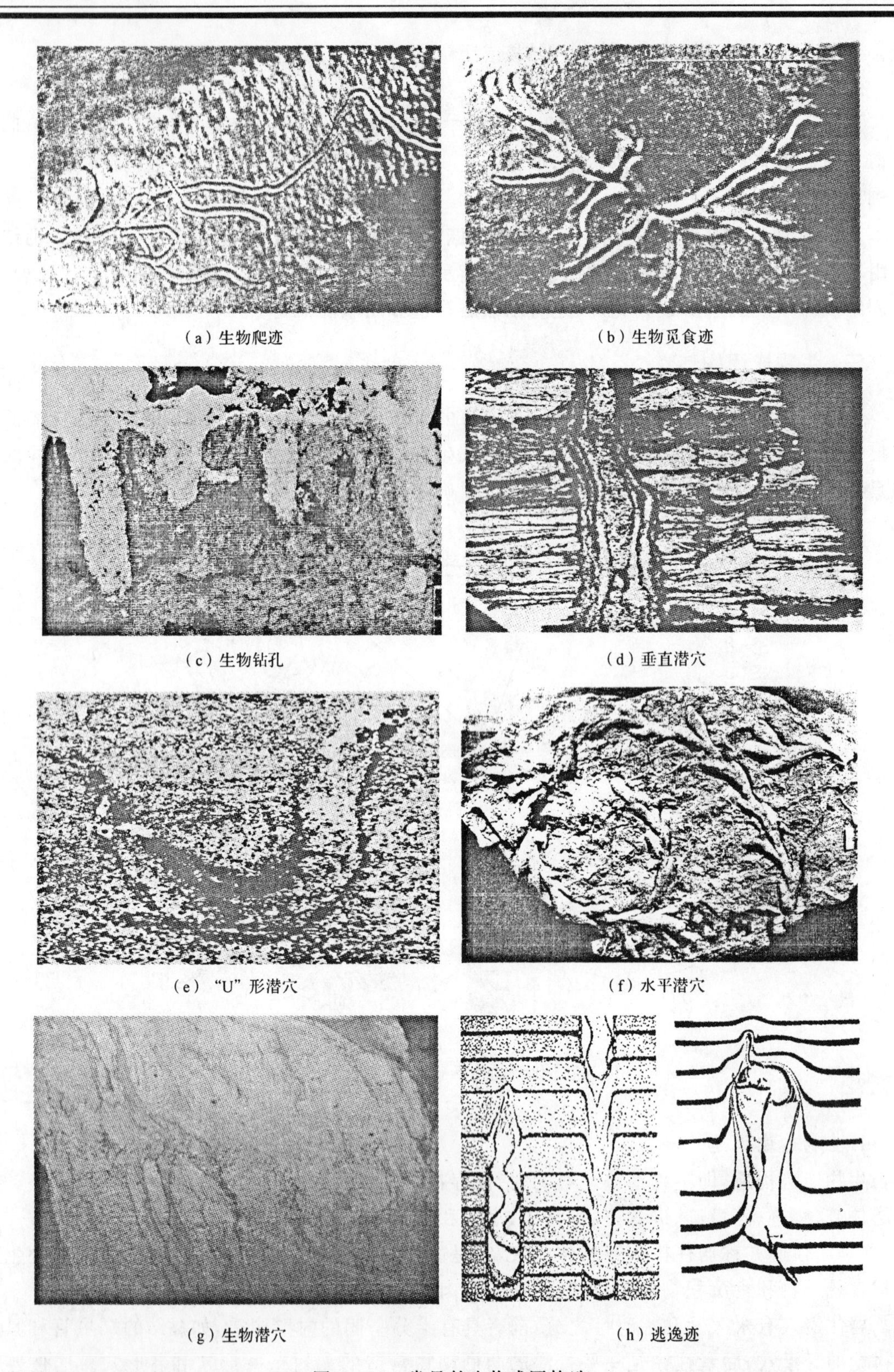

(a) 生物爬迹　(b) 生物觅食迹

(c) 生物钻孔　(d) 垂直潜穴

(e) "U" 形潜穴　(f) 水平潜穴

(g) 生物潜穴　(h) 逃逸迹

图 4-40　常见的生物成因构造

见的居住迹化石有：*Skolithos*（石针迹）、*Arenicolites*（沙蜀迹）、*Ophiomorpha*（蛇形迹）、*Thalassinoides*（海生迹）、*Gyrolithes*（螺管迹）和 *Tigllites*（线管迹）等。居住迹多分布于近岸浅水环境。

(2)爬迹是指生物运动痕迹的总称，它包括所有由动物跑动、走动、慢步或快步爬行和蠕动爬行以及横穿沉积物犁沟式拖行等活动所建造的各种痕迹。爬迹的路线呈直线形、弯曲路线或无目的地紊乱划痕等型式。

爬行痕迹的典型实例有恐龙足迹、蜗牛拖迹以及能指示运动方向的三叶虫足辙迹。其他常见爬行痕迹化石还有 *Cruziana*（二叶石迹）、*Paleohelcura*（古拖拉迹）、*Tasmanadia*（塔斯曼迹）、*Gyrochorte*（旋草迹）、*Isopodichnus*（等趾迹）、*Climactichnus*（栅形迹）和 *Scolicia*（环带迹）等。爬迹在陆上、浅水到深水环境都有分布。

(3)停息迹又称休息痕迹或栖息迹，它包括动物的静止、栖息、隐蔽或伺机捕食等行为在沉积物底层上停止一段时间所留下的各种痕迹。这类痕迹的形态常常呈星射状、卵状或碗槽状的浅凹坑，它能反映动物的侧面或腹面的特征，多呈孤立的、有时呈群集保存于岩层层面上。

较为常见的停息迹化石为 *Rusophycus*（皱饰迹），是三叶虫或其他类似节肢动物挖的小坑穴；其次为 *Asteriacites*（似海星迹），是海星动物作前进运动时留下的压印痕。另外，由双壳动物留下的 *Pelecypodichnus*（腹足迹）也是比较多见的类型。停息迹主要分布于浅海环境。

(4)进食迹又叫进食构造，是食沉积物的两栖动物活动时留下的层内潜穴。这种潜穴一方面被造迹生物用来进行半永久性居住，同时又可从中加工沉积物来吸取食物。所以，它是食沉积物的动物挖潜沉积物并从中摄取有机质所营建的潜穴构造。

这类痕迹的形态多种多样，一般可概括为直—微弯曲管状潜穴、简单分支和星射状分支潜穴、复杂分支潜穴系统三类。

(5)觅食迹属觅食拖迹。这种痕迹是动物边运动边取食产生的，既可出现在沉积物表面，也可产生于底层内部。也就是说，食沉积物的动物既可沿沉积物表面又可进入底层内食取有机质。

觅食迹的形态往往显示规则型式，以便有效地覆盖沉积物而获得足够的食物。常见形态有螺旋形、环曲形和蛇曲形等。特征性的化石有呈线圈式几何形态的 *Spirodesmos*（旋链迹）、呈紧凑蛇曲形的 *Helminthoida*（蠕形迹）和呈不规则弯曲的 *Helminthopsis*（拟蠕形迹）等。觅食迹可出现在各种环境。

(6)逃逸迹亦称逃逸构造，是半固着生物或轻微活动动物在底层内快速向上移动或向下逃跑掘穴时遗留下来的痕迹。显然，它的形成与沉积物的加积和被冲刷侵蚀密切相关。如果底层沉积物被冲刷或侵蚀，造迹动物就得向下更深处掘穴；相反，如果底层沉积物上发生加积作用，那么造迹动物必须向上移动，以便保持生物在沉积物—水界面附近的“平衡”。这样的潜穴构造在海滩层序、风暴沉积层和浊流砂层中比较常见。

(7)耕作迹常称为图案型潜穴。在这种图案型潜穴系统中，动物营永久性居住和进食活动，它们的活动方式为耕作或圈闭式，抑或二者兼有之。故这种潜穴系统为形态规则的水平巷道式潜穴。

常见痕迹化石的形态有：复杂的蛇曲形，如丽线迹；双螺旋形，如旋螺迹；多边网格形，如古网迹等。这类高等构造的潜穴和复杂的地道式潜穴是微小生物反复通过各种巷穴来回旅行，以获得食物，如细菌和海底微生物。

2. 生物扰动构造

生物扰动构造是指由于生物活动所形成的变形构造。

生物扰动是生物破坏原生物理构造，特别是成层构造的过程。生物扰动构造可以被看作是一种破坏机制，它不仅使不同的沉积物发生混合，而且也将地球化学和古地磁信息变得模糊。早期关于生物扰动程度的研究主要采用定性描述的方法，文献中常见这样一些术语，如强扰动、中等扰动、弱扰动等，但运用这种方法很难在不同的沉积物中建立一个生物扰动等级的对比标准。这也是多年来生物扰动构造并没有像单个遗迹化石那样引起人们的广泛注意的原因。

生物扰动强度应是对整个沉积物受生物扰动程度的半定量化估计。胡斌(1997)提出了一个生物扰动等级划分的新方案(表4-7)，它是用受搅动或生物挖掘的那部分沉积物在整个沉积物中所占的百分比来表示的。

表4-7 根据相对于原始沉积组构的改造量而划分的生物扰动等级(据胡斌，1997)

扰动等级	扰动量(%)	描 述
0	0	无生物扰动
1	1～5	零星生物扰动，极少量清晰的遗迹化石和逃逸构造
2	6～30	生物扰动程度较低，层理清晰，遗迹化石密度小，逃逸构造常见
3	31～60	生物扰动构造程度中等，层理界面清晰，遗迹化石轮廓清楚，叠覆现象不常见
4	61～90	生物扰动程度高，层理界面不清，遗迹化石密度大，有叠覆现象
5	91～99	生物扰动程度强，层理彻底破坏，但沉积物再改造程度较低，后形成的遗迹形态清晰
6	100	沉积物彻底受到扰动，并因反复扰动而受到普遍改造

生物构造与沉积环境(包括水体深度、颗粒大小、沉积速率和水体含氧度等)关系密切。一般而言，浅水环境发育垂直潜穴和简单潜穴系统，深水环境发育水平潜穴和复杂的潜穴系统。在高能环境，由于水动力强度大，沉积物较粗，生物与生物构造不发育。在快速堆积环境中，不利于生物的繁衍，也不利于生物扰动构造的发育；在缓慢堆积环境，有利于生物扰动构造的发育和生物遗迹的保存。富氧水体中，有利于生物繁衍，生物扰动构造发育(图4-41)。从大陆和边缘环境到深海环境，生物潜穴一般由简单的垂直潜穴逐渐过渡为倾斜或水平的复杂潜穴系统；从足迹和停息迹渐变为觅食迹和觅食潜穴；生物的食性从以食悬浮微生物为主逐渐变为以食沉积物中的有机质为主，这就明显地表现出遗迹化石的分布随水深的分带性。

3. 生物生长构造

(1)叠层构造：叠层构造、鸟眼构造、示底构造和缝合线是碳酸盐岩特有的构造特征。

具叠层构造特征叠层石，它是由蓝绿藻细胞丝状体或球状体分泌的黏液，将细屑物质黏结再变硬而成。它的生长由于季节变化而形成两种基本纹层：

1)富藻纹层：又称基本暗带，较薄(0.1mm左右)。在藻类繁殖季节，沉积物中藻体多，有

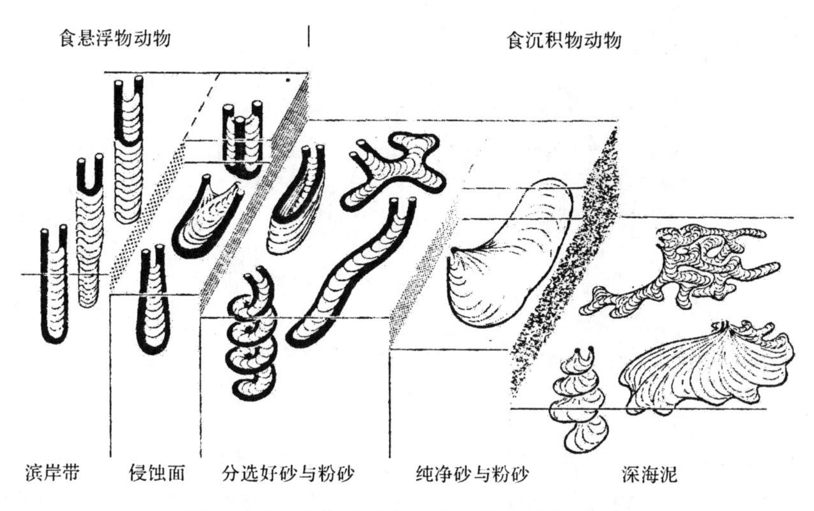

图 4-41 生物遗迹与沉积环境和水深的关系

机质高，色暗，主要由泥晶碳酸盐矿物组成。

2)富屑纹层：又称贫藻纹层或基本亮带，较厚(几毫米)。在藻体休眠季节，沉积物中藻体少，有机质少，色浅。碳酸盐沉积物多，为亮晶方解石(或白云石)和微屑及少数粉屑、藻屑。

叠层构造就由这两种纹层交替组成，并产生向上突起的纹理。有时在基本层内还有藻间孔隙，被亮晶或微晶—亮晶充填。叠层构造常见于潮坪地区和潮下浅水环境的沉积内。叠层石的分布、多少及形态，受海水流速及沉积物搬运速度的控制。

(2)植物根痕迹：植物根呈炭化残余或枝叉状矿化痕迹出现在大陆环境的沼泽和冲积平原、三角洲平原甚至滨海平原的地层中。它们在煤系中特别常见，是陆相的可靠标志。在煤系地层中，根常被铁和钙的碳酸盐所交代，形成各种形状的结核—植物根假象。有时可以成为一定层位的典型标志。在红层中，通常植物根完全烂尽，但有时可以根据模糊的绿色(或灰蓝色)枝叉状痕迹加以区别，这是由于氧化铁受到植物机体的局部还原作用造成的。

植物根印痕对识别淡水和微咸水环境是有价值的，如果还有其他相关的特征，它们就更加有用。根系层的存在可说明植物就地生长，而聚集的植物碎屑，如茎、叶和枝岔，因为它们是植物的地上部分，则可能是流水冲来的。另外，植物根系可作为示顶底构造。

第五章 陆相沉积体系

第一节 冲积扇体系

冲积扇是指山谷出口处由分选差的粗碎屑构成的扇状沉积体，在我国地貌学和第四纪地质学界又习称为洪积扇。冲积扇不同于扇三角洲，前者是发育在地表的陆上沉积体，而后者是由于冲积扇直接沉积到一个相对稳定的、独立的水体(湖或海)后，遭受湖泊或海洋作用改造而成的一种陆上与水下过渡类型的沉积体系。

冲积扇的形成要求有充足的陆源碎屑供应和山区向盆地过渡的高差悬殊的地形突变。被峡谷所限的山区河流携带着从源区剥蚀的大量碎屑物质，一旦冲出谷口，因地势突然展开，坡降减缓，河道加宽变浅，流速降低，搬运能力骤然减弱，大量底负载迅速堆积下来，从而在山前河谷出口外形成一个以谷口为顶点向外辐射散开的扇状沉积体，这就是冲积扇。在干旱—半干旱气候区，植被不发育，物理风化强烈，降雨量虽少但多为暴雨，洪水短暂而猛烈，在山区向内陆盆地或平原过渡的地形转变地带多有冲积扇发育——旱地扇。在潮湿或半潮湿气候区，雨量充沛，植被发育，但是如有合适的地质构造和地形条件及充分的物质供应，也可形成规模巨大的冲积扇——湿地扇。

冲积扇的平面形态呈扇状或朵状体，从山口向内陆盆地或冲积平原辐射散开。在纵向剖面上，冲积扇呈下凹的透镜状或呈楔形；在横剖面上呈上凸状。冲积扇的表面坡度，扇根处可达5°～10°；远离山口变缓，为2°～6°；同时，沉积层厚度及沉积粒度变化从山口向边缘逐渐变薄、变细(图5-1)。通常是许多冲积扇彼此相连和重叠，形成沿山麓分布的带状或裙边状的冲积扇群或山麓堆积。

冲积扇的面积变化较大，其半径可从小于100m到大于150km以上，但通常它们平均小于10km；其沉积物的厚度变化范围可以从几米到8 000m左右。冲积扇的发育受地质构造控制极为明显，在强烈差异升降的活动性断裂带的断陷盆地边缘，往往有分布广泛和厚度巨大的冲积扇分布。断裂带活动性越强，两侧地块升降差异幅度越大，地质经历越长，以及盆地范围越大，所形成的冲积扇规模也就越大，其内部构造及层序结构也越复杂。

我国中新生代内陆盆地广为发育，这些盆地多受燕山期断裂构造控制而成断陷盆地及箕状盆地或掀斜盆地，在临近断裂带一侧几乎都有大小规模不等的冲积扇沉积体发育。西北地区沿祁连山—阿尔金山—昆仑山北麓地带发育有一系列冲积扇，它们相互叠接延绵长达数千千米，极为壮观。

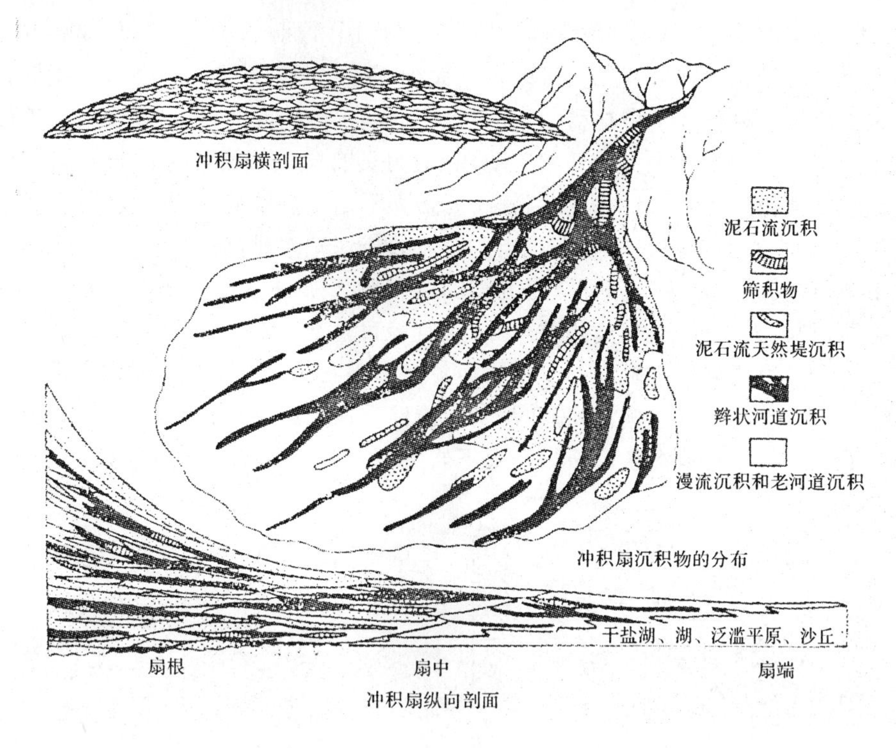

图 5－1　一个理想冲积扇的地貌剖面和沉积物分布(据 Spearing,1974)

一、冲积扇的沉积作用及沉积物类型

冲积扇的沉积物主要是在洪水期堆积的,沉积物类型比较复杂,从粗大的砾石、砂到泥质都有,但以粗碎屑为主。受水体流动机制的控制,各种类型岩石之间存在着相当复杂的组合关系。冲积扇上水流形成既有高黏度洪流的泥石流,也有低黏度的液态流。这些水流通常可以限制在暂时的水道中,表现为水道沉积。但在洪水期则常溢出水道淹没冲积扇大部地区形成宽而浅的片状漫流或席状洪流。粗碎屑沉积物具有大量粒间孔隙,有利于地表水向地下渗流。总体上,冲积扇的沉积作用可归结为两种类型:一种是牵引流性质的暂时性水流作用;另一种是重力流性质的泥石流及其有关的作用。

暂时性水流作用以悬浮、跳跃和滚动方式搬运沉积物为特征。因此,暂时性水流沉积一般成层性好,含有指示不同流态的各种沉积构造,而且杂基含量少,呈碎屑支撑,并含有叠瓦状及与流动方向有关的其他定向构造。泥石流及其有关作用的特点是含有大量泥质和粉砂质杂基,这些细粒物质支撑碎屑和岩块,并以黏性流体的块体方式进行搬运。因此,两种沉积作用及沉积物存在明显的差别。

根据冲积扇内不同的流动形式、类型及其产生不同的沉积物,可以将冲积扇区细分为四种沉积作用:泥石流沉积、漫流沉积、水道沉积和筛积物(Bull,1972)。

1. 泥石流沉积

泥石流是由沉积物和水混和在一起形成的一种高密度、高黏度的流体。沉积物含量一般大于40%的(甚至可高达80%)称作黏性泥石流;大于10%、小于40%的称作稀性泥石流。泥石流因含有大量泥基,流体强度很大,可以将巨大漂砾托起和搬运走。稀性泥石流具有紊流性质。形成泥石流的必要条件是植被稀少,有突发性的洪水和陡峻的坡度,以及大量碎屑和泥质基质的供应。泥石流在重力作用下开始流动,一般为具有陡峻圆滑前缘的长条状朵体。泥石流具有强大的侵蚀作用,在水道中央和两侧因剪切力不足以克服沉积物强度,可形成刚性的中央塞和天然堤,堆积着大量粗大的砾石。当泥石流的流速减缓时,便迅速地将大小不同的负载同时堆积下来,形成分选很差的砾、砂、泥混合的沉积物。所以泥石流沉积相为几乎没有内部构造的块状层,颗粒大小混杂,粒度相差悬殊,从直径可达数米的漂砾到极细的泥质混杂在一起。有时在粗颗粒中可见粒径具向上变粗的逆粒序。砾石很少呈平行排列或叠瓦状排列的组构。板状或长条状漂砾垂直定向排列、在泥基中漂浮状产出或突出在层面之上等现象,都是泥石流极特征的标志。泥石流混杂砾石层与上下岩层一般为突变接触[图5-2(a)]。

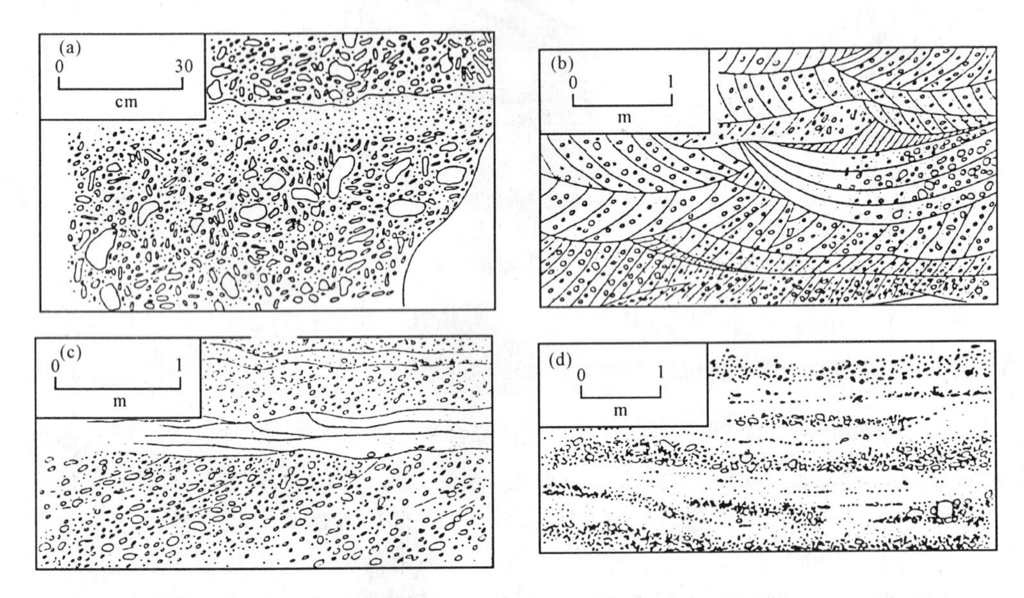

图5-2 苏格兰老红砂岩冲积扇沉积物中的四种砾岩相(据Bluck,1967)

(a)泥石流沉积的副砾岩;(b)片流沉积的砾岩;(c)水道沉积的槽状交错层理砂砾岩;(d)水道沉积砾岩

2. 辫状水道沉积

冲积扇上的河道多分布在冲积扇的上半部(Bull,1972),因为在交汇点(水道纵剖面线与扇面的交点)以下,河水易漫出水道形成片流。但当水道中有充足地下水补给时,交汇点以下直到扇端都有水道发育。半旱—旱地扇上的水道多为宽而浅的间歇河,主要的沉积作用发生在雨季短暂的洪水期。水道充填物由分选不好的砾石和砂组成透镜层,成层性不好。砂层具有过渡流态和高流态型的平行层理和粗糙的板状和槽状交错层理[图5-2(c)、(d)],砾石常呈叠瓦状排列。底部具有明显的凹槽状突变接触关系。水道充填沉积层厚度一般不大(数十厘米至数米)。冲积扇上的水道很不稳定,经常迁移改道,每次洪水期的水系分布都有很大变化,因此,扇面上的这些水道又称为"辫状水道"。老的水道充填沉积物常被以后的片流沉积物所覆盖，即水道沉积相向上多过渡到片流沉积相，构成向上变细的旋回。

3.片流(漫流)沉积

片流是在洪水期漫出水道在部分扇面或全部扇面上大面积流动的一种席状洪流。水浅流急，为高流态的暂时水流。片流多出现在交会点以下水道的下游地带。洪峰过后，片流又迅速变为辫状水道及沙坝。片流沉积物主要组成是分选较好的砂层，并常具小型透镜状砾石夹层和冲刷构造。砂层具平行层理和逆行沙波层理以及其他槽状交错层理[图 5-2(b)]，衰退的洪流可产生向上变细的层序。

4.筛积物

当洪水携带的沉积物缺少细粒的细碎屑填积在大砾石间的孔隙内，形成具双众数粒度分布特征的砂砾石，这就是筛积作用，形成的沉积物称为筛积物。

上述四种沉积相在冲积扇中的分布很不固定，常随洪水期径流量的变化和扇面水系分布的改变而变化。在通常的情况下，每次洪水泛滥总不是将整个冲积扇全部淹没，总有大小不等的部分地段暴露在水面之上。因此，在沉积区内河道沉积相和片流沉积相是分布最广和最常见的相；在细粒物源充足的冲积扇上，泥石流沉积相也可占据冲积扇上部的相当大部分；筛积相通常只在局部发生。在未被淹没和未接受沉积的地区，均遭受着各种沉积期后的变化，风化作用使沉积颗粒不断崩解或覆盖一层沙漠漆；降雨可以使扇面发生坡面径流和冲沟，将风化物质向下游搬运；强烈的蒸发作用使细粒沉积物表面发生干裂或形成钙结层；强氧化作用可将含铁镁的暗色矿物分解成黏土和赤铁矿，并将沉积物染成红色。

二、冲积扇的相带划分及特征

一个简单的冲积扇，从扇顶向扇端的粒度与厚度的变化总是呈现从粗到细、从厚到薄的特点。泥石流沉积相和筛积相多分布在上部。水道沉积相和片流沉积相虽然在整个扇内均有发育，但在中下部主要是由这两个相组成的。再向外，冲积扇则过渡为内陆盆地(干盐湖、风成沉积)和泛滥平原(图 5-3)。根据现代冲积扇地貌及沉积物的分布特征，冲积扇可进一步划分为扇根、扇中和扇端三个亚相(图 5-4)。

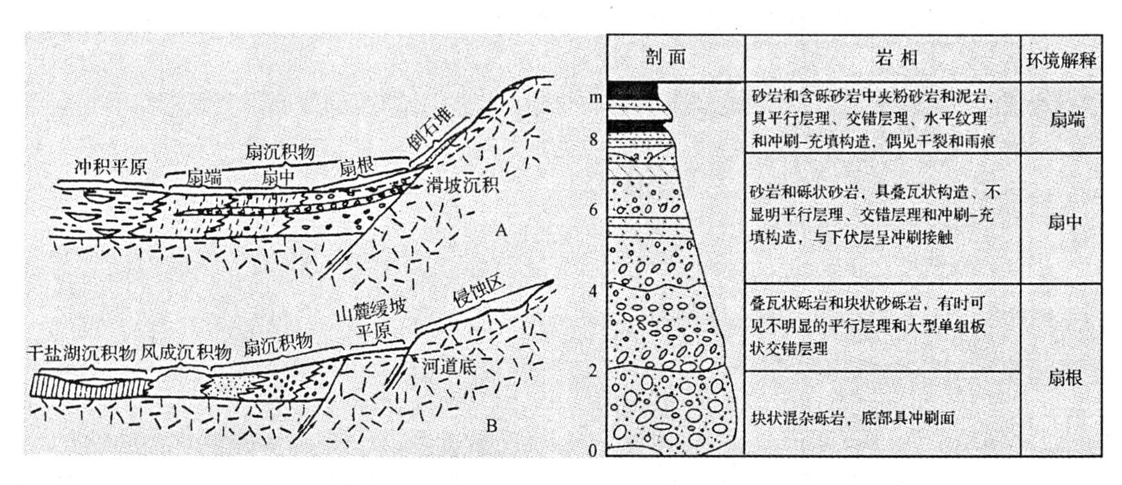

图 5-3　冲积扇沉积相组合特征(据尼尔森，1969；孙永传等，1986)

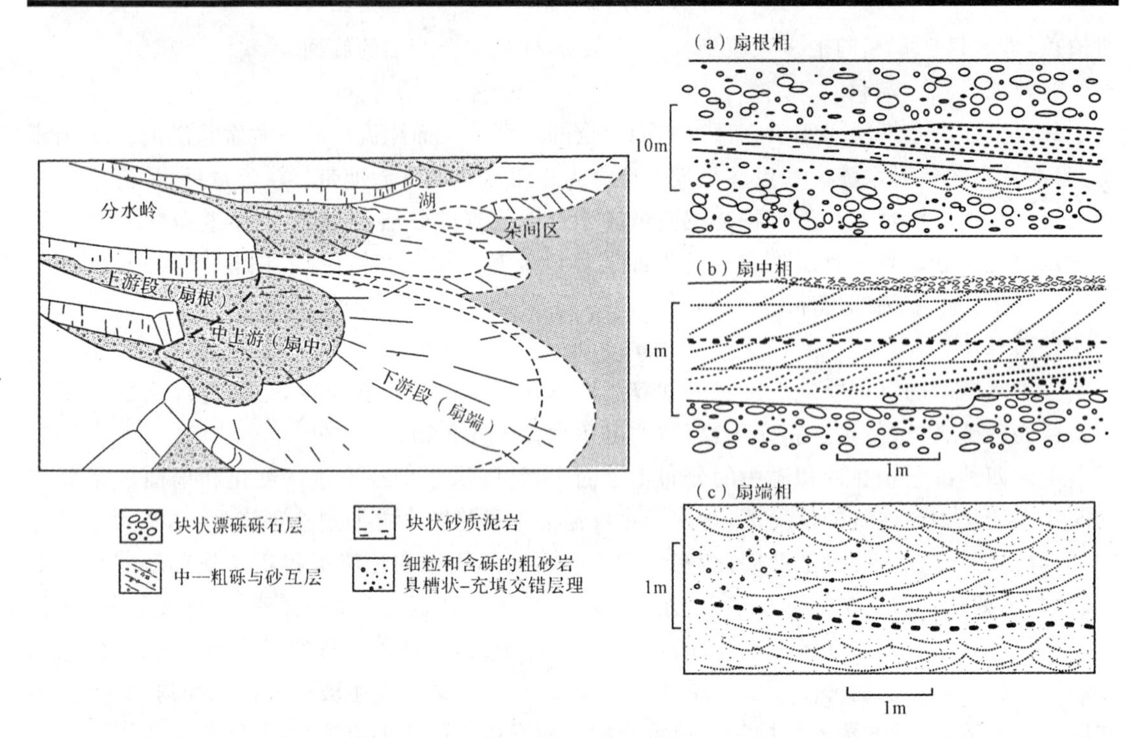

图 5-4　德克萨斯前寒武系范霍恩湿地扇的三种沉积相组合(据 McGowen 和 Groat,1971)

(a)扇根相,其中巨砾的直径可达 1m,砾石是主要成分;

(b)扇中相,砾岩和交错层理含砾砂岩形成互层;(c)扇端相,主要是板状和槽状交错层理砂岩

1. 扇根

扇根或扇顶分布在邻近冲积扇顶部地带的断崖处,其特点是沉积坡角最大,并发育有单一的或 2~3 个直而深的主河道。其沉积物主要是由分选极差的、无组构的混杂砾岩或具有叠瓦状的砾岩、砂砾岩组成。一般呈块状构造,其砾石之间为黏土、粉砂和砂的杂基所充填。但有时也可见到不明显的平行层理、大型单组板状交错层理以及因流速衰减而形成的递变层理。也就是说,扇根的沉积物为泥石流、河道充填以及筛析沉积形成。

2. 扇中

扇中位于冲积扇的中部,并为其主要组成部分。它以具有中到较低的沉积坡角、辫状水道沉积为主、局部发育片流沉积为特征。沉积物主要由砂岩、砾状砂岩和砾岩组成。与扇根亚相比较,砂砾比率增加,砾石碎屑多呈叠瓦状排列;在交错层中,它们的扁平面则顺倾斜的前积纹层分布。在砂和砾状砂岩中则出现主要由辫状水流作用形成的不明显的平行层理和交错层理,甚至局部可见逆行沙丘交错层理。水道冲刷—充填构造较发育,也是扇中沉积的特征之一。沉积物的分选性相对于扇根来说,有所变好,但仍然较差。

3. 扇端

又叫扇缘,出现在冲积扇的趾部,其地貌特征是具有最低的沉积坡角,地形较平缓。该相带水道不发育,以片流活动为主。沉积物通常由砂岩和含砾砂岩组成,中夹粉砂岩和黏土岩;但有时细粒沉积物较发育,局部也可见有膏盐层。其砂岩粒级变细,分选性变好。除在砂岩和含砾砂岩中仍可见到不明显的平行层理、交错层理和冲刷一充填构造外，粉砂岩和泥岩则可显示块状层理、水平纹理以及变形构造和暴露构造(如干裂、雨痕)。

由于每次洪泛时地表水系分布及能量变化的不稳定性，冲积扇轴部及侧翼部等不同部位以及扇面水道之间的沉积特点均存在较多差异，各类岩相在横剖面内的相互叠置也具有随机性，以上三个亚相带的划分尚不足以满足生产实践的需求，各个亚相的微相单元及沉积特征有待在实践中进一步细化和分析。新疆石油管理局(1980)提出了冲积扇沉积相的细分模型(图5-5)，较客观地反映了冲积扇内部的非均质性，并解决了油田开发中的一些问题。

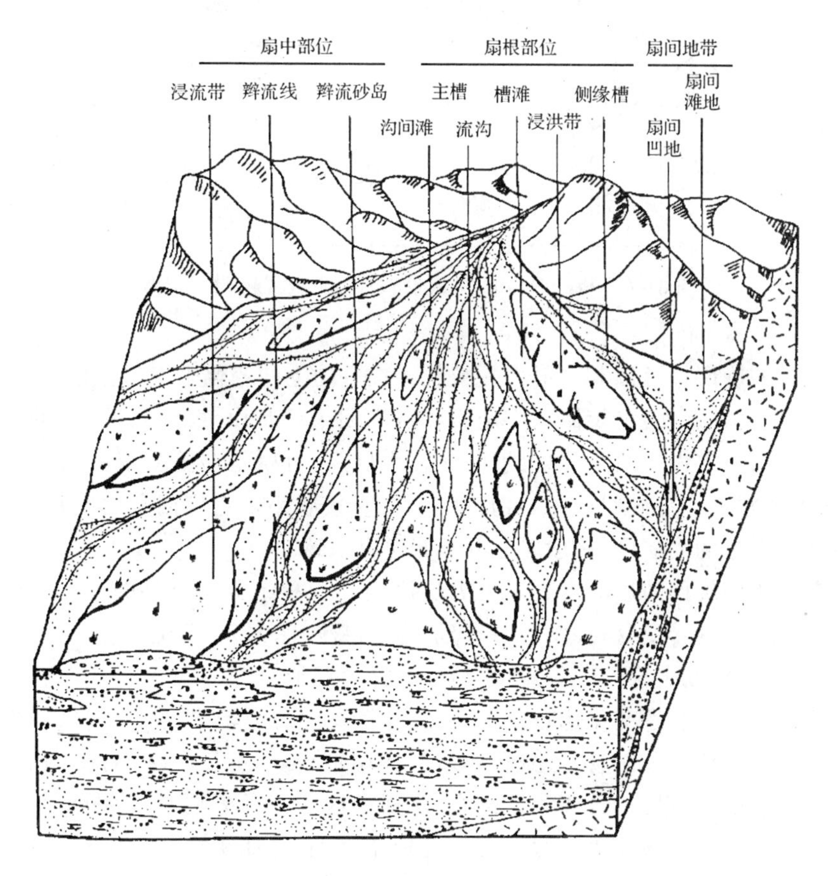

图5-5　冲积扇环境的沉积模型示意图

三、冲积扇的沉积层序及旋回性

现代和古代大的冲积扇通常发育在边缘断层的下降盘一侧，除了气候的波动外，地质构造的活动对冲积扇的发育及内部层序的结构具有重要的控制作用。伴随着边缘断层的活动，冲积扇将不断迁移、退缩或推进。不同时期的和相邻的冲积扇朵体也将相互切割或叠置，从而形成厚度巨大、结构复杂的层序。它们可以是向上变粗变厚的层序，也可以是向上变细变薄的层序；可以是进端相叠置在远端相之上，也可以是相反的层序。而经常见到的是更为复杂的由多个向上变粗或变细的旋回组成的复合层序(图5-6)。

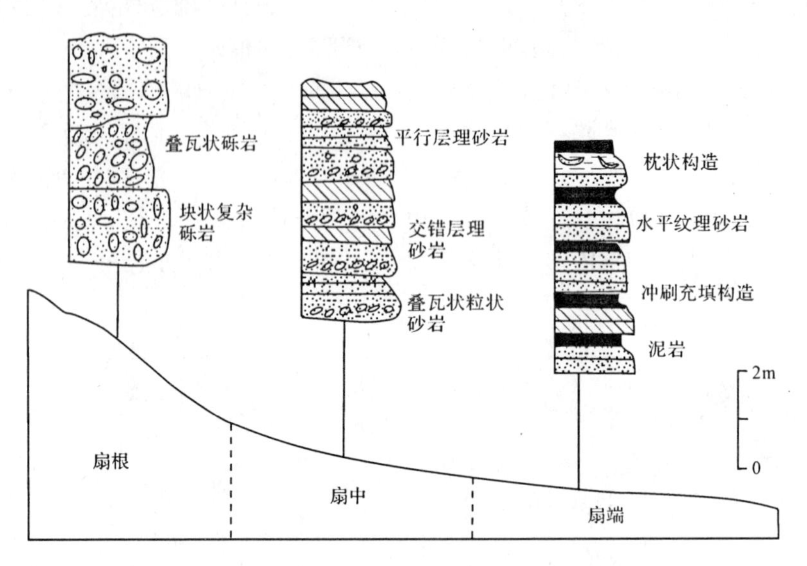

图 5-6　冲积扇各亚环境的沉积序列(据孙永传等,1985)

冲积扇沉积的旋回性可以其中最大颗粒粒径在垂向上的变化来表示。根据旋回的成因和特点,可以区分出两种旋回:自旋回及它旋回。自旋回主要是由洪泛事件引起的朵体迁移、废弃和进积而形成的。它们一般为厚度约 1nm 的小层序,可以是向上变细的,也可以是向上变粗的,但以前者最常见。自旋回通常与构造活动无直接联系。它旋回是由气候的周期性变化和构造的活动所引起的大层序,一般厚达几十米至几百米。

气候长期变化对旋回的影响常表现为大层序内沉积相组分和类型的变化,从干旱的一半干旱气候向潮湿气候的转变,植被发育,粗碎屑物质减少,水系发育,远端相中缺少干盐湖和蒸发盐沉积,而常有沼泽相夹层,甚至可从旱地扇过渡为湿地扇。

构造活动引起的大层序变化比较复杂,通常与沉积中心的转移,盆地充填结构的变化以及扇体的侵蚀和整体迁移有关。赫瓦德(Heward,1978)曾提出有三种情况:①向上变粗变厚的大层序是由于物源区周期性抬升或盆地沉降,从而引起河流返老还童,冲积扇向盆地进积,使近源粗粒沉积相向扇缘迁移并盖在远源细粒沉积相之上;②如果在物源区抬升或盆地沉降过程中速度减缓或出现短期停顿,在向上变粗变厚的层序之上将随着物源区变缓或被夷平而产生一个向上变细变薄的层序,这时可形成对称的或近于对称的旋回;③简单的向上变细变薄的层序,往往是由于断层活动引起断崖后退及剥蚀区逐渐夷平产生的。

第二节　河流体系

地表上流动的各种类型和大小的河流都是发生在大陆表面具有相对固定水道的定向水流。河流不仅是侵蚀改造大陆地形和搬运风化物质到湖海中去的主要地质营力,而且是大陆区重要的沉积营力。在适合的地质地理情况下,河流通常可以形成巨大规模的沉积物堆积。

在古代地层中，河流沉积物占有极大的比例，是陆相地层的主要组成部分。

河流在地表流动时受气候（主要是降雨量）、地质构造、地貌形态（地形起伏）、基岩性质和植被发育等因素的影响，常具有不同的类型。各类河流的差异主要表现在河道形态（宽深比、弯曲度、稳定性及变化性）、纵剖面梯度、径流状况（径流量及其变化）、负载的类型与数量，以及河道迁移的特点等方面。

按照河流的发育阶段，河流可分为幼年期、壮年期和老年期。同一河系，上游河流相当于幼年期，多为山区河流，以侵蚀作用为主，许多支流汇成主流；中游河流相当于壮年期，形成泛滥平原；下游的海、湖岸边的河流相当于老年期，与幼年期支流汇集河网的情况相反，产生很多的分流，呈网状分叉，最后流入湖泊或海洋（图 5-7）。大量的沉积作用发育在壮年期和老年期的平原河流。

现代河流多根据河道弯曲度和辫状指数来划分（Rust，1978）。河道弯曲度是指河道长度与河谷长度之比，通常称之为弯曲指数。辫状指数或称为“分叉指数”，是指在单位河曲中河道沙坝的数目，小于 1 者为单河道，大于 1 者为多河道（图 5-8）。

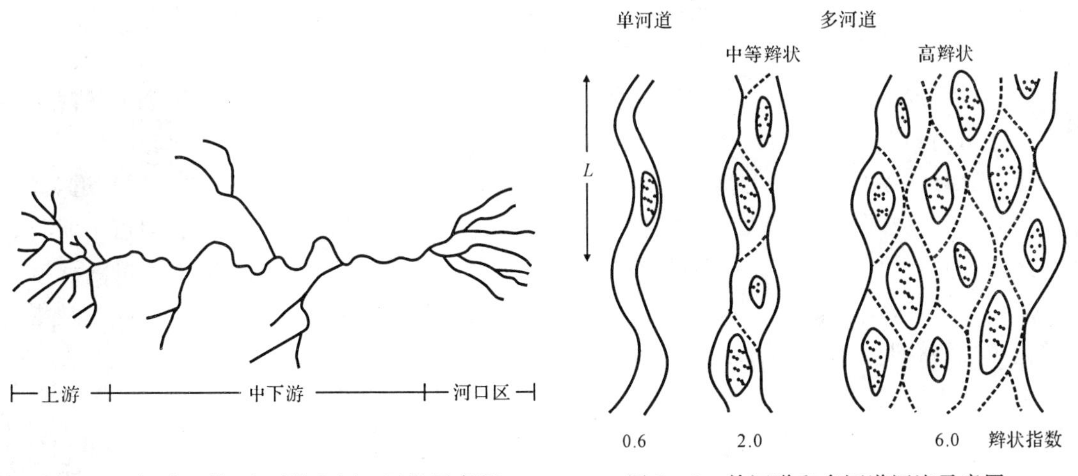

图 5-7　河流上游、中下游和河口区的示意图
（据赖内克，1973）

图 5-8　单河道和多河道河流示意图
（据 Rust，1978）

根据河道弯曲度和辫状指数两个参数，可将河流区分为顺直河、辫状河、曲流河和网状河四种类型（表 5-1，图 5-9）。其中，曲流河和辫状河分布最为广泛，网状河较为少见，顺直河通常出现在大型河流某一河段的较短距离内，或属于小型河流。

表 5-1　河流分类（据 Rust，1978）

弯　度	分类参数	
	单河道（河道分叉指数<1）	多河道（河道分叉指数>1）
低弯曲（弯曲指数<1.5）	顺直河	辫状河
高弯曲（弯曲指数>1.5）	曲流河	网状河

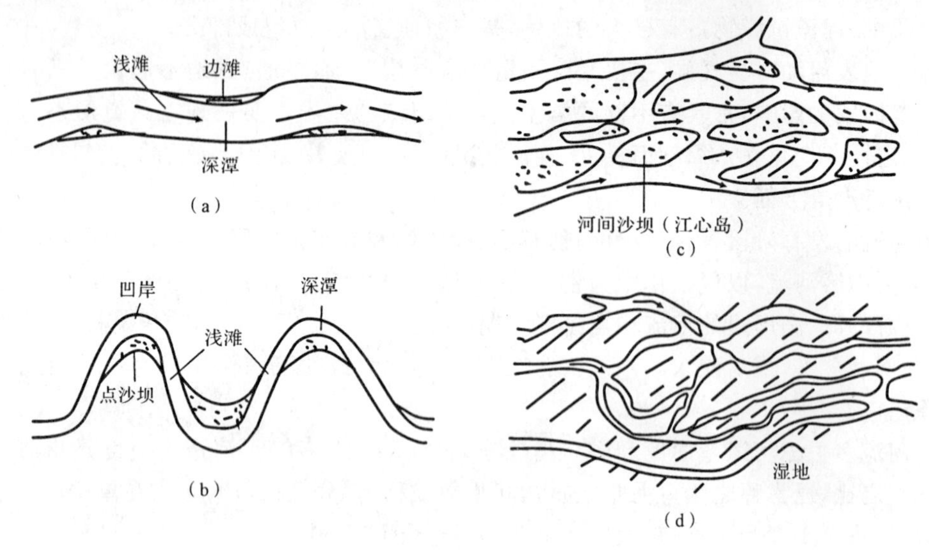

图 5-9　四类河道的形态

(a)顺直河;(b)曲流河;(c)辫状河;(d)网状河

在一般情况下,辫状河道多出现在河流发育的幼年期和上游河段;曲流河道和网状河道多发育在老年期和中下游河段。但实际上,由于控制河流发育因素的多样性和多变性,任何一条河流的河道类型在时空分布上都可能出现相互过渡和转化,不同河段可以出现不同河道类型。即使是同一河流在同一个河段,洪水期表现为曲流河道,枯水期则可转变为辫状河道。尤其是那些穿越不同大地构造-地貌单元的较大河流,河道的时空演化更为复杂,很难用单一河道特点将其归属于某种河流类型。因此,严格地说,按河道弯曲度或河道形态的分类实际上是指河流演化的某个时期或某个河段的分类。

除了上述根据河道弯曲度式河道形态分类外,还有人根据河流负载的类型及搬运方式将河流区分为底负载河道、混合负载河流体系和悬移负载河流体系(Schumm,1981;Galloway,1981)。辫状河主要是底负载水道,曲流河为混合负载和悬移负载水道,而网状河主要是悬移负载水道。在研究地质时期古河流沉积时,由于古河道的弯曲度难以直接判别,但不同形态的河流本身又具有不同的径流状态、不同的沉积物搬运方式和不同的沉积特点(图 5-10),即河道的形态、负载类型、河流沉积的层序结构有着密切关系,所以按照河流负载的分类有助于恢复古代河流沉积环境。

下面我们分别对辫状河、曲流河和网状河三种河流环境及其沉积相特点进行详细介绍。

一、辫状河沉积体系

辫状河流是一种低弯曲度(小于 1.5)、多河道的河流类型。这类河流的特点是在整个河流的宽度范围(或河谷)内发育有许多被沙坝分开的河道,河道宽而浅,时分时合,频繁迁移,游荡不定,也称作游荡性河道。

辫状河流多发育在坡度较大的地带。河道坡降大,流速急,对河岸侵蚀快,一般不发育边滩和河漫滩,而发育心滩(河道砂体及砾石坝)。心滩或称河道沙坝,是辫状河特有的、最主要

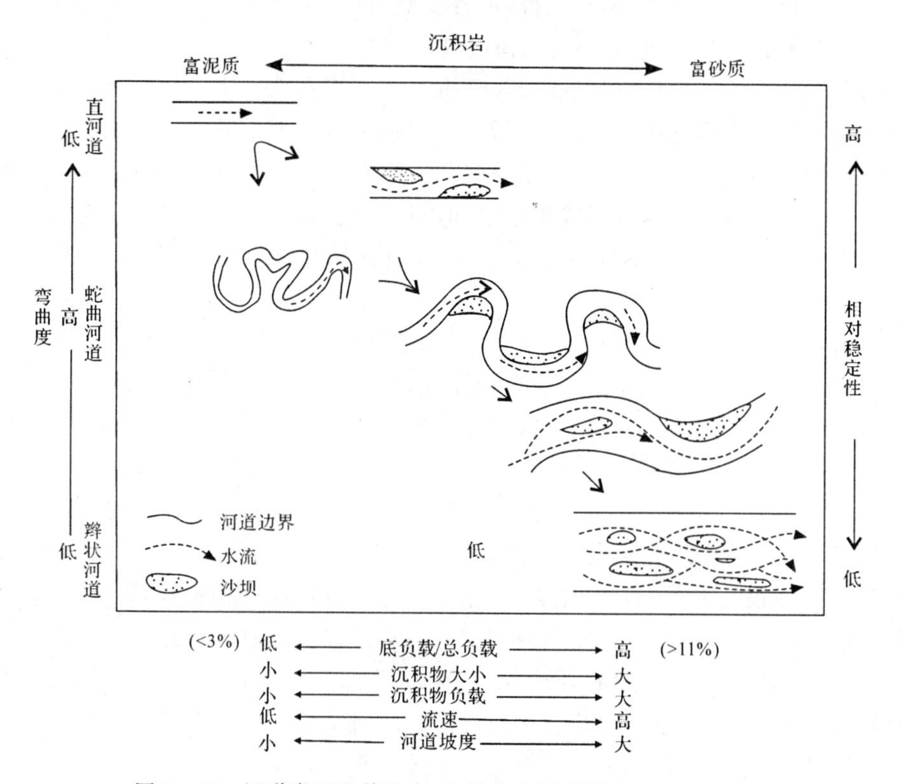

图 5－10　河道类型及其流态、负载特点示意图(据 Galloway,1983)

的沉积类型。

心滩的形成与河流的双向环流的水动力结构有关。因辫状河的弯曲度较低,在短距离内河床近似于顺直河道。在这种河道中,沿主流线两侧形成两个螺旋式前进的对称环流(图 5－11)。这种双向环流是由表流和底流构成的连续的螺旋形前进的横向环形水流。表流为发散水流,由中部向两岸流动,并冲刷侵蚀两岸;底流由两岸向河流中心辐聚,并携带沉积物在河床中部堆积下来,从而形成心滩。遇洪水季节时,这种堆积作用尤为明显。

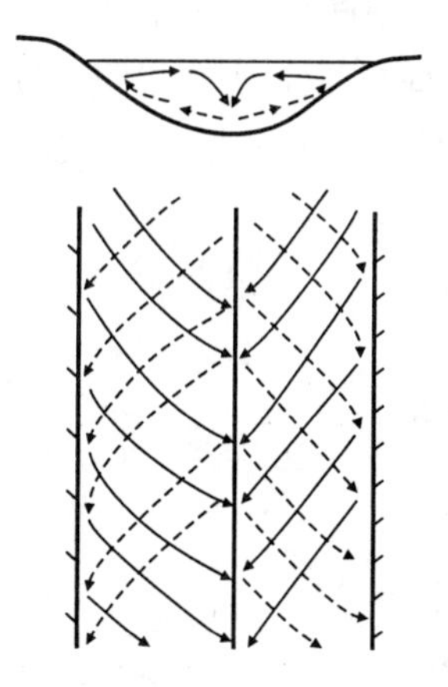

图 5－11　双向环流及心滩形成示意图
(据 Allen,1964)

辫状河流多出现在潮湿或较潮湿的季节性变化明显的气候带,或冰水平原。河流的径流量随季节更替而变化,流量不稳定。在春夏季节降雨或融雪水供给充足,流量增大,常发生洪泛,可以将河道沙坝淹没,由于水流快,水体较浅,所有的沉积物颗粒都发生移动,沙坝向下游方向移动,沙坝上游端遭受侵蚀,下游端接受沉积;而在旱季,流量减小,河道沙坝露出水面,河水被局限在河道沙坝之间的狭窄河道中流动,由于水流速度较小、搬运能力低,较粗的沉积物都堆积下来。洪水期和枯水期的每次交替，都将改变河道沙坝与河道相互间的形态和布局，河道与河道沙坝的频繁迁移也是辫状河流的重要特征。

辫状河流的负载大，被称作“超负载(over-loaded)”型河流。大量粗碎屑物质(主要是砾石和砂)以河道沙坝形态迅速向下游搬运，所以辫状河流的主要沉积物是各种类型和大小的、暂时性的河道沙坝沉积物。根据河道沙坝的沉积物组成，可将辫状河流区分为两种类型：以砾石沉积为主的砾质辫状河流，通常形成湿地扇和山区河流；以砂质沉积为主的砂质辫状河流，常形成辫状河冲积平原。两者不仅在组成方面，而且在层序、结构和相特征方面都有明显区别。

砾质辫状河流多分布在剥蚀山区的河谷中、山前和冰水平原。发育在山间谷地中的辫状河流由于两侧受谷壁所限，只能形成线状沉积体，而且常因后期构造抬升，多被剥蚀掉，只有在一些大的山间谷地中的辫状河流沉积可以保存下来。山前辫状河流坡度较陡，往往形成湿地扇。

砂质辫状河流是由多河道沙坝分隔开的一系列低弯度分流河道组成的辫状水系。其特点是河道宽浅、坡降大、易摆动，径流量变化大，底负载以砂为主，含量高。辫状河流常因河道摆动和决口迁移，可在很大的范围内形成辫状河冲积扇或辫状河冲积平原(braid plain)。例如喜马拉雅山南麓雅鲁藏布江下游河段(布拉马普特拉河)和黄河中下游的某些河段。

砾质辫状河流向下游常过渡为砂质辫状河流。但除此一般规律外，一些穿越几个大地构造单位和地貌区的大型河流，由于不同河段的地质构造、地形、水情的不同，砂质辫状河流可以出现在不同的河段。例如我国的黄河，在禹门口出峡谷进入汾渭盆地，河床豁然展宽达20km，滩坝密布，无固定河槽，河道游荡不定，形成典型的砂质辫状河段。而在潼关以下，因流经秦岭山系与中条山之间，两岸山势陡峻，河床缩窄，河道弯多水急，转为深切的曲流峡谷河段。至下游进入华北平原，坡降突然减缓，泥沙大量淤积，河床内多汊道，洲滩棋布，串沟交错，又转为砂质辫状河段。与曲流河体系不同，辫状河体系主要发育河道滞留沉积、河道沙坝沉积(图5-12)。

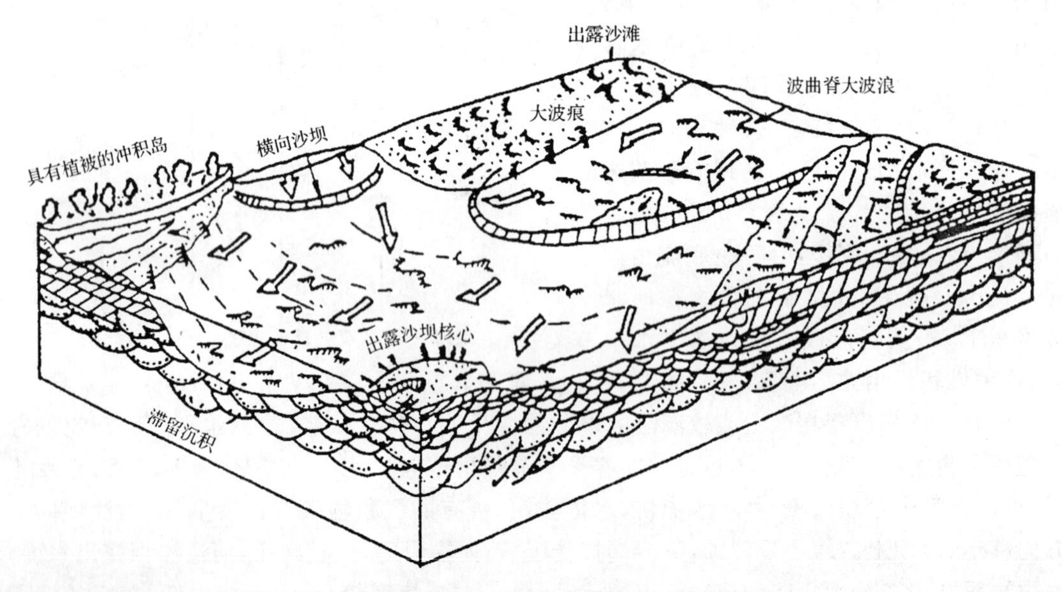

图5-12　砂质辫状河沉积环境立体模型(据 Walker,1984)

1.辫状河流沉积特点

根据地貌分区可将辫状河流沉积划分为河道滞留沉积、河道沙坝沉积和泛滥平原沉积。

(1)河道滞留沉积:活跃在河道沙坝之间的河道通常终年有水。洪水期流量增大,水位升高,流速大,对岸边沙坝强烈侵蚀;枯水期流量减小,水流局限在河道中,流速减小。洪水期从上游搬运的和从沙坝侵蚀下来的砾石被停积在河道底部构成滞留砾石层。砾石呈叠瓦状排列,与下伏沉积为清晰的冲刷接触。砾石层具向上变细的层序,顶部有时有交错层砂层发育。在废弃河道的砾石层上可有泥质沉积。

(2)河道沙坝沉积:河道沙坝是指分隔河道的或凸起于河底的大型砂体。砾质辫状河中,这些坝体主要由砾石组成而称为砾石坝。低水位时,它们都出露在水面之上,只在洪水期或特大洪水期才被淹没,未被淹没的较高的沙坝则为永久性的坝岛,其上常发育有茂盛的植被。根据河道沙坝的形状、位置和规模不同,可有不同的称谓,如侧沙坝、心滩、横交沙坝、河心岛、植被岛等。所有这些称谓的河道沙坝的内部构造均是由许多冲刷面分隔开的各种类型的层系相互交错叠重组成,每个层系都是某种大型底形迁移的产物。

Smith(1974)根据沙坝的形态、大小及与河岸的关系,将沙坝划分为四类,分别为纵向沙坝、斜向沙坝、横向沙坝和曲流沙坝(在辫状河中较为少见)(图 5-13)。

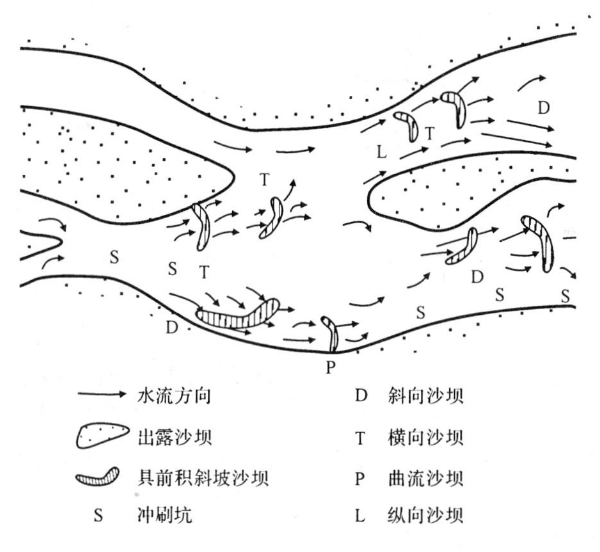

图 5-13　辫状河沙坝类型

纵向沙坝是顺水流方向延伸的一种菱形坝,是砾质辫状河流中最常见的一种坝型。它是由早期的席状砾石层(席状坝)被洪水分割成的菱形砾石滩,常出现大型板状和槽状交错层理。由于坝顶不断垂向加积,前缘发育崩落面和侧缘遭受侵蚀,所以形成具有一定高度的平行流向的长形块状砾石层(图 5-14),洪水时全被淹没,高速越坝水流常在坝顶和侧缘形成砂质披盖层;枯水时出露水面。

斜向沙坝的砂体延伸方向与主水流流向斜交,一般靠近弯曲河段的任一侧河岸发育,由纵坝延展和改造而成,具板状交错层理。洪水时,随着河道侧向迁移,纵坝一侧加积形成新坝,并与老

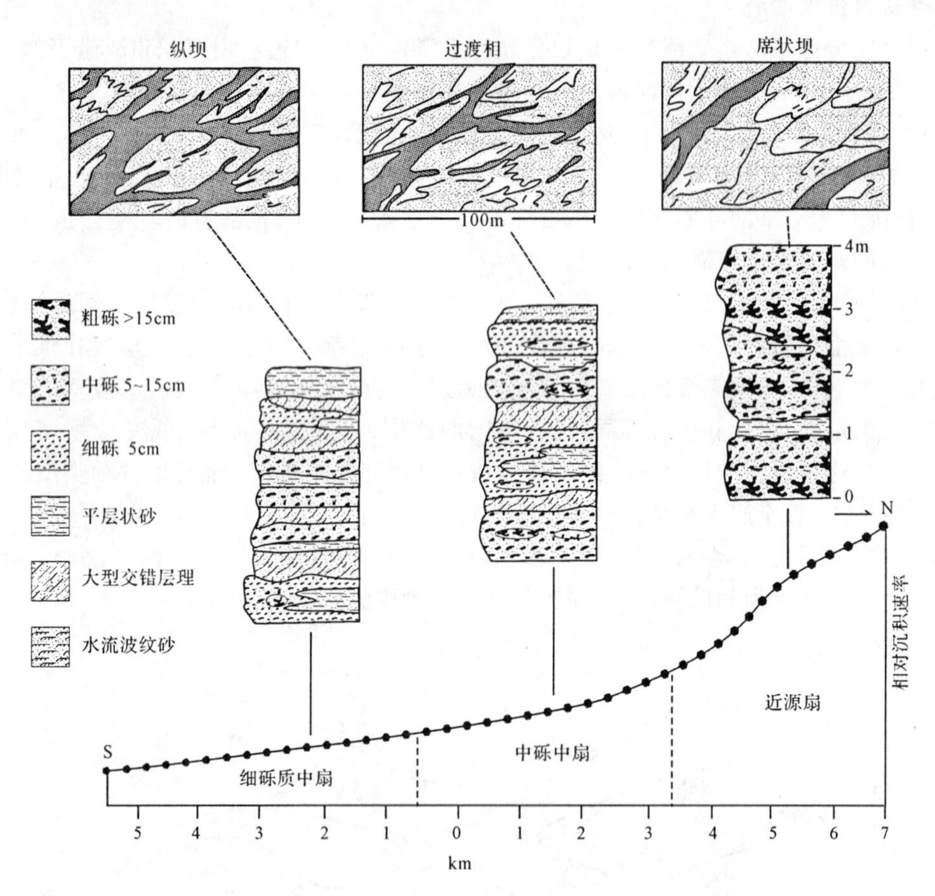

图 5-14 阿拉斯加冰原前辫状河的坡度变化、砾石坝类型及层序关系
(据 Boothroyd,1972)

坝合并成砾石滩。不同时期形成的坝之间的弧形低地常有薄的砂质披盖层沉积(图 5-15)。

横向沙坝的砂体延伸方向与水流方向垂直,其上游部分较为宽阔,而下游边缘为直的、朵状或弯曲的略呈微三角的面貌,其高度可达数十厘米至 2m,并具有较陡的崩落面,大多呈孤立状出现,有时可呈雁行式展布,内部构造以板状交错层理为特征。一般出现在辫状河向下游方向河道变宽或深度突然增加而引起的流线发散地区,在砾质辫状河流中比较少见,是砂质辫状河中的常见类型。

(3)洪泛平原沉积(或称漫滩沉积):洪泛平原在辫状河流中发育不好,而且易被随后的河道迁移侵蚀掉。洪泛平原沉积一般是在特大洪水时,河水漫出主河道时形成的。主要沉积物为洪水淤积的粉砂和黏土,洪水过后暴露在地表,有茂密的植被发育,可以形成泥炭层。一般厚度较小,常出现在河道沙坝或坝岛的顶部。其上部常被更大洪水侵蚀而发育不全。

辫状河不发育天然堤、决口扇,且河道废弃一般不形成牛轭湖,这也是辫状河与曲流河的重要区别。

2.辫状河沉积的垂向层序模式

古代砾质辫状河流沉积相的一个典型实例可以雷蒙斯和索佩纳(Rams 和 Sopena,1981)

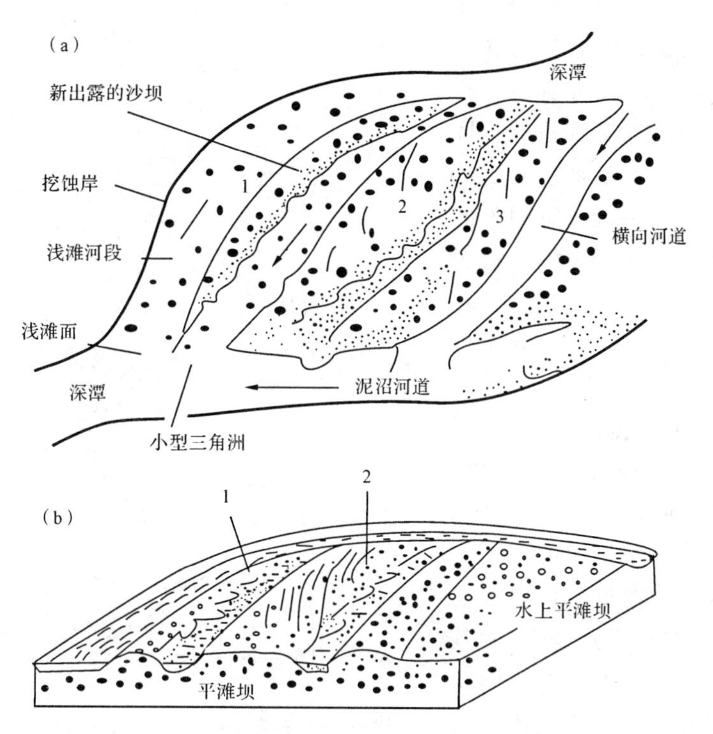

图 5-15 砾质辫状河流中斜列砾石坝的微环境及沉积物的分布特征(据 Bluck,1974)

图内 1、2、3 数字表示一次形成的单个坝的顺序

所描述的西班牙中央山区二叠系斑砂岩统下部的砾石层为代表。该砾石层被解释为砾质辫状河环境,识别出六种岩相类型:①块状砾岩席(纵坝);②板状交错层砾岩相(横坝);③侧向加积砾岩相(具侧向加积的纵坝);④河道充填砾岩相;⑤薄层粗—中粒低角度交错层砂岩相(披盖层);⑥泥质细粒沉积相(泛滥平原局部低凹地,常被冲碎成泥砾与大型冲刷面伴生)。

砾质辫状河的层序是由一些规模不等的相互叠置的砾石层和砂层组成的巨厚的粗碎屑层系,其厚度从数十米至数百米。砾石层一般代表砾石坝和河道滞留沉积相;砂层均为较薄而不稳定的夹层,代表洪水期在砾石坝或废弃河道表面淤积的披盖层。层序内部冲刷面、冲刷充填物构造频繁出现。垂直层序的粒度变化可显示不明显的向上变细的小旋回层。

加拿大魁北克泥盆系巴特里角砂岩是世人公认的一个古代砂质辫状河流沉积的典型实例。Cant & Walker(1984)在厚达 110m 的巴特里角砂岩系中识别出 10 个砂质辫状河基本层序,通过对这些基本层序的综合,他们提出了一个具有概括性的和普遍意义的砂质辫状河沉积相垂直层序模式。这个层序模式由八个岩相类型构成,自下而上为:SS——河道底部冲刷面,冲刷面上为滞留砾石层;A——不明显的槽状交错层理;B——由非常清晰的槽交错层理组成的河道沉积;C——大型楔状—板状交错层系;D——小型楔状—板状交错层系;E——孤立的冲刷充填构造;F——由含泥岩夹层的交错纹层粉砂岩组成的垂向加积薄层,代表洪泛平原沉积;G——模糊不清的低角度交错层理砂岩。在这个层序中,SS、A、B 及 C 代表河道沉积,D、F、G 代表坝顶沉积(图 5-16)。

与曲流河相比，辫状河在垂向层序上有以下特点：①河流二元结构的底层沉积发育良好，厚度较大，而顶层沉积不发育或厚度较小；②地层沉积的粒度粗，砂砾岩发育；③由河道迁移形成的各种层理类型发育，如块状或不明显的水平层理、巨型槽状交错层理、大型板状交错层理等。

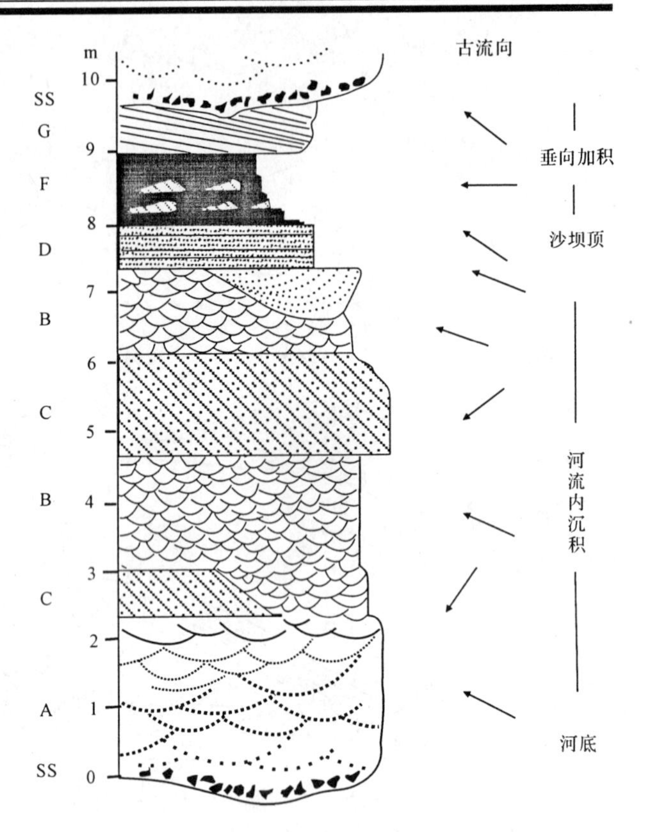

图 5-16　巴特里角砂岩砂质辫状河垂直层序模式
（据 Cant 和 Walker，1984）
箭头表示古流向，字母表示岩相类型

二、曲流河沉积体系

曲流河又称蛇曲河流，河道弯曲强烈，弯曲率大于 1.5。与辫状河流相比，曲流河道的分布更具有规律性。人们对曲流河沉积环境、沉积作用的认识比较早，研究比较深入。曲流河多出现在河流的中、下游，分布在平原地带（尤其是近海或近湖平原）。其上游多为辫状河流，下游与三角洲过渡。曲流河一般为单河道，坡降缓，宽深比小于辫状河道。其沉积作用与侵蚀作用是同时进行的。决定这些作用的直接因素有两个：曲流河道中的水动力结构以及随季节变化而发生的水位涨落。

曲流河道中的水动力结构是一种螺旋形前进的不对称横向环流体系（图 5-17）。当河水顺河道向下游流动时，在河道的弯曲处，主流线因惯性而偏向凹岸，在凹岸一侧产生壅水，水位高于凸岸，这种表流向一侧偏斜对河岸形成一个侧向的水力分量冲击。然后由于水流受阻以及在重力作用下被迫向下流动，形成下切的底流，并侵蚀河底；接着水流又沿河底转向另一侧流动，形成向前向上的底流。当达到表层时，又转变为向另一岸偏斜的表流，从而构成一个向前的横向环流。当水流继续向前流动时，又会出现一个横向环流，相邻的两个横向环流流向恰巧相反，顺时针与递时针流动交替出现，就构成一个不对称的螺旋形前进的横向环流体系。遭受偏斜的表流和下切底流侵蚀的河岸不断坍塌后退和坡度变陡，而成凹岸（或称侵蚀岸、陡岸）；另一岸在流速逐渐减缓的上升底流影响下，底负载迅速沉积形成凸向河道的边滩，该岸称作凸岸（或沉积岸、缓岸）。侵蚀岸下水最深为深潭，沉积岸坡向河道缓倾斜。在横向环流的水动力作用下，沉积边滩的凸岸与具有深潭的凹岸沿河交替出现在两岸。这种水动力结构和地貌是曲流河最重要的特点。随着凹岸的侧向侵蚀、凸岸出现沉积物侧向加积，河道不断地侧向迁移，弯曲度也越来越大。

曲流河的另一特点是洪水期与平水期的交替。洪水期流量增大，流速加快，凹岸侵蚀增强，边滩侧向加积增快，河道迅速向侧方迁移。由于洪水期水位升高，当高于河槽时便溢出河

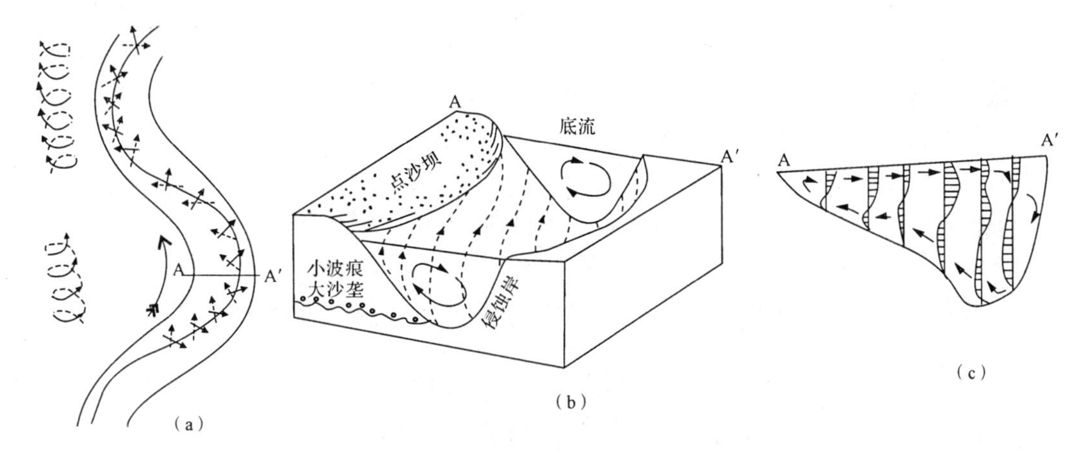

图 5-17　曲流河中螺旋状横向环流结构示意图

(a)实线箭头表示表流流线和流向，虚线箭头表示底流流线和流向；
(b)曲流河段水动力结构立体示意图；(c)曲流河段水动力结构流速断面图

道，首先将大量底负载堆积在河道两侧形成天然堤，悬浮负载则被带到更远的地方沉积下来形成河漫滩或洪泛平原。有时突发的洪水常将天然堤冲出缺口，将沉积物沉积在洪泛平原上形成决口扇。所以，洪水期是河流最活跃、侵蚀与沉积作用最迅速的时期。平水期流量减小，流速变慢，水位下降，河水仅局限在较深的河道内流动，沉积和侵蚀作用虽然也在进行，但强度和速度远不如洪水期。这时洪泛平原则主要遭受大气环境的影响。

此外，由于蛇曲河道弯度极度增大，常发生曲颈截直、流槽截直和冲裂决口作用而形成新河道，旧河道被遗弃形成牛轭湖或其他类型的滞留水槽。

综上所述，曲流河相可分出河道、边滩、天然堤、决口扇、洪泛平原和废弃河道等次级环境(图 5-18)，并归结为河床、堤岸、洪泛盆地、废弃河道充填四个亚相类型。

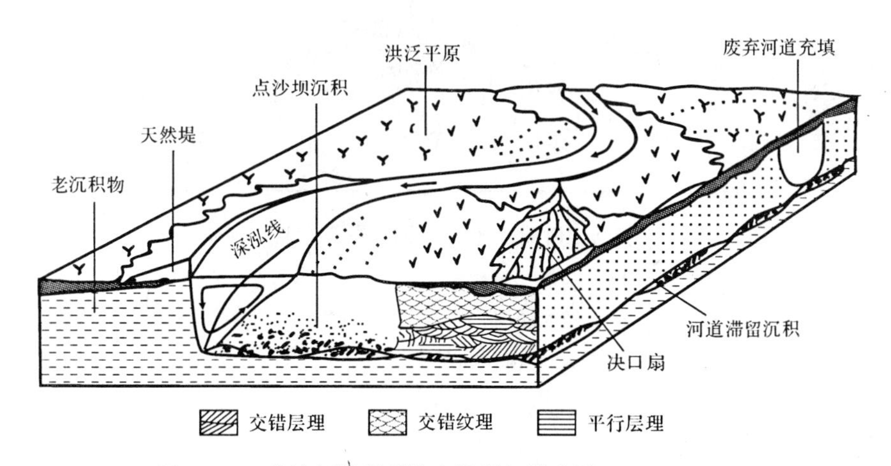

图 5-18　曲流河沉积环境和沉积相模式图(据 Allen，1970)

（一）曲流河沉积相特点

1. 河床亚相

河床是河谷中经常流水的部分，即平水期水流所占的最低部分。河床亚相可进一步划分为河道底部滞留沉积和边滩沉积两个微相。

(1)河道底部滞留沉积：这个相主要分布在临近凹岸的深水区，是洪水期产物。洪水期河水能量最大，在主流线或最深谷底线经过的地方侵蚀最强烈。从河底基岩侵蚀下来的、从凹岸上崩塌下来的以及从上游搬运下来的大量碎屑物质经河水不断淘洗簸选，砂级和泥级细粒部分均被洪水搬运到下游，而粗大的岩屑和岩块则被滞留在冲槽、冲坑和深潭中形成滞留砾石层。

滞留砾石层发育在河道沉积的最底部，其下均为起伏不平的冲刷面。砾石层呈厚度不大的似层状或透镜体，但随着河道迁移，砾石层也可延展很大面积。砾石一般为多成分，磨圆较好，具有一定分选，常呈叠瓦状排列，长轴多与流向垂直，最大扁平面向上游倾斜，倾角最大可达 15°～30°。在砾石层内还常混有从河岸崩塌下来的半固结的泥块，偶见炭化植物茎干碎块。

(2)边滩沉积：边滩也称曲流沙坝或点沙坝，是曲流河体系中最重要的沉积。它们均发育在凸岸一侧的河道中，为向河道微微倾斜的砂质浅滩，覆盖在河道滞留砾石层之上，向上可达平均水位线附近。边滩沉积厚度大体与河道平均水深相当，可以作为判断古河道水深和规模的标志。边滩随河道迁移不断侧向加积，以洪水期生长速度最快，新的边滩依次与老的边滩靠并，形成一系列相间分布的弧形脊（涡形坝）和槽沟（图 5－19）。大的涡形坝和槽沟地形起伏可达数米。洪水期边滩被淹没，较深的槽沟成为部分洪水的主要通道，称作流槽。流槽下游端发育有流槽坝（图 5－20）。

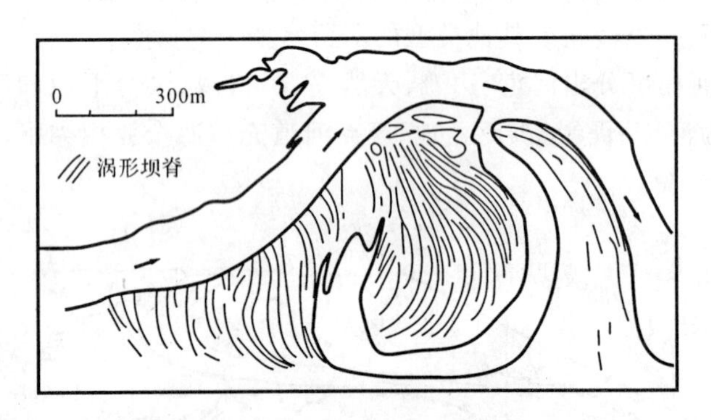

图 5－19　曲流河边滩侧向加积形成的涡形坝（据 Sundborg，1956）

组成边滩的沉积物主要是分选较好的砂级碎屑。从河底滞留砾石层向上至边滩的顶部，粒度逐渐变细。最顶部涡形坝及槽沟内在洪水过后常形成薄层的泥质披盖，但常在下次洪水期被冲刷掉，很少能保存下来。因此，边滩沉积中缺少泥质沉积物。

边滩表面发育了各种底形，下部多由大型沙垄迁移形成槽状交错层理、板状交错层理；向上发育有平行层理、小波痕层理、爬升层理等，反映流态自下而上变小的趋势。这与粒度变化是一致的。边滩沉积中几乎没有化石，但常见炭化的植物茎叶的碎片（图 5－21）。

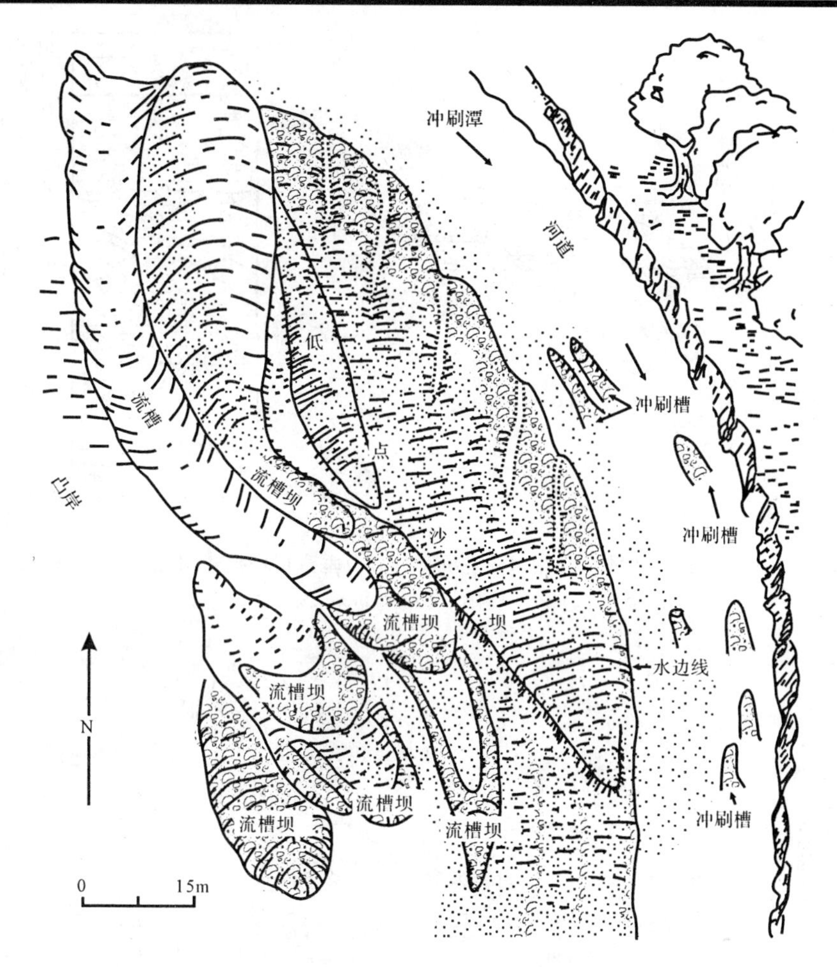

图 5-20　粗碎屑边滩地形及沉积特征(据 Gowen 和 Ganner,1970)

粗碎屑边滩上的流槽中有砾石沉积,向上过渡为砂,具小型向上变细的层序。下游端的流槽坝具有侧向加积的滑落面和垂向加积的坝顶,形成一组大型前积层,顶部则覆盖有平行纹层的砂层或泛滥平原的粉砂和泥[图 5-22(a)]。

总的看来,边滩沉积具有规律的向上变细变薄的垂直层序,尤其是在细粒型边滩沉积中更为明显。在粗粒型边滩中由于流槽和流槽坝含砾粗碎屑夹层的出现,向上变细的层序变得更加复杂[图 5-22(b)]。

2. 堤岸亚相

进一步划分为天然堤和决口扇两个微相类型。

(1)天然堤沉积:天然堤是沿河岸分布的线状砂体,横剖面不对称,靠近河道处较厚,远离河道变薄,呈向岸外倾斜变薄的楔状体。它们是在洪水溢出河道时,水流分散,流速突然减小,搬运能力迅速降低,河水中携带的沉积物快速沉积形成的。近河道处底负载和悬移负载中较粗的部分(细砂和粉砂)先沉积下来,更细的物质(粉砂和泥)则沉积在远离河道地带。所以天然堤沉积相主要是由细砂及粉砂的互层组成。内部构造有各种小波痕层理、爬升层理及平行层理等,波纹层理与平行层理互层的层序是在洪水位波动变化时形成的(Davis,1983)。

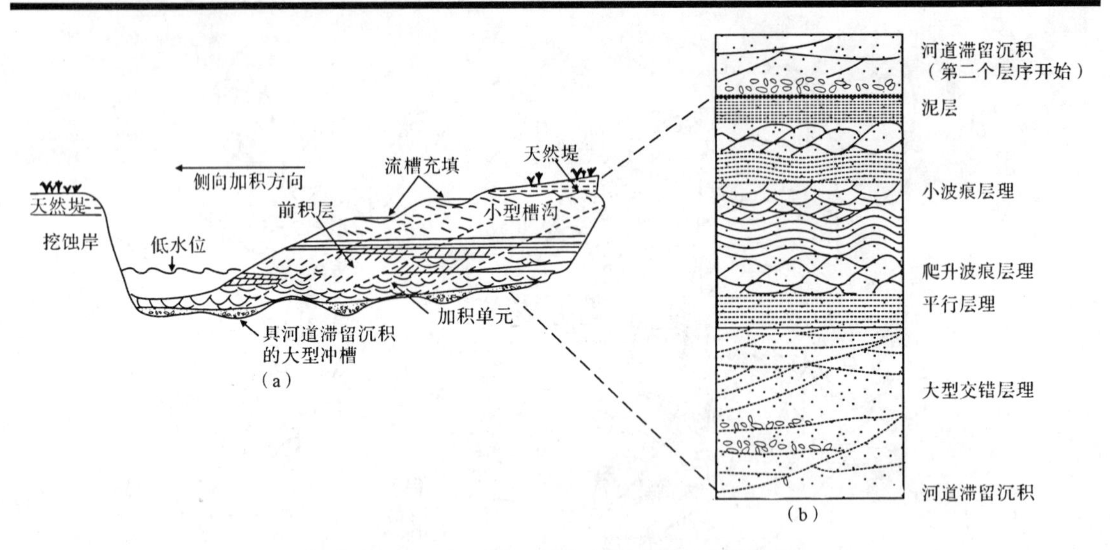

图 5-21 细粒边滩及其相邻环境沉积特点及垂直层序模式图(据 Davis,1983)

(a)切过边滩的横剖面;(b)细粒边滩沉积的垂向层序

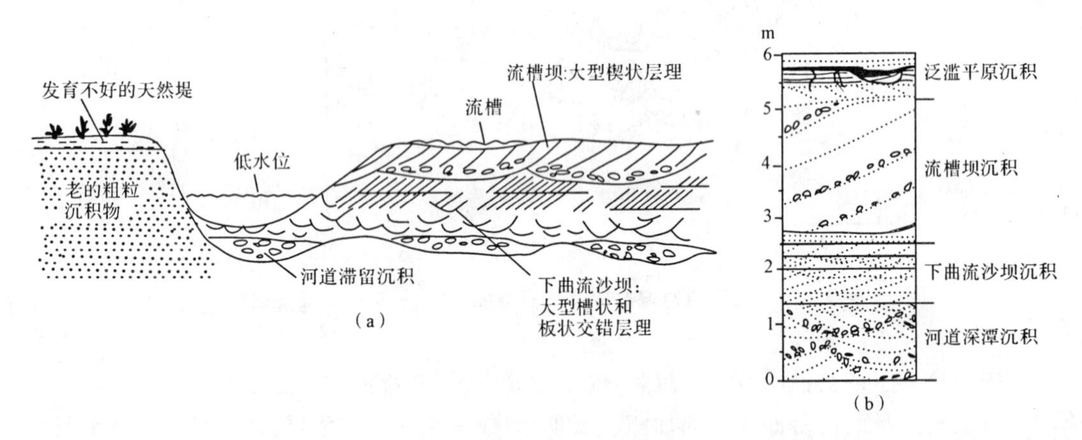

图 5-22 粗粒边滩及其相邻环境沉积特点及垂直层序模式图(据 Davis,1983)

(a)切过边滩的横剖面;(b)粗粒边滩沉积的垂向层序

天然堤与边滩相比,粒度细、层系薄,但与上部边滩的层序十分相似,它们之间呈过渡关系,比较难以分开。天然堤沉积物中常含有细小的植物茎碎片,有时见有潜穴和生物扰动构造。层面上可以发育雨痕、冰晶痕和泥裂。

天然堤多发育在曲流河河道两侧。由于河道向凹岸方向侧向迁移,凹岸一侧的天然堤常被侵蚀掉不易保存下来。但在河道发生截弯取直时则可免遭侵蚀,也能保存完好的天然堤沉积(图 5-23)。

(2)决口扇沉积:决口扇是在洪水期由于天然堤决口,河水携带大量沉积物通过决口被冲到洪泛盆地上形成的扇状沉积体。在决口扇表面有一些从决口向外辐射状分布的小型辫状分流水道,水道间有漫溢而成的席状片流。决口扇常呈单个扇体发育在近河道的局部地带,而以

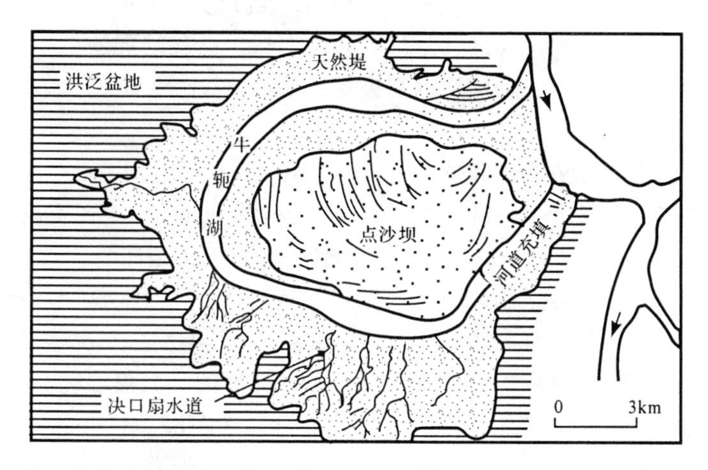

图 5-23 牛轭湖、点沙坝、天然堤、决口扇的相互关系(据 Fisk,1947)

凹岸一侧最为常见。决口扇的规模变化很大,小的决口扇从决口处到扇缘仅几十米至几百米,大的可达数十千米(图 5-24)。决口扇沉积物一般要比天然堤沉积物较粗,主要为各种粒级的砂。从决口处向扇缘颗粒逐渐变细,并具有向上变细的层序,反映决口水流向远离决口的方向逐渐减弱,以及随时间推移而衰减的特点。决口扇沉积的沉积构造比较复杂多变,小波痕层

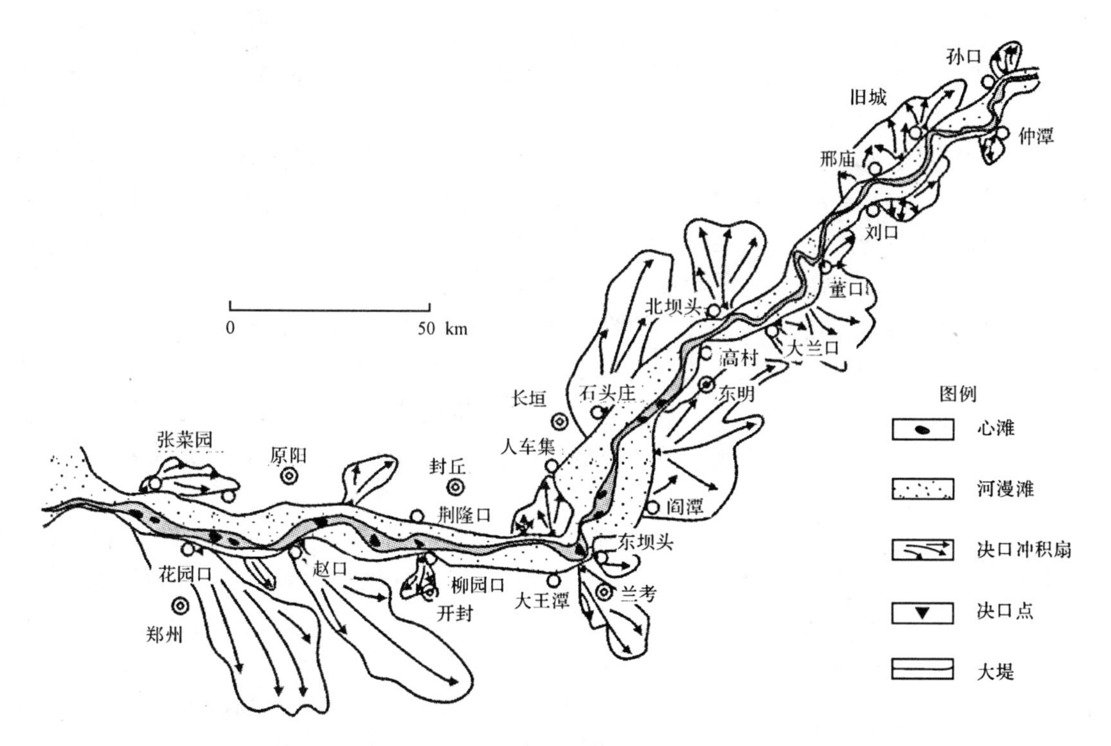

图 5-24 黄河下游部分河段决口扇分布图(据叶青超等,1990)

理、爬升层理、槽状及板状交错层理均有发育,冲刷充填构造经常可见。沉积物中常含有许多植物碎屑,决口扇层序底部多具有明显的侵蚀面,与下伏洪泛盆地泥质沉积呈突变接触。多次的决口可在洪泛盆地中形成许多决口扇沉积夹层。

3.洪泛盆地亚相

洪泛盆地分布在河道两侧地势低平的地带,只有在洪水泛滥时它们才被洪水部分或全部淹没掉。由于盆地表面开阔,洪水被迅速分散到广大的面积上。水浅、流速缓慢,洪水携带的大量悬浮质(粉砂和泥)得以沉积下来。所以,洪泛盆地沉积相是曲流河沉积体系中分布面积最大而粒度最细的一个相。洪泛盆地中的沉积速率较低,每次洪水仅能形成1~2cm的粉砂和泥质层。通常每年可发生一两次洪水泛滥,特大洪水若干年发生一次,可以形成粉砂和泥质沉积交互的沉积层。层理类型主要是水平层理及各种类型的小波痕层理。在粉砂岩夹层内多发育小型波痕交错层理,波状层理。由于生物扰动强烈,许多层理被破坏,生物扰动构造非常普遍。泛滥盆地地势虽低平,但也有不大的高低起伏。低洼地带可以发育小型湖泊、水塘和沼泽。除此以外,大部地区在没有发生洪水泛滥时均暴露在大气环境下,所以,气候对洪泛盆地的影响很大:在潮湿气候区,雨量充沛,地下水面较浅,常有湖泊和沼泽发育。湖泊一般小而浅,生命期限短暂,主要沉积物为水平层理的泥岩,含有淡水软体动物、鱼类等化石,晚期易发生沼泽化。潮湿气候区的泛滥盆地中沼泽分布很普遍,可以形成广阔的泥炭沼泽,是很好的聚煤环境。在干旱气候条件下,蒸发量很大,常发育有小的干盐池、钙结层和泥裂构造。

4.废弃河道充填亚相

废弃河道充填是曲流河沉积体系中特有的一种沉积相,它们是由河道作用、越岸洪水作用和湖泊作用综合影响的产物。河道废弃的方式通常有三种:曲流截直、流槽截直和冲裂作用。由于截直方式不同,沉积状况有所区别。

冲裂作用导致河流改道,原河道被废弃。这种被遗弃的古河道可能有其复杂的沉积和演化历史,当前在沉积学方面还未见系统的描述资料。曲流截直和流槽截直作用在曲流河体系中很普遍。在曲流或流槽截直的过程中,由于曲流颈被切开或流槽转变为新河道,原河道突然缩短取直,坡降增大,流速加快,在被废弃的河道两端被出现的涡流带来的大量较粗的底负载(砂)堆积堵塞,致使废弃的曲流河段形成牛轭湖。这个湖泊的早期阶段是个接受洪水补给的间歇性湖泊,后期可能与主河道逐渐远离而变为完全隔离的滞流还原湖盆。湖水补给主要来自降雨和地下水。由曲流截直而形成的废弃河道沉积特点是在较粗粒的活动河道沉积之上是细粒的砂和粉砂沉积层,具有低流态的小波痕交错层理,反映了由截直作用转变成废弃河道过程的突变性。再上则为牛轭湖相沉积(图5-25)。

牛轭湖沉积物为缓慢沉积的悬浮质泥,沉积速率低,具细的水平纹层。一般为暗色,富含有机质,常含丰富的鱼类和其他淡水动物化石。在强还原条件下还有黄铁矿、菱铁矿结核的形成。泥岩中常夹有小波痕层理的细砂岩和粉砂岩薄层,它们是在洪水漫溢到牛轭湖中形成的。牛轭湖沉积的厚度相当废弃河道的水深,其形态和规模保持着原河道曲流环的轮廓。流槽截直形成的废弃河道沉积层序与曲流截直形成的牛轭湖沉积层序基本相同,所不同的是前者在活动河道沉积之上覆盖的是厚度较大的交错层细砂层,然后才是湖相沉积,厚度也相对小一些(图5-25)。

废弃河道充填沉积的晚期,易发生沼泽化形成泥炭层。但由于曲流河道回迁常被侵蚀掉,所以上部层序多保存不全。

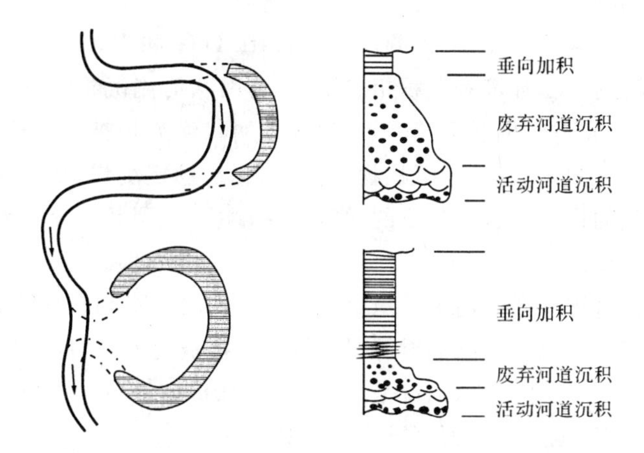

图 5-25 曲流河截直与流槽截直所形成的两种废弃河道充填沉积层序(据 Walker,1984)

(二)曲流河沉积的垂向序列

关于曲流河沉积层序,文献中经常提到的“河流相二元结构”就是对其最明确和简单的概括。曲流河典型的沉积层序是一个粒度向上变细、层理向上变薄的层序(图 5-26)。

曲流河沉积的最底部为一个非常清晰的冲刷侵蚀面,直接覆盖在侵蚀面上的是河道底部滞留砾石相,向上过渡为发育有各种交错层理的边滩相。边滩沉积相主要组成为砂岩,粒度层理呈向上变细变薄的特点。再向上过渡为细砂和粉砂为主的天然堤相。河道底部滞留沉积和边滩沉积均为河道侧向迁移时侧向加积产物。天然堤相既有侧向加积,也有垂向加积。上述几个相构成曲流河垂向层序的下部单元,称为底层沉积。

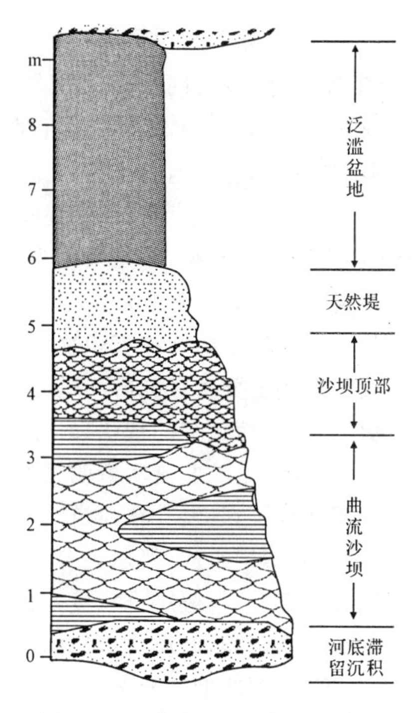

图 5-26 曲流河沉积的垂向模式

天然堤沉积之上主要是以垂向加积形成的洪泛平原相,沉积物以粉砂质泥岩和泥岩为主,其中常夹有多层决口扇砂质层,它们构成曲流河层序的上部单元,又称为顶层沉积。底层沉积与顶层沉积的垂向叠置,构成了河流沉积的“二元结构”。废弃河道充填相不是在任何河段都存在的,也不是每一个曲流河剖面上都能遇到的。如果存在,其层位总是处于河道沉积与洪泛盆地相之间。

(三)网状河沉积体系

“网状河流”这个术语最早是由 Jackson(1834)提出来的。但长期以来,人们没有将这个术语与“辫状河流”区别开来,在使用上也经常混淆。人们对网状河流环境及沉积作用的认识始于 20 世纪 80 年代初,由于发现网状河流与聚煤作用有密切的关系,可以成为很好的成煤环境,才逐渐引起沉积学界的重视。

史密斯等人(Smith D G 和 Smith N D,1980;Smith D G 和 Putnam P E,1980)对加拿大西部几条现代网状河流的沉积环境和沉积相的研究,为网状河流沉积学打下了基础(Walker,1984)。他们通过对现代和古代网状河流的研究,认为网状河流是被一些植被岛、天然堤和湿地组成的洪泛平原分隔开的,具有细粒沉积物(粉砂和泥)、稳定堤岸、低坡降、深而窄、顺直到弯曲的相互交织在一起的许多河道所形成的网状水系。总之,网状河流可看作是快速填积的低能河道和湿地的综合体。

网状河流的网状化过程主要与河道的稳定性有关。低的坡降和易固结的细粒河岸沉积物可以使河流水动力具有低的能量和减弱对河岸的侵蚀。植被的发育对稳定堤岸保持河道的稳定也具有重要作用。此外,构造沉降、河流基准面变化、沉积物供应速率以及有利的气候条件诸因素相互保持均衡状态,也是网状河流发育的必要条件。

现代网状河流在我国江西鄱阳湖盆地、黑龙江齐齐哈尔段、珠江三角洲地区以及河北滦河流域都有发育。

(一)网状河流沉积相特点

到目前为止,有关网状河流沉积相的研究不多。史密斯等(Smith D G 和 Smith N D,1980;Smith D G,1983)对加拿大西部几条现代网状河流的研究仍然是当前关于网状河流沉积相最详细的论述,也是当前用作对比鉴别古代网状河流沉积地层的标准。斯密斯等通过研究识别出 6 个沉积相:河道相、天然堤相、决口扇相、泛滥湖泊相、岸后沼泽相和泥炭沼泽相。前三个相主要与河道有关,后三个相为湿地环境。

(1)河道沉积相:主要为砂和砾组成的深而狭窄的条带状沉积体。底部具有明显的侵蚀面,周围被湿地环境的细粒沉积物所包围。在平原区以砂质河道沉积为主,底部也可有薄的砾石层;在山区则主要发育砾质河道(图 5-27)。河道充填的砂层具板状交错层理,为多层向上变细的层序。厚而狭窄的带状砂体反映了网状河道的稳定性和垂向加积为主的沉积型式,这与以侧向加积为主的曲流河道明显不同。

(2)天然堤沉积:发育在河道沉积的两侧,一般厚数米,宽数十米至数千米。沉积物由纹层状细砂和粉砂薄层组成,偶尔夹有机质透镜体。侧向上,随与河岸距离增大粒度逐渐变小;垂向上,除近底部外,一般难见粒度变化。

(3)决口扇沉积:砂质决口扇沉积在网状河流体系中极为普遍,通常是细砂及粗粉砂组成的叶状沙席,近源厚度一般 2～3m,向远源逐渐变薄(数十厘米)。粒度分布是:扇底部为纹层状粗粉砂和细砂,上覆有机质碎屑薄层,再上为一向上变粗的厚层序,具流水波痕和少量高角度交错层理的中粒砂及细砾沉积物。波痕谷中薄层有机质透镜体很普遍。上部扇沉积物粒度变细为溢岸泥质沉积,其上植被繁茂,有大量根系,起着固定上扇沉积物的作用(Smith,1983)。

(4)泛滥湖泊沉积:在湿地环境普遍发育有大小不等的浅水湖泊次环境。沉积物主要为纹层状黏土和粉砂质黏土,但纹层常因生物的扰动而完全破坏。

(5)沼泽:沼泽沉积多为生物扰动的泥质沉积物,有时由薄纹层有机质和碎屑泥沉积(粉砂质泥和泥质粉砂)所组成,含有大量水生植物群。

(6)泥炭沼泽相:一般为泥炭层,厚度多变,分布面积广泛,可达数十平方千米。总体上,

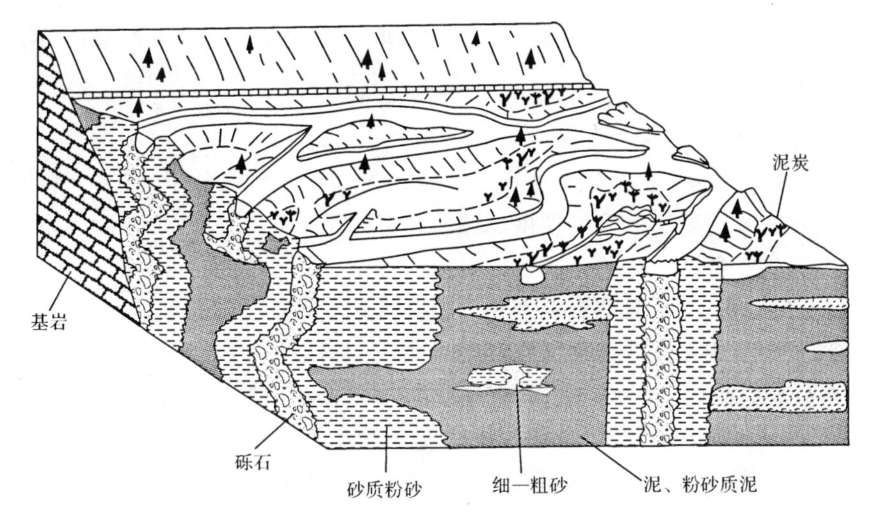

图 5-27　加拿大萨斯喀彻温河砾质网状河段沉积相及沉积环境再造图
（据 Smith D G 和 Smith N D，1980）

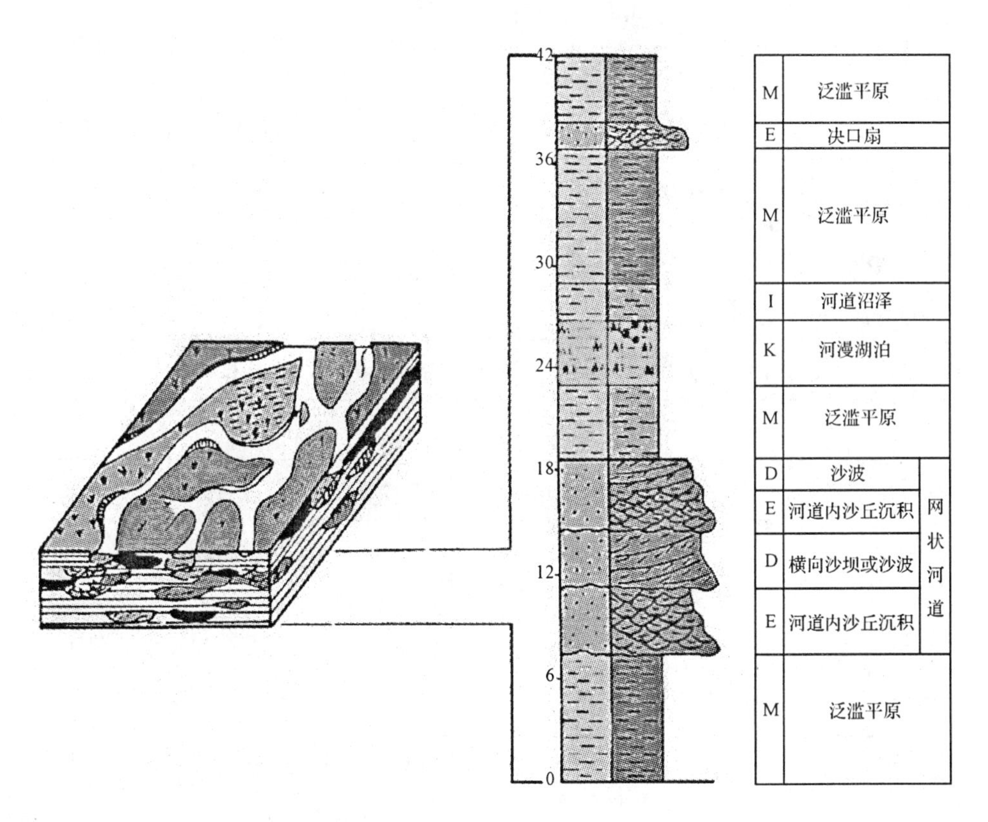

图 5-28　典型网状河岩相组合及其沉积层序模式（于兴河，1992）

网状河沉积的最大特点及其与其他类型河流的主要区别是泛滥湖泊、沼泽沉积分布极为广泛，几乎占河流全部沉积面积的60%～90%。因此，厚度巨大的富含泥炭的粉砂和黏土是网状河占优势的沉积物。

(二)网状河沉积的垂向序列

网状河沉积层序表现为以泥岩为主夹有厚层状含砾粗砂岩及砂岩，层序上构成“泥包砂”的特点，砂岩与泥岩和泥质粉砂岩的厚度之比往往不大于1/3，在层序上一般无砂泥互层过渡带，说明无侧向迁移现象。沉积物是在河道内加积的，属于充填式河道沉积，层序上部河漫沼泽和河漫湖泊较为发育，多阶段性和粒度分选相对较好均反映了网状河或交织河的沉积特点，它是由几条弯度多变、相互连通的河道组成的低能复合体（于兴河，2002）（图5-28）。图5-29为加拿大西部哥伦比亚河河道与湿地横剖面图及选择的四个钻孔岩心的沉积相剖面图，表示一个砂质网状河流沉积环境与沉积相分布特点。

综上所述，曲流河、辫状河、网状河的沉积特点及区别归结为表5-2。

表5-2 曲流河、辫状河、网状河沉积环境及沉积特征的主要区别

沉积环境	辫状河	曲流河	网状河
河道的稳定性	极不稳定、迅速迁移、游荡不定	逐渐侧向迁移	稳定
河道弯曲度	低弯度	高弯度	低—中弯度
河道宽深比	最大、宽而浅	较小	最小、深而窄
坡降	最大	较小	最小
流量变化	最大	较大	较小
负载类型	底负载为主	底负载及悬移负载	悬移负载为主（山区河流例外）
运载能量	最大	中等	最小
河道砂体类型	河道沙坝（心滩）发育	边滩（点沙坝）发育	河道沙坝没有，边滩小
废弃河道特点	无牛轭湖	牛轭湖发育	牛轭湖不发育，有废弃河道
洪泛盆地特点	不发育	发育，细、粉砂及黏土，土壤化	极发育，泥质含量高，植被发育，沼泽广泛
天然堤	不发育	发育	极发育

此外，Galloway(1977)总结的底负载、混合负载、悬浮负载型河道类型的地貌及沉积特征对比图（图5-30），与辫状河、曲流河、网状河类型大体对应，也很好地体现了三种河流沉积特征的区别。

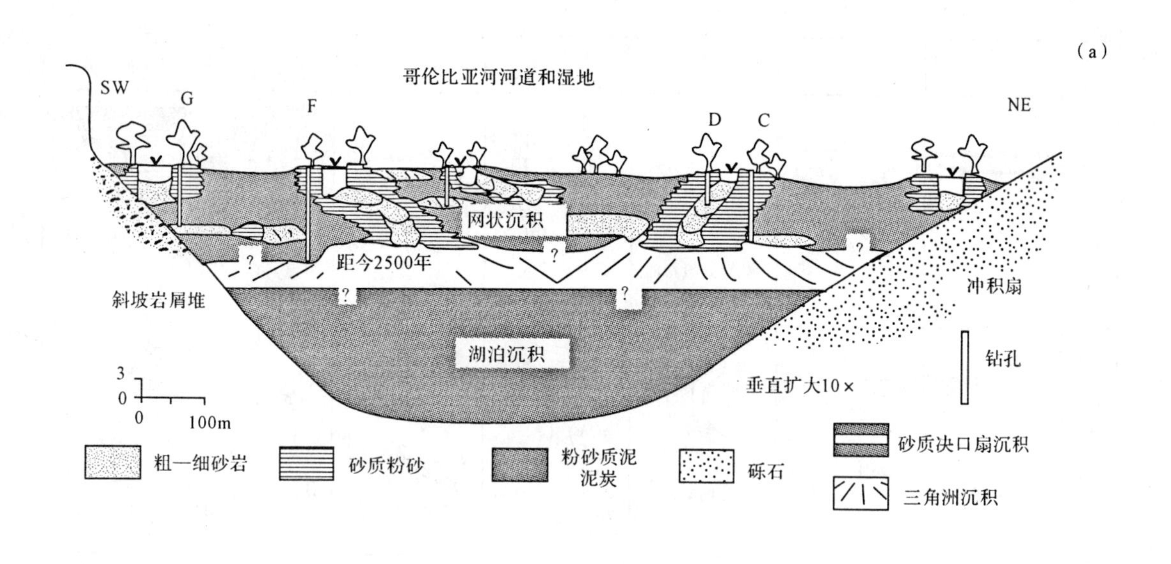

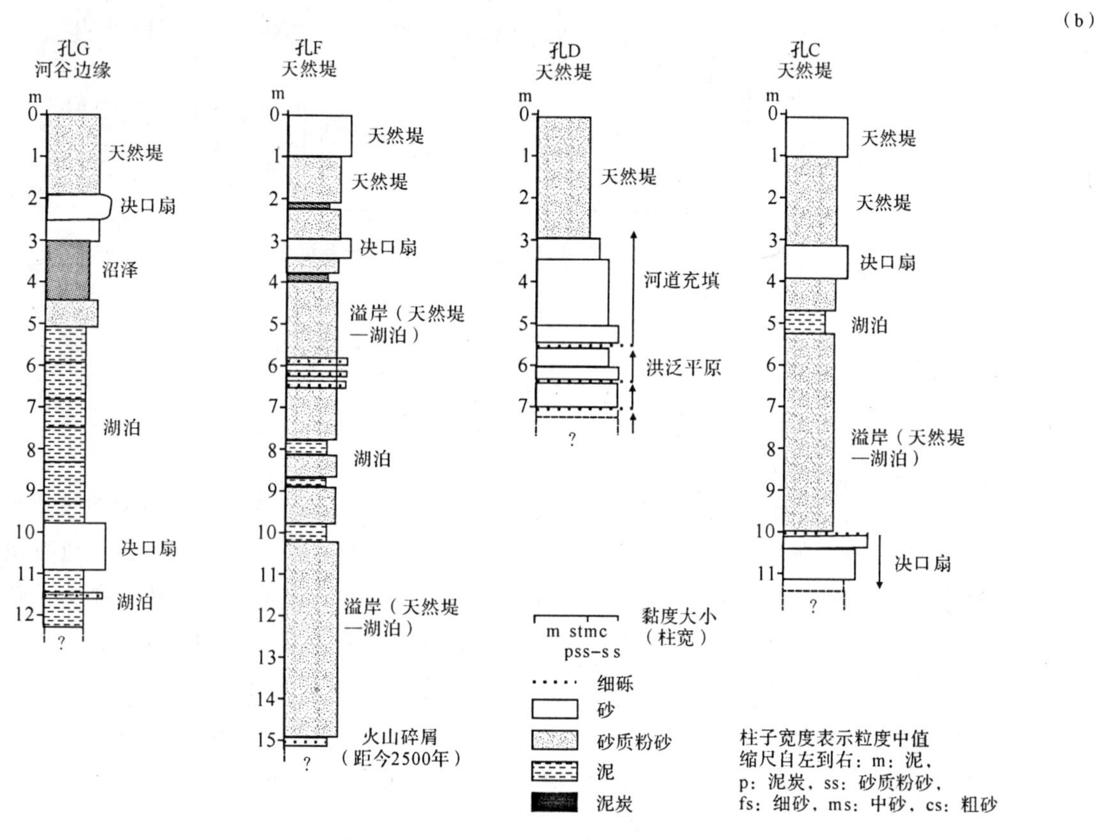

图5-29　加拿大哥伦比亚河的钻井剖面及环境解释(据Smith,1983)
为典型的网状河沉积实例，G、F、D、C代表钻井剖面及其位置

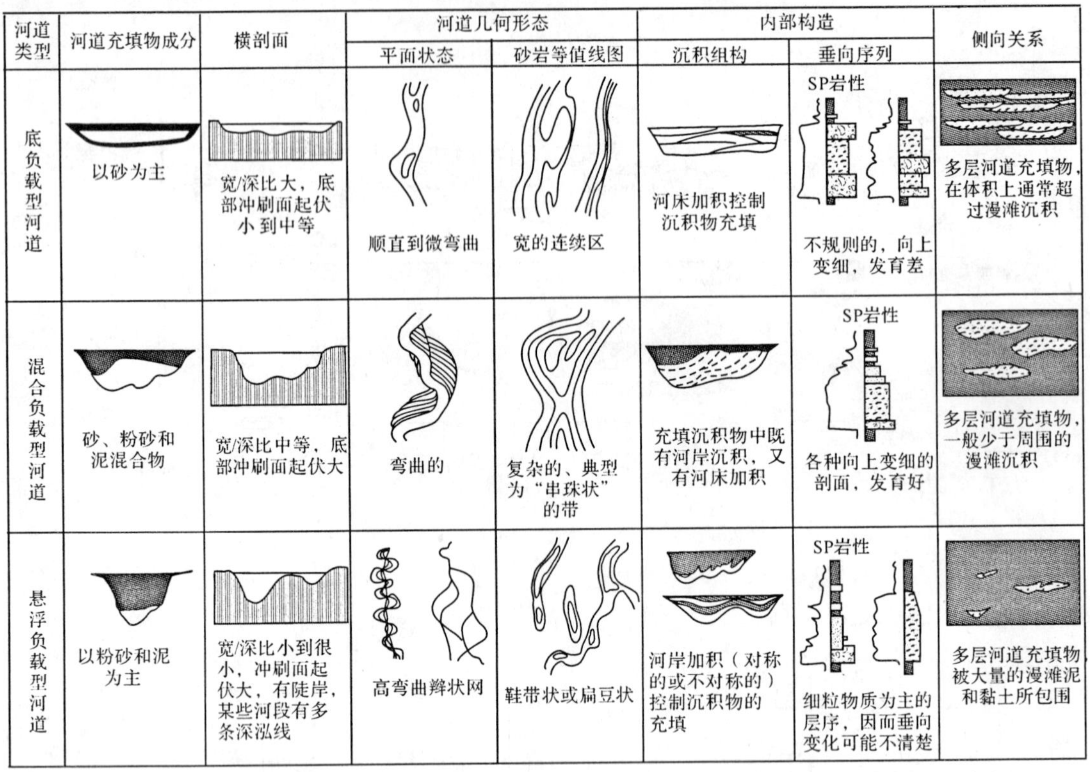

河道类型	河道充填物成分	横剖面	河道几何形态		内部构造		侧向关系
			平面状态	砂岩等值线图	沉积组构	垂向序列	
底负载型河道	以砂为主	宽/深比大，底部冲刷面起伏小到中等	顺直到微弯曲	宽的连续区	河床加积控制沉积物充填	SP岩性 不规则的，向上变细，发育差	多层河道充填物，在体积上通常超过漫滩沉积
混合负载型河道	砂、粉砂和泥混合物	宽/深比中等，底部冲刷面起伏大	弯曲的	复杂的、典型为“串珠状”的带	充填沉积物中既有河岸沉积，又有河床加积	SP岩性 各种向上变细的剖面，发育好	多层河道充填物，一般少于周围的漫滩沉积
悬浮负载型河道	以粉砂和泥为主	宽/深比小到很小，冲刷面起伏大，有陡岸，某些河段有多条深泓线	高弯曲辫状网	鞋带状或扁豆状	河岸加积（对称的或不对称的）控制沉积物的充填	SP岩性 细粒物质为主的层序，因而垂向变化可能不清楚	多层河道充填物被大量的漫滩泥和黏土所包围

图 5－30　底负载、混合负载和悬浮负载河道及其沉积物的几何形状及沉积特点(Galloway,1977)

第三节　湖泊体系

湖泊是大陆上地形相对低洼和流水汇集的地区。现在大陆表面上湖泊总面积只有 $250\times10^4km^2$，占全球陆地面积的1.8%。我国现代湖泊的总面积也只有 $8\times10^4km^2$，不到陆地面积的1%。我国较大的鄱阳湖、洞庭湖、青海湖等的面积约有4 000～5 000km^2。然而在中—新生代，湖泊非常发育，规模也较大，如古近纪渤海湾盆地湖泊面积达 $11\times10^4km^2$，早白垩世松辽盆地的湖泊面积高达 $15\times10^4km^2$，晚三叠世时期的鄂尔多斯盆地的湖泊面积达 $9\times10^4km^2$，其他面积上千平方千米的湖泊还有很多，而且许多湖泊的水体很深，成为多种沉积矿藏赋存的场所，例如石油、天然气、煤、油页岩、蒸发盐类矿产、硅藻土和沉积铀矿等，其中已发现的石油和天然气储量占我国已发现的油气储量的90%以上。

一、湖泊类型

湖泊可从湖盆的成因、形态、自然地理景观、湖水的含盐度和沉积物特点等不同角度进行分类。

1. 湖泊的盐度分类

按照含盐度可将湖泊分为淡水湖泊和咸水湖泊，并以正常海水的含盐度35‰作为它们的分界线。另一种划分方案是按湖水盐度划分为四类：①湖水盐度小于1‰，称为淡水湖；②湖水盐度1‰～10‰，称为微(半)咸水湖；③湖水盐度10‰～35‰，称为咸水湖；④湖水盐度大于35‰，称为盐湖。

2. 按照湖泊沉积物的性质和气候环境分类

按照湖泊沉积物的性质和气候环境的不同，库卡尔(KuKal)1971年提出了四种不同的湖泊类型。赛利(1976)在库卡尔的基础上又增加了两种类型，即干燥气候条件下，由暂时水流形成的内陆萨布哈与干盐湖，这样便有六种湖泊类型(图5-31)。

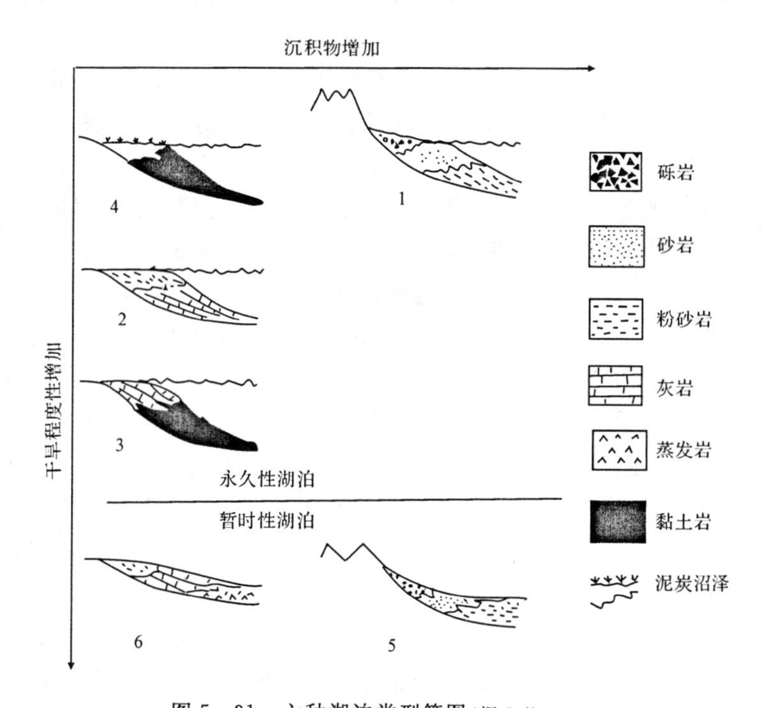

图5-31 六种湖泊类型简图(据Selley,1976)

1. 陆源沉积的永久性湖泊；2. 内源沉积的永久性湖泊(深水区沉积灰泥)；
3. 内源沉积的永久性湖泊(湖泊中心沉积了腐泥)；4. 永久性湖泊，边缘由沼泽组成；
5. 山麓冲积扇—干盐湖；6. 内陆萨布哈

以上第5类、第6类湖泊发育在干旱气候带，如北美沙漠及澳大利亚内陆冲积盆地都有这种湖泊，我国新疆吐鲁番盆地也有这类盐湖沉积(如艾丁湖)。事实上，吐鲁番盆地自中生代已发育了山麓冲积扇及干盐湖，到挽近纪沉积有泥岩、砂岩及少量砾岩，中夹石膏和岩盐。

3. 湖泊的成因分类

按成因可将湖泊划分为构造湖、火山湖(如吉林长白山天池)、冰川湖、河成湖(如鄱阳湖)、岩溶湖(石灰岩发育区岩溶作用形成的湖盆)、堰塞湖和风成湖等。在地质历史上存在时间较长、面积较大，最有研究价值的是构造湖。构造成因的湖泊可进一步分为断陷型、坳陷型、前陆型三个基本类型和一些复合类型(如断陷-坳陷复合型)(图5-32)。

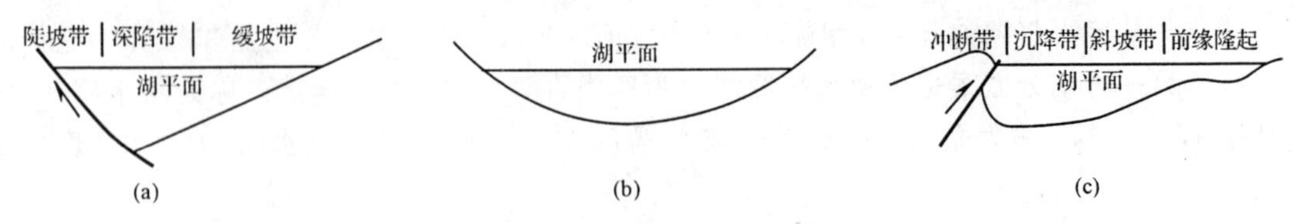

图5-32 不同类型的构造湖盆的横剖面形态

(a)断陷型湖泊;(b)坳陷型湖泊;(c)前陆型湖泊

断陷型湖盆的构造活动以断陷为主,横剖面呈双断式的地堑型或单断式的箕状型。控盆正断层的倾角高达30°~70°,落差几千米,具有同生断层的性质。箕状湖盆内部可分为陡坡带、缓坡带和中部深陷带,沉降中心位于陡坡带坡底,沉积中心位于中部偏断控陡坡一侧。凹陷内部还有主干断层控制次级沉积中心和水下隆起分布。湖泊发育的早中期为最大深陷扩张期,深水沉积发育,形成巨厚的含有机质丰富的暗色泥岩,为良好的生油层。在湖泊发育后期,湖泊萎缩,逐渐向坳陷型湖泊转化。我国东部古近纪的一些含油气盆地,如渤海湾盆地、南襄盆地、江汉盆地、苏北盆地等,均属于断陷湖泊,并以箕状居多,多数具有大陆边缘裂谷性质,少数为山间小断陷湖泊。我国中部、西部内陆的一些断陷湖泊多属山间或山前的小断陷湖泊,其多沿区域大断层分布,往往位于次一级断层与主断层的交汇处。

坳陷型湖盆以坳陷式的构造运动为特点,表现为较均一的整体沉降,湖底的地形较为简单和平缓,边缘斜坡宽缓,中间无大的凸起分割,水域统一形成一个大湖泊。沉积中心与沉降中心一致,接近湖泊中心,但在演化过程中略有迁移。在坳陷型湖泊中,粗粒和富含碎屑的相带将集中分布于湖泊边缘,而较细的沉积物则发育于碎屑沉积物非补偿的盆地中心区域。坳陷型湖泊深陷扩张期深水区面积可以很大,但水体不一定很深,可形成广泛分布的生油层,生成的油气总量很大,如松辽盆地(白垩纪),是我国油气储量和产量最大的沉积盆地之一。

前陆型湖泊分布于活动造山带与稳定克拉通之间的过渡带,由板块挤压挠曲形成。在山前出现强烈沉降带,向克拉通方向沉降幅度逐渐减小,沉积底面呈斜坡状。自近造山带向克拉通可分为冲断带、沉降带、斜坡带、前缘隆起和隆后盆地,沉积剖面呈不对称箕状。

断陷-坳陷过渡型湖泊及其所在的沉积盆地兼有断陷和坳陷性质,如柴达木盆地,在侏罗纪—白垩纪时仅在北缘和西缘有些小的断陷盆地,新近纪时发展成坳陷型盆地,具有二元结构的构造格局。

4.其他分类

按照湖泊沉积物特征,可将湖泊分为碎屑型湖泊和化学型湖泊。碎屑型湖泊沉积物主要为被搬运到湖中的陆源碎屑物质。化学型湖泊沉积物主要为各种碳酸盐类、硫酸盐类、硼酸盐类和氯化物类等蒸发盐矿物,可根据化学沉积物的类型进一步细分为碳酸盐湖和盐湖。我国在中—新生代时,湖泊沉积盆地星罗棋布,计达两百多个。大庆、胜利、辽河、大港等地一百多个油田就是在这些湖相地层中找到的,从而形成了中国石油地质学的一大特点。其中的生、储油层系以中、新生代陆相碎屑岩为主,也常夹有多层碳酸盐,包括某些藻礁灰岩。

吴崇筠等(1993)从石油地质观点出发,按照湖泊中主要生油层阶段,湖泊及其所在沉积盆地的构造性质,将湖泊分为断陷型、坳陷型和断陷-坳陷过渡型三大类,再据湖水是否与海洋相通和湖水盐度细分为 12 类(表 5－3)。

表 5－3 中国中—新生代湖泊类型(据吴崇筠等,1993)

湖水盐度	断陷湖泊		坳陷湖泊		断陷-坳陷过渡型湖泊	
	近海湖泊	内陆湖泊	近海湖泊	内陆湖泊	近海湖泊	内陆湖泊
淡水湖	近海断陷淡水湖	内陆断陷淡水湖	近海坳陷淡水湖	内陆坳陷淡水湖	近海断陷-坳陷过渡型淡水湖	内陆断陷-坳陷过渡型淡水湖
盐湖	近海断陷盐湖	内陆断陷盐湖	近海坳陷盐湖	内陆坳陷盐湖	近海断陷-坳陷过渡型盐湖	内陆断陷-坳陷过渡型盐湖

二、碎屑型湖泊相带的划分及其特点

一个大而深的湖泊,其作用特征与海洋近似。湖泊的作用类型主要有湖浪、湖流、湖震及温度分层和化学分层等,但湖泊缺乏潮汐作用,这是与海洋的重要区别之一。

当河流流入分层湖泊中时,原先存在的水体分层现象就受到扰乱,从而形成复杂的循环型式(图 5－33)。这些作用可以随季节而变,在一年中的不同时期,同一湖泊随密度变化而产生表流、层间流和底流。温暖的、密度较低的淡水羽状表流以不断变慢的形式向盆地分散沉积物。碎屑型湖泊是指以碎屑沉积物为主,很少或基本没有化学沉积物的湖泊。这类湖泊虽然在干旱的内陆山间盆地中也有发育,但主要都分布在潮湿气候区的雨量充沛、地表径流发育的低洼地带。淡水注入量大,湖水盐度低,营养物质丰富,生物繁盛。沉积物主要是通过河流搬运来的源区基岩风化剥蚀的碎屑物质(砂和泥),只有极少数是以溶液形式搬运来的沉积物。另外,也有少量碎屑物质是来源于湖浪对湖岸基岩的侵蚀和火山喷发产物(火山碎屑和火山灰)。在临近冰川前缘地带,也可有大量冰携物质的混入。碎屑型湖泊沉积物可以说基本是外源的,内源沉积物仅有湖内生长或生活的动植物遗体或腐败产生的有机物质。化学沉积物非

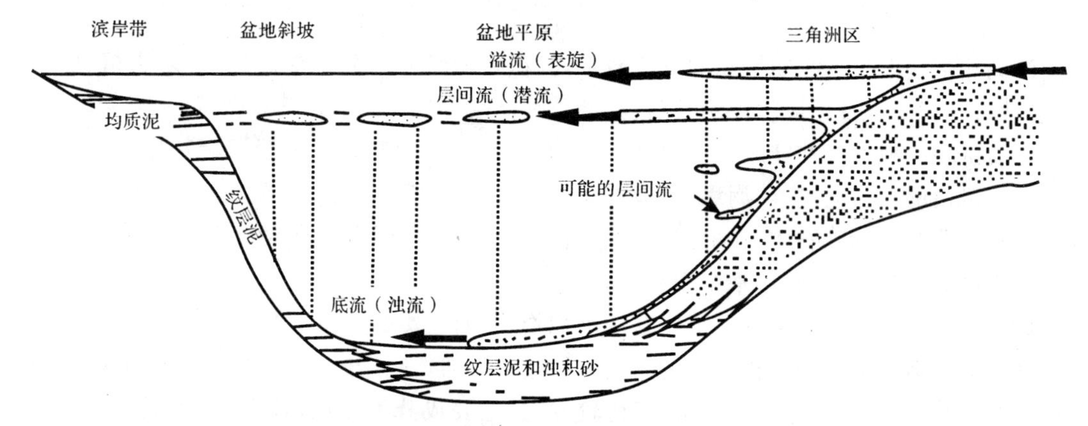

图 5－33 接受大量碎屑沉积物的正温层贫养湖中沉积物的搬运沉积过程及分布示意图
(据 Sturm 和 Matter,1978)

常稀少。

碎屑型湖泊的沉积物绝大部分都是由河流通过河口以底负载和悬浮负载形式向湖内供应的。沉积物组成受源区母岩成分控制，数量随河流径流量和季节变化而变化。当这些物质搬运到湖中后，又被湖浪、湖流等进行再搬运和改造后，再分散到湖泊的不同部位，形成各种类型的沉积体。所以，湖泊沉积物的分布、沉积体结构特点主要决定于湖水的水动力状况。由于湖泊与海洋不同，没有潮汐作用，湖水动力强度和规模也不如海洋强大，所以湖泊相的划分主要是以湖水位的变化和湖水动力状况为依据。

具体划分时一般均选用枯水面、洪水面和浪基面三个界面作为相带划分的界线。这三个界面不仅反映了各相带分布位置、水深和水动力条件，而且与生储油层的分布有密切的关系。根据这三个界面可以将湖泊相带划分为滨湖亚相、浅湖亚相和半深湖—深湖亚相(图 5－34)；半深湖与深湖亚相的划分以风暴浪基面为界面，有的湖泊还可分出湖湾亚相。湖泊内不同的湖泊相带发育不同的岩石组合，形成不同的砂体类型。因此，湖泊相带的划分也是研究储集砂体的基础。

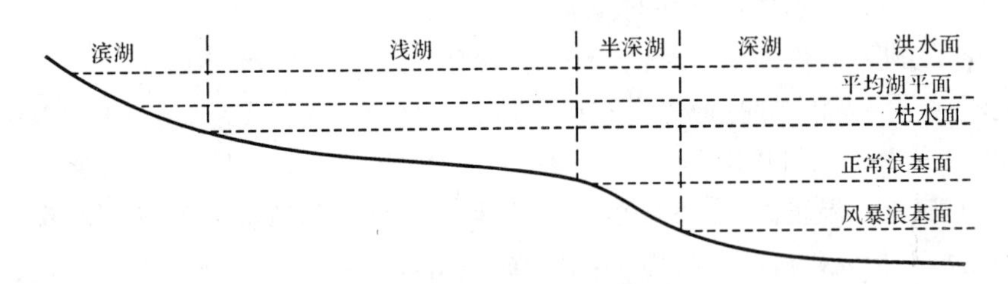

图 5－34　湖泊相带划分示意图

1. 滨湖亚相

滨湖相带位于洪水岸线与枯水岸线之间，其宽度决定于洪水位与水位差和滨湖湖岸坡度。陡岸和小水位差的滨湖相带很窄，只有几米；而缓岸和高水位差的滨湖相带宽度可达数千米，如我国现代的鄱阳湖，枯水面和洪水面高度相差 10m，湖水面积相应地由 1 000km^2 扩张到 4 000km^2。

滨湖相带是湖泊沉积物堆积的重要地带，沉积物的组分和分布受湖岸地形、水情、盛行风情(速度、风向等)以及湖流的影响，沉积类型非常复杂，主要沉积物有砾、砂、泥和泥炭。

砾质沉积一般发育在陡峭的基岩湖岸，砾石来自裸露的基岩。由于湖岸基岩遭受长期风化剥蚀及风浪的冲击而剥落、崩塌，就地堆积在岸边，在波浪、湖流的反复簸选下可形成磨圆程度和分选性非常好的砾石滩，在地层中常呈透镜状层出现。砾石层具叠瓦状组构，扁平砾石最大扁平面向湖倾斜，最长轴多平行岸线分布。

砂质沉积是滨湖相带中发育最广泛的沉积物，它们主要都是在汛期被河流带到湖中，又被波浪和湖流搬运到滨湖带堆积下来的。由于经过河流的长距离搬运，又经过湖浪的反复冲刷，一般都具有较高的成熟度，分选磨圆都比较好，其主要成分为石英、长石等，也混有一些重矿物。沉积构造主要是各种类型的水流交错层理和波痕。滨湖砂质沉积中化石较稀少，可有植物碎屑、鱼的骨片、介壳碎屑等，有时可见双壳类介壳滩。在细砂及粉砂层中常见有潜穴。

泥质沉积和泥炭沉积物主要分布在平缓的背风湖岸和低洼的湿地沼泽地带，沉积为富含有机质的泥和泥炭层，其中常夹有薄的粉砂层。泥质层具水平层理，粉砂层具小波痕层理。有的湖泊泥炭沼泽极为发育，尤其是在湖泊演化的晚期阶段，整个湖泊可完全被沼泽化。所以滨湖相带又是重要的聚煤环境。

滨湖相带是周期性暴露环境，在枯水期由于许多地方出露在水面之上，常形成许多泥裂、雨痕、脊椎动物的足迹等暴露构造。因此，各种暴露构造的出现及沼泽夹层就成为滨湖沉积相带区别于其他相类型的重要标志。

2. 浅湖亚相

浅湖相带指枯水期最低水位线至浪基面深度之间的地带。该相带位于深湖相带外围邻近湖岸，水浅但始终位于水下，遭受波浪和湖流扰动，水体循环良好，氧气充足，透光性好，各种生态的水生生物繁盛。植物有各种藻类和水草，动物主要是淡水腹足、双壳、鱼类、昆虫、节肢等，它们常呈完好的形态出现在地层中。浅湖相带的岩性由浅灰、灰绿色至绿灰色泥岩与砂岩组成，在干旱带常见鲕粒灰岩和生物碎屑灰岩。炭化植物屑也是一种常见组分。砂岩常具较高的结构成熟度，多为钙质胶结，显平行层理，浪成沙纹层理和中—小型交错层理等多种层理构造。此外还常见浪成波痕、垂直或倾斜的虫孔、水下收缩缝等沉积构造。

浅湖相带的分布与湖泊面积、水深和湖岸地形有关。地形平缓的坳陷型湖泊，浅湖相带较宽。断陷湖泊的缓坡一侧浅湖相带较宽，陡坡一侧则较窄，甚至缺失。有些深度很小的湖泊全部位于浪基面以上，除了滨湖相以外，几乎全属于浅湖相带。这种湖泊没有深湖相带，可称之为浅水充氧湖泊相。浅湖相带属弱氧化至弱还原环境，也具有一定的生油能力，但生油岩的质量和丰度远不及深湖相带。

由于滨、浅湖相带处于波浪作用的高能地带，所以是砂体发育的主要场所。其中，滩坝是最常见的砂体类型，也是湖泊相中常见的岩性圈闭类型。目前在我国东部断陷盆地黄骅坳陷、东营凹陷、惠民凹陷已有大量的油气发现。

3. 滩坝亚相

岩性组成上，滩坝砂体以粉细砂岩为主，沉积物成熟度高，具十分发育的生物潜穴、扰动构造、浪成波痕、干涉波痕、低角度(冲洗)交错层理、浪成波纹交错层理等沉积构造标志。陈世悦等(2000)研究显示，惠民凹陷古近系沙河街组砂质滩坝粒径一般为0.125～0.25mm，粒度分析直方图具有突出的单峰，累积曲线较陡；粒度概率图多为三段式，局部可见多段式，具有跳跃次总体发育，悬浮次总体较少或几乎没有等特点；并且跳跃总体的斜率大，分选好，可分为两个次总体，反映了存在有冲刷回流现象。颗粒的圆度较好，以次圆状颗粒为主，次棱角状、棱角状颗粒较少见，具有较高的结构成熟度。

在平面上，滩坝砂呈卵形或条带状平行湖岸线多排分布或位于水下隆起之上。单个滩坝砂体长3～8km，宽2～3km，面积为6～24km^2。在剖面上，滩坝砂表现为较厚层的、顶凸底平的透镜状或条带状，砂岩厚度较大，砂泥比值较高。

在地层倾角矢量图上，地层倾角矢量的杂乱模式和多个优选方位的频率图特征反映了滩坝砂受多方向水流作用的沉积特点。在地震反射剖面上，滩坝沉积响应于底平顶凸、横向展布的宽的丘状反射和滩状反射，其内部为具中等振幅、较好连续性的微波状起伏的亚平行结构。

砂质滩坝的形成机理往往是多方面的，但是它们的形成都离不开岸流和波浪的再搬运和再沉积，其砂质物质主要来源于附近的三角洲和扇三角洲等较大砂体。但它们不属于三角洲或扇三角洲中的砂体相，它们是湖盆中独立的砂体类型，它们缺乏水下分流河道沉积。虽为砂泥互层剖面，但砂体规模较小，多为透镜状砂体。沉积剖面也是以泥包砂为特点。据厚度和分布形态特点，还可将滩坝砂体进一步分为滩沙和坝沙。

滩沙厚度薄，一般小于1m，与浅水泥岩呈频繁互层，主要发育平行层理和低角度斜层理及交错层理。砂层顶底可渐变，亦可突变，有的砂层底部可具微冲刷。滩沙的分布面积大，呈较宽的条带或席状，平行岸线分布。自然电位曲线呈较薄的指状。

坝沙泛指沙坝、沙嘴、障壁沙坝、障壁岛、堡岛等。这种砂体多呈长条状分布，与湖岸平行或者与湖岸相交，由于沙坝的存在，便使得沙坝与湖岸之间出现局限浅湖沉积，即湖湾相。坝沙的横剖面多为对称的透镜状或上倾尖灭状，岩性剖面为厚层砂岩与厚层泥岩互层，有的还夹有煤层。泥岩颜色为灰绿色，多不纯，常含炭屑物质。沙坝砂体的顶底既可以是渐变的，也可以是突变的，其粒度变化也是很复杂的，可以出现向上变粗的序列，也可出现向上变粗再向上变细的序列（图5-35）。坝沙主要构造有平行层理、低角度交错层理和浪成沙纹层理等，常含磨圆状泥砾和炭化植物屑。自然电位曲线和自然伽马曲线上以近于漏斗型和箱形为主，漏斗型顶部和箱形的顶部及底部多以渐变为特征。

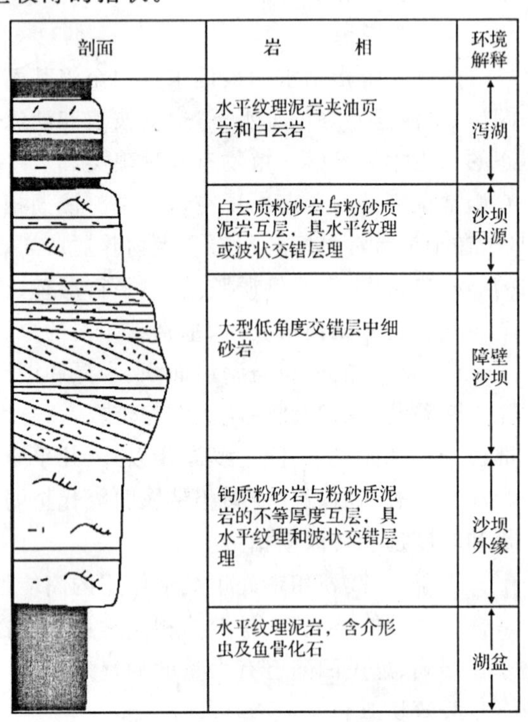

图5-35　黄骅坳陷沙二段湖泊障壁沙坝-半封闭湖湾沉积层序（据孙永传等，1986）

滩坝砂体的发育受古地形、风向、物源供给条件以及构造活动的影响。滨湖砂常形成厚度较大的滩坝围绕在湖泊外围，砂体的宽度及粒度变化与盛行风情的强度和风向有关。在迎风岸边波能较大，砂体宽度大，粒度较粗，分选性高；在背风岸发育程度相对要差一些。

此外，围绕断陷湖盆中的古岛（古隆起、古潜山）亦可发育滩坝砂体，它们以透镜状及薄层席状沙的形式分布于古岛周围。特别地，在断陷湖盆的微陷扩张或断裂活动减弱的断-坳转换期，湖泊面积大，湖岸地形平坦，浅水区所占面积大，滩坝砂体最为发育，如济阳坳陷车镇凹陷沙二段时期呈较为宽缓的“碟型”样式，在陆源河流—三角洲沉积物供给不是很充分的条件下，受湖平面涨落、湖盆水域扩展—萎缩的交替和大幅度湖岸线变迁的影响，形成滩坝相广泛发育和“满盆砂”的分布格局（马立祥等，2009）。

朱筱敏等（1994）结合古地理位置、物源供给条件以及水动力条件，将陆相断陷湖盆滩坝发育模式归结为在湖岸线拐弯处、水下古隆起、三角洲侧缘、浅湖地区四种成因模式（图5-36）。

（1）湖岸线拐弯处滩坝沉积模式：在断陷湖盆发展的早期，湖盆刚刚形成不久，湖盆周缘母岩区的地势高差较大，湖盆边缘参差不齐，形成部分湖岸线向陆方向凹的湖湾。当湖浪和沿岸流侵蚀、搬运大量碎屑物质流经上述湖湾地区时，由于湖岸线的拐弯变化，造成沿岸流和湖浪能量的消耗，使得经淘洗的砂粒沉积下来，形成平行岸线伸展的长条状湖岸砂嘴，并逐步发展为条带状沙坝[图 5－36(a)]。

(2)水下古隆起处滩坝沉积模式：断陷湖盆水下古隆起的成因主要包括以下三种类型，即构造活动造成的隆起、火山喷发形成的隆起以及持续性古地形隆起。如果隆起相对地远离陆源碎屑供给区，则发育鲕粒灰岩和生物灰岩，构成鲕粒滩和生物滩。鲕粒灰岩呈块状，其中的正常鲕和表鲕的核心多为陆源碎屑。生物灰岩中含有大量的螺化石和介形虫化石，含量高达 95%。生物灰岩中厚层，可见波状层理，在垂向上，多下伏浅灰色砂岩、粉砂岩，上覆灰色泥岩，整体构成湖进序列[图 5－36(b)]。

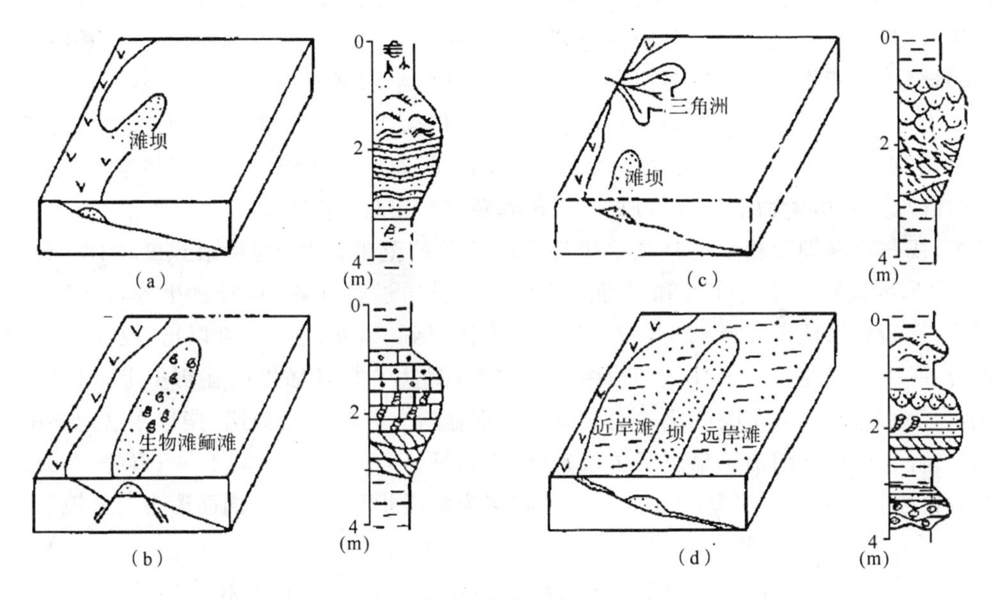

图 5－36　断陷湖盆滩坝沉积模式(朱筱敏等，1994)

(3)三角洲侧缘滩坝沉积模式：当断陷湖盆处于盆地发育的断陷晚期和断坳时期，在断陷湖盆的缓坡，常发育小型的短轴三角洲。这种三角洲的河流作用不十分强烈，携带的沉积物沿盆地短轴方向进入湖盆后，易受到湖浪和岸流的重新改造，使沉积物沿湖岸线方向发生侧向移动，从而在三角洲侧缘形成滩坝沉积[图 5－36(c)]。

(4)开阔浅湖沙坝沉积模式：这类滩坝位于平均枯水面与浪底之间。当垂直岸线或斜交湖岸的波浪由湖盆中央向湖岸运动时，波浪触及浪底，形成升浪，并继续向岸方向运动形成碎浪，波浪能量消耗较大，使得较粗粒碎屑沉积下来，形成开阔浅湖滩坝。根据这类滩坝的详细沉积特征，可进一步确定出近岸滩、坝、远岸滩三个次级单元。近岸滩临近湖平面，薄层砂岩中发育浪成交错层理，在垂向上，与棕褐色泥岩薄层间互，构成厚的反韵律。坝砂以发育厚层槽状交错层理、平行层理为特征，在垂向上常与灰绿色块状泥岩构成下泥上砂、厚的反韵律。远岸滩靠近浪基面分布，发育透镜状层理、砂泥间互层理及丰富的生物扰动构造，在垂向上与灰色、灰绿色泥岩互层，构成厚的反韵律[图 5－36(d)]。

与滩沙相比，由于受到波浪和岸流的改造，结构成熟度很高；砂层的层数可能减少，但厚度明显较大，一般几米，甚至更厚，对油气储集意义更大。据陈世悦等(2000)研究，一个完整沙坝的沉积相序主要为灰色泥岩→泥质粉砂岩→细砂岩→泥质粉砂岩→炭质页岩。由于受沉积条件控制，常较难见到一个完整的沉积相序，但总是以反映较深水条件下形成的沉积产物开始，构成相序的底部；以反映浅水沼泽环境的沉积产物结束，构成沉积相序的顶部。其垂向常表现为复合粒序，下部为反序，上部为正序。SP 曲线上多为箱形、钟形。每个沉积相序厚度一般小于 10m，平均 3～6m。

4. 半深湖亚相

位于波基面以下水体较深部位，地处乏氧的弱还原—还原环境，实际上是浅湖相带与深湖相带的过渡地带，沉积物主要受湖流作用的影响，波浪作用已很难影响沉积物表面，在平面分布上位于湖泊最内部，在断陷湖盆中偏于靠近边界断层一侧。当湖盆面积较小，沉积特征不明显时，很难分出此相带。所以许多研究者不主张划分出半深湖相带。

岩石类型以黏土岩为主，常具有粉砂岩、化学岩的薄夹层或透镜体，黏土岩常为有机质丰富的暗色泥、页岩或粉砂质泥、页岩。水平层理发育，间有细波状层理。化石较丰富，浮游生物为主，保存较好，底栖生物不发育，可见菱铁矿和黄铁矿等自生矿物。

此外，浅—半深湖亚相带也是湖泊风暴可以波及的范围，相应地形成风暴砂体。20 世纪 80 年代以来，我国沉积学工作者和石油地质勘探人员通过野外露头(杜远生等，2001)和钻井岩心观察，逐渐开始认识和鉴别风暴岩，并进一步认识到，风暴流不仅可以出现在海洋近滨和陆棚地带，亦可出现在大陆上某些湖泊中。事实上，湖盆中的风暴作用在历史上是很频繁的。近年来，在渤海湾盆地的东濮凹陷、惠民凹陷、松辽盆地白垩系青山口组、柴达木盆地乌南油田新近系等地区，均已有湖泊风暴沉积的报道(张金亮等，1988；姜在兴等，1990；袁静，2006；孙钰等，2006；崔俊等，2009)。风暴砂层的平面分布多为椭圆状和似扇状，剖面形态为透镜状，易于成为湖相泥岩生烃后优先排入的对象，形成砂岩透镜体油藏。

(1)风暴岩岩性组成：风暴沉积物来自于滨岸浅水砂体，如三角洲和滩坝砂体。与风暴层序有关的岩性主要有含砾砂岩、中细砂岩、粉细砂岩、泥页岩、生物灰岩、含生物碎屑砂岩和火山碎屑岩等。部分砂砾岩和泥页岩中含有撕裂屑状或片状泥砾，泥砾颜色可深可浅，以灰色为主，有时为棕红色，并保存良好的水平纹层。生物灰岩中富含灰绿色泥晶灰岩砾屑、生物灰岩砾屑，为风暴成因的内碎屑。

风暴岩具有低成分成熟度和较高的结构成熟度特点。姜在兴等(1990)对东濮凹陷胡状集油田古近系沙三段风暴岩镜下观察统计，风暴岩的岩屑含量平均 25%，最高达 40%，成分有盆内碳酸盐砂屑、粉屑和陆源多晶石英、长石、中酸性喷出岩及碳酸盐岩等，反映不稳定的沉积。然而风暴岩又属异地沉积物，是滨浅湖滩或三角洲沉积被重新搅起、回流、再沉积的产物，加之又受风暴浪和风驱水流的作用，故有一定的分选性。表现为杂基含量低(<15%)、分选中等，不显似斑状结构，即结构成熟度较高，这与浊积岩正好相反。

在粒度概率图上，由于风暴流以牵引流为主，又具有某些重力流的特点，因此其沉积物粒度概率曲线为两段式，个别跳跃，总体具多段特征，或分段不明显、悬浮总体较发育(可达 90%)，反映小型风暴强盛期的重力流特点。悬浮段特征不同于牵引流，其高斜率分选好也有别于一般的重力流沉积，正是风暴流沉积的典型特点(图 5-37)。

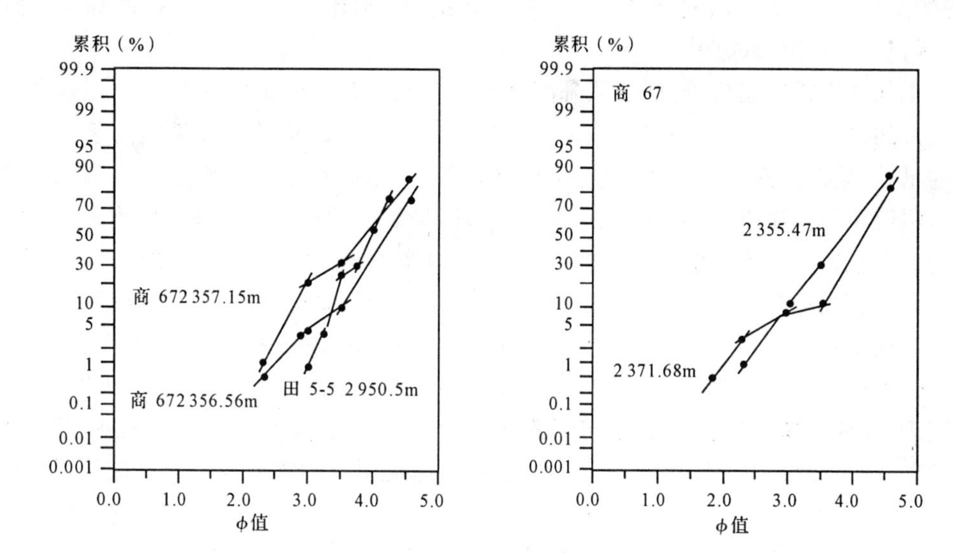

图 5-37 惠民凹陷古近系风暴沉积粒度概率图(据袁静,2006)

在 $C-M$ 图上,风暴岩以递变悬浮段为主,但也有滚动的成分,呈拉长的"S"状(图 5-38);而浊积岩只有递变悬浮段,三角洲除了滚动段外,其余各段齐全。

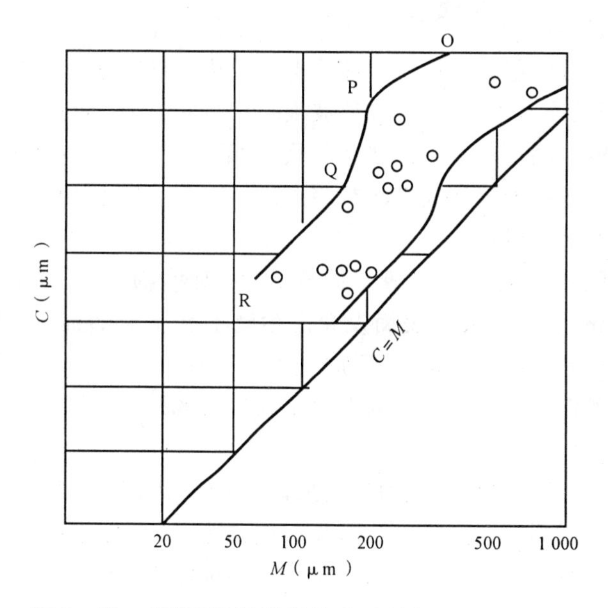

图 5-38 东濮凹陷风暴岩的 $C-M$ 图(姜在兴等,1990)

(2)风暴沉积构造:风暴流沉积的沉积构造十分丰富,类型多样。其中,渠模、截切等侵蚀构造、丘状和洼状交错层理是风暴沉积的特有构造。此外,还发育递变层理和块状层理、生物逃逸迹、浪成波痕、准同生变形构造等类型。

1)底面侵蚀充填构造,风暴岩与上覆或下伏沉积的接触界面往往起伏不平,在粒级上也不连续(粒级跃变)。风暴沉积的顶、底面及内部侵蚀充填构造包括渠模、冲刷面和截切构造等(姜在兴等,1990;袁静,2006)。

渠模也称钵模或口袋构造,是在风暴高峰期风暴浪引起的涡流及风暴退潮流强烈地侵蚀湖底而形成的扁长状侵蚀充填构造,是风暴流环境的良好指相构造。渠模不同于重力流沉积环境中的槽模,渠模具有深且陡的渠壁,不具有方向性,也不一定成组出现,并且侵蚀冲刷下来的下伏细粒沉积物往往以同生(内碎屑)泥砾、砂球、撕裂屑的形式充填在渠模附近。

截切为风暴岩顶面不平整的原因之一,表现为块状层理砂岩的一侧高出,一侧变平,截切角度较大,并被泥质充填,表现为泥质冲刷砂质,它是由于风暴底部回流有很强的剪切力,使先期沉积的砂质遭到侵蚀,并被部分切去,形成了不规则的剪切面;风暴过后,湖水恢复平静,于是较深湖的泥岩便覆盖在剪切面之上。毫无疑问,截切构造是风暴流影响湖底的有力证据。

2)层理,递变层理和块状层理:位于冲刷面之上,一般厚约10~20cm。岩心中所见递变层理多为粗砂、细砾或生物介壳粒度向上变细的正粒序,是风暴回流触发重力流在较深水区形成的。

丘状、洼状交错层理和平行层理:丘状交错层理内部纹理清晰,丘高1~7cm,层系上部发育许多大的宽缓波状层,细层凸起呈圆丘状,下部细层与下界面平行,顶面可具圆脊对称波痕;洼状交错层理纹层形态与之相反,呈下凹状。丘状、洼状交错层理常与平行层理共生,位于块状层理、递变层理之上,多数研究者认为它是风暴浪减弱时由弱振荡水流和多向水流形成的孤立沙波迁移造成的,是风暴作用的重要标志。

浪成沙纹层理:随着风暴流的减弱,在丘状交错层理之上常发育浪成沙纹层理,有的浪成沙纹层理也直接沉积在粒序层理或块状层理之上。浪成沙纹层理是由于悬浮状态的沉积物在风暴浪的作用下,不断供给水流或波浪,以致波浪不仅向前迁移,而且同时向上建造成一个相互叠覆的波浪系列而形成的。一般顶面波状起伏,上部见不对称浪成波痕。

风暴浪的振荡水流还可形成浪成槽状交错层理,由倾向相反、相互超覆的前积纹层组成,显“人”字形,顶部具尖脊对称波痕。

3)波痕,包括直脊、曲脊或音叉状等不同样式,略对称,有时见浪成干涉波痕,波长3~5cm,波高0.3~0.6cm,音叉状波痕表面发育了生物的水平蛇形迹,反映其形成于较深水环境。波痕是波浪活动最常见的鉴别标志,形成于半深湖环境的波痕代表了比正常波浪具有更大波及深度的风暴浪的活动。大量波痕的发育是风暴岩区别于浊积岩的重要标志之一(Aigner,1982;姜在兴等,1990)。

4)生物成因构造,与风暴作用有关的生物成因构造首要的是生物逃逸迹。它一般位于风暴层序的下部,是一种较细长的垂直潜穴,不具回填构造,在与泥岩接触处消失,代表了事件沉积作用的发生,当快速的沉积作用发生时,生物为了不被埋葬便向上逃逸或为避免被风暴流卷裹而向下逃逸。

5)准同生变形构造,风暴形成的砂泥互层沉积由于积速度快,来不及排水,从而形成超孔隙压力,随后便形成重荷构造、火焰状构造、球枕构造、包卷层理、泄水构造等一系列变形构造。

(3)风暴沉积序列:一次完整的风暴过程引起的流体动力条件变化,塑造了与风暴各发展阶段相对应的沉积层序和沉积特征。风暴岩所具有的理想沉积单元序列为“似鲍马序列”(Aigner,1982)。袁静(2006)建立惠民凹陷古近系风暴岩理想垂向序列如图5-39。

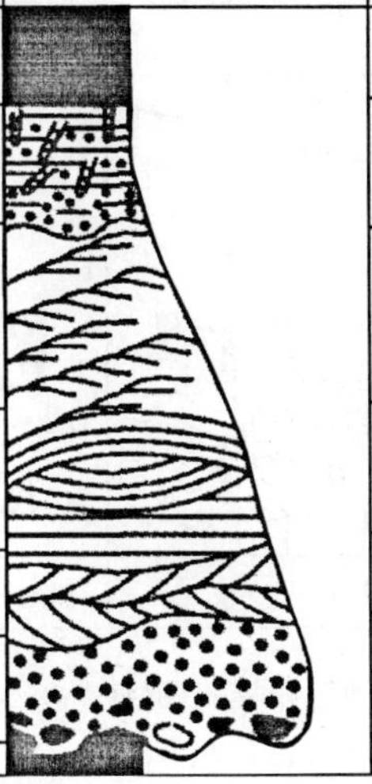

厚度/cm	层序	序号	沉积特征
10~30		Sf	正常半深湖泥/页岩段
10~20		Se	泥岩段；底部有截切构造；内部有砂球、泥砾生物潜穴；泥质粉砂岩—泥岩
20~30		Sd	波状纹层段；发育缓波状—爬升层理，有时见包卷层理；粉砂岩—泥质粉砂岩
10~30		Sc	平行层理和丘状交错层理段；粉砂岩—细砂岩，凝灰岩
0~10		Sb	较大型浪成交错层理段；细砂岩—粉砂岩
		Sa2	块状层理段；砾砂岩—含砾砂岩
10~30		Sa1	递变层理段，底部具冲刷面、渠模等侵蚀痕；砂岩—含砾砂岩，生物介壳灰岩，火山角砾岩

图 5-39 惠民凹陷古近系风暴岩理想垂向序列(据袁静,2006)

Sa 块状-递变层理段——厚度 10～30cm,底面具有明显的冲刷面、渠模等侵蚀构造,侵蚀面之上含有砾级颗粒杂乱分布,岩性可以是砂岩—含砾砂岩、含砾砂岩、生物介壳灰岩或火山角砾岩及凝灰岩等。

Sb 较大型浪成交错层理段——厚 0～10cm,岩性为细砂岩—粉砂岩,也可能为中砂岩。此段在有的层序中可不发育。

Sc 平行层理段和丘状交错层理粉砂—细砂岩段——厚度约 20cm,是风暴流沉积中特有的一段。岩性为粉砂岩—细砂岩或细凝灰岩,见生物逃逸迹和岩脉。

Sd 波状纹层段——厚度 20～30cm,岩性为粉砂岩—泥质粉砂岩,可见角度平缓的波状层理和断续的水平纹层以及平缓的爬升层理,包卷层理等也常出现在该段。

Se 泥岩段——厚度 10～20cm,主要岩性为泥质粉砂岩—泥岩。底部可以有截切构造,内部见砂条、砂球、泥砾及生物觅食迹,是风暴后期悬浮物质在低流态下形成的。

Sf 正常半深湖泥页岩段——厚约 10～30cm, 代表了正常半深湖的细粒沉积。

上述沉积层序反映风暴流密度降低、风暴浪作用能量衰减,从具有明显的重力流特征向牵引流转化的过程。

(4)风暴岩组合类型:随着风暴作用将滨湖区原地沉积物打碎、卷起、再沉积以及风暴回流搬运的过程,形成滨浅湖至半深湖区不同类型的风暴岩。具体可分为原地风暴岩、近源风暴岩、远源风暴岩(图 5-40)。

原地风暴岩:由具渠模的递变层理/块状砂砾岩、生物介壳层段→水平层理或块状层理杂色泥质岩组成。原地风暴岩与浅水沉积相伴生,代表强烈的风暴流作用——风暴过后的快速悬浮沉积和缓慢悬浮沉积,反映风暴流于滨湖区将原地沉积物打碎、卷起、在原地再沉积的过程。

A 型近源风暴岩:由具冲刷面的块状层理砂砾岩、生物介壳层段→平行层理粉细砂岩段→

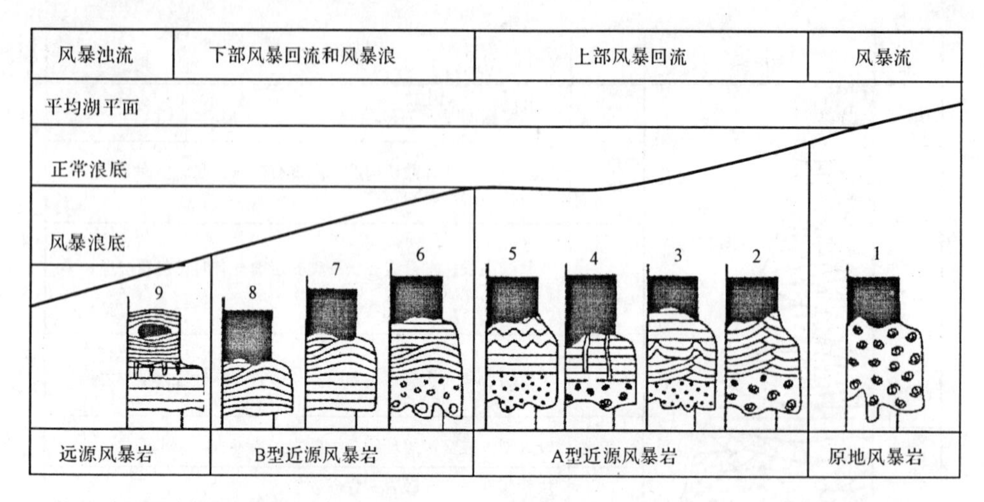

图 5-40 惠民凹陷古近系风暴岩产出环境、水动力条件和沉积模式图(据袁静,2006)

水平层理或块状层理泥质岩段的组成,反映较强烈的风暴流侵蚀作用,砂岩层面常见波痕,均为风暴回流和风暴浪沉积或风暴回流改造原地沉积物而成,位于正常浪底之上。

B型近源风暴岩:由具平缓冲刷面的丘状交错层理粉细砂岩段→块状层理泥质岩段组成,砂岩层面常见波痕,反映风暴回流和风暴浪越过滩坝发生的侵蚀和沉积作用,代表风暴流作用—风暴浪作用—风暴过后的快速悬浮沉积和缓慢悬浮沉积过程。

远源风暴岩:由平行层理粉细砂岩段→具扁平泥砾和较强生物扰动的水平层理黏土岩段组成,反映风暴回流在靠近风暴浪基面附近能量衰减,已不足以对原地沉积物产生强烈侵蚀,风暴流向风暴浊流转化并向牵引流转化,从滨湖区被携带来的泥砾与细粒悬浮沉积物一起沉积形成。

5.深湖亚相

位于湖盆中水体最深部位,在断陷湖盆中位于靠近边界断层的断陷最深的一侧,波浪作用已完全不能涉及,水体安静,地处乏氧的还原环境,底栖生物完全不能生存。

岩性的总特征是粒度细、颜色深、有机质含量高。岩石类型以质纯的泥岩、页岩为主,并可发育有灰岩、泥灰岩、油页岩。层理发育,主要为水平层理和细水平纹层。无底栖生物,常见介形虫等浮游生物化石,且保存完好。黄铁矿是常见的自生矿物,多呈分散状分布于黏土岩中。岩性横向分布稳定,沉积厚度大,是最有利于生油的地带。

在许多深湖相带中,都有湖泊浊流的形成,它们也像海洋中的浊流沉积一样具发育良好的浊流序列,可以形成浊积扇,同样有浊流水道、天然堤、舌形体等不同的沉积单元。

6.湖湾亚相

在滨、浅湖地带,由于水浅,形成沙坝,障壁砂(岛)等砂体,使近岸水体被分隔,形成半封闭的湖湾。由于水体流通不畅,波浪和湖流作用弱,又无大河注入,故湖湾水体较平静,湖底缺氧,沉积物以细粒的泥页岩沉积为主。在潮湿气候下,湖湾内生长植物而形成泥炭沼泽。泥岩呈黑色和蓝黑色,夹炭质页岩和煤层。在有间歇性物源注入的湖湾环境,沉积物可含有某些正韵律小砂体,可发育粒序层理、平行层理和低角度交错层理。

三、碳酸盐湖泊相带的划分及其特点

碳酸盐湖是沉积碳酸盐矿物(最常见的是 $CaCO_3$)的湖泊。除其富钙质沉积的特点外，在岩相分带、层序结构等方面与碎屑型湖泊非常相似。碳酸盐湖不同于盐湖，它可以形成于干旱—半干旱气候区，也可以形成于温带气候区。湖相碳酸盐岩尽管在类型上和岩性外貌上与海相碳酸盐岩非常相似，但其形成条件和沉积环境与海相碳酸盐岩的情况却有很大差别，如湖面升降、湖水运动、湖区地形、生物繁衍和碎屑供给情况等都不同于海相。湖泊碳酸盐岩的形成还明显地受控于古气候、古水动力和古介质条件的变化。

有关碳酸盐湖泊相带的划分，不同学者从不同角度出发，提出了不同的划分方案。一般来讲，湖盆边缘相和湖盆相的沉积特点是有着明显差别的。碳酸盐沉积主要发育在湖盆边缘浅水地带，沉积类型可有浅滩、生物礁、叠层石等，与海相相比沉积厚度较薄。由于碳酸盐沉积形成于湖盆边缘浅水环境中，在深水区域中较少，它们可向湖中心推进。在斯内克河平原地区的上新世裂谷湖中，鲕粒碳酸盐岩沿湖盆边缘建造了大型阶地(图 5-41)。阶地在湖面稳定期向湖心进积，原来发育于阶地表面的鲕粒后来塌落到倾角为26°的陡的前积层上。前积层上部的颗粒流沉积形成反递变，而前积层下部由液化流形成的沉积却是具有碟状构造的正递变层。前积层单元厚达 18m。

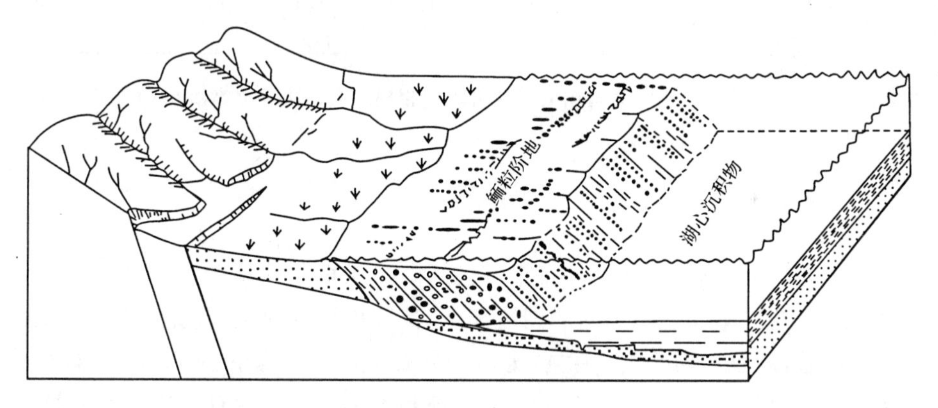

图 5-41　沿湖边缘的鲕粒阶地的示意性复原图(据 Swirydczuk 等，1980)

我国学者从整个湖泊碳酸盐岩的沉积条件、沉积特征及其与陆源碎屑岩的组合关系，结合湖水的相对深浅、水动力条件和自然地理部位，将湖泊碳酸盐岩划为滨湖相、浅湖相、半深湖相和深湖相四个相带(图 5-42)。

1. 滨湖亚相

指最高湖水面到最低湖水面之间的相带。包括泥坪-藻坪和岸滩两个亚相。

(1)泥坪-藻坪亚相：平时多暴露在水上，最大湖侵时可被水淹没。属低能环境，主要有泥晶灰(云)岩，可混入少量的泥沙和生物碎屑等。可有纹层、波纹状叠层藻灰(云)岩。纹理、干裂和鸟眼构造常见。

(2)岸滩亚相：在平均湖水面到最低湖水面之间，常被水漫及，水体能量稍高，颗粒灰(云)岩多见。生物碎屑、内碎屑和藻类颗粒发育，并常有泥沙混入。可见块状、水平状和交错层理。

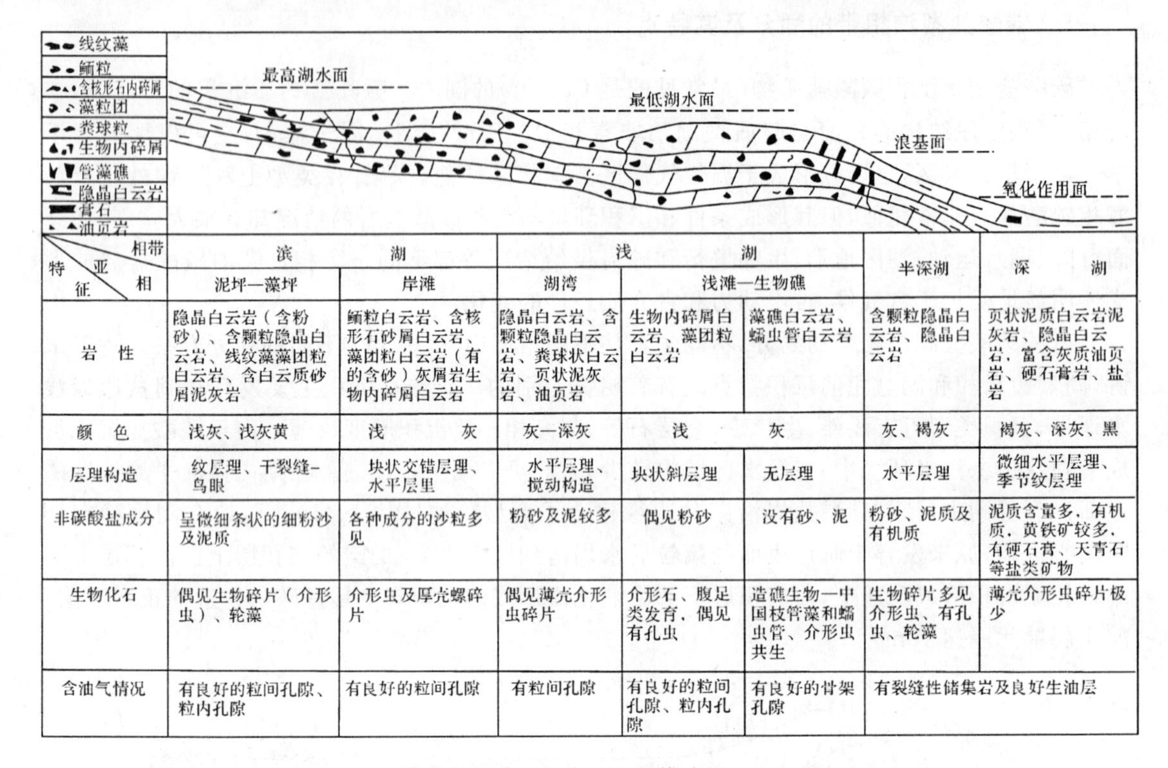

特征＼相带/亚相	滨湖		浅湖			半深湖	深湖
	泥坪—藻坪	岸滩	湖湾	浅滩—生物礁			
岩性	隐晶白云岩（含粉砂）、含颗粒隐晶白云岩、线纹藻藻团粒白云岩、含白云质砂屑泥灰岩	鲕粒白云岩、含核形石砂屑白云岩、藻团粒白云岩（有的含砂）灰屑岩生物内碎屑白云岩	隐晶白云岩、含颗粒隐晶白云岩、粪球状白云岩、页状泥灰岩、油页岩	生物内碎屑白云岩、藻团粒白云岩	藻礁白云岩、蠕虫管白云岩	含颗粒隐晶白云岩、隐晶白云岩	页状泥质白云岩泥灰岩、隐晶白云岩，富含灰质油页岩、硬石膏岩、盐岩
颜色	浅灰、浅灰黄	浅灰	灰—深灰	浅灰		灰、褐灰	褐灰、深灰、黑
层理构造	纹层理、干裂缝-鸟眼	块状交错层理、水平层里	水平层理、搅动构造	块状斜层理	无层理	水平层理	微细水平层理、季节纹层理
非碳酸盐成分	呈微细条状的细粉沙及泥质	各种成分的沙粒多见	粉砂及泥较多	偶见粉砂	没有砂、泥	粉砂、泥质及有机质	泥质含量多，有机质，黄铁矿较多，有硬石膏、天青石等盐类矿物
生物化石	偶见生物碎片（介形虫）、轮藻	介形虫及厚壳螺碎片	偶见薄壳介形虫碎片	介形石、腹足类发育，偶见有孔虫	造礁生物—中国枝管藻和蠕虫管、介形虫共生	生物碎片多见介形虫、有孔虫、轮藻	薄壳介形虫碎片极少
含油气情况	有良好的粒间孔隙、粒内孔隙	有良好的粒间孔隙	有粒间孔隙	有良好的粒间孔隙、粒内孔隙	有良好的骨架孔隙	有裂缝性储集岩及良好生油层	

图 5-42　济阳坳陷纯化镇组湖相碳酸盐岩沉积相模式图(据周自立等,1985;陈淑珠,1980)

储集性能较好。

2.浅湖亚相

系最低湖水面之下、浪基面之上的相带。包括湖湾亚相和浅滩-生物礁亚相。

(1)湖湾亚相:在湾岸或三角洲间的湖湾部位,其沉积常沿湖岸或浅滩-生物礁的向湖岸一侧分布。水体清澈,环境相对安静。主要为含颗粒泥晶灰(云)岩和泥灰岩,可含少量陆源碎屑、鲕粒、球粒、介形虫和腹足类等化石。多为纹理和水平层理。偶有短暂的水上暴露痕迹。

(2)浅滩-生物礁亚相:由于较强的波浪与湖流作用,水体强烈搅动、能量较高,加之水体清浅、阳光充足,适于生物生长,所以常见多种类型的颗粒灰(云)岩和生物灰(云)岩,如鲕粒灰(云)岩、内碎屑灰(云)岩、介形虫灰(云)岩、螺灰(云)岩和藻屑灰(云)岩等,从而形成颗粒浅滩;如果藻类等生物特别发育,可形成生物滩或生物礁。如平邑盆地、东营盆地、金湖凹陷等古近系湖相地层中,均发现有藻滩和藻礁等灰(云)岩。藻滩和藻礁可交互出现。其中的岩石类型主要有枝管藻灰(云)岩、虫管灰(云)岩、介形虫-藻灰(云)岩和其他类型的藻灰(云)岩等。礁体多形成于清水区域的斜坡带和水下隆起带,尤其是在水体升降频繁、幅度变化不大的台地上更为发育。在该相带中,几乎无陆源碎屑混入。具良好的储集性能。

3.半深湖亚相

位于浪基面之下、氧化作用面之上的沉积。是浅滩与深湖之间的过渡类型。水体能量较弱,以泥晶灰(云)岩为主,含少量粉砂、泥质,常见介形虫、轮藻等生物化石。以水平层理为主。

4.深湖亚相

位于氧化作用面以下的深水地区。主要为泥晶灰(云)岩和泥灰(云)岩。富含泥质、有机质、黄铁矿、硬石膏和天青石等非碳酸盐成分。含有少量薄壳介形虫碎片。多见水平层理和季节纹层。为裂缝性储集岩和良好的生油岩。

湖泊水中所含的主要离子与海水近似,但各种离子浓度和相对丰度大不一样。湖泊离子浓度受气候条件影响和控制,在潮湿气候条件下则主要形成碳酸钙沉积,在干旱气候条件下主要形成蒸发盐而变成盐湖环境。

湖泊的生物除介形虫外,藻和生物礁也都有发育,并且可以构成重要的相带。孟祥化(1985)根据我国湖泊碳酸盐沉积相带发育的不同特点,将湖泊碳酸盐沉积模式分为三种类型:湖礁沉积模式、湖滩沉积模式、湖叠层石沉积模式(图 5-43)。

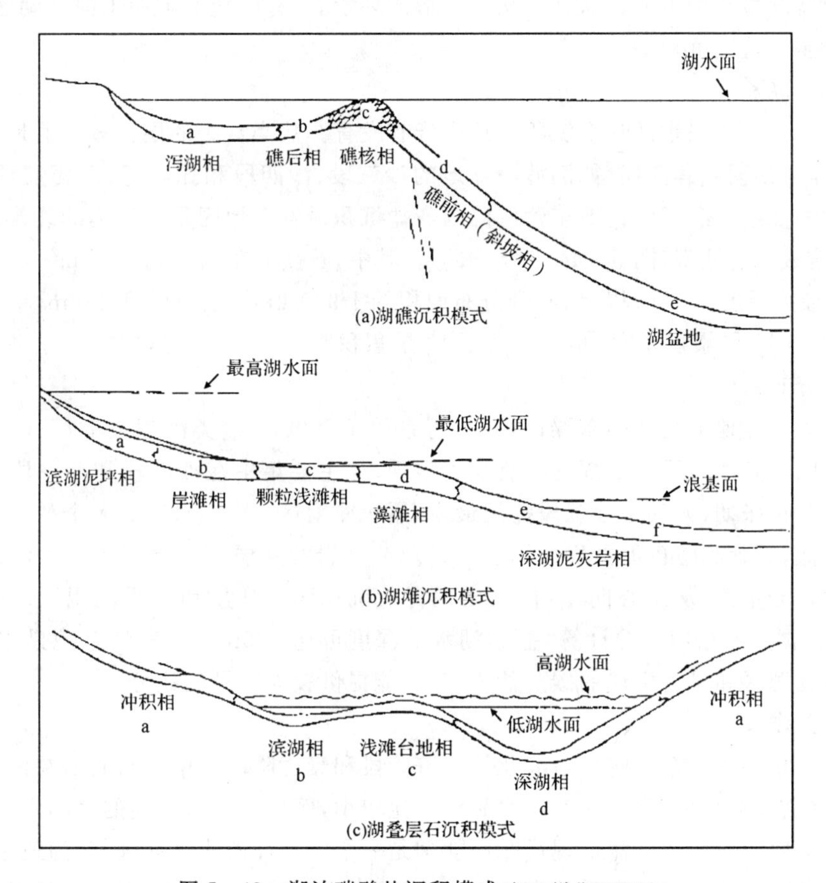

图 5-43　湖泊碳酸盐沉积模式(据孟祥化,1985)

四、盐湖(及干盐湖)相带的划分及其特点

盐湖是沉积蒸发盐矿物的湖泊,并以硫酸盐和氯化物为特色。在干旱气候下,当湖水蒸发量大于湖区降雨量、四周地表径流和地下水输入量时,湖水逐渐浓缩,盐度增高,达到某种盐类

饱和度时便有某种盐类矿物析出。盐类矿物常按阴离子归纳成碳酸盐、硫酸盐和氯化物三大类，这亦大致代表了不同盐类的溶解难易和析出的先后顺序。意大利化学家Usiglio首先通过实验得到了这个沉淀序列。当卤水浓缩时，首先沉淀的是碳酸盐矿物（方解石），进而是镁质碳酸盐矿物（白云石）和石膏（$CaSO_4 \cdot 2H_2O$）沉淀，而后是石盐（NaCl）的沉淀。在石盐开始沉淀时，湖水体积将缩小到碳酸盐沉淀时的1/100以下，最后才是钾盐的沉淀。但是，自然界的情况要比实验室的条件复杂得多。由气候波动和地表径流量变化引起的湖水盐度和pH值的变化都可使这个理想沉淀秩序遭到破坏。湖水的淡化常导致早期沉淀的矿物发生溶解和被交代，许多矿物的沉淀也与pH值的变化有密切的关系，加之受物源影响，一个盐湖中也很难同时含有各种盐类。因此，在地层中见到的实际层序是比较复杂的。

盐湖沉积可出现在湖盆发育的深陷期和衰亡期。许多盐湖发育的某个阶段或晚期，由于湖水干涸或盐度增高均可形成盐湖。从盐类形成环境看，有的盐类沉积于深水湖区，有的盐类属浅水湖甚至干盐湖沉积。

1. 深水盐湖相

深水盐湖相在我国东部几个沉积盆地中皆有发育。盐类富集的层位多属盆地的深陷期或其前期，亦即生油期或其前期，如渤海湾盆地的沙三段、沙四段和孔店组；南襄盆地的核三段；江汉盆地的潜江组。渤海湾盆地东营凹陷内膏盐沉积最发育地区是在凹陷的北半部沉陷较深区，湖水也是最深的地带（图5-44、图5-45）。其中，石盐分布面积约800km²，累积厚度大于168m，单层最大厚度10.5m以上；石膏分布面积约1 900 km²，累积厚度190m，单层最大厚度15.5m；钙芒硝18层累积厚度16m；杂卤石17层累积厚度14.5m。这些盐类在平面上呈明显的同心环带分布。

位于渤海湾盆地最南端的东濮凹陷，古近系厚7 000m。盐类沉积很丰富，以石膏和石盐为主。从沙四段到沙一段下部都继续有盐类出现，但主要集中在沙三段和沙一段这两次湖盆最大的深陷和扩张期，尤其是沙三段盐层最厚，累积厚度达1 000m，组成多个盐韵律。含盐层系组合为石盐、石膏和暗色泥页岩或钙质页岩及油页岩的互层。盐类沉积和砂泥沉积在平面分布上有明显分带性，从湖心向岸，依次出现膏盐沉积区—膏盐和泥质沉积区—砂泥沉积区（图5-46）。据顾家裕（1986）计算，盐湖湖水的深度可达175m。盐分的来源是多样的，东濮凹陷四周的物源区和早古生代的碳酸盐岩基底，能提供较大数量的盐分。

2. 浅水盐湖相

浅水盐湖相多发育在某些盆地演化的坳陷阶段和衰亡阶段。由于受其所在的自然地理环境控制，入流量和降水量较少，一般湖水深度均比较小，例如柴达木盆地的盐湖水深都非常浅，一般只有数十厘米。柴达木盆地现代尕斯盐湖是一个常年性的浅水盐湖，分为三个区：西南区是以泥灰岩和白云岩为主的碳酸盐类，中区是以石膏为主的硫酸盐类，东北区是以石盐为主的氯化物盐类。这是因为西南方向有常年性河水注入，使其淡化，其他方向只有间歇性少量甚至无流水注入，因此，往东北方向盐度增高。也正因为有西南方向的常年河水输入，使整个湖泊的盐度达不到钾盐析出的程度，故不含钾盐沉积（图5-47）。在这些盐湖中，不同成分盐类的分布状况大多不呈同心环带状。

3. 干盐湖相

干盐湖通常分布在盐湖的外围或盐湖发育的晚期，它是盐湖湖水被蒸干或基本蒸干而裸

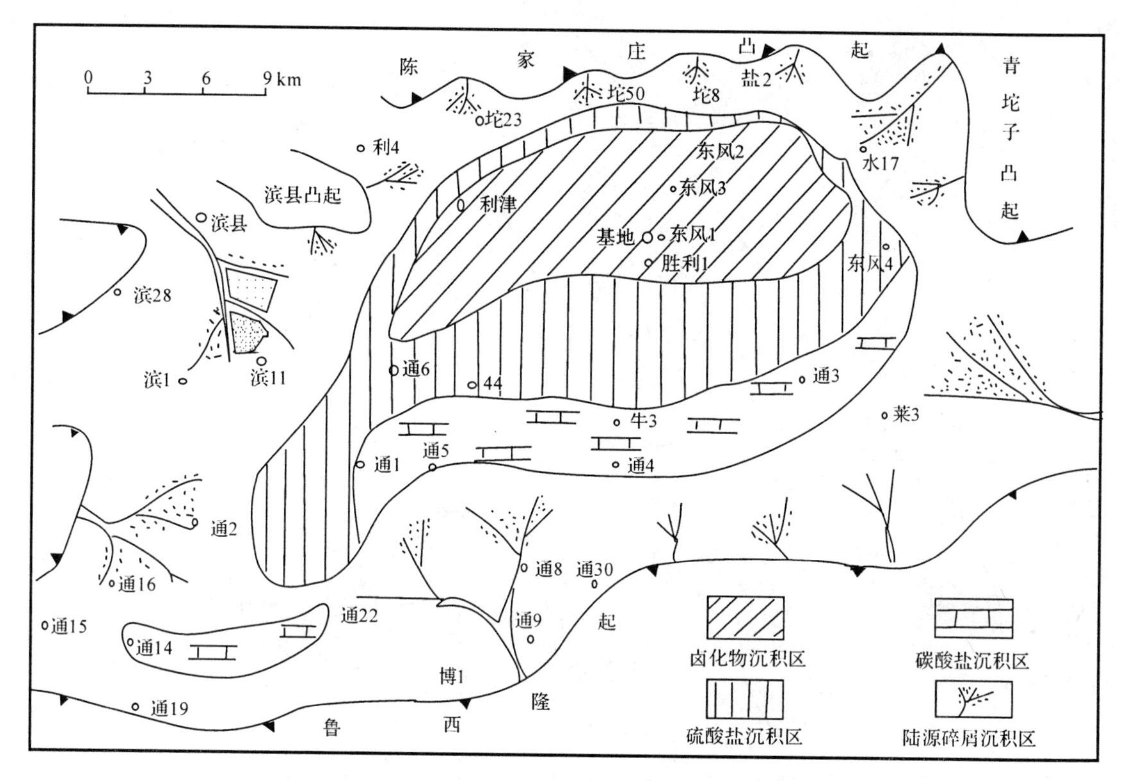

图 5－44　济阳坳陷东营凹陷沙四段中期盐湖相沉积区划分图(据钱凯,1988)

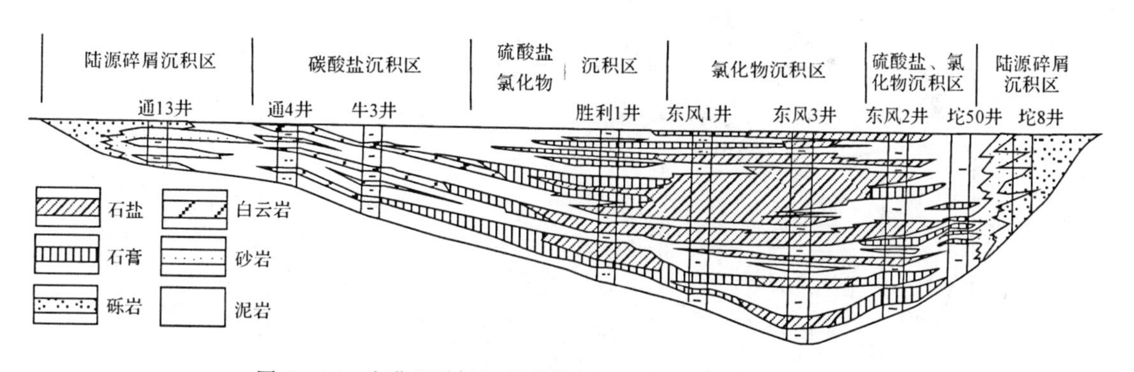

图 5－45　东营凹陷沙四段盐湖相沉积剖面图(据吴崇筠,1992)

露在地表的干盐滩。Surdam 和 Wolfbauer(1975)通过对绿河组地层的研究,认为戈修特(Gosiute)湖是一个干盐湖复合体。湖内及周围的沉积岩层可划分为三种不同的岩相:①边缘粉砂和砂相;②碳酸盐泥坪相;③湖相。各相都有碳酸盐矿物的组合特征。边缘相以含方解石结核和钙质胶结物为特征;泥坪相以方解石和白云石为特征;湖相则以天然碱(碳酸钠)或油页岩(方解石或白云石质)为特征。岩相的平面分布呈同心带状:中心的湖相被泥坪相所包围,而泥坪相又被边缘相所环绕,油页岩形成于湖泊高水位期,而天然碱则形成于湖泊低水位期(图 5－48、图 5－49)。

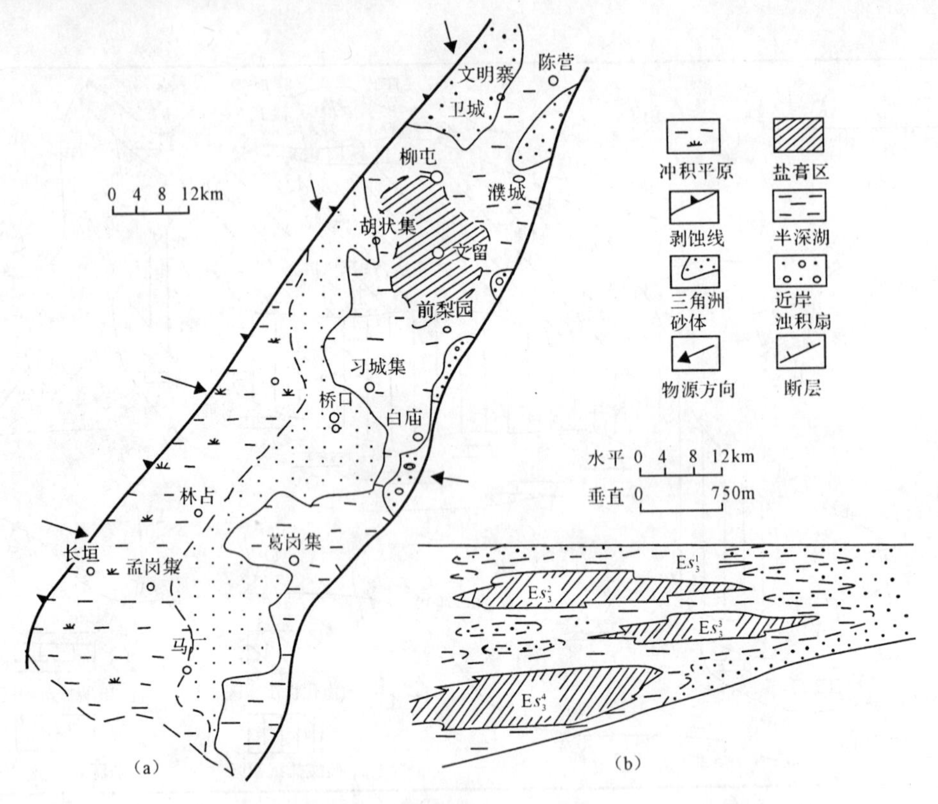

图 5-46 东濮凹陷沙三段盐类沉积及砂岩分布(a)和盐韵律剖面(b)

(据薛叔浩等,1993)

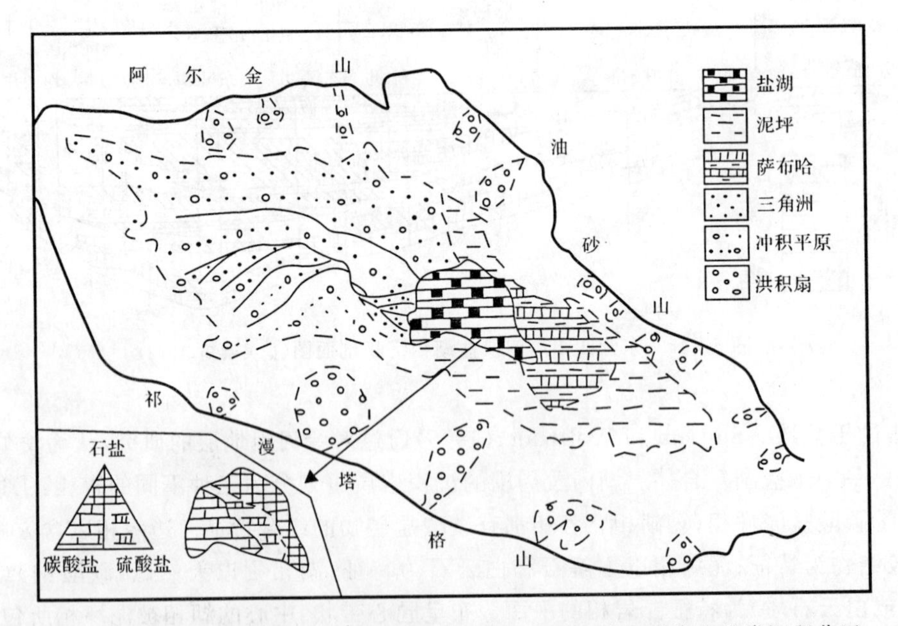

图 5-47 柴达木盆地现代尕斯盐湖及其周围地区沉积相和盐湖内盐类沉积分区

(据曲政,1989,略作修改)

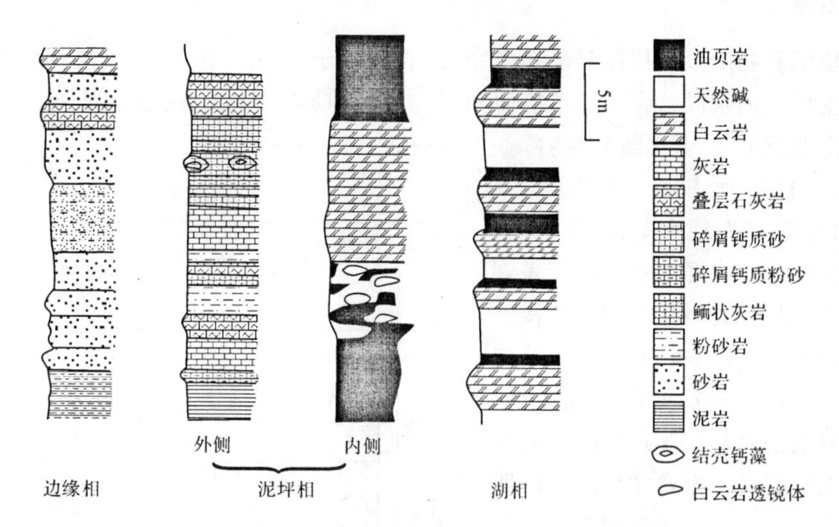

图 5-48　绿河组边缘、泥滩和湖泊环境的岩相剖面图示意图(据 Surdam 和 Wolfbauer,1975)

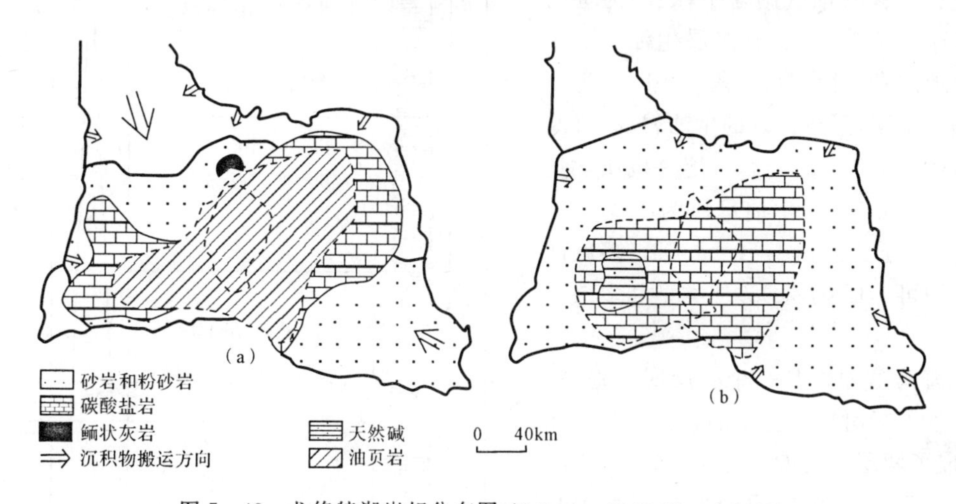

图 5-49　戈修特湖岩相分布图(据 Surdam 和 Wolfbauer,1975)

(a)在蒂普顿中期高水位时的岩相;(b)在威尔金斯峰中期水位时的岩相

湖相以油页岩和天然碱为代表;泥滩相以碳酸盐为代表;边缘相以砂岩和粉砂岩为代表

五、湖泊相垂向层序及演化模式

对于湖泊来说,在其演化的不同阶段,由于构造、地形、物源和气候等条件的变化,湖泊相的结构形成亦随之变化。处于同一演化阶段的不同的湖泊类型,由于湖盆大小、湖水深浅、湖底与岸上地形等均有不同,沉积相的结构格式和湖泊相之间的关系有明显差别。因此,对于湖泊充填沉积物来说,其垂向层序和相组合型式也是有较大变化的。

(一)垂向层序

湖泊充填沉积物的垂向层序是复杂多变的,它取决于区域构造活动、气候和物源等因素。我国中—新生代含油气湖盆存在有单旋回和多旋回两种不同的盆地充填序列。

我国东北地区的中生代断陷湖盆,如海拉尔盆地、开鲁盆地、铁岭-昌图盆地及彰武-黑山盆地等皆表现为单旋回。海拉尔盆地乌尔逊凹陷垂向层序从下而上表现出红—黑—红,粗—细—粗,湖泊水体浅—深—浅的特点,代表了一个完整的构造旋回(图5-50)。具单一旋回序列的湖泊,深陷扩张期只有一次,因此生油层也只有一个最好的发育阶段。南襄盆地的泌阳凹陷同样表现出一个单一沉积旋回。

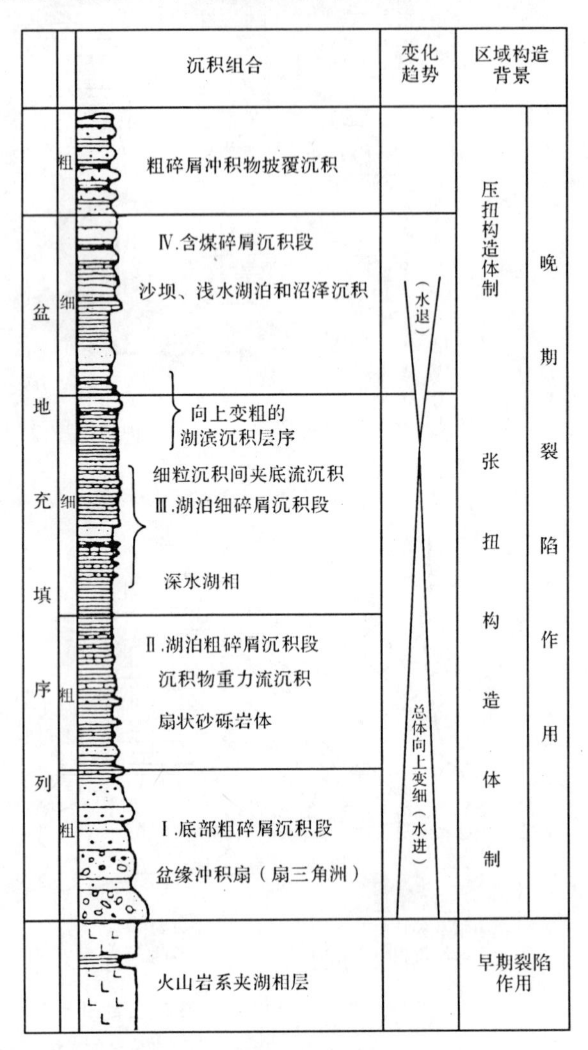

图5-50　海拉尔盆地乌尔逊凹陷垂向层序

多旋回湖泊充填沉积层序亦多见于我国中—新生代含油气湖盆中,表现为垂向上有多次深陷扩张期,有多层生油层。如松辽盆地的青一段和嫩一段沉积时期为湖盆深陷扩张期,形成良好的生油岩,有机碳含量高达1.5%～2.4%,可溶有机质含量达0.3%～0.5%。生油母质为Ⅰ类干酪根,H/C原子比高达1.70～1.98。多旋回充填沉积可形成众多的砂体类型和多层含油体系。

渤海湾盆地也是一个多旋回盆地,沙三段及沙一段时期为主要的湖盆深陷扩张期,形成了两层主要的生油层,如渤海湾盆地的东濮凹陷以多旋回的含盐沉积为特征。盐类沉积主要发育于第一、第二两个旋回中部,每个旋回大致包括四个沉积阶段或沉积环境,代表盐湖盆地由下降—强烈下降—抬升,水体盐度由低—高—低,水体深度由浅—深—浅的变化,盐类沉积和生油形成基本同期,属强烈下降阶段(薛叔浩等,1989)。

(二)演化模式

前已说明,从石油地质观点出发,可将构造湖进一步划分为断陷型、坳陷型和断陷-坳陷过渡型三大类。其中前两类湖泊在我国东部含油气盆地中最为常见,它们在其演化的不同阶段皆表现出不同的沉积格局,形成不同的湖泊模式。

1.断陷湖泊

断陷湖泊在其发育过程中经历了初陷期、深陷期和收缩期,各发育时期具有不同的特点。

(1)断陷湖泊初陷期:这一时期湖盆中沉积物的分布型式较复杂,受构造活动、气候和物源影响较大。图 5-51 为我国中生代断陷湖盆初陷期的湖泊相模式。湖泊充填沉积由火山喷发岩、火山碎屑岩夹湖相砂泥岩组成,有些地区常夹有劣质煤层(王德发等,1991)。

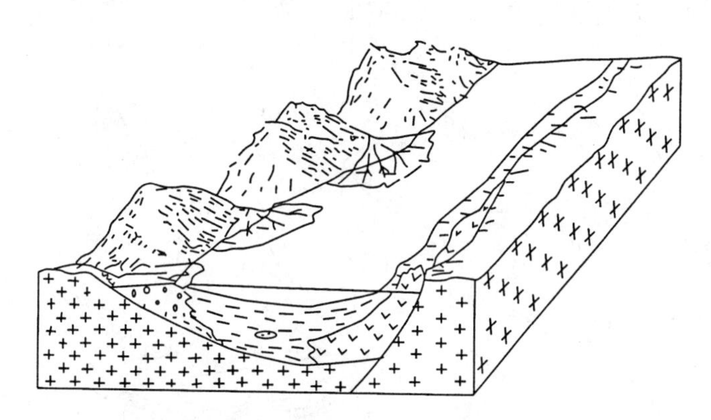

图 5-51　中生代裂陷初期盆地充填型式图(据王德发等,1991)

古近纪湖盆在湖泊初陷期可出现多种不同的相组合型式。有的湖泊一开始断陷作用表现得较强烈,造成了明显的地形高差,为形成粗碎屑沉积物提供了条件。湖泊边缘分布有冲积扇和扇三角洲,向盆地方向可出现浅水湖泊相砂泥岩沉积或膏盐湖沉积(图 5-52)。而有的断陷湖盆(如东濮凹陷)在初陷期构造活动较弱,地形起伏较小,湖盆处于一种浅水充氧湖泊环境,形成大面积分布的浅水砂体。

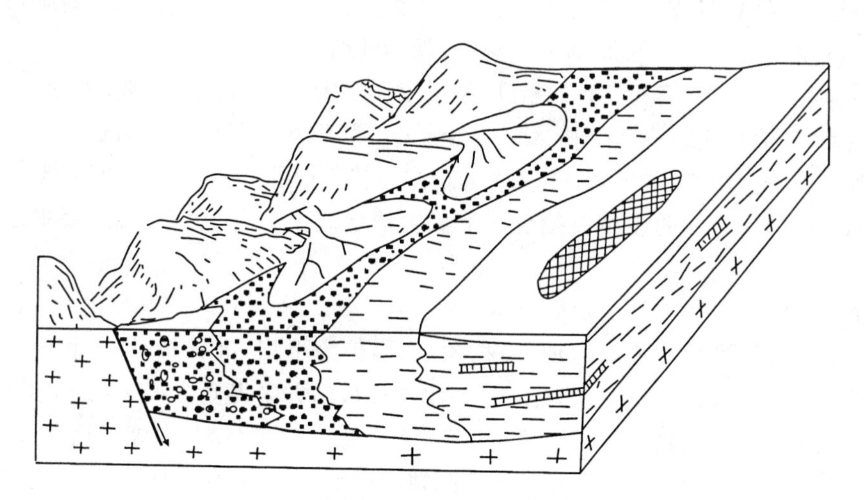

图 5-52　挽近纪泥膏湖沉积充填形式(据王德发等,1991)

(2)断陷湖泊深陷期:湖泊最深湖区多位于边界大断层下降盘的深陷处,位置稳定,持续时间长,位移不大,沉积中心与沉降中心一致,且属非补偿沉积状态,沉积巨厚的暗色泥页岩,因而生油层厚度大,可达千余米。虽然单个湖泊不很大,但一个盆地内有许多这样的湖泊,总面积不小。由于块断活动强烈,地形坡度较陡,因而沉积作用都发生在深水盆地相中,滨浅湖亚相不发育。由于盆地不同位置具有不同的构造特征，沉积物可分为三大体系，即横向陡坡体系、横向缓坡体系和纵向体系（图5－53）。在靠近盆缘大断裂一侧，近源、坡陡、流急的洪水直接入湖，形成近岸浊积扇体；在相对较缓的一侧，可形成具供给水道的远岸浊积扇。沿盆地轴部还可发育浊积岩或风暴岩透镜体等。

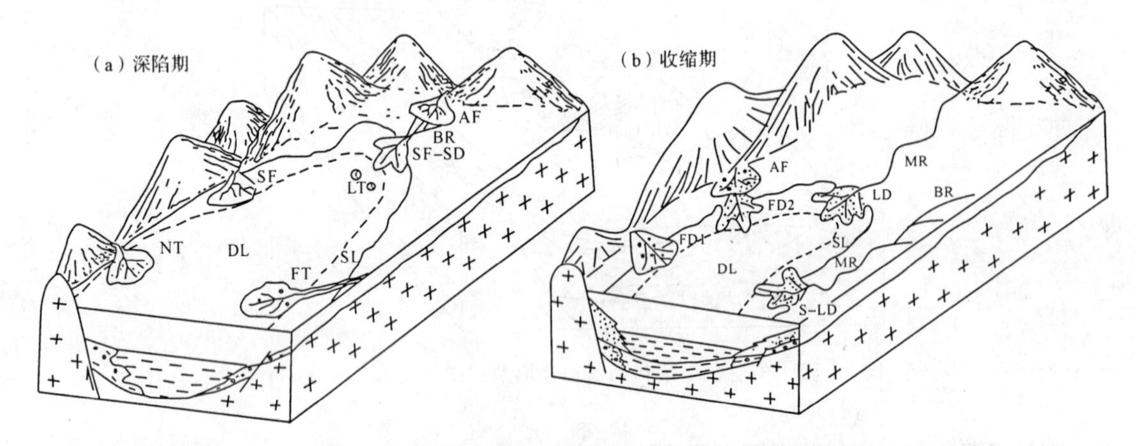

图5－53　断陷型湖泊深陷扩张期(a)、收缩期(b)沉积相示意图(据吴崇筠等，1993)

AF. 冲积扇；BR. 辫状河；SD. 短河流三角洲；LD. 长河流三角洲；S－LD. 短—长河流三角洲；FD1. 扇三角洲(靠山型)；FD2. 扇三角洲(靠扇型)；SF. 近岸水下扇；NT. 近岸浊积扇；FT. 远岸浊积扇；LT. 浊积透镜体；SL. 浅湖区；DL. 深湖区

(3)断陷湖泊收缩期：随着构造趋于稳定，湖盆性质由断陷向坳陷转化，湖滨环境开始发育。最常见的滨线沉积为三角洲、扇三角洲、沙坝和湖湾等。

经过深陷期的沉积充填和盆地的抬升，湖泊地形发生明显变化。湖底变得平缓，原来陡岸的坡度也减小，湖泊变浅缩小，深湖区缩小甚至消失，沉积和沉降中心逐渐远离陡岸，滨-浅湖相所占比例增加，这时期砂体发育，并以浅水砂体为特色（图5－53），这是断陷湖泊主要的储集层发育期。因为这时期的砂体直接位于下伏生油层之上，本层也有油源，聚集油气十分有利。

2. 坳陷湖泊

中生代大型坳陷湖盆如松辽盆地，面积大，地形较为平坦，沉积相、岩性和厚度的变化较缓，砂体类型较简单，多以近岸浅水砂体为主，河流沿长轴方向提供沉积物，以粉砂和粉砂岩为主。湖盆沉积中心位于湖盆中央，与沉降中心一致。在深陷扩张期，深湖区面积大，但湖水不一定很深。滨浅湖相带较窄并呈环状分布于深湖区周围，生油岩分布面积广且质量好，主体砂类型为扇三角洲和三角洲，湖中心可分布层状浊积岩（图5－54）。进入湖盆收缩阶段，三角洲砂体发育。三角洲水下分流河道叠置组成三角洲前缘相。在湖泊边缘缺乏恒定物源供给地区，发育滩坝砂体。

不同构造成因的湖盆，其湖泊相及砂体发育类型、圈闭类型和油藏性质都有明显差异。断陷湖盆构造复杂，砂体类型多，岩相变化快，虽然生油面积小，但厚度很大，储层发育，可形成多种油气藏类型或复式油气聚集带。坳陷型湖盆构造简单，储集层以一种或两种砂体为主，比较简单，圈闭类型也以较简单的背斜圈闭或地层圈闭为主，如鄂尔多斯盆地生油凹陷东部斜坡上的侏罗系马岭油田，分布面积都较大。

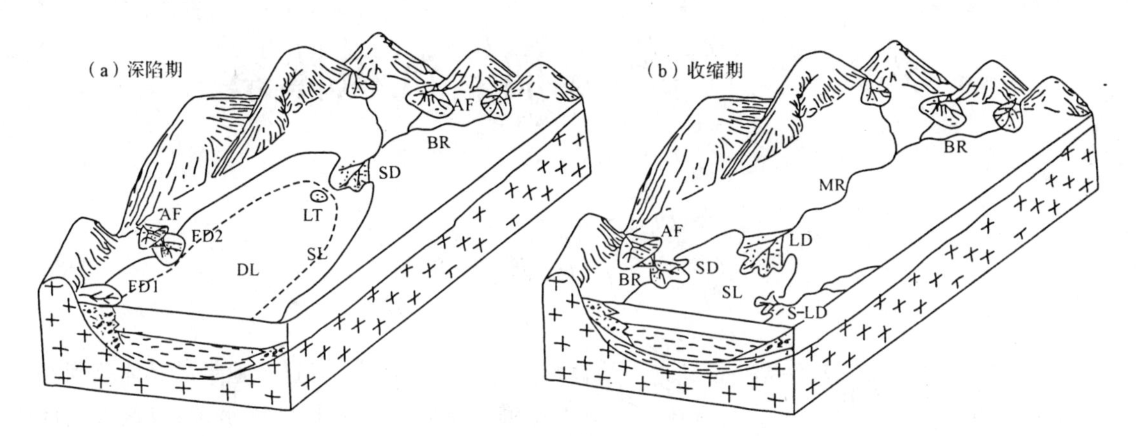

图 5-54 坳陷型湖盆深陷扩张期(a)、收缩期(b)沉积相示意图(据吴崇筠等，1993)

AF. 冲积扇；BR. 辫状河；SD. 短河流三角洲；LD. 长河流三角洲；S-LD. 短—长河流三角洲；FD1. 扇三角洲(靠山型)；FD2. 扇三角洲(靠扇型)；SF. 近岸水下扇；NT. 近岸浊积扇；FT. 远岸浊积扇；LT. 浊积透镜体；SL. 浅湖区；DL. 深湖区

第六章　海相碎屑岩沉积体系

第一节　海岸体系

海岸、滨岸或滨海环境通常是指陆地与海洋的交界地带。但是,对这个地带的具体范围和描述这个地带所使用的术语一直没有统一。有人将滨海带限定在平均低潮水位(或最大低潮水位)和平均高潮水位(或最大高潮水位)之间的地带,实际上就是潮间带,这是狭义的滨海带概念。而多数沉积学家、海洋学家和地貌学家则采用广义的滨海带的概念——滨海带的上限向陆延伸到最大风暴潮可以波及的地带或某些自然地理特征变化带,如海蚀崖、海岸沙丘、永久性植物生长带等;其下限向海可达到正常天气(好天气)的波基面深度,在那里的海底沉积物已很少能被海洋表面波所扰动和搬运,这个深度就是海洋沉积学家通过海底沉积物取样所发现的普遍存在的泥线深度。因此,广义滨海带要比狭义滨海带宽广得多,它包括有相当大面积的水域和一部分长期暴露在大气中的地带。本书中所采用的是广义的滨海带概念。与这个滨海带含义相近或同义的术语有沿岸带和海岸地区等。

滨海带均呈带状围绕着大陆或者岛屿的边缘连续展布,其宽度随海岸坡度、波浪强度、潮差大小的不同而变化。在坡度平缓、大潮差区和具有强大向岸风暴地带,滨海带可宽达数千米至十数千米(如西北欧的荷兰海岸,我国苏北滨海带等);而在陡峭的岩石海岸,滨海带则很窄,仅有几十米宽(如挪威及我国东南沿海的某些地带)。滨海带的深度范围主要受正常天气波浪强度控制。面向大洋的开阔滨海带,波浪强度大,波浪波长一般为40～80m,波基面较深,滨海带深度可达二三十米;而局限海湾的滨海带,波浪强度小,波基面浅,滨海带深度只有几米深。由于波浪强度常随季节变化以及潮汐周期对海平面波动的影响,滨海带的上、下限总是处于经常变化的状态。

滨海带与大陆直接相连,水体浅,全部处于浅水波浪带和透光带;水动力状况复杂,波浪、潮汐、沿岸流对沉积物的扰动、搬运和改造极为强烈;气候影响明显,海水温度和盐度变化大;海水中含氧量高,富营养物质,生物繁盛,生态分异明显多样。因此沉积环境多变是滨海带最突出的特点。在地质历史中,滨海带又是对地壳运动、海平面波动和海侵海退反应最敏感和地质作用最活跃的地区。

滨海带内蕴藏着煤、油气、铀等大量能源和碳酸盐、蒸发盐、磷酸盐、铝、铁、稀有金属等丰富的化工原料和金属、非金属矿床,具有重要的经济价值。许多人多根据滨海环境的主要控制因素(如水动力条件、沉积物供给、气候、海平面波动历史、地质构造背景等)对滨海环境和海岸带进行分类。从沉积学的角度一般根据沉积物的类型将滨海环境区分为陆源碎屑型和碳酸盐

(包括蒸发盐)型两大类。沉积物性质的不同反映它们在总的沉积背景方面存在着巨大差异，二者在沉积物组成、沉积构造、生物特征、沉积层序、沉积相的特点等方面都有明显的区别。本章主要介绍陆源碎屑型海岸体系的沉积学特点。

一、海岸环境的水动力学特征及分类

滨海带内的海水主要运动形式是波浪、潮汐和近岸流。

1.波浪

波浪在海滩的塑造过程中和沉积物搬运改造过程中都起着极为重要的作用。根据波浪的起因不同，海洋波浪有风成浪、暴风浪、律浪和地滑浪之分。

风成浪是经常性持续起作用的波浪，是影响沉积作用和海滩过程的主要因素，是向沿岸传送能量的主要形式。它们不仅本身具有侵蚀海岸和搬运改造沉积物的作用，而且还派生近岸流，引起沉积物沿岸漂流。风成浪从其生成区传播到沿岸地带，波谱不断发生变化。随着海水深度变浅，从海域向陆地方向依次出现风浪、涌浪、升浪、破浪、拍岸浪或激浪和溅浪(冲流)。其中，破浪是塑造海滩剖面的最重要营力，溅浪是塑造滩面和导致前滨沉积物加积的主要因素。

风暴浪、津浪和地滑浪都为突变性事件，属于灾害性波浪，它们在短暂时间内可以释放出巨大的能量，对海岸具有极大的破坏性。

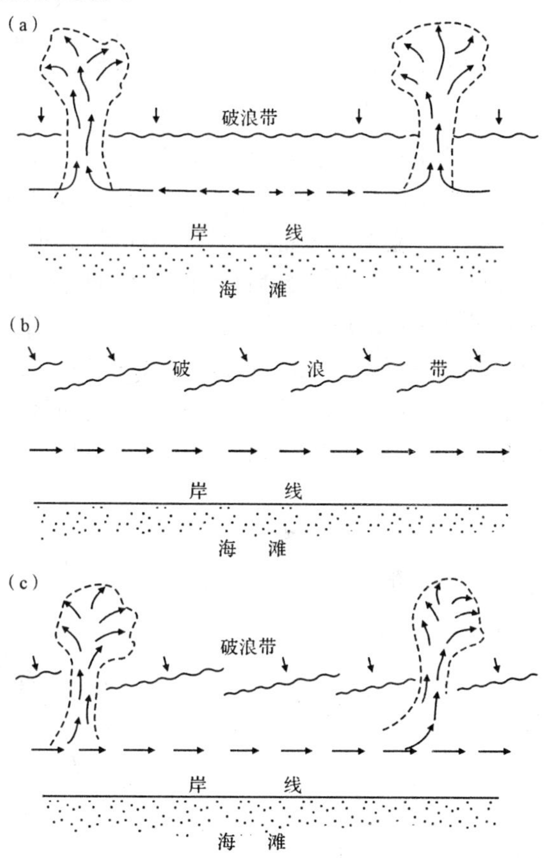

图 6-1　三种近岸流模式(据 Komar,1976)
(a)环流模式；(b)斜射波造成的沿岸流模式；
(c)合成的近岸流模式

2.近岸流

在近岸带，除了直接由波浪产生的往复运动外，还有两种控制水体运动的浪生流系统。它们是：①裂流及与其伴生的沿岸流共同组成的环流系统；②向岸的斜射波所产生的沿岸流(图 6-1)。裂流是从拍岸浪带向海流动的强劲而狭窄的一股水流，或称离岸流。裂流是靠沿岸流系统不断维持的。来自涌浪带的水流聚集在海滩上并转向两侧平行海岸流动形成沿岸流，然后再由沿岸流汇聚成向海回流的裂流，从而构成近岸环流系统。在这个环流系统中，裂流最为重要，在水深 5m 处仍有离岸流活动，并具有相当高的流速。这种近岸环流系统对上部海滩面进行削蚀和搬运沉积物，尤其是离岸流动的裂流常在破浪带冲刷出垂直岸线的槽谷，并将海滩上的沉积物搬运到更远的滨外，形成沉积物裙。

当波浪以一定的斜交角度接近平直的岸线时，可以在近岸带产生平行岸线流动的大型沿岸流。这种沿岸流是形成沉积物沿岸漂流的主要动力。波浪能量愈高，与岸线夹角愈小，沿岸流愈明显。

近岸环流和由于波浪的斜向传入而造成的沿岸流通常是同时出现的。因此，常见的是合成的近岸流模式。

3. *潮汐和潮汐流*

潮汐和潮汐流对滨海带的沉积作用和沉积物的分布具有极为重要的影响，尤其是在低波能大潮差的海岸带、喇叭形河口湾和海湾等地带更为明显。潮汐活动对沉积作用具有明显的影响，并均能忠实地记录在潮汐沉积中。潮流的强度主要与潮差大小有关。根据大潮潮差，可将潮汐划分为三类：①小潮差——潮差小于 2m；②中潮差——潮差为 2～4m；③大潮差——潮差大于 4m。例如加拿大的芬地湾内潮差可达 15.6m，成为世界上最大的大潮差区；我国钱塘江口潮差可达 8m 以上，均属大潮差区。

一般来说，潮差愈大形成的潮流也愈强，但是在一些内陆海、泻湖、半封闭海湾等的入口处以及一些海峡内，即使是在中、小潮差区，也能产生强劲的潮流，流速一般可达到 1～4m/s。

潮汐作用对滨海带沉积物的搬运和沉积，沉积相带的分布以及沉积层序的结构都有重大的影响。巴维斯和哈易斯(Barwis 和 Hayes，1976)指出海岸形态、砂体的分布与潮差大小有密切的联系(图 6-2)。例如，在小潮差地区，潮流动能较弱，易发育具狭长的障壁岛的海岸带，进潮口数量少，冲溢扇发育，障壁岛后常有泻湖发育。在中潮差地区，有较多的入潮口切割障壁岛，障壁岛短小，而潮汐三角洲较发育，障壁岛后潮坪发育非常广泛。在大潮差地带，潮流能量大，常在河口湾内形成平行潮流方向的潮汐沙脊，沿岸地带有广阔的潮坪出现。

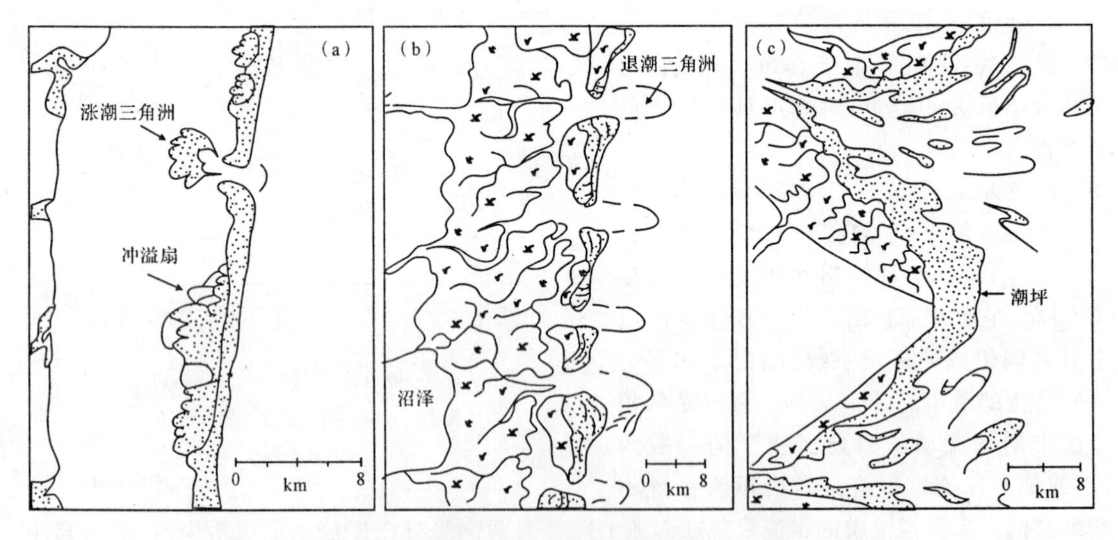

图 6-2 不同潮差地带形成的海岸砂体类型(据 Barwis 和 Hayes，1974)

(a)小潮差形成的狭长的障壁岛；(b)中潮差形成的短的障壁岛；

(c)大潮差在河口湾形成的垂直海岸线平行潮流流向的潮汐沙脊

影响陆源碎屑型滨海环境的因素是多方面的，有地质构造、地形、气候、水动力状况、生物活动及沉积物供给情况等，其中尤以水动力状况最为重要。可以根据波浪、潮汐及沿岸流等对滨海环境影响的相对重要性，将海岸体系划分为以下三种类型。

(1)浪控型海岸体系(或称海滩型滨海环境)：通常发育在面向开阔大洋的滨海带。无障壁、坡度较大，大洋波浪可直接到达滨海区，为无障壁型海岸。

(2)潮控型海岸体系(或称潮坪型滨海环境)：多发育在海湾、泻湖的近岸带，没有直接来自开阔大洋的强波浪冲击，多为中—大潮差海岸，潮汐活动是主要控制因素。

(3)障壁岛-泻湖型海岸体系：是受波浪、潮汐以及沿岸流综合影响的滨海环境，地形分异明显，为障壁岛(一般由沙洲、沙坝构成)、泻湖、海滩、潮坪、进潮口、潮汐三角洲等多种亚环境组成的复合体系。

二、浪控型海岸体系

面临开阔大洋的海岸一般都有海滩的发育。海滩除了分布在无障壁海岸外，还出现在障壁岛的外侧。波浪是塑造海滩剖面的主要因素。当大洋波浪从深水向浅水传播时，依次出现不同的浅水波浪变形带，每种波浪变形类型具有不同的水动力特点，波浪变形带控制着海滩剖面的结构和沉积特点。根据波浪的变形体制，可将海滩环境从海向陆依次划分为临滨带、前滨带、后滨带和风成沙丘带(图 6-3)。

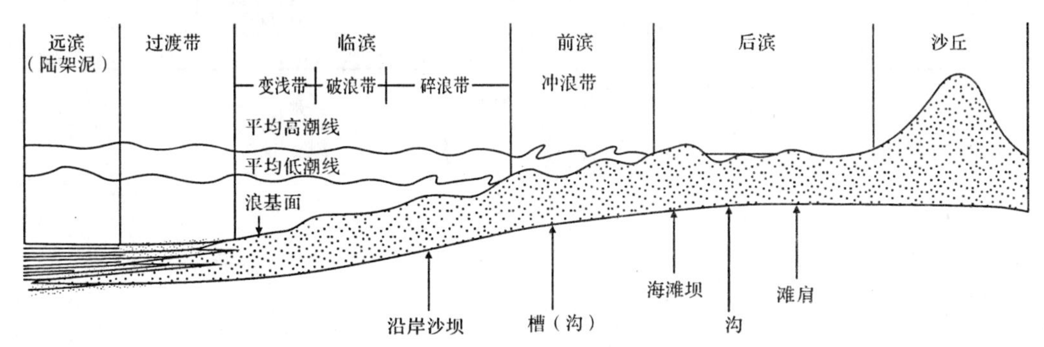

图 6-3　浪控型滨海地貌单元及环境划分示意图

(一)沉积环境及沉积相特点

1. 临滨带(或称滨面、近滨带)

临滨带位于平均低潮线至好天气时的波基面(大致相当 1/2 波长深度，约 10～20m)之间的广阔海域。临滨带全部处于水下环境，是浅水波浪作用带，沉积物始终遭受着波浪的冲洗、扰动。水动力状况随深度变浅有规律变化。一般来说，波浪对海底扰动的总能量随深度增大而减弱。不同的波浪变形带进行着不同的沉积过程，具有不同的沉积特点和塑造成不同的地形。根据波浪活动的特点及地形表现，可将临滨带区分为下临滨、中临滨和上临滨三个部分(Reinson，1984)。

下临滨是临滨带最深的部分。下界位于好天气波基面附近，与陆棚浅海过渡；上界在破浪带以外，大致相当于深水波开始变浅的孤立波带。下临滨是波浪刚开始影响海底的较低能带。这里既遭受较弱的波浪作用，同时也有远滨陆架浅海作用。在孤立波的作用下，沉积物的净动方向是向陆作缓慢的移动。但在强风暴的影响下，由于风暴波基面的降低，沉积物常遭受风暴浪的侵蚀。该带的沉积物主要是细粒的粉砂，并含有粉砂质泥的夹层。沉积构造主要是水平纹层和小波痕层理。含有正常海的底栖生物化石。底栖生物的大量活动，形成丰富的遗迹化石，生物扰动构造非常发育，强烈的生物扰动常严重地破坏了原生沉积构造，可形成均匀的块状层理。

中临滨出现在海滩坡度突然变陡的向陆侧。即在水体变浅的破浪带内，为高能带。地形坡度较陡(1∶10)并有较大的起伏，平行岸线常发育有一个或多个沿岸沙坝和洼槽。沙坝的数目与坡度大小有关。坡度愈平缓，沙坝愈多，最多可达十列之多，相互间隔大约 25m(Kindle，1963)，更常见的是 2～3 列，沙坝长度可达几千米至几十千米。沙坝的深度随离岸距离的增加而增大，外沙坝水深一般比内沙坝(近岸沙坝)的深度大。破浪带是决定沙坝离岸距离、规模和深度分布的主要因素。每一个沙坝都与一定规模的破浪带相适应。很陡的海滩一般没有沿岸沙坝发育。中临滨的沉积物主要是中、细粒纯净的砂，并夹有少量粉砂层和介壳层。总的粒度变化是随着离岸距离变小粒度变粗，但由于有沿岸沙坝和洼槽相间发育，粒度也相应有所变化。一般在沙坝处粒度较粗，洼槽处粒度变细。沉积构造主要为各种大、小的波痕交错层理。层理类型也随沙坝—洼槽的起伏而变化。图 6－4 为加拿大新不伦瑞克省库契布加克湾内沿岸沙坝的相模式。表示沿岸沙坝及洼槽内沉积构造的变化特点，生物扰动构造也常见，但不如下临滨带丰富。

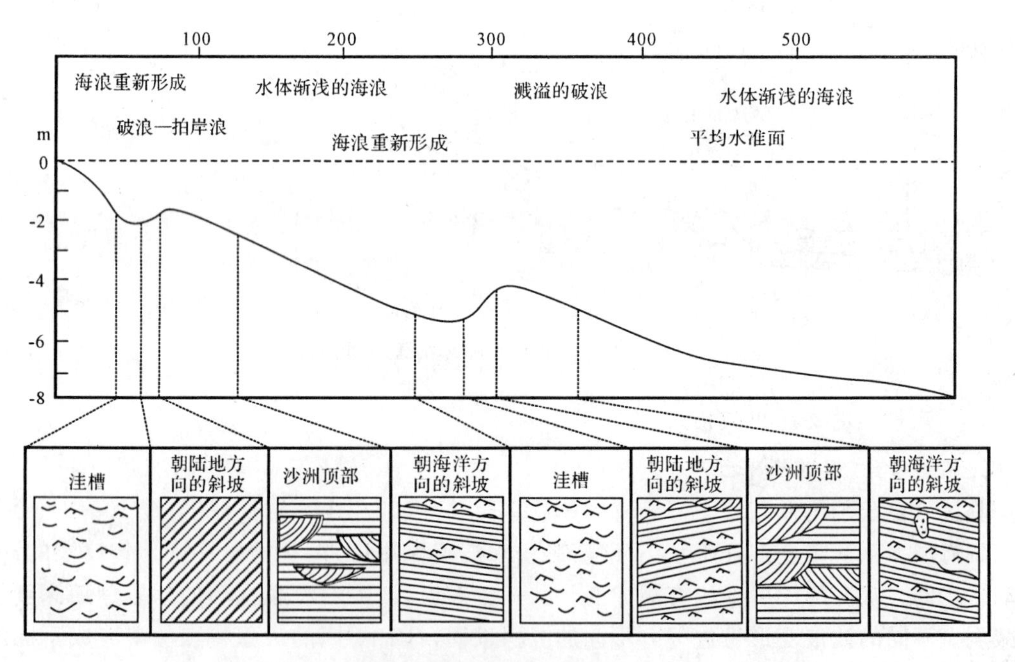

图 6－4　库契布加克湾海滩剖面的波浪变形与沿岸沙坝的相模式

(据 Davidson－Arnott 和 Greenwood，1976)

上临滨与前临滨紧密相邻，位于破浪带内近岸的高能带，由于受潮汐水位波动的影响，其位置常发生一定程度的摆动迁移，因此有人将其与前滨带合并在一起(Davies 等，1971)。也有人将其称作临滨-前滨过渡带(Howard,1982)。上临滨的沉积物从细砂至砾石(高能海滩)都可出现,但以纯净的石英砂最常见。沉积构造多为大型的槽状交错层理,常夹有低角度双向交错层理和冲洗层理或平行层理。生物成因构造也常见,但并不丰富。与前滨相多呈过渡关系,有时两者不易区分。

临滨带沉积物常遭受强风暴浪的改造。在强风暴期,沿岸沙坝(尤其是内坝和前滨沙坝)多被夷平,大量沉积物被侵蚀,一部分以冲溢扇的形式被搬运到岸上或障壁岛后;但大部分被风暴回流搬运到浅海内。扰动的水流与冲刷下来的沉积物形成高密度的悬浮液,当风暴停息时,细的泥和粉沙便逐渐沉积在下临滨,形成细的水平纹层状砂层。风暴过后在正常天气时沿岸沙坝又开始形成。

2. 前滨带

前滨带位于海滩剖面近上部的潮间地带,相当于冲流带(溅浪带)。地势一般平坦而微向海倾斜。坡度受波浪强度和沉积物粒度控制,随波浪强度增大,粒度变粗,前滨带的坡度也增大,一般为2°～3°,很少超过10°。高波能砾质海滩可达20°～30°。冲流带的水流特点是垂直或近于垂直岸线的极浅的面状往返水流,一般为高流态,向岸冲流的流速大于向海回流的流速。沉积物主要是中、粗粒级的纯净石英砂,由于受到往返水流的冲洗,分选很好。沉积物主要来自临滨带,净搬运方向指向海岸。每次向岸的冲流都形成薄薄一层砂层,并加积在向海倾斜的平坦滩面上,从而形成前滨上特有的低角度相交的冲洗交错层理(图6-5)。这种冲洗交错层理的单个纹层平行海岸延展可达几十米远,垂直岸线延伸十数米。纹层原始倾斜反映滩面在加积过程中出现的坡度变化,纹层层面常发育有冲流痕或原生水流线理。

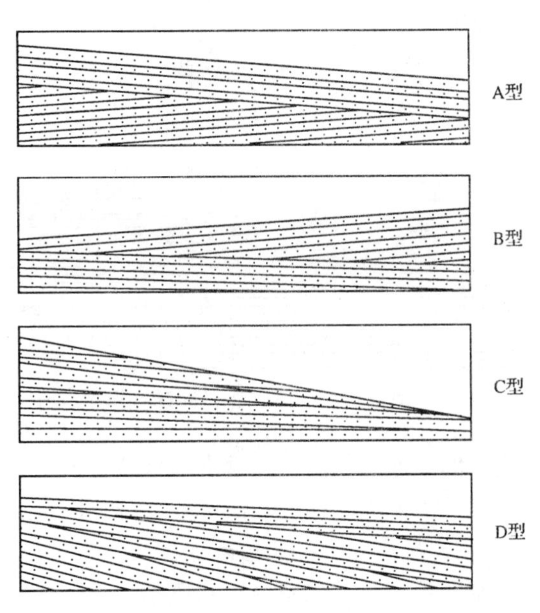

图6-5　前滨带沉积中四种常见的冲洗交错层理
(向右方向为海)(据Reineck和Singh,1980)

前滨带的沉积物主要是成熟度极好的纯净石英砂。矿物成分单一,但常见有重矿物富集的条带。颗粒磨圆和分选均好,粒度分布特点较稳定,最显著的特点是在概率累积曲线图上存在两个跳跃总体,显然这是由于向岸冲流和向海回流造成的(图6-6)。

前滨带为周期性暴露环境,沉积物表面伴发育有多种多样的沉积构造,如波痕、细流痕、冲流痕、泡沫痕、原生水流线理、出气孔、气泡到等。生物化石缺乏,但偶见有破碎贝壳及其有关的障碍痕,或见有少量的石针遗迹化石。

3. 后滨带

后滨带代表海滩的上部向陆部分,位于高潮水位与风成沙丘之间,通常都暴露在大气中,仅在特大高潮和风暴潮时才被海水淹没。后滨地形一般较平坦,但当有海滩脊发育时,则具有

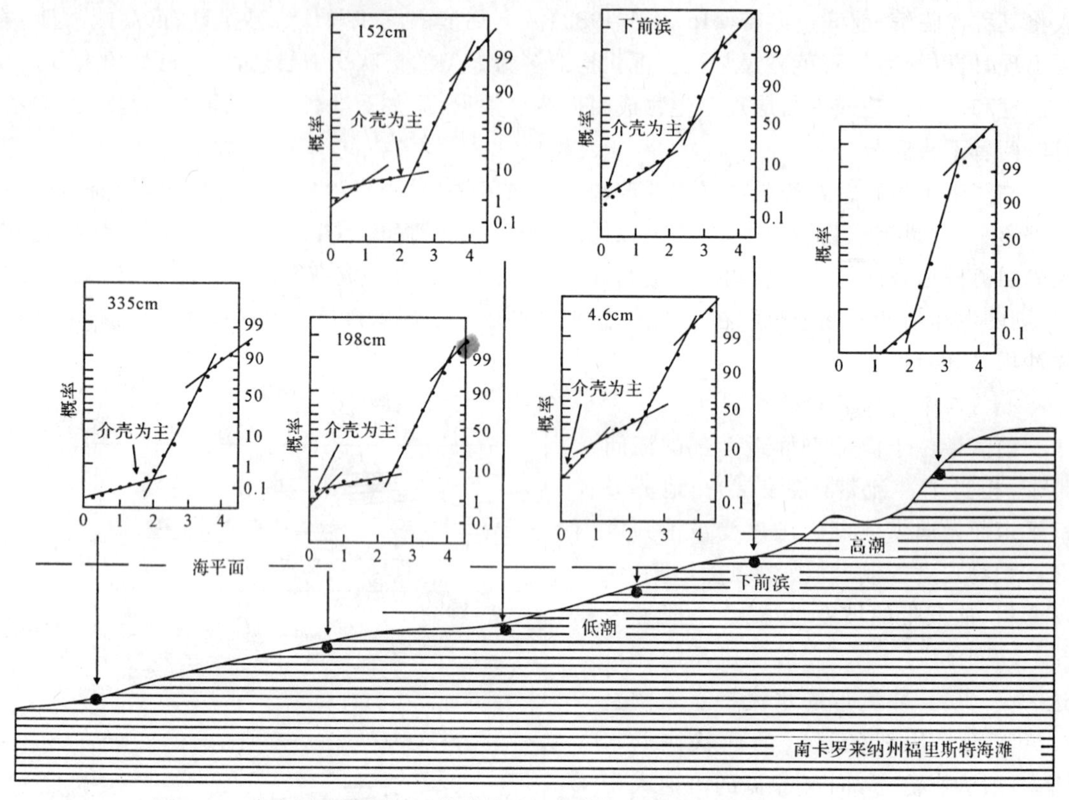

图 6-6 南卡罗来纳州福里斯特海滩沉积物概率累积曲线图(据 Fisher,1969)

波状起伏的地形。在低洼处常有积水或为湿地,有泥沼和藻丛生长。在干旱带常发育有盐壳。

后滨带主要沉积物为平纹砂层,并常伴有小水流波痕形成的小型交错层理。风成作用很明显,常见富集有介壳的风蚀地面。潜穴和遗迹化石也常见。

海滩脊是在大潮高潮时期和风暴潮时期由波浪堆积起来的线状沙丘。海滩脊一般位于平均高潮线以上地区,可以单个或成群出现。成群出现的海滩脊多平行排列,使海岸平原波状起伏。海滩脊由砾石、砂及介壳碎屑等粗碎屑沉积物组成,单个海滩脊一般高数米,宽几十米,长达几百米至几千米。在近岸的滨海带,成群的海滩脊多可达几十条至 250 条(Curray,1969),各海滩脊之间距离 30～200m。海滩脊一般在特大高潮或风暴潮期间向陆迁移,与下伏沉积层为冲刷侵蚀不整合接触。内部具复杂的大型交错层理构造。向海侧的前积纹层倾角平缓向海倾斜,与前滨常有一滩肩相接;近顶部为平缓的向陆倾斜的前积纹层;滩脊后为近地面的冲流层理超覆在向海倾斜的海滩交错层理上(图 6-7)。

关于海滩脊的成因,也有另一种解释。例如关于墨西哥内亚利特海岸的一系列大致平行岸线的海滩脊,有人认为是由中等强度的波浪作用在临滨上开始形成的(Curray,1969;Reineck 和 Singh,1980)。

4. 海岸沙丘带(风成沙丘带)

被风暴浪搬运到后滨的砂长期暴露在地表,受风的不断改造可形成风成沙丘。这种风成沙丘主要分布在与后滨相连的海岸带的向陆侧,海岸沙丘发育的最有利条件是:砂的供给充足、有强劲的向岸盛行风和海岸不断地向海推进(岸进)。当条件适合时,海岸沙丘沿海岸可占

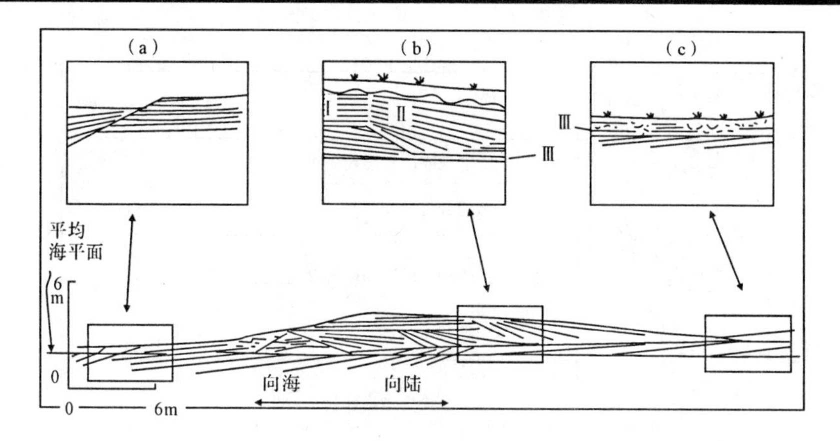

图 6－7　海滩脊内部层理构造(据 Reineck 和 Singh,1980)

(a)与前滨相连的滩肩;(b)倾角平缓的(Ⅰ)和陡倾角的(Ⅱ)向陆倾斜的前积纹层;(c)有复杂的近地面组分的冲流层理(Ⅲ)超覆在海滩上,常见向海倾斜的交错层理

据一个相当宽的地带,如美国西海岸的海岸风成沙丘带宽度可达 4.5～9km。

海岸沙丘的砂主要由石英组成,并含有少量重矿物,缺乏泥级组分。石英砂分选极好,大多数为细到中粒级,表面多呈毛玻璃状。颗粒磨圆度是海滩砂中最好的。

海岸沙丘的层理主要是风成沙丘交错层理,交错层理的前积纹层倾角较陡(30°～40°)。沙丘内部常具有弯曲的侵蚀面(图 6－8)。背风面小型重力变形构造相当普遍。沙丘之间常有植物生长,植物腐烂后可形成泥炭层和保留有炭化的根系。

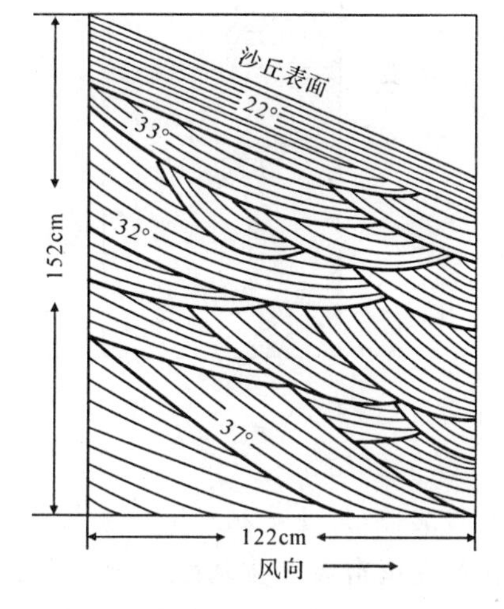

图 6－8　海岸沙丘内部的层理构造

(据 Reineck 和 Singh,1980)

(二)进积型海滩沉积相模式

在海平面相对稳定和沉积物供给充足的条件下,或当沉积速率超过海平面上升速率时,海滩由于不断侧向加积而向海推进,近岸沉积物依次叠加在远岸沉积物之上,从而形成一个自下而上逐渐变粗的沉积层序。沉积相也相应地发生变化,自下而上依次出现陆架泥相、临滨相、前滨相,最上为海岸风成沙丘相,再上常过渡为陆相(图 6－9)。各沉积相的基本特点如下:

1. 陆架泥相

位于正常天气波基面以下,为陆棚浅海沉积。主要组成为粉砂质泥及泥,具水平层理,但常因底栖生物强烈扰动而破坏。生物扰动构造非常发育,含有正常浅海化石及丰富的遗迹化石。如遭受风暴影响则夹有粉砂、细砂或贝壳层等风暴沉积夹层,并可产生风暴递变层理和丘状交错层理。

剖　面	相	环境解释
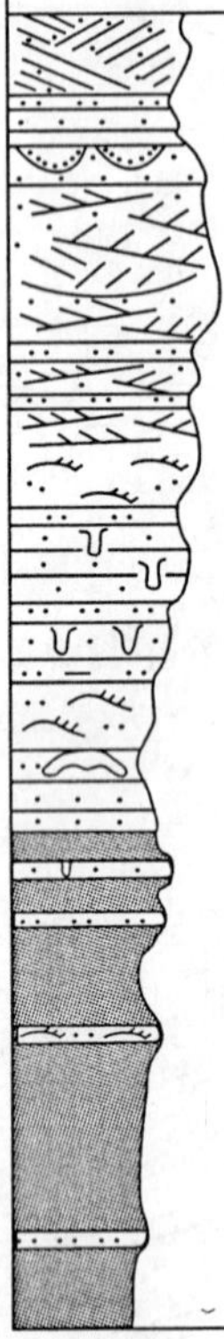	沙丘交错层理或块状层理中细砂岩	海岸沙丘
	平行纹理细砂岩	后　滨
	平缓的海滩型交错层理中细砂岩	前　滨
	水平纹理和波状交错层理粉细砂岩中夹波状层理和透镜状层理	临　滨
	泥质粉砂岩和细砂岩，生物扰动强烈	过渡带
	水平纹理粉砂质泥岩和泥质粉砂岩含海相化石	陆架

图 6-9　进积型砂质海岸沉积序列模式

2. 临滨-陆架过渡相

大致在正常天气波基面附近。主要为粉砂质泥及泥质粉砂，以水平层理及小波痕层理为主。生物扰动强烈，常夹有粉砂及细砂层(为风暴浪产物)。遗迹化石和正常海相化石常见。

3. 临滨砂相

位于临滨带。沉积物以粉砂及中细粒砂为主，自下而上粒度变粗。层理有水平层理(下临滨为主)、小波痕交错层理及大波痕交错层理(中上临滨常见)。生物扰动构造向上逐渐减弱。

4. 前滨砂相

位于临滨带之上，为潮间环境。沉积物主要为细—中粒级砂，高波能海岸以中—粗粒砂沉积为主，并可有砾石层。海滩冲洗层理、双向交错层理，以及大量暴露构造发育是前滨带的典型特征。生物化石稀少，偶可见破碎的贝壳和生物骨屑。

5. 后滨相

沉积物以细砂为主，并夹有粉砂质泥或沼泽层。在风暴浪的影响下可形成由各种生物碎屑混杂堆积的透镜状夹层和海滩脊。在有的剖面中后滨相不发育。

6. 海岸风成沙丘相

为成熟度最好的纯净石英砂体，以具有大型风成沙丘交错层理为特征。缺乏细粒的泥及生物化石。图 6－10 为意大利加埃塔湾利科拉的外海滩—陆架泥垂直层序综合剖面图，可以作为一个进积型海滩向上变粗层序的典型代表。

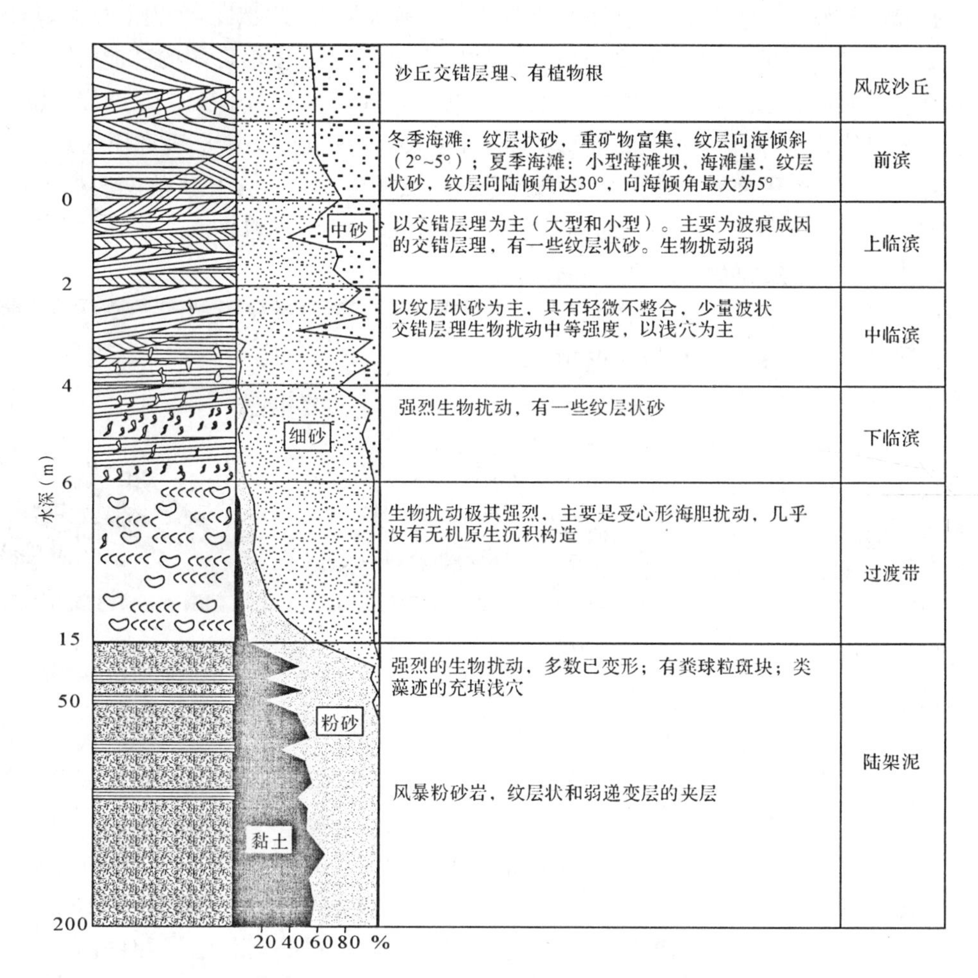

图 6－10　意大利加埃塔湾利科拉的外海滩-陆架泥垂直层序综合剖面图

（据 Reineck 和 Singh，1980）

三、潮控型海岸体系

潮控滨海环境以潮汐活动和潮坪发育为特色，主要出现在低波能和中—大潮差的沿海地带，例如在障壁岛后、泻湖和海湾的沿岸、河口湾和潮控三角洲内。另外，在某些面临开阔大洋、又无障壁的海岸带，如果海底地形坡度极为平缓且海水很浅时，大洋波浪因与海底产生强烈的摩擦作用其能量消耗殆尽，也会出现潮控型海岸带。此外，在远离海岸的浅滩上，由于浅滩对波浪的障壁效应而使波能减弱，在滩后也可出现潮坪环境。总之，潮汐滨海与浪控型的海滩环境相比是相对低能环境。

根据潮汐活动的特点可将潮控滨海环境划分为三个地带，即潮下带、潮间带和潮上带。

（一）潮控型滨海环境沉积相特点

综上所述，潮控型滨海环境的沉积可以划分为三个沉积相：潮下沉积相、潮间沉积相和潮上沉积相。

1.潮下带亚相

潮下带位于平均低潮线以下，向下延至好天气波基面附近与陆架浅海逐渐过渡，其部位大致与临滨带相当，是潮控滨海相带中通流强度最大，同时也是受波浪影响的高能相带。潮下带的主要地貌特征是潮下浅滩和潮道，沉积物组成是各种规模和类型的交错层砂岩。潮下浅滩通常是中至细粒砂岩，发育有很好的小型(也有大型)的潮汐成因交错层理和不对称的浪成波痕。因潮流活动期和平静期交替而呈砂泥互层的特点。生物化石含有狭盐度底栖生物组分，常见生物扰动构造。潮道包括潮下的潮汐水道和发育在潮间带的潮沟和潮汐。这些潮道相对于浅滩水更深，流更急，以大型(甚至巨型)潮汐沙波为特征，主要沉积物为大型交错层理砂岩。泥的含量随砂的粒度增大而减少。生物扰动构造不发育或没有。潮道(尤其是切割潮间坪的潮沟和潮溪)具有曲流河道的特点，由于水道迅速侧向迁移，形成向上变细的层序，层序底部具有明显的侵蚀面，侵蚀面上分布有滞留的砾石、泥砾，以及海相和半咸水的生物骨骸碎块和贝壳。曲流作用的另一结果就是在潮道的一侧常形成纵向交错层理(图6-11)。

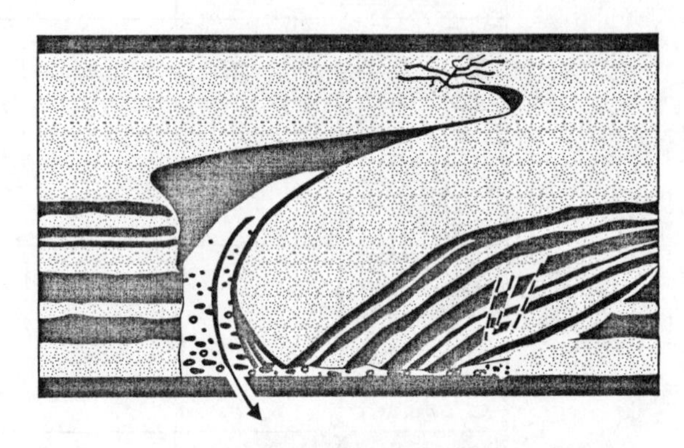

图6-11 潮道曲流沙坝上的纵向交错层理示意图
(据 Reineck 和 Singh,1980)

潮下带沉积层的最突出的特点是潮汐活动的记录非常普遍，其中最具有指相意义的标志是羽状交错层理、双黏土层、似“单向”水流构造，以及潮汐束状体和横向束状体序列。潮流活动的双向性导致羽状交错层理的形成，其相邻两个斜层系的前积纹层倾向相反，大致相差180°，分别代表涨潮流和退潮流流向。在潮流活动期(涨潮期和退潮期)与静止期(平潮期和停潮期)周期巨交替的影响下，涨潮流砂层与退潮流砂层分别被平潮黏土层和停潮黏土层分隔开。此两层黏土层极薄(几毫米至2cm)，均代表潮流静止期的悬移质沉积。这两层黏土层称作双黏土层，是潮汐流的特有产物(图6-12)。

由于涨潮流和退潮流活动在空间上的分离和潮流活动本身的非对称性，主潮流强大，多形成大波痕；次潮流较弱，只形成小波痕叠加在大波痕的前积纹层上。二者倾向虽相反，但宏观上因大波痕前积纹层规模大而明显，貌似单向水流波痕交错层，故称作似“单向”水流构造(陈昌明和汪寿松，1988)[图6-13(b)]。潮汐活动非对称性越强，此种似“单向”水流构造越明显。两个相邻双黏土层所围限的一组前积纹层称作潮汐束状体[图6-13(a)]，代表主潮流活动时形成的一个斜层系，其内部的前积纹层与层系面的接触关系及其形态变化呈现锐角直线相交→切线相交→凹形切线相交→“S”形切线相交的特点，反映主潮流活动期随水位变化出现流速逐渐变化的情况。横向连续排列的一系列潮汐束状体形成横向潮汐束状体序列[图6-13(c)]。在横向束状体序列中，相邻两个束状体的厚度常表现为一厚一薄的变化，这是由于潮汐活动的日不等量引起的。厚的束状体代表一次较强的主潮流，薄的束状体代表一次较弱的主潮流。此外，由于潮汐活动的月不等量效应，大潮期潮流活动强，形成厚的束状体和薄的黏

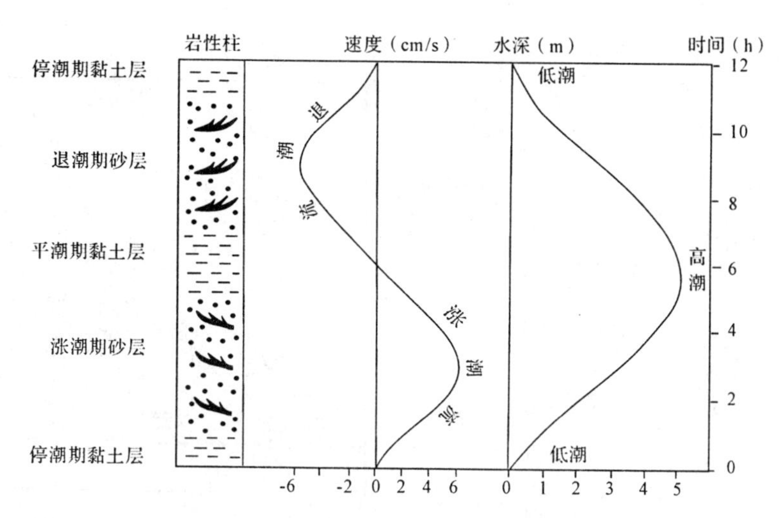

图 6-12　一个潮汐周期内的水动力变化及沉积构造(据 Klein,1977,修改)

注意双黏土层与涨潮砂层和退潮砂层的关系

土层,双黏土层间隔大,宏观上呈现黏土层稀薄的疏带;而在小潮期间潮汐活动较弱,形成薄的束状体和相对较厚的黏土层,双黏土层分布也较密集,呈现黏土层的密带。所以,一个完整的潮汐横向束状体序列中的黏土层总是呈现疏密波状排列特点[图 6-13(c)]。每个疏带或密带中潮汐束状体的个数,或双黏土层的数量均与潮汐周期的次数相符(陈昌明和汪寿松,1988)。

潮下带的生物以正常海底栖生物为主,常发育有潜穴等生物遗迹。

2. 潮间带亚相

潮间带位于平均低潮线与平均高潮线之间,指潮汐水道(潮沟和潮溪)之间地势平缓而广阔的地带,又称作潮坪或潮间坪。潮坪上水动力状况同样受潮汐活动规律控制,与潮下带不同的是退潮后出露水面呈现暴露环境,潮流活动强度也较弱。主要沉积物为较细粒的细砂、粉砂和泥,普遍发育各种小波痕。在潮流活动期与静止期交替以及周期性暴露的情况下,发育了许多具有典型特征的潮汐成因沉积构造,最为常见和最有指相意义的有以下七种。

(1) 波痕:潮坪上发育的主要是小型波痕,大波痕比较少见。小波痕有各种水流波痕、水流—波浪干涉波痕、孤立波痕、改造波痕(双脊波痕、圆脊波痕、削顶波痕、回流改造波痕)以及叠加有小波痕的大波痕等。其中尤以改造波痕最具指相意义,它们均是在水位下降时对先成的小波痕再改造而成的,多出现在退潮期,反映水位逐渐下降的特点。

(2) 层理:最常见的潮汐成因层理有脉状层理—波状层理—透镜层理组合,它们是在潮汐活动期与静止期交替条件下形成的。脉状层理又称压扁层理(flaser bedding),这种层理的特点是在砂质小波痕交错层理之间夹有许多薄层的泥质脉状体(压扁体)[图 4-29(a)]。在潮流活动期(涨潮流和退潮流时),砂以小波痕形式搬运和沉积,先形成小波痕层理的砂层(涨潮流与退潮流形成的小波痕的前积纹层倾向相反),而泥质仍保持着悬浮状态。当潮流平静期(主要是平潮期)海水中悬浮的泥开始沉积在小波痕的表面成“泥盖”。在下一个潮汐循环开始时,潮汐活动的增强常将先成的小波痕脊部连同其上的“泥盖”一并侵蚀掉,同时又形成小波痕,而在先成小波痕波谷中的“泥盖”则被埋藏在两个小波痕砂层之间形成泥质脉状体。显然,

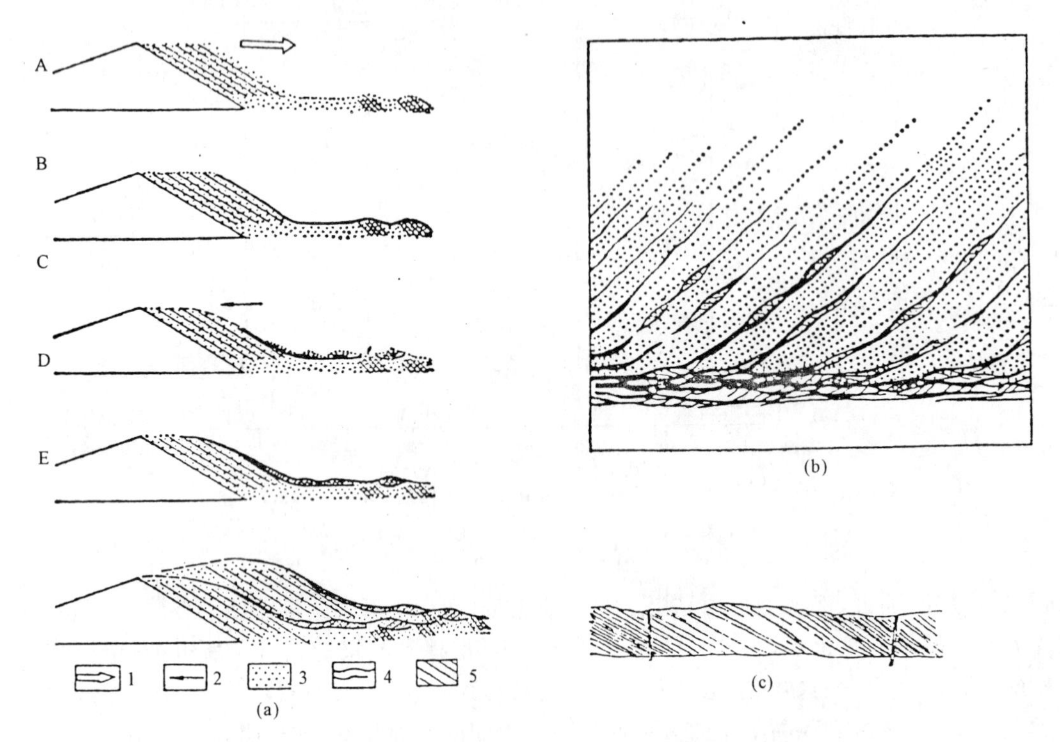

图 6-13　双黏土层与潮汐束状体的形成过程

1. 主潮流流向；2. 次潮流流向；3. 砂；4. 黏土层；5. 前积纹层

(a)双黏土层与潮汐束状体的形成示意图(据 Vlsser,1980,修改)；

(b)由主潮流产生的宏观上的"单向"构造,反向的次潮流仅在大前积纹层和双黏土层内形成小型沙波透镜体；

(c)Ohster Schelde 地区潮汐沉积的横向束状体序列(据 Nio 等,1984;陈昌明、汪寿松,1988)

脉状层理是在砂的供给较充足,沉积和保存条件比泥更为有利的条件下形成的,它们出现在潮间带下部的几率更多一些。透镜状层理与此相反,它们是在砂的供给不足,泥质沉积条件较好的情况下形成的。因此,砂只能以孤立小波痕的形式沉积在泥质基底上,并被下一个潮汐周期形成的泥质层完全覆盖。结果,孤立的砂质小波痕就呈不连续的透镜状小砂层分散在泥质层中构成透镜状层理[图 4-29(c)]。而波状层理是脉状层理与透镜状层理的过渡类型[图 4-29(b)]。这三种层理常共生在一起,组成潮坪上最普遍发育的潮汐层理系列。受潮流强度在潮坪上分布不均一的影响,脉状层理多出现在潮坪的下部近海带,透镜状层理则在潮坪上部较发育。

(3)B-C 层序(B-C sequence):这是由克莱因(Klein,1970)在研究苏格兰 Islay 的前寒武纪 Dalradian 石英砂岩的潮汐沉积时,提出的一个潮汐沉积成因的特有的层理组合。克莱因将该地层的潮汐沉积层序自下而上概括为 A、B、C、D、E 五段(图 6-14)。A 段为块状石英砂岩,代表潮下带潮汐砂体。B 段和 C 段为低潮坪特有的一种层序组合。当高水位时形成大沙波交错层砂岩(B 段)。随着退潮时的水位下降,大沙波波峰露出水面,海水便被限制在波谷中改变方向平行波谷流动,形成小水流波痕交错层理(C 段)。B 段与 C 段两组大小交错层理的前积纹层倾向恰巧垂直，从而构成一对有规律的层理组合。这种组合被称之为 B－C 层序。D 段为平潮或停潮期悬浮的泥层，沉积于 C 段或 A 段之上。E 段为高或中—高潮坪上形成的具潮汐层理的砂—泥岩。作者在我国北海市附近的潮控滨海带也见有一些具有 B－C 层序的活动沙波，它们主要在大潮期出现在潮坪及临近潮沟的较低洼地带，分布范围并不仅限于低潮坪。

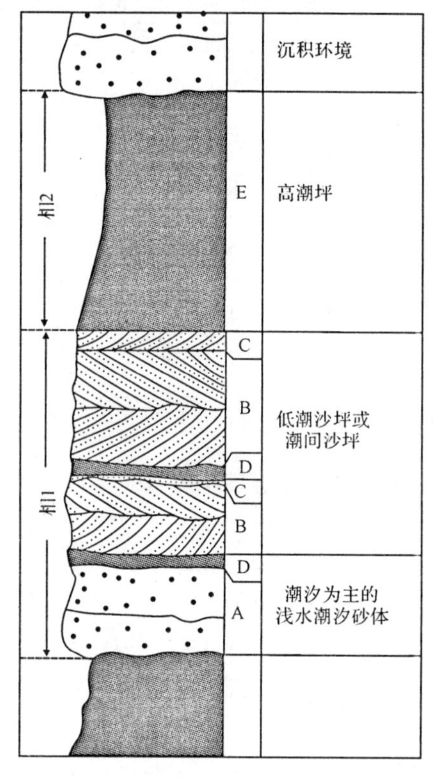

图 6－14　苏格兰 Islay 的前寒武纪 Dalradian 石英砂岩中的潮汐层序(据 Klein,1970)

(4)羽状交错层理：该层理无论在大—中型或小型板状交错层理中均可见到。典型羽状交错层理的相邻两组层系的前积纹层倾向相差约 180°，代表潮流的往返流特点。但由于潮汐活动的非对称性影响，更多见到的是单向的，或以一个方向为主，代表主潮流流向，另一组则不发育。因为非常典型的羽状交错层理只有在涨潮流和退潮流两者强度相等、并能及时被埋藏的条件下才能形成，而这种情况的潮汐活动并不普遍(陈昌明等，1988)。

(5)单黏土层：在潮汐周期中，由于退潮后潮水完全退出潮间带，除潮沟、潮溪及某些局部洼地外，广大的潮坪均暴露在水面以上，因此仅有平潮期形成的黏土层，而无停潮期黏土层，故称单黏土层。这种单黏土层是潮间带与潮下带的重要区别之一。但要十分注意，在研究古代潮坪沉积时，由于强烈的压实作用，本来就很薄的双黏土层被压实后很容易与单黏土层相混(陈昌明，1988)。由于潮间带的潮流活动也具有周月不等量的特点，所以黏土层的排列层序也呈现大潮期稀疏和小潮期密集的疏密波状特点(黄乃和，1985、1987)(图 6－15)。

(6)暴露构造：间歇性的暴露环境使潮间带易形成大量暴露标志，如泥裂、雨痕、障碍痕、出

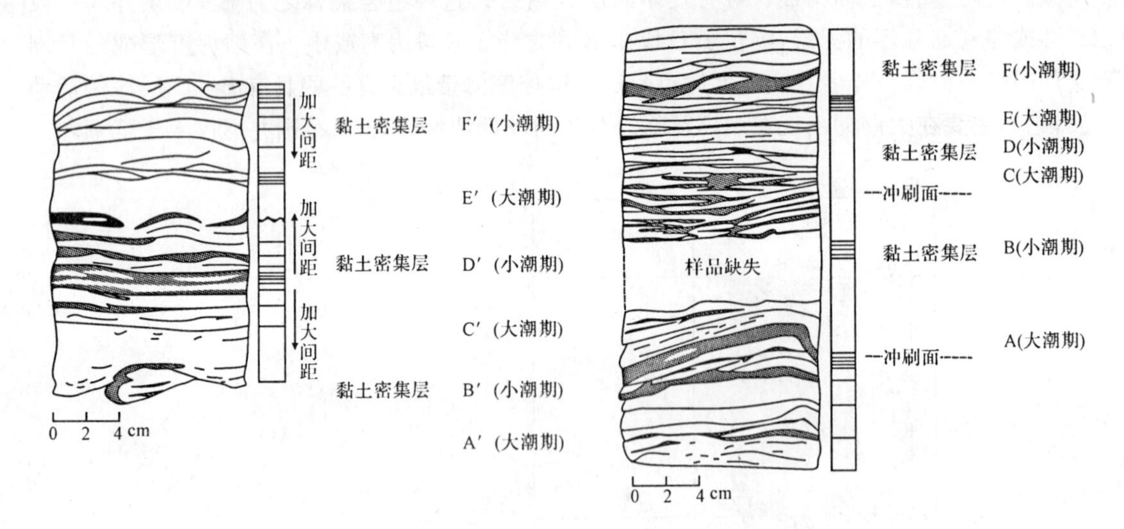

图 6-15 我国东海岸现代潮坪上发育的潮汐周期层序(据黄乃和,1985)

水孔、流痕等。

(7)生物扰动构造很普遍:潮间带生物为适应潮汐涨落周期性变化的环境,底栖生物多挖掘垂直的深而坚固的潜穴,潜穴形态一般以简单的直管状到"U"形管状为代表,主要为 *Skolitos ichnofacies*(石针迹遗迹相)组合,如 *Skolithos*、*Cylindrichnus*、*Diplocraterion* 等。造迹生物多为甲壳类、蠕虫、双壳类、舌形贝等。

综上所述,虽然潮坪上沉积构造复杂多样,但仍具有明显的分带性。根据其上水动力状况、微地貌特点及随潮汐涨落而暴露时间(或淹没时间)的长短,一般可将潮坪划分为低潮坪、中潮坪和高潮坪三个带。

低潮坪:平均有一半以上时间被海水淹没,一般发育在近海地势较低地带。被海水淹没时间长,水较深,波浪影响较大,沉积物以床沙载荷搬运为主。主要沉积物为细砂和粉砂,常有大型交错层理和脉状层理发育,所以又称沙坪。

中潮坪:平均有一半左右时间被淹没,沉积物悬浮载荷与床沙载荷交替出现,为砂泥质沉积,潮汐层理发育为主。中潮坪又称混合坪。

高潮坪:大部时间暴露在水上,高潮时淹没时间短暂,水浅流缓,低能。沉积物以悬浮质泥为主,仅有少量粉砂。由于砂的供给不充足,多发育孤立小波痕,透镜状层理占优势。底质细而富有机质,生物比较丰富,生物扰动构造最强烈而普遍,层理多被破坏。高潮坪又称泥坪。

德国与荷兰北海海岸带是研究潮坪的经典地区,上述的基本特点主要是据北海现代潮坪的研究总结的。但各地的具体沉积环境均有不同,沉积情况也各有特点。例如在英格兰东部的瓦什海湾的潮坪,从高潮线到低潮线分带的顺序为盐坪—高泥坪—内沙坪—海蚯蚓沙坪—低泥坪—低沙坪(Evans,1956)(图 6-16)。这表明自然界潮坪环境的多变性,当我们在鉴别古代地层中的潮坪沉积时,必须进行具体分析。

3. 潮上带亚相

潮上带是指位于平均高潮线以上的地带,只有在特大高潮或风暴潮时才被海水淹没,基本

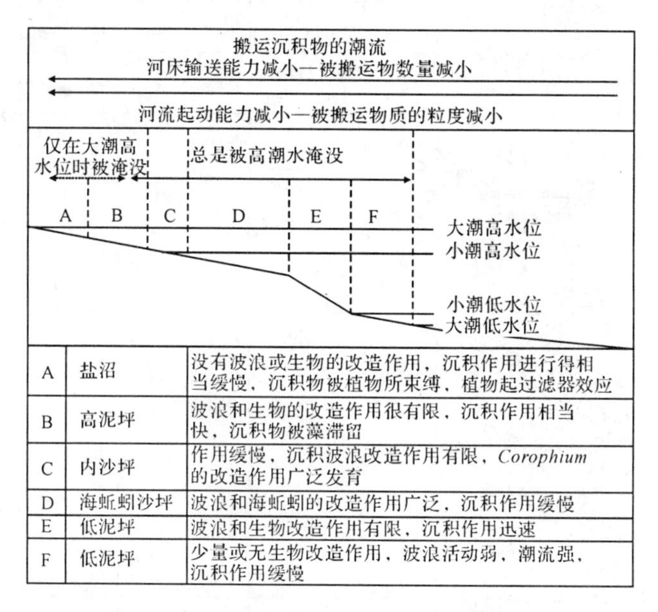

A	盐沼	没有波浪或生物的改造作用，沉积作用进行得相当缓慢，沉积物被植物所束缚，植物起过滤器效应
B	高泥坪	波浪和生物的改造作用很有限，沉积作用相当快，沉积物被藻滞留
C	内沙坪	作用缓慢，沉积波浪改造作用有限，*Corophium*的改造作用广泛发育
D	海蚯蚓沙坪	波浪和海蚯蚓的改造作用广泛，沉积作用缓慢
E	低泥坪	波浪和生物改造作用有限，沉积作用迅速
F	低泥坪	少量或无生物改造作用，波浪活动弱，潮流强、沉积作用缓慢

图 6-16　英格兰东部的瓦什海湾潮坪的相带(据 Evans,1956)

上为暴露环境。沉积物主要是由风暴潮搬运来的大量泥沙，其中常混有海相生物碎屑，有时形成贝壳堤或贝壳滩。例如我国苏北黄海沿岸就有数条不同时期形成的现代贝壳堤或贝壳滩。潮上带长期暴露在大气中，受气候影响明显。在潮湿带有沼泽植物发育，干旱带有盐沼。潮上带有大量暴露构造，如泥裂、雨痕等。

(二)潮坪海岸沉积相模式

潮坪海岸从海向陆依次出现潮下带(潮汐水道和浅滩)、潮间带(沙坪、混合坪和泥坪)及潮上带(沼泽)。向海与临滨过渡或融合，向陆过渡为海岸平原及陆相地层。潮坪海岸的发展与海平面上升速度、沉积物供应状况以及潮汐活动有关。一般情况下沉积物供应速率多超过海平面上升速率，常表现为岸进，即形成进积型潮坪海岸沉积相层序。层序特点自下而上为潮下浅滩和潮汐水道砂体、低潮坪砂体、中潮坪砂泥混合(交替)的砂泥岩、高潮坪泥岩及潮上带沼泽(草沼、泥沼及盐沼)(图 6-17)。有海平面波动及沉积速率周期变化的情况下，可以形成多次向上变细的潮坪海岸旋回。进积型潮坪海岸旋回在地质历史上是极为常见的，但也有人指出，有时也有退积层序(海进序列)形成。退积层序表现为自下而上从泥坪→混坪→沙坪的反向沉积序列(Reineck 和 Singh,1980)。

在进积型潮坪海岸的向上变细的层序中，低潮坪、中潮坪和高潮坪沉积物的总厚度基本上相当于该潮坪所在地区的潮差。因此有可能通过对古代地层中潮坪海岸层序的识别和厚度测量恢复古潮差。但需要指出的是利用古代地层中潮坪沉积层的厚度恢复的古潮差数据可能与实际的潮差有一定误差，这主要是由于盆地的沉陷(形成过厚的低潮坪砂)、潮坪沉积物的压实减薄、以及部分层序记录因侵蚀作用而缺失。不过大量实际研究的资料表明，这种误差并不影响对古潮差的概略认识。世界各地所获得的各地质时期古潮差的数据已经证明，寒武纪晚期以来的古潮差变化与全新世潮差的变化基本相似(Klein,1977)。

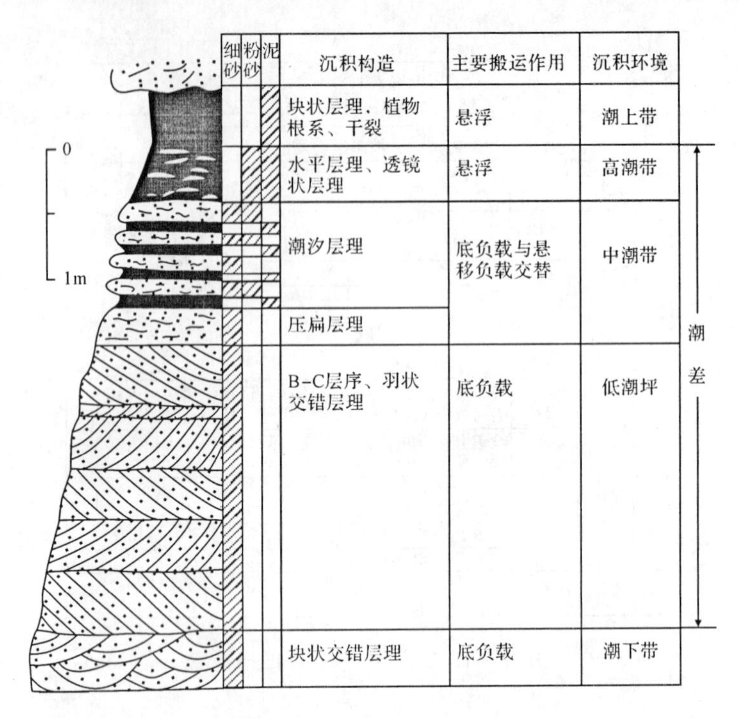

图 6-17　潮坪海岸进积型沉积相层序模式(据 Klein,1977 修改)

四、障壁岛-泻湖型海岸体系

障壁岛-泻湖体系(也称堡坝-泻湖体系)基本上可划分为三大沉积相组合:①障壁岛-海滩沉积相组合是平行岸线延伸的狭长砂体。它们将开阔海与泻湖隔开,主要受波浪和沿岸流控制。②潮道-潮汐三角洲沉积相组合,是与障壁岛-海滩砂体走向垂直或斜交的砂体,向岸方向延入泻湖,向海伸入临滨带。它们主要在潮汐作用下形成,并受波浪作用一定的改造。③泻湖沉积相组合,分布在障壁岛后被潮坪沉积所包围,并与冲溢扇、涨潮三角洲等砂体相互叠置,以悬浮质沉积为主(图 6-18)。

(一)障壁岛-海滩环境及沉积相

障壁岛-海滩环境包括临滨带、前滨带、后滨-沙丘带,以及冲溢扇等环境。临滨带构成障壁岛沉积的基础,而且是障壁岛的增长和扩大提供沉积物的主要物源区。前滨和后滨-沙丘是障壁岛水上的主体。冲溢扇是由风暴浪引起的越岸洪水形成的扇状砂体,它们叠加在障壁岛后并可覆盖到岛后泻湖沉积物之上,是障壁岛的叠加沉积体。关于临滨带、前滨带、后滨带和沙丘带的环境与沉积特点在海滩环境中已作过详细介绍,下面仅对冲溢扇沉积相作补充论述。

冲溢扇是在风暴期间由风暴引起的巨浪冲破并越过障壁岛时,将从海侧侵蚀下来的大量沉积物搬运到岛后潮坪或泻湖中沉积而成的扇状砂体,障壁岛被冲开的缺口称作冲溢沟。大多数冲溢沟的切割深度在正常海面以上,风暴时被水淹没,风暴后即行干涸。但在某些特大风暴时,冲溢沟也可切割到海平面以下,风暴后仍有海水相通,下次风暴时将继续遭受冲刷侵蚀而不断扩大。这时冲溢沟又可转化为进潮口。

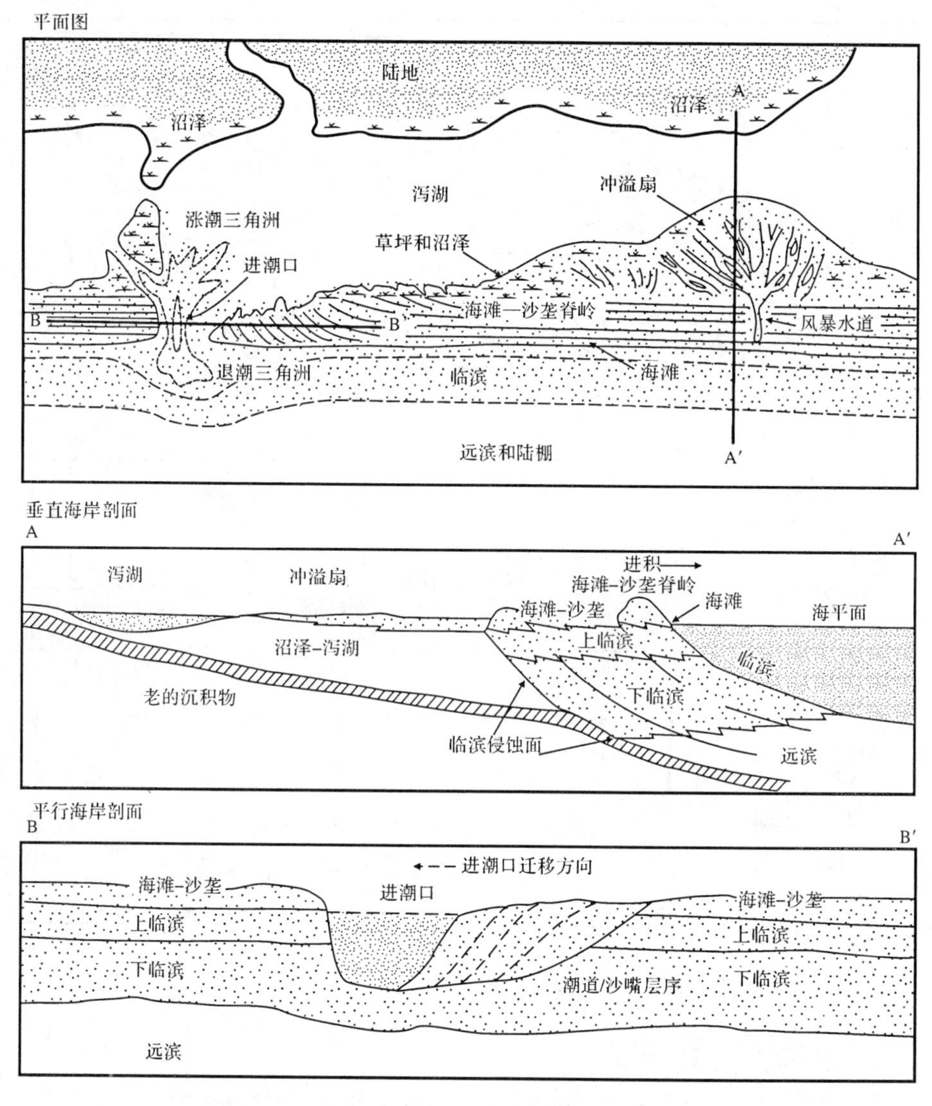

图 6-18　障壁岛-泻湖沉积环境及沉积地层模式(据 Scholle 和 Spearing,1982)

上.平面图;中.通过障壁岛、泻湖的横剖面;下.通过潮道的剖面图

冲溢扇在平面上为细长椭圆状或朵状的席状砂体,宽可达几百米,与障壁岛走向近于垂直[图 6-19(a)]。许多相邻的冲溢扇相连或叠置则形成复合扇体,宽可达数千米[图 6-19(b)]。每次冲溢作用均可以形成几厘米至 1～2m 薄的沉积层。冲溢扇沉积物组成主要是细砂及中粒级砂,也可有粗砂及细砾,一般在障壁岛后的斜坡或潮坪上形成水平的平行层理,在进入泻湖的地方可以形成小型和中型三角洲前积层(图 6-19)。单个冲溢扇自下而上为冲刷面→富含混合生物介壳的底层→具平行纹层、波痕纹层或逆行沙丘层理(局部被植物根系破坏)的砂层。在复合冲溢扇中,各个冲溢扇单元常被微细的冲刷面和风改造的薄层砂分隔开[图 6-19(b)]。

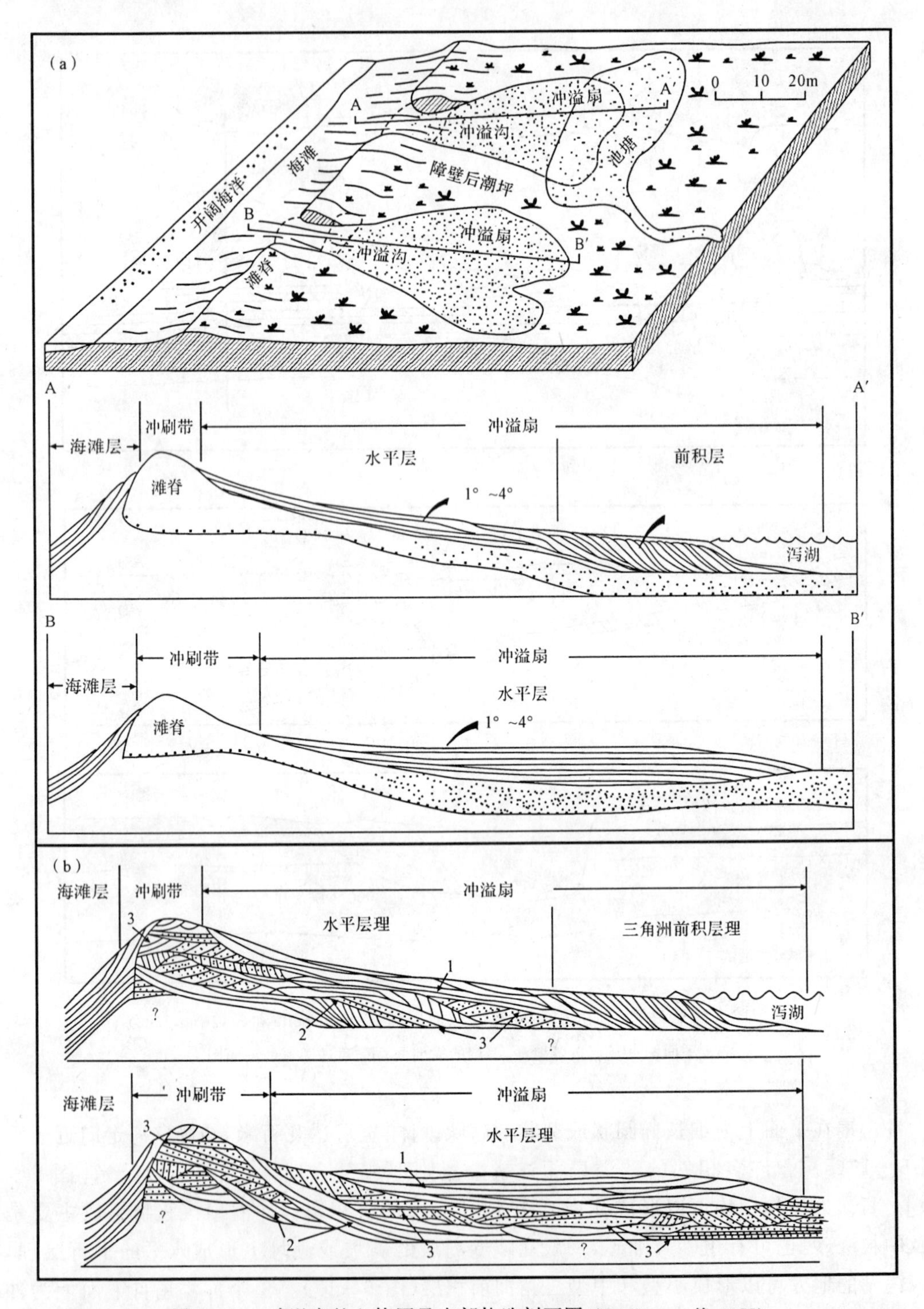

图 6-19　冲溢扇的立体图及内部构造剖面图(据 Schwartz 等,1975)

(a)两个小型单一冲溢扇立体图及断面图;(b)复合冲溢扇体的内部构造图

1.新沉积的冲溢扇;2.老冲溢扇;3.风成沉积

冲溢扇在小潮区尤为发育，它们构成障壁岛的重要部分。尤其是在海侵的条件下，冲溢扇的发育加宽了障壁岛的宽度，是障壁岛向陆迁移的主要原因。

（二）潮道-潮汐三角洲沉积环境及沉积相

潮道-潮汐三角洲沉积体系是个相互邻近和成因上密切联系的一些沉积相。它们都是在潮汐流作用下形成的砂体。

1.潮道充填砂质沉积相

这里的潮道是指切过障壁岛的进潮口(tidal inlets)，它是联系开阔海与泻湖的潮汐水道。涨潮时，潮水经过潮口涌进泻湖，平潮期有短暂的停留，然后在退潮时又从进潮口排出。进潮口通常在小潮差地区不发育，障壁岛可延长几十千米至百千米而没有进潮口(如墨西哥湾的帕德拉岛)。在中潮差地区进潮口最发育，障壁岛被分割成许多段。进潮口宽度一般几百米至几十千米，深可达10～20m，长度受障壁岛宽度所限。进潮口多受沿岸流的影响不断向下游迁移，沿岸流上游岸为沉积岸，由于沿岸漂流搬运的沉积物的堆积使障壁岛向下游延伸。下游岸是侵蚀岸，因遭受沿岸流的冲刷侵蚀而后退。潮道充填砂体就是在进潮口向沿岸流下游迁移过程中不断侧向加积形成的。其迁移速度与沿岸流强度和沉积物供应量有关。根据对现代一些进潮口的研究，迁移速度可达每年几十米。当进潮口切割到海平面以下时，进潮口的沉积即被保存下来，如果迁移速度高而稳定，整个障壁岛可由进潮口沉积构成(图6-20)。

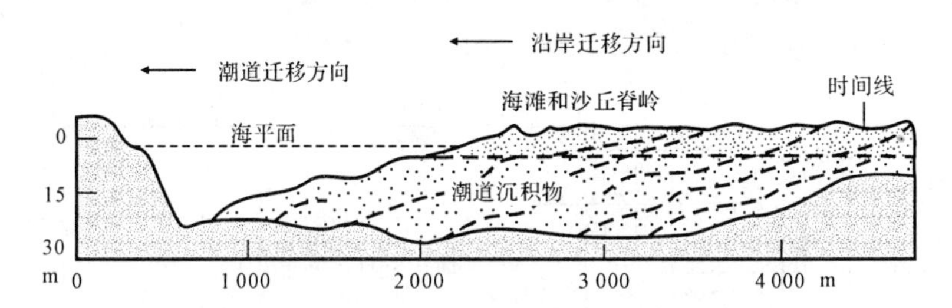

图6-20　表示潮道侧向迁移的平行岸线剖面图(据Reinson,1984)

进潮口充填沉积相的一般层序是：底部有侵蚀面，其上为介壳和砾石组成的滞留沉积；再上为深潮道沉积砂层，具有双向大型板状交错层理和中型槽状交错层理；再上为浅潮道沉积，为具双向小型至中型槽状交错层理和波纹层理构成的中细粒砂层。从下而上粒度变细，层理变薄，为向上变细的层序(图6-21)。深槽道沉积主要受涨潮流和退潮流往返流动的影响。浅潮道通常在波基面以上，既受潮汐流的影响，也遭受波浪的作用。进潮口充填沉积层中还可见有向水道倾斜的大型侧向加积面，它反映了沉积岸的原始位置和产状(图6-20)。进潮口沉积中常含有咸水和半咸水的混生生物群落。

2.潮汐三角洲沉积相

在进潮口向海的一端由于退潮流的影响形成退潮三角洲，而向陆的一端由涨潮流的影响则形成涨潮三角洲(图5-23)。退潮三角洲砂体覆盖在近滨带沉积之上，但多受到沿岸流和波浪的改造，形成方向多变的底形。在退潮水道和退潮三角洲朵体中部以潮汐作用为主，发育有板状交错层理，而朵体的翼部则因受波浪的强烈改造而以多向槽状交错层理为主。涨潮三角洲沉积与泻湖沉积共生，由于其所处部位为低能环境，很少受波浪作用改造，常能保存完好

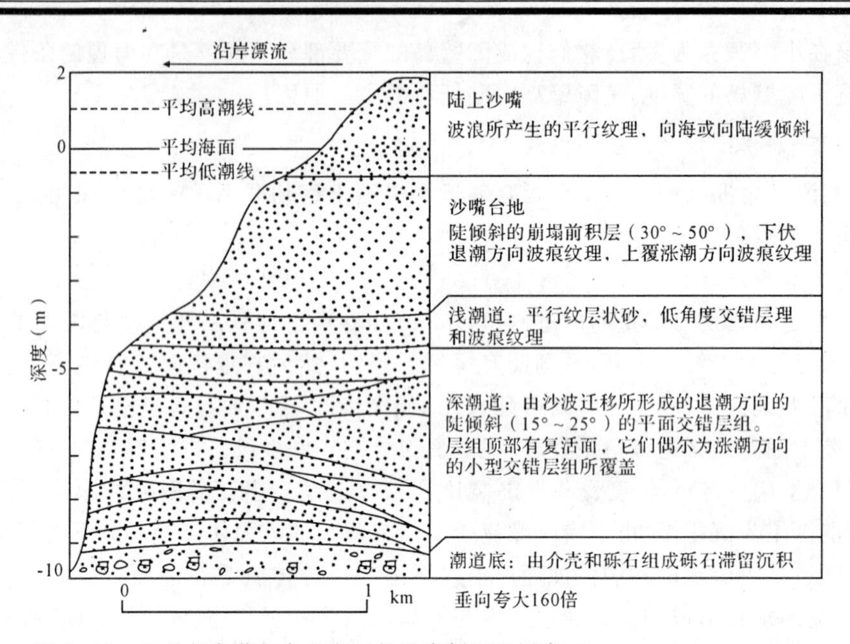

图 6-21　纽约长岛菲尔岛进潮口的垂直剖面和层序(据 Kumar 和 Sanders,1974)

的层序。涨潮三角洲以向陆为主的大型板状和槽状交错层理为主,并夹有退潮时形成的砂层,双向交错层理发育,其层系具有向上变薄的特点(图 6-22)。

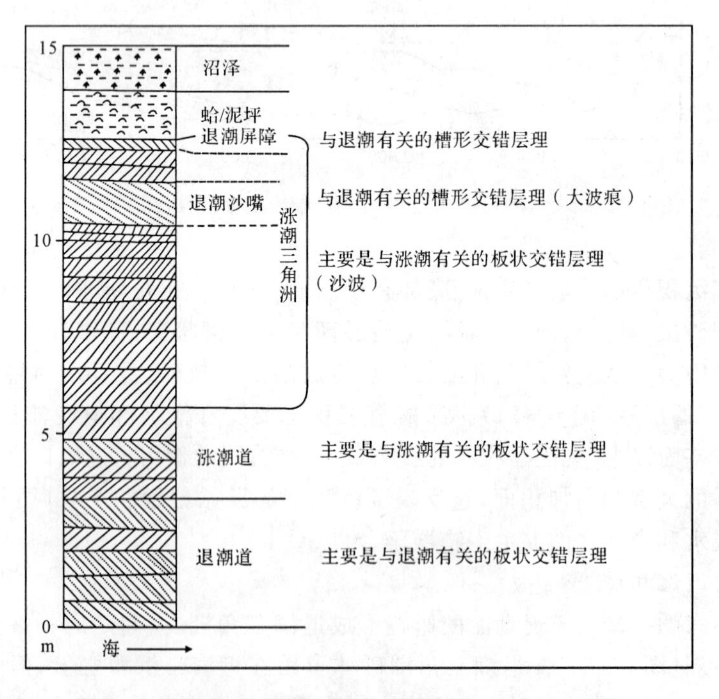

图 6-22　中潮差区的涨潮三角洲层序(据 Reinson,1984)

退潮三角洲和涨潮三角洲的沉积结构十分相似，但最重要的区别在于退潮三角洲沉积与临滨带沉积共生，波痕和交错层系具有多向性；而涨潮三角洲双向性的潮汐层理明显，且与泻湖相共生。

（三）泻湖及其伴生的沉积相

泻湖是被障壁岛阻隔而成的半封闭水域，为浅水低能环境，波浪作用微弱，潮汐作用明显。泻湖沉积一般是由砂岩、粉砂岩、页岩和泥岩以及泥炭层等彼此互层或交替叠置的多种沉积相组合体。砂岩包括沉积到泻湖中的席状冲溢扇砂体、涨潮三角洲砂体以及潮道沉积物。细粒沉积物包括水下泻湖悬浮质泥和粉砂沉积，一般具有水平层理。泻湖的伴生沉积相中最重要的是潮坪沉积，它们围绕在泻湖周边发育。在泻湖沉积的泥岩中，常含有丰富的半咸水无脊椎动物化石。图6-23为美国肯塔基州东部和西弗吉尼亚南部石炭系中堡后泻湖的综合沉积层序。

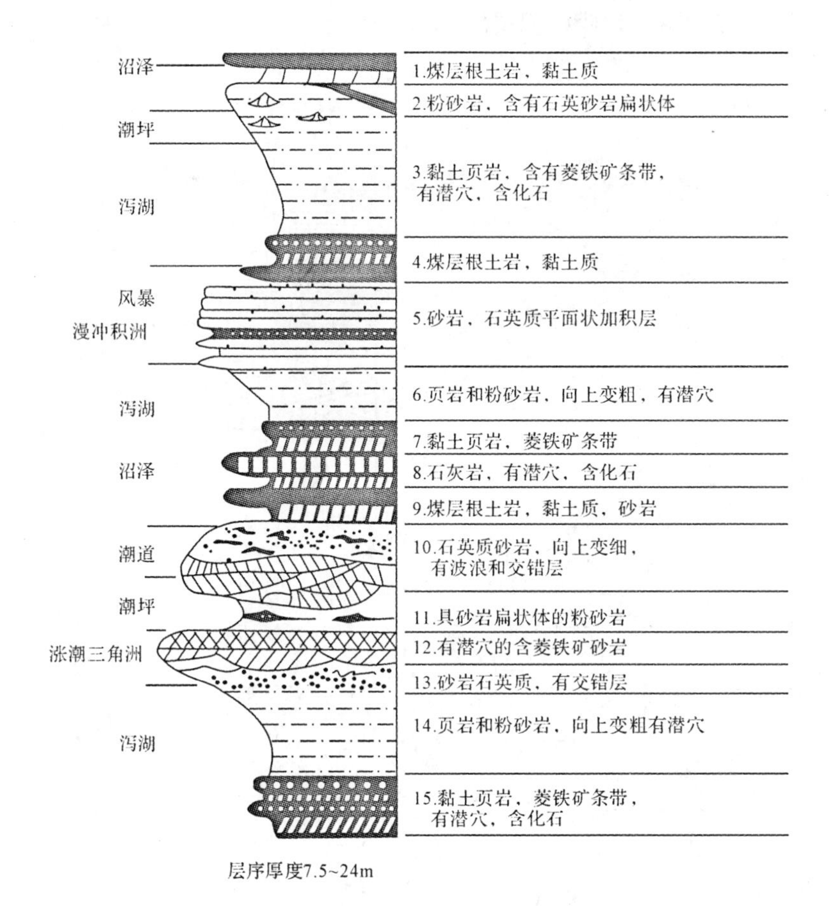

图6-23　美国肯塔基州东部和西弗吉尼亚南部石炭系中堡后泻湖的综合沉积序列

（据 Horne 和 Ferm，1978）

（四）障壁岛-泻湖沉积体系层序模式

障壁岛-泻湖体系的剖面结构由于受到海平面波动，沉积盆地下沉速度与沉积物供给速率变化的影响，将出现种种不同的变化。在沉积物供给连续而充分、海平面稳定以及沉积盆地小到中等下沉速度的条件下，整个相带将向海推进，形成岸进(海退)式堡岛-泻湖沉积层序。岸进层序是以临滨相、前滨相、后滨-沙丘相为主体的向上变粗变厚的障壁岛-泻湖沉积组合(图6-24)。有时还可出现泻湖相超覆在障壁岛-海滩相之上的层序。当沉积物供应减少和海平面上升速度增大时，整个相带将向陆迁移，形成海进式层序。海进式层序较岸进(海退)式层序更加复杂，其下部为泻湖相，向上依次为涨潮三角洲、潮坪、潮道或冲溢扇(漫冲积洲)，然后才为滨后-沙丘相沉积。但经常看到的是在海进过程中，当位于临滨带的破浪—拍岸浪通过障壁岛时，由于发生临滨侵蚀作用，障壁岛顶部被侵蚀掉，临滨相将直接超覆在泻湖相之上，其间形成一个明显的沉积间断面。

在障壁岛-泻湖沉积体系的不同部位，剖面结构有所不同。如障壁—进潮口的地层模式常表现为向上变细的层序，其交错层系的厚度也向上变薄。剖面底部具有明显的侵蚀面。从下而上依次为深潮道、浅潮道和沙嘴沉积层序(图6-24)。

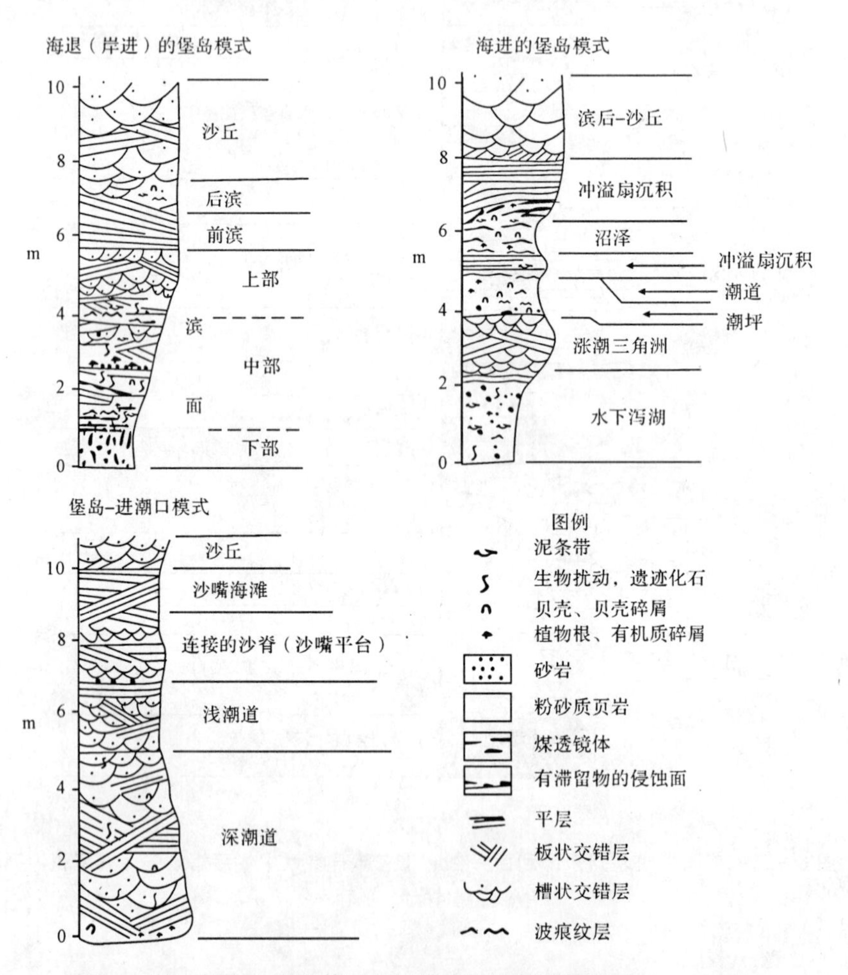

图6-24 障壁岛-泻湖体系地层模式的垂直层序(据 Reinson,1984)

第二节　浅海体系

浅海通常指水深10～20m至200m左右的广阔海域，为远滨带，基本上相当临滨带以外至大陆架坡折之间陆架(棚)部分，一般称作陆架浅海。在陆架浅海中，大部分沉积物为陆源碎屑沉积的泥砂，但在缺乏陆源碎屑供给的热带和亚热带地区，内源碳酸盐沉积物广泛发育。由于陆源碎屑沉积与碳酸盐沉积有明显的差别，通常在沉积学中将陆棚浅海区分为两类：陆源碎屑型浅海和碳酸盐型浅海。

20世纪60年代后期和70年代初，由于大量海洋调查资料的积累，特别是对西北欧和北美大陆架沉积学和海洋学的研究，极大地丰富了人们对陆架作用及其产物的认识。Swift等(1971)提出影响陆架沉积过程有四种水流类型：入侵洋流、潮汐流、气象(风暴)流以及密度流，随后又将陆架浅海体系划分为三种类型：①潮控陆架(占世界陆架的17%)；②风暴控陆架(占世界陆架的80%)；③入侵洋流控陆架(占世界陆架的3%)。控制陆架浅海沉积作用和沉积性质的因素主要有沉积物补给的类型和速度、水动力状况、海平面波动、气候、海洋生物作用和海洋化学作用。

陆棚浅海赋存有石油、天然气、铝、铁、锰、磷、贵稀金属等丰富的沉积矿产。对陆棚浅海沉积环境的研究具有重要的实际意义。

(一)潮控陆架浅海环境及沉积特点

在陆架浅海中的潮汐作用与近岸地带不同。在浅海中，潮汐涨落(即使具有4m以上大潮差)对海底沉积物的影响不明显，而由潮波引起的潮流则是搬运沉积物的主要动力。陆架上的潮流来自深洋盆中的潮波传播。从几个现代潮控陆架上潮流情况的研究可知，陆架浅海中多为具有大潮差的半日潮，最大表层流速(平均大潮)可达60～100cm/s，甚至更高，足以搬运砂级沉积物形成各种波痕底形。

1.浅海潮流沉积作用及砂体类型

潮流砂体主要发育在陆架宽阔的浅海地区。所有潮控陆架浅海潮汐流的典型产物是一些大型线状沙脊和沙波构成的海底地貌形态。根据砂体的形状、规模、内部构造，可将潮控陆架浅海砂体区分为三种类型：沙垄、沙波、潮流沙脊和潮流沙席。此外，潮流的侵蚀作用还形成特征的侵蚀地貌——潮流冲刷槽。

(1)沙垄：主要发育在侵陆海的底砾岩中，其形成条件必须具备足够大的潮流流速(大于100cm/s)和砂级沉积物的供应(但不充足)。沙垄通常为平行潮流最大流速方向纵向排列的砂体。它们由长达15km、宽达200m、厚不超1m的沙垄和沙带组成。下伏的稳定砾石条带介于其间。沙垄发育的水深一般在20～100m之间，常出现在潮流上游地带。凯尼恩(1970)根据外部形态及形成时的表层流速将沙垄区分为A、B、C、D四种类型(图6-25)。

A型：沙垄呈似带状，由横向排列在石质海底上短而直的脊组成，表层流速达125cm/s。

B型：为最常见的一类沙垄，为伸长的较薄的砂层。偶尔在沙垄上覆盖有不对称的波痕，波长大于1m，波高为几厘米。形成B型沙垄的表层流速低于形成A型的流速，一般为

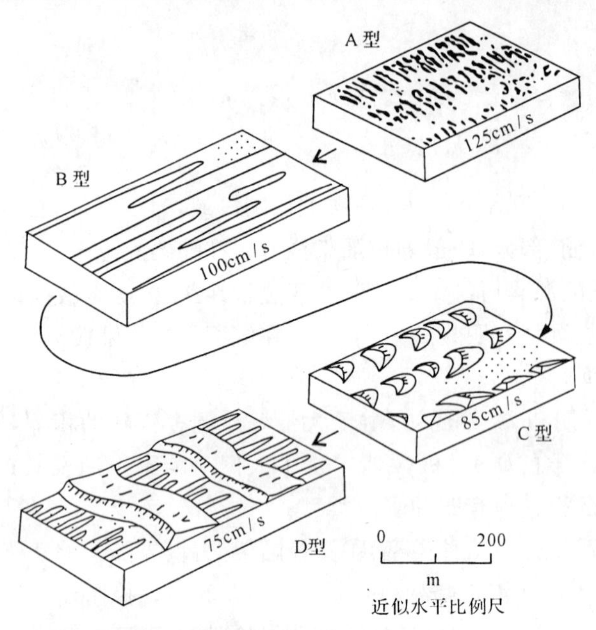

图 6-25　北欧潮控陆架浅海沙垄的主要形态类型(据 Kenyon,1970)
图内数字单位代表最大近表层流速

100cm/s。

C型:为一系列脊线弯曲的波状体或类波痕似带状排列而成的长形砂体。类波痕波状体长 150m,高度小于 1m,形成的表层流速约为 85cm/s。

D型:此种沙垄形成于巨波痕的波谷中。它们沿长轴方向比较连续,只有几米厚。宽度分布似乎与共生的巨波痕长度有关。

A、B、C、D型沙垄的分布一般限于紧邻侵蚀带的下游地段。

(2)沙波:又称为水下沙丘(三维),它是由陆架上定向海流形成,是长轴基本垂直流向的一种横向底形,具有平直的波脊和明显的崩落面。在许多现代潮汐陆架中,水下沙丘常叠加在潮流沙脊和沙席之上,是现代海底沙脊、沙席继续活动的标志,也可集群形成水下沙丘场,其形态和形成机理与陆上风成沙丘近乎相同。有些学者按规模大小和形态差异又将它们区分为沙丘、沙波、巨波痕、波痕等。

(3)潮流沙脊:潮流沙脊是巨型线状底形,长轴方向平行最强潮流方向,它与潮流冲刷槽相间分布,构成潮流脊槽体系。也是现代潮汐陆架上最具特征、分布最普遍的一种底形,在北海陆架上有广泛发育,整个线状沙脊群形成一个垂直于海岸线的浅滩后退块体。此种沙脊一般高可达 10～40m,宽 1～2km,长达 60km,最长超过 100km,脊线间距为 4～12km。浅滩之间(脊间)水深 30～50m,脊峰处水深仅 3～13m。由于潮汐流趋于不对称,沙脊一边受涨潮流控制,一边受退潮流控制,结果沙脊随着潮流的变化而发生扭曲,形成"Z"形沙脊。

沙脊的剖面反映了沙脊生长发育和物质迁移的过程。大多数沙脊具有向一个方向倾斜的前积层,其倾角 1°～3°,最大 6°;下部倾角缓,实际是底积层,向上变陡;前积层倾向与沙脊的陡坡倾向一致,代表了沙脊水平迁移的方向。

(4)潮流沙席:潮流沙席是在陆架海底以旋转潮流作用为主、潮流流速为 50～100cm/s(Stride

等,1982)形成的席状砂质堆积体,有的也存在于流速较低的砂质海区,以形态平缓为特征,在世界陆架浅海分布广泛。Stride 等(1982)在西北欧陆架海发现的最大陆架沙席面积为 $2\times10^4 km^2$。我国近海的潮流沙席——扬子浅滩东西宽 270km,南北长 200km,呈椭圆形,面积约 $3\times10^4 km^2$(Liu,1982),是世界上最大的潮流沙席之一。活动的潮流沙席表面常有波状起伏的水下沙丘。扬子浅滩表面广泛分布的水下沙丘,说明海底至今仍然受到潮流和波浪的作用。

(5)潮流冲刷槽:冲刷槽为潮流的侵蚀作用形成的纵深方向延伸的深槽,是现代陆架上最深的地形,它们一般形成在潮流流速大于 3kn(1kn =1.852km/h)的海区。潮流的流速愈大,侵蚀愈烈,冲刷槽的规模也愈大。我国陆架上著名的潮流冲刷槽有琼州海峡、老铁山水道和澎湖水道等。另外,有许多海湾湾口、河口、岬角和岛屿间有潮流侵蚀作用形成的小规模潮流潮道(潮汐通道),成为沿海航运的天然通道,如胶州湾的沧口水道、杭州湾金山深槽、金塘水道和螺头水道等。我国近海大多数天然航运水道是由潮流形成并维持着的。

2. 浅海潮汐砂体的沉积学标志

潮汐砂体虽然在形状、规模和分布等方面各不相同,但它们均具有潮汐作用形成的典型沉积构造,其中最重要的有双向和多向水流形成的古流向构造、泥盖、潮汐流侵蚀面等。

方向相差约 180°的双众数古水流型式的沉积构造(双向交错层理)一般是直线往返的涨退潮流形成的;具多向古水流形式的沉积构造反映流向在时间上发生变化或旋转潮流的特点,或者在潮流上叠加有风暴活动;单向流的沉积构造可能与潮流有关,但也可发生在其他海流环境(如风暴流等)。

泥盖是夹在大型斜层系之间或存在于再作用面上的薄泥层,一般厚达几毫米。

浅海潮汐流形成的侵蚀面与河口湾、障壁岛的进潮口和河流中形成的不同,它们具有水平分布范围广、地形起伏小和无冲蚀的深槽等特征。侵蚀面上还常有贝壳堆积、生物扰动痕以及磷酸盐矿物和海绿石矿物的富集。侵蚀面的形成可能是由于砂的补给减少、搬运路线侧向迁移,沙脊侧向迁移越过冲刷槽以及潮流速度变化所致。

潮流沉积物主要来源于低海平面时期陆相、滨海相沉积或现代河口沉积,并遭受了潮流的往复淘洗改造,形成了有别于海滩砂的粒度分布特征。刘振夏(1983)经研究江苏潮流砂的概率累积曲线后,发现其主体均由两组分选略异的跳跃组分构成,其中第一跳跃组分的分选优于第二组分,为正偏态,含量在 70%以上,有的超过 95%,滚动组分基本缺失,或由少量贝壳碎片构成,悬浮组分含量一般小于 30%(图 6-26)。该曲线反映沉积物受两个不同方向和速度的潮流所控制。与海滩砂的区别在于,虽然海滩砂在波浪的冲流和回流作用下也形成两个跃移组分,但其第二跃移组分的分选比第一跃移组分好,为负偏态。

粒度的频率曲线能反映粒径分布范围、各粒级百分比及百分比最高和最低粒级所在的位置。不同环境沉积物其粒径频率曲线的形状不同。潮流砂的频率曲线尖陡,众数为 $2\sim4\varphi$,通常带一细颗粒的尾巴,而波浪作用形成的海滩砂通常没有这种尾巴,可见潮流的分选作用不及波浪(图 6-26)。

刘振夏(1986)对北黄海、江苏潮流砂的 $C-M$ 图像分析表明,潮流砂主要分布在中等紊流递变悬浮区(Ⅴ),少数在强紊流递变悬浮区(Ⅳ)和与递变悬浮非常临近的均匀悬浮区(Ⅵ)。投影区基本平行于 $C=M$ 直线,特点是 C 和 M 成正比增加,搬运方式以递变悬浮为主,其悬浮体粒度和浓度均随水深增加而有规则地增加,即通常所指的跃移质,并受底部摩擦所引起的紊流控制,被

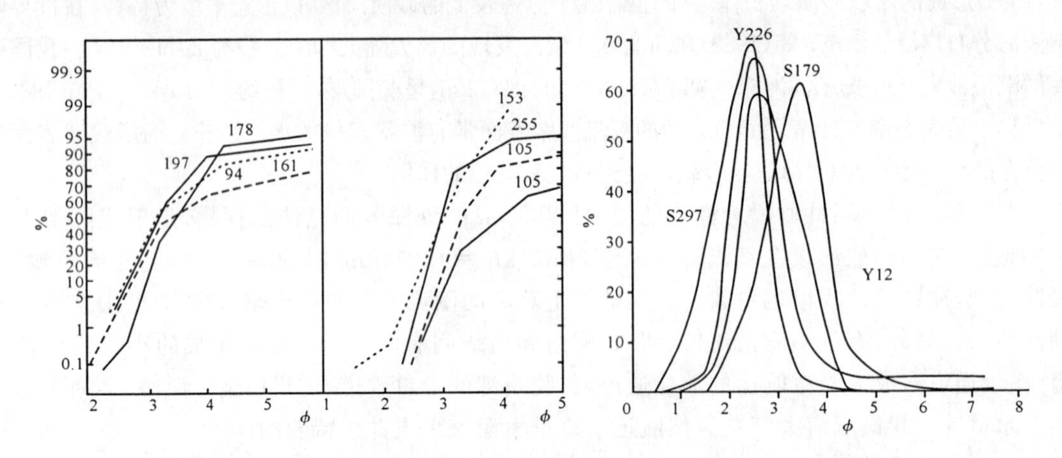

图 6-26　江苏潮流砂粒度概率累积曲线(左)和频率曲线(右)(刘振夏,1986)

紊流举起进行分选,紊流愈强,悬浮的颗粒愈粗;当紊流减弱时,发生沉积作用(图 6-27)。此外,由于潮流的往复淘洗作用,造成沉积物中重矿物和稳定矿物相对富集,成分以密度大、硬度高、无解理、不易破碎的粒状矿物为主。西朝鲜湾潮流砂重矿物以角闪石、石榴子石、钛铁矿为主,平均含量为 5%;苏北潮流砂以角闪石、绿帘石为主,其次为石榴子石、榍石,重矿物占矿物总量的 5.5%。

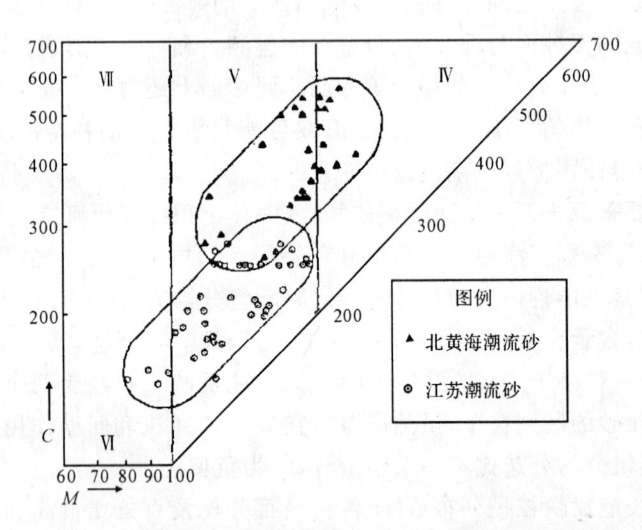

图 6-27　江苏岸外潮流砂粒度分布 $C-M$ 图(刘振夏,1986)

(二)风暴浪控陆架浅海环境及风暴沉积

风暴浪控陆架浅海多分布在面临开阔大洋和盛行风地区,通常多为陆缘海及面向盛行西风的陆架。如现代的白令海、面临太平洋的华盛顿-俄勒冈陆架、东北大西洋的一些陆架以及我国的东海、南海大陆架。在半封闭和背风的陆架风暴不强烈,如美国东部陆架,我国渤海、黄海。

风暴以及由风暴引起的风暴浪和风暴潮对海岸带的破坏作用早已引起地理学家和地质学家的注意。但对陆架浅海中风暴的沉积作用及对沉积物的影响直到近二十余年来才被地质学家所重视。20世纪70年代初，克林(Kelling)和马林(Mullin)正式提出“风暴沉积”和“风暴岩”的概念以后，引起了国际沉积学界的普遍关注。到80年代，由于对风暴的形成机理，风暴岩剖面层序、特征及成因解释的全面研究，建立了风暴沉积模式，从而有可能对古代地质时期风暴沉积进行有效的鉴别。对风暴浪控陆架浅海环境的认识，关键在于识别风暴沉积。

1. 浅海风暴沉积环境及风暴流的形成

风暴活动具有季节性。一般将天气分为正常天气和风暴天气。在正常天气，风浪所能影响海底沉积作用的深度为1/2深水波波长，通常为10～20m(正常天气波基面)，而当风暴天气时，风暴浪波及的深度一般都远远大于正常天气，通常都超过40m，甚至可达到100～200m水深(风暴天气波基面)。风暴期波基面大为降低是导致陆架浅海沉积物搬运和再分配的重要原因。

风暴浪具有巨大的能量，可以非常高的速度向海岸传播，在沿岸地带形成涌水现象，称作风暴潮。风暴潮在海岸带可将水位抬升5～6m以上，一部分海水越过障壁岛或海岸沙丘形成冲溢扇；而大部分海水以退潮流的形式携带大量从近滨带冲刷侵蚀下来的沉积物回流到陆架浅海中。这股水流称作风暴回流，它是一种沿海底流动的密度流，具有极高的流速，可以向海流动达几十至百余千米。风暴回流是形成风暴沉积和风暴岩的主要地质营力。高流速的风暴回流对海底的冲刷，可以形成明显的侵蚀面和冲刷痕，水流的簸选可将大量泥沙搬运到浅海更深的地带，并形成具有粒序层的浅海浊积岩(风暴浊积岩)。粗大的砾石、生物贝壳等则被停滞在侵蚀面上形成滞留层。由于风暴波基面的降低，在正常天气波浪影响不到的远滨带海底，在风暴浪的作用下可以形成风暴浪成交错层理，即丘状交错层理。丘状交错层理是鉴别风暴沉积的特有标志(图6-28)。

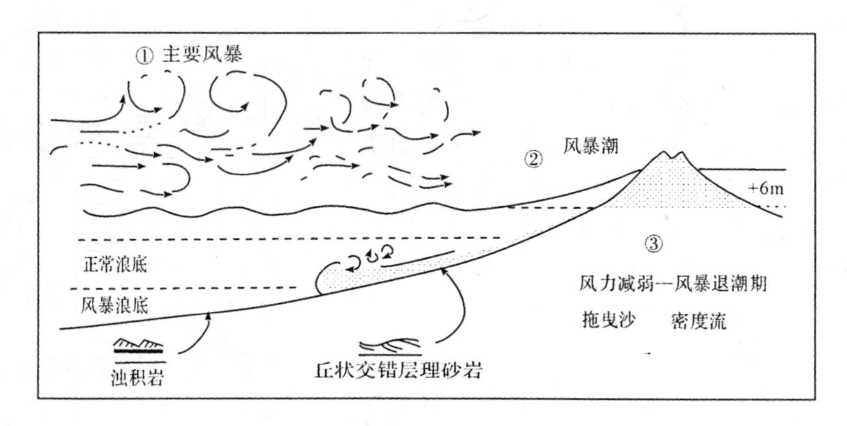

图6-28 主要风暴和风暴流的形成关系理想图解(据Norward和Nelson等，1983)

通常，可将风暴活动过程划分为三个阶段：①风暴高峰期，是风暴浪、风暴潮和风暴流活动最强烈的时期；②风暴衰减期，风浪逐渐减弱，波基面逐渐回升，是主要的沉积期；③风暴停息期，风暴活动全部停止，波基面恢复至正常波基面位置，正常的陆架过程重又开始，实际上已进入正常天气阶段。

2. 风暴沉积层序及风暴岩

风暴沉积是一个时间过程，在风暴活动的不同阶段，发生着不同的沉积作用，形成不同的结果。一次完全的风暴过程可以形成具有一定规律的垂直层序(图 6－29)。

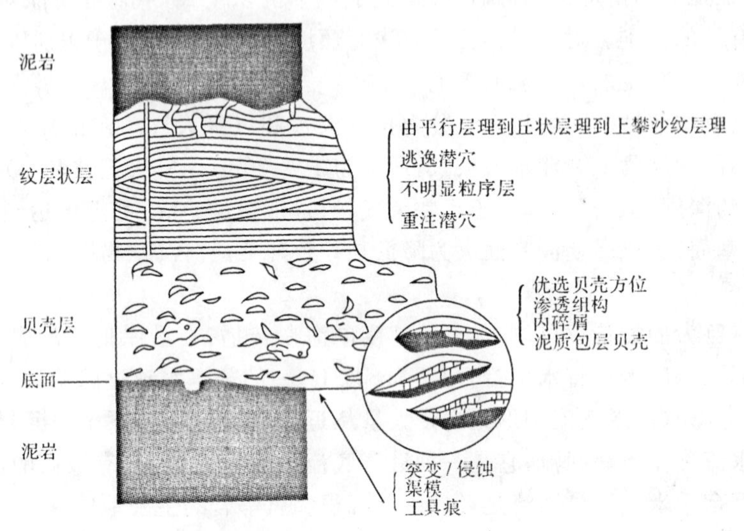

图 6－29 典型的风暴沉积层序(据 Kreisa 和 Bambach，1982)

(1)侵蚀底面：是在风暴高峰期由风暴浪产生的涡流侵蚀而成。一般为平滑或不规则状。与下伏好天气时细粒的陆架沉积物突变接触，陆架背景沉积物表面常被风暴流及其所携带的物质冲刷，刻画出许多冲槽和冲沟，并常保留在风暴沉积层底面形成各种工具痕、渠痕等底部印模。这些印模可以指示风暴流的流向。

(2)粗粒滞留层：一般多为大的介壳和粗的内碎屑和砾石。它们是风暴簸选残留下来的滞置物。介壳层常具有优选方位，多数呈凸面向上平行层理排列的组构，但也有呈垂直的或叠瓦状排列(多为扁平的内碎屑砾石或介壳)。介壳层一般都是经过原地簸选、改造和扰动，但未经长距离搬运。虽然如此，其原来的生长状态已难恢复。贝壳常保留有泥晶包裹的痕迹。由于风暴衰减时细粒物质的沉积，在介壳层中可形成渗滤组构。

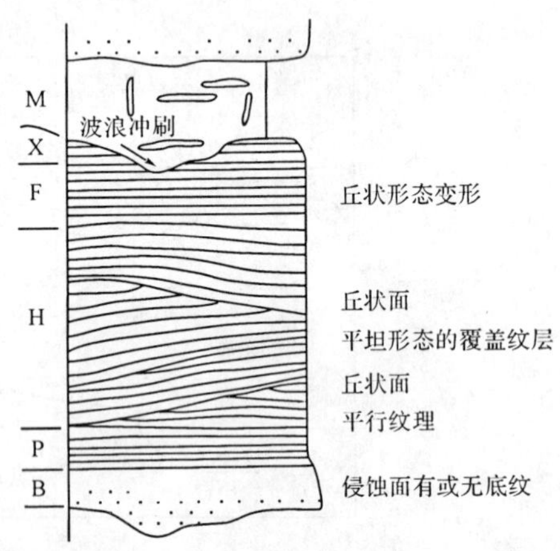

图 6－30 具粒序层的风暴沉积层序

(据 Brenchley，1985)

(3)粒序层：在有些剖面中，介壳层不发育或没有，侵蚀面上直接出现的是粒序层块状砂岩，尤其是在风暴浪基面以下的剖面中非常普遍(图 6－30)。粒序层是由风暴回流形成的浊流沉积而成的，皆为向上变细的正粒序。

(4)纹层段：主要由细砂及粉砂组成，是在风暴衰减期，风暴流能量逐渐减弱，细粒物质沉积而成的，这时流速也开始减小，常出现小型板状、波状交错层理，以及丘状交错层理。纹层段的层理常显示有序的层序：板状或丘状交错层理向上逐渐过渡为爬升波纹层理，最后风暴停止水流更为缓慢，风暴流携带的悬浮物质最终成雾状沉积下来，形成水平纹层。在这些纹层中，以丘状交错层理最具代表性，它的出现是风暴浪的最好证据。在纹层段内已开始出现底栖生物的活动，但由于此时沉积速度较快，逃逸迹比较常见。

(5)泥岩段：风暴完全停息后，陆架已恢复到正常天气时的沉积状况，沉积物主要是泥岩。这时底栖生物又重新定居在海底，对底质强烈扰动，原生层理多被破坏，生物扰动构造、内栖生物的潜穴、表生生物的遗迹非常发育。

综上所述，风暴沉积层序总的为一个向上变细的旋回，与经典浊积岩有某些类似的特点。

3.风暴沉积的侧向变化

风暴沉积物是突发性的风暴流周期性侵蚀的产物，其特点决定于风暴强度、沉积场所的水深、相对于风暴行径的位置、陆架坡度和海岸形状。一般来说，在不同部位有不同的表现。在近岸地带的风暴沉积粒度较粗，厚度较大，侵蚀面较发育，侵蚀深度较大，滞留层较发育。在正常波基面之上，还出现里克和沃克(Leckie 和 Walker，1982)所称的“洼状交错层理”。洼状交错层理是由一系列下凹的冲沟所组成，宽 0.5～2m，深数十厘米。在洼地边缘倾角一般小于10°，在垂直剖面上，洼状交错层理与丘状交错层理相似，但前者比后者更为平缓。关于洼状交错层理的形成机制还研究得不够，一般认为是在好天气时的波浪剥蚀掉了丘，而保留了洼(Bose，1986)。在正常波基面与风暴波基面之间，则出现大量丘状交错层理。在风暴波基面之下，主要发育似浊积岩的粒序层，甚至可以完全演变为浊积岩，所以，由风暴作用控制的陆架浅海，大致可以划分成三个风暴沉积带：①近滨带，在正常波基面以上，近源风暴沉积，为近源相；②远滨浅水带，在正常波基面以下浅水区，为中间过渡相；③远滨深水带，在正常波基面以下深水部分，为远源相。风暴波基面以下过渡为浊积岩(图 6－31)。

第三节 半深海-深海体系

一、深海沉积作用及沉积相的划分

人们对深海沉积作用及其沉积相的认识有一个漫长的过程。过去人们总是将深海看作是非常宁静、黑暗和毫无生机的环境，在那里只有极细的泥质沉积物以极缓慢的速率进行沉积。自从 20 世纪 50 年代以来，以库宁(Kuenen)和米格里奥里尼(Migliorini)发表的《浊流是递变层理的成因》著名论文为起点，开创了深水沉积物重力流研究的新时代，从而突破了传统的机械分异学说在沉积学中的统治地位。在 20 世纪 50—70 年代中，人们对水下重力流的流动机制、沉积作用的过程、沉积物的组成、结构、层序以及所形成的整个沉积体系的内部构造和时空分布规律都有了详细的认识。大概从 20 世纪 60 年代中期，通过深海取样和摄影，人们又发现在大陆坡地带(如北美东部陆坡上)还存在着平行陆坡等深线流动的大洋底流。这种底流也可形成波痕和海底侵蚀，可以远距离搬运大量的粉砂级细碎屑沉积物形成大规模的沉积层，这种大洋底流及其沉积物被称作等深流及等深流沉积物。由此，人们开始确认深海洋底绝不是非

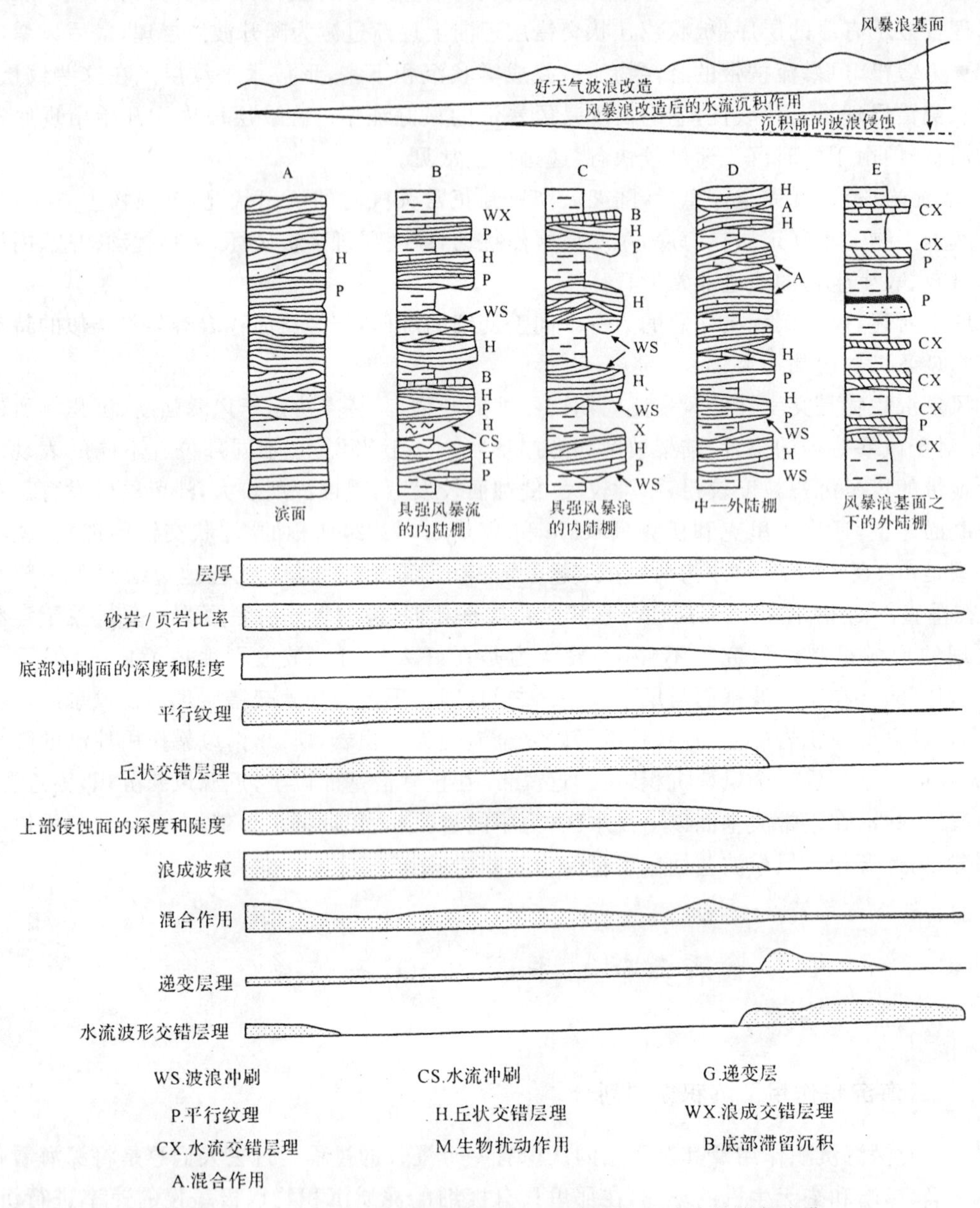

图 6-31 风暴沉积随距岸远近和水深逐渐增大而发生的岩相变化

(据 Brechley,1985)

常平静和毫无生机的环境了。20 世纪 60 年代兴起的板块构造学说更进一步揭示和解释了大洋底也曾发生着强烈而复杂的构造和火山活动,不仅存在正常的沉积作用,还进行着海底热泉、喷气等水热沉积成岩和成矿作用。深海远洋的海底曾发生和正在进行着多种多样的沉积事件,并形成了种种不同的沉积物的观点已被人们普遍接受。但截至目前,人们对深海沉积的认识仍然处于初期阶段,还有更详细更复杂的沉积现象仍待人们进一步去探索和研究。本节仅对与正常沉积作用(即不包括火山沉积作用以及与海底喷泉、喷气有关的水热沉积作用)有关的沉积相特点作一概略介绍。

1. 控制深海沉积的因素

现代大洋沉积物的组成是多种多样的，主要的沉积物有陆源碎屑沉积物、硅质沉积物、钙质沉积物、深海黏土，与极地冰川有关的沉积物及大陆边缘沉积物（主要是与陆架浅海相连的陆源碎屑沉积物和异地碳酸盐沉积物）等。这些沉积物都是在各种海洋作用过程中形成的。活跃在大洋表层的波浪、潮汐流、风暴流对深海基本上不起什么作用，只能影响到大陆边缘的较浅水地区。对深海远洋沉积有影响的主要因素是表层水域的肥度、碳酸钙的补偿深度、大洋底流、沿大陆坡峡谷向下流动的沉积物重力流，以及距大陆的距离。

（1）表层水域的肥度：表层水域的肥度指供给在表层水域生活的生物的营养组分含量。在高营养物质的表层水域有大量浮游藻类和微体或超微体生物存在，这些生物的遗骸及所形成的生物成因物质比较丰富。因此，肥度高的地带要比贫瘠地带具有高的生物成因沉积物速率。例如，赤道及低纬度海域有机质生产率远高于高纬度和极地洋区，那里有大量抱球虫、颗石藻、翼足类等组成的深海钙质软泥。

（2）碳酸钙的补偿深度：碳酸钙补偿深度控制着沉积物化学组分的深度分异。碳酸钙沉积物在海洋中的垂向分布受温度、压力、pH 值以及海水中 CO_2 含量的影响。随着深度的增大，碳酸钙溶解度也增大。表层水域深度小，pH 值略大于 7，CO_2 分压小，由于生物和生物化学作用有大量 $CaCO_3$ 产生及大量钙质生物遗骸形成。这些碳酸钙物质在缓慢沉降过程中，随着深度的增大不断被溶解。在溶解速度急速增大的深度范围称作碳酸钙溶跃层。当深度增大到某一深度线时，就出现碳酸钙的产生（或加入）量与溶解量达到平衡，这个深度线即碳酸钙补偿深度线。也就是说在此线之下将不会再有碳酸钙的沉积了。由于主要的碳酸钙矿物文石和方解石的溶解度不同，各有不同的补偿深度线。方解石补偿深度线要比文石补偿深度线更深一些：大约在－4 000～－5 000m（现代大洋）。碳酸钙补偿深度线在空间和时间上也有所变化。关于控制这种变化的因素尚不完全清楚，但海水中碳酸钙的生产率肯定是个重要因素。例如在近赤道的低纬度地带，生物成因碳酸钙的产生和补给速率比较高，所以该区的补偿深度线呈向下弯的曲线状。在地质历史中，由于大量钙质浮游生物主要是从中生代才开始大量出现，所以在古生代和前寒武纪的深海远洋中缺乏碳酸钙的沉积物（Chilinger 等，1967）。当然，由重力流作用从浅水搬运到深海中的沉积物在碳酸盐台地周围海域仍然非常发育。

（3）距大陆区的距离：这个因素对远洋深海沉积物的影响也很明显。远洋深海中的沉积物有相当比例是通过表层海水的运动，以悬浮的方式将来自大陆或陆架浅海的细粒陆源物质（陆源泥、粉砂、生屑等）搬运到大洋中来的。在临近大陆的海域，陆源物质供应较多，沉积速率快。陆源物质的分布随与大陆距离的增大而减少，同时对碳酸钙补偿深度也有一定的影响。

（4）大洋底流：大洋底流是沿洋底的大规模水团运动。对搬运沉积物来说，最重要的是一种沿大陆坡等深线运动的等深流（contour current），也称作平流。等深流首先发现于北美东部大陆坡的陆隆区，以后在南大西洋、太平洋和印度洋均有发现。等深流是由于大洋水团的温度变化而形成的一种环流体系。在两极地带由于冰层和低温的影响，表层海水因密度增大而下降，并沿洋底向低纬度方向流动。由于受科里奥利效应的影响，底流的流向分别向右偏转。在北大西洋来自北极的底层水团便沿北美大陆边缘的陆隆平行等深线向南流动，而来自南极的底层水团因受南极大陆地形的影响而转为围绕南极大陆边缘向东流动，形成环南极的等深流水团。其他大洋的这种温盐水团底流也均受各大洋海底地形的影响各有不同的运动规律。发生在各大洋底的这些等深流均为流速缓慢的无水道层状牵引流。据对现代等深流流速的测量，一般为15～20cm/s，这种流速一般只能搬运细砂和粉砂级沉积物，并能产生小水流波痕和微弱的侵蚀冲刷构造。但由于其涉及面积广阔，所以是深层洋底重要的搬运和沉积的营力。

(5)沉积物重力流：沿大陆坡上的海底峡谷向下流动的另一种重要流体是沉积物重力流。沉积物重力流是一种密度流，是将浅水沉积物大规模搬运到深海底的最重要的地质营力。深海远洋粗碎屑的搬运和沉积主要都是通过重力流进行的。详见第八章论述。

(6)其他影响因素：除上述各影响因素外，还有风、冰川等作用的影响。风可以将大陆上的细粒物质吹扬到海洋中沉积下来，但能到达深海远洋的只有少量的尘土(陆源黏土)，由于数量少而分散，不可能形成独立的风成黏土层。并且当沉积在海底后受海解作用很难与其他来源的黏土区别开来。冰川作用可以将极粗的陆源碎屑以至巨大的漂砾搬运到海洋中，但直接来自冰川的冰碛物多分布在极地大陆周围的陆棚浅海区，到达深海远洋的一般为冰筏沉积物，多以落石的方式混在正常深海沉积物之中。此外还有一些不足以形成沉积体的外星散落物质。

2.深海沉积相的划分

综上所述，我们可将在深海远洋中的沉积作用归纳为不同方式、不同性质的三种类型：①远离大陆区在开阔大洋中以悬浮方式沉积的远洋作用；②重力驱动的再沉积作用；③牵引流性质的底部洋流——等深流沉积作用。相应的沉积相为远洋沉积相、浊积岩沉积相和等深流沉积相。

二、等深流沉积相

1.等深流沉积相类型及特征

等深流沉积物在现代深海中分布广泛，并占有一定的比例。等深流主要是由大洋温盐旋回(thermo - haline circutation)驱动的大洋底流，一般都沿大陆坡等深线流动，其规模甚至与某些海底扇相当，可以搬运大量细粒沉积物形成沉积物漂流。等深流沉积物常与远洋半远洋沉积层共生，在地质记录中比较难于区别。但经过近十余年对现代大洋底等深流沉积的观测研究，已初步掌握了它们的特点和与其他深海细粒沉积相的区别。由等深流形成的沉积岩称作等深岩(或等深积岩)。赫里斯特和希兹(Hollister 和 Heezen，1972)曾对比研究了等深岩与浊积岩的区别，总结了等深岩的基本特点(表6-1)。斯托等(Stow 和 Lovell，1979；Stow，1982、1984)曾区分出两类等深岩相：泥质等深岩相和砂质等深岩相。下面我们着重介绍两个主要的相类型：泥质等深岩相和粉砂质-砂质等深岩相。

(1)泥质等深岩相：泥质等深岩相是深海中主要的等深岩相，它们占等深流漂流沉积物的75%以上。

泥质等深岩相的主要特点是整个层序单调、均质或无构造。但仔细检查仍可发现某些构造特征。一般没有明显的分层，但在泥质较多和粉砂—砂质之间可以有正递变和逆递变的特点，厚约几至几十厘米。富泥部分和富砂部分之间多为渐变的关系，很少有冲刷和突变，不论是粉砂还是黏土，其中很少见有原始纹层，如果有，则可以是比较清晰的平面状或不清晰的波状。没有纹层的泥整个都被生物扰动。粉砂部分常集中成不规则的束状和透镜状。在结构方面泥质等深岩主要是由粉砂质黏土组成，仅含有10%～15%的砂。平均粒径5～40μm，大都分选不好。物质组成多为生物成因和陆源物质的混合物，二者混合的比率随距陆源的距离而有变化。生物成因物质主要是硅质和钙质浮游生物和底栖生物碎屑的混合，底栖生物为深水种属而非来自浅水的种属。陆源碎屑部分主要是细的石英和黏土。有些等深岩的组分可能具有或多或少的远洋组分和来自大洋中脊的火山物质(图 6-32)。

表 6-1　等深岩与浊积岩的对比特征(据 Hollister 和 Heezen,1972)

特　征		浊　积　岩	等　深　岩	结　论
颗粒分选性		中等至分选差	好至极好	等深岩有较好的分选性
厚　　度		通常 10～100cm	通常<5cm	等深岩有较薄的层
原生沉积构造	粒　　序	普通存在的粒序，底部接触清楚，向上接触不清楚	正粒序及逆粒序，顶底接触都清楚	等深岩的递变性规律较差，而顶部接触明显
	交错纹层	普遍，由细屑岩集中而显示出	普遍，由重矿物集中而显示出	等深岩与浊积岩明显区别是交错层
	水平纹层	仅见于上部，由细屑岩集中所显示出	整个层都有。由重矿物或有孔虫介壳集中所显示出	层中有重矿物
	块状层理	特别在岩层的底部，常见	缺乏	等深岩普遍是纹层
颗粒组构		在块状递变层中少或没有优选方向	整个层中普遍地颗粒优选平行层面	等深岩有较好的颗粒定向
砂和粉砂级组分	杂基(小于 2μm)	10%～20%	0～5%	等深岩的杂基少
	微体化石	岩层中普遍常见，保存完好有分选	稀少，磨损或破碎，重矿物砂有分选	等深岩显示更多再改造的证据
	植物及骨骼残屑	岩层中普遍常见，保存完好有分选性	稀少，磨损或破碎	
岩石类型		杂砂岩，岩屑杂砂岩	岩屑杂砂岩、长石砂岩、石英砂岩	等深岩成熟度更高一些

(2)粉砂质-砂质等深岩相：在现代深海中，明显的粉砂质和砂质等深岩层不算太丰富，通常为 1～20cm 厚的不规则的层；其顶底界面可以是突变的和较平的，也可以是侵蚀的或完全是渐变的，除了较粗的物质不规则地富集或显示微弱的正递变或逆递变，多数不具原始构造。最常见的是整个层都具有生物扰动构造，有大的潜穴，也有小的不规则的斑块。

粉砂质-砂质等深岩主要是含有 40%砂和小于 10%黏土的中—粗粒粉砂岩，但也有细砂质等深岩。一般颗粒分选良好，粒度曲线常显示一个细尾。颗粒的物质组成与泥质等深岩相似，主要为生物成因和陆源的物质混合组分，较大的生物颗粒常为碎屑并多被铁染，其中黏土物质非常少。有时还可发现有比较纯的有孔虫砂等深岩相。

2. 等深岩相的综合层序

冈兹尔、佛格里斯和斯托根据对大西洋加的斯湾法鲁等深流漂移体的岩心研究，并结合其他各类等深岩相的特点分析，提出了一个关于等深岩相的综合层序(Gonthier、Faugeres 和 Stow,1984)。他们认为等深岩相的层序没有像浊积岩那样的规则层序，其最突出的特点是具有一个向上变粗的反递变和一个向上变细的正递变序列。这两个序列共厚 10～100cm，它们可以单独出现，也可以同时出现形成逆—正递变单元。层序中相的变化从顶到底为：均质泥相、斑状粉砂和泥相、砂质粉砂相、斑状粉砂和泥相、粉砂相、均质泥相（图 6－33）。

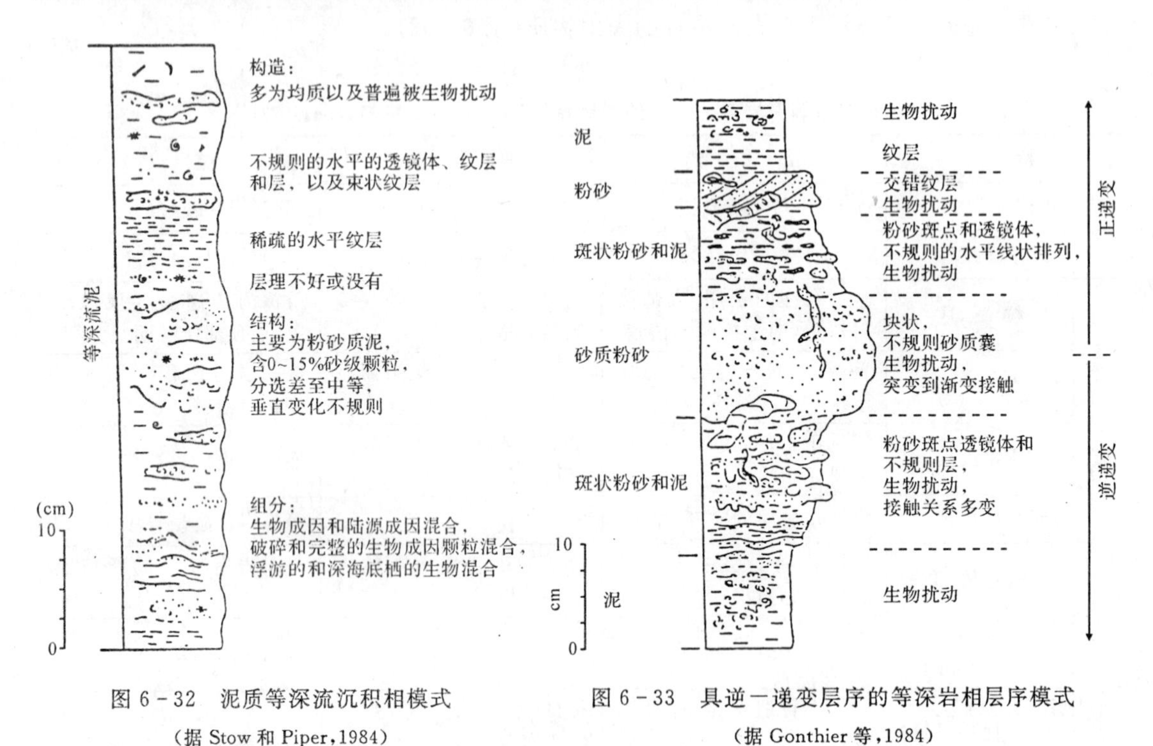

图 6－32 泥质等深流沉积相模式

（据 Stow 和 Piper，1984）

图 6－33 具逆－递变层序的等深岩相层序模式

（据 Gonthier 等，1984）

上述层序在厚度、完整性和综合性方面常会有相当大的变化，一个完整的逆递变——正递变层偶反映了在同一地点上等深流流速的变化状况。从逆递变层到正递变层代表流速开始逐渐增大，到达最大值后又开始逐渐减弱。平均流速变化在 5～25cm/s，整个层序延续的时间，大约为 1 000～30 000a。

三、远洋和半远洋岩相

1. 远洋和半远洋沉积物分类

远洋和半远洋岩是由远洋和半远洋沉积物形成的一些岩石。远洋沉积物在现代和古代海洋中分布非常广泛，它们主要是在没有底流和重力流的地方由上部水体中沉积或沉淀下来的沉积物。远洋沉积物主要分布在开阔大洋（一般是最深的大洋盆地）中，其组成主要是极细的远洋黏土和浮游生物骨骸物质，其中也含有少量由风从大陆吹来的极细的粉砂和黏土，以及可能的火山灰和星际物质。半远洋沉积物一般堆积在距大陆较近的大陆边缘的深海和半深海领域，它们主要是由当地的生物成因物质和陆源漂移来的粉砂和黏土组成的一种混合物。

关于远洋和半远洋沉积物的概念和分类尚存在着一些不同认识。但有一点是共同的，就是它们都堆积在风暴波基面以下。有时（在上翻洋流地区）也可在风暴波基面以上出现，但不会越过正常天气波基面在更浅的地带沉积。至于具体的深度范围则变化很大，可从几百米直到深海底。关于远洋和半远洋沉积物的分类也有不同的方案，伯格(Berger,1974)的分类对区分远洋和半远洋岩相有一定意义。

(1)远洋沉积物(软泥和黏土)：中值粒径小于5μm的陆源、火山成因和(或)浅海成因的碎屑小于25%(自生矿物和远洋生物除外)的细粒沉积物。远洋黏土是$CaCO_3$或硅质化石小于30%的黏土岩，软泥是$CaCO_3$或硅质化石大于30%的黏土岩。

(2)半远洋沉积物(泥)：中值粒径大于5μm的陆源、火山成因和浅海成因的碎屑大于25%(自生矿物和远洋生物除外)细粒沉积物。

(3)远洋和(或)半远洋沉积物，包括：①白云石-腐泥岩；②黑色(碳质)黏土和泥-腐泥岩；③硅化黏土岩和泥岩-硅岩；④石灰岩。

2.远洋和半远洋沉积相特点

斯托和派波(Stow和Piper,1984)将远洋和半远洋沉积相概括为四种相类型：远洋生物软泥、远洋泥质软泥、远洋黏土和半远洋沉积。

(1)远洋生物软泥：远洋生物软泥是分布在远离大陆的开阔大洋盆地中的典型沉积物，其最重要的特点就是沉积速率非常低(一般为1～10mm/ka)。其组成主要是浮游生物的骨骸，介壳残屑(大于75%)。这些残骸或是钙质的(颗石藻、有孔虫、翼足类等)，或是硅质的(放射虫、硅藻、硅鞭藻等)，或是二者的混合物。其他组分有极细粒的陆源物质(主要是石英、长石和黏土)、火山物质(火山玻璃和火山灰)、自生矿物(磷灰石、重晶石、沸石、铁锰结核和包壳等)以及偶见有星际物质[图6-34(a)]。

远洋生物软泥粒级大小主要决定于生物组分。颗石藻非常细小(泥级)，而某些有孔虫或富硅藻软泥平均颗粒为粉砂级，而陆源组分主要是黏土级。关于远洋生物软泥的粒度分析资料目前还不多，更详细情况尚不了解。

远洋生物软泥的构造特点一般是块状的。原始层理通常全被生物扰动均化了(缺氧盆地除外)，一般没有原始水流成因的构造。潜穴和各种遗迹化石常因水深、粒级、沉积速率及含氧情况的不同而有不同的组合，常见的有*Zoophycos*、*Chondrites*、*Planolites*、*Scolicia Trichichnus*、*Teichichnus*和*Lophoctenium*等，几种组合常相互叠置在一起。

不同组分的远洋生物软泥常可呈互层出现。各种类型软泥组分、结构及分布特点常受水深、碳酸钙补偿深度、陆源物质及火山物质供应情况、表层水的生产率、有机质的供给、表流和底流型式、气候和盆地自然地理状况，以及水化学状况的变化而有所不同。一般来说，由于钙质和硅质沉积物的易溶性，沉积速率缓慢以及沉积物在海底暴露时间较长，远洋生物软泥要比浊积物更易遭受洋底的改造。

(2)远洋泥质软泥：远洋泥质软泥是在远洋软泥与远洋黏土之间的一个过渡相类型，含生物成因物质在75%～25%之间。它们也不同于纯半远洋沉积物，其组分主要为黏土而不是陆源硅质碎屑组分。它们主要分布在开阔大洋盆地中，而不是大陆边缘。

(3)远洋黏土：这类沉积物中生物成因物质小于25%；陆源组分中黏土可达60%以上，也就是现代海洋中的红色黏土、褐色黏土等深海黏土。这个相一般堆积在大洋盆地的最深部分。它们是远洋和半远洋沉积物中沉积速率最低的，通常小于1mm/ka，但有时也可达到7.5mm/ka。

远洋黏土的主要成分是黏土，陆源石英和长石等极少。自生矿物有沸石和铁锰矿物(针铁矿、显微结核等)。生物成因物质也非常稀少。火山物质主要是火山玻璃。在洋中脊或直接盖在大洋玄武岩之上的地方，常富含金属和稀有元素。沉积物颗粒都非常细小，一般为黏土级或细粉砂级，分选不好，粒级范围很窄。远洋黏土通常氧化得都很好，常被生物强烈扰动。

(4)半远洋岩：半远洋岩是大洋边缘最为典型的沉积物。它们与远洋岩最大的区别在于陆源物质供应较多，供应速率较快[图 6－34(b)]。

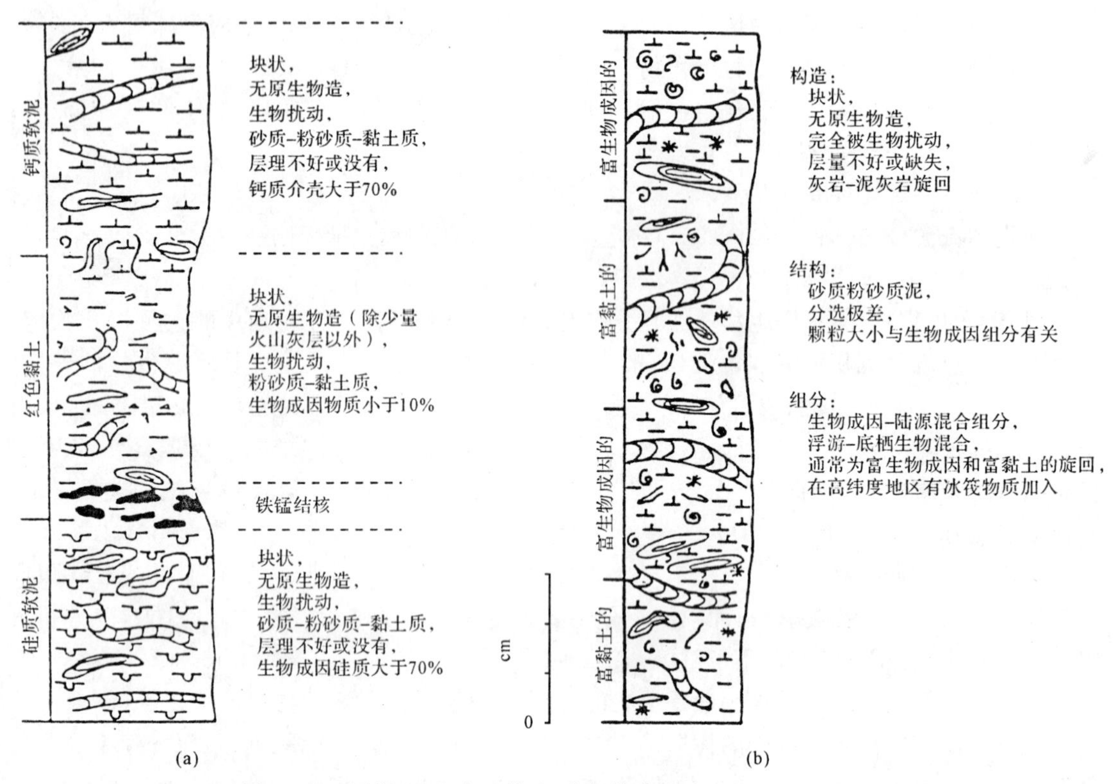

图 6－34　远洋(a)和半远洋(b)岩相模式(据 Stow 和 Piper,1984)

半远洋岩的物质组成是含有 1%～15%生物成因砂屑的粉砂质黏土。分选不好，没有规则的粒级变化。陆源组分较多，随着远离大陆其含量逐渐减少。在高纬度地带，常可见有冰筏物质混入。有机质、炭质和硅质组分含量常随表层生产率、补偿深度的变化而有所不同。常形成富泥和富生物成因组分的不同分层。生物化石主要是浮游类型与当地底栖类型的混合。在正常含氧的情况下，沉积物普遍遭受生物扰动，形成块状和具斑点状的外貌。遗迹化石组合与远洋岩难以区别，在缺氧情况下可以保存水平层理。

3. 深海远洋各类沉积相相互关系

浊积岩相主要分布在大陆边缘的深海半深海的洋盆中。在被动大陆的后缘边缘，由于那里有大的水系和冰川供给大量的陆源物质，浊积岩相尤为发育，细粒浊积岩相也占有极大的比例。如现代的大西洋、印度洋、地中海、环南极大陆边缘，以及西太平洋的弧后盆中都有大面积的浊积岩发育。而在沿碰撞边缘的洋盆中，由于大陆水系规模较小，地形差异大，只在小范围有浊积相发育，其中粗粒岩相所占比例更大一些，例如现代的太平洋东部边缘，滑塌、碎屑流及粗粒碎屑流更为发育。生物成因的浊积岩相主要分布在碳酸盐型大陆坡、碳酸盐台地斜坡、礁前以及碳酸盐台间海槽中。例如现代巴哈马地区的洋舌、埃克苏马海盆等。关于无组构浊积岩相的分布目前尚不太清楚，可能与远源浊积岩有关。

等深岩相的分布主要与温盐洋流系统有关，由于受地转力的影响，在北半球它们主要发育在大洋的西岸陆隆区，例如现代的北大西洋西缘的陆隆地带。

远洋和半远洋岩相常与浊积岩相和等深岩相成互层，或为它们的背景岩相。在深海中，远洋和半远洋岩相占有绝对优势。钙质远洋沉积相一般分布在较浅的洋脊、海台、海山的顶部，均在碳酸钙补偿深度线之上。而硅质远洋沉积相则在碳酸钙补偿深度线以下的较深部位。它们在空间上集中在高纬度环极地地带、赤道带和大洋盆地东缘的上涌洋流带（upwelling zone），而远洋黏土主要分布在大洋中心的最深部位。半远洋沉积多分布在靠近大陆而又无大规模再沉积相（重力流沉积等）的大洋盆地边缘地带。

第七章 过渡相沉积体系

过渡相沉积体系是指形成于陆地与湖泊或海洋过渡地带的沉积体系，包括滨岸三角洲、湖泊三角洲(也称为吉尔伯特三角洲)、扇三角洲和辫状河三角洲沉积体系。

当河水携带着大量沉积物流入一个相对静止和稳定的蓄水盆地时，在两者的会合处将沉积物堆积下来，这个沉积体就是三角洲。如果蓄水盆地是大陆内部的湖泊，这个三角洲被称作湖泊三角洲；如果是浅海(或海湾、泻湖等)则称为海相三角洲。“三角洲”的现代概念是指在河流与海洋的会合地区，在河流作用与海洋作用共同影响和相互斗争过程中所形成的沉积物堆积体系。

对三角洲沉积特点最早进行研究的是吉尔伯特(Gilbert，1885、1890)，他对美国邦维尔湖(Lake Bonneville)更新世湖相三角洲沉积体(按现代的分类概念应为扇三角洲)的描述在早期三角洲沉积的研究中具有极大的影响。吉尔伯特首次识别出三角洲沉积体具有三褶构造(three-fold structure)。后来，巴列尔(Barrell，1912、1914)根据吉尔伯特的这个描述研究了阿巴拉契亚盆地上泥盆统卡茨基尔三角洲(Catskill delta)的沉积相特点，并划分出顶积层(topset)、前积层(forset)和底积层(bottomset)，分别描述了各层的岩性、层理、化石等的特点，从此开始了关于古代海相三角洲沉积相的研究。

从20世纪20年代以来，人们才逐渐发现了三角洲沉积层中蕴藏的许多重要能源和矿物原料资源，众所周知的世界上许多大型油气田(如科威特布尔干油田，委内瑞拉马拉开波盆地的玻利瓦尔沿岸油田，墨西哥湾中、新生代的一些油田，尼日尔河三角洲的一些油田，美国德克萨斯州的西塔斯科拉油田以及加拿大的阿萨巴斯卡的沥青砂等)；赞比亚-扎伊尔铜矿带；南非维特瓦特斯兰德金铀矿；加拿大休伦湖及阿格纽湖金铀砾岩以及国内外的许多重要煤田等都与三角洲沉积环境有关。随着这些矿产资源的勘探和开发，人们对三角洲沉积作用及沉积环境和沉积相的研究也给予极大重视，并取得了巨大成就。值得特别提出来的是，20世纪40年代以来，人们对密西西比河、罗纳河、尼日尔河等现代三角洲的沉积环境、沉积作用及沉积体系进行了系统而全面的调查研究，以及关于河口地区水动力学的研究，为三角洲沉积相模式和沉积体系的建立奠定了理论基础。其中从20世纪60年代开始，由美国路易斯安那州立大学的海岸研究所(CSI)持续进行了十余年的关于现代世界主要大河三角洲的系统研究，对查明众多控制三角洲发育的作用因素的变化及其与三角洲砂体形态的关系、不同三角洲的三度空间沉积格架特点，以及在建立、识别各类三角洲的横向和垂向层序方面都具有重要的意义。

我国对三角洲的大量研究主要是从20世纪70年代开始的。由于近海陆架上油气田的勘探与开采，我国已相继开始对珠江、长江、黄河等现代三角洲的沉积环境和沉积特点进行系统研究，而且取得了很大成果，还在不少地区发现了与三角洲有关的油气田。如珠江口盆地下中新统珠江组上段至韩江组的古珠江三角洲沙体，以及莺琼盆地挽近系崖域组以上地层中的三角洲砂体（吴崇筠、薛叔浩，1992）。

科尔曼和赖特（Coleman 和 Wright，1975）通过对现代世界上具有代表性的 55 个河流三角洲的资料研究，总结出对三角洲砂体及形态格架具有重要地质意义的 12 种影响因素。这些因素是：①气候；②流域盆地的地形；③流量变化；④沉积物的生产量；⑤河口的水动力学特征；⑥近滨地区波浪的功率；⑦潮汐作用；⑧风系；⑨近岸流；⑩陆架坡度；⑪受水盆地的大地构造；⑫受水盆地的形态。

第一节 滨岸三角洲体系

一、滨岸三角洲体系的分类

多数学者主张根据河流、波浪和潮汐作用的相对强度来划分三角洲的成因类型。盖洛韦（Galloway，1975）根据上述三种作用的相对关系，对世界各大河的三角洲进行了分类，提出了三元分类方案（表 7－1，图 7－1），即以河流作用为主的河控三角洲、以波浪作用为主的浪控三角洲和以潮汐作用为主的潮控三角洲。费舍尔等（Fisher，1969）分类强调海洋能量的类型和大小（波浪、潮汐和沿岸流）与沉积物注入量的相互消长关系，将三角洲分为建设型和破坏型三角洲（图 7－2）。柯尔曼和赖特（Coleman 和 Wright，1975）强调多因素相互作用的背景环境对三角洲砂体的形态、分布、厚度变化的控制作用，据此对三角洲进行分类（表 7－2，图 7－3）。

表 7－1　三角洲沉积体系的类型（据 Galloway，1975）

特征	河控三角洲	浪控三角洲	潮控三角洲
形态	伸展状至朵状	弓形	河口湾至不规则
分流河道类型	直的至弯曲的	蛇曲形	张开的直至弯曲的
主要沉积物组分	泥质至混合质	砂质	可变的
格架相	分流河口沙坝和河道充填沙、边缘席状砂	障壁沙坝和海脊沙	河口湾充填和潮汐沙脊
格架定向	与沉积斜坡倾向平行	与斜坡走向平行	与斜坡倾向平行

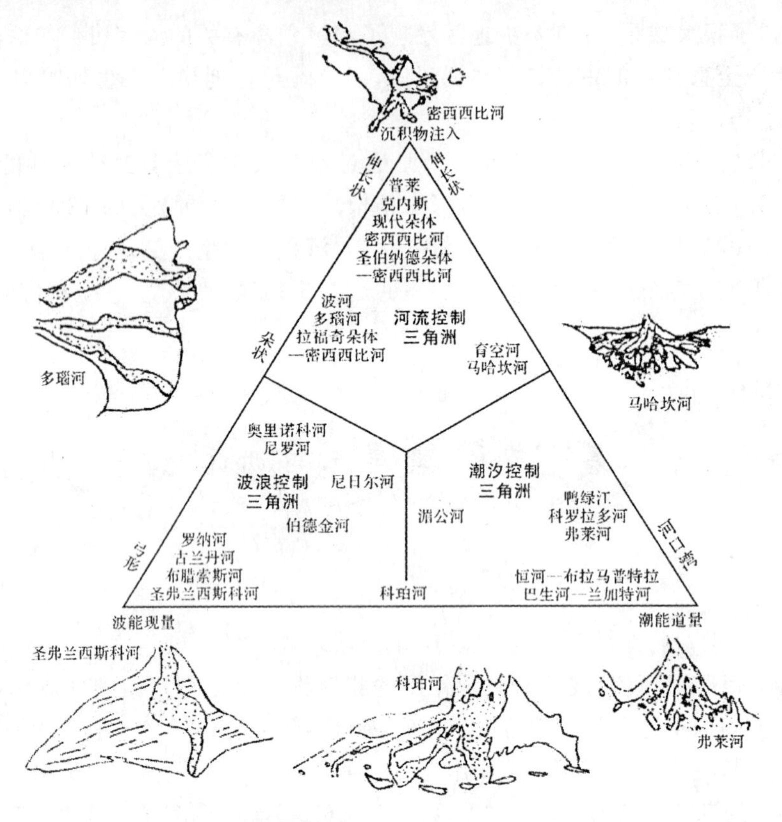

图 7-1 三角洲类型的三端元分类(据 Galloway,1975)

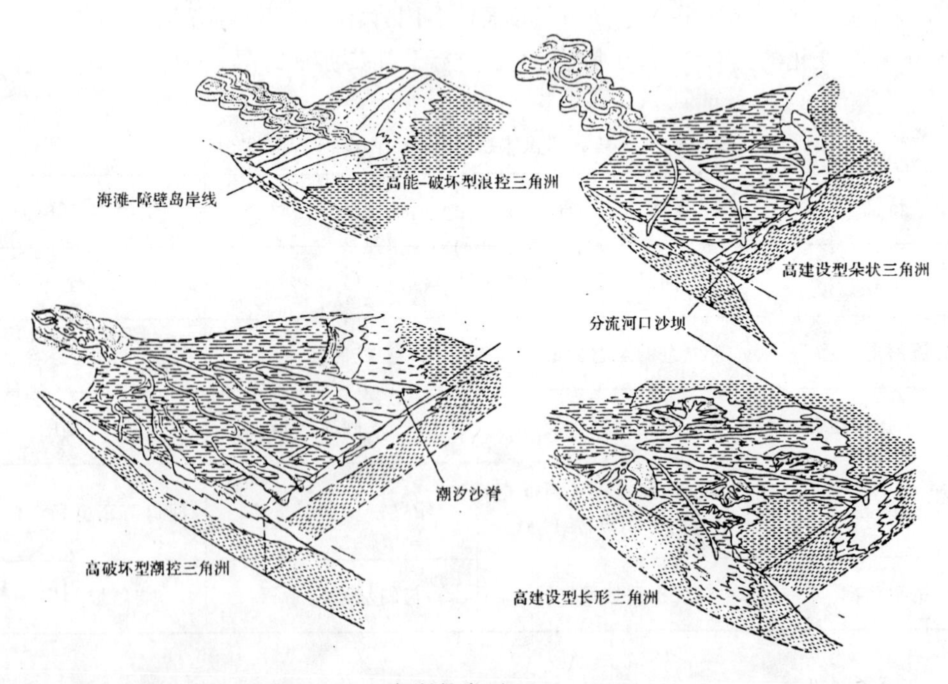

图 7-2 三角洲的类型(据 Fisher 等,1969)

表 7-2　三角洲沉积体系的类型(据 Reading,1978 整理)

类型	条　件	特　征	实例
类型 1	低的波浪能量、小潮差和弱沿岸漂流、缓的滨外斜坡、细粒沉积负载	分布广阔,指状河道沙垂直于岸线分布	现代密西西比河三角洲
类型 2	低的波浪能量、高潮差、通常为弱的沿岸漂流、盆地狭窄	指状河道沙,向滨外过渡为长条状潮流脊状沙	奥德河、印度河、科罗拉多河、恒河-布拉马普特拉河三角洲
类型 3	中等波浪能量、高潮差、低的沿岸漂流、稳定的浅水盆地	河道沙垂直于岸线分布,侧向与障壁海滩沙相连	伯德金河、伊洛瓦底江和湄公河三角洲
类型 4	中等波浪能量、小潮差、缓的滨外斜坡、低的沉积物供应	河道和河口沙坝被前面的滨外障壁岛相连接	阿帕拉契科拉和布拉索斯河三角洲
类型 5	持久性的高波浪能量、低的沿岸漂流、陡的滨外斜坡	席状的、具有上倾河道沙的、侧向稳定的障壁海滩沙	圣弗兰西斯科和格里加尔瓦三角洲
类型 6	高波浪能量、强的沿岸漂流、滨外斜坡陡	多列长条状障壁海滩沙,平行于岸线排列,具有被削平的河道沙	塞内加尔三角洲

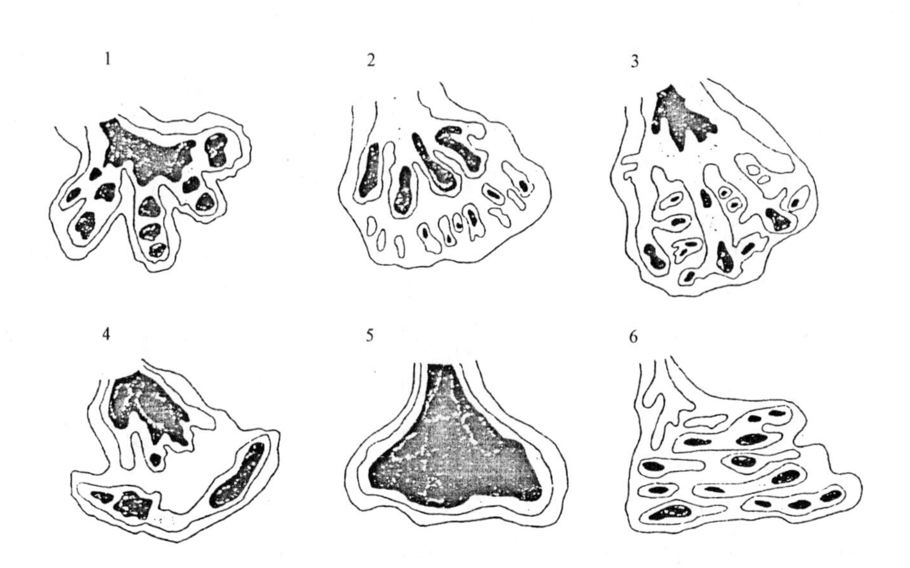

图 7-3　根据多参数分析得到的 6 种三角洲砂体的形态分类(据 Coleman 和 Wright,1975)

(砂体特征见表 7-2)

二、河控三角洲

现代河控型三角洲有密西西比河三角洲、黄河三角洲、伏尔加河三角洲、多瑙河三角洲等。

密西西比河三角洲为少有的伸展形(鸟足状)三角洲的典型,黄河三角洲则可作为朵状三角洲的代表。

(一)河控三角洲的内部环境及沉积相特点

从密西西比河与黄河两个三角洲的内部环境可以看出。河控型三角洲具有复杂多变的内部环境及相的变化,通常可以划分为三角洲平原、三角洲前缘和前三角洲三个大的组成单元(图 7-4)。

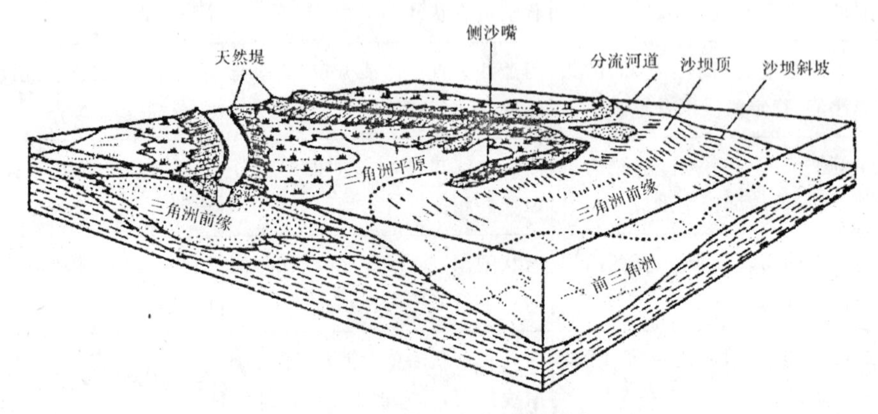

图 7-4 河控三角洲沉积模式

1. 三角洲平原

三角洲平原为一近海的广阔而低平的地区,包括开始出现分流河道处至海岸线之间的水上部分。其上主要由一系列活动和废弃的低弯度或辫状的分流河道以及河道间地区组成。河流两侧发育有天然堤。河间地带为低湿的泥沼、草沼和树沼等大片沼泽地。此外还有决口扇、小型而短命的湖泊和水塘。密西西比河的分流河道呈鸟足状远伸到海中,所以在其间形成开阔的浅水海域。这个海域称作分流间湾,是三角洲平原向海的延伸部分。但以黄河三角洲为代表的朵状类型三角洲,分流间湾一般没有或不发育。不同的环境具有不同的沉积相类型,主要的相类型及其特点如下。

(1)分流河道相:分流河道是河流将陆源物质向海搬运的主要通道,它们具有大陆冲积环境河道相似的水动力特点和沉积作用。每条分流河道的沉积都为周期性水位变化的单向水流所形成的向上变细的正旋回层序。沉积物主要为砂质,构成三角洲平原体系中的砂质格架。底面为侵蚀面,向上为较粗的滞留沉积,再向上为槽状交错层理的砂层并过渡为波纹层理的细砂和粉砂层,最上部为含有大量植物根系的粉砂和黏土层。密西西比河三角洲平原上的分流河道多为低弯度河道,一般曲流沙坝不发育。这些向上变细的河道层序常相互叠置重复出现,反映了河道的多次迁移或废弃。尽管这些河道与大陆冲积环境的河道有许多相似处,但也有许多不同。最明显的是在这些分流河道的下游,由于受到涨潮或向岸风浪的影响,在废弃河道的河口地段常有海滩沙的堵塞。在非洪水期的河道下游因底负载的搬运受阻,细粒沉积物将沉积在河道中形成细的覆盖层。分流河道的河岸富含黏结性物质,易发生大型岸壁滑塌构造。

(2)天然堤相:与河流环境的天然堤一样,三角洲平原上的天然堤也是洪水期从河道中溢漫的水流沉积的,它们均分布在河道两侧,平行河道延伸,横断面成楔状或不对称的透镜状,向河道一侧较陡,另一侧较缓并逐渐过渡到河道间其他沉积。上三角洲平原的天然堤发育较好,向下游高度减小,宽度增大。天然堤的物质组成主要是粉砂及粉砂质黏土,粒度向下游及远离河道变小。常见的沉积构造有小波痕层理、透镜状层理、水平纹层、植物根系和碎屑以及动物的潜穴。生物扰动构造也很发育。由于洪水期与平水期的变替,天然堤的层序呈粉砂层与粉砂质黏土层互层的特点。

(3)决口扇沉积相:当洪水切开天然堤向分流河道间地区倾泻时,便在天然堤外侧的支流间沉积层之上形成扇状沉积体,这就是决口沉积相,即决口扇。决口扇上分布有辫状或网状决口水道,充填在水道中的沉积物一般是具有单向流的交错层砂岩。这些小型河道沙呈透镜状层夹在河道间细粒沉积(泥或粉砂质泥)和沼泽沉积物之间。洪水的反复泛滥可使决口扇不断向海推进和扩大,并直接覆盖在分流间湾的黏土层上。规模巨大的决口扇被称作次三角洲。

(4)沼泽相:分流河道间地区地势低洼,地下水位接近地表,沼泽分布广泛,有泥沼、草沼和树沼等,构成一个富含有机质的滞留还原环境。沼泽植物随盐度、排水情况等因素而不同。不同的沼泽植物群落形成不同类型的泥炭,所以三角洲平原是个很好的成煤环境。三角洲沼泽相与大陆其他环境的沼泽相具有相似的特征。其岩性主要为暗色富含有机质泥、泥炭或褐煤沉积,其中常夹有薄的粉砂层,具块状层理和生物扰动构造,常含有大量植物碎屑、根系,介形类和腹足类介壳,以及菱铁矿结核等。由于这些沼泽地临近海湾,常受海水的影响,从上三角洲平原向海方向,水体含盐度不断增大,可以从淡水过渡到半咸水以至咸水。

(5)三角洲湖泊相:密西西比河三角洲体系中分布有许多大小不同的湖泊。从小的暂时性的水塘到直径达几十千米的大型湖泊(如庞恰特雷恩湖)都有。它们多出现在低于潜水面的下陷地区或形成于三角洲侧翼和泄水道地区。湖水较浅,小于3~4m。波浪及水流作用非常微弱,多为淡水。沉积物为含粉砂质透镜体的暗灰色及黑色黏土,具极细的纹层,多被生物强烈扰动,常含有瓣鳃类介壳及黄铁矿。有的湖泊还有湖泊相三角洲沉积。

(6)分流间湾相:分流间湾发育在指状分流河道之间的低洼地区和废弃的三角洲朵体不断下陷地区,并与海相通,实际上是个海湾。例如密西西比河三角洲的西南分流河道两侧的东湾和西湾等。这些海湾一般深度较小,且由于两侧有分支河道的隔挡,海水的动能较小,主要沉积物为决口水道和泛滥洪水携带来的细粒悬浮物质——泥和粉砂,也可有细砂的沉积。沉积物中水平层理发育,底栖生物有双壳、腹足类等。生物扰动构造强烈。当三角洲向海推进时,这些海湾最终多被决口扇、次三角洲或泛滥洪水带来的沉积物充填。所以在三角洲沉积体系的剖面中分支流间湾常呈泥质层被保存下来,其下伏地层一般为前三角洲泥相,向上为沼泽相。

2. 三角洲前缘

三角洲前缘呈环带状分布在分支流河道的前缘地带,是三角洲的水下部分。三角洲前缘是河流的建设作用和海洋的破坏作用相互影响和斗争最激烈的地带。河流携带的沉积物堆积在这里,海浪、潮汐流和沿岸流能迅速对这些沉积物进行簸选、再搬运和再分配。该地带为三角洲体系中砂质沉积最丰富、最集中的地区,常构成良好的油气储集层。砂的成分主要是纯净的石英砂,分选磨圆都很好,成熟度很高。砂体的形态受该地区复杂的水动力影响,随着远离分流河道河口区,海洋作用不断增大,依次可区分出分流河口沙坝、远沙坝(末稍沙坝)及前缘席状沙几个相带。图7-5为密西西比河三角洲的一个分流河口前缘环境与相的分布图。

(1)分流河口沙坝相:分流河口沙坝是在分流河道入海口附近形成的砂质浅滩。总的来

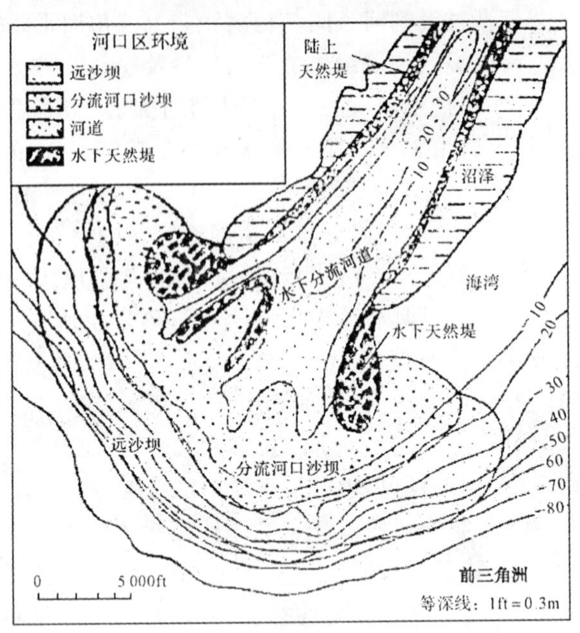

图 7－5 密西西比河三角洲的一个分流河口的三角洲前缘沉积环境(据 Coleman 等,1965)

说,它们是水流离开河道进入海盆时,由于流速减小,负载能力降低,大量底负载迅速沉积而形成的一系列砂体。岩性主要是砂及粉砂,分选磨圆都很好,缺乏泥质组分。常见的沉积构造为槽状、楔状交错层理,小波痕交错层理。由于受到波浪的改造作用,也有浪成交错层理。层面可见有波痕构造,底质活动性大,不利于底栖生物栖息。化石稀少,偶有异地搬运来的破碎介壳分布在坝顶和坝的上部。河口沙坝在平面上多呈新月形或与河口平行的长轴状,横剖面呈双凸的透镜状。

(2)远沙坝相:远沙坝位于河口沙坝向海侧的坝前地带,坡度向海缓缓倾斜。沉积物主要为粉砂和少量黏土;常形成黏土质粉砂层。洪水期可有细砂沉积。沉积构造有水平层理、小波痕交错层理、波状交错层理和波痕。该地带可有底栖生物生活,含有生物化石及潜穴遗迹,生物扰动构造非常发育。远沙坝沉积体多为延伸较远的层状,一般均分布在河口沙坝的下面,与河口沙坝一起构成向上变粗的层序。

(3)前缘席状砂相:前缘席状砂是河口沙坝、远沙坝受到波浪、潮汐和沿岸流强烈改造和再分布的席状砂层。砂层面积广大,层厚向海逐渐变薄。主要成分为细砂及粉砂,分选好,成熟度高,质纯,可成为很好的储集层。沉积构造为平行纹层及小水流波痕层理。化石稀少。这种砂体与其他边缘体系的临滨相不易区分。

(4)指状沙坝:指状沙坝是密西西比河鸟足状三角洲最具特征的沉积体。随着三角洲向海推进,一些分流河口沙坝亦不断增长,逐渐形成许多向海延伸很远的狭长砂体。砂体可一直伸展到前三角洲泥质沉积层之上。在负荷不断加大的情况下,这些砂体极易深陷到松软的前三角洲泥中,从而砂体的厚度也不断加厚呈现双凸形。砂体厚可达 70m,长 50km,宽 7.5km(图 7－6)。由于前三角洲泥被压实,在指状砂体中形成许多泥质底辟和泥火山的侵入。

3.前三角洲

前三角洲位于三角洲前缘的更向海地带,与三角洲前缘的分界线大致在正常天气波基面

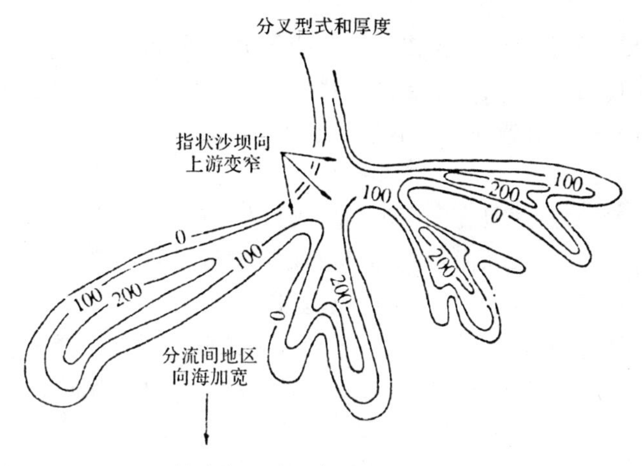

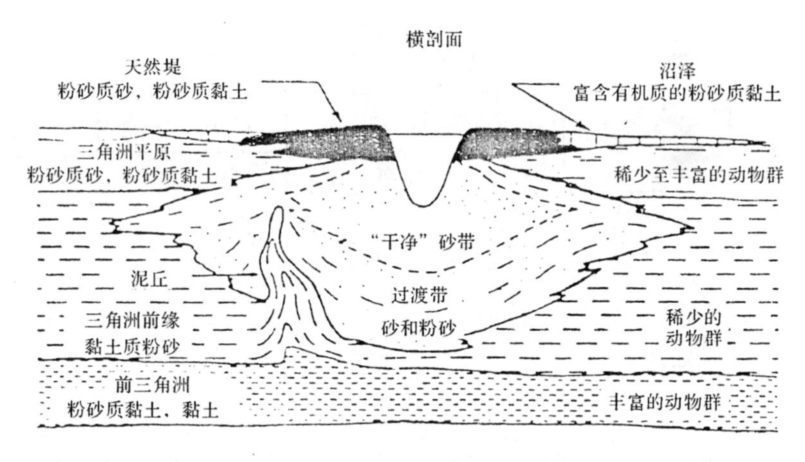

图 7-6 密西西比三角洲指状沙坝的几何形态和沉积特征(据 Fisk,1961;Scott 和 Fisher,1969)

附近，基本上不受浅水波浪的干扰。河流携带的悬浮质绝大部分沉积在这里，沉积速率较快，形成向海盆底部缓慢倾斜的、范围广阔而平坦的泥质海底。沉积物主要是黏土和细的粉砂。在特大洪水期间可能有细砂沉积，但数量很少。沉积构造基本上是水平纹层，偶见透镜状层理。小型波纹层理和波痕多发育在粉砂夹层中。生物主要为广盐度生物，如介形类、双壳类、有孔虫等。常见的有生物潜穴和遗迹，数量多时可将层理扰乱，形成块状构造。泥质沉积物中富含有机质，埋藏速度快，还原环境，有利于转化为油气，是良好的生油层。

前三角洲相向盆地过渡为浅海陆架泥质沉积，二者的界线很难区分。一般可以狭盐度生物大量出现为标志，表明已从三角洲半咸水域向正常盐度水域过渡。

密西西比河三角洲体系是个非常典型的完整的高建设型三角洲。除了沉积体系本身的上述各种环境和相类型外，还有一些在空间分布上与这些沉积相有密切联系的沉积相。例如在三角洲侧翼或岸线附近常发育一些海湾、滨海平原、海滩、潮坪、障壁岛-泻湖以及海沼沙岭(chenier)等。它们虽然不是河口作用的必然产物，但常与三角洲沉积体系有某种成因联系，故可称作伴生体系(Scott 和 Fisher,1969)

（二）河控三角洲沉积的垂直层序及其相变

综上所述，不难发现在三角洲沉积体系内部的各个次级环境和沉积相都有着各自的特点，而且它们在时空分布上，也就是在垂直层序和横向变化方面也有着特定的共生关系。揭示这些规律对鉴别和解释古代三角洲环境具有重要参照价值。

1. 河控三角洲的垂直层序

河控三角洲沉积的垂直层序是在三角洲的形成和发展中，因三角洲不断向海推进而形成的。通常三角洲层序的下部是前三角洲泥相，底部与海相陆架泥过渡，界线不明显。向上依次出现席状沙、远沙坝和河口沙坝等三角洲前缘砂体沉积，呈典型的向上变粗的反粒序旋回。再上为三角洲水上平原环境的各类沉积相，以分流河道砂质相及河道间泥质和沼泽相为主。分流河道沉积具有明显的向上变细的粒度旋回，每个旋回底部一般均有清晰的冲刷面（图 7－7）。

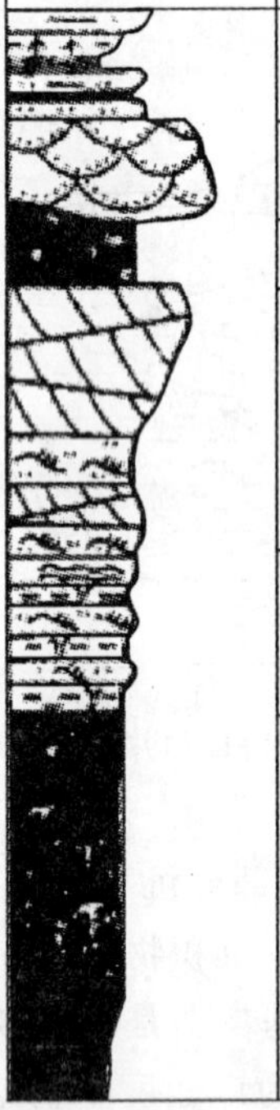

剖面	相	环境解释	
	夹炭质泥岩或煤层的砂泥岩互层	沼泽	三角洲平原
	槽状或板状交错层理砂岩	分流河道	
	含半咸水生物化石和介壳碎屑泥岩	分流河道	
	楔形交错层理和波状交错层理纯净砂岩	河口沙坝	三角洲前缘
	水平纹理和波状交错层理砂岩和泥岩互层	远沙坝	
	暗色块状均匀层理和水平纹理泥岩	前三角洲	
	含海生生物化石块状泥岩	正常浅海	

图 7－7　河控三角洲的沉积层序（据孙永传等，1985）

综上所述，河控三角洲沉积层序有以下几个明显特点。

（1）河控三角洲沉积层序一般均为进积型层序，从下向上表现为从海相向陆相的过渡，具有“海退”旋回的特点。其下限与陆棚浅海沉积过渡，二者没有明显的冲刷和突变接触关系。

（2）在粒度变化方面，从前三角洲相到三角洲前缘沉积具有明显的向上变粗的反旋回，岩性表现为从泥岩（页岩）向砂岩的过渡。三角洲平原由含有许多向上变细的分流河道、天然堤、决口扇等砂体夹层的河道间泥岩和泥炭（煤）层组成，其上部（上三角洲平原）与洪泛平原的特点近似，下部（下三角洲平原）常夹有分流间湾沉积。

(3)岩层的颜色也表现出明显的规律性，下部一般为暗色，反映富含有机质的泥岩特点；向上为浅色，一般代表波基面以上受海水扰动的前缘砂体的氧化环境；最上部为夹有浅色砂体的大量暗色层(深灰色至黑色)，为广泛沼泽发育的三角洲平原环境。

(4)层理的变化自下而上为水平层理及被生物强烈扰动而均化的块状层理，向上过渡为各种交错层理(小波痕层理、爬升层理、大型槽状、楔状交错层理)，最上部为槽状、板状交错层理与块状层理交替出现。反映从前三角洲到三角洲前缘再到三角洲平原水动力活动是从低能→高能→能量多变的特点。

(5)生物特点是自下而上为正常浅海狭盐度生物→半咸水生物→淡水生物(以大量植物出现为特色)。在古代地层中，河控三角洲平原是最主要的聚煤环境。

(6)河控三角洲沉积层序的厚度变化很大，主要决定于入流海盆的深度及构造下沉的速度和幅度。浅水三角洲多发育在构造稳定地带的海湾和陆棚上，层序厚度一般不超过 10～15m(陈钟惠，1988)，前三角洲相不发育。而深水三角洲由于发育在深度较大的，或者迅速下陷的海盆中，厚度可超过一两百米。

2. 河控三角洲沉积的横向变化

河控三角洲沉积是自然界相变最复杂的沉积体系之一。人们在鉴别古代三角洲时，往往习惯于根据上述理想的垂直层序进行类比，这显然是很不够的。正确的方法是除了研究垂直层序，还必须注意观察三角洲沉积体系内部的横向变化。因为在三角洲体系内部不同部位所看到的层序是不完全相同的。从德克萨斯州瓜达鲁佩三角洲的一个横剖面可以看到各种沉积相的分布及其横向变化(图 7-8)。

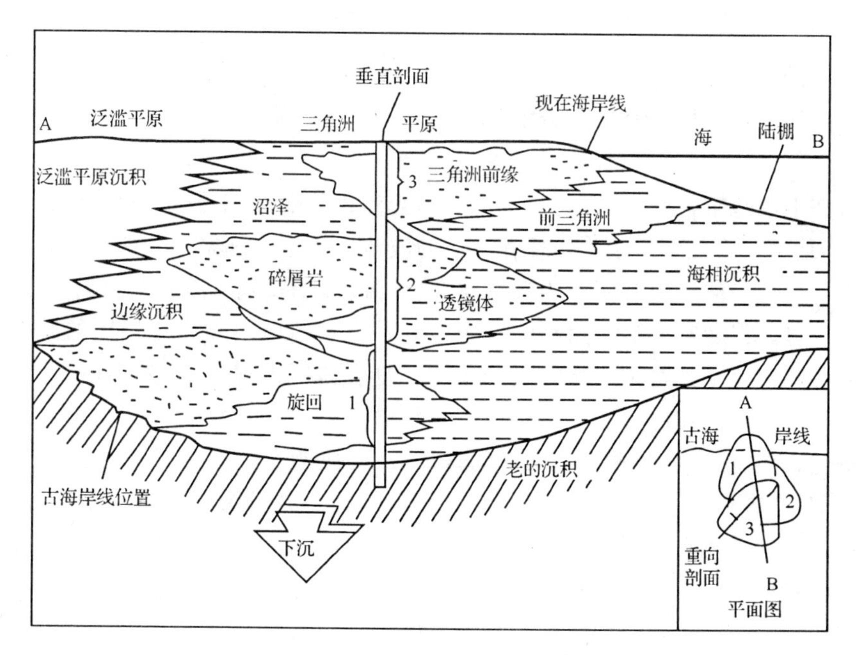

图 7-8　在三角洲沉积的垂向剖面中由于位置迁移面形成的多旋回沉积层序特征

(据科尔曼等，1964)

三、浪控三角洲

这类三角洲发育在中、高能波浪地区，一般都面向开阔海湾或大洋，潮汐作用、沿岸流作用及河流作用相对于波浪作用都比较小，或不起主导作用。河流倾泻在河口区的沉积物在波浪的强烈淘洗下，泥几乎完全被带到陆棚浅海中，因此前三角洲泥相不发育；而砂则堆积在海岸带，在河口的侧翼形成海滩脊，或因河口沙坝在向海推进过程中不断被波浪改造为向海突出的、与岸线平直的弧形障壁砂体，在强波浪的正面冲击下，河口砂体呈三角形分布(图 7-9)，如尼罗河三角洲。三角洲前缘将整体向海推进，而不像河控三角洲那样仅分流河口砂体向海延伸。三角洲前缘斜坡一般也比较陡。

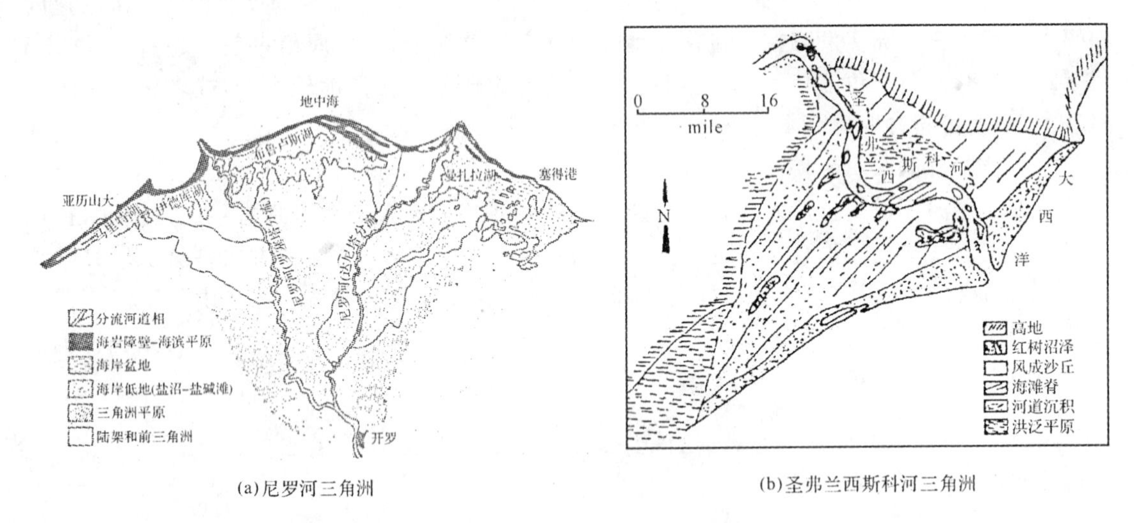

(a)尼罗河三角洲　　(b)圣弗兰西斯科河三角洲

图 7-9　浪控三角洲砂体分布模式(Scott 和 Fisher，1969；Coleman 和 Wright，1975)

在三角洲平原地带，由于河流与波浪作用相互消长的变化，上三角洲平原河流作用仍占据主导作用，只是在下三角洲平原才显现有明显的波浪改造过的迹象。例如尼罗河三角洲，其下三角洲平原主要为受波浪改造而成的海岸滩脊、海滩沙坪等环境，而上三角洲平原主要是河流作用形成的环境。但随着波浪作用在整体作用背景中不断增强和河流作用的减弱，三角洲平原的绝大部分甚至全部都将被海滩障壁砂或滩脊复合体所占据，如注入墨西哥湾的格里加尔瓦河三角洲和注入大西洋的圣弗兰西斯科河三角洲。

综上所述，完全浪控三角洲体系中砂的含量最高，成熟度也最高。其层序结构与一般海滩层序十分相似，二者的区别在于区域背景中有否河流体系及分流河道沉积层的发育。但要发现河道沉积体系则需要在通过河道的剖面上观察。而波控三角洲环境中，分流河道比较稀少(如圣弗兰西斯科河三角洲仅有一条主河道)，这使识别古代浪控三角洲更为困难。

沿岸流作用为主的三角洲发生在具有强大的沿岸流海岸带，沿岸流可以是由斜交海岸的强劲风浪或其他海流所形成。流速很高的沿岸流能将大量沉积物平行海岸搬运，沿海岸形成伸长很远的海滩障壁砂体。这些砂体从一侧阻挡河水垂直入海，迫使河流下游水道向沿岸流下游方向急速偏转。由于障壁砂体的阻挡，在障壁后发育河流作用为主的三角洲平原，沿岸流控制的三角洲前缘砂体分布型式属于柯尔曼三角洲砂体类型的第六类。关于这类三角洲沉积体系的研究目前尚比较少见，塞内加尔河三角洲可作为这类三角洲的现代实例。

四、潮控三角洲

这类三角洲主要发育在中—大潮差地区，波浪作用和河流作用相对要小的多。潮汐作用不仅影响着三角洲前缘地带，而且对下三角洲平原也有明显的影响。在这类三角洲环境中，下三角洲平原的分流河道中，常因涨潮流的入侵而形成许多与河道平行排列的线状潮汐沙脊。例如湄公河三角洲，沙脊长可达数千米，宽数百米，高10～20m，是强大的潮流对分流河道沉积物改造的结果（图7-10）。河口区在强潮汐的作用下常呈漏斗状向海张开。涨潮时河水受阻，水位迅速上升溢出河岸，并淹没附近的分流河道间地区，退潮时海水又退去，所以在分流河道间地区形成广阔的潮坪环境。潮坪上布满潮道（潮溪、潮渠和潮沟）、沼泽等。三角洲前缘砂体也被强大的潮汐流改造成潮汐沙脊。这些沙脊多呈狭长的线状平行潮流方向延长，通常垂直岸线分布，如巴布亚湾三角洲。无论是分流河道中的潮流沙脊还是三角洲前缘的潮流沙脊，其组成都是分选良好的纯净的石英砂（或石英砂岩），内部构造具有双向交错层理及其他的潮汐标志。下三角洲平原上分流河道间的潮坪环境与一般的潮坪海岸非常相似（图7-10）。

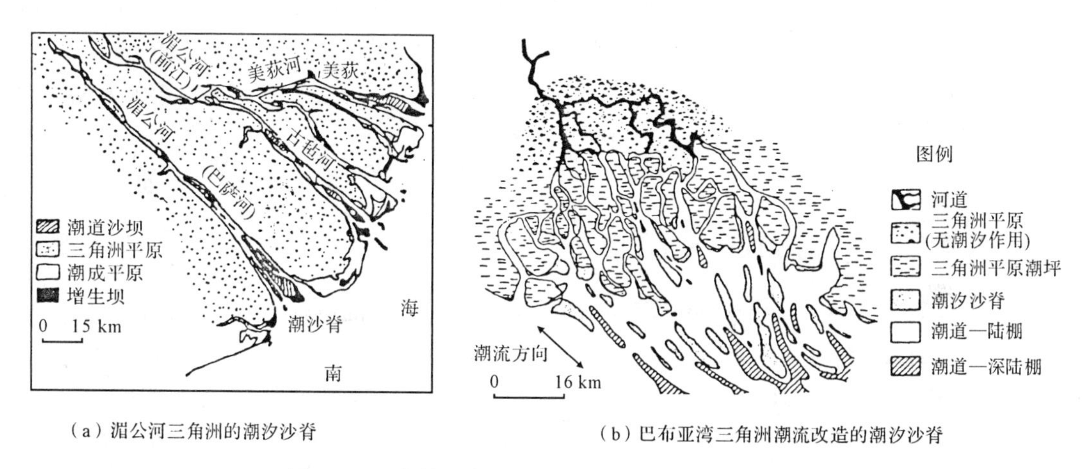

（a）湄公河三角洲的潮汐沙脊　　（b）巴布亚湾三角洲潮流改造的潮汐沙脊

图7-10　潮控三角洲砂体分布型式（据Fisher，1969）

潮控三角洲中有时也可见到下细上粗的反旋回沉积序列。如在奥德河三角洲的现代沉积物中，就发育有这种类型的沉积序列。据科尔曼等人（1975）的研究，该层序的下部主要是以潮汐沙脊为特征的三角洲前缘的进积作用所产生的向上变粗的序列（厚20～60m）；上部主要为三角洲平原的潮坪和潮道沉积，其潮道规模较小。但不管是哪种型式的沉积序列，潮控三角洲的沉积剖面均以出现潮汐沙脊、潮坪和潮道沉积为特征。它们与潮坪和河口湾沉积的主要区别可能在于其层序顶部往往发育沼泽和分流河道沉积，而且其沉积厚度较大，常与其他类型三角洲沉积相伴而生（图7-11）。

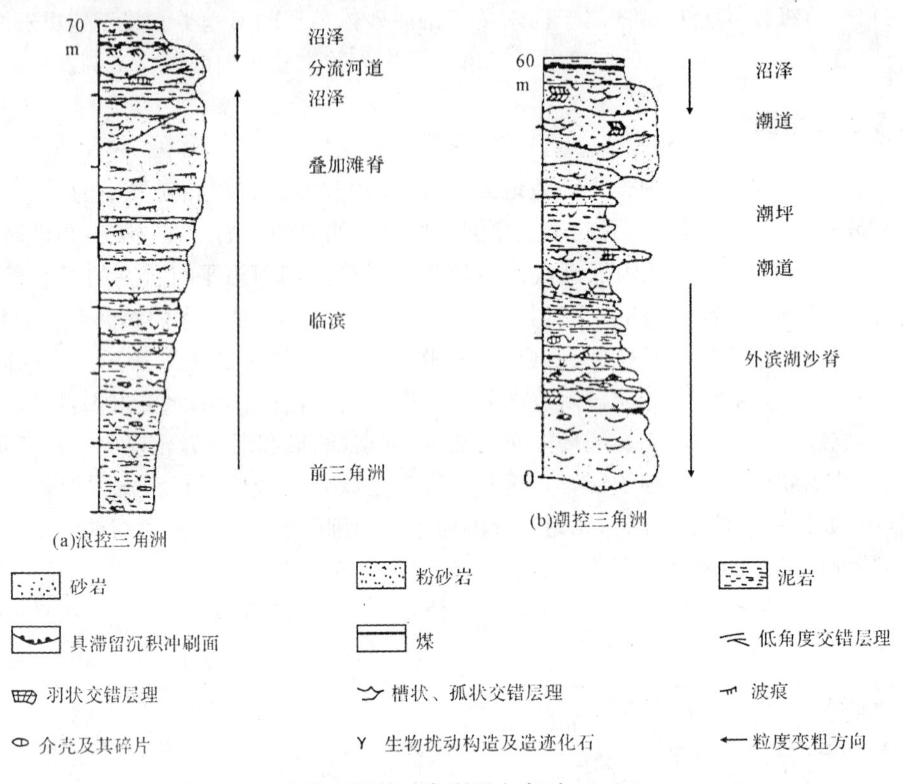

图 7-11　浪控和潮控三角洲垂向序列(据 Walker,1978)

五、河流—波浪—潮汐联合作用的三角洲

这类三角洲发育在河流、波浪和潮汐等作用都为中等强度的条件下,甚至还有相当强度的沿岸流作用。在诸作用中,很难区分出哪一个因素占主导地位,只是在三角洲体系的不同部位某种因素起主导作用。因此,在这类三角洲体系中,河成冲积平原、潮坪和潮道、海滩、障壁-泻湖等各种环境均有发育,是沉积相类型最为齐全和多样化的三角洲。现代尼日尔河三角洲可作为这类三角洲的实例。

六、三角洲的废弃与三角洲旋回

斯克拉顿(Scruton,1960)曾强调指出,在三角洲的发育历史中可以区分出两个时期,即建设期和破坏期(废弃期)。建设期三角洲向前推进,破坏期改变三角洲的形状和砂体分布,而废弃期三角洲后退和消亡,沉积物遭受海洋改造。虽然三角洲的大多数沉积作用发生在建设期,但研究废弃期对解释现代和古代三角洲层序和剖面结构,以及恢复三角洲演化史都有很大意义。

1.三角洲的废弃及废弃相

关于三角洲废弃的概念来自对密西西比河三角洲的研究。在现今密西西比河及其东西两侧的浅水陆架上,古密西西比河曾出现过一系列大型三角洲复合体。已识别出来的有 4 个大型三角洲复合体,共 15 个三角洲朵体(图 7-12),它们都是在过去的6000 年中逐渐被废弃的。

目前所看到的各个三角洲复合体，现都处于不同的废弃阶段，因此有可能通过对这些三角洲复合体的研究了解废弃过程中所表现出的种种特点。以圣伯纳德三角洲的一个朵体为例(图7-13)，可以看到废弃后的环境变化和沉积情况。圣伯纳德三角洲朵体是在大约2000年前废弃的。由于河流决口和改道，河流沉积物供给中断以及三角洲砂体因压实而下陷，从而引起海水的侵漫。原三角洲前缘砂在海洋波浪的作用下被改造成一个狭长的弧形障壁沙岛(香德卢尔群岛)。这个“三角洲边缘岛”将原来的圣伯纳德朵体的三角洲平原围成一个浅水海湾，在海湾中沉积了含有海相化石的黏土、粉砂和砂质所组成的海相薄层。这个海相薄层就是废弃期所形成的沉积物，通常被称为废弃相(或破坏相)。

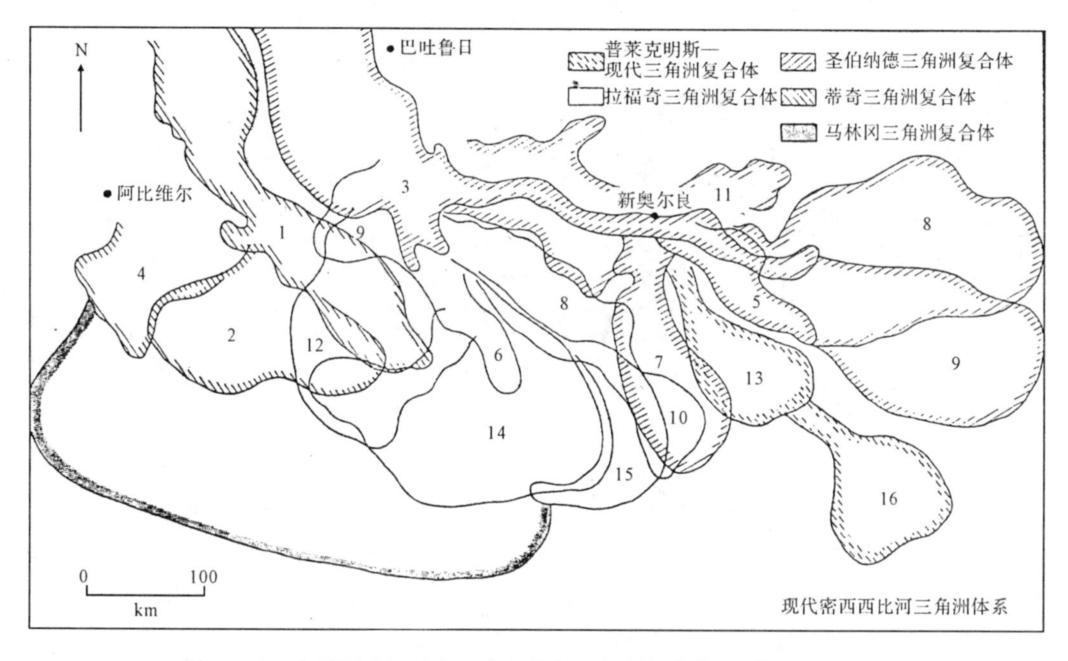

图7-12 密西西比河近代已废弃的各三角洲复合体、朵体的区域分布

(据 Fisher 和 McGowen，1969)

黄河在历史上决口改道频繁，几次大的改道夺淮(河)入黄(海)，并在黄海苏北沿岸地区遗弃了一个很好的废黄河三角洲。由于古黄河高输沙量及苏北沿海海洋作用较弱，至今仍保持着朵状体系。三角洲前缘沙仅遭受较小的波浪改造，在三角洲外围形成一条砂质浅滩。水上三角洲平原仍保留着未被完全改造的分流河道、分流河道间洼地、湖滩、滨海低地等环境单元(图7-14)。

从上述两个典型河控型三角洲体系中发育的废弃相看，三角洲的废弃原因主要是由于河流及分流河道的冲裂和改道，尤其是在河控型三角洲中更是如此。此外，由于构造运动引起河流袭夺也可发生三角洲的废弃，海平面的波动也是整个三角洲体系消亡的重要原因。

三角洲废弃相在不同类型三角洲中具有不同的表现。河控型三角洲一般具有地形起伏小的广阔三角洲平原和前缘砂体，三角洲废弃后，前缘砂体(河口沙坝及席状沙)常由于前三角洲泥被压实而沉陷，发育薄而稳定的代表废弃相的浅海相沉积单元。一般是含海相化石的黏土、

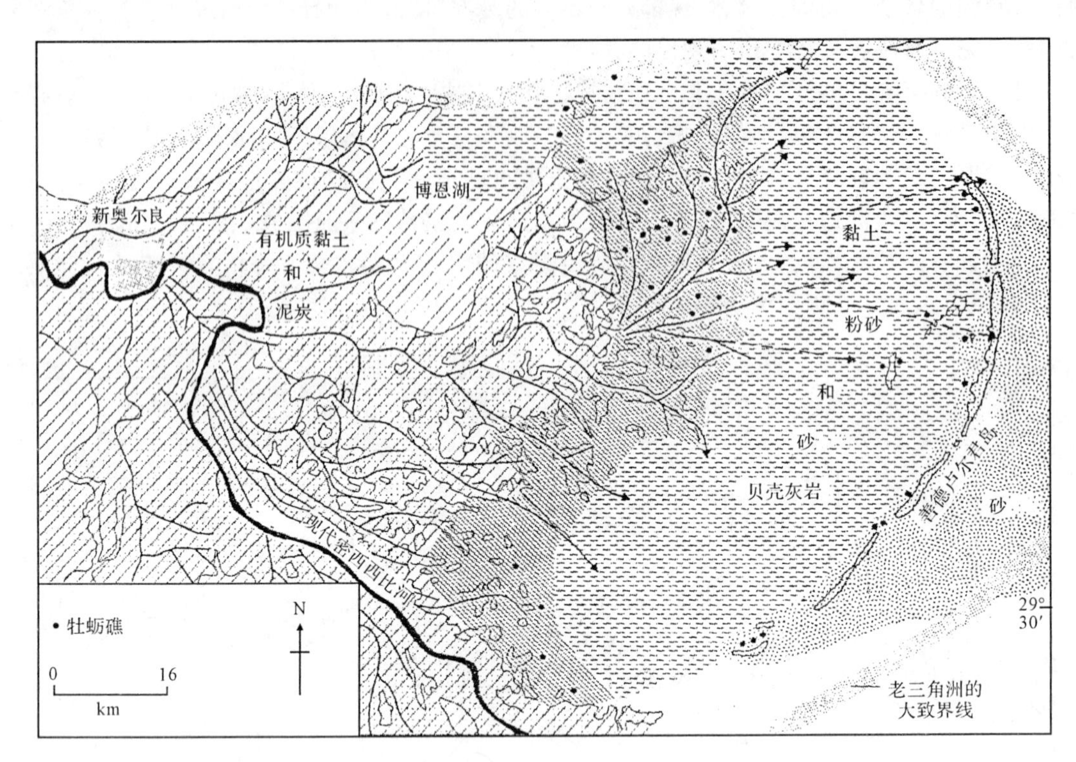

图 7-13　圣伯纳德三角洲朵体废弃后的环境和沉积相分布

(据 Coleman 和 Gagliano,1964)

粉砂和砂岩层,或为薄层灰岩。该层向陆方向可逐渐过渡为含泥炭或煤层的泥岩和粉砂质泥岩(上三角洲平原)。向海方向过渡为三角洲边缘障壁岛砂体及含大量正常海相动物群化石的滨外陆棚浅海沉积。当浪控三角洲废弃时,强大的波浪可以将整个三角洲前缘沙及三角洲平原全部冲毁掉,形成由海滩脊构成的海侵砂体。在潮汐控制的三角洲中,冲裂作用可能仅局限在上三角洲平原的冲积河道段或冲积河谷中,潮控三角洲平原将得到广泛发育。总的看来,废弃相是叠置在三角洲朵体上的一个薄而稳定的海相层,厚度虽然比进积相薄,但所代表的时间可能更长(Elliott,1978)。通常废弃相的底部具有一个代表波浪改造作用而形成的侵蚀面。

2. 三角洲旋回

三角洲朵体相互交错叠置,每个朵体都经历过向海迅速推进的建设期和被海洋作用改造破坏的废弃期,从而形成一个由不同时期的建设相和破坏相组成的、具有极其复杂的横向变化和垂直层序的三角洲沉积盆地。为了阐明这类盆地的内部结构和恢复其沉积历史,提出“三角洲旋回”的概念是十分必要的。

斯克拉顿是最先指出三角洲的生长具有旋回性的研究者之一。三角洲的发育从建设期开始到废弃期结束构成一个三角洲旋回。也就是说,三角洲旋回层是由一个建设相和一个废弃相组成的。在一个具有许多个旋回组成的剖面中,由于废弃相一般是比较薄而稳定的海相层,易于识别和对比,所以总是利用废弃相作为划分三角洲旋回的标志。每一个新旋回的出现,都代表已废弃的三角洲的复苏和再活动,说明三角洲旋回发育的不同历史阶段(图 7-15)。

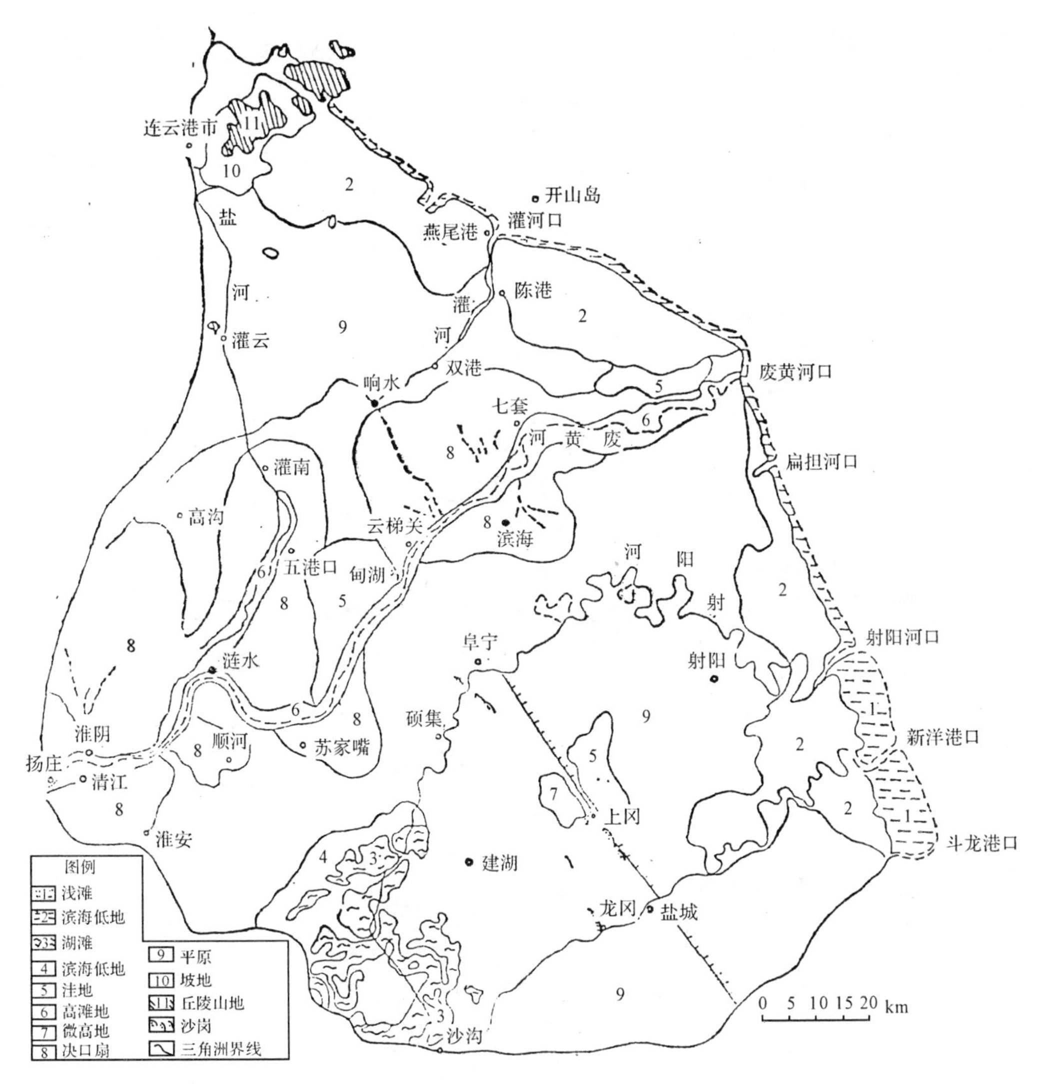

图 7-14 苏北废弃的黄河三角洲沉积环境(据高善明等,1989)

三角洲的废弃有不同的原因,因此也有不同成因的三角洲旋回。贝尔鲍沃(Beerbower,1964)在研究冲积平原上的旋回性沉积作用时提出的自旋回(autocycle)和它旋回(allocycle)两个概念,对三角洲沉积体系的多旋回层序研究是非常有益的。三角洲沉积体系的自旋回形成原因主要是分流河道迁移、袭夺、决口以及因压实作用而使负载沉积均衡调整等,这些作用均发生在三角洲沉积体系内部。它旋回则是由于沉积体系以外的原因所致。最常见的因素是海平面的波动、区域性或全球性大气候的变化对整个大陆水系流域的影响、物源区和盆地相互间发生的差异升降运动,以及其他地质构造的原因。前者多形成三角洲复合体内部各分支流三角洲朵体的相互叠置交错,后者则发生整个三角洲体系的产生和消亡。

由于地壳升降速率(或海平面波动速率)与沉积速率相应变化可以形成不同旋回层序(图7-16)。当沉积速率(Rd)大于盆地基底下沉速率(Rs),即 $Rd/Rs>1$ 时,三角洲沉积体不断

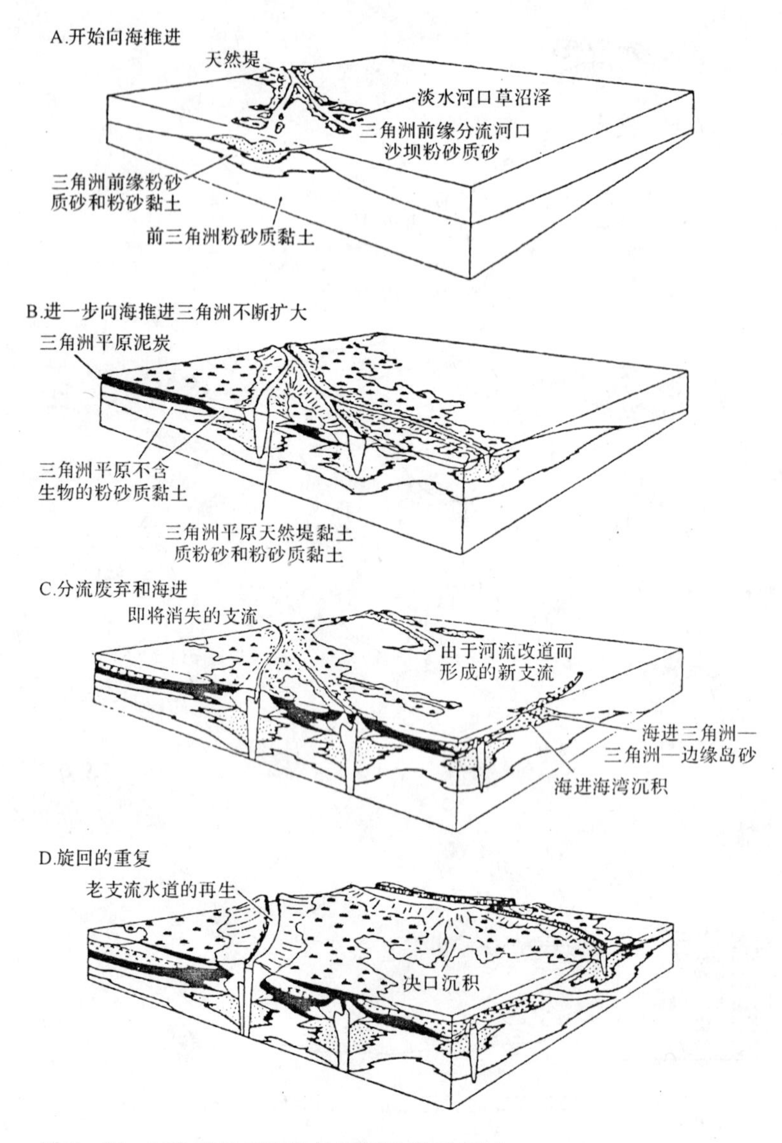

图 7-15　三角洲旋回发育的不同阶段示意图(据 Scott 和 Fisher,1969)

向盆地方向推进。当沉积速率与盆地基底下沉速率相等,即 $Rd/Rs=1$ 时,三角洲沉积体基本上往复于岸线附近,沉积厚度将极大地增厚。当沉积速度小于盆地下陷速率,海水不断加深,三角洲沉积体将向陆方向退却,即海水向陆地方向侵进发生海侵,这时,每次海侵都将造成三角洲沉积层序顶部被侵蚀,形成一个废弃相夹层。

在古代地层中这两种旋回形成的因素常常同时在起作用,有时要将这两类旋回层正确区别出来是比较困难的,一般需要进行区域性研究才有可能解决。

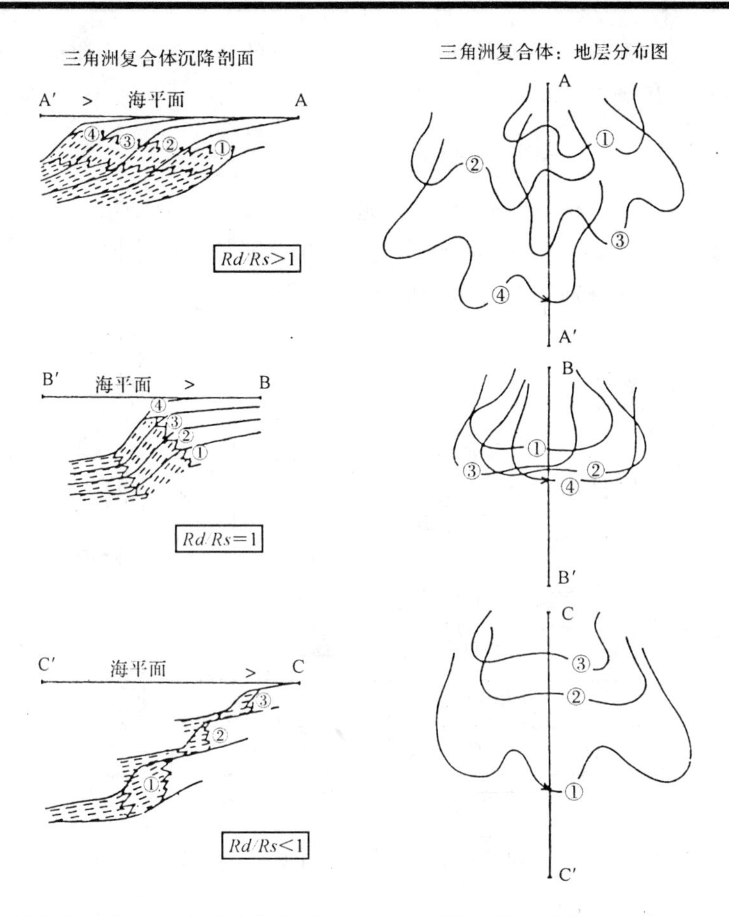

图 7－16　因沉积速率(Rd)与基底沉降速率(Rs)的不同而形成的它旋回层序(据 Curtis,1970)
①～④代表从老到新不同时期形成的三角洲朵体次序

第二节　湖泊三角洲体系

湖泊砂质沉积相常构成很好的油气储集砂体。在我国中、新生代陆相含油气盆地中，储集层主要都以湖泊砂体为主。湖泊砂体在湖泊内部分布很广泛，明显地受控于湖泊相带。不同的相带形成不同的砂体，它们在岩性特征、形态大小、分布位置，以及与相邻岩件的关系等方面都各有特点，因而对油气的生储盖组合也有优劣之分。好的生油层均位于浪基面以下的深湖相中，而储集砂体虽然在深湖相带中也有，如浊积砂体和风暴岩砂体，但大部分都出现在浪基面以上和洪水面以下的滨浅湖相带内，如三角洲砂体、扇三角洲砂体、滩坝砂体等。

湖泊三角洲是由河流入湖形成的陆源碎屑沉积体系。其岸线向湖突出，分布在滨湖至浅湖(也可延至半深湖)水域，多出现于湖盆深陷后的抬升期。三角洲是砂的富集体，也是油气聚集的重要场所。

湖泊三角洲沉积是在河流与湖泊作用共同作用下形成的，其基本特点与河流入海形成的三角洲有一定相似性，但由于湖水作用的强度和规模一般要比海洋小得多，且没有潮汐作用，因此湖泊三角洲主要为河控型三角洲，但一些小河形成的较小型三角洲或间歇性河流形成的三角洲可具有浪控三角洲的特征。

一、三角洲相带划分

与海洋环境的三角洲一样，湖泊三角洲可进一步划分为三个亚相带，即三角洲平原、三角洲前缘和前三角洲(图7-17)。在平面分布上，湖泊三角洲相带的排列由岸上到湖心都是以三角洲→平原三角洲前缘→前三角洲这样的顺序出现的。

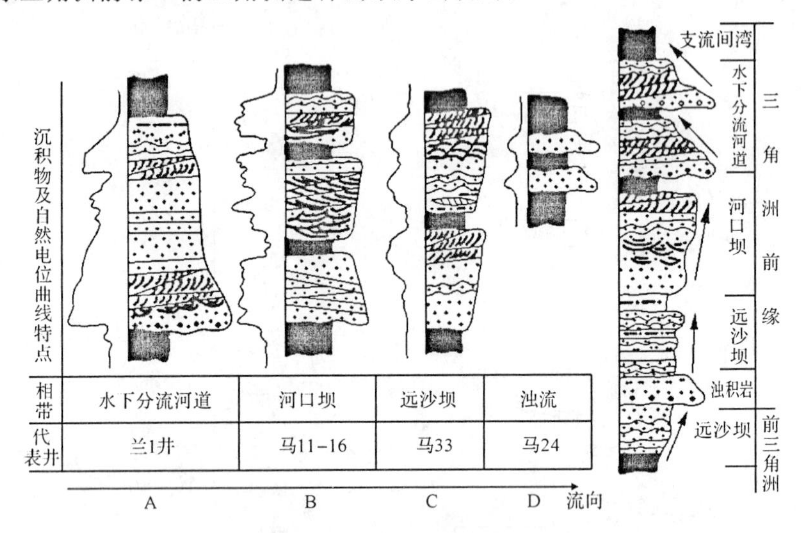

图7-17 三角洲各微相的沉积层序特征(据赵澄林等，1992)

1.三角洲平原亚相

三角洲平原是三角洲的水上部分，顶端从河流第一分流点开始至湖岸水边线，平面形状似三角形，主要为河道砂质沉积和河道间细粒的漫滩沉积。河道弯度较小，多呈分支状。河道沉积的底部常存在滞留砾石和泥砾，向上粒度变细，主要发育平行层理和各类交错层理。沉积层序类似于河流相砂体，但规模小，厚度亦较薄。河漫滩地区因为离湖近，地下水位高，易于生长植物，因此除粉砂和泥质沉积外，经常有炭质页岩和煤层沉积，成为三角洲平原相的一大特色。三角洲平原相的电测曲线多表现为中幅箱形或钟形。

2.三角洲前缘亚相

三角洲前缘是砂层的集中发育带，根据不同沉积特征可分为三个主要砂体，即水下分流河道、河口沙坝和前缘沙席(席状砂)。

(1)水下分河流道：是三角洲平原上分流河道向水下的继续延伸，河道底部有冲刷，其上有磨圆状泥砾和少量砾石，向上可出现平行层理、中小型交错层理、波状层理和水平层理，周围为浅灰和灰绿色泥岩，含浅水生物化石。水下分流河道的自然电位曲线多为钟形。

(2)河口沙坝：是三角洲中最具特色的砂体，由于受波浪和岸流的簸洗，砂质纯净，分选好。砂层底部与下伏地层多为渐变，并呈向上变粗的反韵律，顶部有时可被水下分流河道切割。层理构造有波状层理、小型交错层理、平行层理和低角度交错层理等，其中以低角度交错层理的发育最为特色，多出现在粒度较粗的沙坝层序的中上部。自然电位曲线多为中到高幅度的漏斗-箱形组合。

(3)前缘沙席(席状砂)是河口坝砂和部分水下分流河道砂受波浪改造和簸洗后重新沉积于河口沙坝前部或侧翼的薄层状砂体。这些大片分布的薄细砂层与浅湖泥岩呈互层，韵律性不明显或呈反韵律。自然电位曲线多为高幅指状。

三角洲前缘是三角洲的主体，各砂体的叠合构成了三角洲层序的骨架。事实上，某些断陷湖三角洲的层序所保存的部分主要是三角洲前缘相。

3. 前三角洲亚相

位于三角洲前缘的外缘，是三角洲中最细物质的沉积区，面积广，以暗色泥岩为主，夹薄层粉砂岩，逐渐向深湖区过渡，常含有滑塌浊积岩透镜体。

二、三角洲沉积的垂向序列

湖泊三角洲相层序表现为一个向上变粗的反旋回进积序列。在碎屑物质供应充足，三角洲叶体节节向湖推进的情况下，剖面上将看到粗的相带盖在细的相带之上，即由下向上出现前三角洲泥带→三角洲前缘带→三角洲平原带，呈明显的反旋回序列，其中前三角洲泥带与三角洲前缘带组成反韵律，上面的三角洲平原常以正韵律为特征(图 7－18)。在某些湖盆三角洲的前缘斜坡上，还可发育有透镜状滑塌浊积层；如在黄骅坳陷东营组的唐家河三角洲前缘斜坡带上，分布有混杂结构的含砾砂岩滑塌浊积层(图 7－19)。

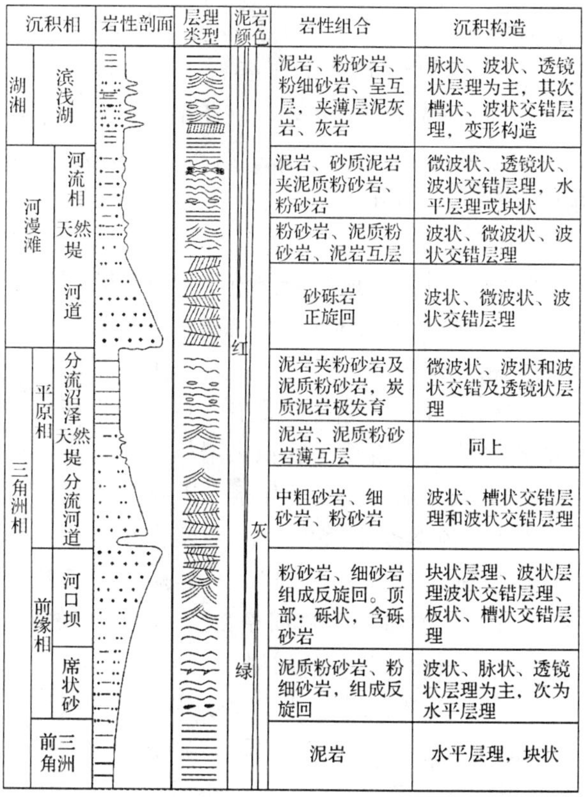

沉积相			岩性剖面	层理类型	泥岩颜色	岩性组合	沉积构造
湖湘	滨浅湖					泥岩、粉砂岩、粉细砂岩、呈互层，夹薄层泥灰岩、灰岩	脉状、波状、透镜状层理为主，其次槽状、波状交错层理，变形构造
河漫滩	河流相					泥岩、砂质泥岩夹泥质粉砂岩、粉砂岩	微波状、透镜状、波状交错层理，水平层理或块状
	天然堤					粉砂岩、泥质粉砂岩、泥岩互层	波状、微波状、波状交错层理
	河道				红	砂砾岩 正旋回	波状、微波状、波状交错层理
三角洲相	平原相	分流沼泽				泥岩夹粉砂岩及泥质粉砂岩，炭质泥岩极发育	微波状、波状和波状交错及透镜状层理
		天然堤				泥岩、泥质粉砂岩薄互层	同上
		分流河道			灰	中粗砂岩、细砂岩、粉砂岩	波状、槽状交错层理和波状交错层理
	前缘相	河口坝				粉砂岩、细砂岩组成反旋回。顶部：砾状，含砾砂岩	块状层理、波状层理波状交错层理、板状、槽状交错层理
		席状砂			绿	泥质粉砂岩、粉细砂岩，组成反旋回	波状、脉状、透镜状层理为主，次为水平层理
	前三角洲					泥岩	水平层理，块状

图 7－18 东营三角洲垂向剖面三层结构示意图(据何立琨，1980)

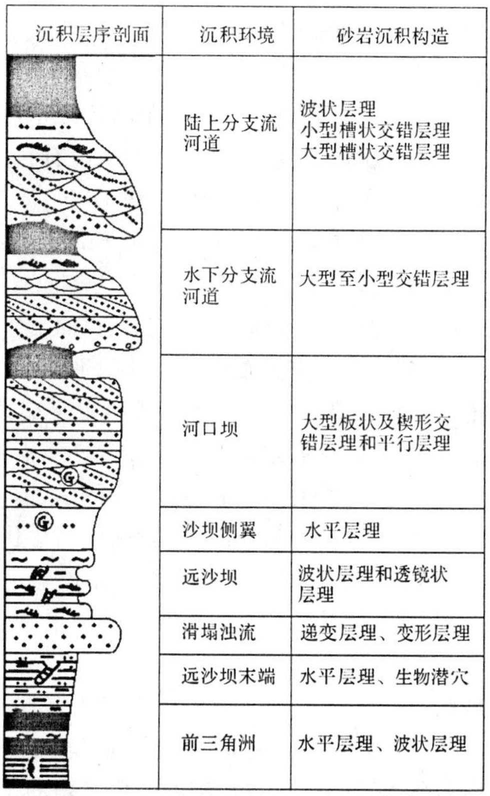

沉积层序剖面	沉积环境	砂岩沉积构造
	陆上分支流河道	波状层理 小型槽状交错层理 大型槽状交错层理
	水下分支流河道	大型至小型交错层理
	河口坝	大型板状及楔形交错层理和平行层理
	沙坝侧翼	水平层理
	远沙坝	波状层理和透镜状层理
	滑塌浊流	递变层理、变形层理
	远沙坝末端	水平层理、生物潜穴
	前三角洲	水平层理、波状层理

图 7－19 黄骅湖盆三角洲沉积层序图(据郑俊茂等，1988)

湖泊三角洲结构不一定处处发育完整，在叠加叶体较多的复合体中部出现三带的机会较多，而在前端和侧翼多缺失三角洲平原相带。在断陷湖盆缓坡越发育的三角洲多数缺失三角洲平原相，而三角洲前缘砂体发育，主要由水下分流河道、河口沙坝和前缘沙席等组成。在湖盆微陷扩张阶段形成的某些三角洲砂体，由于物源供给不充足和湖侵的缘故，垂向剖面上的反旋回特征表现不明显(张金亮等，1993)。

第三节　扇三角洲体系

一、扇三角洲的概念及形成条件

“扇三角洲”最初是由霍尔姆斯(Holmes，1965)提出来的，原定义为从邻近山地直接推进到稳定水体(湖或海)的冲积扇。早期以麦克戈温(McGowen，1971)和盖洛韦(Galloway，1976)为代表，认为扇三角洲如同冲积扇有旱地扇和湿地扇一样，也有两种气候类型，即干旱气候区的扇三角洲和潮湿气候区的扇三角洲。由于后者的三角洲平原通常为辫状水系，所以盖洛韦将扇三角洲定义为由冲积扇和辫状河流注入稳定水体而形成的沉积体系。

随着人们对扇三角洲研究的深入，“扇三角洲”的含义也不断被修订和充实。麦克佩逊等(McPherson，等，1988)指出冲积扇与辫状河流有明显区别，另用一个新术语“辫状河三角洲(braid delta)”代表纯粹由辫状冲积平原推进到稳定水体所形成的富砾石的三角洲。奥托(Orton，1988)则将辫状河三角洲仅限于由单一的辫状河流或低弯度河流派生的辫状支流水系形成的沉积体，而将那些与冲积扇没有直接过渡关系的辫状河冲积平原(如冰水冲积平原)形成的三角洲用另一个新术语“辫状河平原三角洲(braid plain delta)”来表示。

内麦克和斯蒂尔(Nemec 和 Steel，1988)综合研究了关于扇三角洲的各种观点，对扇三角洲的含义提出了新的解释，认为“扇三角洲是由冲积扇(包括旱地扇和湿地扇)提供物源，在活动的扇体与稳定水体交界地带沉积的沿岸沉积体系。这个沉积体系可以部分或全部沉没于水下，它们代表含有大量沉积载荷的冲积扇与海或湖相互作用的产物。扇三角洲可有湖泊扇三角洲和海洋扇三角洲。由一系列相互交接和垂直堆叠的扇三角洲构成扇三角洲复合体。显然，内麦克和斯蒂尔的扇三角洲定义重点强调的是将冲积扇看作是物源供给体系而不是它的地貌形态。他们还用简明的立体图示(图 7－20)表明扇三角洲及有关体系术语的含义。

吴崇筠等(1992)在总结我国中新生代含油气盆地各类砂体的基础上，将沿湖砂体区分为五种类型(图 7－21)，即：①水下冲积扇；②靠山型扇三角洲；③靠扇型扇三角洲；④短河流三角洲；⑤长河流三角洲。对比内麦克和斯蒂尔的图示，靠山型扇三角洲相当图 7－20 中的 A、B、C、D、E 和 G；靠扇型扇三角洲相当于图 7－20 中的 F；短河流三角洲则相当于图 7－20 中的辫状河三角洲 I 和 J。实际上吴崇筠等也认为短河流三角洲在岩性、形态和分布上介于长河流三角洲与扇三角洲之间，而更接近扇三角洲。吴崇筠等所谓的“水下冲积扇”则应与内麦克和斯蒂尔所说的全部被水淹没的扇三角洲是同一概念。

现今，上述水下冲积扇或全部被水淹没的扇三角洲被赋予“近岸水下扇”的概念，也是由冲积扇提供物源，成因上与强烈的构造活动紧密相关(如断陷盆地深陷期断控陡坡带)，在深水陡

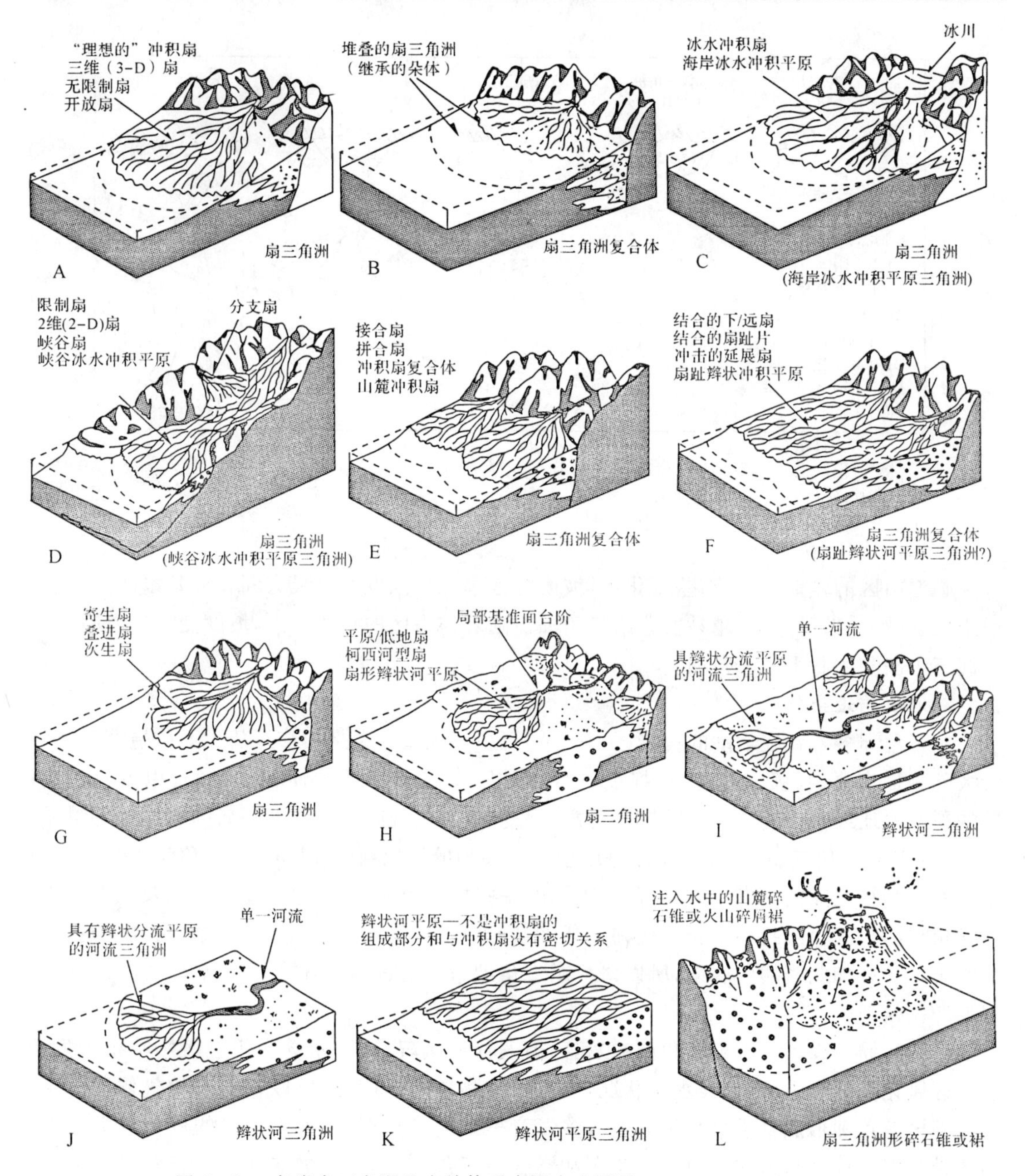

图 7-20　各类扇三角洲及有关体系术语含义图示(据 Nemec 和 Steel,1988)

坡背景下形成的一类新型沉积相,属重力流沉积类型,与扇三角洲还存在较大差别。因此,扇三角洲这个概念存在两个要点:一是以冲积扇为沉积物供给体系,在地理分布上以近源流短为基本特征,因而又不同于通常的(蛇曲)河流三角洲;其次是包括水上和水下两个组成部分,也就是说,扇三角洲直接与冲积扇过渡,其水上部分即为冲积扇。

扇三角洲的分布比较局限,只有在特定的地形、构造和气候条件下才能发育。

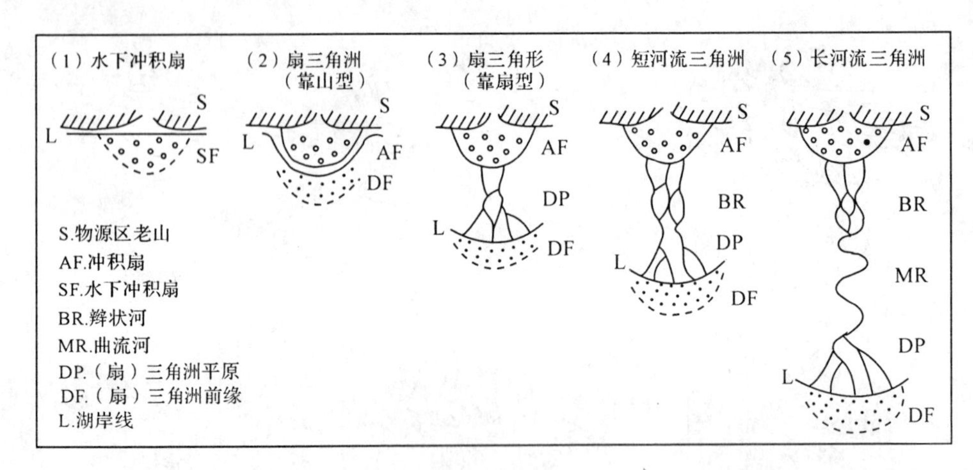

图 7-21　湖岸位置与砂体类型和演化关系示意图(据吴崇筠和薛叔浩等,1992)

1. 地形条件

临近山区的盆地边缘,高差变化大,坡度陡是扇三角洲发育的最有利和最基本的条件。一般距山区越近、坡度越陡,越易发育扇三角洲。随着与山区的距离加大,坡度变缓,则易形成辫状河三角洲和辫状平原三角洲。

2. 地质构造条件

扇三角洲多发育在活动的构造区,常与同沉积期大型断裂带相伴。从大地构造背景来看,沿大陆碰撞海岸、岛弧碰撞海岸、拖曳-边缘海岸(Wescott 和 Ethridge,1980),以及克拉通内部的裂谷盆地或其他断陷盆地的岸边对扇三角洲发育最为有利。例如著名的阿拉斯加科珀河(Coppee River)扇三角洲(大陆碰撞海岸型)、牙买加的耶拉斯(Yallahs)扇三角洲(岛弧碰撞海岸型)、加利福尼亚的里奇(Ridge)盆地边缘的一些扇三角洲(拖曳边缘海岸)、以及死海西岸的扇三角洲(裂谷型)和我国中新生代许多断陷盆地中发育的扇三角洲。由于扇三角洲与同沉积期断裂带具有如此密切的联系,所以研究扇三角洲对恢复古构造有重要的意义。

3. 气候条件

各种气候条件下均有扇三角洲的发育,但气候通过气温、降水等变化直接影响植被发育、物源区风化类型和强度、地表水文状况,以及陆源物质的供应等,所以在不同的气候区有不同类型的扇三角洲形成。干旱半干旱地区多发育旱地扇三角洲(如死海西岸的扇三角洲),潮湿的热带和温带地区易形成湿地扇三角洲和辫状河三角洲(如牙买加的耶拉斯三角洲),而在寒冷潮湿的冰水冲积平原则有利于辫状河平原三角洲或辫状河三角洲的发育(如阿拉斯加科珀河扇三角洲)。

二、扇三角洲环境的划分及沉积相特点

(一)扇三角洲分带

扇三角洲也和河流三角洲一样,可以划分为三个带:以大陆流水冲积作用为主的扇三角洲平原、遭受盆地水动力改造的扇三角洲前缘以及盆地作用为主的前扇三角洲。每个部分均有

不同的沉积特征和沉积相组合。根据一些具有代表性的现代扇三角洲的研究成果，将这三个带的沉积特点综合描述如下。

1. 扇三角洲平原

扇三角洲平原是扇三角洲的陆上部分，其范围包括从扇端至岸线之间的近海平原地带。在通常的情况下，其平面形态呈向盆地方向倾斜的扇形。但由于周边基岩地形、河流冲积作用、波浪和潮汐作用的影响，扇三角洲的形态也常有某些变化（图 7－22）。在强波浪地区，高坡降的底负载河流可形成对称的三角洲；波浪能量降低时可形成伸长状的河控扇三角洲；在被基岩包围的海湾，低沉积物输入量的低坡降河流，受波浪冲击可形成湾头滩脊平原，而在受保护的海湾环境则形成潮控扇三角洲（Hayes 和 Michel，1982）。如果汇水盆地是湖泊，由于湖泊环境没有潮汐作用，且湖浪作用远小于海浪（个别的大型湖泊也可有较强的波浪），所以湖泊扇三角洲通常只形成河控扇三角洲。

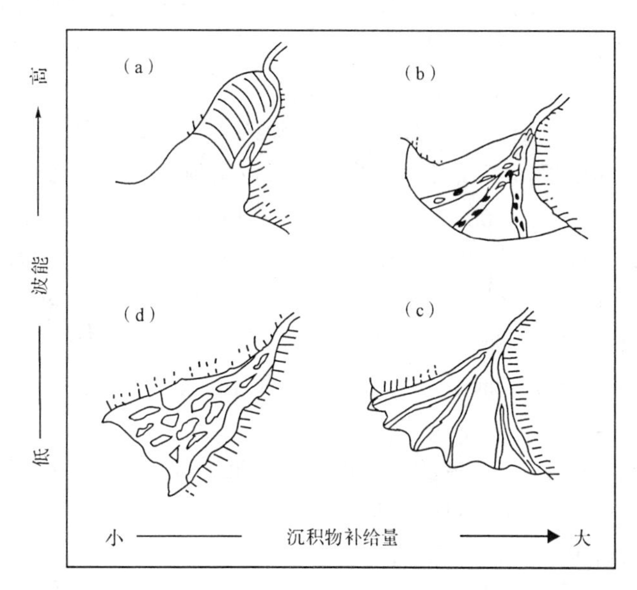

图 7－22　河流作用、波浪作用对扇三角洲形态的影响（据 Wescott 和 Ethridge，1990）

(a)湾头滩脊平原；(b)对称的朵状扇三角洲；(c)具有伸长状分流的河控扇三角洲；(d)潮控扇三角洲

扇三角洲平原的沉积相特征主要决定于沉积物供给体系类型。在干旱半干旱地区的扇三角洲平原具有旱地冲积扇的沉积特征，在潮湿区的扇三角洲平原则以发育砾质辫状水系沉积为特征，二者的沉积背景、沉积相组合及沉积地层结构等都有明显的区别。干旱半干旱区的扇三角洲平原一般紧邻活动断裂带分布，坡度大、扇体小，地表水系为准河道化洪流，具有间歇性和突发性。沉积相除频繁交错叠置的水道沉积与片流沉积的砂砾层外，还有大量泥石流沉积和筛积物相伴，近断崖根部有时还可见崩塌沉积。砾石成分复杂，成熟度低，成层不明显，规则而清晰的大型交错层理较缺乏，冲刷充填构造发育。而潮湿区扇三角洲平原的辫状水系则是河道化的水流，河道滞留沉积相和砾石坝沉积相是其主要沉积组合。因河道反复而迅速的侧向迁移，形成的层序结构具有明显的多旋回特点。

其他著名的干旱半干旱气候区的扇三角洲有死海裂谷晚更新世的扇三角洲（Sneh，

1979)，我国泌阳凹陷双河油田古近系核三段扇三角洲(王寿庆，1988)，加利福尼亚上新世里奇盆地东、西两边缘沿断裂带发育的扇三角洲(Link 和 Osborne，1978)，牙买加东南部现代的耶拉斯(Yallahs)扇三角洲(Wescott 和 Ethridge，1980)，阿拉斯加的科珀河(Copper River)扇三角洲(Galloway，1976)等。

总之，作用于扇三角洲平原上的各种沉积作用和沉积相，可与相似构造背景和气候条件下的冲积扇或辫状河的沉积作用和沉积相对比，冲积扇和辫状河沉积相模式均可应用于扇三角洲平原的沉积结构与沉积史的解释。

2. 扇三角洲前缘

扇三角洲前缘亦称过渡带(Wescott 和 Ethridge，1980)，是指位于岸线与正常天气浪基面之间的浅水区，是大陆水流、波浪和潮汐相互作用的地带。由于各种作用因素强度不同，扇三角洲前缘可具有河控型、波浪改造型、潮汐改造型、波浪和潮汐共同作用等不同特点。

河控型扇三角洲前缘是湖泊扇三角洲的特点。因为湖泊没有潮汐作用，且波浪能量也远小于海洋波浪，所以河控型扇三角洲前缘主要是在大陆水流作用下形成的。在某些小潮差、低波能的海湾边缘也可有河控型扇三角洲前缘发育。河控型扇三角洲前缘多呈向盆地倾斜的弧形水下平原环绕扇三角洲水上平原分布。大陆水流入湖后继续流动形成许多水下分流河道，河道随着向湖泊深处延伸逐渐变浅展宽而消失。河控型扇三角洲前缘的沉积物组成以各种粒级的砂和粉砂为主，也常有砾石沉积。粒度变化向盆地方向变细。砂层中交错层理发育。与前扇三角洲呈指状交错过渡。例如加利福尼亚里奇盆地的扇三角洲前缘的沉积物主要是以砂岩为主，与湖相泥岩和碳酸盐沉积呈互层出现，已识别出滨线、近滨泥坪和沙坪、沙坝等沉积相组合。死海裂谷西岸的扇三角洲前缘由砂泥互层组成，砂层具水流沙纹层，可能是突发的洪水泛滥形成的，泥层是在湖水平静时形成的。随湖水面不断上升(湖进)，砂泥互层显示出向上变细的趋势(Sneh，1979)。

在小潮差强波能的沿岸带，河流的沉积物遭受波浪的改造形成浪控型扇三角洲前缘，发育了海滩沉积组合，耶拉斯扇三角洲可作为该类型的典型代表，耶拉斯扇三角洲的海滩根据地貌和结构特征分为侵蚀海滩和沉积海滩。沉积海滩比较宽，是砂质的，发育有很好的滩肩、后滨带和前滨带。它们均具有平行层理，前滨带向海倾斜，后滨带向陆倾斜。由于遭受风暴浪的影响海滩砂层中常夹有叠瓦状砾石层，在滩肩和下前滨带最为普遍。侵蚀海滩具有陡而狭窄的前滨带，由极粗的砂和巨砾组成。这些沉积物是由组成海滩悬崖的河流沉积物在波浪的冲击下崩塌和筛选后形成的滞留沉积。耶拉斯扇三角洲前缘具有较陡的坡度，所以临滨带不发育，前滨带向海很快过渡为峡谷-斜坡沉积。

阿拉斯加科珀河扇三角洲是遭受潮汐、波浪和沿岸流共同改造的一个典型实例。扇三角洲前缘发育了潮汐泻湖复合体和障壁岛-临滨沉积体系(Galloway，1976)。潮汐泻湖复合体分布在扇三角洲平原前缘与沿岸障壁岛之间的宽阔地带。潮间带发育有平坦的泥坪和沙坪，潮汐层理、潜穴、植物根系和碎片及大量掘穴的蛤类等生物。潮下部分包括潮沟和泻湖。潮沟为具有大型交错层理的砂所充填，泻湖为水下沙坪所占据，其组成为分选好—极好的细—极细砂，具不明显的层理或不显层理。障壁—临滨带发育有障壁岛、海滩和临滨相带，形成一个宽数千米、长 80km、厚达 30～90m 的砂质沉积带。从海滩至下临滨砂的粒度呈逐渐变细的序列，大约在水下 50 余米处可能过渡到前扇三角洲泥和陆架泥相。

3. 前扇三角洲

前扇三角洲是指扇三角洲的浪基面以下部分，向下与陆架泥或深水盆地沉积过渡，没有明显的岩性界线。扇三角洲通常分布在构造活动地区，盆地边缘的构造特征对前扇三角洲沉积特点和沉积物的分布有重要影响。

耶拉斯扇三角洲(Wescott,1990)是一个沿碰撞岛弧发育的扇三角洲。受构造控制，扇前端形成一个坡度很陡(20°～30°)的岛坡，西部较缓处的岛棚也仅有600m宽。岛坡上分布有三个海底峡谷。进积的扇三角洲沉积物在坡度变陡处被截断直接沉积到斜坡和盆地中。峡谷头部频繁发生崩塌和重力滑动，是将近岸带沉积物向盆地方向搬运的主要作用。峡谷底的沉积物有砾石、砂和泥，呈斑块状随机分布。砾石组成低矮的砾石滩脊。砂层发育有波痕。在水流稳定的地带海底被粉砂和泥覆盖，海草和海藻普遍，常被底栖生物搅动。

发育在宽阔陆棚上的扇三角洲的前三角洲沉积主要为临滨—远滨的粉砂和泥质沉积，与陆棚泥呈互层产出。其沉积相稳定，分布范围广泛，一般具有明显而完整的向上变粗的层序。例如以科珀河扇三角洲为代表的阿拉斯加东南部的一些扇三角洲。此外，还有一些扇三角洲直接推进到浅水碳酸盐陆棚上，由于粗粒的陆源碎屑沉积阻碍了碳酸盐沉积的发育，随着扇三角洲的推进和后退，前扇三角洲常具有与浅水碳酸盐沉积互层的特点，例如美国德克萨斯莫比蒂(Mobeetie)油田宾夕法尼亚系扇三角洲(Dutton,1982)。

4. 扇三角洲的一般特点及其与正常三角洲的主要区别

综上所述，不管扇三角洲发育在何种构造部位和气候带，它们均具有以下几个共同的特点。

(1)单个的扇三角洲的陆上部分一般比较小，通常在几十平方千米左右，平面形态多为扇形。

(2)扇三角洲沉积体向陆方向通常以断层为界，其近源沉积物(扇根或上扇部分)常以角度不整合超覆在古老的基岩地层上。

(3)扇三角洲的组成均为砾石、含砾砂和砂等粗碎屑沉积物，成分和结构成熟度均比较低，反映其距物源区比较近，搬运距离短，沉积迅速的特点。

(4)扇三角洲沉积体的几何形态和粒度变化一般为楔形碎屑体，从山前向盆地(海或湖)方向变薄变细，逐渐过渡为盆地相而消失。

(5)单个扇三角洲的垂直层序一般呈向上变粗的特点。

(6)扇三角洲层序的厚度和延展范围受边缘断裂差异升降幅度控制。单个扇三角洲沉积层序厚可达几十米，而发育在板块边缘经历很长地质时期的扇三角洲层序可厚达几千米，延长几十千米。

(二)扇三角洲与正常三角洲的区别

扇三角洲与正常三角洲的区别主要反映在以下几个方面。

1. 地形坡降大

据研究，长河流三角洲河口地区至曲流平原，坡降在0.1‰左右，如我国长江三角洲为0.1‰～0.7‰。而扇三角洲的河流坡度(或扇坡度)一般是三角洲的几倍到几十倍，如牙买加东南海岸为15‰，阿拉斯加东南海岸为2‰～17.6‰，我国云南洱海阳溪等现代扇三角洲为

15‰～53‰，辽河裂谷古近系的扇三角洲为18‰～35‰。

2. 向陆方向的相邻沉积相

正常三角洲(长河流三角洲)的向陆方向与曲流河相邻，物源远，岸上从山麓到湖岸有较长的平缓斜坡，或是河流来自盆地以外。辫状河三角洲(有人称之为短河流三角洲)向陆侧与辫状河相邻，岸上斜坡较短，坡度增加。扇三角洲向陆一侧为冲积扇或物源老山，岸上斜坡更短更陡，甚至水体直抵山根。

3. 砂体岩性

正常三角洲岩性较细，三角洲分流平原沉积似曲流河或网状河，但碎屑粒级稍细，以砂为主，含少量砾石；三角洲前缘亚相以细砂和粉砂为主。扇三角洲沉积岩性粗，扇三角洲平原沉积类似辫状河，甚至就是冲积扇，砾石含量很高；前缘亚相沉积物也较粗，可含粗砂和砾石，水下河道更为发育，由于河道通常不稳定，河口沙坝发育较差。

4. 砂体形态和分布

正常三角洲砂体的个体大而个数少，经常单独发育或少数相邻，分布于湖盆长轴或近长轴的短轴缓坡侧；纵剖面上呈较大的透镜体，向湖内延伸较远。扇三角洲个体小而个数多，常成群出现，沿湖盆短轴陡坡侧分布；纵剖面上呈厚而短的楔状体，向湖方向很快尖灭。

5. 与油气聚集关系

扇三角洲相一般具有粒度粗、厚度大的特点，其前方紧靠生油凹陷区，油源充足，尤其是其前缘部分，砂质粒度适中，物性较好，具备良好的油气储集条件。例如辽河西部凹陷沙二下段齐欢双扇三角洲(吴崇筠，1993)，平面呈扇形，面积约250km²，剖面呈透镜体，最厚处200m。砂层的物性以水下河道砂的前部及其前端的河口沙坝最好，孔隙面孔率达20%，渗透率一般$n \times 10^2 \times 10^{-3} \mu m^2$，个别高达$2 \times 10^4 \times 10^{-3} \mu m^2$。多个类似的扇三角洲砂体并列在西斜坡上，侧向连接成平行于斜坡走向的带状砂带，前方邻近同层的深湖亚相，又紧靠下伏沙三的深湖亚相，油源充足，成为凹陷中油气最富集地带。

三、扇三角洲的沉积模式

由于受地质构造、气候、河流与海洋或湖泊相互作用、陆棚宽度和坡度，以及相关沉积体系等多方面的影响，几乎每个扇三角洲的沉积组成和结构都不相同，因此很难用一个综合模式来概括各类扇三角洲的特点。埃思里奇和韦斯科特(Ethridge 和 Wescott，1984)认为在扇三角洲三个沉积分带中，扇三角洲前缘是区别不同类型三角洲的关键。扇三角洲前缘的几何形态及沉积相组合是盆地边缘沉积状况和构造背景的反映。所以，埃思里奇和韦斯科特根据扇三角洲前缘的地质地理背景特点提出三种扇三角洲沉积模式，即斜坡模式、陆棚模式和吉尔伯特型模式(Wescott 和 Ethridge，1990)。三种模式的主要特点介绍如下。

1. 斜坡型模式——牙买加型

斜坡型扇三角洲沉积模式主要是根据牙买加东南部耶拉斯扇三角洲的沉积特点建立的，表示一个理想化的斜坡型扇三角洲沉积模式(图7-23)。该模式可适用于进积到岛坡、陆坡或断陷盆地边缘的扇三角洲。扇三角洲沉积的正常序列(陆上平原带—前缘带—前扇三角洲带)在陆棚边缘坡折处常因坡度突然变陡而截断，代之以峡谷头部和峡谷中的滑塌作用和重力流作用，粗碎屑沉积物可以越过陆棚边缘直接沉积在斜坡上和盆地中，从而使向上变粗的层序复杂化。

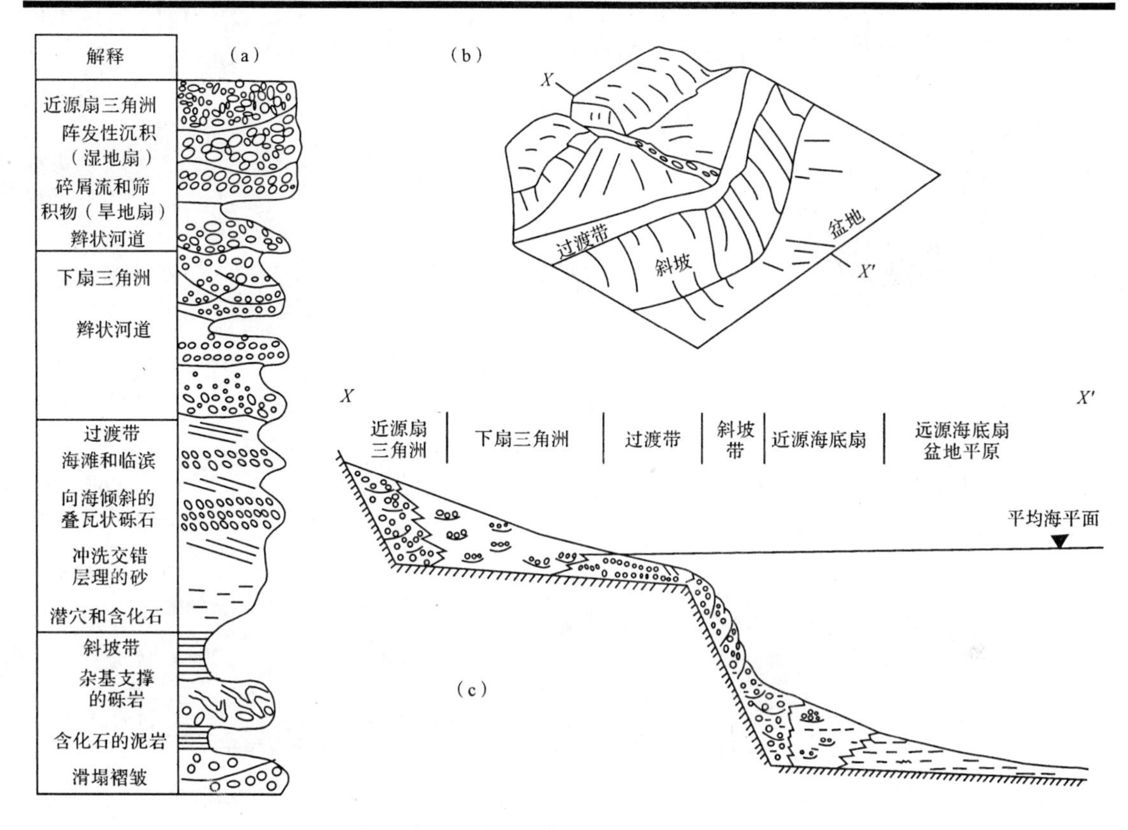

图 7-23　斜坡型扇三角洲沉积模式(据 Wescott 和 Ethridge,1990)
(a)垂直层序;(b)平面图;(c)纵剖面图

扇三角洲平原近源部分主要是在限制性水道中阵发性急流沉积的分选不好的块状砾岩,它们常与浅的辫状河纵坝形成的砾岩和砾状砂岩互层,砾岩与砾状砂岩具粗糙的平行层理,砾石最大扁平面倾向陆地方向。陆上平原的远端也由辫状河道的砾岩和砾状砂岩组成,亦具有粗糙的平行层理和叠瓦状组构,但有少量的槽状交错层理发育。如在干旱半干旱地区,近源部分辫状水道不如湿地扇平原发育,而出现较多的碎屑流沉积和筛积物夹层。

扇三角洲前缘过渡带发育了海滩和临滨带。主要沉积物为分选好的砾岩和砂岩。砂岩显平行层理、冲洗交错层理。砾岩具向海倾斜的叠瓦状组构。少量细粒的有机质沉积物可能代表孤立的海岸泻湖和水塘沉积,含有化石及潜穴。

斜坡沉积主要由海相泥岩和杂基支撑的砾岩组成,常具有滑塌变形构造。在斜坡带至盆地边缘,沉积物碎屑流、泥流、液化流及滑动构造非常活跃,可形成海底扇。海相泥岩中化石丰富,生物搅动构造发育。

2. 陆棚型模式——阿拉斯加型

陆棚型扇三角洲发育在坡度低缓而宽阔的陆棚海边缘,又称缓坡型扇三角洲。陆棚型扇三角洲模式是根据阿拉斯加东南海岸以科珀河扇三角洲为代表的一些扇三角洲的沉积特点建立的(图 7-24)。陆棚型扇三角洲沉积因陆棚开阔不会被陡坡所终断,所以其沉积体可以向盆地方向推进很长的距离。扇三角洲平原、前缘(过渡带)和前扇三角洲三带分异明显,形成砾—砂—泥连续过渡的进积序列，具有发育良好、明显清晰的向上变粗的层序。

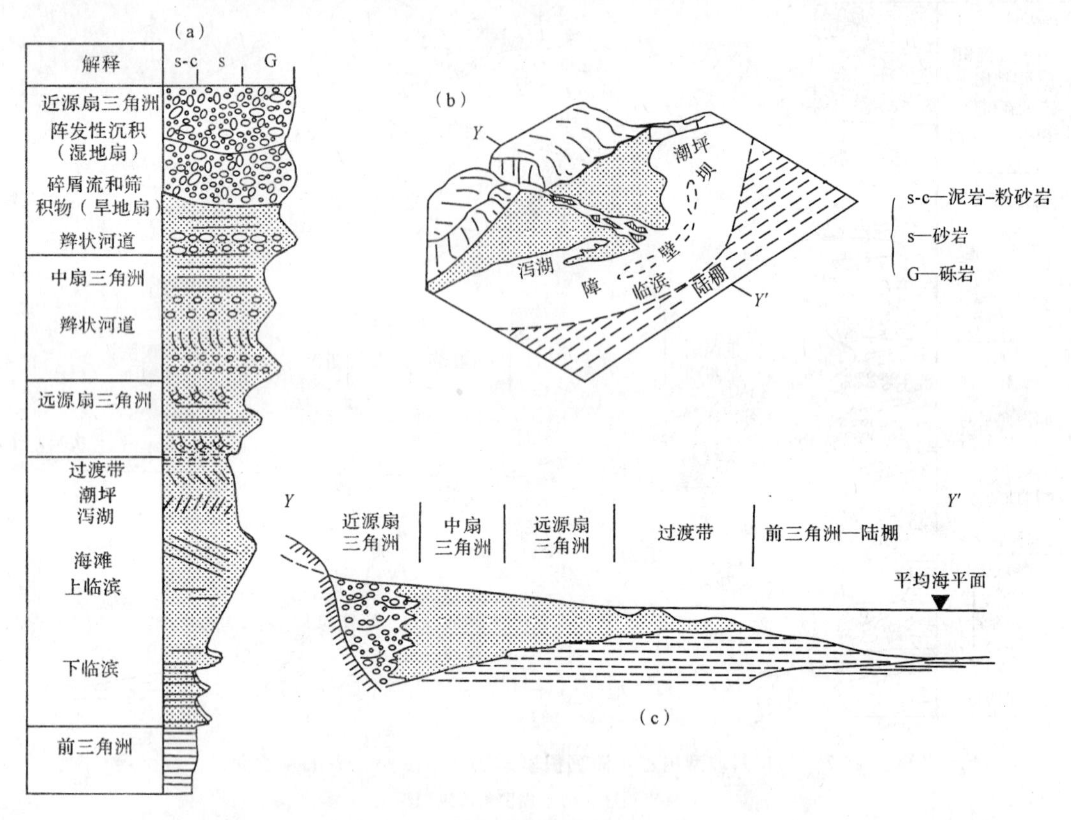

图 7-24 陆棚型扇三角洲沉积模式(据 Wescott 和 Ethridge,1990)

(a)垂直层序;(b)平面图;(c)纵剖面图

扇三角洲陆上平原部分与其他类型扇三角洲一样具有冲积扇和辫状河沉积特点。前缘过渡带常受波浪和潮汐作用影响，可发育富砂的海滩和临滨带沉积，或潮坪-泻湖-障壁坝岛等沉积体系。前扇三角洲以富含生物化石和生物遗迹的泥质为主，并与陆棚泥过渡。

3. 吉尔伯特型模式——断陷湖盆型

最早被吉尔伯特(Gilbert,1885、1890)研究的美国邦维尔湖(Lake Bonneville)的三角洲实际上是个典型的湖泊扇三角洲。该扇三角洲以具有顶积层、前积层和底积层“三褶构造(threefold structure)”为特征。因此，埃思里奇和韦斯科特便将具有这种特点的扇三角洲称作吉尔伯特型扇三角洲。吉尔伯特型扇三角洲不仅有湖泊环境的，而且也有海洋环境的。特别是在受保护的低潮差、小波能的峡湾背景，常有吉尔伯特型扇三角洲发育(图 7-25)。

吉尔伯特型扇三角洲的顶积层是由冲积扇下游河道迁移形成的。大量牵引载荷在河口地区快速堆积，并在重力作用下从坝顶向下崩落，形成由粗粒级砾质的沉积物组成的陡斜的前积层。前积层在没有外力的影响下倾角可达到 35°左右(相当于休止角)。细粒沉积物则以悬浮状态被水流继续向盆地内搬运，并在更远的地方沉积下来形成底积层。由于吉尔伯特型扇三角洲形成的前积层坡陡水深，常引发重力滑动和演变为高密度浊流，因此在细粒的底积层中常有碎屑流和浊流沉积夹层与其共生。

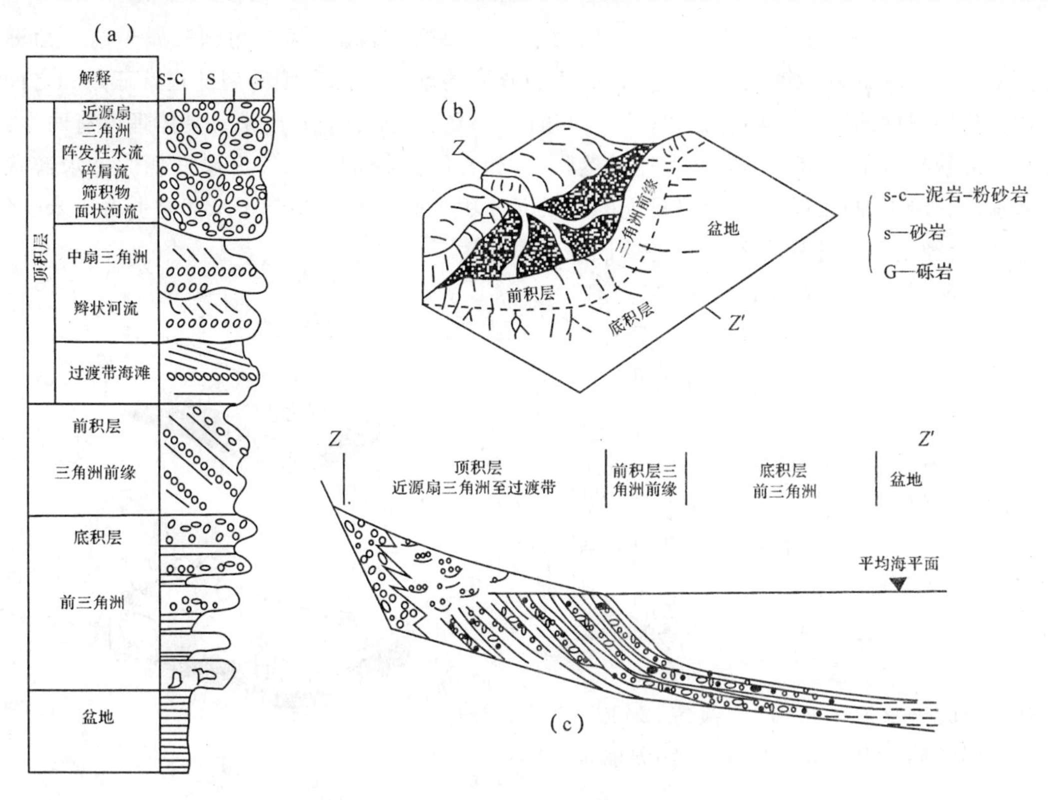

图 7-25　吉尔伯特型扇三角洲沉积模式(据 Wescott 和 Ethridge,1990)
(a)垂直层序;(b)平面图;(c)纵剖面图
注意前积层近源部分缺失底积层

典型的吉尔伯特型扇三角洲的平面形态一般为扇形,其垂直层序具有明显的向上变粗特点。进积到湖盆的吉尔伯特型扇三角洲的沉积物的粒级范围从粗粒级(砾石)至细粒级(粉砂和泥)都有,因为等密度轴状入流和稳定低能的湖水有利于细粒沉积物沉积;而进积到海中的吉尔伯特扇三角洲主要为粗碎屑沉积物,因为悬浮的细粒载荷多被波浪和潮汐作用带到距扇三角洲更远的地方才沉积下来。总之,粗粒级、河控型、高建设和迅速进积是吉尔伯特征扇三角洲的共同特点。吉尔伯特型扇三角洲与其他类型扇三角洲的最重要区别是存在一个大型的、坡度陡斜的砾质前积层。前积层后端近源部位的层序中缺失底积层(Massari 和 Colella,1988;Colella,1990),并以高角度不整合在基底岩层上。

第四节　辫状河三角洲体系

一、概念及分类

辫状河三角洲的概念最早由 McPherson(1987)提出,其定义为是由辫状河体系(包括河流控制的潮湿气候冲积扇和冰水冲积扇)前积到盆地水体中形成的富含砂和砾石的三角洲,其辫状分流平原由单条或多条底负载河流提供物质。在此之前，辫状河三角洲归属于扇三角洲范畴。McPherson 等认为辫状河三角洲是介于粗碎屑的扇三角洲和细碎屑的正常三角洲之间的一种具独特属性的三角洲，从而将辫状河三角洲从扇三角洲中分离出来。具体理由有两个：一是辫状河和辫状平原与冲积扇不存在必然联系，如在阿拉斯加和冰岛海岸发现的冰水辫状河与冰水辫状河平原；二是与冲积扇毗连的辫状河冲积平原通常是几十千米甚至上百千米长，严格地说，已经不属于冲积扇复合体的组成部分。

辫状河三角洲的平面形态通常呈“扇”形(图 7－26)，这种“扇”形是三角洲建造过程的结果。具辫状分流平原的辫状河三角洲，该辫状平原向上游直接过渡为冲积扇沉积物，即辫状河或辫状平原与冲积扇并置，这种辫状河三角洲可能形成于裂谷拉张性盆地的发育晚期。在我国古代陆相盆地中，这种辫状河三角洲特别发育，如济阳坳陷胜沱油田古近系沙二段为距离物源区数十千米的冲积平原上的辫状河分支直接入湖形成的辫状河三角洲(卜淘等，2000)；再如西部吐哈盆地(李文厚，1996；周丽清等，1998、2000)、三塘湖盆地(朱筱敏等，1998)侏罗系也广泛发育有辫状河三角洲。

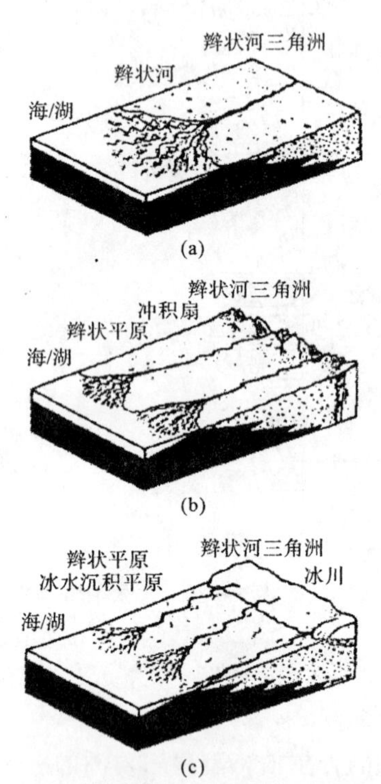

图 7－26　辫状河三角洲的类型(McPherson，1987)

(a)物源来自远距离山区高地的辫状河三角洲；
(b)在冲积扇前方发育的辫状河三角洲；
(c)与冰川平原有关的辫状河三角洲

辫状河三角洲的发育受季节性洪水流量或山区河流流量的控制。冲积扇末端和山顶侧缘的冲积平原或山区直接发育的辫状河道经短距离或较长距离搬运后都可直接进入海(湖)而形成辫状河三角洲。因此，同扇三角洲和正常三角洲相比，辫状河三角洲距源区距离介于两者之间，在远离无断裂带的古隆起、古构造高地的斜坡带，沉积盆地的长轴和短轴方向均可发育。辫状河三角洲与扇三角洲在拉张盆地中可发生时空转换：在断陷湖盆演化早期，扇三角洲的发育，与盆缘活动断裂关系密切；随着源区高地的不断剥蚀，盆地部分充填，冲积扇被冲积平原与稳定水体隔开，扇三角洲转化为辫状河三角洲。总体上，辫状河三角洲发育所需沉积地形和坡度一般比扇三角洲缓，比正常三角洲陡，但也有在较大地形坡度下形成的辫状河三角洲(坡度可达 20°以上)。

二、辫状河三角洲沉积相组成

辫状河三角洲同扇三角洲和正常三角洲一样，由辫状河三角洲平原、辫状河三角洲前缘和前辫状河三角洲三个亚相单元组成(图 7－27)，其沉积特征分述如下。

1. 辫状河三角洲平原亚相

辫状河三角洲平原主要由众多的辫状河道相或辫状河平原相所组成。辫状河道充填物为

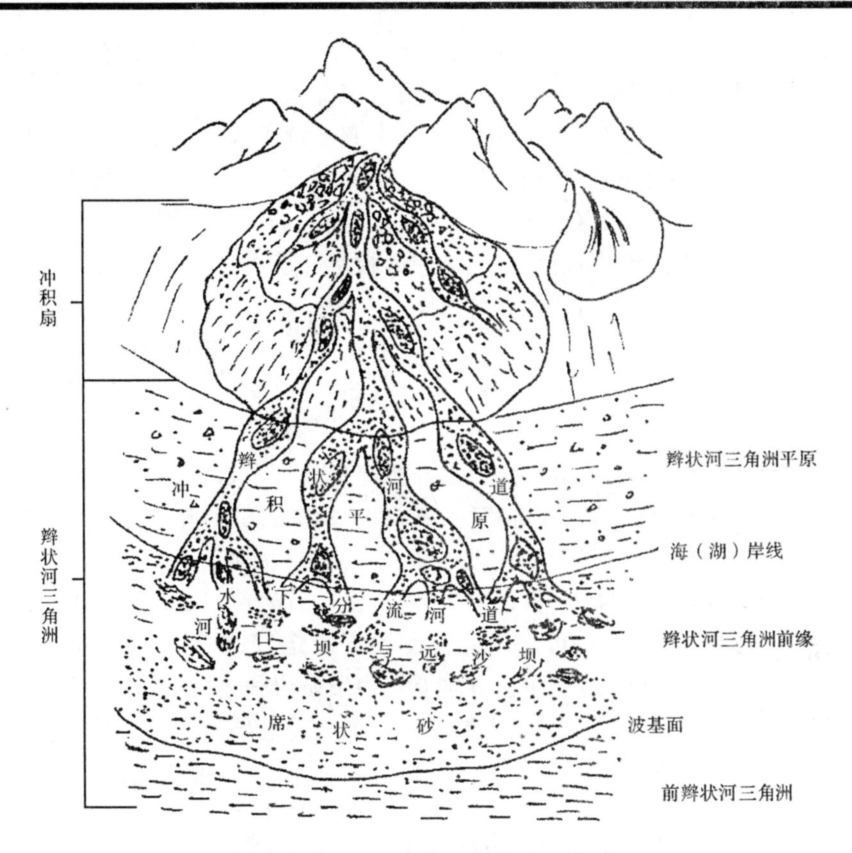

图 7－27　冲积扇-辫状河三角洲沉积体系示意图(姜在兴,2003)

宽/厚比高、宽平板状、沿倾向的多侧向砂岩带。底部冲刷面具有比较平缓,表现为低度的地形起伏。河道充填层序主要由砂岩所组成,也常见砾岩。辫状河道的沉积单元包括互层状的横向沙坝或纵向沙坝或它们两者的透镜体,并掺夹有丰富的砂或泥充填的小到中等规模的冲蚀槽。其详细的内部结构复杂,往往由多期沉积单元叠合构成分布广泛的厚层砂体。与冲积扇相比,辫状河三角洲平原沉积物以高度河道化,更深、更持续的水流和砂体更好的侧向连续性为特征。

(1)辫状河道沉积:辫状河道沉积以河道沙坝侧向迁移加积而形成的沉积物为主。以色杂、粒度粗、分选较差、不稳定矿物含量高、底部发育冲刷充填构造为特征。辫状河道充填物宽厚比高,剖面呈透镜状,具大型板状和槽状交错层理、平行层理的砾岩、砂岩及块状砾岩常见;也有以砂质为主的辫状河三角洲。它们组成若干个向上变细的透镜体并相互叠置,单个透镜体最大厚度从 2～5m 不等,横向延伸数米即变薄尖灭。

(2)废弃河道充填沉积:废弃河道充填沉积体往往呈下凸上平的透镜状,岩层向两端收敛变薄、尖灭。充填沉积物自下向上粒度明显变细,往往从砾岩(河道滞留沉积)逐渐变为砂岩、粉砂岩和泥岩。底部见起伏不大的冲刷面。向上层理规模从大、中型交错层理、平行层理到小型交错层理,顶部为水平层理,层内还可见到充填沉积过程中形成的滑塌构造。岩性及沉积构造特征反映了水道充填沉积过程中水动力逐渐减弱的过程。

(3)越岸沉积:洪水期,水体漫越河道,在河道两侧形成一些积水洼地,其内部接受细粒物质的沉积，称为越岸沉积，其岩性为粉砂岩、泥岩。部分洪水期越岸形成的积水洼地可逐渐被植被覆盖，发展为沼泽环境，沉积炭质页岩，并形成具有一定开采价值的煤层。这种环境下形成的煤层厚度变化大，分布不稳定，多呈透镜状展布(或藕节状断续出现)，且先期形成的煤层普遍受到河道迁移的破坏，其分布更加不规则，局部越岸沼泽中含有暂时性小水道砂岩透镜体。

与扇三角洲平原相比，辫状河三角洲平原为位于陆上的辫状河组合，以牵引流为主，缺少碎屑流沉积。而扇三角洲平原为片流、碎屑流和辫状河道互层沉积，其岩石类型和构造类型更为复杂。因此，平原相带沉积作用的差异是区别两者的关键标志。与正常三角洲相比，辫状河三角洲粒度更粗，层理类型更复杂；而正常三角洲平原亚相的沉积物由限定性极强的分流河道和分流河道间沉积组成。

2. 辫状河三角洲前缘沉积特征

辫状河三角洲前缘由水下分流河道沉积、分流河道间沉积、河口沙坝、席状砂及远沙坝组成。其中，水下分流河道特别活跃，其沉积物在前缘亚相中占比例大，是前缘亚相的沉积主体。

(1)水下分流河道沉积：水下分流河道是平原亚相中辫状河道入湖后在水下的延续部分，其沉积特征类似于辫状河道砂体，沉积物粒度较粗，由砂砾岩组成，砂砾岩中泥质杂基含量极少，多在5%以下，呈颗粒支撑。砂体总体呈层状，分布稳定，但内部往往由若干个下粗上细的砂岩透镜体相互叠置而成，单个透镜体从下向上常为细砾岩→含砾中、粗粒砂岩→中砂岩，局部层序上部见细砂岩，层序的主体为中、粗粒砂岩。单一透镜体的最大厚度一般为1～2m，少数可达5m，横向延伸数米即变薄尖灭。由于河道的频繁迁移，砂体中侧积交错层极为发育，是其主要的沉积构造类型。此外，冲刷面构造、平行层理及大、中型交错层理亦常见。

(2)分流河道间沉积：分流河道间沉积的岩性较细，常为粉砂岩与泥岩。颜色较深，为灰色及灰绿色。因水下分流河道特别活跃，迁移频繁，河道间沉积物往往遭到侵蚀破坏，多以大小不等的透镜状形式出现在河道砂体中。

(3)河口沙坝：河口沙坝位于水下分流河道的前缘及侧缘。岩性为中、细粒砂岩，局部为含砾砂岩，从下向上多显示由细变粗的层序，见平行层理及中型交错层理。由于辫状河三角洲通常由湍急洪水或山区河流控制，水流能量较强，入水后并不立即发生沉积作用，而是在水下继续延伸一段距离，因此河口沙坝大多数发育于离海(湖)岸线较远处(水下分流河道末端)；另一方面，由于水下分流河道迁移性较强，河口不稳定，难于形成正常三角洲前缘那样的大型河口沙坝，河口沙坝不发育或规模较小。

(4)席状砂：为辫状河三角洲前缘连片分布的砂体，形成于波浪作用较强的沉积环境。先期形成的水下分流河道、河口沙坝等砂体被较强的波浪改造，发生横向迁移，并连接成片，便形成了席状砂。砂体一般为粒度较细的砂岩、粉砂岩与泥岩互层，颗粒分选性和磨圆度较好，垂向上呈反韵津或均质韵律。

(5)远沙坝：远沙坝沉积为辫状河三角洲前缘边部的末端沉积，由粉砂岩和细砂岩组成。横向延伸远，分布范围广，但纵向上相带窄，厚度薄，内部见小型沙纹层理，往往同前三角洲泥质沉积物呈薄互层状频繁交互。与河口沙坝相比，远沙坝砂体厚度较薄，岩性较细，多为细砂岩和粉砂岩。

3. 辫状河前三角洲沉积特征

辫状河前三角洲沉积与各类三角洲的前三角洲亚相相似，均以泥质沉积物为主。但是由于辫状河三角洲前缘亚相沉积物堆积迅速，沉积体不稳定，很容易形成重力流，沿前缘斜坡运动到前三角洲泥质沉积物中堆积下来，常见的有碎屑流、液化流及浊流沉积。

三、辫状河三角洲的沉积序列

辫状河三角洲垂向沉积序列具有两种韵律结构，一是向上变细的退积型辫状河三角洲，剖面上表现为多个水流作用由强至弱向上变细的正韵律组合。二是向上变粗的进积型辫状河三角洲，由多个向上变粗的沉积旋回组成。地质记录中以进积型辫状河三角洲垂向层序更常见，其完整的层序由下而上表现为辫状河—滨浅湖—辫状河三角洲平原亚相—辫状河三角洲前缘亚相—前辫状河三角洲。由于水动力条件和古地形条件的变化，辫状河三角洲垂向层序往往保存不完整，常以平原亚相和前缘亚相呈互层沉积出现在剖面上。

湖泊辫状河三角洲沉积特征基本介于扇三角洲与正常三角洲之间，在前三角洲中可以发育重力流沉积。辫状河三角洲沉积层序中发育块状砾岩相(Gm)，块状砂岩相(Sm)，平行层理砂岩相(Sh)，波状、断续波状交错层理粉细砂岩相(Fg)，块状粉砂岩相(Fm)，而叠瓦状砾岩相(Gms)、板状交错层理砂砾岩相(Sp)和槽状交错层理砂岩相(St)不太发育。平原地区以下粗上细的正韵律沉积为主，前缘地区多发育下细上粗的反韵律(图 7-28)。

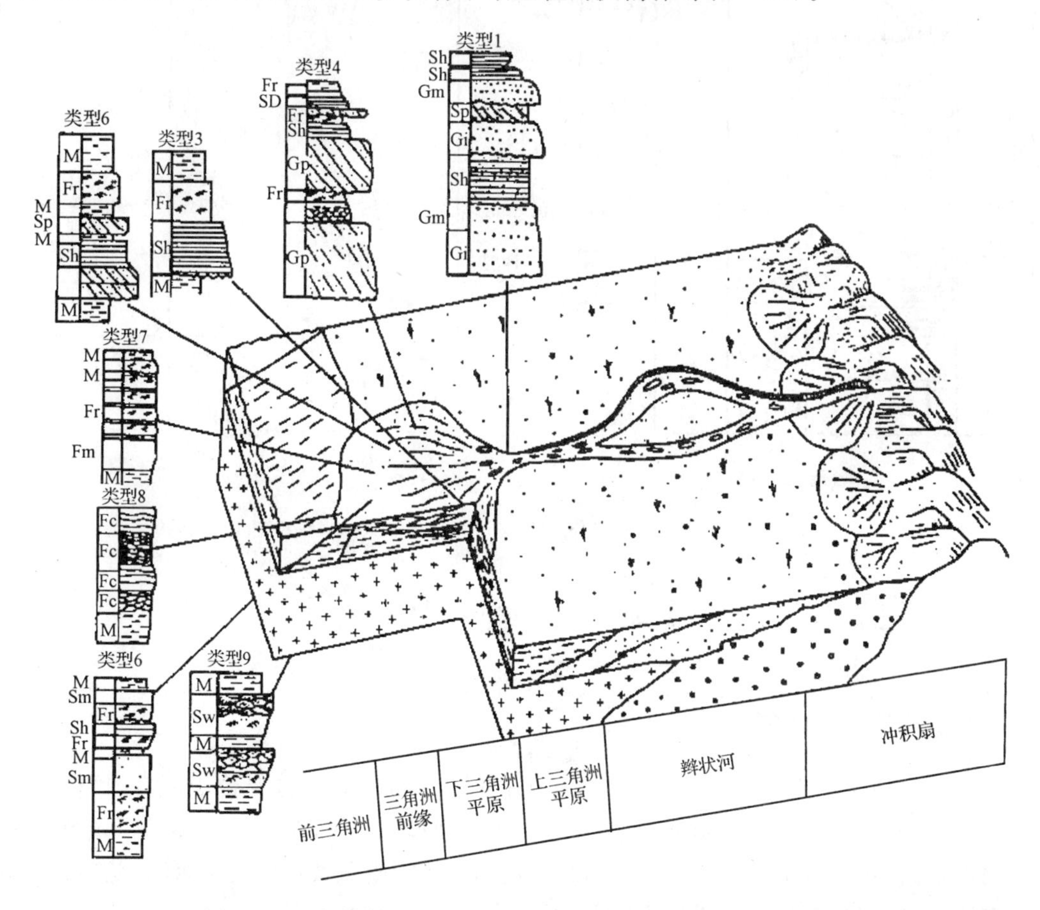

图 7-28 内蒙古元子沟辫状河三角洲沉积模式(据于兴河，1995)

辫状河三角洲与扇三角洲虽同属粗碎屑三角洲，但由于辫状河三角洲岩石分选较好，杂基含量较低，砂砾岩体的侧向连续性和连通性都较好，因而具有较好的油气储集性能；同时，由于辫状河三角洲面积达数百平方千米，且水下分流河道的砂砾岩与烃源岩呈频繁互层沉积，可成为油气初次运移的有利场所(图 7-29)。而辫状河三角洲平原亚相的冲积平原或河漫沼泽沉积由于物性较差，可作为区域性盖层或烃源岩，从而在垂向上构成良好的生储盖组合。从目前油气勘探成果来看，辫状河三角洲单独或与其他因素匹配，可形成岩性圈闭油气藏、构造圈闭油气藏、构造-岩性圈闭油气藏等。

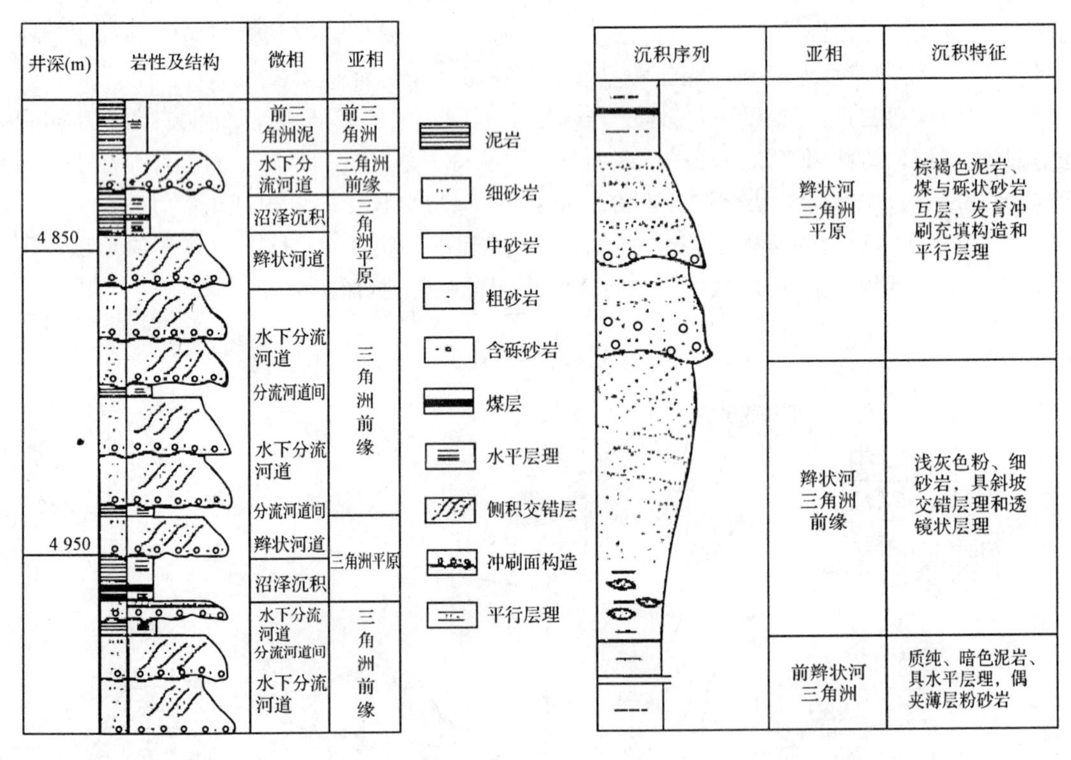

图 7-29　辫状河三角洲沉积序列(据高振中，1996；朱筱敏等，1998)

第五节　河口湾体系

一、概念及环境特征

河口湾是被海水淹没的、向海呈漏斗状张开的河口，也可以看成是位于河口的海湾。河口湾发育于潮汐作用强烈的海岸河口地区。当海水大规模入侵时，海岸下沉、河流下游的河谷沉溺于海平面之下，在海岸河口区形成了向海扩展的漏斗状或喇叭状的狭长海湾，就称为河口湾或三角港，如我国钱塘江口的杭州湾。

河口湾是一个物理条件十分复杂的环境，Pritchard(1967)将其定义为“一个半封闭的近岸水体，它与开阔海有自由联系，其中的海水在一定程度上被大陆上排出的淡水冲淡”。现代河口湾常与潮坪、障壁岛和河流共生。潮汐体制的性质和这些性质沿河口湾变化的方式对沉积物的搬运和最终形成的相特征是决定性的因素。河口湾的发育与潮汐作用、河流作用的强弱有密切关系。在强潮汐河口区，其潮差一般＞4m，如果河流规模小，泥砂供应不足，此时的潮汐作用远大于河流作用，有利于河口湾的形成。如我国的钱塘江口属于强潮汐河口，因此发育典型的河口湾。中等潮汐河口(潮差为2～4m，如长江口)和弱潮汐河口(潮差＜2m，如珠江口)，当二者的河流作用大于潮汐作用，不形成河口湾而发育成为三角洲。

河口湾地区是河流水流与潮汐水流强烈交锋和会合处。由于河水和海水的密度不同，密度大的海水沿底部侵入河口，致使上、下两层的水流方向相反。河流和潮汐的流量关系决定了水体的分层和混合特性。潮汐作用弱、河流流量占优势时，低密度的淡水位于盐水楔之上，水体呈明显的层状，随着潮汐作用逐渐增强和河流流量减弱，咸淡水垂向的梯度变化逐渐减小，直至最后完全混合而呈现均匀状态。使河口湾地区形成了海陆过渡、咸淡混合的半咸水环境。

河口湾地区的潮流是往返的双向流。涨潮时，潮水顺河口溯河而上，形成河流壅水现象；退潮时，潮流强烈地冲刷河床，引起河口湾的加深和展宽，其结果更有利于潮汐、波浪大规模入侵，使河口湾两岸产生沉积物流，形成河口湾浅滩。由于科里奥利力的影响，河口地区涨落潮流的路线常常不一致，它们往往沿着相距很近但又分离的路线各自流动，故在涨落潮之间的河口区形成了顺流向展布的冲刷沟(涨、落潮河谷)和狭长形的线状潮汐沙脊(图7-30)。较大规模的沙脊高达10～22m，宽300m，长达2 000m左右。

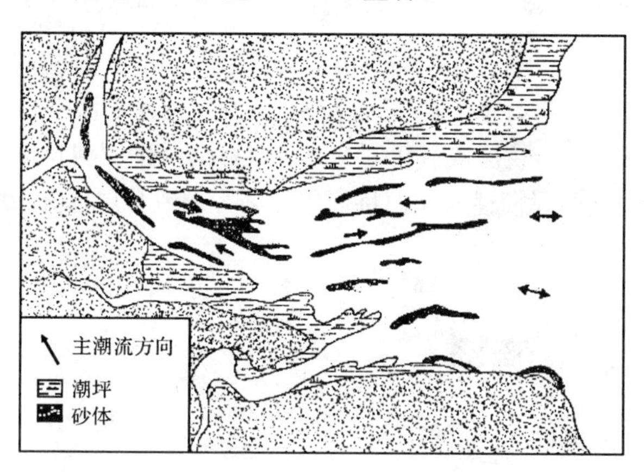

图7-30　大潮河口湾的综合模式

特点是具有漏斗状的河道，河道中部有长形潮流沙脊，河道侧翼是潮坪(据Hayes，1976)

河口湾按成因可分为溺谷型河口湾，它是下沉的水下河谷；峡谷型河口湾，它是下沉的水下冰川谷，剖面上呈“U”字型，深可达几百米；构造作用如断陷等产生的河口湾，和沙坝堆积而成的河口湾。

二、沉积特征

根据国内已研究的河口湾(如莱茵河口湾，荷兰马斯河口湾，我国杭州湾及四川峨眉三叠纪河口湾等)资料，其沉积特点如下：

(1)岩性特征:以分选、圆度较好的细砂和泥质沉积为主。砂、泥比例取决于潮汐和河流作用的强度以及泥砂的供应状况。在潮汐河口的砂质沉积物中常夹有泥质薄层。这种夹层是由于因强潮流强烈扰动而呈悬浮状态搬运的沉积物,在高、低潮或平潮和停潮时期流速最小时发生沉积所致,它是判别潮汐河口环境沉积的重要标志之一。

(2)沉积构造:河口湾沉积中常发育着各种复杂多样的层理构造。它既有潮汐环境中常见的透镜状层理、脉状层理、波状层理、羽状交错层理,也可见到因河流作用而形成的板状交错层理、槽状交错层理等。交错层理及波痕等显示的古水流方向复杂多变,但主要与涨、退潮方向及河流流向有关。

由于河口湾环境的水文状况复杂,常形成各种类型的波痕,如削顶的、修饰的、双脊的、单峰的、对称和不对称的、小型和巨型的波痕等,波痕的走向受到干扰的现象极为普遍。

(3)生物化石:河口湾环境中以含有较多的受限制的或半咸水动物群为特征,常见的有介形虫、腹足类、瓣鳃类等广盐性生物。生物个体由陆向海变多变大。特征的遗迹化石很少,主要为多毛类潜穴,局部见有大量软体动物和棘皮动物遗迹,节肢动物的潜穴为 *Ophiomorpha*(蛇形迹)。生物扰动构造较为发育,由陆向海数量和类型增多,并可见有树干和植物碎片等。

(4)砂体形态:砂体长轴与河口湾轴向平行,且纵向延伸较远,宽度数十米至数百米;垂向剖面上出现细分层现象,并呈现有旋回性。由于河口湾中河谷的多次迁移,可产生多层透镜状砂体,底界具明显的冲刷接触。

三、沉积序列

河口湾的主要沉积单元是潮道、浅滩及湖坪。潮道的水动力条件和沉积特征类似于进潮口,是砂质的沉积场所。潮道的充填序列自下而上通常为:基底冲刷面—含介壳的滞留沉积—大型双向交错层理浅滩砂岩—平行纹层或低角度交错纹层砂岩。细粒河口湾沉积由砂泥薄互层组成(图 7-31),反映水流强度的周期性变化。特征的层理为透镜状层理、波状层理和压扁层理。

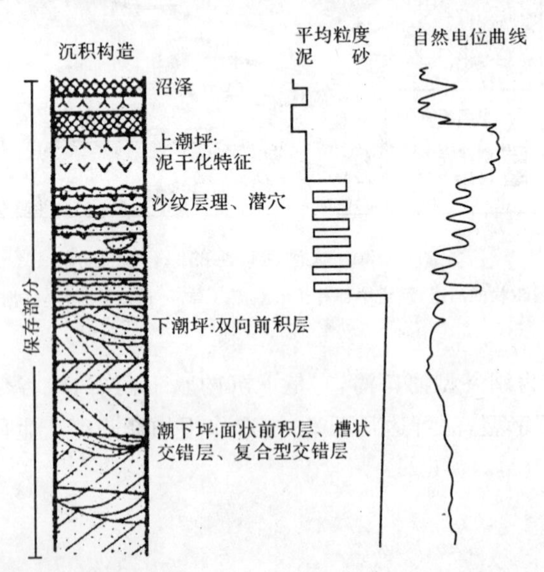

图 7-31 河口湾沉积的理想序列(据 Galloway 和 Hobday,1983)

进潮口浅滩向海的进积作用形成一个向上变粗层序，当进积作用连续进行时，这个层序的顶部可因河口湾水道的侵蚀而被削去，侵蚀面上覆盖着各种向上变细层序，它们的一般趋势是：滞留沉积—潮控水道相—潮坪相(图7-32)。

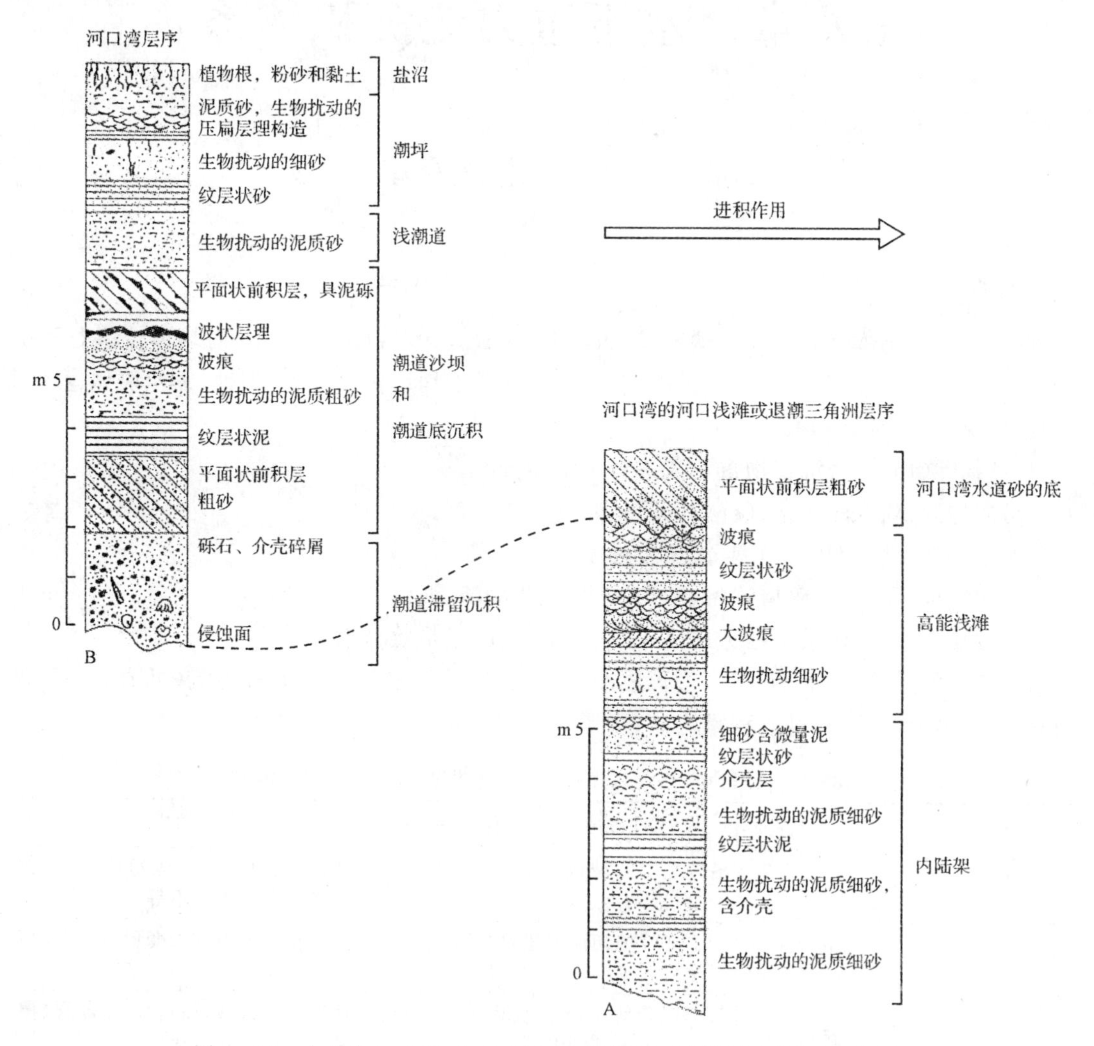

图7-32　由退潮三角洲(A)和河口湾水道(B)的进积作用形成的层序

美国佐治亚州海岸奥萨波海峡(Greer,1975)

随着河口湾的充填，砂质沉积可因潮水道的迁移扩大面积。沉积序列以潮汐水道为代表，上面可以为泥炭沼泽沉积覆盖。河口湾沉积局限于古老的河谷之内，它的存在意味着以前曾发生过大幅度的海平面下降，之后又是河口湾的沉没或者海平面的上升。

古代河口湾相沉积在我国亦有报导，如我国苏北金湖凹陷古近系阜宁组第二段被认为是河口湾相沉积(同济大学,1977)。四川峨眉山下三叠统嘉陵江组一至二段则属于中潮差区的河口湾沉积(刘宝珺等,1985)。

第八章　水下重力流沉积体系

第一节　概念及分类

一、概述

重力流属于块体流的一种。纳丁等(Nardin *et al.*,1979;Kruit,1975)对块体流进行了分类,并认为从岩崩、滑坡、块体流到流体流,在力学性质上均可构成弹性、塑性、黏性块体运动过程的连续统一体(表 8-1)。

赵澄林等(1991)对沉积物重力流进行了下述分类。

(1)按物源:陆源碎屑型、碳酸盐碎屑型、火山碎屑型。

(2)按机制:洪水型、滑塌型、火山喷发型。

(3)按组构:泥石流、碎屑流、颗粒流、液化沉积物流、浊流。

(4)按形态:扇形体系包括近岸水下扇、沟道、层状或带状体系。

(5)按沉积环境:陆上重力流(可形成冲积扇、近岸水下扇等)、水下重力流(可形成各种湖底和海底重力流沉积)和过渡型重力流(可形成扇三角洲)。

表 8-1　根据力学性质划分的块体搬运类型(据 Nardin 等,1979)

<table>
<tr><th colspan="4">块体搬运作用</th><th>力学性质</th><th>沉积物搬运和支撑机理</th><th>沉积物构造</th></tr>
<tr><td colspan="4">岩　崩</td><td rowspan="8">弹　性
塑性界限
塑　性
流体界限
黏　性</td><td>沿较陡的斜坡以单个碎屑自由崩落为主,滚动次之</td><td>颗粒支撑的砾岩,无组构,在开放网络中杂基含量不等</td></tr>
<tr><td rowspan="2">滑坡</td><td colspan="3">滑　动</td><td>沿不连续剪切面崩塌,内部很少发生形变或转动</td><td>层理基本上连续未变形,可在趾部和底部发生某些塑性变形</td></tr>
<tr><td colspan="3">滑　塌</td><td>沿不连续剪切面的崩塌,伴有转动,很少发生内部形变</td><td>具有流动构造,如褶皱、张断层、擦痕、沟模、旋转岩块</td></tr>
<tr><td rowspan="5">沉积物重力流</td><td rowspan="2">块体流</td><td colspan="2">岩屑流</td><td rowspan="2">剪切作用分布在整个沉积物块体中、杂基支撑强度主要来自黏附力,次为浮力,非黏滞性沉积物由分散压力支撑,流动高浓度时呈惯性,低浓度时呈黏性。一般发育在较陡的坡度</td><td>杂基支撑、随机组构、碎屑的粒级变化大,杂基含量不等,可有反向粒级递变,流动构造,撕裂构造</td></tr>
<tr><td>颗粒流</td><td>惯性
黏性</td><td>块状,长轴平行流向并有叠覆构造,近底部具反向递变层理</td></tr>
<tr><td colspan="3">液化流</td><td>松散的构造格架被破坏变为紧密格架、流体向上运动,支撑非黏性沉积物,坡度>3°</td><td rowspan="2">泄水构造、砂岩脉
火焰状-重荷模构造、包卷层理等</td></tr>
<tr><td colspan="3">流化流</td><td>孔隙流体逸出支撑非黏性沉积物,厚度薄(<10cm),持续时间短</td></tr>
<tr><td colspan="3">浊　流</td><td>由湍流支撑</td><td>鲍马序列等</td></tr>
</table>

二、形成条件

形成沉积物重力流一般需具备如下条件。

1.足够的水深

足够的水深是重力流沉积物形成后不再被冲刷破坏的必要条件。一般认为重力流沉积的水深是1 500～1 800m。最小水深100m;最深的是美国加利福尼亚岸外蒙特里深海扇,深达8 000m。英国学者克林(Klein,1978)则认为,形成重力流的最小水深是80m。Galloway(1996)认为以重力流沉积为重要特征的大陆斜坡及坡底沉积体系主要形成于陆棚坡折以下的相对深水区,在现代大陆边缘,陆棚坡折通常深90～180m,在大陆和大洋拉分盆地中,这个深度可能会更小些。因此,足够的水深是相对而言的,海洋与湖泊也有较大差异。但无论何种沉积环境、水体的深浅如何,其形成深度必须在风暴浪基面以下。

对现代和古代浊流沉积的研究表明,生成浊流的盆地类型大致有(何镜宇等,1987):①深湖,如日内瓦湖、苏黎士湖、君士坦丁湖及我国云南的抚仙湖等;②克拉通盆地的前三角洲环境;③陆缘断块盆地;④深海槽(常平行克拉通边缘);⑤大洋盆地,如现代的陆隆和海底峡谷口的海底扇等环境。

2.足够的坡度角和密度差

在水体中,由于盐度的差异(如河口湾中的盐水楔)、温度的差异(如冰雪融水流入湖中形成的冷流,海洋中的寒流和暖流)或沉积物浓度的差异等形成的密度差都可引起密度流的产生。如瑞士诸湖泊中的密度流,通常由注入河水之低温加上高浓度悬浮沉积物所致。

在水体中含有大量弥散沉积物的重力流也是一种密度流。有效的密度差与重力结合,引起侧向流动。流体运动又反过来在流体中产生紊流,支持沉积物呈悬浮状,不至于沉淀下来而使浊流消散。

为保持持续的紊流,要求有稳定的补给能量——适当的坡度。足够的坡度角是造成沉积物不稳定和易受触发而作块体运动的必要条件。一般认为,这个最小坡度角为3°～5°,而典型的陆源碎屑斜坡坡度一般在2°～5°之间。

3.充沛的物源

充沛的物源也是形成沉积物重力流的必要条件。洪水注入的碎屑物质和火山喷发——喷溢物质、浅水的碎屑物质和碳酸盐物质发生滑坡、垮落以及由于风暴浪作用等,都可为沉积物重力流提供物质来源。

物源的成分决定重力流沉积物类型。随着物源成分的变化,重力流沉积物类型也呈现规律变化。陕西洛南上张湾罗圈组重力流沉积物由下部的碎屑流和颗粒流演化到上部的浊流,相应地碳酸盐物质成分减少,陆源碎屑物质成分增多,表现出渐变的演化过程。

4.一定的触发机制

重力流沉积物的形成多属于事件性沉积作用,其起因于一定的触发机制,诸如在洪水、地震、海啸巨浪、风暴潮和火山喷发等阵发性因素直接和间接诱导下,会导致块体流和高密度流的形成。除洪水密度流直接入海或入湖外,大多数斜坡带沉积物必须达到一定的厚度和重量,再经滑动—滑塌等触发机制,才能形成大规模沉积物重力流(图8-1)。其过程是,当重力剪切力超过沉积物抗剪强度时,引起斜坡沉积物重新启动;当重力剪切力超过摩擦能量损失时,已经运动起来的沉积物发生重力加速运动。只要重力仍作为流动的主动力，搬运作用就会继续，并可能会将沉积物搬运到盆地底部。

一些研究者认为，在大陆边缘斜坡处的沉积物通常不稳定，地震、海啸、风暴浪、滑坡倒塌等种种原因会造成大规模水下滑坡，使沉积物在滑动和流动过程中不断与水体混合，并在重力作用推动下不断加速，同时掀起和裹挟周围的水底沉积物增大自身体积，逐渐形成一泻千里的、携带砂和卵石的高密度的浊流。

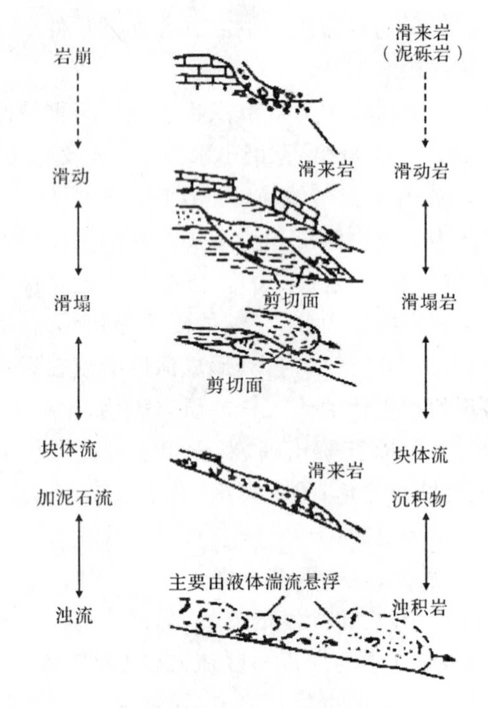

图 8-1　重力流块体的搬运类型(据 Kruit,1975)

生动的实例是 1929 年加拿大纽芬兰南部格兰德(Grand)海滩发生 7.2 级地震，震中在水深 1 800～3 600m 的大陆坡上。地震以后，水深 275～3 300m 间的 6 根电缆当即被拉断，然后向南沿水深增大方向，其他电缆也依次断开。最后一根电缆位于震中以南 840km 处，在地震发生后 13 小时 17 分钟断开。对这一著名事件所作的详细研究公认是地震触发大规模浊流，导致电缆被拉断。且已算出，在坡度为 6‰的大陆坡上，浊流平均速度达到 20m/s；在坡度 1‰的深海平原上，平均流速为 9.8m/s。

三、基本类型及特征

20 世纪的五六十年代是大量发现并研究浊流的阶段，而近 30 年以来则是强调沉积物重力流及其连续统一体的研究阶段。米德尔顿和汉普顿(Middleton 和 Hampton,1973、1976)按支撑机理把水底沉积物重力流沉积系统划分为四个类型，即泥石流(或碎屑流)、颗粒流、液化沉积物流和浊流(图 8-2)。

洛(Lowe,1979)等根据沉积物-流体混合物的流变学特征——流体性或塑性，以及质点支撑机理，提出了沉积物重力流的分类和命名：先根据流变学性质——流体性或塑性，划分出流体流(含浊流、流体化流、过渡的液体化流)和碎屑流(含过渡的液化流、颗粒流、黏滞流)两大类。其依据是：在减速过程中，这两类流动卸载的机理明显不同。流体流中的质点由底负载层(牵引沉积作用)，或直接由悬载(悬浮沉积作用)中分别降落至底床，物质由底向上依次堆积[图 8-3(a)、(b)]。而对于碎屑流，当其所受的剪应力降低到屈服强度以下时，就会停积下来：即在颗粒的摩擦阻力(摩阻冻结)和(或)黏结性质点的相互作用(黏滞冻结)下，流动物质整体地发生冻结[图 8-3(c)、(d)]。洛(1982)还提出高密度浊流和低密度浊流观点，从而把岩屑流和流体流这两大类型沉积物重力流演化为连续统一体(图 8-4)。

综合上述划分方案，将沉积物重力流划分为泥石流(也称碎屑流，包括泥流或黏结性碎屑流)、颗粒流、液化沉积物流和浊流(包括高密度浊流和低密度浊流)四种是较合理的。它们是

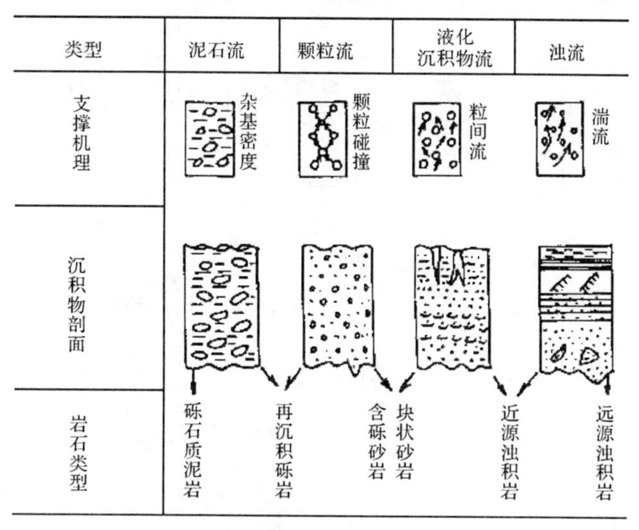

图 8-2 重力流沉积物连续统一体示意图(Middleton 等,1976)

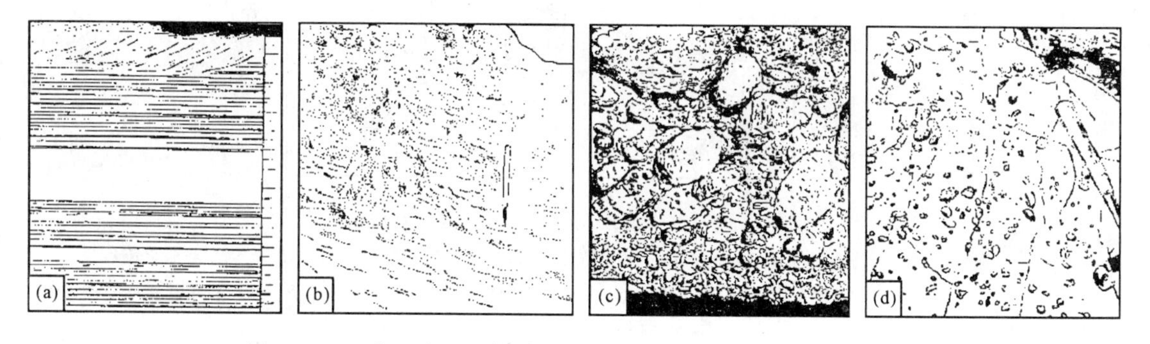

图 8-3 四种基本沉积作用形成的堆积物的特征(据姜在兴,2003)

(a)牵引沉积作用形成的浊积平坦纹层和交错纹层;(b)直接由粗粒高密度悬浮体中堆积的粗砂岩,碟状构造和柱状构造的丰度向上增加;(c)由摩阻冻结作用堆积的反向递变砾岩;(d)由黏滞冻结形成的卵石质泥岩

统一机制下的连续统一体,是沉积物重力流不同阶段的演化产物。

1. *泥石流*

泥石流,也作碎屑流,是在山麓环境中常见的在水流中含大量弥散的黏土和粗细碎屑而形成的黏稠的呈涌浪状前进的一种流体。这种流体中如含粗碎屑很少则称为泥流,以水和黏土的混合物为主,一般比泥石流少见。泥石流或泥流中含水量仅 40%~60%,密度为 2.0~2.4g/cm³,黏度可高达 190Pa·s(纯水仅 0.001Pa·s)。泥石流或泥流流动所需的坡度一般为 5°左右,最低可为 1°。汉普顿(Hampton,1972)等指出在水体中也能形成泥石流,如海底峡谷的源头处、海底扇的顶部和内扇区等。

陆上和水下泥石流和泥流沉积物多为厚层块状、富黏土基质、无分选、无层理的黏土质砂砾沉积或砂砾质黏土沉积(图 8-5)。

早期的"碎屑流"主要指黏土杂基含量很高,基质强度起支撑作用的沉积物。最近二十余年,人们认识到碎屑流中支撑粗颗粒的力包括基质黏结强度、浮力、粒间离散力以及颗粒之间

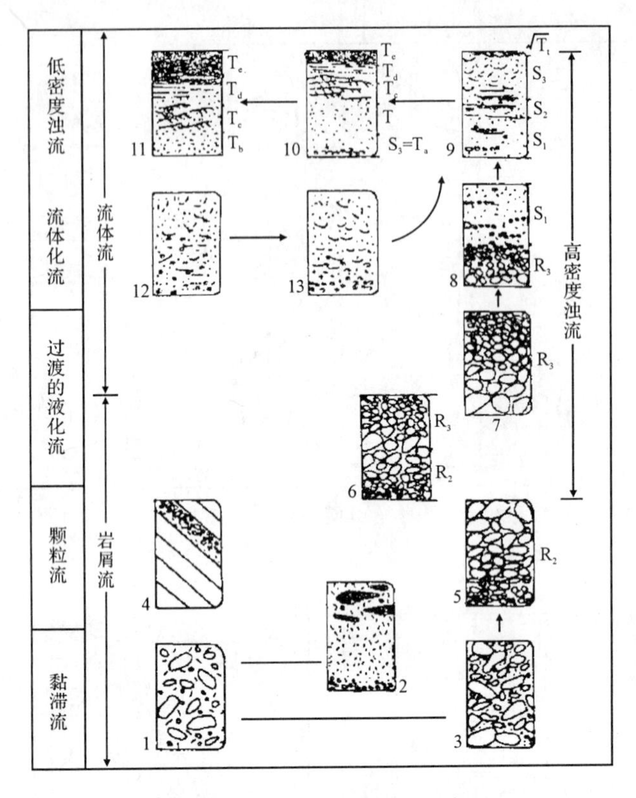

图 8-4 沉积物重力流按流变学演化示意图(据洛,1982)

1～3.泥石流;4.颗粒流;5.变密度颗粒流;6～8.高密度浊流;9～11.低密度浊流;12、13.液化流和流化流;

R.砾石级;S.砂级碎屑;S_1.牵引构造(由牵引作用形成);R_2、S_2.牵引毯的反向粒序;R_3、S_3.悬浮作用的正向粒序

的静接触。

2.颗粒流

颗粒流这一术语由巴格诺尔德(Bagnold,1954)提出,是由颗粒互相碰撞产生的扩散应力支撑碎屑。这种扩散应力可以支撑粗砂和砾石,因而颗粒流沉积中常常含有较粗大的颗粒。

自然界中,完全由粒间离散力支撑的颗粒流极少见,但在沙丘、沙垄和沙痕的背流面存在高浓度的颗粒流。近20年来,在陆相冲积系统中发现了大量颗粒流堆积。例如在智利北部下白垩统、加利格尼亚锡姆勒组的冲积扇和扇三角洲复合体中,云南的一些小盆地的现代冲积扇上,都大量存在。它们都属于片流产物,单个沉积单元厚度一般大于0.4m,由碎屑支撑的中砾和粗砾组成。

这类沉积在水下环境比较少见。稳定砂质颗粒流只能在接近休止角,即水下的18°～28°的斜坡上出现。重要的实例是谢泼德和迪尔(Shepard 和 Dill,1964)报道的海底峡谷上端的这种流体,他们称之为砂河,也可以说是砂流,迪尔曾将其完整的搅动过程拍成电影。这种砂流的侵蚀能力很强,足以侵蚀海底峡谷,而扩散应力的强度则足以支撑砾石。颗粒流沉积物粒度范围可以由黏土到砾石,但主要是砂质沉积。底面上可有底模,在其底部还可有下细上粗的反递变层理(图 8-5)。

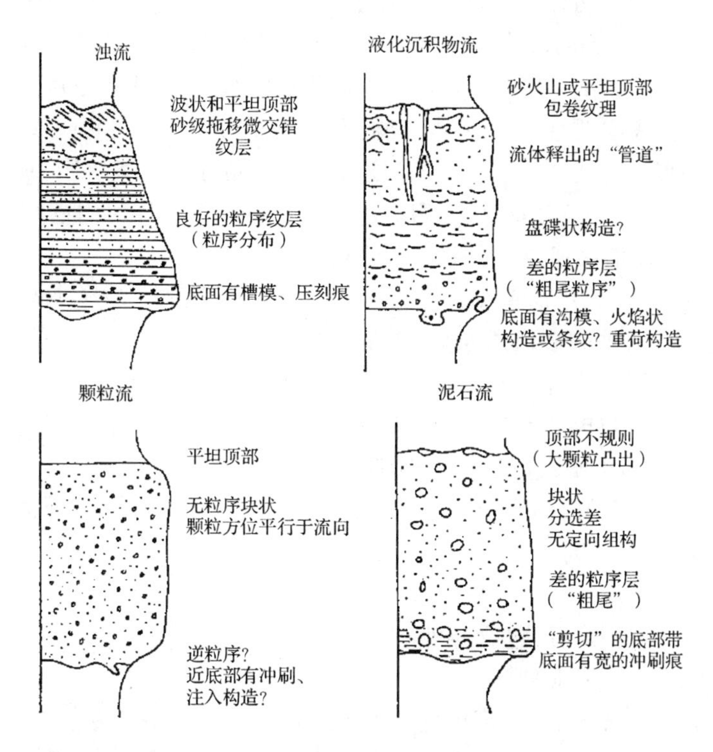

图 8-5　假设为单一机制的沉积物中由不同类型的水下重力流所产生的结构、沉积构造和接触面的垂向序列(据 Middleton 和 Hampton,1973)

3. 液化流

液化沉积物流或液化流是米德尔顿和汉普顿(Middleton 和 Hampton,1973)提出的表示超孔隙压力引起的向上粒间流支撑砂级颗粒的流体流。

沉积物形成后,其上覆沉积物的压力通过颗粒传递使沉积物固结,这种压力称有效压力。沉积物本身还有一种孔隙压力,是通过孔隙溶液传送的。当孔隙压力等于沉积物中流体的静水压力时,沉积物保持稳定平衡。如沉积物沉积较快,其中水分来不及排除,或者从外部渗流进入孔隙空间的水分过多,都可造成孔隙压力大于沉积物中流体的静水压力,因而降低沉积物的固结强度,甚至引起内部沸腾化。这样,沉积物中的流体就连同颗粒一起向上移动,变得像流砂一样,即所谓"液化"。在此过程中,部分流体会上逸至砂的表面。在重力作用下沸腾化的沉积物沿 3°或 4°以上的斜坡迅速运动,形成液化沉积物流。在流动过程中,孔隙压力很快消散,液化沉积物流减速,可直接堆积层状悬浮沉积物,堆积物常为颗粒支撑的细砂和粗粉砂,呈块状或具泄水构造,其他特征包括各种底面铸模、火焰状构造、包卷层理和砂火山等(图 8-5)。若液化流加速导致紊动,则向颗粒流或浊流转化。

4. 浊流

浊流是一种在水体底部形成的高速紊流状态的混浊的流体,是水和大量呈自悬浮的沉积物质混合成的一种密度流,也是一种由重力作用推动成涌浪状前进的重力流。浊流中支撑颗粒的因素有:①水流紊动;②粒间绕流状态,受阻抗降低颗粒沉速;③水和细颗粒混合物的浮力；④颗粒碰撞产生的离散力。除流体紊动以外，后面几个因素都与颗粒浓度有关。

据 Bagnold(1954)、Middleton(1967)和 Wallis(1969)的资料，受阻抗降和离散压力起支撑作用的最低质点浓度为 20%～30%。含粗砂以上质点的水流，当质点浓度小于 20%时即趋于不稳定，除非有极大的紊动提供支撑力，流动将因卸载而崩溃。而由中砂以下质点组成的浊流，在各种浓度下都可以稳定。所以，根据粒度可将浊流划分为两类，即表现为中砂以下质点被紊动支撑于流体中的低密度浊流和由浓度相当高的粗砂、砾石碎屑构成的高密度浊流。

低密度浊流为工程学家所重视，高密度浊流在深海和深湖中有重要意义。最简单的高密度浊流的沉积负载主要是黏土、粉砂和砂级质点，不含或极少含细砾和细砾以上成分。在这种条件下，除浊流的底部以外，离散压力可以忽略不计，颗粒由紊动和受阻抗降所支撑。随着粒度加粗，离散力渐趋重要。砂质高密度浊流是通过牵引沉积、牵引毯沉积和悬浮沉积作用堆积成理想序列(Lowe，1982)(图 8-6)。

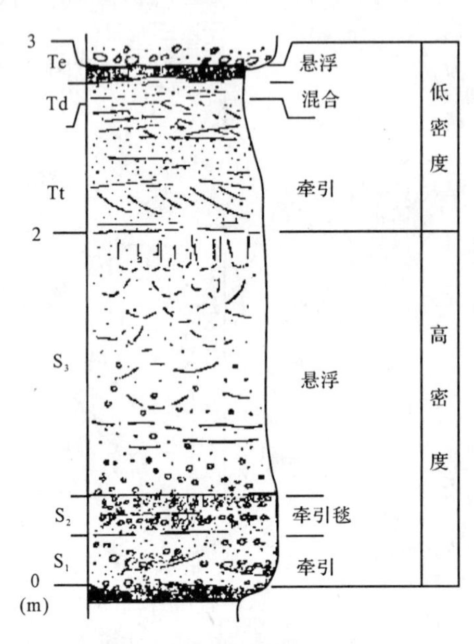

图 8-6　砂质高密度浊流堆积的理想层序

(Lowe，1982)

浊流中的粗负载堆积以后，包含相当多的细粒悬浮物的残余紊流沿坡向下继续运动，最后在深湖(海)平原低能环境中沉积下来，这可能是形成低密度浊流的一个主要途径。例如，在北美东部大陆棚深水区近海底处有因紊流使黏土物质和有机物质等呈雾状悬浮的层，厚度 200～1 000m，常沿等深线流动，为深水低密度浊流。

随着深海探测的开展，人们已知在远离大陆的洋底有大量浊流存在。海洋中的大规模的浊流一般属于突发的或阵发性的，具高速度和高密度，其沉积物一般为砂级物质(甚至含有卵石)与黏土和软泥互层。这些物质都是由间歇性浊流搬运到深海中去的。米德尔顿和汉普顿(Middeton 和 Hampton，1973)把浊流分为头部、颈部、主体(体部)和尾部四段(图 8-7)。

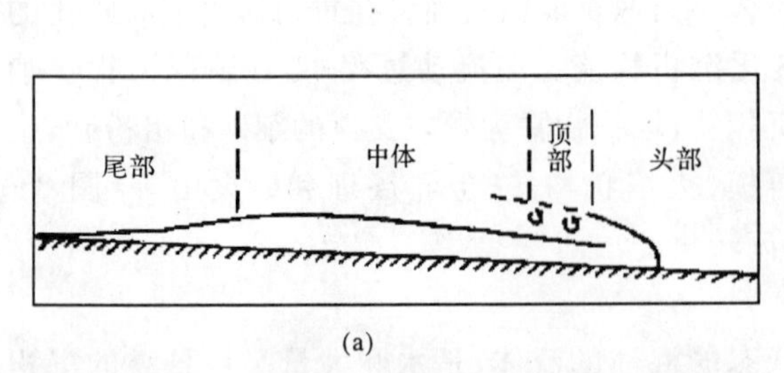

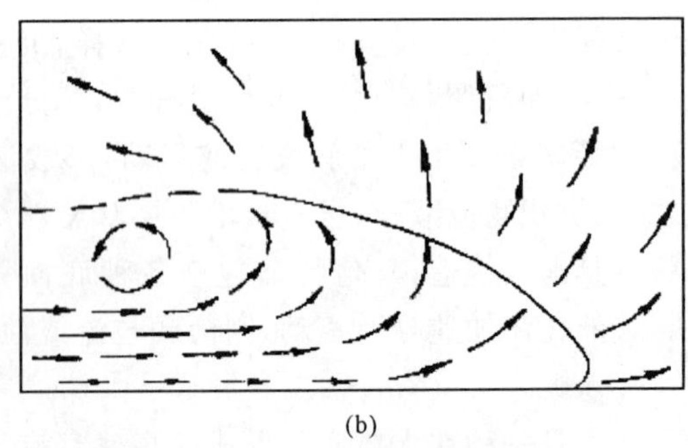

图 8-7　浊流的分段(a)及浊流头部区内及周边水体的流动情况(b)

(据 Middleton 和 Hampton，1973)

浊流在流动时有很多旋涡，还与周围水体产生摩擦而形成环形涡流，使携带的沉积物呈自悬浮状态。

浊流体的四部分往往依次超越沉积，即在头部沉积后，体部可超越头部和颈部沉积物，沉积在其上面或更远处，而浊流尾部则沉积在最上面和最远处。这样，浊流沉积一方面可形成在垂向上向上变细的序列，另一方面由近基浊积岩到远基浊积岩颗粒也逐渐变细。浊流头部密度较大，常携带砂和卵石，所以粒度最粗，体部粒度较细，超越其上，并常发育递变层理，这些均为昆恩等的模拟实验所证实。浊流侵蚀能力较强，尤其是头部，因而浊流在下伏的深水软泥表面上可形成冲刷痕或刻划痕，这些痕迹很快就被砂质充填成为浊积砂岩的底面铸模。递变层理和底面铸模相伴生可作为识别浊积岩的特征。

浊流沉积作用总的来说是重力流性质的整体沉积，但其中有些较细粒部分已具有牵引流性质，如不但有平行纹层，还有小型交错纹层，在瑞士的现代湖泊中已发现浊流沉积中的小型交错纹层。

重力流沉积物描述中可供参考的划分标准是：

砾石含量＜30％、黏土杂基和粉(砂)质填隙物含量＞50％为泥流沉积物，其岩石为砾石质泥岩。

砾石含量＞30％、砂级碎屑充填物和黏土杂基含量＜50％为碎屑流沉积物，其岩石称再沉积砾岩或岩屑砾岩。

砾石含量＜30％、砂级碎屑充填物含量＞50％为颗粒流或液化沉积物流沉积物，其岩石为含砾砂岩和块状砂岩。

黏土杂基含量＞10％(或15％)、砂级碎屑含量＞50％为浊流沉积物，其岩石为具鲍马序列或单一粒级递变的杂砂岩。

第二节 重力流沉积的基本特征

一、岩石学特征

广义的浊积岩指形成于深水沉积环境的各种类型重力流沉积物及其所形成的沉积岩的总和。因此按成因和组构特征又将重力流沉积物划分为若干岩类，每一岩类又有其各自的成分、结构、构造特征。目前较为通用的分类方案是由沃克(Walker,1978)在深水碎屑岩相中提出来的。

1. 典型浊积岩

是指具有鲍马层序或序列的浊积岩(Bouma,1962)。

鲍马(Bouma,1962)发现浊流沉积形成的浊积岩具有特征的层序，即鲍马序列或鲍马层序。一个鲍马序列是一次浊流事件的记录，米德尔顿和哈普顿(1976)对鲍马序列沉积时的水动力学状态进行了解释，对其进行了完善(图8-8)。一个完整的鲍马层序分为五段，自下而上为：

A段——底部递变层段：主要由砂组成，近底部含砾石，厚度常较其他段大，是递变悬浮沉积物快速沉积的结果。粒度递变清楚，一般为正粒序，反映浊流能量衰减过程。底面上有冲刷

-充填构造和多种印模构造如槽模、沟模等。实验证明，A 段是经直接悬浮沉积作用由高密度浊流中堆积的(Middleton,1967)。

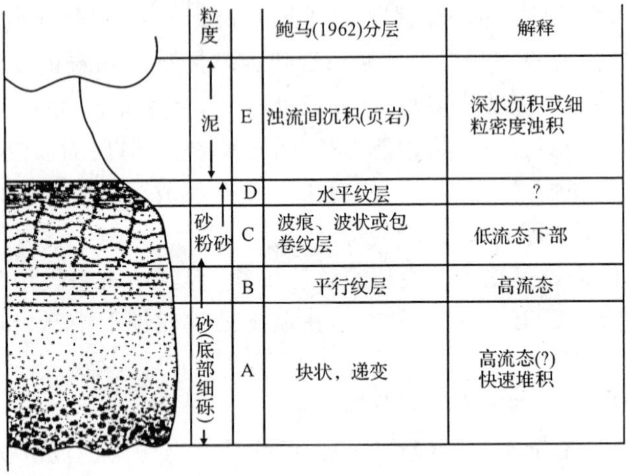

粒度		鲍马(1962)分层	解释
泥	E	浊流间沉积(页岩)	深水沉积或细粒密度浊积
砂粉砂	D	水平纹层	?
	C	波痕、波状或包卷纹层	低流态下部
	B	平行纹层	高流态
砂(底部细砾)	A	块状，递变	高流态(?)快速堆积

图 8-8　鲍马层序及解释(据 Bouma,1962;Middleton 和 Hampton,1976)

B 段——下平行纹层段:与 A 段粒级递变过渡，常由中、细砂组成，具平行层理，同时也具不大明显的正粒序。纹层除粒度变化显现外，更多的是由片状炭屑和长形碎屑定向分布所致，沿层面揭开时可见剥离线理。

C 段——流水波纹层段:与 B 段连续过渡，厚度较薄，常由粉砂组成，可含细砂和泥。发育小型流水型波纹层理和上攀波纹层理，并常出现包卷层理、泥岩撕裂屑和滑塌变形层理，表明在 A 和 B 段沉积后，高密度浊流转变为低密度浊流，出现了牵引流水流机制和重力滑动的复合作用。C 段与 B 段为连续过渡关系。

根据 B、C 单元的牵引沉积构造，可知质点沉落床面的同时，伴随有底形沿流向上的运动。

D 段——上平行纹层段:由泥质粉砂和粉砂质泥组成，具断续平行纹层。此段反映更为直接的悬浮沉积作用，即主要是垂向沉落。但质点在堆积时或堆积前，也因牵引流作用而产生微细纹层和结构分选。D 段若叠于 C 段之上，二者连续过渡;若 D 段单独出现，则与下伏鲍马单元间有一清楚界面。它是由薄的边界层流(一种低密度浊流)造成的，厚度不大。

E 段——泥岩段:下部为块状泥岩，具显微粒序递变层理，和 D 段均属细粒浊流沉积，为最细粒物质在深水中直接沉降的结果。上部泥页岩段，为正常的远洋深水沉积的泥页岩或泥灰岩、生物灰岩层，含浮游生物及深海、半深海生物化石。显微细水平层理，与上覆层为突变或渐变接触。

完整的鲍马层序的厚度与浊流的规模有关，可从 1～2cm 到数米不等。由于沉积阶段的不同以及浊流流动过程中存在极强的侵蚀作用，浊流沉积的地质体中很少有完整的鲍马层序。有时从 B 段开始，甚至从 C 段开始而缺少下部层序，也有时缺少上部层序;也可以间隔发育，如为 AE 层序、BCE 层序、CE 层序等，也可以只发育 A 段、C 段、D 段等，但不论是 A 段、B 段或是 C 段为底，底面总有侵蚀面，并发育底模构造，并且由于是减速流动，浊流沉积中很少见有层序颠倒的现象，一般均符合鲍马的向上变细序列，因而鲍马模式得到广泛的承认。鲍马自己也对鲍马序列作过总结。认为完整的鲍马序列只占10%～20%，仅仅在较厚的复理石沉积中才能发现，而一半以上只发育C段。许靖华(1978)谈到，他看到完整的浊积岩不到1%。赵澄林(1988)统计渤海湾地区古近系沙三段浊积岩的各段和各层序出现的频率，发现具有AB-CDE完整层序的鲍马单元也仅占所研究层段的5%左右。

为了解释这种缺失层段的现象，鲍马假定浊流沉积的各个层段都发育成舌状体。较细的段比其下较粗的段有更大的展布面积。鲍马还指出，由于受到再一次浊流的侵蚀冲刷；或当第一次浊流发生沉积作用后不久又发生第二次浊流，后者前锋赶在第一次的层段前沉积；或位于海底扇的末稍部分，则仅有上部层段的较细粒物质沉积。即浊积岩层序的完善程度由浊流的频率和强度所决定。结果就形成了缺失底部的层段、顶部层段被削蚀的、或者顶部底部层段均缺失的各种层序。

以浊流头部和主体沉积为主称作中心浊积岩相，以浊流尾部沉积为主称作末稍浊积岩相。主体部分或中心浊积岩部分沉积厚度大，粒度粗，属近基浊积岩。末稍浊积岩部分变薄，变细，属远基浊积岩。

2. 块状砂岩

是指层内结构均一的砂岩或含砾砂岩，指示重力流水道沉积环境。但沃克(1978)海底扇相模式中提供的资料和我国中、新生代陆相浊积岩中常见的厚层块状砂岩内部有时隐约显叠覆递变特征。块状砂岩中出现泄水管和碟状构造，反映其最有可能成因于液化流沉积作用。

3. 叠覆冲刷粗砂岩

是砂砾质高密度浊流沉积作用的产物。常表现为多个递变层或多次重力流事件(图8-9)；每一个递变层之上均连续沉积有厚薄不等的平行层理砂岩。

4. 卵石质砂岩

实际上是一种厚度较大的叠覆递变的砾质砂岩层，每个递变层的下部含砾多，向上逐渐减少。由于砾石多系再沉积组分，故有一定磨圆度(图8-10)。砾石有时显优选方位，在以砂为主的部分有时也见交错层理和泄水构造。故这类岩石指示高密度浊流向牵引流和液化流转化的特征。卵石质砂岩也指示重力流水道沉积环境。

5. 颗粒支撑砾岩

以再沉积砾石为主，细粒充填孔隙，并构成支撑；随细粒物质增加可过渡为卵石质砂岩(相)。按组构特征可划分为紊乱砾岩层、反递变—正递变砾岩层、正递变砾岩层、具递变和叠瓦构造的砾岩层四种微相(图8-11)。四种再沉积砾岩厚度大而不稳定，底面清晰；主要分布在内扇主沟道或非扇深水重力流水道环境中。

6. 杂基支撑的岩层

由粉砂和黏土组成的杂基含量一般为25%～50%，可细分为杂基支撑砾岩、杂基支撑砂砾岩和杂基支撑砂岩三种类型(图8-12)，有时显递变现象。系水下泥石流沉积作用所致，反映扇根重力流水道环境。砾石呈漂浮状分布于黏土、灰泥和粉砂组成的基质中。

7. 滑塌岩

是指泥砂混杂并具有明显同生变形构造的岩层，砂质团块沉陷在灰色泥质沉积物中，显旋卷及火焰构造(图8-13)，随着砂的减少可过渡为变形层理的页岩。系未完全固结的软沉

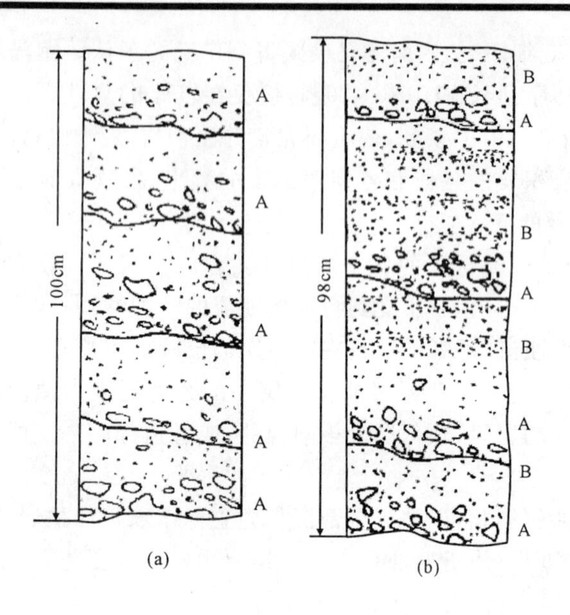

图 8-9 叠覆冲刷粗砂岩(据刘孟慧,1984)

(a)饱含油叠覆递变含砾粗砂岩;(b)含油叠覆递变含砾砂岩

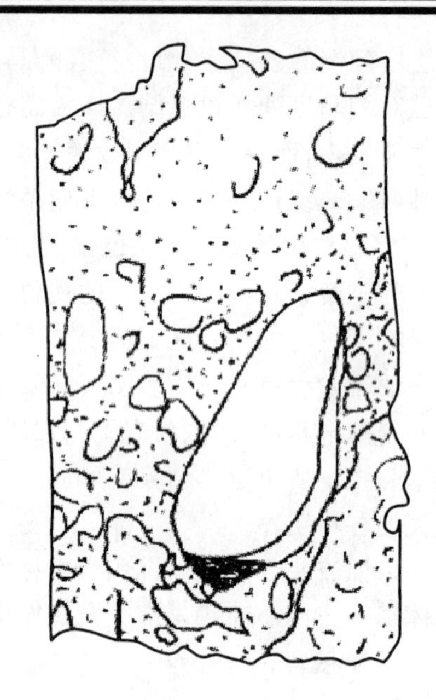

图 8-10 卵石质砂岩(据刘孟慧,1984)

积物,因重力滑动—滑塌沉积所致。广泛见于重力流沉积体系。在大陆斜坡脚根部的补给水道末端及主沟道的重力流沉积物中普遍可见。

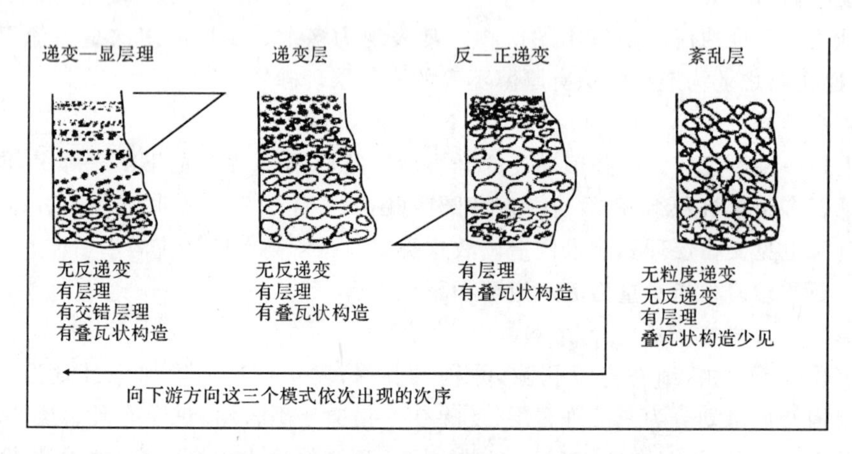

图 8-11 颗粒支撑砾岩层及再沉积砾岩的四种模式(据 Walker,1978)

二、成分特点

陆源碎屑浊积岩在矿物成分和化学成分上都较碳酸盐浊积岩复杂。以复成分砾岩和杂砂岩为特征。

1. 古代海相浊积岩

古代海相复理石浊积岩中有大量成熟度低的物质,如岩屑、长石和棱角状石英。

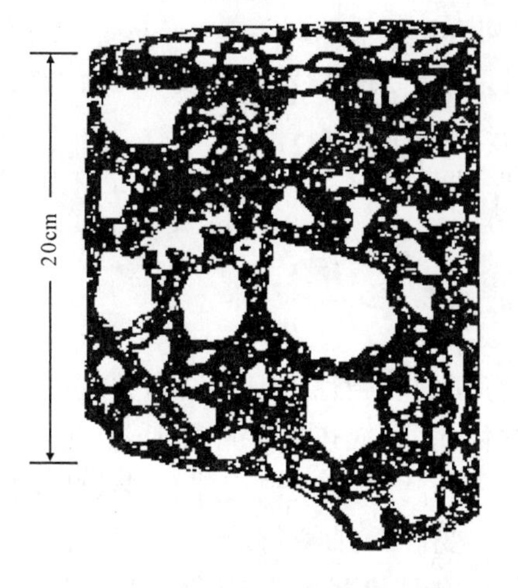

图 8-12　杂基支撑砾岩层(据刘孟慧,1984)

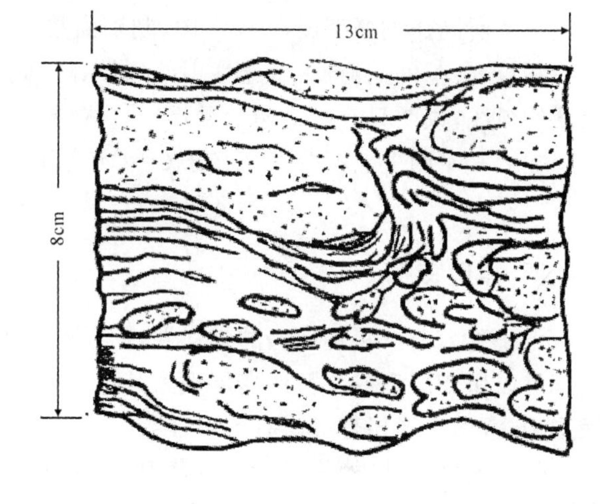

图 8-13　滑积岩(据刘孟慧,1984)

有人根据浊积岩中石英含量、SiO_2、K_2O、Na_2O 的含量,K_2O/Na_2O 比值,以及其他的矿物成分和化学成分,把浊积岩的岩石类型和分布与其在板块构造中所处的位置联系起来,把浊积岩分为三类。

(1)贫石英杂砂岩(石英<15%),SiO_2 含量 45%~59%,平均为 58%,$K_2O/Na_2O<1$。代表西太平洋海沟沉积物,其中岩屑杂砂岩和斜长石杂砂岩是火山岛弧的标志,蛇纹岩质杂砂岩可能代表逆冲岩石圈的存在。广西标屯下三叠统的火山岩屑杂砂岩可能属于这一类。

(2)中等石英含量杂砂岩(石英含量 15%~5%),SiO_2 含量 68%~75%,$K_2O/Na_2O<1$,$FeO>Fe_2O_3$,这类砂岩化学成分较稳定。物源区主要是地台或地盾。分布在构造活动的安第斯型大陆边缘。我国秦岭三叠系留风关群、浙西上奥陶统于潜组很可能是弧后边缘海的浊流沉积。

(3)富石英砂岩(石英>65%),SiO_2 可达 89%,$K_2O/Na_2O>1$。物源是地台砂岩类,分布于现在构造平静的大西洋型大陆尾端的岩石圈板块上。

2.我国中、新生代裂谷湖盆浊积砂岩

我国中、新生代裂谷湖盆浊积砂岩成分的特点是:岩石中的陆源组分成分成熟度和结构成熟度都比较低。

近源的沟道浊积岩主要为不等粒结构,黏土杂基或云泥、灰泥杂基支撑,灰泥和云泥杂基多重结晶为微晶状,属长石砂岩和岩屑砂岩类,应划入贫—中等石英含量杂砂岩类。远源的末稍微相至深水平原亚相浊积岩以粉砂-细砂岩为主,多属石英杂砂岩类或长石石英杂砂岩类,应归为富石英含量杂砂岩类;其次为长石砂岩,岩屑砂岩较少。除陆源组分外,常见一些再沉积组分,如鲕粒、化石碎片、炭化植物碎屑,乃至不稳定的黑云母、白云石和方解石等矿物晶体碎屑。

三、结构特征

重力流沉积物从泥石流(碎屑流)演化到浊流阶段,其唯一的或主要的搬运方式是悬浮和递变悬浮载荷搬运。其特征在粒度的各项参数，如平均粒径、标准偏差、偏度和尖度等，以及由粒度参数所制作的概率图、$C-M$ 图、判别函数等方面均有良好反映。

颗粒/杂基的比值低，分选性很差到较好。概率图只有一条斜度不大的较平的直线或微向上凸的弧线，说明只有一个递变悬浮次总体，粒度范围分布很广，分选差。

在 $C-M$ 图上点群分布平行于 $C=M$ 线，属于粒序悬浮区，亦反映递变悬浮沉积为主的特点。

四、构造特征

由于重力流沉积物(岩)的多样性，而导致其构造特征的复杂性。但无论哪类重力流沉积物都是以递变层理或叠覆递变层理为其最主要的鉴定标志，其次还有平行层理、波状层理、旋涡层理、滑塌变形层理等。有时可伴有少量反映牵引流水流机制的交错层理和斜波状层理。

除层理类型外，槽模、沟模、重荷模、撕裂屑、旋涡层、变形砾、直立砾、漂浮砾、液化锥、液化管、碟状构造、水下岩脉和水下收缩缝等特殊构造类型分布虽然并不普遍，但一旦出现就有良好的指相性。

除指示深水环境的实体化石如有孔虫、放射虫、钙质超微化石外，深水的遗迹化石如平行层理的爬迹、网状迹和平行潜穴等更具良好指相性。

微观下所见的再沉积组分诸如破碎鲕粒、化石碎片、晶体碎屑和植物屑，以及泥晶包壳等都在一定程度上反映重力流沉积作用。

第三节　湖泊重力流体系

湖泊重力流体系(湖泊浊积砂体)是指发育在湖泊环境中的、由重力流作用形成的水下扇形沉积体，它是由水和泥沙混合形成的一种密度流。浊流概念的提出虽然是从观察湖泊沉积开始的(Forel，1887)，但关于浊流理论的建立主要是通过水槽模拟实验和对海相沉积地层的研究取得的。长期以来，国内外地质界的兴趣多数集中在海相浊积岩上，而对湖泊浊积岩重视不够。究其原因，一方面可能因国外以浊积砂体为储层的油田主要为海相沉积(如著名的美国墨西哥湾沿岸的一些油田和欧洲北海福尔梯和蒙托斯油田等)；另一方面则由于研究海相浊积岩与解决全球构造的基础理论问题有密切关系。但是在我国，由于所发现的大部分油田是来自湖相地层，其中许多油气是储集在湖泊浊积砂体中，所以自 20 世纪 60 年代以来，我国对湖泊浊积岩的研究无论在深度和广度方面都比国外更进一步。

浊流携带的大量碎屑沉积物在湖盆的陡坡带和深水区形成各种类型的浊积砂(砾)岩体。现已发现的较重要的沉积类型有近岸浊积扇、浅水和深水浊积扇、水下泥石流和滑塌浊积岩体等。

吴崇筠、薛叔浩(1992)通过对我国断陷湖盆浊积砂体的研究，按浊积砂体所处的位置并结合砂体形态将浊积砂体分为六类，并将六类浊积砂体的主要特征进行了对比(表 8－2)。

表 8-2　湖泊浊积砂体类型和鉴别(据吴崇筠、薛叔浩等,1992)

特征＼砂体类型	近岸浊积扇砂体	带供给水道的远岸浊积扇砂体	近岸浅水砂体前方浊积砂体	断槽浊积砂体	水下局部隆起浊积砂体	中央湖底平原的浊积砂体
在湖内位置	陡岸边界不断层陡崖脚下深水湖区	缓岸,浊流供给水道从岸边穿过滨浅水区到陡坎前方深水区	缓坡、侧近岸浅水砂体前方深水区	陡岸边界不断层与邻近另一与之倾向相对的断层所形成的狭长断槽深水区	正对浊流流经路径的水下低隆起的深水区	湖底中央深水区,单独浊流水道或其他浊流砂体向前突出或扩散所致
洪流主要来源	岸上洪水	岸上洪水	近岸砂体滑塌再搬运	岸上洪水	岸上洪水或近岸砂体滑塌再搬运	岸上洪或滑塌再搬运
砂体平面形态和延伸方向	扇形,垂直湖岸	带状水道—扇体,垂直湖岸	小扇体、透镜体,顺近岸砂体方向延伸	带状,平行湖岸	环状或不规则,不一定	带状水道、席状:平行湖岸长轴者多,也有垂直的
主要岩石类型	粗碎屑砂砾岩	粗碎屑砂岩	砂岩,粉砾岩	砂泥砾混杂岩	砂岩,砂砾岩	砂岩,粉砾岩
微相主要特征	内扇:单一水道,基质支撑的混杂的砾岩颗粒之撑的正递变砾岩; 中扇:辫状水道区,正递变的含砾砂岩和块状砂岩多次叠加形成叠合砾岩; 外扇:泥岩中夹薄层粉砂岩,呈 Bouma 层序 CDE 段组合	供给水道:泥质砾岩; 内扇:单一水道,混杂砾岩; 中扇:辫状水道叠合砂岩为主,前端为砂、泥互层; 外扇:薄层粉细砂岩与深灰色泥岩	岩性粗细视后方近岸砂体的岩性而定,一般粉细砂岩居多,主要特征是有很多内碎屑、泥岩撕裂片、倒转变形构造同生小错段等滑塌再搬运标志	砂、泥、砾混杂的砾岩或含砾泥岩,平面上的分带微相或垂向上的层序均不清晰,因系多个浊流供应点,浊流限于槽内流动,分异不清	砂岩,砂砾岩微相不清楚,往往是隆起斜坡底部厚,预部薄,正对物源方向一侧的岩性较粗	带状或槽状浊积水道砂砾岩或砂岩镶嵌与周围暗色泥岩中 厚层暗色泥岩中夹层薄但分布稳定的粉砂层
储油最有利地带	中扇辫状水道和前端	中扇水道区	透镜体中部,扇体内扇和中扇部位	向内湖一侧		岩性变粗,厚度较大地带
实例	河南泌阳凹陷核三段双河镇砂体;山东沽化凹陷沙三段五号桩砂体	辽河西部凹陷西斜坡沙三段扇体群,东营凹陷南斜坡沙三段(中下)梁家楼砂体	东营凹陷沙三段东辛三角洲前方透镜体群,以及宾县凸起南坡水下冲积扇前方的浊积扇群	辽河西部凹陷东斜坡边缘沙三段砂体	辽河西部凹陷兴隆台隆起沙三段砂体	辽河西部凹陷沙三段湖底席状砂,黄骅坳陷北部和泌阳凹陷东南部湖底浊积水道砂体

一、近岸水下扇体系

水下扇是指沉积物以重力流方式从盆地边缘直接进入较深水体而形成的扇形沉积体，主要发育在断陷盆地陡坡带一侧。目前对水下扇的认识存在较大争议(孙永传等，1980；孙枢等，1984；吴崇均等，1986、1988)。水下扇沉积体有其独特的构造发育背景和沉积特征，当构造活动频繁且强烈，物源供给充足的条件下，它主要发育于断陷盆地的陡坡带，紧邻盆缘断裂附近分布，直接发育在水下，具有牵引流和重力流双重沉积特征，有时与扇三角洲形成垂向和侧向叠置关系(周江羽等，2009)。

近岸水下扇又称近岸浊积扇，在断陷湖盆中是有特征性和较常见的一种沉积类型，发育在陡岸一侧靠近断层下盘的深水区，在盆地的深陷扩张期有较多的分布，平面形体为扇形，倾向剖面上扇体呈楔状，根部紧贴基岩断面，由近源至远源可细分为内扇、中扇和外扇(图 8－14～图 8－16)。

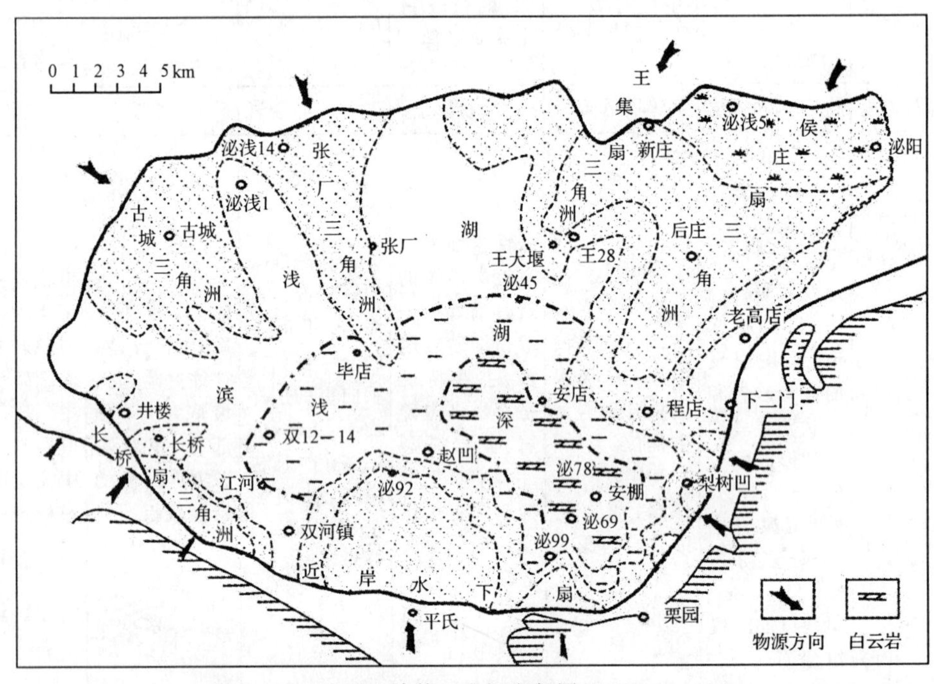

图 8－14　泌阳凹陷核三段沉积相图(据李纯菊，1987)

(1)内扇：内扇主要发育一条或几条主要水道，沉积物为水道充填沉积、天然堤及漫堤沉积。它主要由杂基支撑的砾岩、碎屑支撑的砾岩和砂砾岩夹暗色泥岩组成。杂基支撑的砾岩常具漂砾结构，砾石排列杂乱，甚至直立，不显层理，顶底突变或底部具冲刷，并常见到大的碎屑压入下伏泥或凸于上覆层中，一般认为形成于碎屑流沉积。碎屑支架的砾岩和砂砾岩多为高密度浊流沉积产物，单一序列由下往上常由反递变段和正递变段组成，有时上部还可出现模糊交错层砂砾岩段。SP 曲线多为低幅齿状，亦可见箱状。

(2)中扇：中扇为辫状水道区，是扇的主体。由于辫状水道缺乏天然堤，水道宽且浅，很容

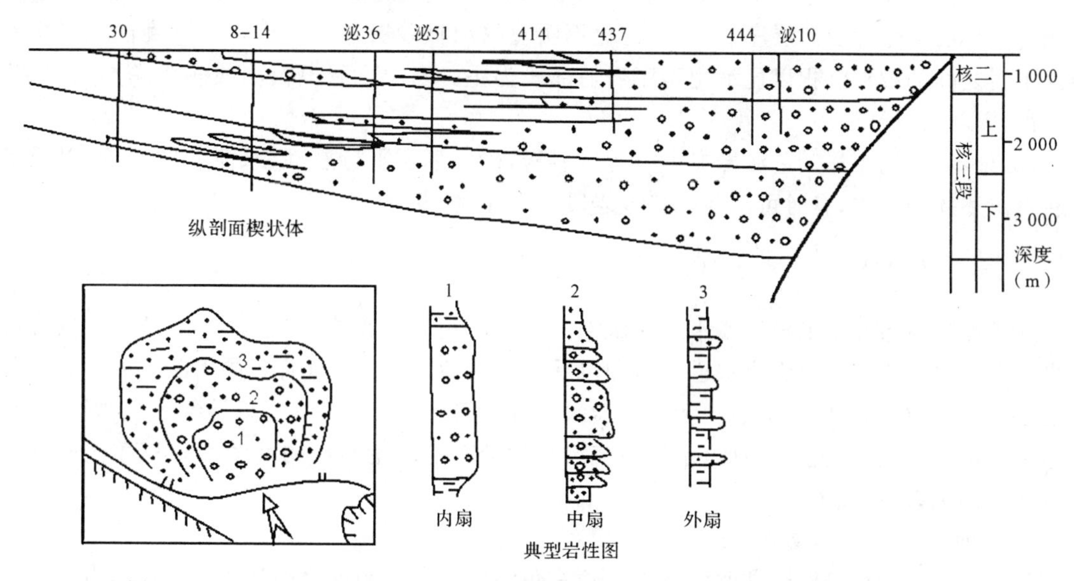

图 8-15 泌阳双河镇近岸水下扇的平面与剖面形态和岩性示意图(据李纯菊,1987)

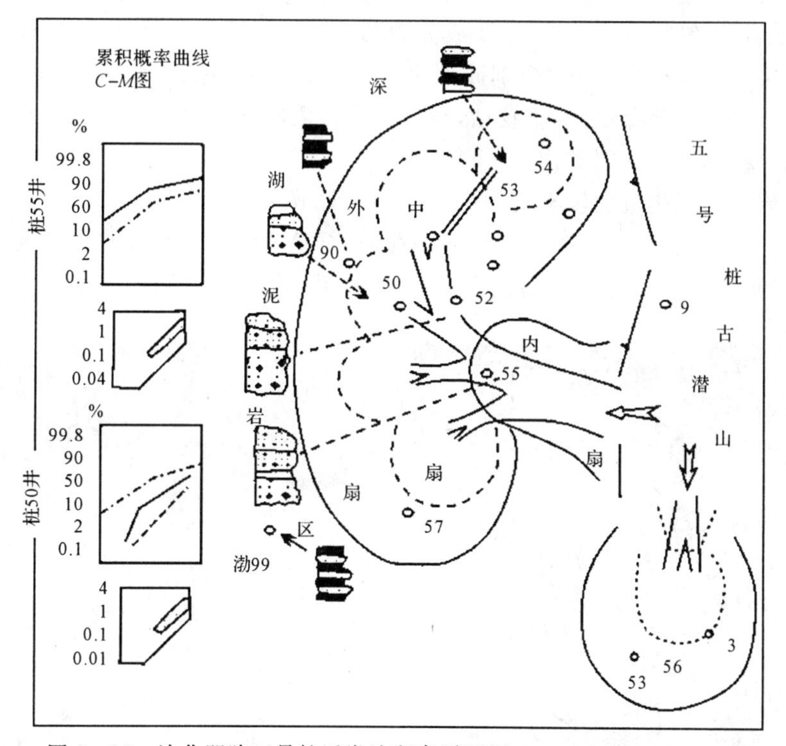

图 8-16 沾化凹陷五号桩近岸浊积扇平面图(据刘守义、刘国华,1984)

易迁移。水道的迁移常将水道间地区的泥质沉积冲刷掉,因而垂向剖面上为许多砂砾岩层直接叠覆,中间无或少泥质夹层,但冲刷面发育,形成多层楼式叠合砂砾岩体。中扇以砾质至砂质高密度浊流沉积为特色。单一序列多为0.5～2.0m,向盆地方向粒度变细,分选变好。水道浊积岩以砂质高密度浊流层序为主,水道化不明显的浊积砂层顶部可出现低密度浊流沉积序列。水道之间的细粒沉积以显示鲍马序列上部段为主。扇中自然电位曲线多为箱形、齿化箱形、齿化漏斗-钟形等。

(3)外扇:外扇为深灰色泥岩夹中—薄层砂岩,砂层可显平行层理、水流沙纹层理,以低密度浊流沉积序列为主,有时可出现砾状砂岩段。SP曲线多为齿状。

二、水下浊流体系

水下浊流体系泛指形成于浅水或深水湖泊环境的扇形浊积体,包括斜坡扇、湖底扇(带供给水道的远岸浊积扇)、重力流水道砂体和风暴重力流砂体。一般发育于同生断层的下降盘及前扇三角洲部位,同生断层的活动和阵发性水下分流河道水流事件都可以导致沉积物的滑动、滑塌和再沉积作用的发生。因此,水下浊流沉积的分布与同生断层的活动和扇三角洲的分布有着密切的关系。

1. 斜坡扇——浅水重力流砂体

斜坡扇是指形成于断陷湖盆缓坡带(扇)三角洲前缘的浅水重力流砂体。往往是由(扇)三角洲前缘水下分流河道在坡度突然变陡或断层活动触发重力流而形成的。

浅水浊流沉积体发育在滨浅湖,一般发育于前扇三角洲陡坡部位,其岩性主要为灰白色含砾细砂岩-中砂岩,不等粒砂状结构,主要成分为石英、长石、岩屑和泥质胶结物,碎屑呈次棱角状,分选差,粒径从0.1～0.8mm,个别碎屑大于1mm,石英颗粒波状消光,长石被方解石交代,呈残留体,部分呈假象存在,泥质胶结,杂基支撑。泥质含量为10%左右,见微裂隙被有机质充填,呈细脉状,见锆石等副矿物。

浅水浊积岩的沉积构造比较丰富,发育平行层理、递变层理和波状交错层理(图8-17),有的含泥砾和泥质撕裂条带,一般发育鲍马序列的ABC段组合。测井曲线表现为中等幅度的微齿化箱形、钟形及指形。电阻率曲线具有微齿化、中高幅度的特征,电阻率值较高,一般在

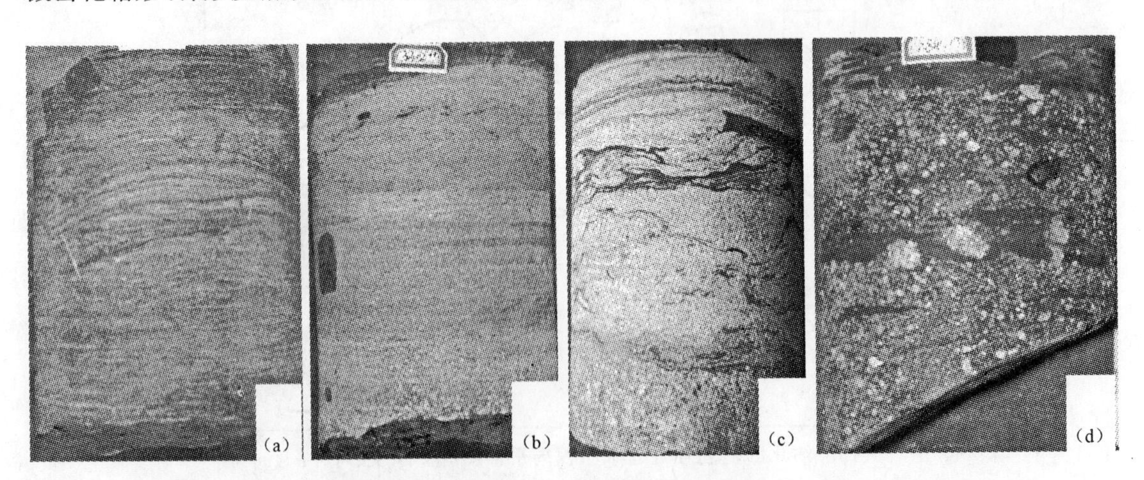

图8-17 伊通盆地岔路河断陷水下重力流沉积体的典型沉积构造岩心照片(周江羽等,2009)

(a)浅水浊流沉积,黑色泥岩波状交错层理;(b)深水浊流沉积,从中砾岩到泥岩的正粒序层理;
(c)水下滑塌沉积,冲刷、滑塌变形构造,与砾岩截然接触;(d)水下泥石流沉积,深色泥岩中砂砾混杂堆积

10～25Ω·m；自然电位曲线较平滑。

浅水浊流沉积在粒度概率图上主要表现为三段式[图 8-18(a)]，粒度区间可大可小，反映动荡环境中能量不稳定的重力流特点，同时重力流粗粒尾部沉积物的曲线斜率大于细粒尾部的曲线斜率，且跳跃次总体的含量增加，反映了重力流能量后期衰减并向牵引流转化，沉积物分选变好。

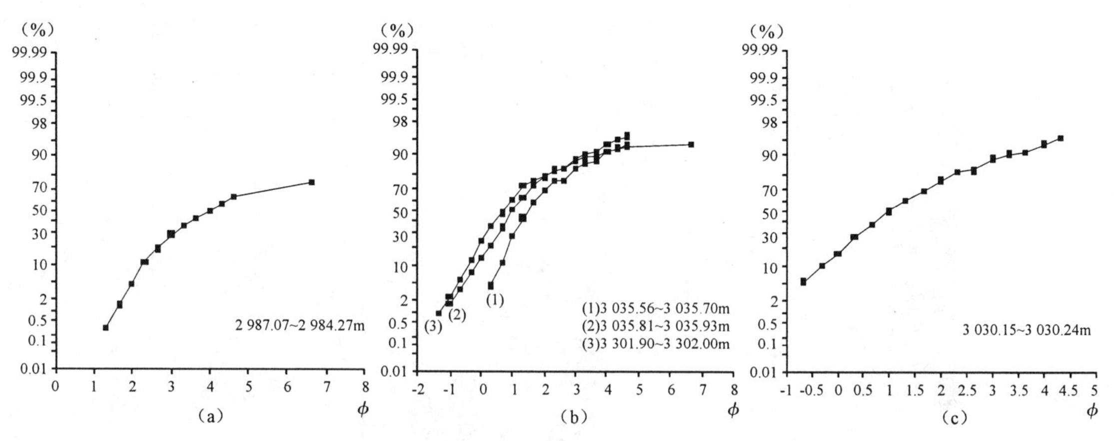

图 8-18　水下重力流沉积的粒度概率图(周江羽等，2009)

(a)浅水浊流沉积；(b)深水浊流沉积；(c)水下滑塌沉积

2. *湖底扇——深水重力流砂体*

湖底扇这一概念是由海底扇引申来的。在湖泊中一般指带有较长供给水道的洪水重力流沉积扇，因此，有人也称为带供给水道的远岸浊积扇或深水重力流砂体沉积。对于断陷湖盆，常发育在深陷期的缓坡一侧。

深水浊流沉积体发育在半深湖、深湖环境。深水浊积砂岩的最大特征是成分和结构成熟度均较低。这表现在其岩石类型为长石砂岩和岩屑质长石砂岩；石英为单晶石英，多见波状消光和次生加大；长石主要为钾长石和斜长石；岩屑主要为岩浆岩，其次为变质岩和火山碎屑。泥质平均含量一般为 6%～10%，个别可达 16%～18%，应属长石杂砂岩或岩屑长石杂砂岩。砂岩的分选性和磨圆度一般均较差，为混杂结构或杂基结构。

上述岩矿特征反映出深水浊积砂岩的近源快速堆积特点，与一般浊积岩的岩石学特征相类似，但其基质含量一般偏低。胶结物为泥质、灰质和高岭石。深水浊流沉积的测井曲线特征为在暗色泥岩基线背景上发育指状、齿化箱形或倒圣诞树形曲线。

深水浊流粒度曲线呈波折的、上凸的曲线，以低坡度延伸，颗粒粒径分布范围广，曲线斜率总体上较缓，并且往往是由陡变缓，反映悬浮搬运和分选差的特点。但是有些样品还可辨认出悬浮和跳跃两个总体及其间存在的过渡带。其中跳跃总体含量可达 50%，斜率也较大[图 8-18(b)]，反映出沉积物的搬运有时具有一定的牵引流性质，而且堆积速度较快。在 $C-M$ 图上，样品的点群平行于 $C=M$ 基线分布，以悬浮载荷为主，反映为典型浊流沉积特征，随流动强度的减弱，$C-M$ 协调一致性变化，反映了其呈递变悬浮搬运的特点。

深水浊流沉积体系中反映深水沉积环境和重力流成因的构造比较丰富。主要有平行层理、递变层理和波状层理，常见鲍马层序的 AB、ABDE 组合。另外可见反映深水环境的生物扰动构造、植物碎屑和植物茎化石。正递变层理是浊积岩的可靠标志，它反映深水浊流的悬浮搬运和递变悬浮沉积的特点。不管整个浊积岩体在垂向上是向上变粗或变细的层序，一次浊流形成的单砂层总是呈向上变细的正粒序。鲍马序列的浊积岩与鲍马所建立的模式基本相似，常由 A、C、E 段组成，但也有完整的鲍马序列出现(图 8－19)。

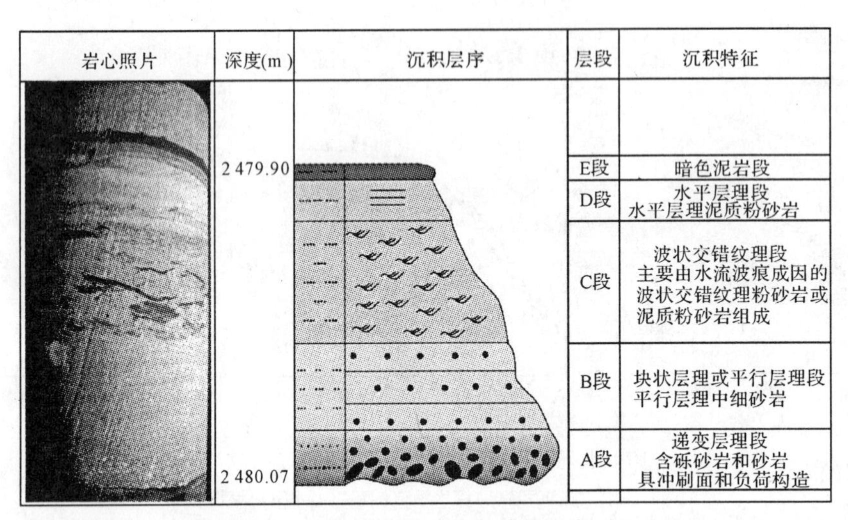

图 8－19　伊通盆地永二段浊积岩中完整的鲍马序列(周江羽等，2009)

在地震剖面上外形呈丘形、楔形或透镜状，内部具波状、短波状或杂乱反射，振幅和频率中—低，连续性一般。此类沉积常发育在断层下降盘或斜坡地带的深湖、半深湖区，并常与水下泥石流沉积和水下滑塌沉积共生。

在湖滨斜坡上若有与岸垂直的断槽，岸上洪水携带的大量泥沙通过断槽进行搬运，直达深湖区发生沉积，形成离岸较远的重力流沉积扇。实际上是由一条供给水道和舌形体组成的重力流扇体系，可与 Walker(1978、1979)的海底扇相模式相对比。典型的例子有东营凹陷梁家楼湖底扇(图 8－20)。湖底扇也可进一步划分为供给水道、内扇、中扇和外扇几个相带。

供给水道沉积物较复杂，可以是充填水道的粗碎屑物质，如碎屑支撑的砾岩和紊乱砾岩、砾状泥岩和滑塌层等，也可以完全由泥质沉积物组成。

内扇由一条或几条较深水道和天然堤组成。内扇水道岩性为巨厚的混杂砾岩和碎屑支撑的砾岩和砂砾岩组成，天然堤沉积显鲍马序列，为经典浊积岩。

中扇辫状水道发育典型的叠合砂(砾)岩，单一层序粒级变化由下向上是砾岩—砂砾岩或砾状砂岩—砂岩，主要为砾质至砂质高密度浊流沉积。中扇前缘区，水道特征已不明显，粒度变细，以发育具有鲍马层序的经典浊积岩为主。

外扇为薄层砂岩和深灰色泥岩的互层，以低密度浊流沉积层序为主。与海底扇相模式相似，远岸浊积扇体也可以是由多个舌形体组成的复合体，在垂向剖面上总体呈水退式反旋回，而其中每一个单一砂层均呈正韵律特征。

与海底扇相模式相似，远岸浊积扇体也可以是由多个舌形体组成的复合体，在垂向剖面上总体呈水退式反旋回，而其中每一个单一砂层均呈正韵律特征，如辽河油田大凌河油层远岸浊

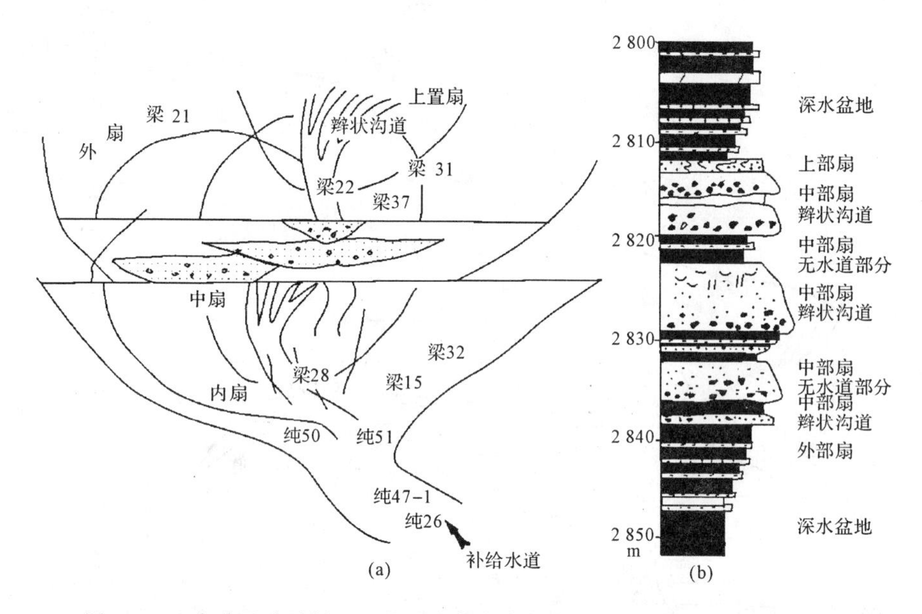

图 8-20 东营凹陷纯梁地区沙三中湖底扇相模式及相层序(据赵澄林,1984)

(a)显示三个"扇叶"的叠加,并依次向湖内推进;(b)显示三个不甚完整的相层序的叠加

积扇垂向层序(图 8-21、图 8-22)。

3.重力流水道砂体

在深水重力流沉积体系中除了扇状浊积砂体外,还有非扇状重力流砂体,即重力流水道砂体。在湖泊沉积环境特别是我国东部断陷湖盆中,断槽型重力流沉积最为典型,即断层控制所形成的断槽。断槽按断层的控制特点可分为单断式和双断式,单断式指一条断层控制所形成的箕状断槽,双断式指两条倾向相反的断层控制所形成的地堑状断槽。在我国断陷湖盆以单断式断槽较常见。

断槽型重力流分布广泛,在湖盆的陡岸、中央隆起带、斜坡带均有分布。断槽型重力流的类型多样,按重力流的来源方向可分为拐弯型和直流型(图 8-23)。按重力流的物质来源可分为洪水型和滑塌型。其中洪水型断槽重力流是指山区洪水携带沉积物直接流入断槽而成,滑塌型断槽重力流是指三角洲或扇三角洲前缘发生滑塌,然后流入断槽中而成。

断槽型重力流水道砂体是在平面上呈不均一的带状、在剖面上呈透镜状分布的砂砾岩体,具有重力流沉积的特征。断槽重力流沉积可分为两个亚相:水道亚相和漫溢亚相(图 8-24)。水道亚相是断槽中最深的沟道,单断式断槽靠近断层分布,也是水下重力流最粗碎屑沉积的场所,岩性以卵石质砾岩、块状砂岩、平行层理砂岩为主。漫溢亚相位于水道亚相的两侧,系重力流溢出水道沉积而成,以典型浊积岩沉积为特征。

重力流水道砂体多分布于半深湖、深湖的暗色泥岩中,具有良好的成藏条件,并易形成岩性油气藏,是半深湖、深湖沉积区有利的含油气储集砂体。

4.风暴重力流砂体

风暴重力流沉积在湖泊中也广泛发育,虽然规模比海洋风暴小,但具有海洋风暴沉积的特

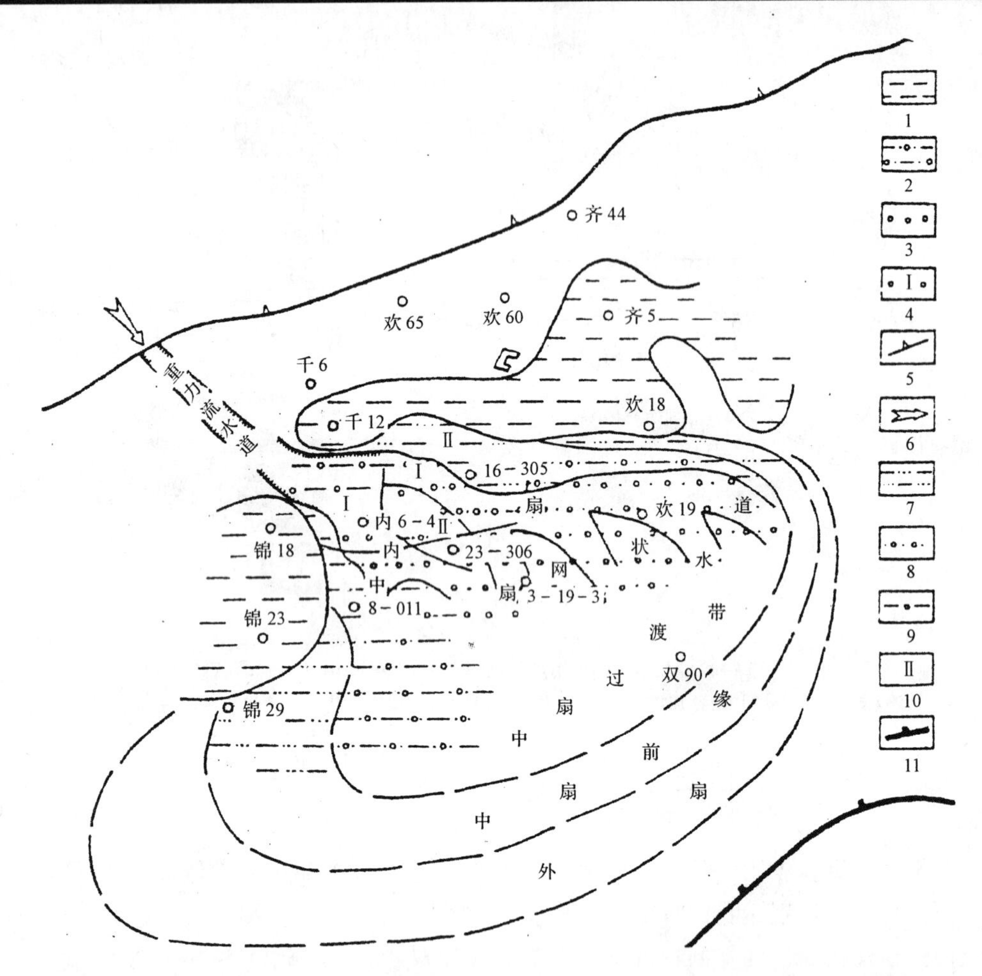

图 8-21　辽河西部凹陷沙三段大凌河油层第二砂层组远岸浊积扇体微相图(据高延新,1982)

1.泥岩;2.泥质砂砾岩;3.砾岩;4.内扇水道;5.剥蚀线;

6.物源方向;7.砂泥岩;8.砂砾岩;9.泥质砾岩;10.天然堤;11.断层

征。风暴沉积是原始沉积物(滨浅湖地区的浅水沉积,如三角洲、扇三角洲、滩坝等砂体)经过风暴浪的扰动和改造又在正常浪底和风暴浪底之间沉积下来的沉积物,并发育丘状交错层理、渠模、生物逃逸迹、递变层理等沉积构造,垂向上相序具有似鲍马序列的特征(图 8-25)。

三、水下泥石流和滑塌体系

1.水下泥石流

水下泥石流是水下滑塌过程的继续,是水下滑塌沉积体进一步破碎以块体流的形式再次搬运沉积形成的。水下泥石流沉积主要为砂、砾、泥混杂的[图 8-17(d)],分选极差的块状泥质含砾砂岩,并含有大量的暗色泥页岩扯裂片。其中陆源碎屑砾石多为细砾级,而泥页岩撕裂片实际上为内碎屑砾,有时具有软变形或定向排列特征。上述砾石均为泥质和砂质所支撑,具明显的杂基支撑结构,砾石大小不一,分选磨圆度都极差,其中泥砾占的比例很大。这些特征都表明水下泥石流具有很高的黏性,而且以块体流的方式进行搬运。本区水下泥石流沉积可

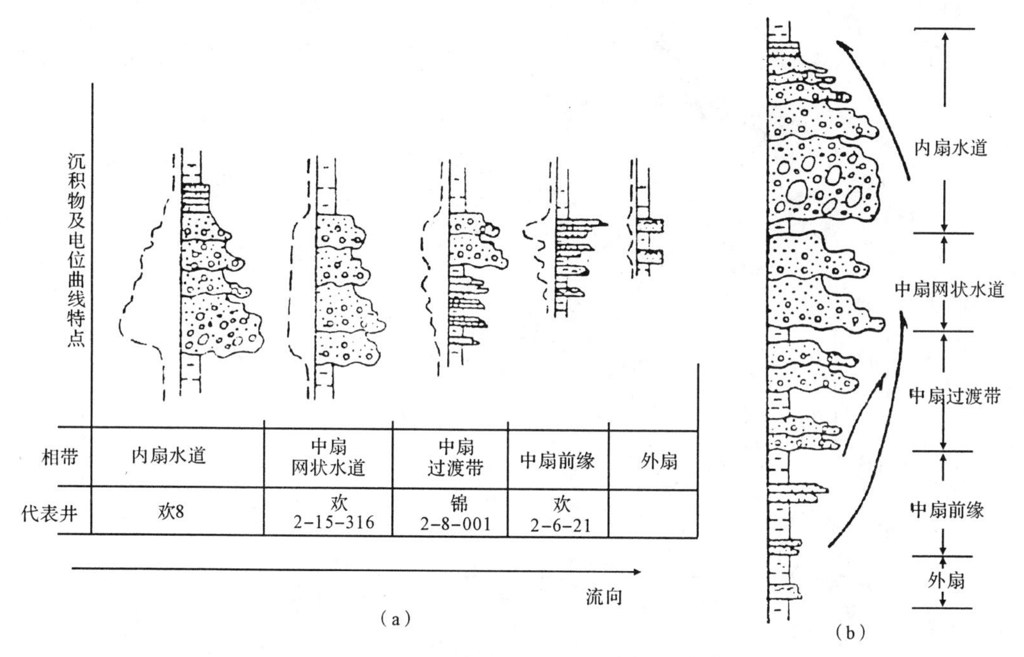

图 8-22 辽河西部凹陷大凌河油层远岸浊积扇垂向层序图(据高延新,1982)

(a)从内扇到外扇的沉积层序变化;(b)理想的垂向层序

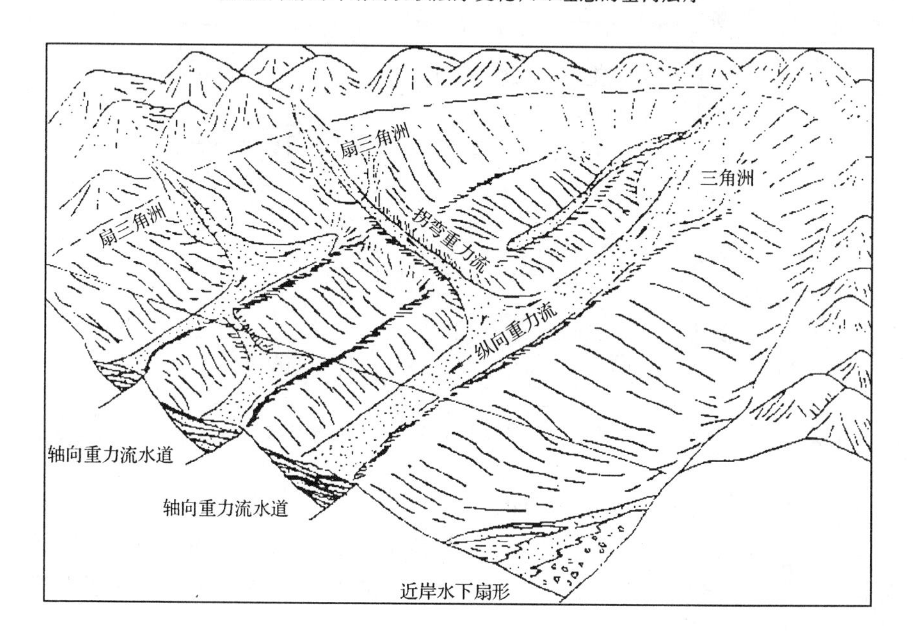

图 8-23 东濮凹陷古近系沙三段重力流水道沉积模式(据赵澄林,1992)

根据沉积构造和运动方式的不同分为两种类型:一种为基质支撑的、具块状层理的典型泥石流性质的泥石流沉积;另一种是具湍流性质的泥石流沉积,其特点是虽然它仍具有基质支撑结构,但粗尾粒级却表现出一定的递变性。

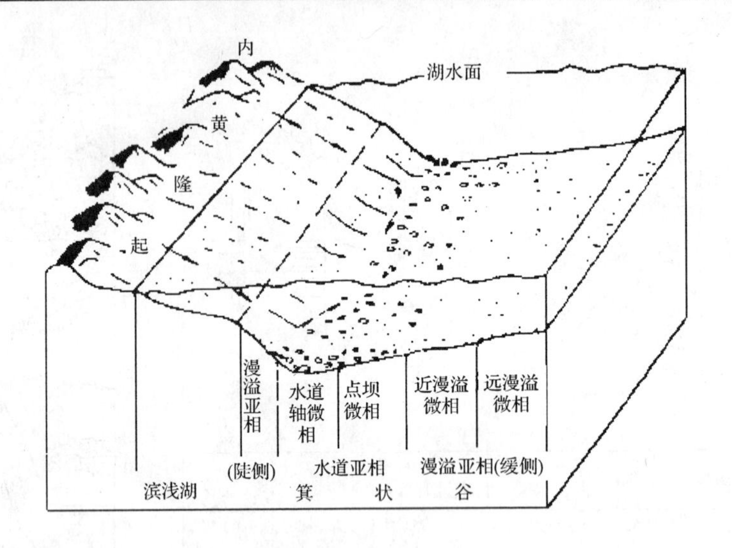

图 8-24 单断式断槽重力流沉积的立体模式(据姜在兴,1988)

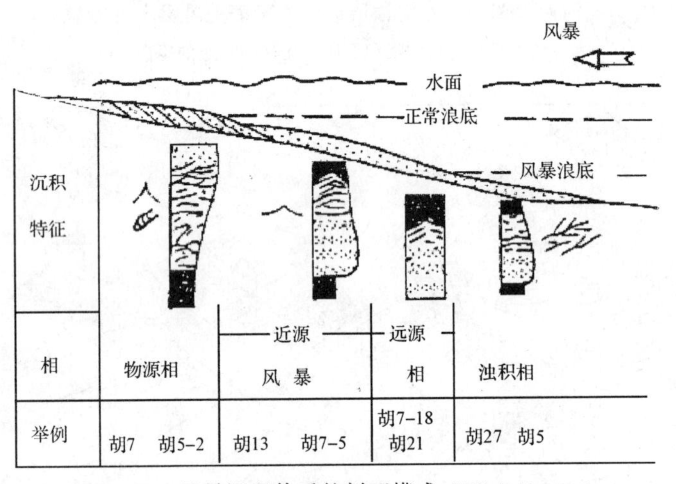

图 8-25 风暴沉积体系的剖面模式(据姜在兴,1990)

粒度概率曲线的特征是一条反复无常的断折线,斜率很小,分选极差,各线段不具有总体的意义。地震剖面上识别特征为块状,杂乱、弱振幅、乱岗状、短波状或丘状的反射结构,测井曲线形态为箱状,发育于盆地深处较陡处,一般由水下滑塌沉积体再次搬运沉积形成。

2. 滑塌浊积岩砂体

滑塌浊积岩砂体大多是由浅水区的各类砂体,如三角洲、扇三角洲等,在外力作用下沿斜坡发生滑动,再搬运形成的浊积岩体,其砂体形态有席状、透镜状和扇状等。滑塌浊积岩体的岩性变化大,与浅水砂体的岩性密切相关。

水下滑塌沉积常与浊流沉积共生,是沿斜坡中下部发育的重力滑塌块体。其岩性为深灰色水平层理的泥岩或粉砂质泥岩夹含砾粗砂岩。

水下滑塌沉积以滑塌变形构造为特征[图 8－17(c)]。另外，滑塌沉积中还常见波状交错层理、递变层理、冲刷充填构造、砂枕构造、撕裂状滑塌泥砾和小型同沉积断层等特殊构造类型，反映了沉积物滑动再沉积的特点。在深水浊积岩中有时也可见较小规模的，厚度较小的水下滑塌层。

水下滑塌沉积的测井曲线形态一般为指形或齿化箱形。在地震剖面上具"乱岗状"杂乱反射结构，可变振幅，连续性差—中等。

粒度概率曲线的特征是一条低斜率的直线或宽缓上拱的曲线段，粒度区间跨度大，跳跃和滚动总体不发育，悬浮总体占绝对优势[图 8－18(c)]。

以三角洲为物源的滑塌浊积岩体的粒度较细，沉积剖面中以砂岩、粉砂岩及暗色泥岩为主。砂岩中常见完整的和不完整的鲍马序列，并普遍发育有明显滑动和滑塌作用的特征标志，常有滑动面、小型揉皱、同生断层等变形构造和底负载构造，以及具有砂泥混杂结构的混积岩。垂向上可以看到三角洲与滑塌浊积层的上、下层序连续沉积的关系，横向上反映出三角洲与前缘深水斜坡上滑塌浊积层的分布关系。东营凹陷内东营三角洲砂体的前方和侧缘，在前三角洲泥带和湖底泥中发现了许多浊积岩透镜体呈马蹄形分布，这些小的滑塌浊积岩小砂体叠加连片，形成了储量可观的岩性油藏。据信荃麟等(1988)研究，惠民凹陷西部沙三段存在三角洲-滑塌深水浊积扇体系(图 8－26)。深水浊积扇分布在三角洲前方，是三角洲沉积物在重力作用下通过槽道向前滑塌搬运而形成的，可划分为内扇、中扇和外扇。

湖盆边缘的扇三角洲砂体，由于厚度大，形成一定坡度，处于不稳定状态，很容易产生滑塌再搬运，在其前方深洼处形成滑塌浊积岩体。这类滑塌浊积岩的成分与提供其物源的扇三角洲相似，粒度比其后方的扇三角洲细，但仍含大量的粗碎屑物质。沉积剖面以砂砾岩、砂岩和深灰色泥岩的互层为主。除发育完整的和不完整的鲍马序列的浊流沉积外，尚发育大量不宜用鲍马序列描述的高密度浊积岩，并常见滑动和滑塌构造及各种泄水构造。在开鲁盆地陆家堡坳陷的湖盆断陷期，该类浊积扇非常发育(张金亮等，1993)。

滑塌浊积砂体的发育扩大了油气勘探领域，说明在近岸砂体的前方还可找到与其有关联的含油砂体，组成从近岸浅水砂体到深水浊积砂体的含油沉积体系，也更加完善了湖泊沉积相体系。

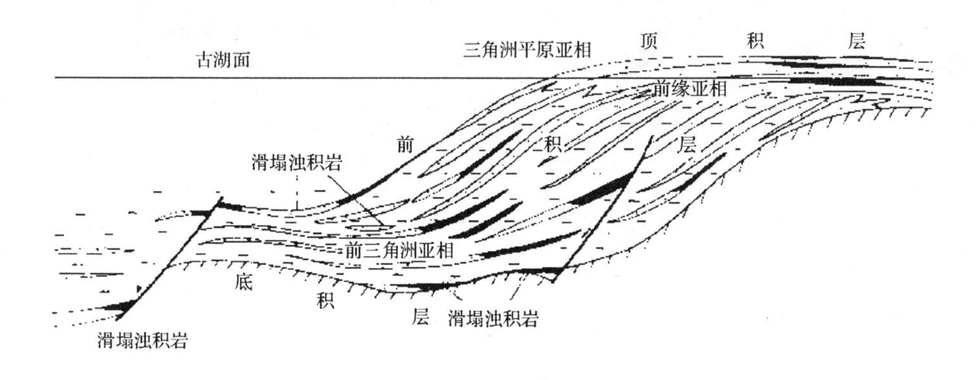

图 8－26　东营凹陷古近系三角洲-滑塌浊积岩的沉积模式(据赵澄林，1992)

(黑色部分为油层)

第四节 深海重力流体系

现代海底调查发现，在大多数陆坡的下部海底峡谷口外的深海底，都有规模巨大的扇状沉积体形成，这就是通常所称的深海扇(deep - sea fans)。它们主要是由浊流形成的泥砂质再沉积产物，故又称作浊积扇(turbidite fans)。过去认为深海扇的内部组成简单，地形平缓无大的起伏。但自 20 世纪 70 年代以来，通过大量的海底调查已证实，几乎所有深海扇的表面起伏都很大，可以区分出许多不同亚环境，内部构造也是比较复杂的。

一、深海扇的沉积特点

浊流沿海底峡谷流动，穿过陆棚和大陆斜坡流入深海盆地时，常形成浊积扇(深海扇、海底扇)。海底扇一般分布在谷口处，也常常彼此连接成陆隆，但有时也分布到深海平原上(图 8 - 27)。扇体分布在补给水道下倾方向的大陆斜坡外，标准的海底扇相模式以 Walker(1978)所建立的为代表。深海扇的形状与大陆上的冲积扇有某些类似。在深海扇中，各种块体—重力搬运作用及其产物有机地组合在一起，构成相互密切联系和相互转化过渡的统一沉积体系。沃克(Walker，1979)在研究现代和古代深海扇沉积的基础上提出了深海浊积扇沉积相平面分布和进积型深海浊积扇垂直层序的模式，可以代表深海浊积扇的一般特点。扇面可以区分出水道、堤和水道间区三个主要环境，在径向剖面中，从扇端向外轻微倾斜，可以区分出上扇(或内扇)、中扇和下扇(或外扇)三部分。

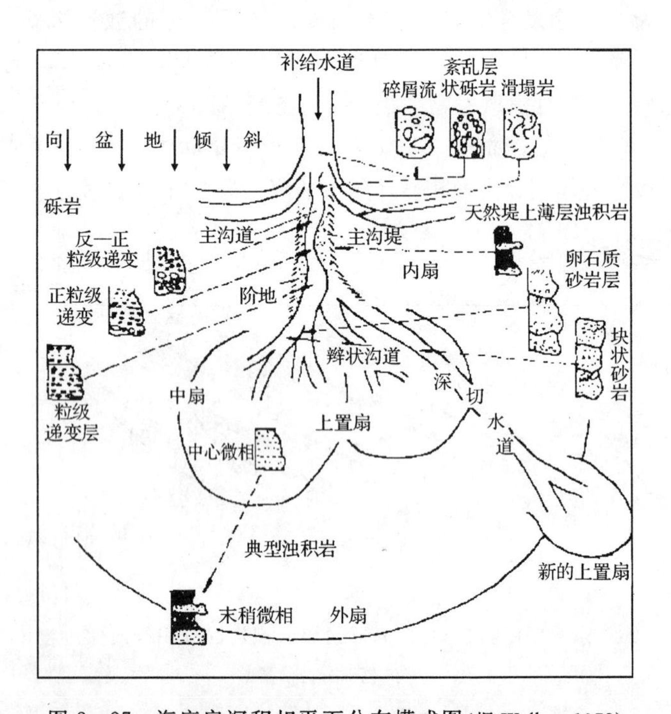

图 8 - 27 海底扇沉积相平面分布模式图(据 Walker，1978)

上扇环境一般具有上凹断面的特点，地势不平，有一个主扇谷（主水道）发育区。扇谷或直或弯曲。谷两侧发育有堤，高出谷底几十米至200m以上。谷底本身也是沉积的，可以高出相邻的扇面数十米。谷宽0.1～10km。在海底峡谷和主水道内，主要沉积各种粗碎屑（砾质）组成的非浊流的块体——重力搬运沉积物，如滑塌沉积层、碎屑流沉积和深水混杂砾岩（混杂砾岩、正—反递变砾岩、递变层砾岩和有层理粒级层砾岩）。水道两侧堤上则发育由粉砂和黏土组成的低密度浊积岩，一般相当鲍马层序的CE段。

扇中环境具有上凸的断面形态，圆丘状地形，主扇谷分裂成许多分流，称为扇分流水道或网状分流水道。水道可以呈曲流状或网状，既有活动的水道也有废弃的水道。水道轴部深可达几十米，宽达1km。水道中发育有砾状砂岩、块状砂岩，以及递变层理发育的根部浊积岩。水道间则为细粒的低密度浊积岩。中扇下部，水道末尾处发育有沉积朵体。扇谷和水道一般可有三种类型：沉积的、侵蚀的和沉积-侵蚀混合的。

下扇环境具有上凹断面形状，地势平坦，具有许多没有堤的小水道。中扇与下扇环境的界线是渐变的和不明显的。沉积物以经典浊积岩为主，向外缘则主要为远基浊积岩。

浊流以外的其他块体的重力搬运作用主要限于上扇环境。如斜坡基部和峡谷中发育的滑塌沉积、泥石流沉积及可能有的颗粒流沉积。通过扇的横剖面，可以看出有两种浊流沉积分散类型（图8-28）。

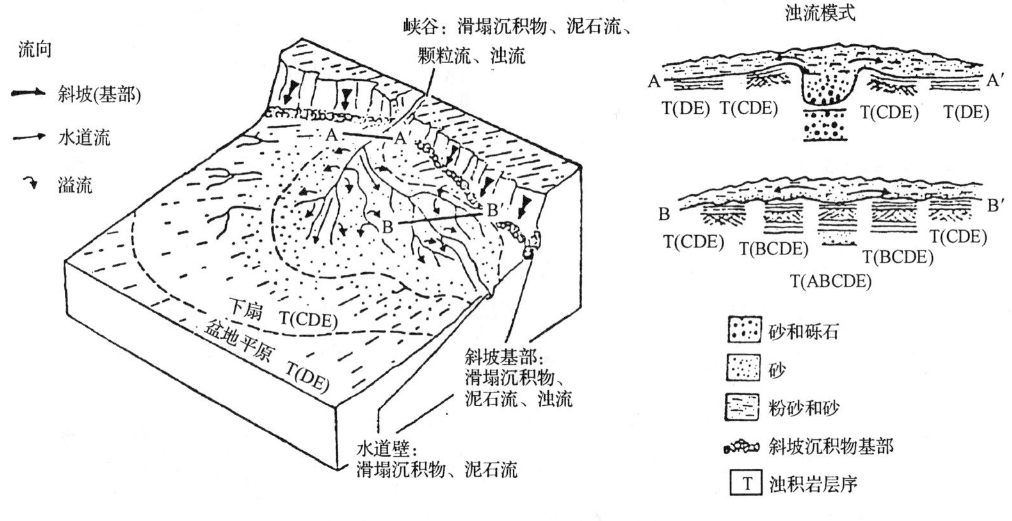

图8-28　浊积扇上的水道系统及漫滩沉积作用

资料根据阿斯托利亚深海扇（据Nelson和Kulm，1973）

（1）在扇谷和水道内粗粒沉积物经过水道迅速向下游搬运；在分流水道内沉积成厚的长形砂体；在水道末尾沉积成朵状砂体，并不断向外和两侧建造。水道内的沉积物砂泥比较高。上扇水道砂一般是厚层的不成熟的浊积岩，鲍马层序以发育不全为特征（A-E）。在中扇与下扇中，水道砂是中等厚度的较成熟的浊积岩（ABCDE）或（BCDE）。

（2）在水道间和堤上，是从水道中溢流出来横向搬运的细粒沉积物，砂泥比低。漫滩泥多片状沉积物(云母片、植物碎屑),它们聚集在浊流稀释的尾部。堤和水道间的沉积物主要是薄层的浊积粉砂,鲍马层序以上部层段(CDE、DE)为主。与深海盆地平原相比,扇表面以具有高流态和低流态浊流为特征。

浊积砂的沉积作用局限在水道内和进积的朵体中,水道和朵体的侧向迁移可以逐渐发生,也可以由于决口而发生灾变。当发生侧向迁移时,老的分流系统被废弃,新的分流系统开始形成。扇体则不断向前推进和向两侧扩展(图 8-29)。

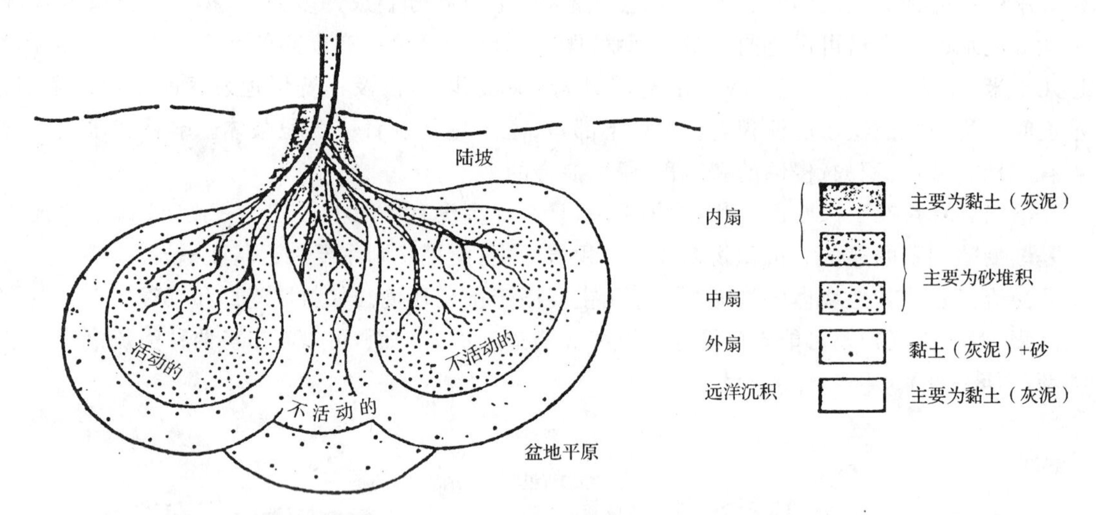

图 8-29　活动主扇的推进和横向决口迁移造成浊积扇生长扩大的模式(据 Kruit 等,1975)

二、深海扇的垂向沉积序列

1.进积型深海扇的垂直层序模式

进积型深海扇的垂直层序自下而上为外扇沉积、中扇沉积和上扇沉积。总的来说是个向上变粗变厚的层序(图 8-30)。它是由一系列叠覆的浊流沉积舌状体组成的。水道的发育主要在层序的中上部,在水道中则表现为向上变细的正旋回。水道底部常具有明显的冲刷面,代表水道下切作用。

上述层序是在比较稳定推进的理想条件下形成的。如果扇的补给来源中断或转移,这个扇就不再生长,并被均匀的半深海泥质沉积物所覆盖,水道也将被泥质填满;如果补给来源增加,或向深海盆地倾斜的海底坡度增大(可能由构造运动造成),扇上的水道则将强烈下切,甚至可切过整个扇体,同时水道也迅速向更深处延伸,大量沉积物将被搬运到深海盆地更远的地方才沉积下来。总之,影响深海扇的任何因素发生变化,都将影响到层序结构的改变。当我们进行实际调查时,必须进行详细的、具体的分析。

2.海槽型重力流沉积相模式

槽相模式最早起源于对深海平原或称盆地平原的研究。深海平原最早发现于大西洋。北大西洋广阔的深海盆地几乎是水平的平原。一些深海丘陵和海山在这些极平的平原上突兀凸起。深海平原多数呈长条形,最长的长轴可达数千千米,最大宽度数百千米。沉积物主要是浊流沉积和远洋、半远洋沉积。深海平原上的浊流沉积是多源的,可以来自海底峡谷、深海水道和盆地斜坡。

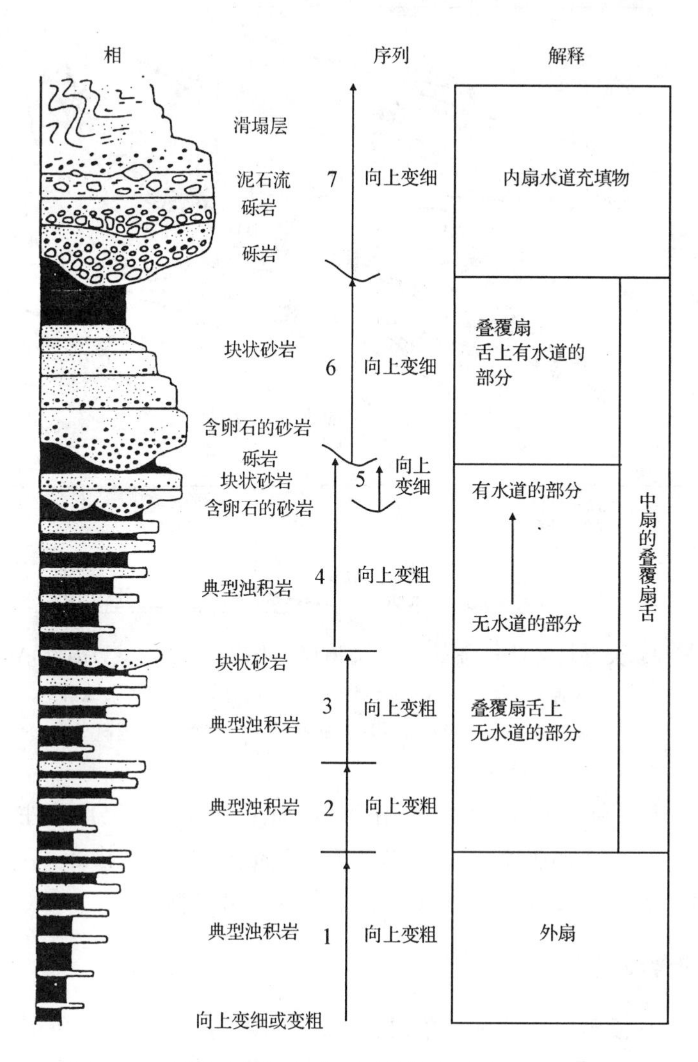

图 8-30　进积型深海扇垂向层序模式图(据 Walker,1984)

数字代表一个沉积序列

对浊积砂层中的流向资料的研究表明,各种来源的浊流进入深海平原后转向长轴方向流动,故这种沉积模式常被称为深海盆地浊流沉积的槽相模式。与太平洋深海沉积模式相对照,也称这种深海平原沉积为大西洋沉积模式。

较典型的实例是海因和沃克(Hein 和 Walker,1982)所确定的加拿大魁北克寒武系—奥陶系 Cap - Enrage 组中的具阶地的辫状海底水道砾质沉积。它由厚约 270m 的卵石砂岩和块状砂岩组成,恢复后的水道深约 300m、宽约 10km,水道沿平行大陆斜坡脚的凹槽方向延伸(图 8-31)。

其中发育有八种岩相类型:粗砾岩;具粒序层理的细砾岩和卵石质砂岩;显粒序的细砾岩和卵石质砂岩;粒序细砾岩、卵石质砂岩和具液体溢出的砂岩;非粒序交错层细砾岩、卵石质砂岩和砂岩;缺少构造的卵石质砂岩和砂岩;砂和粉砂质浊积岩;深水页岩。他们又将八种岩相类型归纳为粗砾沟道、叠覆冲刷粗砂岩和非沟道沉积的三种相组合。图 8-32(a)指示由于水

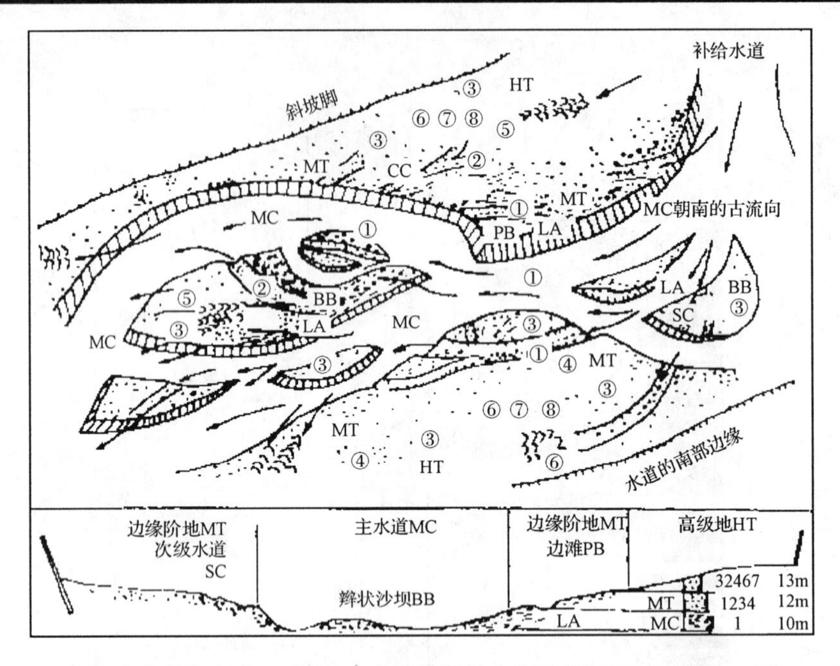

图 8-31　加拿大魁北克 Cap-Enrage 组海槽型重力流沉积相模式(Hein 和 Walker,1982)
①～⑧. 8 种岩相类型;LA. 海槽侧向加积;MC. 主水道;MT. 边缘阶地;
HT. 高阶地;SC. 次级水道;BB. 辫状沙坝;PB. 边滩;CC. 截断水道

道侧向加积形成主沟道和次要沟道的叠加作用,以向上变薄变细层序为主;图 8-32(b)指示了水道迁移到阶地上,形成向上变厚变粗的层序。依此类推,由于构造因素导致水道迁移、充填乃至废弃,从而分别形成变厚变粗和变薄变细等复杂层序类型。

三、浊积岩的含油气性

浊积岩中的 A、B 段砂层可作为储集层,D、E、F 段可作为盖层,而包围浊积岩的深水暗色泥岩是良好生油层,因此,浊积岩具有良好的油气生储盖条件。近年来国内外都发现了不少浊流型沉积的油气田。

国外浊积岩油田的实例,首推美国加州的文图拉盆地的挽近系油田。最先是在背斜顶部找油,无油放弃了;后来应用沉积学浊流沉积作用理论钻探背斜两翼,在断层附近发现了储量 1 亿 t 的油田。浊流沉积型油气田的勘探实践证明,隆起部位不是唯一的油气聚集地,凹陷部位或盆地中心也可能因岩性适合而成为油气聚集的有利场所,即岩性作为成油气藏的主导因素。

湖相浊积岩主要分布在我国东部一些中新生代盆地中,并已在其中勘探开发了大量油气。这些浊积砂岩靠近深凹陷生油区,生储盖条件良好,具有十分良好的勘探前景。以济阳坳陷古近系沙三段—沙四段上部为例,已在沾化凹陷五号桩油田、东营凹陷营 11 断层、梁家楼地区、胜北—民丰地区等地发现并勘探了大量的湖底扇型小而肥的油气藏,成为济阳坳陷现阶段和今后重要的勘探领域。其他如东濮凹陷西部的胡状集油田和中央隆起带有利的油气储集层均受槽状重力流水道浊积岩的岩性和岩相控制。另外,泌阳凹陷、辽河坳陷、黄骅坳陷、伊通盆地莫里青断陷西部陡坡带等都有深水浊积岩油气储集体相继被发现（姜在兴，2003；侯启军等，2009）。

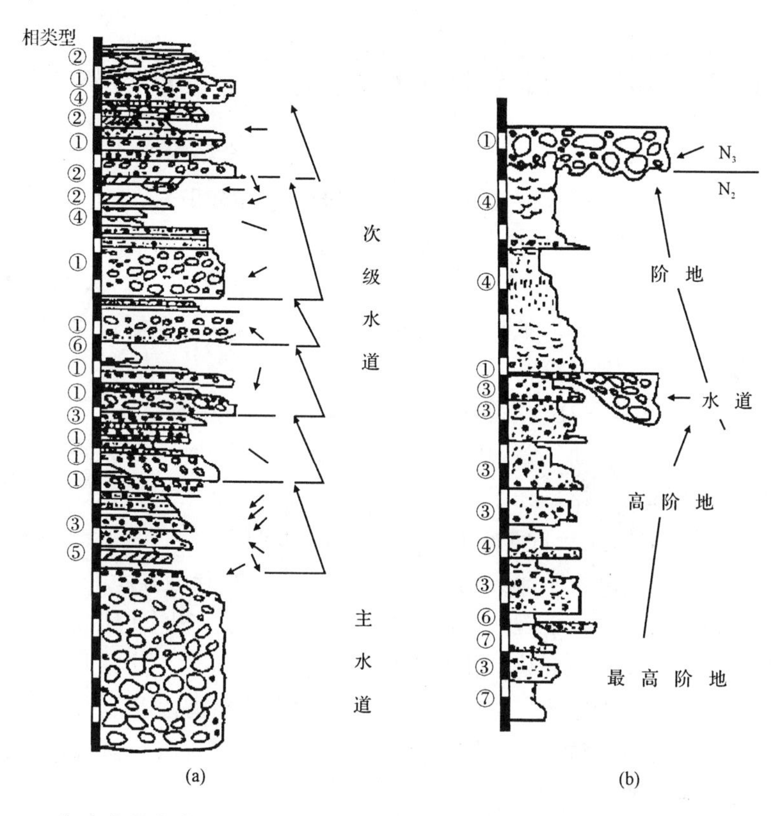

图 8-32　加拿大魁北克 Cap-Enrage 组海槽型重力流沉积相层序（据 Hein 和 Walker，1982）

(a)向上变薄变细；(b)向上变厚变粗

第九章　海相碳酸盐岩沉积体系

碳酸盐岩是在地表的分布仅次于陆源碎屑沉积岩的一类沉积岩，而且绝大部分是海洋碳酸盐岩，陆上成因的碳酸盐岩只占极少的比例。20 世纪 50 年代以前，人们对碳酸盐岩的认识是比较肤浅的，关于碳酸盐沉积作用及其沉积环境的知识也极为肤浅。人们对碳酸盐岩地层的兴趣主要偏重于古生物化石的采集和鉴定、岩类学的描述，以及地层的划分和对比，并认为大部分碳酸盐岩都是浅海化学沉积物。

第二次世界大战之后，首先在中东，后又相继在其他地区（中美、北美、加拿大、北海等）的碳酸盐地层中发现了许多高产油气藏，从而引起了人们对碳酸盐沉积学的极大关注。许多国家（主要是西方国家）的石油公司率先组织了大量人力、物力和财力对现代和古代碳酸盐沉积物和沉积岩进行了有计划的、系统的和全面的研究。20 世纪 50 年代中后期开始，在全世界地质界很快掀起了一个碳酸盐沉积学研究的热潮，从而导致了在碳酸盐沉积学领域中许多理论的发展和观点的更新。尤其是关于现代海洋碳酸盐沉积环境、沉积作用以及沉积产物的研究，为沉积相模式的建立和古代沉积环境的恢复奠定了坚实的基础。在世界上现代海洋碳酸盐沉积物发育地区中，以佛罗里达、巴哈马群岛、加勒比海、中东波斯湾以及澳大利亚沙克湾等地区研究得最为详尽，常被引作解释古代碳酸盐沉积环境的对比依据，碳酸盐沉积学已发展成为地质学中一门具有独立体系的分支学科。

碳酸盐岩在地壳中的分布仅次于泥质岩和砂岩，约占沉积岩总面积的 20%。据统计，碳酸盐岩在我国约占沉积岩总面积的 55%，特别在西南地区（云、贵、川、湘、桂、鄂等省区）分布更广。

碳酸盐岩本身（包括石灰岩、白云岩及菱铁矿、菱锰矿、菱镁矿岩等）就是很有价值的矿产，广泛用于冶金、建筑、化工、农业、医药等，与碳酸盐岩共生的层状矿床有铁矿、石膏、硬石膏、岩盐、钾盐等；产于碳酸盐岩中的层控矿床有汞、锑、铜、铅、锌、银、镍、钴、钼、铀、钒等金属矿及重晶石、天青石、自然硫、萤石、水晶、冰洲石等非金属矿，孔隙、裂隙发育的碳酸盐岩也是地下水的重要含水层。

以碳酸盐岩为储集层的石油及天然气也很丰富，世界上与碳酸盐岩有关的油气田储量占总储量的 54%，产量占总产量的 60%。近年来，我国逐步加强了对海相碳酸盐台地的油气勘探工作。除四川盆地外，在塔里木台地、鄂尔多斯台地（华北台地的一部分）也取得了一定的效果，海相碳酸盐台地的勘探是今后我国油气勘探的重要战场。以碳酸盐岩为主的油气田多分布在生物繁茂的浅海台地上。在我国碳酸盐台地中，华北（包括鄂尔多斯）、四川塔里木、江南等均见到了油气流，具有很大的油气勘探前景。因此，对海相碳酸盐岩沉积体系的研究，对预测和评价碳酸盐岩储层分布，指导碳酸盐岩地区油气勘探具有重要意义。

第一节　碳酸盐岩沉积的基本特点

一、碳酸盐沉积物的产生条件

碳酸盐岩是由大于50%的碳酸盐沉积物经成岩固结而成的一类沉积岩。碳酸盐沉积物的主要矿物构成是方解石、文石和白云石。这些矿物都是一些易溶矿物。在20世纪50年代中期以前，人们认为它们主要都是以无机方式从海水中沉淀出来的纯化学产物，尽管也区分出某些生物成因的碳酸盐岩（如礁灰岩、介壳岩等），但仍将碳酸盐岩划归为化学岩类。诚然，碳酸盐物质从溶液中析出有其化学的必然规律，但决不是简单的化学沉淀过程。当时所忽略的，也是最为重要的，是生物化学作用以及与生物活动有直接联系的有机成因。尤其是海洋碳酸盐沉积物的形成，情况更为复杂得多。

根据实验知道，碳酸钙（$CaCO_3$）在不含 CO_2 的纯水中的溶解度是非常低的。在正常温度和压力下的表层海水或近地表的地下水中，方解石的溶解度仅有14.3mg/L，文石仅有15.3mg/L，而当水中注入 CO_2 后，它们的溶解度可以增加到 $n\times100$mg/L。所以，CO_2 的进入和逸出对 $CaCO_3$ 的溶解和产生有着极大的影响。现代热带海洋的海水对于碳酸钙基本上是饱和的，因此，只要发生 CO_2 的逸出作用，都可导致 $CaCO_3$ 的产生而形成碳酸钙沉积物。在自然界中，促使这个过程的发生有以下一些情况：温度的升高、压力的减小、植物的光合作用以及水体扰动的增强等。所以，温暖、清洁的浅水海域是碳酸盐产生的最有利因素。现代海洋碳酸盐沉积物分布的实际情况完全符合这个结论。

现代海洋碳酸盐沉积物主要分布在南北纬30°之间热带及亚热带地区。只有北大西洋海域例外，那里由于受墨西哥湾流影响，温暖的水可以延伸到较高的纬度。钙质浮游生物软泥虽然都分布在深海洋底，但其产生地点仍在表层水域。绝大部分浅水碳酸盐沉积物主要分布在加勒比海、中东的阿拉伯湾和红海，以及西南太平洋和澳大利亚北部陆架浅海三个海域。在这些地区，海水温度较高，平均水温一般为15～30℃，局部地带甚致可达40℃以上。例如：巴哈马群岛地区的开阔海表层海水月平均温度（2～8月）为22～31℃；波斯湾开阔海表面月平均温度为23～34℃；我国南海表面水温亦很高。海水温度升高则蒸发作用增强和盐度增高，同时也促使水中 CO_2 反应速度加快并向外逸出，有利于 $CaCO_3$ 沉淀。另外，温暖的浅海又是生物大量繁盛的场所，各种藻类等水生植物通过光合作用吸收 CO_2，对 $CaCO_3$ 的产生有重要意义。钙藻及许多具有钙质骨骼和介壳的动物也能向海底提供大量钙质骨屑和文石质软泥。

此外，非洲西海岸、孟加拉湾和阿拉伯海，以及中南半岛陆架浅海等地区也具有与上述碳酸盐发育区相似的条件（温暖、浅水），但却极少甚至没有碳酸盐沉积物的分布，其主要原因是这些地区均临近大河的河口区，大量陆源碎屑被河流搬入海中使海水混浊。混浊的海水降低了海水的透光度，削弱了光合作用，不利于藻类的生长；同时还容易堵塞底栖无脊椎动物的呼吸和消化系统，不利于它们的繁衍。所以混浊的海水对 $CaCO_3$ 的产生有极大的抑制作用。因而除了温暖和浅水条件之外，清洁、透澈的海水有利于 $CaCO_3$ 的产生。

二、碳酸盐沉积物的物质来源

在海洋环境中，由较老的碳酸盐岩基岩露头经受风化剥蚀，被水流搬运来的岩屑是极少的。这是由于碳酸盐岩易于溶解，抗风化磨蚀能力较弱，很少能搬运较长距离。但是，可以在陡峭的碳酸盐岩岩石海岸脚下、老的碳酸盐岩岛或礁石，以及遭受底流强烈冲切的水下台地陡坡附近，零散发育有来自碳酸盐基岩的碳酸盐沉积物。这类碳酸盐沉积物的性质与硅质陆源沉积物是一样的。成岩以后可以形成灰岩砾岩（或角砾岩）、灰岩岩屑砂岩、灰岩岩屑粉砂岩。它们属于外源或陆源碎屑岩类。

无论是古代的还是现代的海洋碳酸盐沉积物，它们的主要供给来源就是海洋本身。海水中以离子状态存在的大量碳酸盐类（Ca^{2+}、Mg^{2+}、HCO_3^- 等）在条件适合时便通过化学作用和生物化学作用转化为碳酸盐矿物沉积下来。在这个转变过程中，由生物和生物活动所提供的沉积物在数量上占有最大比例，可以认为碳酸盐产生作用基本上是有机的（Wilson，1975）和盆（地）内（部）的。

碳酸盐沉积物和碳酸盐岩几乎全是由各种碳酸盐颗粒和碳酸盐泥（灰泥）组成的，也有一些是由造礁生物的钙质骨架建造的。众所周知，由造礁生物所建造的骨架岩常可构成厚度巨大的生物礁岩，组成礁岩的物质主要都是造礁生物的有机组织所分泌出来的碳酸盐。碳酸盐颗粒类型很多，一般可以区分为骨骼颗粒和非骨骼颗粒两大类别。组成生物骨骼的化学成分绝大多数为碳酸钙，只有少数为蛋白石——氧化硅或磷酸钙。能够分泌碳酸盐的生物，是碳酸盐沉积物的直接提供者。

非骨骼颗粒有岩屑、球粒（peloid）、鲕粒、豆粒（pisolith）、集合粒（aggregate）和团块（lumps）等。在这些非骨骼颗粒中，除了岩屑属于陆源以外，其余的皆是在水体中形成的。其中鲕粒、豆粒一般认为是无机成因的，而绝大多数球状颗粒的成因是动物的粪便——粪球粒（faecal pellets）或球粒（pellets）。最好的造球粒生物是食细粒沉积物的生物，如海参类、甲壳类、沙蚕类、多毛类以及一些软体动物。在有些环境中。这种粪球粒具有很大的生产量。例如在大巴哈马滩安德罗斯岛的背风处，球粒约占沉积物总量的 30%，占其中砂粒部分的 70%以上。关于集合粒和团块的成因较复杂，估计它们是多成因的，其中可能有相当部分也是有机来源的。

三、碳酸盐沉积物的搬运和沉积

碳酸盐沉积物一旦产生，它们就和陆源碎屑沉积物一样被波浪、潮流和洋流等作用簸选和搬运。因此，碳酸盐沉积物在海洋中也可形成与陆源碎屑沉积物相似的堆积地形和沉积体。例如在波浪带它们可以形成水下滩坝；在潮汐作用下可以形成潮汐三角洲、潮坪、潮道和潮渠等。在沿岸流的作用下，也可形成与海岸平行的延长很远的障壁岛，构成障壁岛-泻湖体系。同样，在水流和波浪作用下碳酸盐沉积体也具有与陆源碎屑沉积层相同的各种沉积构造。在坡度较陡的海底斜坡地带，松散的或半固结的碳酸盐沉积物，也会受重力作用发生滑塌并被重力流搬运，形成滑塌褶皱、碎屑流沉积体和浊积岩等。

但是，由于碳酸盐沉积物的有机来源和盆内成因，其搬运和沉积作用与陆源碎屑沉积物又有极大的不同。

(1)绝大多数的粗粒碳酸盐沉积物搬运的距离都不远(重力搬运及沿岸漂移例外)。粗的碳酸盐颗粒一般是从它们生长的地方呈碎屑质点原地降落下来的,或者就停留在生物生长、死亡和分解的地方,基本上可看作是原地的(Wilson,1975)。一些细小的质点(包括灰泥)可能被风暴浪搬运较远,甚至可以搬运到深水盆地中去,但是,在广阔的浅海陆棚或泻湖中的细粒质点则是原地产生和沉积的。绝大多数碳酸盐质点的原地成因提供了解释环境的极大方便。尽管碳酸盐颗粒类型繁多,但它们基本上都能反映沉积地带海洋环境的特点(温度、盐度、深度、水动力条件、底质性质以及生态和生境特点)。对于这些,陆源碎屑沉积物是无能为力的。

(2)由于碳酸盐沉积物的生物来源及就地堆积的性质,碳酸盐沉积物的粒度分布具有完全不同于陆源碎屑沉积物的特征。不同的生物所产生的碳酸盐质点具有各种不同的外部形态和内部构造。藻类及超微浮游生物(如颗石藻)可以形成几微米的细小质点和文石针,而腕足、软体和珊瑚等则可形成个体巨大的介壳和骨骸碎块;有的具有形状各异的外形(分枝状的珊瑚、多射的海绵骨针、弓形的介壳等);有的具有复杂的内部结构(具房室的有孔虫、多孔的钙质海绵以及具有中空房室的头足类等)。尽管所有碳酸盐质点的矿物组成都具有相同的抗磨蚀性能,但这种悬殊的大小、多变的外形和复杂的内部构造,却使它们在水动力搬运过程中,表现出截然不同的特性。同时由于形态、大小和内部构造各异的生物又常常生活在同一生境中,因此在碳酸盐沉积物中常常见到巨大的介壳(软体、腕足等)和骨骸(珊瑚、海绵等)与细小的文石针灰泥(钙藻等)混杂在一起或粒度均一而球度很好的颗粒(如鲕粒、球粒、簸等)沉积物中掺杂有大小不等的介壳碎片。正因为如此,将陆源碎屑沉积物研究中通常应用的粒度分析方法,照搬到碳酸盐沉积物的研究中一般是难以取得成效的。判断解释碳酸盐沉积物沉积时的水动力条件不是根据颗粒的分选性和形状,而是考虑沉积物中灰泥基质的多少,或颗粒与灰泥的比值(Leighton 和 Pendexter,1962),以及颗粒的填集特点(Dunham,1962)

(3)陆源碎屑颗粒一般随着水动力强度和搬运距离的增大,磨蚀亦越趋强烈,粒径逐渐变小。而碳酸盐颗粒则不完全如此,除了骨屑、内碎屑等有相似的特点外,有些颗粒(鲕粒、团粒、核形石和葡萄石等)则会在搬运过程中不断增长变大,例如高能鲕常具有更多的层圈。一些造礁生物可以分泌钙质骨骼形成骨架岩、黏结灰砂和灰泥形成黏结岩,以及捕获围陷碳酸盐沉积物形成障积岩,它们可以在原地向上建造起巨厚的碳酸盐岩礁来抗御强大波浪的冲击。这种特有的沉积方式在陆源碎屑沉积作用中是不可能出现的。

(4)碳酸盐沉积作用的另一特点是沉积物的沉积通常可在广阔的面积上几乎是同时向上建造和垂向加积。生活在表层海域的浮游生物遗体和悬浮搬运的灰泥的向下降落,以及底栖生物的生长、死亡和分解产生的骨骼颗粒和灰泥的原地堆积都是在大面积内同时发生的。而陆源碎屑的沉积只有悬浮质在低能环境才如此,而粗碎屑沉积物主要受水动力状况控制,通过点源(一般为河口区)向外散布,沿着水流方向进行侧向加积。

四、碳酸盐沉积物的堆积及形态

热带和亚热带的浅海陆棚以及大洋表层水域是海洋生物最繁盛的生长栖息场所,同时也是碳酸盐沉积物生产量最大的地带。热带和亚热带浅海陆棚的潮下带、潮间带和潮上带、碳酸盐台地斜坡下部的重力流活动带以及远洋深海带是碳酸盐岩沉积物的主要堆积场所。

海洋碳酸盐沉积物的沉积速率在不同堆积带有极大差别。在陆棚浅海的潮下带,海水温暖、深度小、透光性强、水体扰动强烈、含氧充足，是分泌钙质骨骼生物栖息活动的主要场所。

浅海潮下带是碳酸盐沉积物堆积速率最高的地带。根据威尔逊(Wilson,1975)所收集的资料，全新世浅水碳酸盐的沉积速率平均为1m/1 000a。其中礁带(佛罗里达礁带)则可达到3m/1 000a，开阔的碳酸盐滩为大于1m/1 000a，滨线潮坪带也是碳酸盐沉积速率较大的地带。

碳酸盐沉积物的有机来源、盆内成因、大面积均衡沉积，以及浅水区高速率与深水区低速率的明显差异，往往使碳酸盐沉积体具有不同于陆源碎屑沉积物堆积的形态。

滨海的海滩、潮坪、水下高地等浅水地区是碳酸盐沉积物优先沉积的地区。碳酸盐沉积物一旦在这些地区开始沉积，由于自身的高沉积速率特点，很快可使沉积物堆积到海平面附近的高度。碳酸盐沉积物的沉积速率通常要高于构造沉降或海平面上升的速率。在海平面稳定而缓慢上升的情况下，碳酸盐沉积面能够经常保持与海面同步上升的状态，始终可维持浅水或潮坪环境。因此在浅水区经常形成一个巨厚的浅水碳酸盐沉积体。与浅水区的情况相反，相邻的深水区，由于沉积速率较低，沉积物堆积较薄，在海平面不断上升的情况下，由于处于非补偿情况，海水深度将更加变深。海水越深，沉积速率越小，沉积物堆积厚度也越小。两个沉积区的沉积状况的这种差异必然导致两地相对高差的不断增大，于是就形成一个主要由浅水碳酸盐沉积物组成的高出周围海底具有正地形的碳酸盐沉积体凸起，相邻的深水区，深度不断加深而形成深水盆地。从浅水区向深水区的过渡带通常具有较大的坡度。这个碳酸盐沉积体凸起被称作碳酸盐建隆，或称(广义的)碳酸盐台地，佛罗里达陆棚和大巴哈马滩可以作为现代碳酸盐建隆或台地的代表。在我国南方的古生代至三叠纪时期，这类沉积格局也广为发育(王良忱,1986)。

由于诸多环境因素(生物的、水文的、气象的、地理的和构造的)的变化，碳酸盐建隆的内部组成结构、外部形态都有很大不同，有各种类型的建隆。在地质文献中，对各种碳酸盐建隆有许多不同的称谓，对这些术语的理解也不尽相同。威尔逊曾对一些常用的术语(如碳酸盐块体、建隆、缓坡、台地等)作过详细的说明(Wilson,1975)。二十多年来这些术语在我国曾得到比较广泛的应用。

(1)碳酸盐缓坡:碳酸盐缓坡是指从正地形向外建造起来的巨大碳酸盐沉积体，它具有一个从滨岸向海盆底缓慢倾斜的斜坡，斜坡上没有明显的坡折，最高能量的波浪带在靠近海岸地带[图9-1(a)]。如现代的波斯湾南岸陆棚。

(2)碳酸盐台地:这里是指狭义的台地或镶边陆棚。这种台地通常具有近水平的和范围宽广的顶，称作陆棚(或碳酸盐陆棚)，还有一个具有较高地形和向海坡度明显加大的陆棚边缘。从边缘向下直到盆地底为台地斜坡[图9-1(b)]。如佛罗里达陆棚。

(3)孤立台地:这是发育在开阔海中远离陆块的碳酸盐台地，周围被深水海盆包围，一般都有明显的陆棚边缘和台地斜坡。威尔逊(Wilson,1975)称此种孤立台地为大滨外滩[图9-1(c)]。如大巴哈马滩。

(4)复合台地:这是由许多形状大小不同的台地、缓坡相互连接或部分连接的台地联合体，台地之间常有深水海盆或海槽相隔。这些深水海盆或海槽可称为台间海盆或台间海槽(王良忱,1986)，也简称作“台盆”或“台槽”(沈德麒,1985)。如佛罗里达—巴哈马群岛地区。

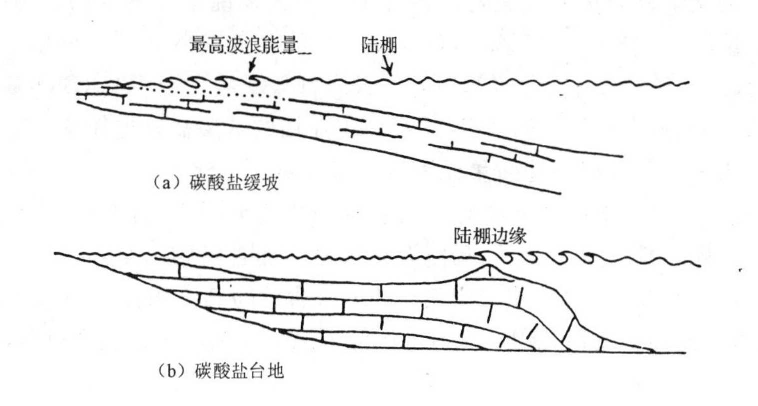

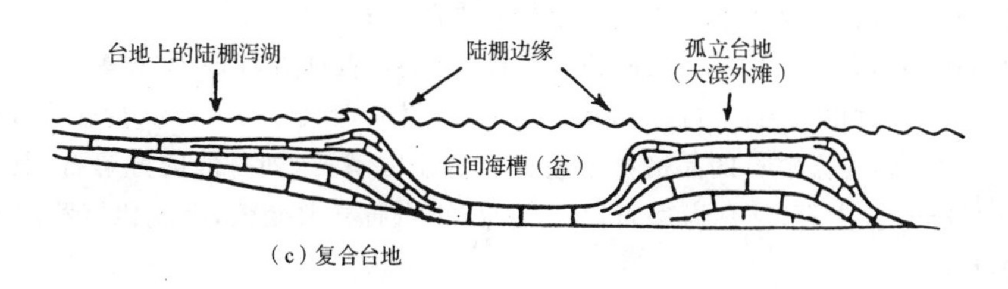

图 9-1 碳酸盐缓坡(a)、台地(b)及大滨外滩孤立台地和台间海槽(c)(据 Wilson,1975)

第二节 碳酸盐岩的物质组成及分类

一、碳酸盐岩的物质组成

碳酸盐岩的物质组成(组分)，首先按稀盐酸对其处理的情况，分为酸溶物和酸不溶物两大类。前者主要指能溶于酸中的金属和被酸分解出来的 CO_2 气体等，后者主要指陆源碎屑物和一些分散的、不溶于酸的自生矿物及有机物质等。

1. 化学成分

主要化学成分有(以氧化物表示)：CaO、MgO 及 CO_2，其余的氧化物还有 SiO_2、TiO_2、Al_2O_3、FeO、Fe_2O_3、K_2O、Na_2O 及 SO_2、H_2O 等。另外，在碳酸盐岩中还可含有部分微量元素，而且某些元素的含量及某些元素间的相互量比关系对于确定沉积环境是很有意义的。

纯石灰岩(纯方解石)的理论化学成分为 CaO(56%)和 CO_2(44%)；纯白云岩(纯白云石)的理论化学成分为 CaO(3.4%)，MgO(21.7%)，CO_2(47.9%)。但是，实际上自然界中的碳酸盐岩总是或多或少地含有其他的化学成分。

碳酸盐的化学成分可以反映它的矿物成分。通常根据其某一种化学成分的含量，乘上一定的常数，即可换算成其相应的矿物成分的含量。如某一岩石中 MgO 含量为 10%，乘上常数 4.6，即得白云石含量为 46%。

碳酸盐岩的化学成分对碳酸盐岩的各种工业用途来说是很重要的。例如水泥用的石灰岩，MgO 的含量需小于 3%～3.5%，K_2O + Na_2O 的含量需小于 1%，SO_3^{2-} 含量需小于 3%，SiO_2 含量需小于 3%～4%；冶金熔剂用的白云岩，MgO 需大于 16%，SiO_2 需小于 7%；维尼龙纤维用的石灰岩、耐火材料用的白云岩、其他工业用的碳酸盐岩也都有一定的要求。

在碳酸盐岩中还常含有一些微量元素或痕量元素，如 Sr、Ba、Mn、Co、Ni、Pb、Zn、Cu、Cr、Ga、Ti、B 等，这些元素在地层划分和对比以及沉积环境分析上，有时很有意义。例如硼(B)，开阔海石灰岩的硼含量约为 0.05%，局限海石灰岩的硼含量约为 0.14%，潮上云坪准同生白云岩的硼含量约为 0.24%，这说明碳酸盐岩中的硼含量随其沉积环境的水体含盐度的增高而增高，碳酸盐岩中的硼含量和 Sr/Ba 比值可作为古沉积环境水体含盐度的良好标志。

2. *矿物成分*

碳酸盐岩主要由方解石和白云石两种碳酸盐矿物组成。以方解石为主的为石灰岩，以白云石为主的为白云岩。这是碳酸盐岩的两个最基本的岩石类型。

在方解石矿物体系中，除方解石外，还有高镁方解石、低镁方解石、文石等矿物。

高镁方解石，有时也称为镁方解石，其 $MgCO_3$ 含量一般大于 4%mol，变化在 11%～19%之间，其镁含量虽高，但方解石的晶格并未破坏。低镁方解石，即一般的方解石，其 $MgCO_3$ 含量一般小于 4%mol。文石，又称为霰石，是方解石的同质异象变体，在现代沉积中常呈针状，有时也呈泥状。

在这三种碳酸盐矿物中，高镁方解石最不稳定，文石次之，低镁方解石较稳定，因此，高镁方解石和文石都要转变为低镁方解石，所以高镁方解石和文石主要出现在现代碳酸盐沉积物中。在古代的碳酸盐岩中是不存在高镁方解石和文石的。

白云石化学式为 $CaMg(CO_3)_2$，在白云石矿物体系中，除白云石外，还有原白云石。在理想的白云石矿物的晶体构造中，Ca^{2+}、Mg^{2+}、CO_3^{2-} 都有其特定的位置，它们都呈各自的离子面，都在垂直 *e* 轴的方向上相互交替叠积着。这就是所说的最有序的晶体状态。

但是，在自然界中，上述理想的白云石是很少见的，碳酸盐岩中的白云石通常都是富钙的，现代碳酸盐沉积物中的白云石更是如此。这种富钙的白云石，其化学式大体变化在 $CaMg(CO_3)_2$ 和 $Ca(Mg_{0.84}Ca_{0.16})(CO_3)_2$ 之间，当然其晶体构造也就不是最理想有序的了。这种富钙的白云石在自然界中是欠稳定的，它们都有向更稳定的白云石转化的趋势。一般说来，白云石形成的时间愈长，即其时代愈老，它们就愈接近理想的白云石晶体构造和化学式。这种富钙的白云石就是所谓的原白云石。

由于现在实验室在常温常压下不能人工合成白云石(只有在 200℃以上热液中合成的白云石)，而且现代碳酸盐沉积物中很难见到原生白云石沉淀，因此一般认为白云石都不是原生沉淀的，而是在准同生期或成岩期由高镁方解石"变化"而来，或者是由含镁质的盐水(海水、孔隙水或地下深处来的盐水)交代文石或低镁方解石而成。关于白云岩的成因问题现在仍处于探索之中。

在碳酸盐岩中，除上述方解石和白云石体系的矿物外，还常有铁白云石、菱铁矿、菱镁矿等碳酸盐矿物，以及一些非碳酸盐的自生矿物，即在沉积环境中生成的非碳酸盐矿物，如石膏、硬石膏、天青石、重晶石、萤石、石盐、钾石盐、玉髓、自生石英、黄铁矿、赤铁矿、海绿石、胶磷矿等。另外，还常含一些陆源矿物，如黏土矿物、石英、长石、云母、绿泥石、重矿物及有机物质。这些矿物成分在判断碳酸盐岩的成因及沉积环境上，都是很有用处的。

二、碳酸盐岩的分类

关于碳酸盐岩的分类方案有几十种，包括福克的结构-成因分类（Folk，1962），邓哈姆（Dunham，1962）的结构分类，莱顿、彭德克斯特（Leighton 和 Pendexter，1962）的分类，刘宝珺（1980）的分类等。但目前最流行的仍是福克结构-成因分类。

福克分类（1959、1962）引进了碎屑岩的成因观点，特别强调具有成因意义的结构特征，这个分类适用于完全未受改造的生物灰岩、碎屑灰岩及部分白云岩化灰岩。

福克认为石灰岩基本上由三个端元组分构成，异化粒、泥晶方解石基质及亮晶方解石胶结物。按每种组分相对比例计算，可以把石灰岩划分为三个主要类型（图 9－2），加上礁灰岩及交代白云岩，一共是 5 种主要类型。

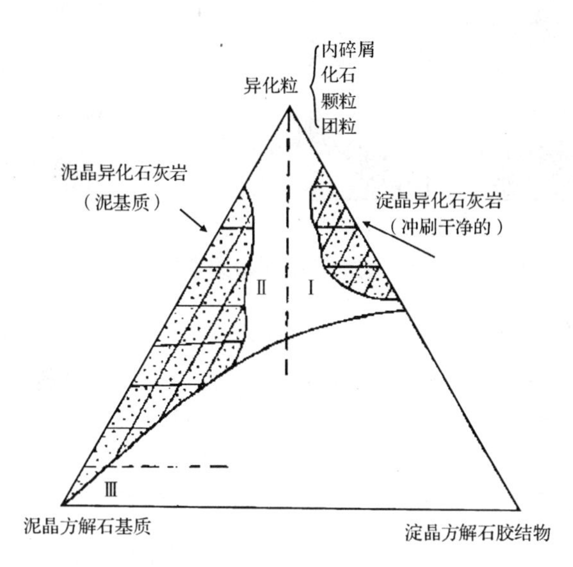

图 9－2　碳酸盐岩分类（据福克，1962）
（未涉及重结晶的）阴影区为常见岩类组分区

福克的“异化粒”相当于“粒屑”，包括内碎屑、鲕粒、化石、团粒及团块。福克认为泥晶（微晶）方解石是在海水中相当快速地化学及生物化学沉淀的，其晶粒直径 1～4μm，亮晶方解石胶结物是干净的、较粗的方解石晶体，粒度常大于 10μm（0.01mm）。从福克分类表可以看出，他特别强调亮晶/微晶的比值，由它们决定岩石的基本名称。

常见碳酸盐岩岩类组分区：①类型Ⅰ石灰岩，分选良好；②类型Ⅱ石灰岩，分选较差；③类型Ⅲ和黏土岩相似。

再进一步细分可根据三种组分的性质和量比关系，即分为 5 类 11 种。其五个主要类型为：①异化粒石灰岩——亮晶方解石胶结物；②异化粒石灰岩——泥晶方解石基质（胶结）；③正常化学石灰岩——泥晶方解石是主要组分；④原地礁灰岩——由生物格架所组成的礁石灰岩、生物岩；⑤交代白云岩。

在上述主要石灰岩类型的基础上，福克又根据异化颗粒的类型及其他特征，把石灰岩细分为11个类型(图9-3)。

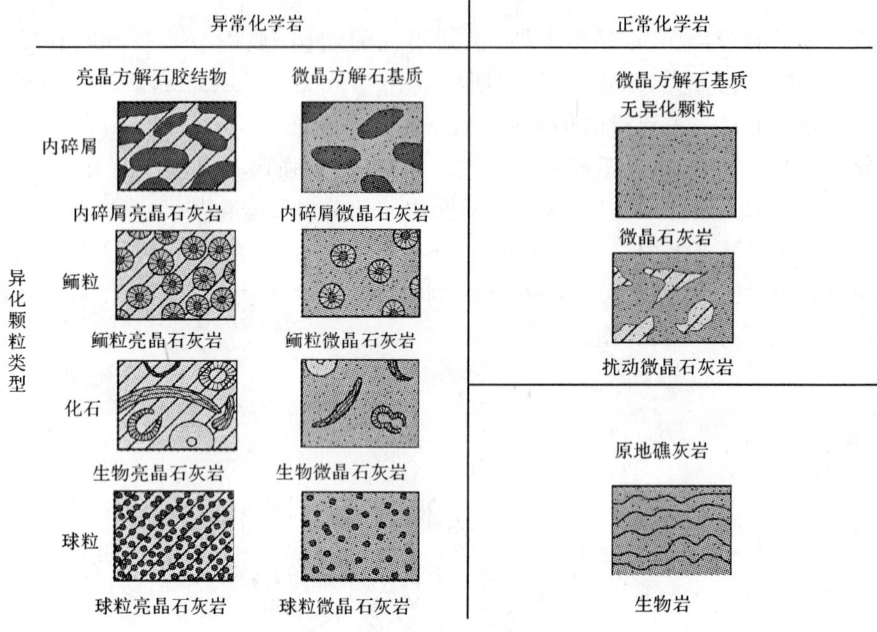

图9-3　石灰岩的结构-成因分类(据福克,1962)

福克还根据异化颗粒、微晶方解石泥、亮晶方解石胶结物在岩石中的相对百分含量，尤其是微晶方解石泥及亮晶方解石胶结物的相对含量，仿照碎屑岩的结构成熟度的概念，提出了石灰岩的结构成熟度的概念(图9-4)。

	灰泥基质>2/3				灰泥-亮晶	亮晶胶结物>2/3		
异化颗粒百分比	0~1%	1%~10%	10%~50%	>50%		分选差	分选好	磨圆-磨蚀
岩石名称	微晶石灰岩及扰动微晶石灰岩	含化石的微晶石灰岩	缺少生物的微晶石灰岩	密集生物的微晶石灰岩	冲洗差的微晶石灰岩	未分选的生物亮晶石灰岩	分选的生物亮晶石灰岩	磨圆的生物亮晶石灰岩
图示								
1959年命名	微晶石灰岩及扰动微晶石灰岩	含化石的微晶石灰岩	生物微晶石灰岩		生物亮晶石灰岩			
类似的碎屑岩	黏土岩		砂质黏土岩	黏土质或不成熟砂岩		次成熟砂岩	成熟砂岩	极成熟砂岩

图9-4　石灰岩的结构成熟度图示(据福克,1962)

此外，福克还根据异化颗粒的粒度特征、各种异化颗粒的相对含量以及其他成因特点，制定了一个综合性的碳酸盐岩分类表(表9-1)。

表9-1　福克碳酸盐岩分类表

<table>
<tr><td colspan="5" rowspan="4"></td><td colspan="6">石灰岩、部分白云石化石灰岩及原白云岩</td><td colspan="3">交代白云岩(V)</td></tr>
<tr><td colspan="2">异化粒>10%
异常化学岩(Ⅰ和Ⅱ)</td><td colspan="3">异化粒<10%
微晶岩(Ⅲ)</td><td rowspan="3">未受搅动的礁灰岩</td><td colspan="2" rowspan="3">有异化颗粒痕迹</td><td rowspan="3">无异化颗粒痕迹</td></tr>
<tr><td>亮晶方解石胶结物>微晶泥基质</td><td>微晶泥基质>亮晶方解石胶结物</td><td colspan="2" rowspan="2">异化颗粒
1%～10%</td><td rowspan="2">异化颗粒
<1%</td></tr>
<tr><td>亮晶异常化学岩</td><td>微晶异常化学岩</td></tr>
<tr><td rowspan="4">异化颗粒的体积含量</td><td colspan="4">内碎屑>25%</td><td>内碎屑亮晶砾灰岩,内碎屑亮晶灰岩</td><td>内碎屑微晶砾灰岩,内碎屑微晶灰岩</td><td rowspan="4">最主要的异化颗粒类型</td><td>内碎屑:含内碎屑微晶灰岩</td><td rowspan="4">假如为原生白云岩,则称微晶白云岩。假如受过搅动,则称为变动微晶灰岩</td><td rowspan="4">生物岩</td><td rowspan="4">异化颗粒明显</td><td>细晶内碎屑白云岩</td><td rowspan="2">中晶白云岩</td></tr>
<tr><td rowspan="3">内碎屑<25%</td><td colspan="3">鲕粒>25%</td><td>鲕状亮晶砾灰岩,鲕状亮晶灰岩</td><td>鲕状微晶砾灰岩,鲕状微晶灰岩</td><td>鲕粒:含鲕粒的微晶灰岩</td><td>粗晶鲕状白云岩</td></tr>
<tr><td rowspan="2">鲕粒<25%</td><td rowspan="2">化石与球粒的体积比</td><td>>3∶1</td><td>生物亮晶砾灰岩,生物亮晶灰岩</td><td>生物微晶砾灰岩,生物微晶灰岩</td><td>化石:含化石的微晶灰岩</td><td>隐晶生物白云岩</td><td rowspan="2">细晶白云岩</td></tr>
<tr><td>3∶1～1∶3
<1∶3</td><td>生物球粒亮晶灰岩,球粒亮晶灰岩</td><td>生物球粒微晶灰岩,球粒微晶灰岩</td><td>球粒:含球粒的微晶灰岩</td><td>极细晶球粒白云岩</td></tr>
</table>

福克分类的核心，也即其主要优点，就是把碎屑岩的结构观点系统地引入碳酸盐岩分类方案中。他首先提出异化颗粒和异常化学岩的观点，从此打破了石灰岩的陈旧传统的“化学岩”的概念。异常化学岩与碎屑岩类似，也由颗粒(异化颗粒)、充填物(微晶方解石泥)和胶结物(亮晶方解石胶结物)组成。其除了是化学沉淀成因的以外，同时还受水动力学条件的控制；所谓“异常”，就在这里。他还创建了一整套的全新的石灰岩结构分类和术语系统，像内碎屑亮晶石灰岩、球粒微晶石灰岩等。在碳酸盐岩岩石学中，福克的分类具有很重要的意义。

但是，福克分类也有一些缺点甚至错误。第一，福克分类基本上是三端元分类，但是在这三个端元中，只有异化颗粒和微晶方解石泥是独立的结构组分，它们的相对含量决定石灰岩的岩石类型，并反映这些岩石的沉积环境的水动力条件，而作为粒间水化学沉淀的亮晶方解石胶结物，则不是一个独立的结构组分。它的有无和多少是由微晶方解石泥的相对含量决定的。因此，把亮晶方解石胶结物这一相对较次要的组分与另两个较主要的组分同等对待，将使分类系统繁琐化。这一点，从福克的三角形分类图中也可明显地看出，即在亮晶方解石胶结物这一端元附近，是没有“点”的。即代表石灰岩岩石类型的“点”，都分布在异化颗粒和微晶方解石泥这两个端点之间的范围内。因此，福克的分类，实质上是两端元的分类。第二，福克分类方案未考虑重结晶作用的影响。对于现代碳酸盐沉积物和成岩后生变化不显著的石灰岩来说，可以不考虑重结晶作用的影响；但是，对于年代较老的石灰岩，不考虑重结晶作用可能会出现困难。第三，福克分类中的“清规戒律”太多，尤其是在他的综合分类表（表 9-1）中更是如此。例如，关于异化颗粒的相对含量，就采用了许多数量标准，如＞25%、＜25%、＞3∶1、3∶1～1∶3、＜1∶3 等，这就制造了许多不必要的人为的麻烦。第四，在福克分类中，用“正常化学岩”和“异常化学岩”这些非描述性的成因术语对岩石类型进行概括，并不恰当，甚至还有错误。例如，他把微晶石灰岩当作“正常化学岩”就欠妥当，微晶石灰岩并不完全“正常”，因为微晶方解石泥的成因就有三种，即化学沉淀的、机械破碎的和生物的。

但是，总的看来，福克的分类还是一个很好的分类，因为他的核心观点是新的，是正确的。在沉积铁、铝、锰、磷等岩石中，也部分地采用福克分类的观点和一些术语。这一分类的历史意义和现实意义都是很大的。

刘宝珺等(1980)参考毕塞尔和奇林加尔及福克等的分类，考虑了石灰岩的成因、颗粒/灰泥比、亮晶/灰泥比及颗粒类型等多种因素，提出了一个分类方案（表 9-2），分类原则如下：

表 9-2　石灰岩结构-成因分类(据刘宝珺等，1980)

<table>
<tr><th rowspan="3">颗粒百分数</th><th rowspan="3">主要填隙物</th><th colspan="7">经过波浪及流水搬运、沉积的灰岩</th><th colspan="2"></th></tr>
<tr><th colspan="2">磨蚀颗粒</th><th colspan="4">沉积-凝聚颗粒</th><th rowspan="2">三种以上颗粒的混合物</th><th rowspan="2">生物骨架灰岩</th><th rowspan="2">化学及生物化学灰岩</th></tr>
<tr><th>内碎屑</th><th>生物碎屑</th><th>核形石</th><th>鲕粒</th><th>球粒</th><th>团块</th></tr>
<tr><td rowspan="2">大于50%</td><td>亮晶</td><td>亮晶砾屑灰岩
亮晶砂屑灰岩</td><td>亮晶生物砂屑灰岩</td><td>亮晶核形石灰岩</td><td>亮晶鲕粒灰岩</td><td>亮晶团粒灰岩</td><td>亮晶团块灰岩</td><td>亮晶粒屑灰岩</td><td>亮晶珊瑚灰岩
亮晶薄灰岩</td><td rowspan="4">石灰华、钟乳石、钙质层、微晶灰岩</td></tr>
<tr><td>微晶</td><td>微晶砾屑灰岩
微晶粉屑灰岩等</td><td>微晶生物碎屑灰岩</td><td>微晶核形石灰岩</td><td>微晶鲕粒灰岩</td><td>微晶团粒灰岩</td><td>微晶团块灰岩</td><td>微晶粒屑灰岩</td><td>微晶层孔灰岩
苔藓虫灰岩</td></tr>
<tr><td>50%～25%</td><td>微晶</td><td>砂屑微晶灰岩</td><td>生物碎屑微晶灰岩</td><td>核形石微晶灰岩</td><td>鲕粒微晶灰岩</td><td>团粒微晶灰岩</td><td>团块微晶灰岩</td><td>粒屑微晶灰岩</td><td>珊瑚微晶灰岩
藻类微晶灰岩</td></tr>
<tr><td>25%～10%</td><td>微晶</td><td>含砂屑微晶灰岩</td><td>含生物碎屑微晶灰岩</td><td>含核形石微晶灰岩</td><td>含鲕粒微晶灰岩</td><td>含团粒微晶灰岩</td><td>含团块微晶灰岩</td><td>含粒屑微晶灰岩</td><td>含珊瑚微晶灰岩</td></tr>
<tr><td>＜10%</td><td>微晶</td><td colspan="9">微晶灰岩　泥晶灰岩</td></tr>
<tr><td>重结晶</td><td>灰岩</td><td colspan="9">各类灰岩重结晶按晶粒大小分：粗晶灰岩、中晶灰岩、细晶灰岩、粉晶灰岩、不等晶灰岩。</td></tr>
</table>

1)采用＜10%、10%～25%、25%～55%、＞50%的几个界线。

2)若颗粒数＜10%就不参加定名，颗粒占 10%～25%，称含颗粒××岩；颗粒 25%～50%，则叫颗粒××岩；颗粒＞50%者叫××颗粒岩。因颗粒＞90%及＞75%的岩石少见，故未单独列出。

3)命名原则是含量多者在后，少者在前。

4)若颗粒数多时，粒间填隙物可以是亮晶胶结物，可以是微晶基质，也可以亮晶与微晶同时存在。若颗粒少时，粒间填隙物多为微晶基质。

5)内碎屑和生物碎屑(骨屑)可按大小进一步划分,生物碎屑又可按种类进一步命名。

6)生物骨架灰岩的详细划分,按生物种类命名。

三、碳酸盐岩的常见岩石类型

(一)石灰岩的主要类型

1.颗粒石灰岩

颗粒石灰岩常呈浅灰色至灰色,中厚层至厚层或块状,岩石中颗粒含量大于50%。颗粒可以是生物碎屑、内碎屑、鲕粒、藻粒、球粒(团粒)等其中的一种或几种。粒径可以大至漂砾级,最小到粉屑级。它们的填隙物可以是灰泥杂基或亮晶胶结物,或两者均有。

颗粒的分选和圆度可以因搬运磨蚀程度而明显不同,潮上或礁前环境形成的颗粒石灰岩中的颗粒多呈棱角状碎屑,浅水波浪环境的颗粒石灰岩中的颗粒分选磨圆度良好,风成沙丘或海滩颗粒石灰岩的颗粒分选磨圆度特别好。

冲洗干净、分选好的颗粒石灰岩,通常代表水浅、波浪和流水作用较强烈的环境,其中灰泥被筛选走,颗粒被亮晶方解石胶结,波痕、交错层理及冲刷构造常见。

(1)内碎屑灰岩:内碎屑粒间填隙物可为亮晶(颗粒多,能量高时),或微晶(颗粒少,能量低,或为结构退变的产物),或微晶与亮晶同时存在(颗粒量不太多,水动力不太强,或有经改造的渗滤砂,或为其他原因)。

内碎屑灰岩根据内碎屑的大小分为:砾屑灰岩、砂屑灰岩及粉屑灰岩。

我国华北寒武系和奥陶系普遍存在的竹叶状灰岩是一种典型的砾屑灰岩。砾屑呈扁圆或长椭圆形,不规则状,因切面成长条形似竹叶而得名。竹叶体圆度高,大小不一,自几毫米到几厘米,成分多为微晶灰岩、粉屑灰岩或含生物(三叶虫)微晶灰岩等。粒间填隙物为微晶、粉晶、细晶等晶粒状方解石,占30%~40%,可见白云石化现象。这种岩石可能是产于潮上带的微晶灰泥沉积,发生干裂形成裂泥片,经潮水和淡水(天水或河水)的冲刷磨蚀改造而成微—细晶砾屑灰岩。

在其他时代的碳酸盐岩地层中,也常见到砾屑灰岩,或成层大面积产出,或成大小不等的透镜状局部产出。它多半代表水动力较强的有底冲刷的沉积环境,因此可叫同生砾岩或层间砾岩。它不代表沉积间断。

微晶砂屑灰岩或亮晶砂屑灰岩是更常见的岩类,在地层剖面中这类岩石常具有交错层理、波痕及各种冲刷构造。

砾屑及砂屑灰岩多产于台地边缘浅滩相,能量高,多为亮晶胶结,孔隙度常较好,可成为油气的良好储层。如川东梁平大天池及长寿卧龙河一带,嘉陵江组第五段普遍有一层砂屑灰岩及砂屑白云岩,为区域稳产高产气层。

粉屑灰岩也常见到,但要注意和团粒(球拉)灰岩的区别,我国西南二叠系的粉屑灰岩多半是粉砂级大小的生物碎屑。

(2)生物碎屑灰岩:或称骨屑灰岩、介屑灰岩。岩石内可含各种生物遗体,这些生物遗体可以是完整的,也可能是碎屑的。生物化石的密集程度也不一样,有的生物碎屑甚至分选很好,胶结物部分可能是微晶(或泥晶)的,也可能是亮晶的,这都取决于沉积环境,特别是水动力状况。

我国南方石炭、二叠系中纺锤虫灰岩特别发育，有大而完整的纺锤虫，也含有孔虫，岩石质纯，厚层块状，微晶或亮晶胶结，代表陆棚浅水、正常盐度和清水环境的产物。

(3)鲕粒灰岩：鲕粒灰岩中鲕粒的含量大于50%，由于填隙物性质不同，有亮晶鲕粒灰岩及灰泥鲕粒灰岩。鲕粒灰岩形成于温暖浅水、中等搅动的环境，常产于水下浅滩及潮汐沙坝或潮汐三角洲地区。放射状静水鲕也有的产于咸化泻湖及盐湖中。

四川三叠系嘉陵江组所产鲕粒碳酸盐岩包括由薄皮鲕、负鲕(鲕粒核心及包壳部分或全部溶解)所组成的灰岩，以及鲕粒白云岩(鲕核是团粒、砂屑及有孔虫，为亮晶胶结)。这些鲕粒岩形成于潮下极浅水的浅滩环境，最初形成的都是正常的文石质鲕，在浅滩上的地貌高地(如沙坝、砂洲)，在露出海面，经受大气水淋滤溶蚀形成负鲕，低的沙脊沉积物渗透而引起鲕粒白云石化，结果产生鲕云岩。负鲕灰岩及鲕云岩都是重要的天然气储集岩。

2.泥晶石灰岩

泥晶石灰岩或称为灰泥石灰岩，一般呈灰色至深灰色，薄至中层为主。岩石主要由泥晶方解石构成，其中颗粒含量小于10%或不含颗粒，这类石灰岩中时常发育水平纹理，其层面常发育水平虫迹，层内可见生物扰动构造。纯泥晶石灰岩常具光滑的贝壳状断口。

这类岩石中颗粒含量很低，但颗粒的类型尤其是生物碎屑的种类为判断岩石沉积环境的重要标志。如含有底栖双壳类、有孔虫及绿藻等局限环境生物，则沉积于浅水环境；如含浮游生物则可能沉积于深水环境。泥晶石灰岩中如有藻类活动及随后发育的鸟眼构造，则为潮间或潮上环境的典型标志。丘状的泥晶石灰岩内如有少量障积生物的支架，则属生物泥丘沉积岩，具有特殊的生态意义及环境意义。总之，泥晶石灰岩主要发育于基本没有簸选的低能环境，如浅水泻湖、局限台地或较深水的斜坡和盆地环境等。

3.生物礁石灰岩

生物礁灰岩主要是由造礁生物骨架及造礁生物黏结的灰泥沉积物等组成的石灰岩。根据生物礁石灰岩中生物骨架及其黏结物的相对含量等，生物礁石灰岩可进一步分出原地沉积的障积岩、骨架岩、黏结岩及与这三类岩石具有成因联系的异地沉积的漂砾岩和砾屑岩。

生物礁石灰岩在地貌上高于同期沉积物的石灰岩而呈块状岩隆。主要的造礁生物有钙藻、珊瑚、海绵动物、苔藓虫、层孔虫、厚壳蛤等，这些生物随着地质时代而变化。根据造礁生物种类的不同，生物礁石灰岩可进一步命名为藻礁石灰岩、珊瑚礁石灰岩等。

4.晶粒石灰岩

这是一类较特殊的石灰岩，主要由方解石晶粒组成。其中较粗晶的晶粒石灰岩大都是重结晶作用或交代作用的产物。这类岩石的原始沉积结构和构造，可以通过阴极发光法等方法识别。

5.结核状(或瘤状)石灰岩

石灰岩具有薄的波状层或薄的断续透镜体，有的变成不规则的(有时界限不清)较纯的石灰岩结核，夹在钙质的或白云质的页岩中。结核不是沉积的团块，无放射状或同心状的内部构造；也不是砾石，缺乏任何滚动、磨蚀的痕迹，也没有流水作用的冲刷面和沙纹交错层等。结核常被流状或旋涡状的黏土杂基包围起来，是一种典型的成岩构造。

关于结核状灰岩的成因有多种解释。一种意见认为结核状灰岩是原始的薄的灰质层夹在富黏土质和塑性的岩层之间，由于灰岩和黏土夹层的差异压实作用，使灰岩在塑性黏土层间发生横向运动并拉开，形成透镜状或结核状构造。另一种看法认为结核状灰岩是成岩分异加上差异压实作用形成的，即原始沉积物是一种均匀的灰质—黏土混合物，由于其中含有钙质介壳化石，在成岩压实过程中分散的 $CaCO_3$ 质点溶解并向钙质介壳集中沉淀，形成钙质结核，基质中的钙质减少，黏土相对增多，形成塑性的钙质黏土层，并发生变形，因而形成结核状灰岩。

我国南方泥盆纪的瘤状灰岩中瘤内含无洞贝化石，即为第二种成因，从化石及共生岩石分析，应为陆棚沉积环境。第三种成因认为结核是由海底溶解作用形成的，若原来是深水碳酸盐沉积物（包含有浮游生物及游泳生物），由于深水对碳酸钙不饱和，使碳酸钙沉积物发生溶解和胶结作用形成结核，原来连续的层变成不连续的结核状及透镜体，并被不溶解的残余物、黏土及铁、锰质等包围起来，而且在沉积后继续产生压溶作用，在结核周围常有缝合线包围。第三种成因的结核状灰岩，从生物化石及形成作用来看，是典型的深海环境的成岩产物。

（二）白云岩的主要类型

1. 原生白云岩

是指由以化学沉淀方式从水体中直接沉淀出化学计量的白云石所组成的白云岩。由地下水的沉淀作用所形成的白云石，是名副其实的原生白云石，但是，这种原生白云石并不具地层学意义，即它们不能形成一定的地层单位。到目前为止，还没有找到过硬的现代沉积的实例，来证明有地层学意义的原生白云岩的存在。

2. 次生白云岩

是指一切非原生沉淀作用生成的白云岩，即指一切由交代作用或白云石化作用生成的白云岩。由此可知次生白云岩是一个相当大的范畴的术语，它还可再分为同生白云岩、准同生白云岩、成岩白云岩、后生白云岩、准同生后白云岩等成因类型。

(1)同生白云岩：是指刚沉积的碳酸钙沉积物或者是原生白云石沉积物，在沉积环境中，而且还仍然在沉积水体的影响下，在沉积物—水界面处，通过交代作用或白云化作用所生成的白云岩，许多泻湖和内陆盐湖的白云石很可能是这样生成的。假如是这样的话，那么所谓的原生白云石或原生白云岩就更少了。同生白云岩可以算作沉积期生成的白云岩，但却不是化学沉淀作用直接生成的原生白云岩。

(2)准同生白云岩：是指沉积不久的碳酸钙沉积物，虽然其沉积环境的条件并未变化，但它已基本上脱离了沉积水体，不再受其沉积水体的影响，通过交代作用或白云化作用而生成的白云岩。潮上带毛细管浓缩作用或蒸发泵作用所形成的白云岩，就是典型的准同生白云岩。这种白云岩岩性特征很明显，晶粒较细，常为泥晶或泥粉晶，常含黏土等陆源物质，多呈土黄色或浅黄色，多呈薄层或页状层，层理甚至纹理发育，常含层状或波状叠层石，有时也有短柱状叠层石，常具鸟眼构造，常含石膏或硬石膏互层等。

(3)成岩白云岩：是指碳酸钙沉积物在其成岩作用过程中由交代作用或白云化作用所生成的白云岩。回流渗透白云化作用、混合白云化作用、埋藏白云化作用、玄武岩淋滤白云化作用以及调整白云化作用所形成的白云岩，大都属此种类型。

后生白云岩：是指在石灰岩形成以后，由交代作用或白云化作用生成的白云岩。回流渗透白云化作用、混合白云化作用、玄武岩淋滤白云化作用、调整白云化作用等可形成后生白云岩。

(4)准同生后白云岩:泛指准同生期以后生成的白云岩,它包括成岩白云岩及后生白云岩等,其岩性特征与准同生白云岩大不相同。其晶粒一般较粗,主要呈细晶或中晶,甚至粗晶,其表面带呈砂糖状,故常称之为"砂糖白云岩"。它常呈中层或中厚层,常有各种交代残余结构或残余构造。这种白云岩当然是次生的,是原来的石灰岩经过较强烈的白云化作用而形成的,也可以是原来的准同生白云岩再遭受白云化作用而成。假如其白云化程度过高,已看不出其残余结构或残余构造时,就很难恢复其白云化作用前的原岩,因而也就难以恢复其沉积环境了。

此外,还有一些白云岩的成因类型如下:

碎屑白云岩:是指由较老的白云岩的碎屑或较老的白云石沉积物的白云石晶粒经过搬运和再沉积而形成的白云岩。这种白云岩已不属于第一旋回成因的白云岩范畴,而属于碎屑岩的范畴了。

化学白云岩:是指由化学沉淀作用形成的白云岩,实际上是原生白云岩的同义术语。

风化白云岩:是指由风化作用生成的白云岩。调整白云化作用所形成的白云岩,有的可属于此范畴。在地下水面以上的渗流带中生成的白云岩可称为渗流白云岩。在地下水面以下的潜流带中生成的白云岩可称为潜流白云岩。

地层白云岩:是指层状的白云岩,即与其他岩石地层呈正常层状接触关系的白云岩。

构造白云岩:是指位于断裂带或断层附近的白云岩。这种白云岩多呈脉状。热液白云岩常属于此类型。

风化白云岩、地层白云岩、构造白云岩,是邓巴和罗杰斯(Dunbar 和 Rodgers,1957)创用的术语,地层学工作者常使用它们。

第三节　碳酸盐岩的结构和构造

碳酸盐岩的结构在一定程度上反映了岩石的成因,它不仅是岩石的重要鉴定标志,也是岩石分类命名的主要依据。岩石的结构类型直接和含水性、储油气性能有关,与有关的金属和非金属矿产也有一定关系(刘宝珺,1980)。大致有以下几类。

(1)由波浪和流水作用的搬运、沉积而成的灰岩、白云岩具有粒屑结构。

(2)由原地生长的生物构成的生物灰岩、礁灰岩,具有生物骨架结构。

(3)由化学、生物化学作用沉淀的灰岩、白云岩、又经重结晶后具晶粒结构。

(4)白云化灰岩、交代白云岩具残余结构或晶粒结构。

一、碳酸盐岩的结构

(一)粒屑结构

由波浪和流水的作用而形成的碳酸盐岩,结构与碎屑岩的结构相似,也可分为四个组成部分:①颗粒;②泥晶基质;③亮晶胶结物;④孔隙。

碳酸盐岩中的颗粒,相当于砂岩中的砂粒,但它不是外来碎屑,而是在沉积盆地内产生的,称之为内碎屑。泥晶基质相当于砂岩中的杂基,但它不是陆源的,而是盆地内形成的灰泥。亮晶胶结物又称淀晶胶结物，相当于砂岩中的化学胶结物，都是在颗粒沉积之后在成岩过程中沉淀于粒间孔隙的，其成分也是碳酸盐矿物，而砂岩的胶结物成分可多种多样。碳酸盐岩的孔隙类型有多种，比砂岩中的单一的粒间孔隙要复杂得多。

1. 颗粒

也叫粒屑、异化粒，可分为内颗粒（盆内颗粒）和颗粒（盆外颗粒）两类。外颗粒指来自沉积地区以外的较老的碳酸盐岩碎屑，是陆源碎屑颗粒。内颗粒指在沉积盆地或沉积环境内形成的碳酸盐颗粒。这种颗粒可以是化学沉积作用形成的，也可以是机械破碎作用形成的，还可以是生物作用形成的，或者是这些作用的综合产物。包括内碎屑、生物碎屑、包粒、球粒及团块。

(1)内碎屑：内碎屑主要是在沉积盆地中沉积不久的、半固结或固结的各种碳酸盐沉积物，受波浪、潮汐水流、风暴流、重力流等的作用，破碎、搬运、磨蚀、再沉积而成的。内碎屑常具有复杂的内部结构，可含有化石、鲕粒、球粒以及早先形成的内碎屑等，其磨蚀的边缘常切割它所包含的化石、鲕粒等颗粒。

根据大小，可把内碎屑划分为砾屑（直径＞2mm）、砂屑（直径为 0.05～2mm）和粉屑（直径为 0.005～0.05mm），砂屑和粉屑还可进一步细分。我国北方寒武系及奥陶系中广泛分布的竹叶状砾屑，就是最好的实例（图 9－5）。

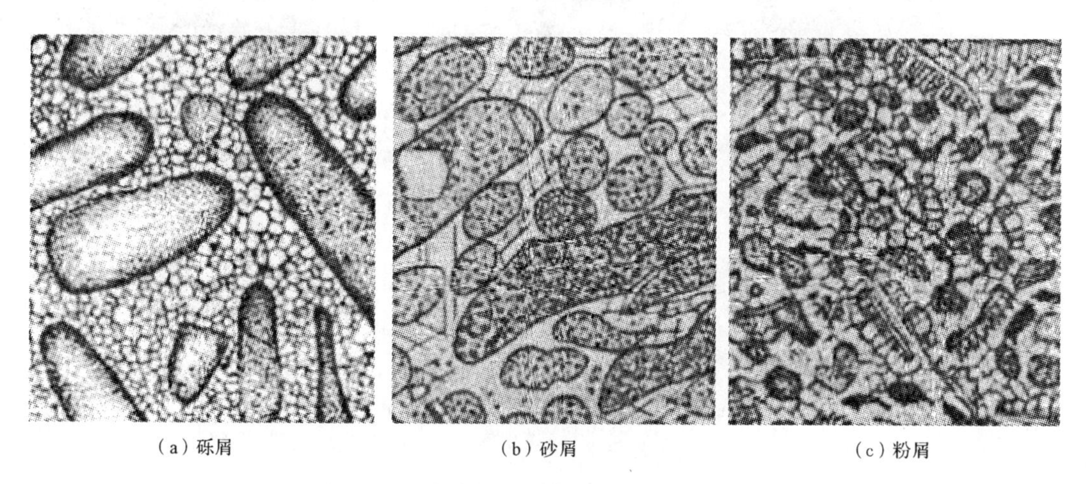

(a) 砾屑　　(b) 砂屑　　(c) 粉屑

图 9－5　内碎屑的粒度分类（据刘宝珺，1980）

(2)生物碎屑：指生物骨骼及其碎屑，也可称为“生屑”、“生粒”、“骨粒”、“骨屑”等，其类型包括腕足类、棘皮类、腹足类、头足类、瓣鳃类、三叶虫、介形虫、有孔虫、层孔虫、海绵、珊瑚、红藻、绿藻、轮藻等各种钙质生物化石。

生物颗粒是碳酸盐岩重要的组成部分，其鉴定主要靠形态、结构（如晶粒结构、纤状结构、片状结构、柱状结构等）、成分等多种标志。近年发展起来的新学科“化石岩石学”，就详细介绍了各种生物颗粒的鉴定特征。

生物化石具有重要的指相意义。藻类由于需要阳光进行光合作用，其生活的水深不超过 100m，一般在十几米以内，尤其是蓝藻。腕足类、有孔虫、棘皮类、三叶虫、海绵类、珊瑚、苔藓虫、层孔虫等是厌盐性生物，通常生活于盐度正常的浅海环境。其中海绵类、珊瑚、苔藓虫、层孔虫是造礁生物，对水深、盐度、温度、水体清洁度、水体能量等要求都很严格。但只有原地堆积的生物颗粒才有指相意义。原地堆积的生物化石一般保存较完好，杂乱排列，岩石无层理构造，颗粒之间为灰泥；异地沉积的生物化石破碎程度大，而且多定向排列，岩石常具层理构造，颗粒之间为亮晶胶结物或灰泥。

(3)包粒：包括鲕粒、豆粒、藻类包壳颗粒、有孔虫包壳颗粒和反射粒。

鲕粒是具有核心和同心层结构的球状颗粒，很像鱼子(即鲕)，故得名；也有称其为“鲕石”的，也可简称为“鲕”。鲕粒大都为极粗砂级到中砂级的颗粒(2～0.25mm)，常见的鲕粒为粗砂级(1～0.5mm)，大于2mm和小于0.25mm的鲕粒较少见。

鲕粒通常由两部分组成：一为核心，一为同心层。核心可以是内碎屑、化石(完整的或破碎的)、球粒、陆源碎屑颗粒等；同心层主要由泥晶方解石组成。现代海洋环境中的鲕粒主要由文石组成。有的鲕粒具有放射状结构，此放射结构有的可以穿过整个同心层，有的则只限于几个同心层中(图9-6)。

根据鲕粒的结构和形态特征，可把鲕粒划分为以下几种类型：正常鲕(真鲕)、表皮鲕(或表鲕、薄皮鲕)、复鲕、放射鲕、单晶鲕、变形鲕、多晶鲕和负鲕。

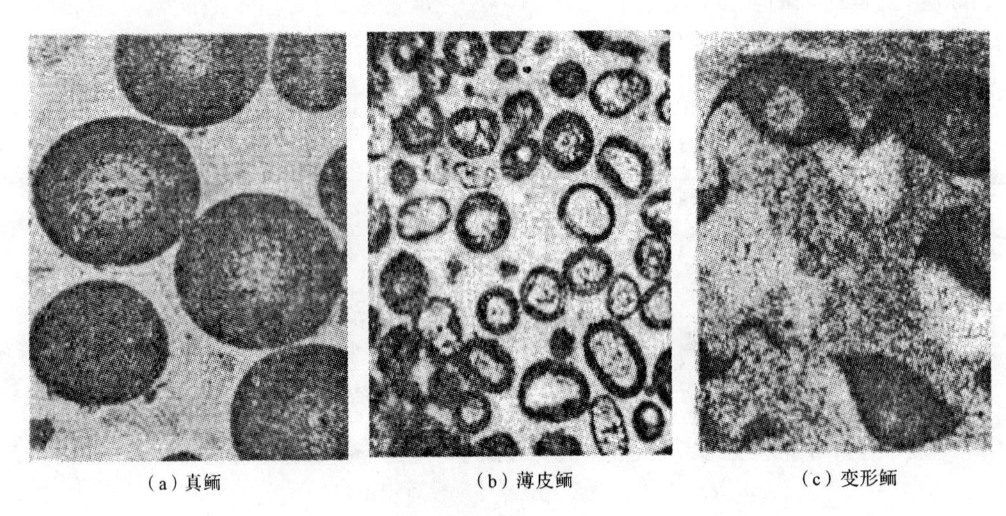

(a)真鲕　(b)薄皮鲕　(c)变形鲕

图9-6　鲕粒类型(据刘宝珺，1980)

(4)球粒：通常，把较细粒的(粗粉砂级或砂级)、由灰泥组成的、不具特殊内部结构的、球形或卵形的、分选较好的颗粒，叫做球粒。包括团粒、藻球粒、粪球粒、假球粒、似球粒(鲕球粒)等。

球粒的成因主要有两种：一种是机械成因，即是一些分选和磨圆都较好的粉砂级或砂级的内碎屑；另一种是生物成因，即是由一些生物排泄的粒状粪便形成的，这种成因的球粒亦称为粪球粒。在古代和现代沉积中，绝大部分球粒是粪球粒。

(5)团块：团块是指通过胶结、凝聚或蓝藻黏液黏结碳酸盐沉积物而形成的无特殊内部结构的颗粒，它既包括葡萄石、藻团块，也包括灰泥相互黏结凝聚形成的颗粒。与内碎屑不同，团块并不是早期固结的石灰岩层被波浪或水流破碎而成的，而是通过胶结或黏结作用原地形成的，后期可以经过搬运、磨蚀、再沉积。因此，许多团块实际上是胶结成岩作用的产物，其形成不需要高能水流。与内碎屑相比，其边缘一般不切割所含的颗粒(如鲕粒、球粒等)。在古代碳酸盐岩中，团块很少见。

2. 泥晶基质

泥晶基质是指泥级的碳酸盐质点，它与黏土岩或黏土质砂岩中的黏土泥是相当的。“微晶碳酸盐泥”、“微晶”、“泥晶”、泥屑”是它的同义语。根据具体成分，可分“灰泥”和“云泥”。灰泥是方解石成分的泥，也称为“微晶方解石泥”；云泥是白云石成分的泥。

3. 亮晶胶结物

又叫淀晶胶结物，简称淀晶或亮晶。亮晶是充填于原始粒间孔隙中的化学沉淀物质，对碳酸盐颗粒起胶结作用，相当于碎屑岩中的化学胶结物。亮晶是由干净的、较大的方解石等晶体构成，晶粒常大于0.01mm($<3.3\phi$)。它是在较强的水动力条件下，原始粒间的灰泥被冲洗掉以后，富含 $CaCO_3$ 的水溶液于成岩期在留下的孔隙中沉淀而成的明亮的晶体。

亮晶方解石胶结物与粒间灰泥的区别在于：①亮晶晶粒较大，灰泥则较小；②亮晶较清洁明亮，灰泥则较污浊；③亮晶胶结物常呈现出栉壳状等特征的分布状况，灰泥则不是。

4. 孔隙

与砂岩相比，碳酸盐岩孔隙在结构、类型和成因及分布上更为复杂，主要是指溶蚀作用和构造作用产生的孔隙、裂缝和洞穴系统，碳酸盐岩孔隙不仅影响油气的储集，而且也会影响某些金属矿的聚集。

(二)生物骨架结构

生物格架是指原地生长的群体生物(如珊瑚、苔鲜、海绵、层孔虫等)，以其坚硬的钙质骨骼所形成的骨骼格架。另外，一些藻类，如蓝藻和红藻，其黏液可以黏结其他碳酸盐组分，如灰泥、颗粒、生物碎屑等，从而形成黏结格架，如各种叠层石以及其他黏结格架。骨骼格架及黏结格架都是生物格架，它们是礁碳酸盐岩的必不可少的组分。

(三)晶粒结构

晶粒是晶粒碳酸盐岩(也称结晶碳酸盐岩)的主要结构组分。

晶粒可首先根据其粒度划分为砾晶、砂晶、粉晶、泥晶等；砂晶还可再细分为极粗晶、粗晶、中晶、细晶及极细晶；粉晶还可再细分为粗粉晶和细粉晶。泥晶和细粉晶的方解石和白云石，主要是原生或准同生的；粗粉晶以上的方解石和白云石，主要是次生的，即重结晶或交代作用的产物。

晶粒也可以根据其形状特征划分为自形晶、半自形晶、它形晶；也可以按其相对大小划分出斑晶(指对于周围的晶粒来说，其晶形较粗大)和包含晶(指大晶体中包含的小晶体)。

(四)残余结构

白云化灰岩及重结晶灰岩常具有石灰岩的各种残余结构，如残余生物结构、残余鲕状结构、残余碎屑结构等。

二、碳酸盐岩的构造

碳酸盐岩的构造也很复杂，它与沉积环境和成岩改造作用有关。在碎屑岩中能见到的构造在碳酸盐岩中几乎都能见到，另外还有它本身特有的一些构造。碳酸盐岩沉积构造按成因可划分为:水流成因构造、重力成因构造、生物成因构造、溶解-渗滤成因构造,此外还有叠加成因的构造。生物成因构造、溶解、渗滤以及暴露过程所形成的一系列化学成因构造类型,则是碳酸盐岩所特有的。

1. 叠层石构造

叠层石构造也称为叠层构造或叠层藻构造,简称为叠层石。叠层石由两种基本层组成:①富藻纹层,又称为暗层,藻类组分含量多,有机质含量高,碳酸盐沉积物少,故色暗;②富碳酸盐纹层,又称为亮层,藻类组分含量少,有机质少,故色浅。这两种基本层交互出现,即成叠层石构造。

叠层石中的藻组分主要是丝状或球状的蓝绿藻。根据对现代碳酸盐沉积物中蓝绿藻席的观察研究得知,这种藻席主要生活在潮间浅水地带,营光合作用而生长,分泌大量的黏液。这种黏液可以捕集碳酸盐颗粒和泥,就像捕蝇纸捕粘苍蝇一样。一般说来,在风暴期或高潮期,被风暴水流或潮汐水流带来的碳酸盐颗粒和泥,将大量地被这种富含黏液的藻席捕获,从而形成富碳酸盐的纹层;相反,在非风暴期,则主要形成富藻的纹层。也有另外的观察表明,在白天,藻类光合作用兴旺,主要形成富藻纹层;在夜间,则主要形成贫藻的纹层。

叠层石的形态十分多样(图 9-7)。但基本形态只有两种,即层状的(包括波状的等)和柱状的(包括锥状的等),其他形态都是这两种基本形态的过渡或组合。一般说来,层状形态叠层石生成环境的水动力条件较弱,多属潮间带上部的产物;柱状形态叠层石生成环境的水动力条件较强,多为潮间带下部及潮下带上部的产物。

2. 鸟眼构造

在泥晶或粉晶的石灰岩中,常见一种毫米级大小的、多呈定向排列的、多为方解石或硬石膏充填的孔隙,因其形似鸟眼,故称为鸟眼构造;又因其形似窗格,故也称为窗格构造;又因这样充填或半充填的孔隙呈白色,似雪花,故也称为雪花构造。其实,这是一种孔隙类型,把它归入结构范畴为宜。一般认为鸟眼构造是潮上带标志,具体地说,这种鸟眼构造乃是一种非钙化的藻类,经溶解、腐烂或干涸后,被稍后的亮晶方解石充填而成。

3. 示顶底构造

在碳酸盐岩的孔隙中,如在鸟眼孔隙、生物体腔孔隙以及其他孔隙中,常见两种不同特征的充填物。在孔隙底部或下部主要为泥晶或粉晶方解石,色较暗;在孔隙顶部或上部为亮晶方解石,色浅且多呈白色。两者界面平直,且同一岩层中的各个孔隙的类似界面相互平行。

这两种不同的孔隙充填物代表两个不同时期的充填作用。底部或下部的泥粉晶充填物常是上覆盖层遭受淋滤作用时由琳滤水沉淀的,上部或顶部的亮晶方解石则是后期充填的。两者之间的平直界面代表沉淀时的沉积界面,与水平面是平行的。因此,根据该充填孔隙构造,可以判断岩层的顶底,故称为示顶底构造,亦可简称为示底构造。

4. 虫孔及虫迹构造

虫孔也属于生物成因构造,它包括生物穿孔、生物潜穴(或生物掘穴、虫穴)、生物爬行痕迹等,这里说的生物主要是蠕虫动物或软体动物等。

生物穿孔是指生物的生活活动,在固结或半固结的岩石或生物组分中通过穿孔方式所形成的一种孔状或管状构造。生物潜穴(或生物掘穴、虫穴)是指在尚未固结的沉积物中,由于生物的生活活动所造成的一种洞穴、孔穴、管穴构造。生物爬行痕迹是指生物在尚未固结的沉积

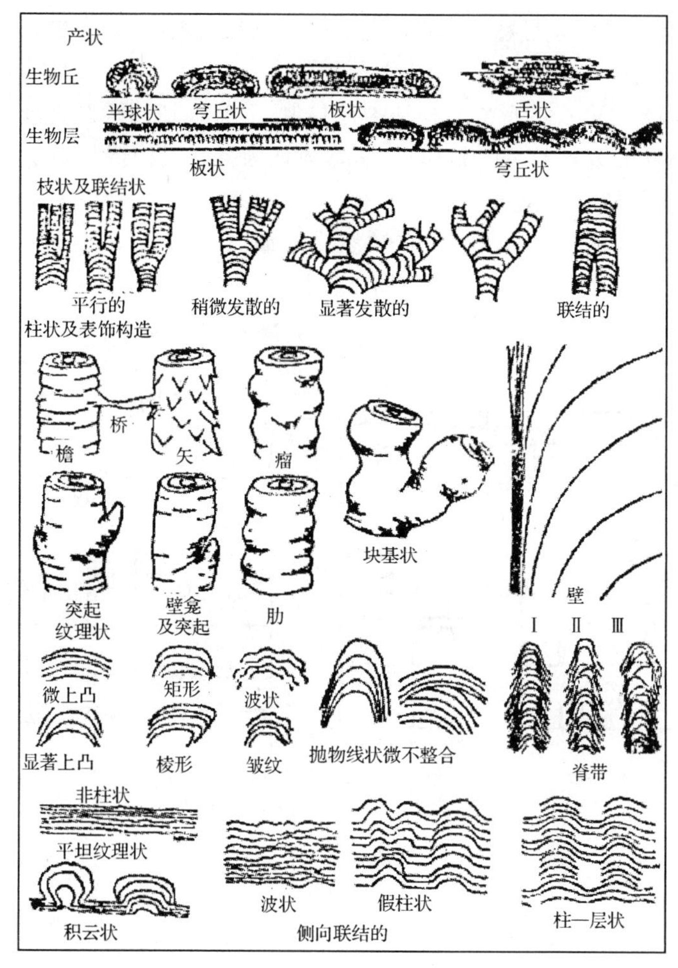

图 9-7 叠层石的形态类型(据瓦尔特,1976)

物表面上爬行的痕迹。虫孔及虫迹构造可以指示生物特征及其活动情况,是很有用的环境分析标志。

5. 缝合线

缝合线构造是碳酸盐岩中常见的一种裂缝构造。在岩层的切面上,它呈现为锯齿状的曲线,此即称为缝合线;在平面上,即在沿此裂缝破裂面上,它呈现为参差不平、凹凸起伏的面,此即缝合面;从立体上看,这些凹下或凸起的大小不等的柱体,称为缝合柱。在这三种表现形式中,以缝合线最常见。

缝合线构造的大小差别甚大。大者,其凹凸幅度可达十几厘米甚至更大;小者,其凹凸幅度小于 1mm,仅在显微镜下才能看出。

缝合线构造的形态差别也很大,有的参差起伏十分明显尖锐,有的则较平坦,以至逐渐与层面一致而消失。缝合线构造,有的与层面平行,甚至和层面一致,有的则与层面交叉。

关于缝合线的成因有原生论及次生论两大观点。

原生论者认为缝合线是在沉积作用过程中生成的,其证据有:缝合线被构造裂缝或方解石脉切割[图 9-8(a)];缝合面平行层面,或者缝合面就是层面或沉积间断面等。这就是说原生的缝合线构造确实是有的,但是大多数的缝合线构造还是次生的,即在成岩作用或后生作用阶段生成的。

次生成因证据,如缝合线的形成受构造裂缝控制、缝合线切割构造裂缝或方解石脉[图 9-8(b)],缝合线切割化石及鲕粒等。目前,大多数人认为缝合线构造是由于压力-溶解作用(主要是溶解作用)而形成的。

缝合线构造是一种裂缝构造,因此,它必然成为油、气、水运移的通道。已有许多证据证明,缝合线在油气的运移和聚集上起了积极的作用。

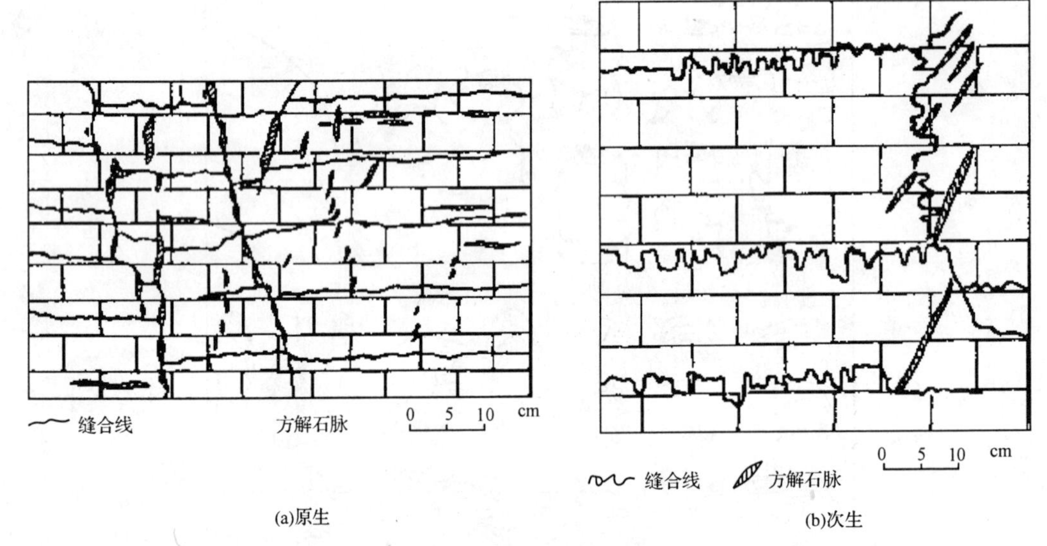

图 9-8 缝合线构造(据刘和甫,1959)

第四节 碳酸盐岩沉积环境和沉积相模式

形成碳酸盐沉积物的浅海一般分为两种类型,即陆表海与陆缘海(Shaw,1964),这是两种性质截然不同的海洋。陆表海以分布面积十分广阔、海水极浅、海底十分平缓为其特征。我国西南地区古生代及早中生代的海洋,华北早古生代的浅海都可能属于陆表海。北美奥陶纪的陆表海,东西延展达 3 200km,而宾夕法尼亚纪的陆表海也延伸 1 600km。陆表海的深度很少超过 200m,一般只有 30m,其海底平均坡度 0.03~0.15m/km,可见其坡度是十分平缓的。现代陆表海很少见到,但古代海洋出现大面积分布的陆表海。

陆缘海分布于大陆边缘,占据陆架位置。其宽度达 160~480km,深度达 200~350m,海底平均坡度为 0.6~3m/km。如我国东部沿海的黄海、东海及南海均属于陆缘海。

从目前看来,形成古代碳酸盐沉积物的海洋并不像现代的许多陆缘海性质,而是属于陆表海。随着人们对碳酸盐沉积相模式研究的不断深化,发现碳酸盐沉积受生物、气候、水文和自然地理等多种条件影响,沉积作用十分复杂,不可能用一种模式概括所有的特征,具有随着大地构造背景不同和时间上的推移,碳酸盐沉积模式也出现相对应的演化过程。20 世纪 80 年代后,人们开始了一种动态碳酸盐沉积模式的研究和建立,强调碳酸盐缓坡沉积相模式的重要性(Read,1982、1985;Tucker,1985;Whitaker,1988;Carozzi,1989),并力图把碳酸盐相模式直接与成岩环境、矿产和油气资源勘探联系起来。

根据碳酸盐沉积物产生和堆积作用以及碳酸盐台地的一般特点,可将碳酸盐岩沉积体系(环境)分为台地体系、陆架体系、斜坡体系和台盆－深海体系,同时可将碳酸盐沉积相综合为四个相区:①台地顶部的陆棚内部相区,主要发育与潮坪和泻湖有关的沉积相;②陆棚边缘相区,主要发育生物礁、生物丘,以及各种滩坝沉积相;③台地斜坡相区,主要发育环台地相、滑塌和重力流沉积相;④盆地相区,包括台间海槽(盆)及远洋和半远洋沉积相。上述这种划分是非常概略的,主要目的还是为了叙述方便,当然也考虑了实际情况。实际上有许多相类型往往既可出现在这个相区,也可出现在另一个相区。如潮坪相在陆棚内部是主要的,但在陆棚边缘礁、滩上也有发育;生物礁相主要分布在陆棚边缘,但在泻湖内、斜坡上以及大洋中也可出现。

一、碳酸盐岩陆棚内部沉积环境

陆棚是指朝海岸方向与近滨或大陆相邻,朝滨外方向与斜坡和盆地相邻的一个浅水碳酸盐沉积环境。在多数情况下,海水具有正常盐度,充氧,深度变化较大,从十几米到 200m(在局部浅滩地区,深度为几米至零米)。海底位于正常浪基面之下,碳酸盐沉积为连续和延伸范围广的板状体。碳酸盐陆棚相主要形成于克拉通边缘、克拉通内盆地、大滨外滩的顶部。世界上已知的一些最厚的碳酸盐沉积剖面都是由沉积在大陆边缘的进积陆棚相组成的。

局限陆棚是指地理上或水动力上受到限制的一种潮下浅水低能的碳酸盐沉积环境(Scholle,1983)。从地貌角度,它可以包括海湾、礁后泻湖、台地边缘鲕滩、骨屑滩和障壁岛之后的泻湖,在台地相沉积模式中,经常被称之为“局限台地”。

综合现代世界上主要的碳酸盐沉积环境的特点不难看出,所有碳酸盐台地的陆棚区海水都比较浅。根据陆棚的地形及陆棚区海水与广海的循环情况,可区分出两类陆棚:受保护的陆棚泻湖型(或称镶边陆棚)和开放陆棚型(或称碳酸盐缓坡)。具镶边的陆棚水深一般不超过10m。

尽管碳酸盐陆棚区海水非常浅,但其内部的地形仍有高低不平的起伏,沉积环境也有很大的变化。具镶边陆棚的内部,由于有边缘礁、滩或岩脊的障壁阻挡,波浪和洋流的能量在通过边缘时大部被消耗了,待到达陆棚内部已变得十分微弱,对沉积物的搬运不能再起主导作用,而潮汐作用则相对占据了优势地位。但由于陆棚内部水很浅,潮汐水流在与陆棚底的摩擦过程中能量也不断减弱,所以镶边陆棚内部是一个海水循环(与外海的交换)不畅的局限环境。

根据陆棚内海水动力学特点,通常可将陆棚内部环境划分为潮坪海岸环境(包括潮间带和潮上带)和泻湖环境(包括潮下带)(图 9－9)。开放陆棚一般是碳酸盐缓坡,地形向海缓缓倾斜,没有边缘障壁,没有明显的坡折。在那里不仅有潮汐流的作用,更重要的是具有巨大能量的波浪和洋流也非常活跃,它们可直接作用到陆棚海底,对沉积物进行强烈的改造和簸选。所以开放陆棚是个海水循环中等到良好的高能环境,主要发育与陆源碎屑型海岸相似的海滩(图 9－10)。

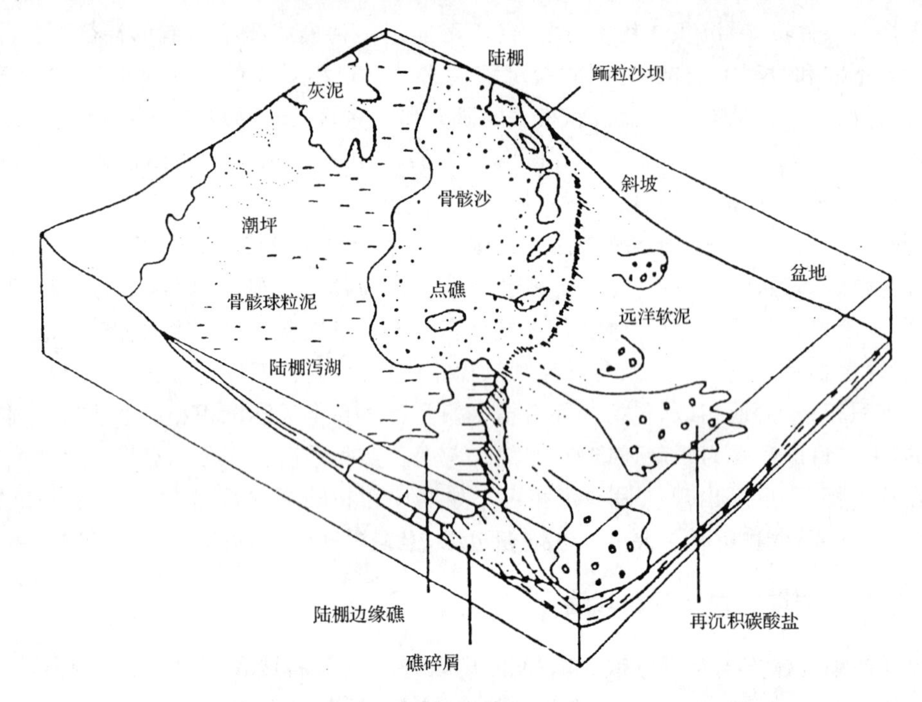

图 9-9　碳酸盐岩陆棚泻湖沉积模式(据 Tucker 等,1990)

盆地	碳酸盐缓坡 深缓坡	浅缓坡	后缓坡
正常天气波基面以下		波浪占优势	受保护区/陆上
陆棚/ 深海灰岩	薄层灰岩风暴沉积 有或无灰泥丘	海滩/坝岛/滨海平原/浅滩，有或无点礁	泻湖—潮坪—潮上碳酸盐，有或无蒸发盐，古土壤和古喀斯特

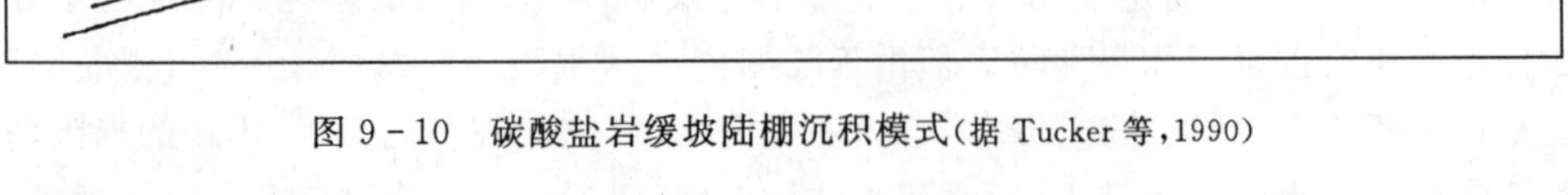

海平面
好天气波基面
风暴波基面

图 9-10　碳酸盐岩缓坡陆棚沉积模式(据 Tucker 等,1990)

1. 潮坪海岸环境

潮坪是个间歇性暴露环境,对气候变化反应极为敏感。气候通过气温、降雨量和气象流的变化控制着海水温度、盐度,并进而决定着潮坪环境中沉积物的组分和分布,影响着生物的组成和生态特点。因此,不同气候条件下形成不同的潮坪类型。处于比较潮湿的热带和亚热带的潮坪(例如南佛罗里达和大巴哈马等)与发育在炎热干旱带的潮坪(如波斯湾南岸)具有极为不同的沉积特点(图 9－11)。如同陆源碎屑型潮坪环境一样,碳酸盐潮坪也可划分出潮上带和潮间带,但其内部亚环境及沉积特点则截然不同。

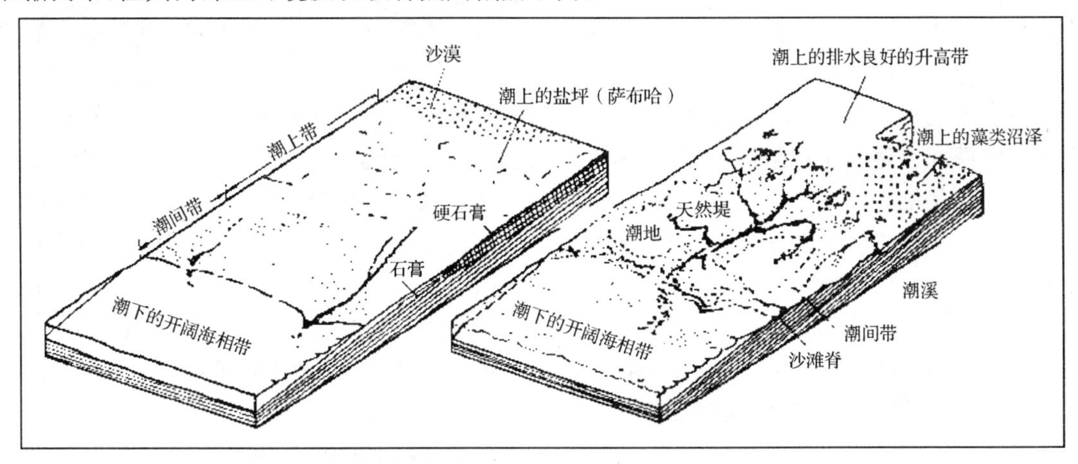

图 9－11　不同类型潮坪环境中的地貌单元和次级环境分布的示意图(据 James,1984)
左图:干旱带超咸的潮坪;右图:潮温带正常海的潮坪

(1)潮上带:潮上带位于平均高潮水位以上,除非在发生风暴潮或风暴浪时有偶然的洪水淹没外,基本上是处于水面以上的暴露环境。潮上带的地形略有起伏,在一些分散的较低洼地带发育有小的水塘和沼泽。这些水塘和沼泽在雨季充满淡水或微咸水,其中长着沼泽植物和蓝绿藻等藻类。藻垫是腹足类等食藻动物栖息的理想场所。在干旱季节,有的水塘干枯,可以暂时沉淀出蒸发盐矿物(石膏等),但到雨季时又可能被溶解掉。潮上带的沉积物主要是被风暴浪从海中搬运上来的灰泥和灰砂。有时也有破碎的生物骨骸。这些沉积物常在藻垫(藻纹层)中形成夹层。藻垫和风暴层长期在大气中暴露,干旱季节,容易发生干裂和破碎成砾屑。这些干裂被埋藏后即形成泥裂构造。砾屑被风暴的再搬运和堆积可形成"扁平砾石层(竹叶状灰岩)"。潮上沉积层中有时也可见有炭化的植物根系和潜穴。藻垫内的一些有机质的腐烂产生气鼓空洞,其中常充填亮晶方解石和灰泥,并形成鸟眼构造和窗孔构造。潮上带沉积物极易胶结,尤其是当超咸水被冲淡时,胶结作用进行得更迅速。而在蒸发作用强的地带则可以发生白云岩化作用,形成白云岩。但在白云岩化的程度和规模方面却远不如干旱带潮坪那样强烈和广泛。

总之,潮湿区的潮上带的特征性沉积标志主要是藻纹层、"鸟眼"及窗孔构造、多角型干裂、扁平砾屑层和白云岩化。有时可见有潜穴、植物根痕和腹足类化石。

(2)潮间带:潮间带位于平均高潮水位与平均低潮水位之间,是个间歇性暴露环境。往返流动的潮汐流与间歇性的风暴作用是影响这个环境的主要动力因素。在这些因素的作用下,潮间带要比潮上带具有更为复杂多样的地貌和沉积特点。在潮间带可以区分出许多不同的亚环境。其中有些可以长期处于水下,如潮溪、潮池;或为低洼的湿地,如藻沼;而有的地方则大部分时期暴露在水上,如潮溪两侧的天然堤及分布在近海地带的滩脊。而真正的间歇性被潮水浸没的潮间坪则散布在上述亚环境之间。潮溪、潮池和藻沼的广泛发育是潮湿带潮间环境的明显特点。因此,甚至有人认为把它称作"池溪带"(James,1984)更为合适些。而有些学者(Ginsburg 和 Hardie,1975)则强调应该用暴露指数描述这些环境,而不是强调其所在的位置。还有一些学者则将高出平均高潮水位的亚环境(如滩脊和天然堤)均划归潮上带(Milliman,

1974)。不同的亚环境具有不同的沉积特点。

1)滩脊是在风暴期间浅潮下带的沉积物被冲溅到岸边而建造起来的滩坝。这种滩脊一般可高出水面1～2m,陡坡(1°～5°)向海,缓坡向陆。其沉积组成一般是具纹层的细砂级骨骸碎屑、球粒的颗粒灰岩以及泥粒灰岩。常显示有小波痕交错层理,生物活动较少,缺少扰动构造,层理通常得以很好地保存。滩脊上可有红树林和藻类生长,有时可见有根系和鸟眼构造。由于淡水淋滤和渗透,其下出现淡水透镜体常导致混合白云岩化。

2)潮溪是潮汐流和风暴涌浪的主要通道,在宽阔低缓的潮间带可以形成具有许多支流的复杂水系。潮溪内流速变化很大沉积物从大的介壳至细的灰泥都可出现,常发育有含介壳,石化的泥块和球粒的小波痕。但有时由于大量掘穴动物的活动,波痕常遭到破坏。潮溪的侧向迁移形成从下向上变细的层序,底部具有明显的冲刷面,其上有介壳和灰泥块等滞留沉积物。潮溪中常有多种动物群生活,如软体动物、甲壳类、环节动物、有孔虫以及斑块状海绵等。但在流速大的地段,藻类不发育。潮溪废弃后可被潮间坪沉积物覆盖。

3)天然堤沿潮溪的两侧延伸,一般高出正常高潮水位数十厘米,沉积物的组成主要是细粒灰砂(在安得罗斯岛后的天然堤主要是球粒砂),粒度比附近潮坪沉积物要粗一些。沉积物常呈薄层状分布,薄层内夹有藻膜留下的暗色纹层,鸟眼构造常见。这些沉积物均易发生白云石化,形成白云质灰岩或白云岩的结壳。

4)潮池中平时多充满咸水,但在雨季可以被冲淡变为半咸水甚至短期的淡水。而在干旱季节由于蒸发强烈,多咸化。所以在潮池中的动物群主要为广盐度的生物,与潮溪中的生物类似。潮池中的沉积物是潮坪环境中最细粒的沉积物(含少量球粒的灰泥);由于受底栖生物的强烈扰动,原始层理多被破坏。

5)藻沼是这类潮间带中除潮溪水系之外的最具特色的亚环境,它们广泛分布在潮溪间的低湿地带。它们在地层中能很好地保存下来,形成具有大量鸟眼构造和窗孔构造的隐藻灰岩和白云岩。藻类不仅在藻沼中生长,而且可以延伸到周围的潮间坪上。潮间坪上的沉积物主要是由潮汐流和风暴从邻近海域带来的细粒沉积物,多为球粒化的灰泥。在这些沉积物上生长着胶状和草状藻席,它们也形成具有鸟眼构造的藻纹层灰岩,并多发生白云岩化。潮坪上生活有大量以藻为食的动物(主要是腹足类),在潮间带中下部及浅水潮下带上部尤为繁盛。由于腹足类对藻席的大量吃食,在中部潮间带向下,藻席变得十分稀少,甚至完全消失。食藻腹足类与藻席在分布上的这种消长关系,在许多古代的潮坪层序中经常可以发现。

6)突发的风暴潮和风暴浪经常造成潮间带的洪泛,可将潮下浅水的粗粒沉积物和介壳冲溅在各种潮坪沉积上,常是在藻沼、藻席、潮池沉积物中形成粗粒的风暴沉积夹层。

根据潮间带的地貌特点及水动力状况的分布,可以区分出两类潮坪:一类是被略高出平均高潮水位的滩脊与潮下浅海隔开的宽阔低地上发育的潮坪,其上没有或仅有极少而短浅的潮溪;另一类是被许多潮溪切割的潮坪。在活动潮坪上潮溪的侧向迁移非常频繁,潮间坪和藻席常被侵蚀切割,主要沉积层为缺乏生物扰动的交错层骨骸—球粒灰岩。在未被潮溪影响的地方是潮池和藻沼沉积(灰泥岩、具鸟眼构造的藻纹层球粒灰泥岩)夹明显的风暴层(薄层泥粒灰岩—颗粒灰岩)。被动潮坪的层序主要是由大量细粒的潮池沉积和藻沼沉积层组成,几乎没有风暴夹层,也没有潮溪沉积,但可以出现较粗粒的滩脊沉积层(颗粒灰岩)。白云岩结壳在两类潮坪中均有发育,但在活动潮坪上由于常遭受潮溪迁移的改造而形成竹叶状或角砾状砾屑灰岩。在被动潮坪上的潮脊由于经常遭受淡水渗滤而发育有宽阔的混合带白云岩。

(3)干旱带超咸水潮坪——萨布哈型潮坪上各亚环境的沉积特点如下。

1)潮上带:海岸萨布哈位于平均高潮水位之上,只有当发生洪泛时才被暂时性的海水淹没。萨布哈上的沉积物主要是被这些洪泛(尤其是在发生风暴时)从滨外搬运来的灰泥和灰砂,此外还有少量来自大陆内部的风成陆源碎屑(石英等)的混入物。另一方面,强烈的蒸发作用和萨布哈表层沉积物的毛细管泵吸作用使地下水大量损失和迅速浓缩,而失去的水分又可通过泛滥洪水向下渗透、大陆淡水通过地下透水层向萨布哈渗流和海水从地下向陆地方向渗流等途径不断得到补充,从而使萨布哈地区具有特殊的地下水循环体系和水化学特征。在萨布哈中,白云岩化是非常普遍的。在萨布哈地带的长期干旱和超咸水环境极大地限制了生物的生长。

2)潮间带:潮间带是潮汐泛滥和暴露交替出现的地带。虽然地处干旱带,但由于潮汐泛滥频率很高,地面仍然比较潮湿。藻席的发育是潮间带最突出的特点。强烈的蒸发作用使这里依然保持着超咸水环境。高的盐度限制了食藻腹足类分布的范围,因此藻席生长的下限一直可延伸到浅潮下带。上部潮间带泛滥频率急剧减小(图 9－12),藻席也变得稀疏或缺少,有时也可延伸到下部潮上带。但是在多数情况下,藻席生长的最繁盛地带是潮间带的中下部。

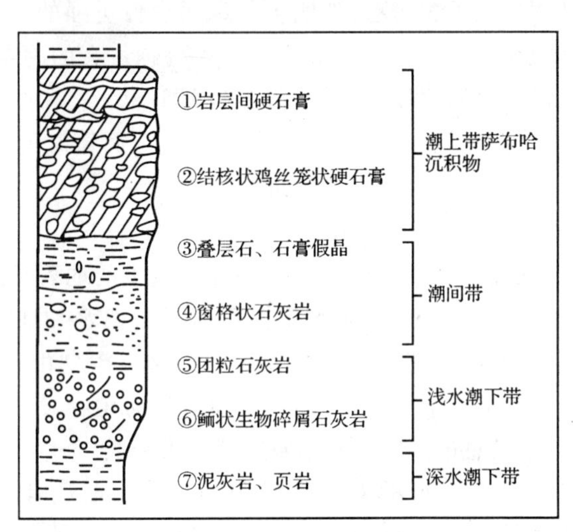

图 9－12　海岸萨布哈碳酸盐岩层序(James,1979)

2.潮坪泻湖环境

碳酸盐陆棚泻湖发育在陆棚内部,外侧常有生物礁、沙坝或岩岛构成障壁与开阔外海相隔,内侧与陆地相连。陆地与泻湖间为潮坪。发育在大滨外滩(如大巴哈马滩)及环礁上的泻湖,一般在迎风侧发育着生物礁和岩岛,或四周被礁环抱。泻湖的规模变化很大,从不到$1km^2$到$n\times10^2km^2$,深度从几米至几十米。陆棚泻湖与潮坪的分界线一般采用平均低潮线(但也有人采用最低潮水位线),所以陆棚泻湖均为潮下带,或陆棚浅海。根据泻湖海水盐度的变化,可将泻湖区分为三种类型:正常盐度泻湖、半咸水泻湖和超盐度泻湖(Milliman,1974)。

(1)正常盐度泻湖:这类泻湖的温度和盐度与相临大洋表层海水相近,具有狭盐度生物群,主要出现在大洋环礁、大滨外滩和开阔的陆棚上,封闭的条件不好,泻湖水与海水交换比较充分。风向和海底的地形特点对海水循环具有决定性作用。例如具有许多大而深的泻湖水道的环礁泻湖(水道深度与泻湖平均深度相当),大洋海水在盛行风的驱动下,首先越过迎风礁流入泻湖,然后又横过背风礁和通过泻湖水道流向大洋,整个海流是单向流动,海水在泻湖中停留很短时间。这种泻湖可称为开放泻湖,盐度和温度与大洋海水几乎无区别。有的泻湖入口比较浅,可以形成反向底流,海水在泻湖中可以停留较长时间。这类泻湖的海水交换受到一定限制,但如果不是处于高蒸发区或不与大陆相连,没有地表淡水注入(如在一些环礁和大滨外滩中的泻湖),海水温度和盐度仍趋于正常。

在海水较深、规模较大的开放泻湖中通常可以划分出泻湖斜坡相带和湖底相带。在这类泻湖中还常常生长许多小型斑礁。不同的相带具有不同的生物群落和沉积特点。泻湖斜坡位于礁坪或潮坪与湖底的过渡地带。有的坡度较缓,有的较陡。在缓坡上多有大量海草和底栖藻类生长,底栖动物也很多。陡峭的泻湖斜坡经常有从礁坪或潮坪上被风暴冲刷或垮落的岩块和粗碎屑的堆积,对底栖生物的发育有一定影响,但泻湖斜坡上可以出现小的斑礁。斜坡上的沉积物大部分是来自礁坪和潮坪的生物碎屑、灰泥和灰沙。泻湖底是指未被斑礁直接覆盖的地带。开阔泻湖一般有底流活动,波浪常可影响湖底,湖水含氧条件较好,沉积物一般是灰砂,可以有小型波痕。生物也比较繁盛,在水流缓慢地方,沉积物较细,内栖滤食性生物群很常见。在水流速度较大的地方,沉积物较粗,外栖生物和滤食性更强的生物较多。

泻湖里的斑礁形体呈小而低缓的丘状,也有较大的斑礁。有的泻湖斑礁非常发育,但有的泻湖则很少有斑礁生长,湖底地形比较平坦。斑礁对泻湖沉积作用的影响主要是为泻湖提供大量的生物碎屑沉积物,是泻湖沉积物的重要来源。另一方面斑礁的发育还可以减弱泻湖底流,在泻湖入口处起浅水隔槛作用,阻挡和捕集沉积物。

(2)半咸水泻湖:半咸水泻湖是一种与陆地相接的泻湖,一般出现在潮湿多雨的地带。毗邻的陆地地势平坦,没有输沙量大的河流,仅有小的含沙量少的地表径流不断向泻湖中注入淡水。泻湖外侧通常有障壁与开阔海相隔,海水交换不通畅。雨水和地表淡水的注入使泻湖形成半咸水环境。现代的南佛罗里达湾是个很好的实例。这类泻湖由于海水能量较低,一般没有大的波浪搅动,再加上盐度不正常等因素,泻湖内通常没有生物礁发育。主要的生物是各种钙质藻类、海草,以及在其中栖息的蠕虫、甲壳、腹足类、双壳类、海参、海胆、有孔虫和介形类。在古代地层中还有某些能适应广盐度的腕足类、层孔虫等。有时还有海绵和珊瑚,但它们不能构成礁,仅分散在泻湖底面上。这些生物是供给泻湖沉积物的主要来源。它们供给沉积物的方式主要是:以介壳和骨骼形式的直接堆积,非钙质藻类通过生物化学作用促使文石的沉淀,钙质藻类腐烂时的散解,底栖生物排泄的粪球粒等。所以,半咸水泻湖的沉积物大部分来自泻湖本身,沉积物比较细,主要是含生屑的灰泥岩、球粒灰泥岩以及粒泥灰岩,常具有原地埋藏的个体完整的化石。沉积物中生物扰动构造非常普遍,原生沉积构造通常多被破坏。大量生物遗体的堆积及水的循环微弱使沉积物中富含有机质。

(3)超盐度泻湖:超盐度泻湖分布于干旱带,它们是高蒸发量和受限而缓慢的海水循环联合作用的产物。水温和盐度远远高于正常海水。海水温度一般在20~30℃或更高,阿拉伯湾阿布扎比的内泻湖盐度变化在54‰~67‰之间,而西澳大利亚沙克湾的盐度可高达70‰以上。超盐度环境极大地限制了生物的生长,只有为数不多的耐盐度生物得以大量繁殖,主要是腹足类、有孔虫及藻类。通常没有生物礁生长。在超盐度的泻湖中的沉积物以非生物颗粒为主,造碳酸盐的生物减少更造成非生物组分相对丰度的增大。灰泥、球粒、隐晶团块等是主要的颗粒类型。生物种属稀少，但个体数量则相当多；因此在沉积物中潜穴和生物扰动构造仍然经常可见。

综上所述，气候状况、地理位置、与开阔海洋的海水交换程度控制着泻湖内海水的盐度变化，决定了泻湖的类型。不同类型泻湖的生物特点和沉积物特点有明显的差别，其中尤以生物组合面貌的差异反映盐度变化最为明显。因此判断古代泻湖的类型时，古生物组合特点的研究具有更为重要的意义。但要区别正常盐度的古代泻湖沉积与正常浅海沉积往往是比较困难的。另外，泻湖内沉积物的盆内来源极为特征，而且沉积速率一般为 1m/1 000a（Wilson，1975），所以碳酸盐陆棚泻湖的沉积以垂向加积、向上建造为主，侧向迁移不显著。在多数情况下，陆棚泻湖很易被沉积物填满并转变为潮坪环境。在古代地质记录中，泻湖沉积与潮坪沉积共生现象是极为常见的。只有当海平面迅速上升时，泻湖沉积物才会被深陆棚沉积物所超覆。

3. 碳酸盐岩陆棚沉积层序

向上变浅的层序旋回是陆棚浅水碳酸盐沉积的最具代表性的特征（James，1984）。此外，还包括富泥质潮坪层序、颗粒质潮坪层序、叠层石型层序、礁型层序、蒸发盐型层序和高能海岸带层序等（图 9－13～图 9－17）。

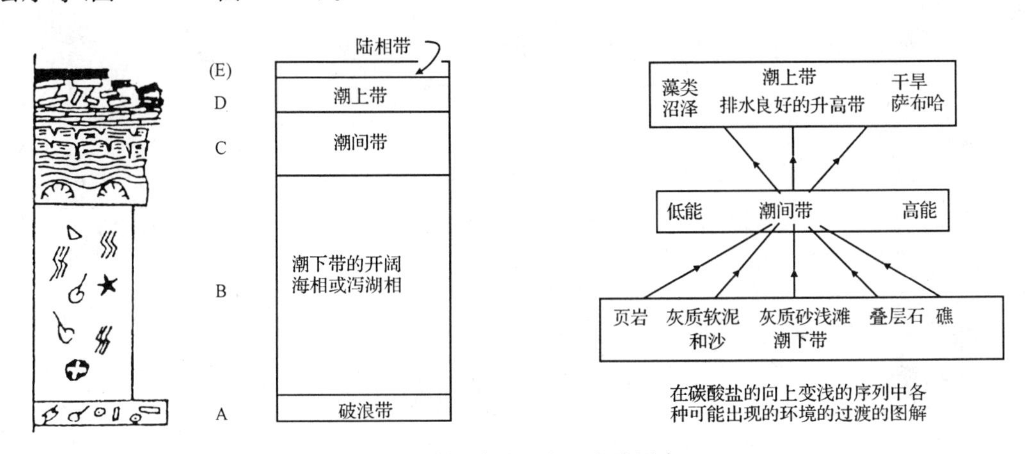

图 9－13　理想的浅水陆棚碳酸盐向上变浅层序（据 James，1984）

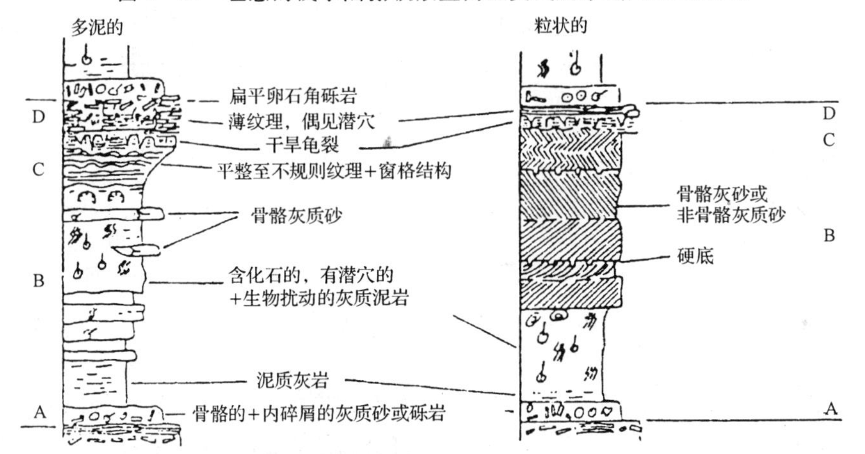

图 9－14　发育在低能潮下单元之上的多泥潮坪层序（左）和
发育在高能灰质砂浅滩上的颗粒潮坪层序（右）（据 James，1984）

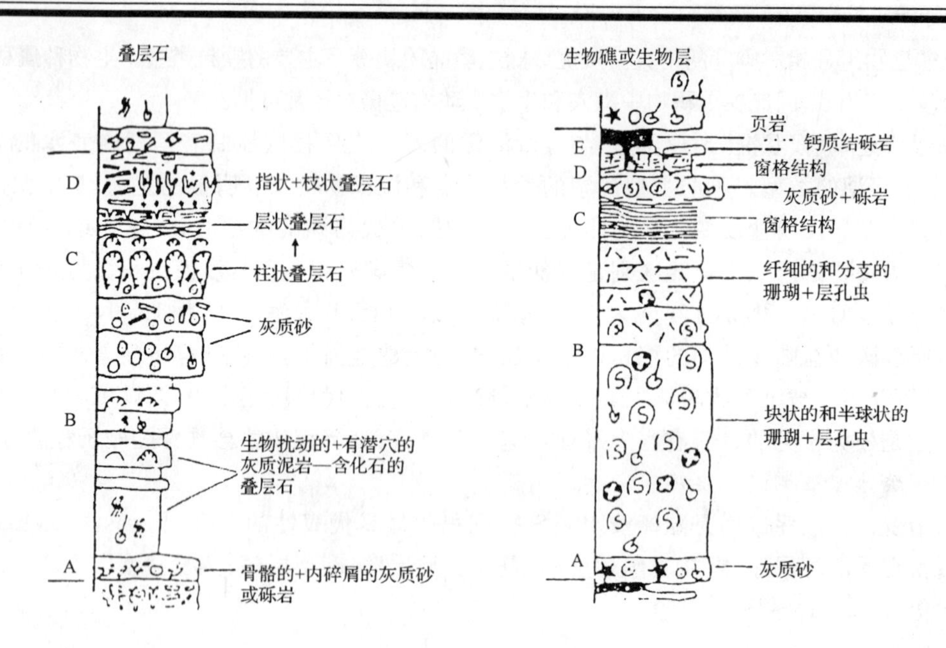

图 9－15　发育在生物礁(或生物层)上的潮坪层序(据 James,1984)

左:叠层石型层序;右:礁型层序

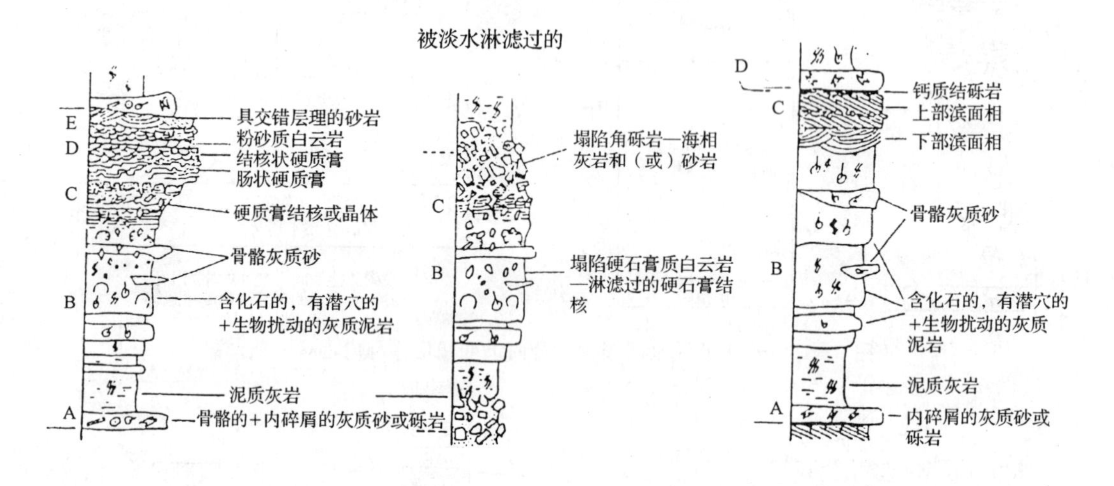

图 9－16　蒸发盐型层序(据 James,1984)　　图 9－17　高能潮间带单元层序(据 James,1984)

二、碳酸盐岩陆棚边缘沉积环境

碳酸盐陆棚边缘是海水扰动比较强烈的高能带。风浪、风暴浪、潮流强烈地冲击着陆棚边缘的海底。陆棚边缘是碳酸盐产量最高的地带,也是造礁生物最有利繁殖定居的地带。陆棚边缘发育的主要沉积相是各种生物建隆(生物礁)以及各种类型的碳酸盐滩坝(鲕粒滩、砂屑滩、生物碎屑滩等)。在镶边陆棚边缘,各种礁和滩坝最发育,地形一般高出陆棚内部,有时还有小的岩岛(如大巴马滩的安德罗斯岛、佛罗里达的基拉尔干岛都是更新世礁灰岩构成的岩岛)出露水面,它们构成良好的障壁,保护着陆棚泻湖和潮坪[图 9－18(a)]。开放陆棚或缓坡的边缘,由于坡度缓倾而无坡折,边缘带不明显,一般可将上缓坡带看作陆棚边缘,水深在正常天气波基面以上[图 9－18(b)]。在缓坡型的陆棚边缘，滩坝较为发育，但也可有稀散分布的点礁(如波斯湾南岸)。

在碳酸盐陆棚边缘最常见的相类型是生物礁、生物丘和碳酸盐滩坝沉积。

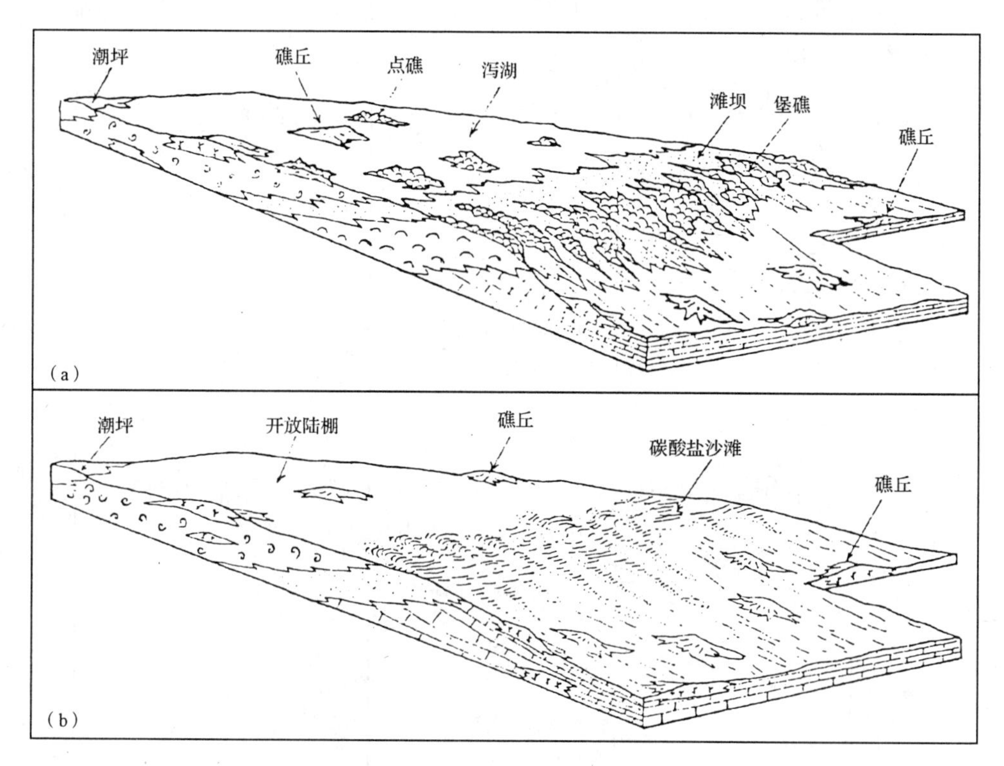

图 9－18 碳酸盐岩陆棚边缘相带分布(据 James，1983)

(a)镶边陆棚边缘；(b)缓坡边缘

(一)陆棚边缘礁和礁相

生物礁是指由能分泌碳酸盐骨骼的造礁生物原地建造的，高出周围海底的坚固的碳酸盐岩体。决定生物礁形成的主要因素是造礁生物的大量繁殖和迅速生长，造礁生物的钙质骨骼是构成生物礁格架的基础。在地质历史中，生物是不断在演化的，造礁生物在不同地质时期也有不同的门类(图 9－19)。根据岩石记录中古生物和周围沉积物之间的相互关系，以及现代热带生物礁中珊瑚的分布状况，James(1975)得出了造礁生物的外形与环境之间的关系(表 9－3)。礁所含的石油和天然气储量巨大，是其他类型的沉积物所无法比拟的，因此是碳酸盐岩地区油气勘探的重要目标。

礁的形成必须具备以下三个条件：①有大量造礁生物迅速繁殖，并在原地建造碳酸盐格架；②由造礁生物建造起的碳酸盐格架必须是坚固的，足以抵抗强大的波浪拍击而不至于被损毁；③建造的碳酸盐格架必须具有高出海底的隆起的正地形，在地貌上是个水下高地。关于隆起的幅度，曾有人主张其高宽比必须大于 1∶3。高宽比小于 1∶3 的，可称作生物层或层状礁。

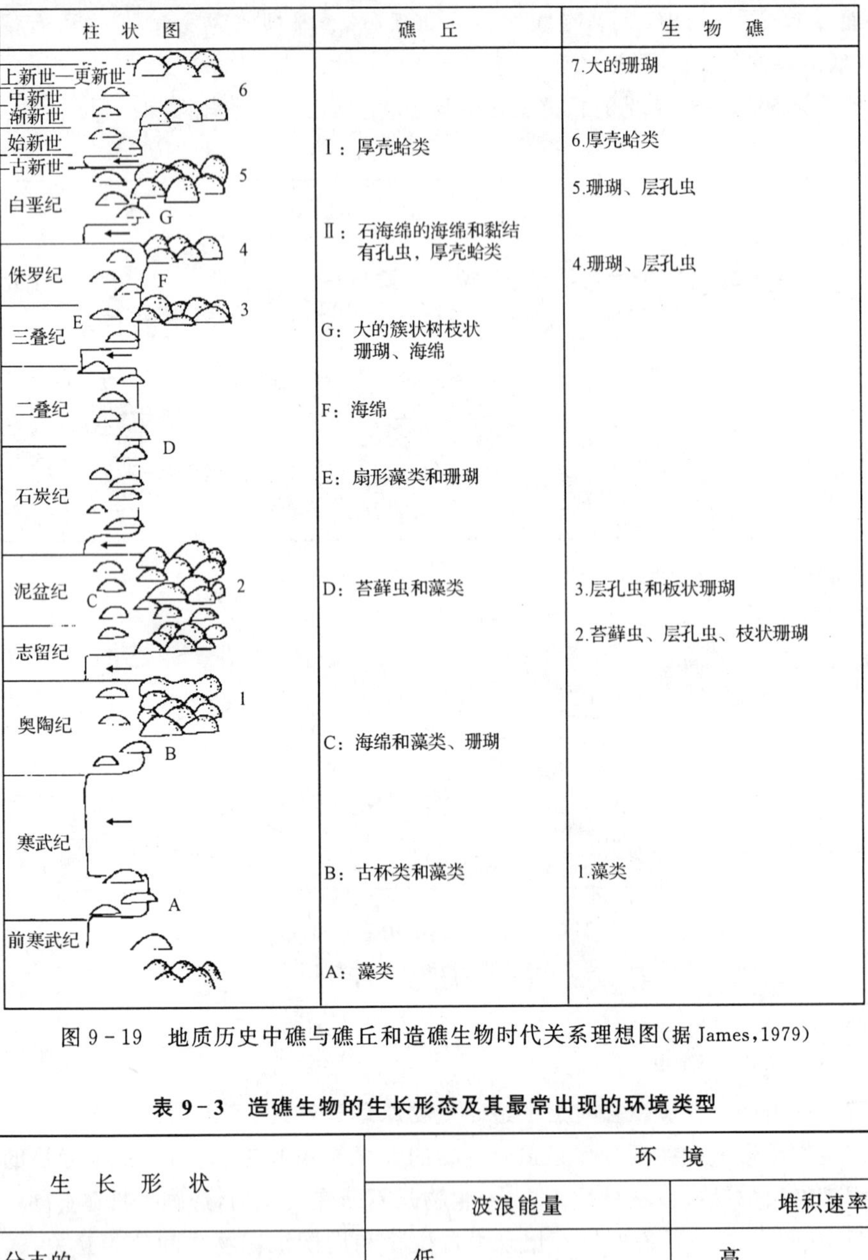

柱状图	礁丘	生物礁
上新世—更新世 6		7.大的珊瑚
中新世		
渐新世		
始新世	Ⅰ：厚壳蛤类	6.厚壳蛤类
古新世 5		5.珊瑚、层孔虫
白垩纪 G	Ⅱ：石海绵的海绵和黏结有孔虫，厚壳蛤类	
侏罗纪 4 F		4.珊瑚、层孔虫
三叠纪 E 3	G：大的簇状树枝状珊瑚、海绵	
二叠纪	F：海绵	
石炭纪 D	E：扇形藻类和珊瑚	
泥盆纪 C 2	D：苔藓虫和藻类	3.层孔虫和板状珊瑚
志留纪		2.苔藓虫、层孔虫、枝状珊瑚
奥陶纪 1 B	C：海绵和藻类、珊瑚	
寒武纪	B：古杯类和藻类	1.藻类
前寒武纪 A	A：藻类	

图 9-19 地质历史中礁与礁丘和造礁生物时代关系理想图(据 James,1979)

表 9-3 造礁生物的生长形态及其最常出现的环境类型

生长形状	环境	
	波浪能量	堆积速率
纤细的,分支的	低	高
薄的,脆的,平板状的	低	低
球状的,球茎圆柱状的	中等	高
强壮的,树枝状的	中等—高	中等
半球状的,穹状的,不规则状的,块状的	中等—高	低
★薄板状的,结壳状的	中等—强烈	低
厚板状的	强烈	中等—高

★ 结壳状与薄板状两种形状在岩石记录中是很难区分的,但是它们却表示着很不相同的礁的环境。

1. 生物礁分类

生物礁的类型很多。根据造礁生物的组成、礁体形态特征以及所在的地理位置的不同，常有许多不同的称谓。

(1)按构成生物礁的主要造礁生物类别可分为藻礁、古杯类礁、海绵礁、层孔虫礁和珊瑚礁等。

(2)按礁体形态特点可划分为(图 9-20)：

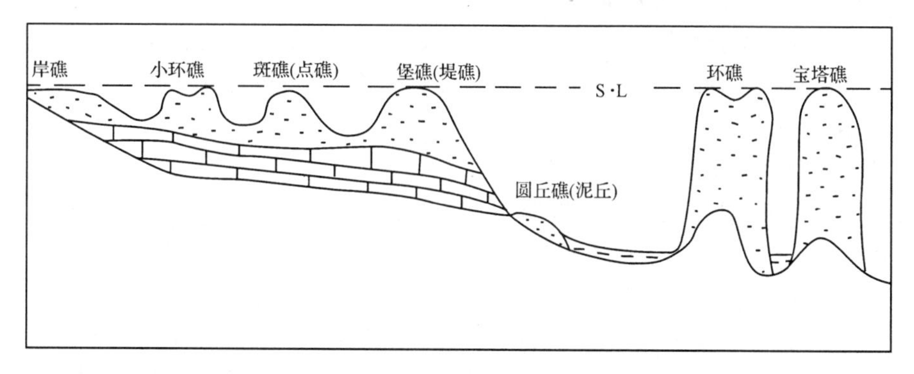

图 9-20　礁的形态分类(据 Tucker 和 Wright，1990)

S·L. 平均海平面

斑礁：又称作补丁礁或点礁。这种礁体一般规模较小，直径为几米至几百米，高数米。呈不规则的或圆形的孤立礁体，多星点状散布在泻湖湖底(如佛罗里达陆棚泻湖中的现代斑礁)和缓坡上(如波斯湾特鲁希尔海岸缓坡上的斑礁)。点礁的内部分带不明显，但有时可略显示出迎风侧和背风侧沉积物分布的差异。斑礁周围由骨骸砂形成的晕圈常不对称发育，一般背风侧散布的范围较大，主要形成于广海陆棚。

小圆丘礁：或称丘状礁，是一种近于圆形的孤立的礁，一般分布在波基面以下的陆棚边缘或较深水盆地中。

宝塔礁：是一种高度与直径之比很大的礁体，多呈锥状、柱状和塔状的孤立礁体，分布在开阔海洋的深水区。

环礁：一般呈环状或不甚规则的圆形。边缘有凸起的礁缘，或在水下或露出水面成礁岛。中央地形低凹形成泻湖(礁间泻湖)，有的泻湖水深可达数十米。多发育在礁深水盆地或开阔大洋中。

马蹄形礁：类似于环礁，但背风侧礁不发育，在海平面以下，向风侧礁体发育，常出露水面形成一系列马蹄状分布的礁岛，凸面迎风。多发育在开阔海中。

台礁：为平顶孤立的礁体。小的台礁类似于斑礁，但具有较陡的斜坡，可以有礁前塌积物；大的与环礁相似，但没有中心泻湖，常是由被削平顶部的环礁或中心泻湖被填满的环礁演化而成。

小型礁镯：是一种发育在浅水中的小型环状礁，如马尔代夫群岛马累环礁的礁缘和泻湖内的小礁镯(亦称小礁圈或小礁轮)。

(3)按生物礁的地理位置和与陆块的关系可区分为：

岸礁：为与陆地相连沿岸线发育的礁体，一般具有平的顶(礁坪)和陡的斜坡。

堤礁：也称堡礁或障壁礁。这种礁发育在近岸带，一般平行海岸生长，但与陆地保持一定距离，被泻湖相隔。现代最大的堤礁是澳大利亚东北海岸的大堡礁，平行海岸延长达1 200 km。堤礁是陆棚边缘最常见的类型。

复环礁：如前所述，是发育在远离大陆的开阔大洋中的大型环状礁群体。

(4)也有人根据生物礁与风向的关系区分出迎风礁和背风礁。迎风礁发育在迎风带，承受着风浪的直接冲击，一般礁体发育得比背风礁要好，规模大，常形成台地的镶边边缘，具有较陡的礁前斜坡和较发育的礁前角砾堆积裙。

各种类型的礁的划分在历史发展过程中不是绝对的，各类礁体之间常可互相转化和存在一些过渡类型。例如岸礁的不断向海推进可以变为堤礁；在海平面不断稳定上升的条件下，斑礁不断增高，可以发育成宝塔礁等。

2. 造礁方式和礁岩类型

造礁生物的形态特征和生态习性不同，其造礁方式也不同。头状、半球状、粗壮枝状及不规则块状骨骼的造礁生物，随着生物的生长，骨骼也不断增生，常形成块状格架，这是直接建造格架方式；具有纤细枝状、分枝状及指状骨骼的生物，在海底多呈丛状生长，可以降低流速和阻拦沉积物，属于障积方式造礁；还有一些薄板状、层状或结壳状生物，多具有向水平方向延展生长的生态习性，有的还分泌黏液，它们可以将松散堆积的各种生物碎屑、灰砂和灰泥黏结、包裹和披盖在一起，避免被水流冲走，从而形成礁体，这种方式称黏结方式。

构成生物礁的岩石称作礁岩。礁岩是造礁生物的造礁作用以及与造礁活动有关的沉积作用的产物。恩布里和克洛凡(Embry 和 Klovan,1971)将礁岩区分为原地礁岩和异地礁岩两大类型。

(1)原地礁岩：原地礁岩是由造礁生物在原地造礁作用形成的。根据造礁方式的不同，可以区分为三类(图 9-21)。

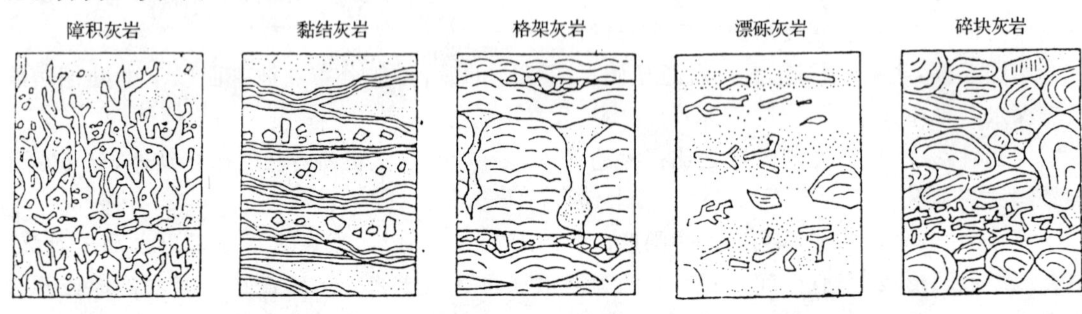

图 9-21　各种礁灰岩内部结构示意图(据 James,1984)

格架灰岩或骨架岩：是由造礁生物骨骼原地增生直接建造的礁灰岩。岩石组成基本上都是造礁生物的钙质骨骼，仅在体间及体内孔隙中有少量沉积物充填及亮晶方解石沉淀。

障积灰岩或障积岩：是由障积方式形成的礁灰岩。岩石组成有原地和原位埋藏的造礁生物骨骼，也有充填在骨骼周围的灰泥和灰砂，其中也有少量其他生屑。造礁生物以细的枝状为主。

黏结灰岩或黏结岩：是由板状、层状和结壳状造礁生物以黏结方式建造的礁灰岩。岩石组成有造礁生物原地及原位埋藏的骨骼，也有大量其他生物骨骼、介壳和钙质碎屑等。各种颗粒组分多被造礁生物黏结缠绕在一起。

(2)异地礁岩:异地礁灰岩是由喜礁生物或附礁生物的骨骸、被风暴浪击碎的礁块或被其他生物钻孔、啃食下来的礁体碎屑、灰泥等沉积物充填在礁洞和礁肉孔隙中,塌落在礁体周围或礁前斜坡下而形成的。异地礁灰岩颗粒组分很复杂,常含有各种生物碎屑,但多为异地埋藏类型,缺少原地造礁生物的骨架。在成因和分布上与原地礁灰岩有密切关系。根据颗粒的支撑特点,可以区分出两类异地礁灰岩。

碎块灰岩:主要由造礁生物和非造礁生物骨屑组成,大小混杂,碎屑支撑。

漂砾灰岩或称漂浮岩:岩石由大量灰泥及礁块、礁屑组成。大于 2mm 的礁屑含量一般大于 10%,有的大颗粒直径可达数十厘米,甚至数米,可称礁块或漂砾。灰泥含量较高,为基质支撑。

3. 生物礁的相带划分

除了斑礁、小圆礁等小型礁体以外,各类大型礁体都具有明显的沉积相分带。任何大型礁一旦形成,必然改变周围海底原来的地貌状况和改变礁区的水动力分布状况。在礁带的迎风侧直接遭受风浪的冲击,水的循环条件良好,海水中氧含量充足,营养丰富,大量灰泥被淘洗走,海水清澈透光,适宜造礁生物生长。在这里生物礁生长迅速,每年生长可达几毫米至 3~4cm(Fairbridge 等,1978)。礁带的背风侧是个低能环境,水的循环较差,被风浪从礁上搬运来的灰泥可以在这里沉积。这个环境使造礁生物的生长受到抑制。这种地形和水动力状况的差异以及由此引起的生态和沉积作用的不均衡性使一些大型礁带沉积相的分布具有明显的不对称性。这种相的不对称性在陆棚边缘礁中表现得最为特征。陆棚边缘礁多表现为堡礁形式,横过堡礁礁带,可以划分出前礁、礁前、礁顶、礁坪、后礁五个相带(图 9-22)(James,1984)。

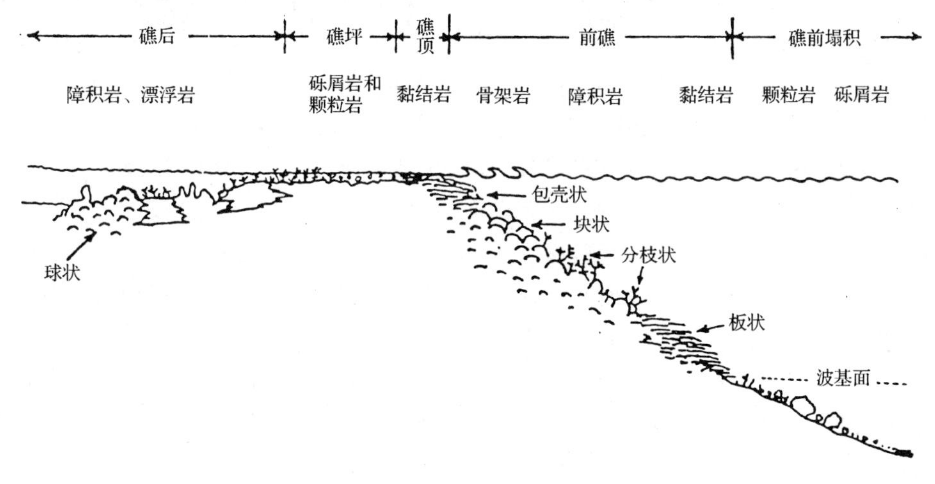

图 9-22 线状礁的理想横剖面(据 James,1979)

(1)礁顶带:位于生物礁向海的边缘,在生物礁生长期间始终处于最高部位。一般上限在平均低潮水位附近,通常不高出平均低潮水位;下限大致可延深到破浪带的深度。这个带是生物礁生长最迅速的地带。礁顶的生物组成决定于风浪强度的变化。在风浪强烈的地方,只有那些席状生长习性的结壳生物可以抵抗波浪冲击幸存下来;在中等至较强波能的地方,结壳生物仍占优势，但通常还有扁平的及短小粗壮的枝状生物；在中等能量的地方，出现的是球状和半球状生物，并伴有丛状生长的分枝型造礁生物。这个带的生物群分异度是比较低的，所形成的礁岩主要是黏结岩和骨架岩。

(2)前礁带：这个带的范围是从拍岸浪带向下延伸到波基面附近，最深不超过100m。坡度很陡，可达45°以上，又称前礁斜坡带。现代珊瑚礁上的珊瑚和钙质绿藻生长的最大深度可达70m，再向下生物礁不再发育，开始过渡为礁前带，这个深度可以作为估计古代礁的前礁带下限深度的参考。但是决定其下限的因素可能很多，在解释古代礁时仍需要慎重。这个带的重要特点是生物种属的分异度很高，生物的生态分异也很大。造礁生物的形态从半球状、枝状、柱状、树枝状至席状均有发育。一般随深度增大，海水动能减小，从抗高能形态逐渐过渡为纤细的适应低能环境的形态。在此带内，附礁生物非常多，如腕足类、双壳类、棘皮类(海百合等)、珊瑚藻和分节的钙质绿藻等。前礁带的下部(一般在30m以下)，海水的能量已经非常微弱，透光度也很小。造礁生物为了适应这种较平静而暗淡的环境，尽量扩大表面积，附着底部的部位可以很小，因此占优势的生物是具有娇弱的盘状外形的生物。上述这些生态的变化使这个带的礁灰岩类型主要是格架灰岩，并随着造礁生物生态习性和造礁方式的变化，也形成黏结岩和障积岩。在下部则以黏结岩为主，詹姆斯(1984)认为在这类所谓的黏结岩形成过程中，实际上并未起黏结作用，应另创造一个术语形容这种岩石。

在前礁带内除了礁岩外，尚有一些碎屑沉积物。一种是在礁岩构造内部的沉积物，一般是灰泥，构成礁岩中的灰泥岩和粒泥岩基质。如果礁内各种孔隙，洞穴未被灰泥充填或充填满，在成岩阶段可能被沉淀出来的亮晶方解石充填，这些方解石晶体多垂直孔壁生长，常具几个世代，称作栉状构造；如果孔洞在成岩阶段也未被充填，则这些空洞可一直保存在礁岩中，所以在礁岩中原生孔隙(生间孔、生内孔等)非常发育，是良好的油气储集岩和含矿溶液的通道或储矿岩。另一种是从礁缘的沟槽中冲溢出的大量粗碎屑沉积物。礁边缘多具有一系列相间分布的沟槽和脊垄微地貌形态(图9-23)，这些沟槽和脊垄体系均垂直礁缘向盆地延伸，它们可能是由造礁生物的生长作用与潮流及垂直海岸的近岸流(离岸流、涌浪回流等)联合作用形成的。沟槽是将被打碎的浅水礁屑和生屑搬运到礁外的主要通道，常在沟槽内和溢口处形成大量碎块灰岩。

(3)礁坪带：礁坪位于礁缘的内侧，是在礁体不断生长向海推进过程形成的礁岩平台。礁坪顶面位于平均低潮水位之下，表面散布有被风暴浪抛上来的大小不等的礁块、生物碎屑和灰砂。低洼的地方为礁塘，即使在最大低潮期也充满着海水，其中生活着活的造礁生物和各种喜礁生物(图9-24)。礁坪的范围变化很大，宽度从几米到几百米。礁坪的外带可有许多活的块状和分枝状造礁生物生活。内带以死礁为主，但在被浪花长期溅湿的地带，活的造礁生物可生长到低潮水位以上，甚至可以高出低潮水位1m左右。

礁坪上的沉积特点受风浪的能量制约，在强烈风浪和涌浪的地带，礁坪上堆砌着被波浪搬运来的各种大型生物骨骸碎屑和礁块；在波能中等地带，可以形成冲洗充分的灰质砂滩，这些灰砂浅滩使局部地带形成受保护的浅水环境，其中常有零散丛生的造礁生物及其他生物。所以礁坪上的岩石类型主要是由礁块、生屑组成的碎块灰岩和生屑颗粒灰岩，偶夹杂有障积灰岩和骨架岩。

(4)礁后带：礁后带位于礁坪的背风处，海水比较平静，从前礁簸选出来的灰泥等细粒悬浮

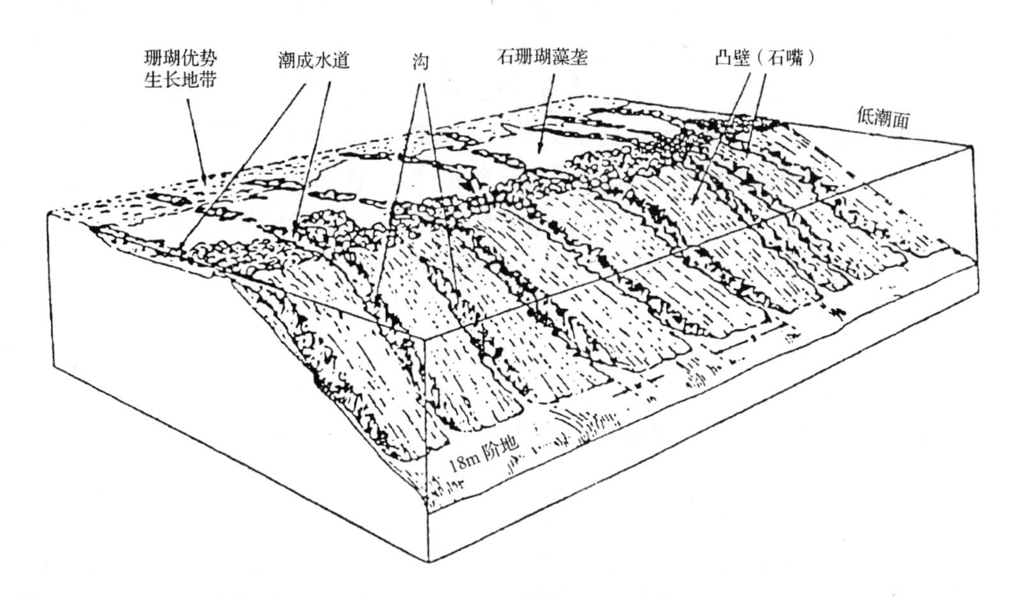

图 9-23　礁前边缘带的沟槽与脊垄地貌示意图（据 Shepard，1973）

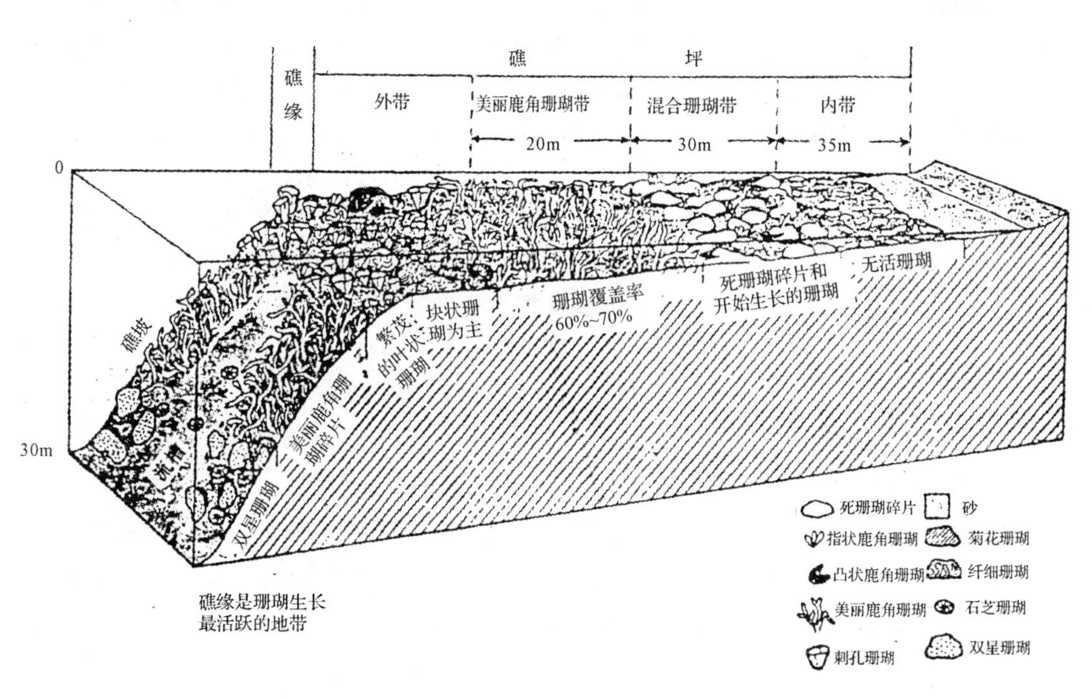

图 9-24　马尔代夫群岛阿拉环礁甘岛泻湖礁礁坪的生物分带（据 Spencer 和 Davies 等，1971）

质多在这里沉积下来，形成富含灰泥的沉积相。这个带的底栖生物是能适应泥砂海底的类型，例如海百合、钙质绿藻、腕足类、介形类、软体动物等。造礁生物的生长习性是短粗的树枝状和大的球状类型。它们高出沉积物底面，能够经得住频繁扰动时期和平静多泥时期的变化。这个带的岩石类型特点是障积岩和漂浮岩，偶有具生屑粒泥岩和泥粒岩基质的骨架岩。有的礁中，岩层全是由含有脱节的枝状生物骨屑的灰泥组成。这些脱节的骨屑都是原地的，没有被搬运的迹象。

礁后带向陆方向为礁后泻湖。在岸礁上，向陆方向可以过渡为潮坪和海滩。

(5)礁前带：位于前礁带与深水盆地过渡的前礁斜坡的坡脚地带。深度较大，一般均在波基面以下，甚至更深的地方。底栖生物稀少，缺少造礁生物。沉积物多为灰泥，但常混有从浅水搬运来的浅水生物骨屑，和因遭受风暴浪打击，从浅水礁体上崩塌下来的礁块。通过礁缘和前礁上的槽沟搬运下来的大量浅水碎屑沉积物也可以大量堆积在坡脚地带形成碎屑裙。在一些大的礁组合中，还可以发育沉积物重力流沉积。总之，在礁前带的岩石特点是薄层至厚层的或块状成层的骨屑颗粒灰岩至泥粒灰岩。颗粒有完整的和破碎的生物骨骸、礁岩碎块。横向上，这些岩石可过渡为盆地相暗色薄层灰泥岩、页岩和硅质岩，礁前带的岩石很少发生白云岩化。

礁顶带、前礁带、礁坪带以及部分礁后带的岩石组成主要都是由造礁生物以不同方式原地建造的礁岩（骨架岩、障积岩和黏结岩），它们构成礁体的主体与核心，所以又称作礁核相(James,1979)。在礁核相附近，来自礁核的物质组成礁核的侧翼地层，称作礁翼相。礁核相在地层中一般为巨大的块状透镜体，内部无层理，含有大量造礁生物和各种喜礁生物或附礁生物化石。各种生物相互紧密缠绕在一起形成缠绕构造。在礁岩中常具有许多原生孔隙和栉状构造。礁核的岩石化学成分一般都由非常纯的 $CaCO_3$ 组成，仅有极少量的酸不溶残积物。掌握礁核相的特点是识别古代礁的关键。礁翼相一般为层状或似层状含有礁岩碎块及大量生物碎屑的颗粒灰岩及泥粒岩，也可杂有一些灰泥岩。礁翼相分布在礁核相的外围，与礁核相呈指状交错的相变关系，从礁核向外倾斜变薄。在横过礁体的剖面上，相的分布具明显的不对称性，靠海一侧过渡为深水盆地相，塌积砾发育，向陆一侧则过渡为泻湖相。

上述各相带的发育情况常因礁体生长的地理部位不同而有差异。詹姆斯(1984)区分出两类礁体：高能礁和低能礁。生长在陆棚迎风边缘的礁多为高能礁，造礁生物生长迅速，生态分异明显，礁体发育良好，相带划分明显。低能礁常发育在背风边缘，也可发生在泻湖内。低能礁一般不如迎风礁发育，生态分异不明显，相带划分不清楚，礁体多呈圆形、椭圆形或不规则状的点礁。从高能环境向低能环境过渡，随着海水扰动程度的减弱，礁体的发育程度、相带的分异特点也发生一系列的变化。

(二)生物丘相

在陆棚边缘还常见一种碳酸盐沉积物堆积体，它们一般多呈圆形、椭圆形或不规则状的高出周围海底的正地形，主要由大量灰泥及少量（常小于20%）的原地埋藏生物骨骸（一般为海百合等有柄棘皮类、叶状藻、窗格苔藓虫等）所组成，内部无明显的层理构造，在地层中多呈巨大的透镜状体或透镜状夹层出现。这种碳酸盐块体虽具有丘状外形，但不同于生物礁。主要表现在：①缺乏大型造礁生物，没有礁相中特征的骨架岩；②富含大量灰泥，常高达80%以上；③不构成坚固的格架，不具备抗浪构造；④主要出现在浪基面以下或浪基面附近较平静或低能环境。

这种生物丘除了在陆棚边缘较深部位发育外，更易出现在平缓下斜的缓坡边缘下斜坡上以及深水盆地或泻湖内。纽曼等(Neuman 等,1972)曾在佛罗里达海峡水深700m的海底发现有生物丘的存在。但关于深水生物丘的详细特征和形成机制仍然缺乏研究，是否与浅水生物丘完全一样尚不可知。在本节中,主要介绍的是常见于陆棚边缘的某些生物丘的特点。

在许多地质时期都有生物丘的发现,不同时期的生物丘都具有特有的造丘生物群落:前寒武纪——小灌木丛式的钙藻;早寒武世——古杯类;奥陶纪——苔藓动物及钙质海绵;石炭纪及早二叠世——海百合和叶状藻(*Phylloid algal*);晚三叠世——丛状、树枝状珊瑚;晚侏罗世——石海绵类;白垩纪——厚壳蛤类;新生代——六射珊瑚。

生物丘也可形成重要的油气储集岩,例如美国西南部宾夕法尼亚系的叶状藻丘灰岩及其有关的生屑灰岩(Pol,1985)。近年来在我国也发现类似的叶状藻丘(王良忱,1992、1995)。

尽管生物丘的形成时代、生物组成不同,但各种丘在岩石组成和层序结构上却具有共同的特点。威尔逊(Wilson,1975)通过对地质历史中出现的各种生物丘的研究。提出一般丘的沉积相模式,这个模式基本上是由以下7个常见的相组成的(图9-25)。

1.底部生物碎屑颗粒质灰泥堆积

绝大多数的丘都是从灰泥沉积开始的,其中含有大量生物碎屑。它们可能是由缓慢的水流堆积而成的。在这些岩层中,一般没有障积的和黏结的生物。

2.灰泥障积岩丘核

是丘的最厚部分,主要由灰泥组成,含有很多生物。这些生物通常为脆弱的和树枝状的,具有垂直的生长状态,能起到捕集或障积灰泥的作用。

3.顶部黏结岩

当一个障积岩丘进入浪底时,由松软的沉积物形成的地形凸起构成生物黏结岩的基础。

4.生物表饰层和裂隙充填

如果丘顶沉积作用继续进行而没有造架生物广泛生长,则丘的上部表面就会被各种结壳生物形成的薄的表饰层壳所覆盖。在有些丘中,表面发育大量垂直裂缝,其中被一些簸选的产物(暗色的、磨损的、包壳的质点)所充填。

5.侧翼岩层

如果丘顶正好在浪底保持一个长的时间,并有一些脆弱的枝状生物繁殖,在中等能量海水扰动和某些生物的破坏下,就可产生由大量生物碎屑组成的侧翼岩层。侧翼层不断从丘核向外侧向加积,在体积上,侧翼层可大于丘核部分。如果在基底缓缓下降的条件下,侧翼层几乎可以把丘核完全掩盖住。

6.坡积层

这是一种罕见的,但又可广泛分布的侧翼层。这种坡积层是由岩屑和生物碎屑组成的海洋坡积物。岩屑是主要成分,它们是由于崩塌作用或波浪作用从丘表面冲刷下来的石化或部分石化的泥晶灰岩岩屑组成。由于丘一般见于低波能地区,许多丘中坡积层常常缺失。关于有些丘中存在坡积层的原因,还有许多疑问难以解释。

7.顶盖颗粒岩

当海平面保持稳定时,丘间区被沉积物充填,陆棚沉积物可横过丘的顶部发育,整个地区便被交错层颗粒岩覆盖,变为高能环境,丘的生长也完全终结。

(三)生物滩相

"滩"不同于礁和丘,它是在波浪、潮汐流和沿岸流作用下,由各种碳酸盐颗粒形成的一些

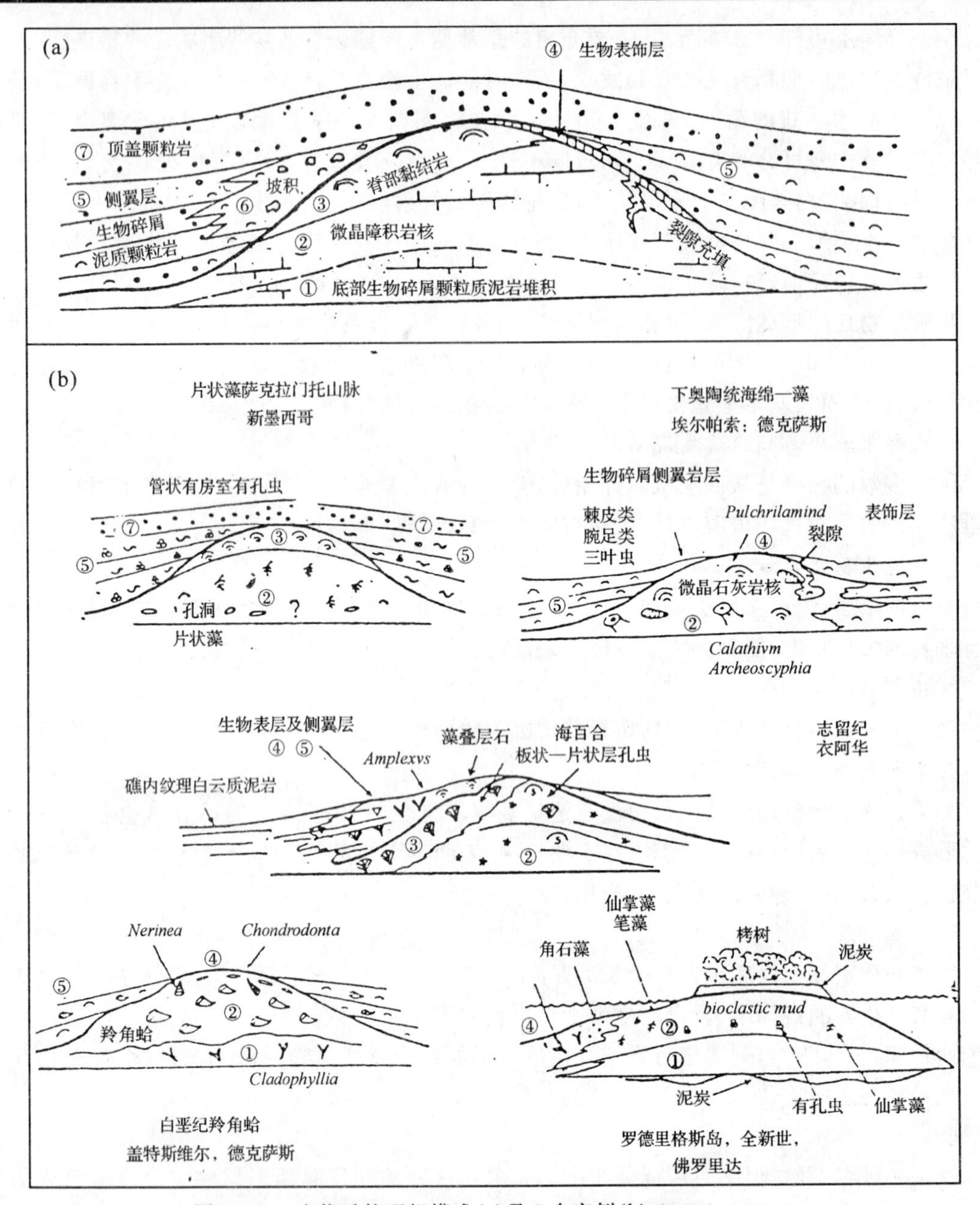

图 9-25 生物丘的理想模式(a)及 5 个实例(b)(据 Wilson,1975)

大型底形。一般具有低缓的(相对于礁)正地形,但不形成坚固的抗浪构造,主要由松散的碳酸盐砂组成。底质活动性大,没有任何原地生长的造礁生物生长,不构成骨架、黏结和障积结构。有时也可有大量生物骨骸碎屑堆积,但基本上都是异地埋藏的群落。滩相主要发育在陆棚边缘,特别是缓坡边缘地带,大部分都处于波浪带的深度范围内。

根据组成滩相的碳酸盐组分,可以划分为鲕粒滩、骨骸滩(生物碎屑滩),以及鲕粒-骨骸-其他颗粒(内碎屑、球粒、核形石等)混合型滩。它们都是在高能带最常见的砂体。另外,在中低能的潮下环境还可发育一种核形石滩。所以,滩相的组成岩石均为亮晶胶结的颗粒灰岩,如鲕粒颗粒灰岩、生屑颗粒灰岩、球粒颗粒灰岩、鲕粒-生屑-内碎屑颗粒灰岩等。少数可为泥粒灰岩，如核形石泥粒灰岩。滩相中的主要沉积构造是各种类型的波痕交错层理。

沿陆棚边缘碳酸盐砂非常丰富，大量的骨骸砂多来自陆棚边缘礁（如果存在的话）和生活在陆棚边缘地区的各种底栖生物。在开阔的陆棚边缘和潮汐通道地带，波浪作用强烈，潮汐往返频繁，海水激烈扰动，具有形成鲕粒的有利条件，鲕粒滩最发育。碳酸盐砂体在陆棚边缘的分布，主要受陆棚边缘走向与盛行风向的相互关系，潮汐作用，以及背风和迎风位置控制。陆棚边缘地形和有否障壁保护对砂体的分布也有密切关系。参照对小巴哈马滩现代陆棚浅滩边缘的研究成果（Hine 和 Neumann，1977），可以将陆棚边缘碳酸盐滩的砂体分为四种类型。

1. 开阔迎风陆棚边缘砂体[图 9-26(a)]

此类环境海水扰动最强烈，砂体发育最好。虽然也可以有礁，但不是主要的物源区。在海水强烈扰动的情况下，鲕粒形成很快，砂体主要组成为鲕粒和一部分生物骨屑。砂体形状主要是波长 20～100m 的直线形大沙波，走向与流向垂直。叠加在大沙波顶部的是小型沙垄（dune），波长 0.6～6m。在沙波的翼部发育有小水流波痕（ripple），波长小于 0.6m。向海一侧的沙波两翼不对称，向陆棚泻湖一侧由于往返潮汐流的影响，可以出现对称的形态。风暴作用可以发育溢流朵状砂体，其内部具有水流波痕形成的大型板状交错层理和小型交错层理，层理指向以向陆为主。当退潮流强度大于涨潮流时，也可发育离岸方向的交错层理。

2. 迎风受保护的陆棚边缘砂体[图 9-26(b)]

此种陆棚边缘分布有基岩岛屿和礁，对陆棚泻湖起着障壁作用。由于波浪和风暴对礁和

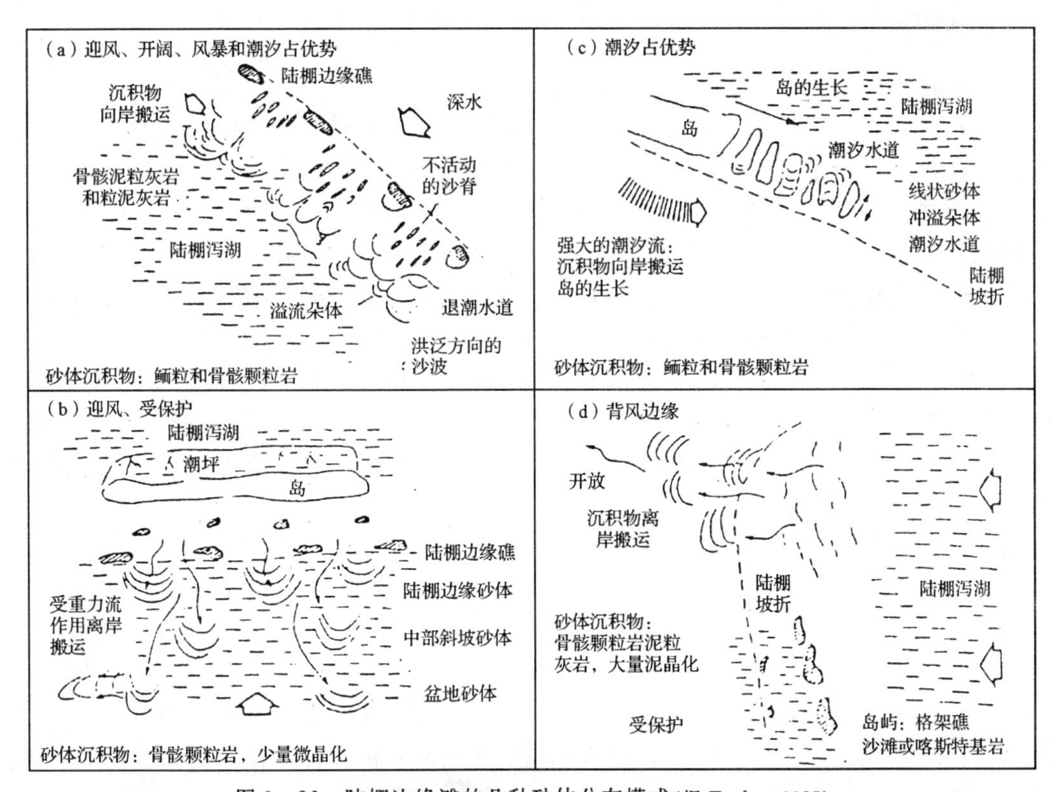

图 9-26 陆棚边缘滩的几种砂体分布模式（据 Tucker，1985）

岛的冲击侵蚀，生物骨骸砂非常丰富。这些砂多沉积在岛屿与礁之间，或在礁到向海的岸外地带。这种类型的陆棚边缘因有障壁岛屿的阻挡，风浪和风暴浪的离岸回流作用占主导地位。在陆棚坡折处，斜坡上部以及在坡脚地带都可发育许多朵状砂体。在深水领域还有颗粒流、碎屑流和浊流形成，它们能将大量浅水碎屑带到深水盆地中沉积。这类边缘因海水急剧翻动，沉积物很少被藻类泥晶化，鲕粒的形成也很少。

3. 潮汐砂体[图 9-26(c)]

一般形成与潮流方向平行并垂直陆棚边缘走向的线状砂体。砂体上发育有水流波痕和沙垄。在沙脊间水道末端形成潮汐三角洲。这里海水往返频繁，流速较高，扰动强烈，组成砂体的沉积物主要为鲕粒。如果附近有礁存在时，也可有骨骸砂。当潮流与陆棚坡折斜交或有沿岸流影响时，可以形成侧向砂体。如有强大风暴浪不断将砂冲到滩脊上时，也可形成砂岛。

4. 背风陆棚边缘砂体[图 9-26(d)]

海水主要流向是从陆棚内部向外，波浪和风暴在通过陆棚内部广大地带后才到达陆棚边缘。在开阔的背风边缘，砂是由来自泻湖的沉积物(砂质灰泥等)经改造而成的，颗粒广泛发生泥晶化，球粒是重要的组成部分。在陆棚边棱处，也可以有沙波发育。沉积物在离岸水流的影响下，不断向陆棚外搬运，在边缘外斜坡上部可以形成大量灰泥堆积。在有岛屿存在受保护陆棚边缘，砂大量堆积在岛屿内侧，可使岛屿增大。这些岛屿可能是先期高水位时的礁和滩，或是先期低水位时遭受喀斯特化残留的碳酸盐高地。活的礁体只在岛屿向海方向发育，因为那里受岛屿保护，不易被离岸细粒沉积物所埋没。

三、碳酸盐岩台地斜坡沉积环境

碳酸盐台地斜坡位于碳酸盐陆棚边缘至深水盆地之间的过渡地带。其上限在正常波基面附近(水深 10～20m)，向下延伸到坡度变缓与盆地平原接壤地带。碳酸盐沉积盆地有两种性质完全不同的类型：一类是远离大陆、面积辽阔的大洋盆地。碳酸盐沉积物主要来自大洋表层水域钙质浮游生物的遗骸，它们在远洋作用下以“生物雨”的方式悬浮沉降到深海底形成钙质生物软泥；也有部分是从碳酸盐陆棚以低密度浊流搬运来的细粒沉积物。另一类是与碳酸盐台地毗邻的台前海盆和台间海盆。台前海盆(fore-platform)位于台地面向开阔大洋一侧，为与大洋盆地过渡的开放盆地；台间海盆(或台间海槽)位于两个或几个台地之间，一般受基底断裂控制，盆地多为深陷的槽状。这类盆地因被台地围限，与开阔大洋只有海道相通，为半局限海盆。台间海盆面积狭窄，两侧台地斜坡彼此靠近甚至相连，盆地大部或全部被斜坡沉积物所覆盖。斜坡沉积相与盆地相交错叠置，在空间上往往难于绝然分开。我国南方晚古生代至早三叠世纪的沉积古地理面貌就具有类似与巴哈马式台地与台间海槽相间分布的特征。

碳酸盐台地斜坡的地形与陆源碎屑型大陆斜坡有很大区别。台地斜坡一般坡度较大，从几度至几十度，并且沿斜坡走向具有极大的变化性。斜坡上一般没有延伸很长和切割很深的海底峡谷系统，在坡脚与盆地的过渡地带也没有面积广阔的巨型海底扇发育。沉积供给方式不是陆源碎屑型的三角洲→海底峡谷→深海扇“点源”式供给体系，而是沿整个台地边缘普遍供给的“线源”式的供给体系(Schlager 和 Chermak，1979)。因此，在台地斜坡上只形成一系列小的冲沟和水道，在下斜坡至盆地边缘发育一系列小型浊积扇朵体。这些朵体彼此可以相连或叠置形成碎屑裙环绕盆地边缘分布，或延展至盆地中心部分。台前盆地与台间盆地有相似的特点，所不同的是范围开阔，横向与大洋盆地过渡，半远洋沉积作用较明显。

碳酸盐大陆斜坡主要的沉积作用为重力块体搬运作用、远洋悬浮沉积作用，以及底部洋流搬运作用。从台地斜坡上部向下直到相邻的深海盆地，主要发育的沉积相带为以下5种。

1.环台地泥相

灰泥主要来自陆棚浅水地带，它们是被波浪、潮流和风暴扰动起的细粒沉积物，被搬运到陆棚边缘外，才逐渐沉积下来。一般粒度随远离陆棚边缘逐渐变细，数量减少。往往形成具有薄层至中层的暗色灰泥岩，层理面平整，厚度稳定。沉积速率高不利于底栖生物生活，因此缺乏生物扰动构造。

2.重力滑塌沉积相

主要发育在上部斜坡，滑塌沉积物主要来自两个地带：一是由于过陡的陆棚边缘早期成岩的礁岩和滩岩的崩塌，往往形成大小不等、形状各异的角砾岩块；另一种是来自陆坡上部环台地泥的巨厚堆积物，常形成复杂的滑塌褶皱，并伴随有扁平砾石碎屑流。

3.环台地再沉积碎屑裙相

大部分发育在下斜坡地带，它们是由浅滩和礁岩崩塌或环台地泥的滑塌演变成的碎屑流沉积物。主要由扁平的灰岩砾石（多来自环台地泥相）和不规则状浅色岩屑和砾块（鲕粒灰岩、白云岩、礁灰岩等）的混杂堆积。具有碎屑流沉积特点，一般为水道沉积。

4.碳酸盐浊流沉积相

多分布在斜坡的根部与盆地平原的过渡带，具有鲍马层序。远源浊积岩一直可分布到盆地内部。碳酸盐台地斜坡上形成的浊积岩的物源供给方式一般都是线源类型。形成许多小型浊积岩舌围绕盆地边缘成带状分布。浊积岩层多以薄层状夹于远洋泥质沉积物之间。

5.远洋-半远洋泥质沉积相

主要分布在盆地中，但也沉积在整个陆坡上。主要为混有黏土的灰泥沉积，由于底栖生物的活动，遗迹化石及扰动构造非常普遍，水平纹层常被破坏。但发育在半封闭的台间海槽中的远洋-半远洋沉积层，由于底部常为滞留还原环境，不利于底栖生物生活，常显示细微的毫米级水平纹层，并常含有星点状黄铁矿。

碳酸盐岩陆棚边缘、斜坡及盆地理想沉积层序见图9-27。

四、碳酸盐岩沉积相模式分类

碳酸盐可沉积于不同的地质构造条件中，反之，一定的地质构造条件就会出现相应的碳酸盐沉积模式。因而，提出一个碳酸盐相模式的分类是十分必要的，以Read(1985)和Carozzi(1989)对于此问题研究最为详细，可作为典型的代表。Read将碳酸盐沉积划分成缓坡、台地和孤立台地两种模式三种端元类型，其中台地这个术语泛指所有的浅水碳酸盐沉积，尽管在他的代表性著作《碳酸盐台地相模式》中并没有给碳酸盐台地下一个明确的定义。Carozzi的分类方案中仅将浅水碳酸盐划分成台地和缓坡两种端元类型模式。然后根据沉积作用又进一步细分出6类和25种成因类型。由此可见，Read和Carozzi的碳酸盐沉积相模式的分类强调的都是缓坡和台地两种端元类型模式。

由于我国大部分沉积学家在讨论碳酸盐台地时，大都将巴哈马台地作为实例。因此，具有像它那样明显的坡折和高能边缘带特征的沉积被称之为台地也就容易被人接受，这也符合

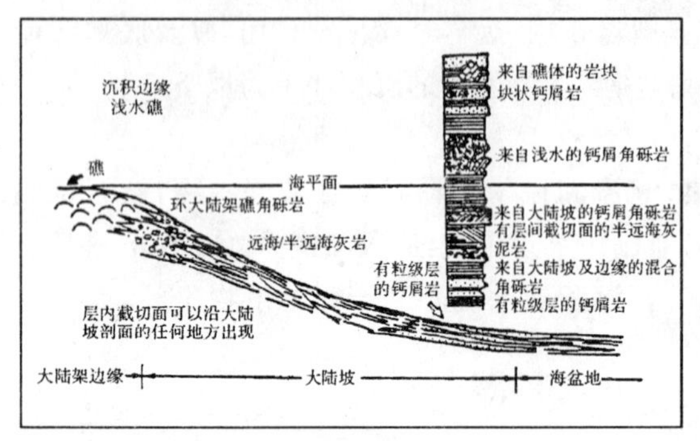

(a)边缘礁型

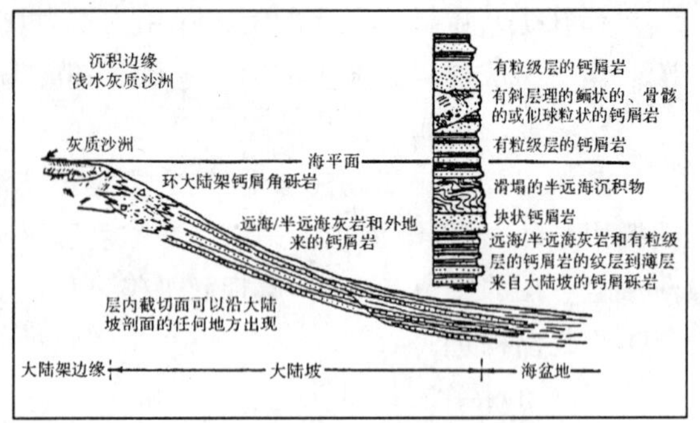

(b)灰质沙洲型

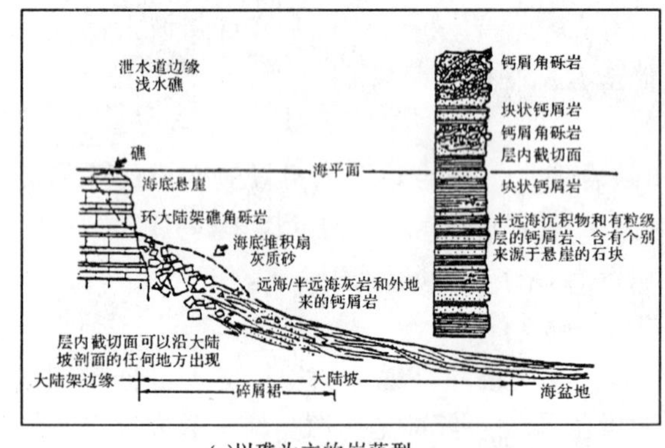

(c)以礁为主的崩落型

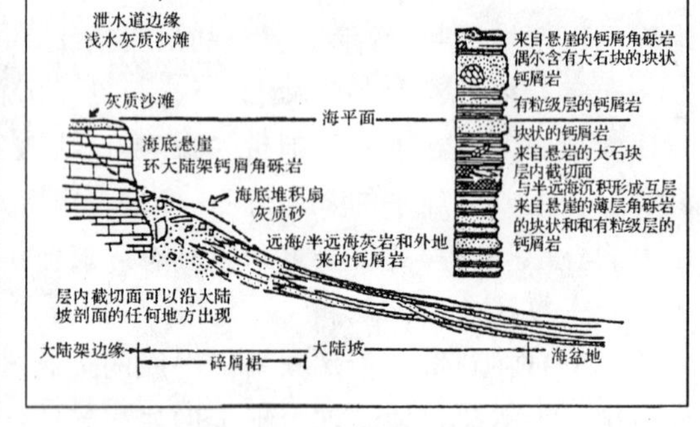

(d)以浅水石灰沙洲、砂礁为主的崩落型

图 9-27　陆棚边缘礁、缓斜坡及盆地沉积理想层序示意图(据 Mcllreath,1978)

Wilson(1975)最初给碳酸盐缓坡和台地所下的定义。所以,碳酸盐台地最好作为一个特定的术语,而不应扩大其使用范围。综合国内外已有的研究成果,姜在兴(2003)提出碳酸盐沉积相模式分类方案(表 9-4)。

表 9-4　碳酸盐沉积相模式分类(姜在兴,2003)

模式	端元类型	亚类	坡度/坡折	高能带位置
缓坡	等斜缓坡	岸边滩、礁组合型 障壁滩、礁组合型 分散建隆型	<1° 等斜	近岸
	远端变陡缓坡	低能型 高能型	上部缓坡等斜 下部具坡折	近岸
台地	镶边陆棚	加积边缘型 沟槽跌积边缘型 侵蚀跌积边缘型	明显坡折 可达 60°或更大	陆棚边缘
	孤立台地	洋内环礁	明显坡折 可达 60°或更大	陆棚边缘
		大陆边缘台地		

在上述的等斜缓坡的分类中，岸边滩、礁与障壁滩、礁组合亚类型的区别，主要在于从潮下向陆地方向过渡到潮坪—潮上相带之间有无泻湖相隔。同时，根据滩、礁中沉积物类型，岸边滩、礁与障壁滩、礁都可以进一步分成生物碎屑滩、鲕粒—球粒滩、点礁和岸礁组合类型。分散建隆类型的特点是建隆很少形成连续的线性障壁，建隆由零散状分布的小型颗粒滩或点礁群组成，既可出现在浅水缓坡，也可以出现于较深水缓坡。由于发育此亚类型的盆地斜坡（或边缘斜坡）的坡度可缓可陡，所以在表 9-4 的分类中处于等斜缓坡和远端变陡缓坡的过渡位置；低能与高能型远端变陡缓坡的区别有两点，其一是低能型浅水组合向海方向过渡到具有广泛分布的深水缓坡相灰泥层，而高能型则为广布的石灰砂层，灰泥则被限制在斜坡和盆地边缘相带；其二是在相当于潮间—潮上地区，高能型为海岸砂丘及海滩砂沉积组合，而低能型则为典型的潮坪沉积。此两亚类型均以远端变陡的斜坡带堆积有深水角砾岩为与等斜缓坡类型的重要识别标志。

需要指出的是，Tucker(1985)所提出的分类也独具特色，他把浅水碳酸盐沉积划分成碳酸盐台地、陆棚和缓坡三种基本类型，其中台地相当于 Shaw(1964)所提出的陆表海类型，现代海洋中虽然已不发育可与古代陆表海相比较的海域，但巴哈马台地内部的沉积特征类似于这种古代陆表海沉积特征。碳酸盐陆棚与台地的区别，除了宽度较窄（$<10\sim10^3$km），以在向海一侧具明显的坡折为特征，根据陆棚边缘有无障壁礁或滩镶边，又可分为开阔陆棚和镶边陆棚两种。他的缓坡定义与 Read 和 Carozzi 的概念基本一致。在 Tucker 的分类方案中，问题的关键在于台地的概念中仅突出了陆表海清水碳酸盐沉积作用，不强调陆棚坡折高能带沉积的重要性及其与开阔陆棚的区别。而 Read 和 Carozzi 认为陆棚坡折缺乏礁、滩高能带镶边沉积的陆表海清水碳酸盐沉积模式仍是一种典型的缓坡模式。这种分歧的出现反映了陆表海碳酸盐沉积的特殊性，值得进一步研究。

五、碳酸盐岩沉积相模式

20 世纪 60 年代开始，随着对现代碳酸盐沉积作用研究的深入和对碳酸盐沉积原理的逐渐认识和理解的深化，特别是石油工业的推动，对古代海相碳酸盐岩沉积环境的解释才取得突飞猛进的发展，并建立了一系列相应的沉积相模式。

由于陆表海内波浪、海流以及潮汐作用对于碳酸盐沉积物的分异，形成了三个明显的沉积相带，即一个高能带、两个低能带。这一特征首先由肖（Shaw，1964）提出，奠定了碳酸盐相模式的基础，其后欧文（Irwin，1965）正式命名为 X、Y、Z 三个带，之后拉波特（Laport，1967、1969）提出四个带，一直发展到威尔逊（Wilson，1969、1975）的九个相带和塔克（Tucker，1981）的七个相带，碳酸盐沉积相模式才逐渐趋于完善和适用。在此期间，我国沉积地质学者在引进上述模式的同时，结合中国古生代碳酸盐沉积特点进行了卓有成效的研究（曾允孚等，1983、1989；刘宝珺等，1993），提出众多结合中国古海域发育特点的碳酸盐沉积模式。

随着人们对碳酸盐沉积相模式研究的不断深化，发现碳酸盐沉积受生物、气候、水文和自然地理等多种条件影响，沉积作用十分复杂，不可能用一种模式概括所有的特征，因为随着大地构造背景不同和时间上的推移，碳酸盐沉积模式也出现相对应的演化过程。进入 20 世纪 80 年代后，人们开始了一种动态碳酸盐沉积模式的研究和建立，强调碳酸盐缓坡沉积相模式的重要性（Read，1982、1985；Tucker，1985；Whitaker，1988；Carozzi，1989），并力图把碳酸盐相模式直接与成岩环境、矿产和油气资源勘探联系起来。以下简要介绍历年来最常用的几个碳酸盐沉积相模式。

1.欧文模式

欧文(1965)依据肖对陆表海水动力能量及沉积物分布特征研究建立的理想模式,以不含陆源碎屑物的浅海碳酸盐沉积物为条件。在此模式中,他将自滨岸到广海方向划分为三个带,并分别命名为X、Y、Z带(图9-28)。

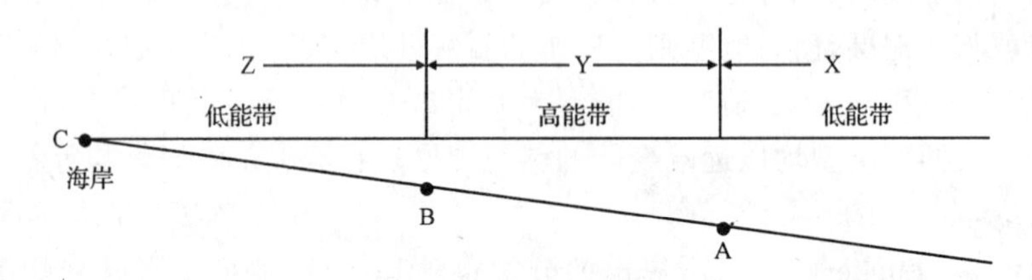

图9-28 欧文的碳酸盐岩沉积相模式(据欧文,1965)

X带(低能带)指位于广海浪基面以下地带,宽约数百千米。一般来说,海底很少受到扰动,只有海流能作用于海底,其沉积物主要来自高能带(Y)的细粒碎屑,形成粉屑灰泥沉积物。此带的大部分海底都接近于或低于光合作用的下限,因而大大地限制了生物及藻类的生长发育。如果海流不断供给充足的氧气,那么底栖生物就会繁殖起来,并能形成粗粒介壳碎屑,形成介屑泥晶灰岩。由于灰泥沉积物主要来自邻近浅水地区,其沉积速度一般较慢,而且海水温度又较低,因而不利于化学成因的灰泥发生沉淀。所以这一带沉积物的厚度不大。

向远海方向海水逐渐变深,温度也相应降低,同时海底又十分宁静,这就限制了氧气的供给,因此底栖生物不能大量发育。来自高能带的大量有机质都堆积在此带,同时许多浮游和自游生物也堆积在这里,加上沉积物在沉积以后又很少受到扰动,因而所形成的沉积物一般呈暗色,水平层理发育。

Y带(高能带)指从波浪开始冲击海底的地点开始,也即代表波浪的动能开始消耗处起,由此向滨岸方向延伸,直到浪能完全耗尽为止。此带宽约数万米。由于这一带波浪及潮汐十分活跃,水浅,阳光充足、氧气充分,底栖生物及藻类大量繁殖,所形成的沉积物基本上都是生物成因的。在此带向海一侧,从深水上升带来的养料尤其丰富,因而各种生物包括造礁生物大量发育,往往形成生物礁。而向滨岸一侧,则可见鲕粒砂,所见粒屑主要由砂砾级碎屑组成,灰泥很少,因此所形成的岩石主要为生物屑灰岩或鲕粒灰岩、内碎屑灰岩。其所含的生物碎屑大多已被磨蚀,但不一定经过长距离的搬运。同时由于生物碎屑或鲕粒受到波浪及流水的牵引、簸选,往往形成具有交错层的、分选良好的颗粒灰岩。

Z带(低能带)指位于高能带向滨岸方向直至潮坪为止。该带海水较浅,其深度不过数米乃至零米,宽度可达数百千米。此处海水循环不畅,主要受潮汐作用影响,波浪作用影响较小,所以属于低能环境,只有暴风才可引起局部的波浪作用。此带海底坡度很小。在靠近滨岸的地带,如因气候炎热干燥,水流停滞,可使海水蒸发,含盐度不断提高,因而主要沉淀白云岩、硬石膏或石膏以及各种盐类沉积物。海水淹没区的灰泥一部分是从高能带被簸选、搬运到此处的,部分是以物理化学方式直接从海水中沉淀下来的。所形成的岩石主要为泥晶灰岩或层纹状灰岩、白云岩，普遍富含球粒，并常见干裂、冲沟、鸟眼、扁平砾石、蠕虫掘穴及生物钻孔。由于该带水浅、循环局限、盐度及温度变化较大，因此生物群极不发育，数量也较少，仅有蓝绿藻、介形虫、腹足类等少量生物化石。

2. 拉波特模式

拉波特(1969)对美国纽约州早泥盆世海德堡群进行沉积相分析时所建立的模式(图 9-29)，基本上承袭了肖及欧文的概念，所不同的是他在研究该区沉积环境时指出，由于潮汐面频繁变动，引起潮上—潮间—潮下环境的复杂变换，因而形成各种相的交替和穿插。他指出潮汐作用的重要性和潮下存在碳酸盐和陆源碎屑的沉积分带性，较前人进了一步。

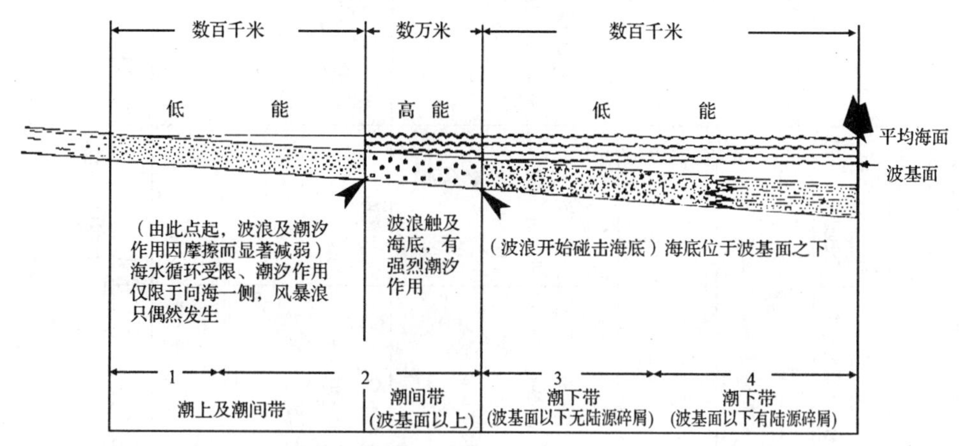

图 9-29 拉波特的碳酸盐岩沉积相模式(据拉波特，1967、1969)

拉波特的模式划分了四个相带，即潮上和潮间带，相当于欧文的 Z 带；位于波基面之上浅的潮下带，相当于欧文的 Y 带；波基面之下无陆源碎屑物的潮下带，波基面之下有陆源碎屑物(黏土)的潮下带，后两个带相当于欧文的 X 带。

3. 威尔逊模式

威尔逊(1969、1975)综合了古代及现代碳酸盐岩的大量沉积模式，按照沉积环境的潮汐、波浪、氧化界面、盐度、水深及水循环等因素的控制，建立了综合的碳酸盐沉积模式，划分出 9 个标准相带(图 9-30，表 9-5)：1A. 浊积岩和窄地槽深水相；1B. 盆地相(克拉通内部深盆及克拉通边缘冒地槽盆地)；2. 广海陆棚相；3. 盆地边缘或深陆棚边缘相；4. 碳酸盐台地前缘斜坡相；5. 台地边缘生物礁相；6. 台地边缘浅滩相；7. 开阔台地相；8. 局限台地相；9. 台地蒸发相。这个模式是欧文、拉波特等的模式的发展，1、2、3 相带相当于 X 带，4、5、6 相带相当于 Y 带，7、8、9 相带相当于 Z 带。此外，威尔逊还提出了在 9 个相带中 24 个微相类型的组合特征(表 9-6)，对使用他的模式带来很大方便。

威尔逊的模式在我国已被广泛采用，对在碳酸盐岩地区开展沉积环境及相分析的研究工作起到了良好的指导作用，但在使用过程中也还存在些问题，比如陆源碎屑岩与碳酸盐同时出现，如何建立模式？我国南方古生代地层经常出现碳酸盐台地与克拉通内部槽盆错综复杂的交错格局，碳酸盐台地内部出现各种微环境以及 5 和 6 相带无前后发育关系，更多地出现在平行台地边缘交替展布的格局中。还有 1、2、3 相带的细分在实际工作中无意义等问题。国内外

表9-5 碳酸盐岩沉积相带特征（据威尔逊，1975）

<table>
<tr><td colspan="2">相带
特征</td><td>1</td><td>2</td><td>3</td><td>4</td><td>5</td><td>6</td><td>7</td><td>8</td><td>9</td></tr>
<tr><td colspan="2">相</td><td>盆地相</td><td>广海陆棚相</td><td>盆地边缘相</td><td>台地前缘斜坡相</td><td>台地边缘生物礁相</td><td>台地边缘浅滩相</td><td>开阔台地相</td><td>局限台地相</td><td>台地蒸发岩相</td></tr>
<tr><td rowspan="6">沉
积
环
境</td><td>潮汐</td><td colspan="3">←潮下较深水陆棚低能带→</td><td colspan="3">←潮下高能带→</td><td rowspan="6">潮下浅水陆棚
潟湖低能带
浪基面之下
——→
稍有变化，
3.7%~4.5%
几米到几十米
中等</td><td rowspan="6">潮间—潮下
潟湖中及低能带
日潮作用带
上下变化很大
>4.5%
0到几米
←——很</td><td rowspan="6">潮上低能带
大潮作用带
充分氧化
变化很大
经常暴露海面
之上
差——→</td></tr>
<tr><td>波浪</td><td colspan="3">←浪基面之下→</td><td>←浪基面上下→</td><td colspan="2">←浪基面之上波浪作用强→</td></tr>
<tr><td>氧化界面</td><td>←之下→</td><td colspan="2">←附近→</td><td colspan="3">←之上→</td></tr>
<tr><td>盐度</td><td colspan="6">←正　常→</td></tr>
<tr><td>水深</td><td colspan="4">←几十米到二三百米→</td><td colspan="2">←0米到几米→</td></tr>
<tr><td>水循环</td><td>极　差</td><td colspan="2">←良　好→</td><td colspan="3">←很　好→</td></tr>
<tr><td colspan="2">岩石类型及结构</td><td>暗色薄层页岩、粉屑灰岩、灰泥灰岩、蒸发岩</td><td>生物灰岩、灰泥灰岩、粉屑灰岩、页岩</td><td>灰泥灰岩夹粉屑灰岩、内碎屑泥粒灰岩、微角砾岩</td><td>泥粒灰岩、粒泥灰岩、黏结岩、塌积岩、礁屑灰岩、生物屑灰岩</td><td>生物礁灰岩(生物骨架岩、生物障积岩、生物黏结岩)</td><td>颗粒灰岩(生物碎屑、鲕粒、内碎屑)</td><td>颗粒灰岩(灰泥基质)、灰泥灰岩、点礁、生物层</td><td>灰泥灰岩、球粒灰岩、粒泥灰岩（白云化）</td><td>白云岩、石膏、岩盐、灰泥岩、红层</td></tr>
<tr><td colspan="2">沉积构造</td><td>薄纹层韵律层</td><td>薄到中层，生物搅混构造，波状层理，小间断、瘤状层</td><td>纹层到无层理、韵律层理、递变层理</td><td>滑动层理，灰泥丘，注入岩脉，裂缝充填，角砾构造</td><td>块状层，向上凸起的纹理</td><td>交错层理</td><td>中—薄层，虫孔发育（水平）</td><td>纹理、鸟眼、叠层石构造，小型递变层理、潮汐沟充填物的交错层，虫孔（斜交）</td><td>纹理、结核、泥裂、鸟眼、虫孔（垂直），少量膏盐假晶</td></tr>
<tr><td colspan="2">颜色</td><td>暗</td><td>灰—绿—绿</td><td>暗—浅</td><td>暗—浅</td><td>浅</td><td>浅</td><td>浅—暗</td><td>浅—暗</td><td>红—棕黄</td></tr>
<tr><td colspan="2">陆源混入物或夹层</td><td>石英质粉砂及页岩、燧石</td><td>成层性好的粉砂岩或页岩夹层</td><td>陆源物少，燧石普遍</td><td>泥质、粉砂、细砂顺斜坡流入与碳酸盐混合或充填洞穴</td><td>无</td><td>可有石英砂混入</td><td>碎屑岩有时很发育</td><td>碎屑岩成层</td><td>来自陆地的风成碎屑可能很多</td></tr>
</table>

续表9-5

相带 特征	1	2	3	4	5	6	7	8	9
相	盆地相	广海陆棚相	盆地边缘相	台地前缘斜坡相	台地边缘生物礁相	台地边缘浅滩相	开阔台地相	局限台地相	台地蒸发岩相
生物化石	抱球虫、硅质海绵骨针、颗石藻、放射虫、纤状薄壳双壳类、海豆芽、竹节石、软舌螺、牙形石、浮游的笔石、菊石、三叶虫	菊石、直角石、海百合、三叶虫、钙质有孔虫、腕足、珊瑚	来自斜坡边缘生物碎屑，正常海相生物	主要来自斜坡上部生物碎屑	珊瑚、层孔虫、海绵、厚壳蛤、苔藓虫、红藻造礁生物伴生海百合、腕足、双壳类、三叶虫、有孔虫	受磨蚀的贝壳化石	钙质海绵、介形虫、有孔虫、簇绿藻、软体动物、腕足、海胆、苔藓虫、头足类	介形虫、腕足类、粟粒虫、蓝绿藻、蠕虫	蓝绿藻、软体动物贝屑、介形虫屑、蠕虫少
实例	湘、桂、黔中泥盆统棋梓桥组台沟沉积	湘、桂、黔中泥盆统棋梓桥组瘤状灰岩、层孔虫珊瑚灰岩	广西、贵州泥盆系台盆边缘砂砾屑灰岩、粗序层	墨西哥黄金巷生物礁西侧三兄弟油田、波萨里卡油田	墨西哥黄金巷、美国二叠盆地、加拿大西部泥盆纪等高产生物礁油田、湖北建南P_2ch海绵礁气田	沙特阿拉伯加尔瓦油田、利比亚泽勒坦油田、川南T^1_{c4}，T^1_{c2}鲕滩气田	印度尼西亚爪哇海点礁群油田、川南P^3_1红藻滩气田	美国维利斯顿盆地O–S油田，产于虫孔叠层藻中；川东T^5_{j1}潮坪窗孔球粒白云岩气田	美德克萨斯里斯夫油田

广大沉积学工作者在实践中提出了许多模式，补充和修改了威尔逊模式的不足之处（关士聪等，1980）。

表 9-6　几个标准相带的微相类型（威尔逊，1969、1975）

盆地	广海陆棚	盆地边缘（深陆棚）	台地前缘斜坡	台地边缘生物礁	台地边缘浅滩	开阔台地	局限台地	台地蒸发岩
1	2	3	4	5	6	7	8	9
		细纹层岩层中的碎石流，斜坡末端上的灰泥丘	巨大的塌砾岩块，未充填的大洞穴，斜坡下部的灰泥丘	斜坡下部的灰泥丘，圆丘礁，生物黏结岩斑块，边缘及障壁骨架礁脊和沟	岛屿、沙丘障壁沙坝，潮汐入口及通道	潮汐三角洲，泻湖典型的泥丘，柱状藻席，通道及潮汐沙坝	潮坪，潮道，天然堤，池沼，藻席带	硬石膏穹窿、锥形帐篷构造，纹层状石膏，结壳，盐沼地（蒸发池沼）、萨布哈（蒸发坪）
1. 骨针岩 2. 微生物碎屑粉屑灰岩 3. 浮游生物泥晶灰岩、放射虫页岩	2. 微生物碎屑粉屑灰岩 8. 含完整贝壳灰泥岩 9. 生物碎屑粒泥灰岩 10. 含包壳颗粒泥岩	2. 微生物碎屑粉屑灰岩 3. 浮游生物灰泥岩 4. 生物碎屑-岩屑微角砾岩	4. 生物碎屑-岩屑微角砾岩 5. 生物碎屑粒状灰岩-泥粒状灰岩、漂浮状灰岩	7. 生物黏结灰岩 11. 包壳的、磨蚀的生物碎屑粒状灰岩 12. 介壳灰岩（介壳混杂）	11. 包壳的、磨蚀的生物碎屑粒状灰岩 12. 介壳灰岩（介壳混杂） 13. 藻灰结核、生物碎屑粒状灰岩 14. 滞留角砾岩 15. 鲕灰岩	8. 含完整贝壳灰泥岩 9. 生物碎屑粒泥灰岩 10. 含包壳颗粒灰泥岩 16. 球粒亮晶灰岩 17. 含葡萄石藻灰结核灰泥岩 18. 有孔虫类伞藻粒状灰岩	16. 球粒亮晶灰岩 17. 含葡萄石藻灰结核灰泥岩 18. 有孔虫类伞藻粒状灰岩 19. 窗状、球粒、纹层灰泥岩 20. 叠层石灰泥岩 22. 藻灰结核灰泥岩 23. 非纹层纯灰泥岩 24. 潮道砾屑灰岩	21. 叠层石灰泥岩 23. 非纹层纯灰泥岩，结核状-珠状-肠状硬石膏、含透石膏、刃片灰泥岩

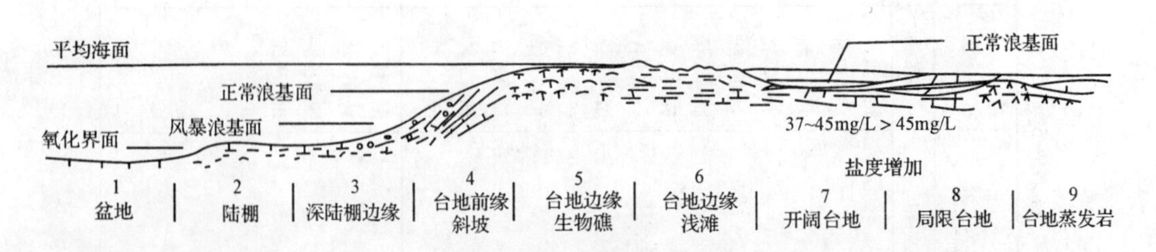

图 9-30　威尔逊的碳酸盐岩沉积相模式（据威尔逊，1975）

4. 塔克模式

塔克(1981)认为,一个典型而完整的碳酸盐相模式(图 9-31)应具有如下特征:在近岸潮间—潮上区,以碳酸盐泥坪为主,如果处在干燥气候带,向陆方向过渡为萨布哈及盐沼的蒸发沉积;在浅水到深水陆棚区,为碳酸盐砂及泥沉积,其中陆棚上或沿陆棚边缘发育的高能浅水区是鲕粒等颗粒生成的场所,由鲕粒和骨骼砂可以形成砂堤、海滩或浅滩。沿着砂堤岸线,在沟通泻湖与开阔陆棚的主要潮汐通道口上,可以发育碳酸盐潮汐三角洲,也是鲕粒生成场所;沿着陆棚边缘,礁和其他碳酸盐岩隆经常发育,可形成障壁地形,导致礁后陆棚静水泻湖的形成,海水循环受限制。在陆棚或开放泻湖内,常形成小的斑礁;沿陆棚边缘,来自礁及滩的碳酸盐碎屑可以通过碎屑流及浊流被搬运进邻近的盆地。在很少陆源物注入盆地的时候,则可有异地搬运的远海碳酸盐沉积作用发生。塔克模式的主要特点是将碳酸盐沉积作用与七个主要环境联系起来划分成潮上—潮间坪、泻湖及局限海湾、潮间—潮下浅滩区、开阔陆棚及台地(由浅水至深水)、礁及碳酸盐岩隆、前缘斜坡和盆地 7 个相带,其中盆地包括其他欠补偿的远海碳酸盐沉积区和碳酸盐浊积盆地。塔克又将前五种环境划归碳酸盐台地一陆表海,将后两种划归盆地较深水/斜坡区。该模式同威尔逊的模式相比较,不同点在于塔克模式中将盆地与陆棚放在一起,台地边缘生物礁与浅滩合并。在碳酸盐台地中则将泻湖(局限台地)与潮坪分开,开阔台地内又分出浅水碳酸盐砂滩,局部出现斑(点)礁及泥丘。相对威尔逊模式,塔克这个模式更切合陆表海碳酸盐沉积作用,非常适用于我国华北地台及扬子地台的古生代及三叠纪。

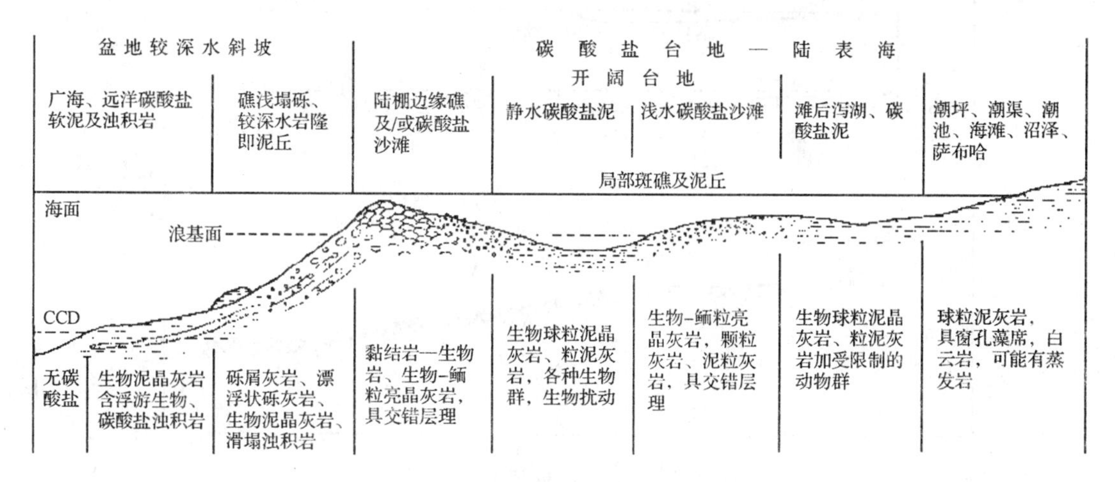

图 9-31　主要的碳酸盐沉积物的沉积环境及其相特征(据 Tucker,1981)

5. Read 模式

在总结归纳已有海相碳酸盐沉积模式的基础上,由 Read(1989)提出的模式有碳酸盐缓坡、碳酸盐台地两种模式和缓坡、台地和孤立台地或海洋环礁三种端元类型。

(1)碳酸盐缓坡模式:在 Read 的模式中,缓坡又被进一步分成两种类型:等斜和远端变陡的两种缓坡类型:等斜缓坡系指具有比较均一和平缓的、从岸线逐渐进入盆地的缓慢倾斜的斜坡,与较深水的低能环境之间无明显的坡折,波浪搅动带位于近岸处。由岸向海划分为 4 个相带(图 9-32):①潮坪和泻湖相;②浅滩或鲕粒(团粒)砂滩的浅水组合;③较深水缓坡泥质粒泥灰岩或灰泥灰岩，含各种完整的广海生物群化石、结核状层理、向上变细的风暴层序和生物潜穴，斜坡下部也可具海底胶结的碳酸盐建隆；④斜坡和盆地的灰泥灰岩和具页岩夹层的灰泥灰岩，重力流成因的角砾岩和浊积岩十分少见。Read 认为，拉波特模式就是一种等斜缓坡典型的沉积模式。Carozzi 甚至提出，Irwin(1965)所提出的 X、Y、Z 三带划分的清水碳酸盐沉积模式也属一种等斜缓坡的沉积模式。现代实例包括波斯湾(Parser，1973)和沙克湾(Logan 等，1974)(图 9-33)。

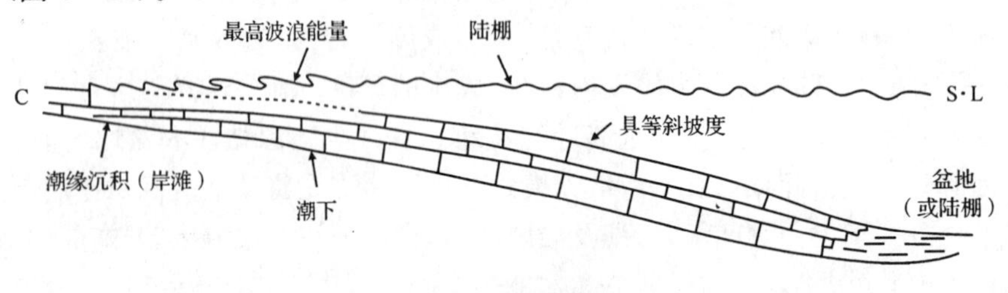

图 9-32　等斜缓坡模式(据 Read，1989)

S·L. 平均海平面

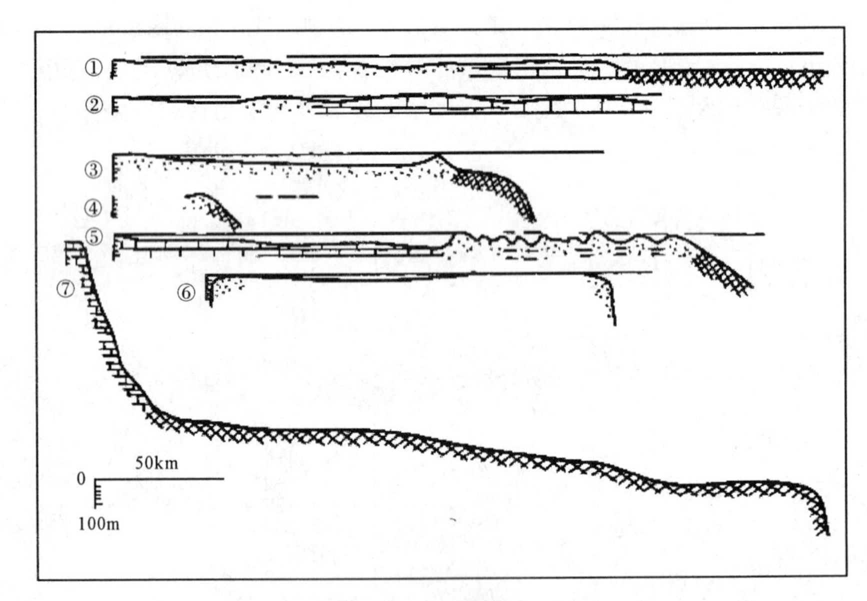

图 9-33　现代碳酸盐缓坡、镶边陆棚和孤立台地横剖面(Read，1985)

等斜缓坡：①波斯湾；②沙克湾；远端变陡缓坡：③犹卡坦

镶边陆棚：④佛罗里达；⑤昆士兰(同时反映淹没陆棚特征)；孤立台地：⑥巴哈马；⑦布莱克海台

远端变陡的缓坡在近岸处类似等斜缓坡的特征，而在远岸较深水处由加积和滑塌作用可形成较明显的坡折，并以具有某些台地的性质为显著特征(图 9-34)。然而，远端变陡的缓坡不同于下述的镶边陆棚或孤立台地，后两者的坡折带与陆棚边缘高能带重合，而前者高能带则位于近岸处，不仅坡折带不与高能带重合，而且为处于水下较深处的低能带，因而此类缓坡的坡折带与浅水高能带之间有较远的距离，堆积在变陡缓坡末端或盆地边缘的深水角砾状灰岩主要来自浪基面之下的深水缓坡或斜坡滑塌的碎屑物，并以缺乏浅水礁或滩的碎屑为前后两者的主要区别。远端变陡缓坡的沉积相划分与等斜缓坡类似，一般也分为四个相带，前三个相带沉积特征与等斜缓坡一致，在斜坡和盆地边缘相带的沉积物类型则不同于等斜缓坡，岩层内不含有大量层内截切面构造，夹有斜坡相碎屑的角砾状灰岩，浅水相的碎屑罕见。角砾状灰岩呈槽状或席状，同时还有一些互层状的浊流和等深流成因的异地颗粒灰岩。这些特征均反映了进入斜坡的坡度较陡。古代实例以 Cook 等(1977)描述过的美国西部上寒武统—下奥陶统的沉积层序，现代实例为犹卡坦半岛(图 9-33)。

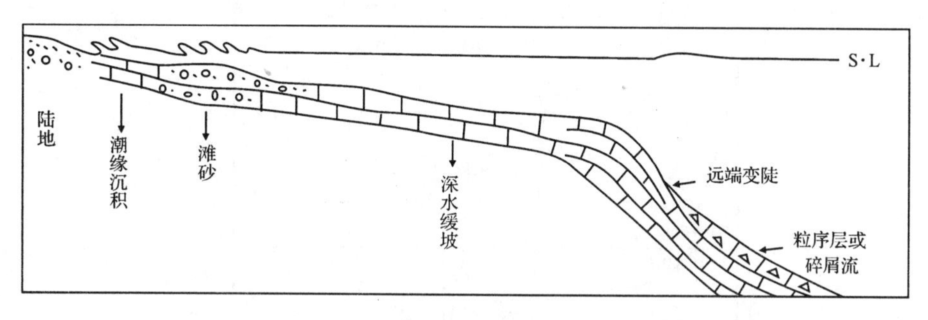

图 9-34　远端变陡缓坡模式(据 Read,1989)

S·L. 平均海平面

目前，随着沉积学工作者对碳酸盐缓坡沉积的重视，越来越多的古代缓坡沉积被识别出来。在我国也有一些这方面的研究实例的报道，如张继庆等(1990)所建立的四川盆地吴家坪期陆缘碳酸盐缓坡，广西十万大山早二叠世碳酸盐沉积和南京湖山下三叠统下青龙组碳酸盐岩夹暗色页岩至深水碳酸盐岩的滑塌沉积均可解释成缓坡模式。

(2)碳酸盐台地相模式：碳酸盐台地这个术语尽管在国内外得到广泛应用，但不同学者对它的认识却不完全一致。这里所指的碳酸盐台地引用的是 Read(1989)的概念，主要指具有水平的顶和陡峻的陆棚边缘的碳酸盐沉积海域，在这个边缘上具有"高能量"沉积物，而不管该海域是否与陆地毗连和其延伸范围。

根据碳酸盐台地的定义，Read 在 1985 年所建立的镶边陆棚和孤立台地(包括海洋环礁)都属于碳酸盐台地相模式中的类型。实际上，如果不考虑是否与陆地毗连，孤立台地(海洋环礁)也可视作镶边的陆棚。Tucker 和 Wright(1990)提出的碳酸盐台地分类和概念模式如图 9-35 所示。

镶边的碳酸盐陆棚是一种典型的浅水台地，其特征是：它的外部扰动边缘是以坡度明显增加(可达 60°或更大)而进入深水盆地，并以此与碳酸盐缓坡模式相区别，并以沿陆棚边缘有连续到半连续的镶边或障壁礁或滩限制着海水循环和波浪作用，向陆一侧则形成局限的陆棚或低能泻湖(Ginsburg 和 James,1974)。全新世镶边陆棚的实例有澳大利亚大堡礁(Maxwell,1968)，伯利兹陆棚、南佛罗里达陆棚(Enos 和 Penkins,1977)和昆士兰淹没陆棚(图 9-34)，国内外古代的镶边陆棚模式就更多。

Read 根据地形特征、沉积物类型及其分布和水动力条件等，以岸礁或缓坡的加积建隆为背景，将镶边陆棚模式又进一步划分成沉积或边缘型的、沟槽型(By-pass)的和侵蚀边缘型的三种镶边陆棚类型和演化序列(图 9-36)。而 Carozzi 则根据陆棚边缘的沉积作用以及所形

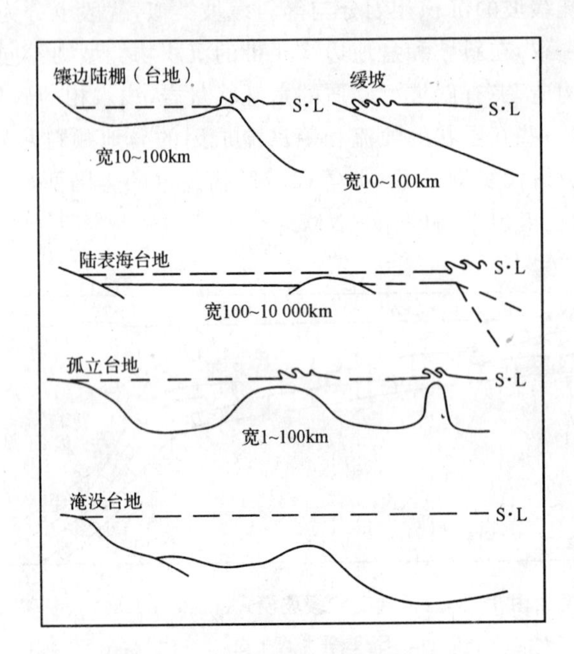

图 9-35　碳酸盐台地的分类和概念模式(据 Tucker 和 Wright,1990)

S·L. 平均海平面

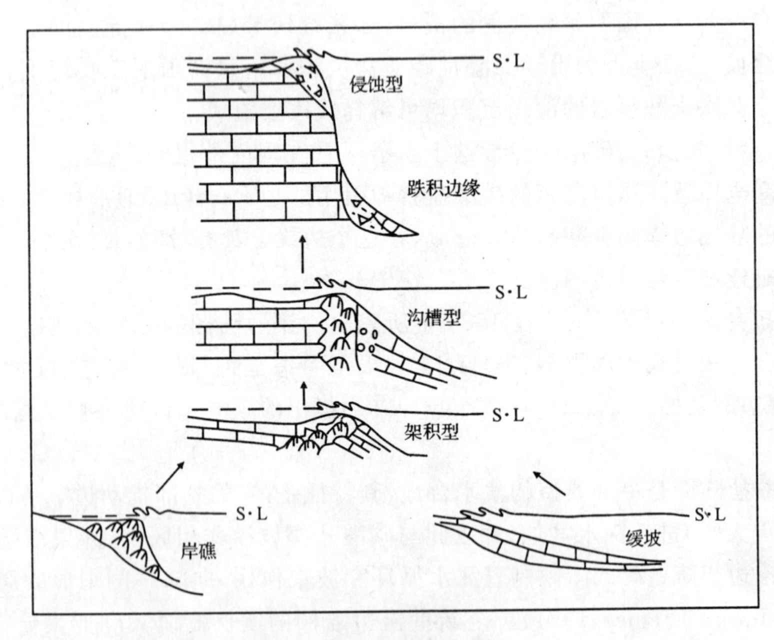

图 9-36　镶边陆棚的类型及演化序列(Read,1985)

S·L. 平均海平面

成的沉积物,把碳酸盐台地划分成具前缘生物堆积建隆的、具前缘生物堆积-水动力建隆的和具前缘生物建造-水动力建隆的三种碳酸盐台地类型。

孤立台地和海洋环礁的四周都被深达数百至数千米的海水所包围。其边缘和内部的沉积特征和相带划分与前述的镶边陆棚较为类似，都具有堆积塌积物为主的边缘陡崖（60°或更大）和发育于台地边缘坡折带上的高能带，以沉积生物礁或鲕粒滩为主。区别是孤立台地边缘可以迎风也可以背风，并围绕台地呈环状分布。如巴哈马台地即属于一种典型的孤立台地，它发育在由于断裂所引起的迅速下沉的地垒上，其基底可能是陆壳或过渡壳。海洋环礁属孤立台地的特殊类型，常发育在隆起的大洋火山上，周缘水深可达近千米至数千米。我国南沙群岛中的永兴岛属于此类型的现代实例，古代实例以广西南丹泥盆系龙头山马蹄形环礁最为典型（田洪均，1985）。

6. 关士聪模式（1980）

关士聪等（1980）综合研究了我国近年大量地层研究成果，编制了一套1∶10 000 000的全国范围的古海域沉积相图。在此基础上，进行分析比较，并吸取了威尔逊及赖内克等的沉积模式的优点，提出了中国古海域沉积环境综合模式图。这个模式按海底地形、海水深度、潮汐作用及海水能量、沉积特征及生物组合特征等，分为两个相组、6个相区、15个相带（表9－7，图9－37）。

关士聪等建立的综合模式，具有重要的理论和实践意义，值得推广。他们所划的台棚相组包括了陆表海及边缘海沉积模式。槽盆相组概括了主动及被动大陆边缘盆地沉积特征。模式考虑了各种构造条件下的沉积盆地类型。同时，他们也将陆源沉积模式与清水碳酸盐沉积模式统一了起来。

表9－7　中国古海域沉积环境综合表（据关士聪等，1980）

槽盆相组	深海槽盆相区（O_{-1}） 次深海槽盆相区（O_{-2}）	
台棚相组	浅海陆棚相区（Ⅰ）	陆棚边缘盆地相带（I_1） 浅海陆棚相带（I_2） 陆棚内缘斜坡相带（I_3）
	台地边缘相区（Ⅱ）	台地前缘斜坡相带（II_1） 台地边缘礁相带（II_2） 台地边缘滩相带（II_3）
	台地相区（Ⅲ）	台盆（台沟）相带（III_0） 开阔台地相带（III_1） 半闭塞台地相带（III_2） 闭塞台地相带（III_3）
	陆地边缘相区（Ⅳ）	沿岸滩坝相带（IV_1） 潮坪泻潮相带（IV_2） 滨海沼泽相带（IV_3） 滨海陆屑滩相带（IV_4） 三角洲相带（IV_5）

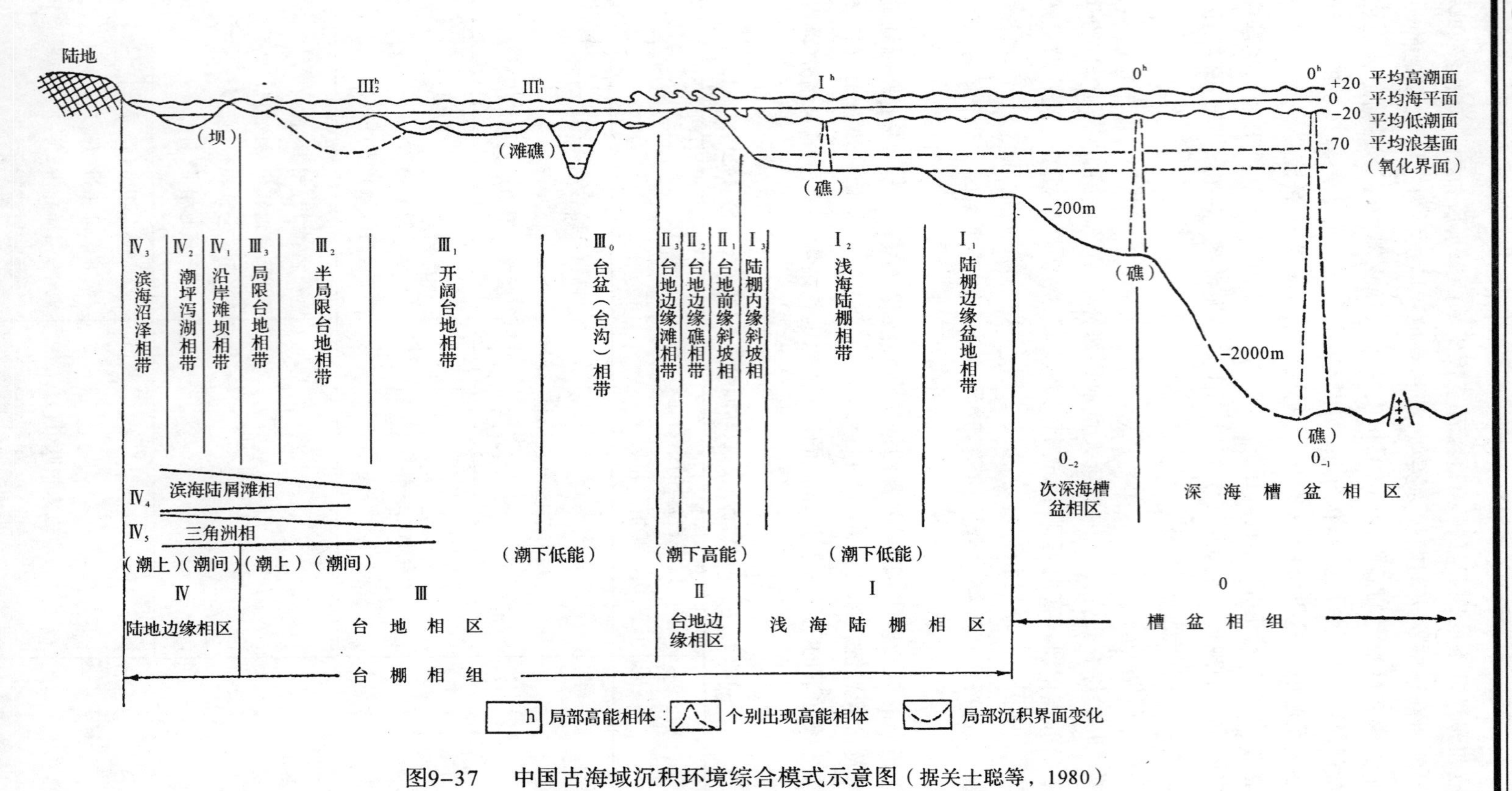

图9-37 中国古海域沉积环境综合模式示意图（据关士聪等，1980）

第十章　中国含油气盆地沉积学的基本特点

石油和天然气是在沉积盆地演化的特定地史环境中，由沉积地层（岩）中的有机物质生成，并沿沉积地层中的疏导体系运移，最终在有储集层和良好封闭层发育的圈闭中聚集形成油气藏的。因此，沉积盆地中充填沉积的沉积物质是油气生成、运移和聚集的基础，烃源岩、储集岩和封闭层的时空最佳配置的地方就是最有利油气聚集的场所。而寻找沉积盆地中烃源岩、储集岩和封闭层的时空分布规律，精确判断它们在盆地中分布的准确位置，主要依据的就是沉积学理论和相应配套的技术方法和手段的应用。摸清含油气盆地内的沉积体系、沉积相、沉积亚相和沉积微相的时空展布是油气勘探和开发中必不可缺的重要研究内容，也是降低油气勘探开发风险的重要途径。由此可见，含油气盆地沉积学在油气地质勘查领域中占有举足轻重的重要位置。

第一节　沉积盆地分类

地壳中沉积盆地的形成与大地构造活动密切相关。构造活动及构造格局决定了盆地的几何形态，沉积区与物源区的分布，沉积盆地的类型、充填特征，沉积作用及沉积环境的变化等。地质历史中的沉积盆地一般具有足够厚的沉积物充填，并形成总体为中间沉积厚度大，向盆地边缘渐减薄的沉积地质体。沉积盆地的这一构造特征，使其具备了油气生成、运移和聚集的基本条件。

关于沉积盆地的分类，很多学者都作过研究。20 世纪 60 年代末以前的盆地分类研究主要是基于槽台学说，如 50 年代美国的威克斯（Weeks，1958）等，以及前苏联的哈苗（1951）、布罗德（1957）的分类。70 年代随着板块构造学的兴起和能源开发日趋重要，很多学者利用板块学说对盆地进行分类，如 Halbouty 和 Kelemme（1970）、Macrossan 和 Porter（1975）、Bally（1975、1980）、Chapman（1976）、Dickinson（1976）、Kingston（1983）、Miall（1984、1990、2000）、Klein（1987）、Ingersoll（1988）、Allen 和 Akkev（1992）等对全球主要盆地进行了研究和类型划分。国内学者赵重远（1978）、甘克文（1982）、李德生（1980、1984、2002）、陈发景（1981、1986）、朱夏（1979、1983）、罗志立等（1982）、刘和甫（1986）、陈景达（1989）和彭作林等（1995）、李国玉等（2001、2005）、赵锡奎（1992）等先后利用板块构造观点、盆地几何形态、盆地动力学性质对中国沉积盆地进行了分类。

赵锡奎（1992）根据盆地几何形态和规模、盆地基底特征、盆地所处的构造位置、盆地形成的时代、盆地内部构造样式、盆地成因机制、盆地沉积与沉降作用关系、盆地沉积建造和优势矿种、盆地热体制将沉积盆地归纳为 9 类 30 种。

沉积盆地分类的主要原则有：①大地构造位置和背景；②盆地形成的动力学环境和机制；

③盆地形态和结构；④盆地沉降与充填；⑤盆地含油气性和含矿性。

根据盆地几何形态分为：对称性盆地和不对称性盆地。

根据盆地规模分为：巨型($50\times10^4\sim100\times10^4km^2$)盆地、大型($10\times10^4\sim50\times10^4km^2$)盆地、中型($1\times10^4\sim10\times10^4km^2$)盆地、小型(小于$1\times10^4km^2$)盆地。

根据盆地所处的构造位置分为：活动大陆边缘盆地和被动大陆边缘盆地；板块边缘盆地，板内盆地，与离散、汇聚、转换板块边缘有关的盆地。

根据盆地形成时代分为：元古宙盆地，古生代盆地，中新生代盆地等。

根据盆地形成的动力学机制分为：张性盆地，压性盆地，扭性盆地及过渡类型盆地。

根据含油气性和含矿性分为：含油气盆地，含煤盆地和含盐盆地等。

根据盆地的叠置关系分为：单一盆地或简单盆地，复合盆地或叠合盆地。

第二节　典型含油气盆地沉积特征

一、伸展盆地(包括断陷和坳陷)

伸展型盆地的早期地壳沉降性质以断陷为主。其盆地的构造特征是在拉张作用下以断块的差异升降活动为主，盆地被隆起(凸起)和坳陷(凹陷)分割成许多复杂的地质单元。在沉积上，隆起和凸起等正向构造单元通常成为沉积物的供给区，即物源区。坳陷和凹陷通常为接受沉积的地区，盆地演化受盆地边缘正断层控制。

1.断陷盆地

断陷盆地分为半地堑和地堑盆地。

半地堑盆地(箕状盆地)的一侧发育张性正断裂(层)，一侧为地层超覆。沉降中心位于边界断裂附近，沉积厚度大。沉积中心一般位于盆地的中部。物源区通常沿盆地的长轴方向分布。在盆地的断裂边界一侧，由于坡度大，来自陡岸的碎屑物质被洪水或常年山间河流带到山前堆积，形成陆上的冲积扇或水下扇，当这些扇体继续向断陷湖盆搬运和沉积，形成扇三角洲沉积体系(相)。盆地缓坡带一侧，沉积厚度相对较薄，一般发育近源的小型河流三角洲沉积、滨岸碎屑岩滩坝相。来自盆地长轴方向的物源也可沿盆地长轴形成河流三角洲沉积或扇三角洲沉积。在气候干旱的条件下，近盆地边界断裂发育的扇三角洲前端可出现蒸发岩相沉积(图10-1)。

地堑型盆地的特点是盆地两侧边界均以正断层为界，盆地近似对称。盆地两侧可能发育相似的沉积体系(相)，岩性以粗粒碎屑沉积为主。盆地内发育冲积扇、扇三角洲、水下重力流砂体。盆地长轴方向发育长河流三角洲，缓坡带发育扇三角洲，陡坡带发育扇三角洲和水下扇，湖湾地区发育滩坝砂体。

2.坳陷盆地

坳陷型盆地通常地形起伏不大，沉积中心与沉降降中心一致，位于湖盆中央，不同发育阶段略有迁移。深陷扩张期深湖区面积大，但湖水不一定很深(水深30～60m)、滨浅湖亚相较窄，呈较规则的环状分布于深湖区的外围。储集砂体以湖盆收缩阶段最为发育，在湖盆的长轴

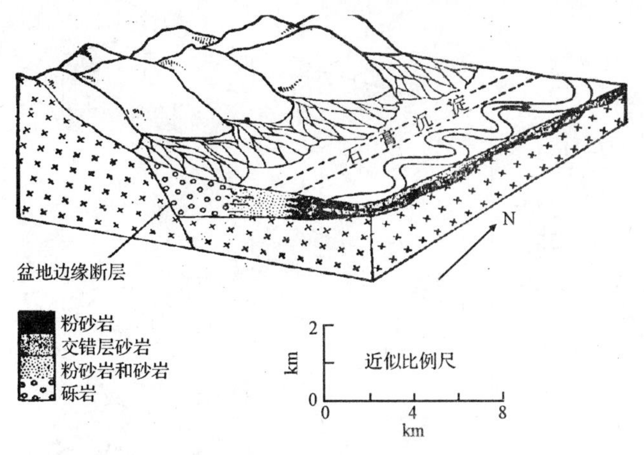

图 10-1 半地堑盆地沉积模式

斜坡发育长河流三角洲砂体，短轴斜坡发育短河流三角洲、扇三角洲和滩坝等砂体。深水区可能有浊积砂体。

二、挤压盆地

挤压盆地常常与汇聚板块构造背景或造山带有关，以前陆盆地为代表。一般的挤压型盆地(前陆盆地)均位于一个造山带的一侧，盆地充填体的空间形态为楔状体，靠近盆地近端(造山带一侧)沉积物厚度最大，向克拉通方向逐渐减小。主要物源来自冲断带，次要物源来自克拉通。典型代表有塔里木库车、喀什、和田前陆盆地、川西前陆盆地等。

川西前陆盆地具有多旋回的发育历史，冲断带的逆冲作用和走滑作用交替出现，导致前陆盆地产生不同的沉积样式、沉积物供给和水系类型。在冲断作用时期，前陆盆地以楔状充填为特征，构造沉降速率和沉积物堆积速率高，沉积物来自冲断带和前缘隆起，双物源供给，水系以纵向河为主。在走滑作用时期，前陆盆地以板状充填为特征，构造沉降速率和沉积物堆积速率低，沉积物仅来自冲断带，为单物源供给，水系以横向河为主(王成善等，2003)。

前陆盆地的沉积相类型有冲积扇相、河流相、辫状河流相、湖泊三角洲相、辫状河三角洲相等。沉积层序以向上变粗序列为主，在岩相粒度上以粗粒碎屑为主，且多偏近发育于山前冲断带。

前陆盆地的充填一般可以分为两阶段：①早期欠补偿阶段，造山体地形是平缓的，沉积物搬运速率低，盆地保持深水环境。发育浊积岩或者复理石相，反映了陆上造山带上升速率小于盆地沉降速率，因而促使沉积物供给量不足。②晚期稳定或过补偿阶段，在山脉的生长趋于稳定阶段后，强烈的剥蚀与抬升均衡，盆地由碎屑充填到溢出点，形成一个稳定的盆地几何形态。沉积的显著标志是磨拉石、浅海和河流沉积相。由于造山带抬升，侵蚀进一步加剧，提供沉积物源增多(图 10-2)。

三、走滑-拉分盆地

走滑盆地是盆地内的沉积作用与重要的走向滑动相伴随的沉积盆地。它们大多具有特定几何形态、高沉积速率、巨厚沉积、快速侧向相变等特征，这就导致了盆地在形态、分布、沉积充

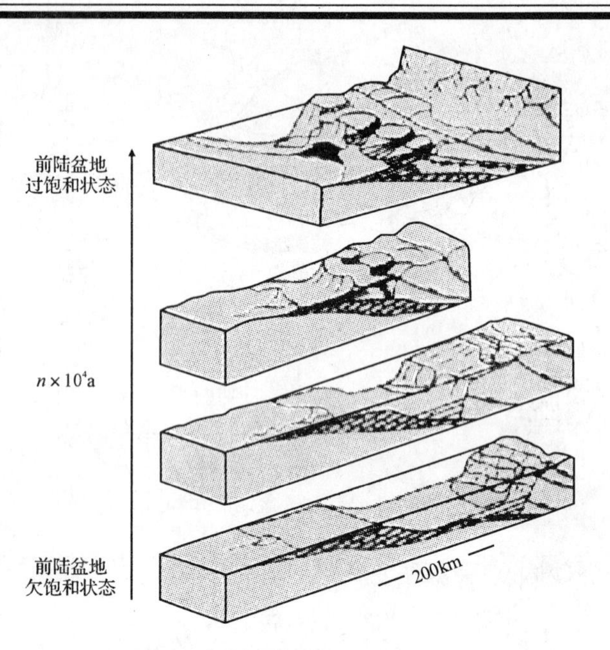

图 10-2　前陆盆地沉积演化模式(据 Desegaulx 等,1991)

填序列、沉积体系域配置等方面的特殊性。盆地平行于走滑断裂系,呈狭窄状。由于在盆地两侧的垂向运动的不均一性,横剖面常显示出不对称特征,盆地一侧为相对简单的下降边缘,另一侧则相对复杂,为不整合、仰冲断层和倾向滑动断裂的组合。

走滑盆地构造-沉积演化复杂,沉积相在纵向和横向上均不对称,沿主断裂沉积有一些以碎屑堆、滑坡及小规模的陡倾性碎屑流为主的冲积扇等形式的粗粒沉积角砾岩,盆地的边缘沉积有以河流为主的冲积扇,也有辫状河、曲流河、扇三角洲及三角洲沉积。盆地内侧向相变快速,以至于边缘角砾岩侧向可快速进入湖相泥岩为特征(图 10-3)。

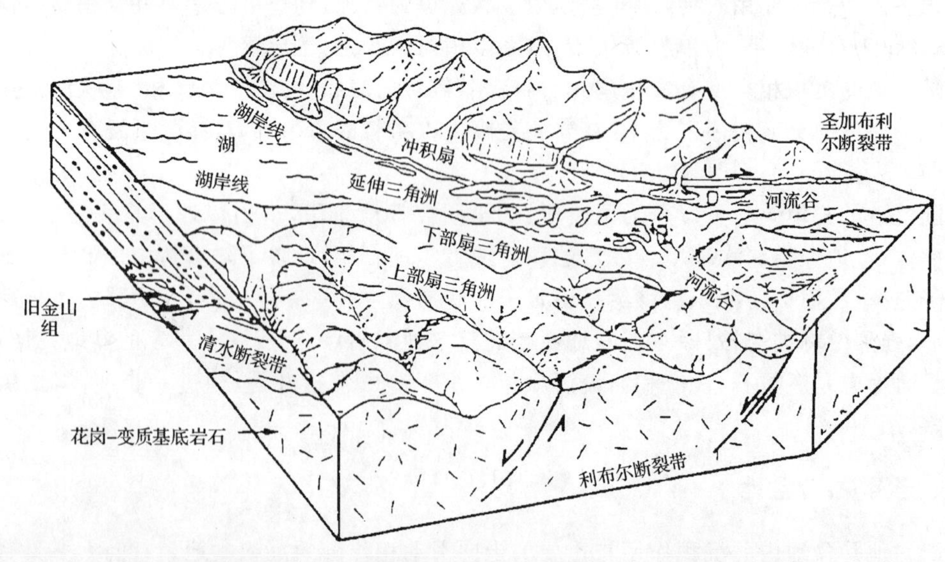

图 10-3　走滑盆地沉积相分布模式(据 Linck,1984)

从动力学系统出发，与走滑断层有关的盆地有三种类型：①走滑拉张盆地；②走滑挤压盆地；③拉分盆地。各种盆地的主要特征见表10-1。

表10-1 走滑盆地类型及沉积特征对比表(据王成善等，2003)

	走滑拉张盆地	走滑挤压盆地	拉分盆地
盆地发育构造位置	离散走滑构造带	冲断带、造山带前缘等斜向挤压部位	走滑断层侧接处或雁行断裂部位
伴生构造	主要发育雁列状断裂，缺少明显的挤压作用。仅局部发育褶皱，褶皱轴与主位移带平行	逆断层、褶皱构造甚至推覆构造。褶皱与断裂多呈雁列状排列。在盆地内常形成多沉积中心	断裂，沿盆地对角线方向或在盆地内形成多个坳陷和水下凸起
控制盆地形成的主要因素	走滑与拉张双重控制	走滑与挤压双重控制	走滑
控盆边界主断裂性质	具有走滑分量的正断层	具有走滑分量的逆断层	走滑断裂和正断层
盆地充填	盆地边缘以角砾岩、(扇)三角洲、冲积扇沉积为主。中心以湖泊和浊流沉积为主，垂向上具有向上变细的退积型层序	以河流控制的冲积扇和辫状河沉积为主。具有与前陆盆地相类似的充填特征，垂向上显示向上变粗的进积型层序	与走滑拉张盆地相似
盆地扩展或收缩方向	与主走滑断裂带垂直	与主走滑断裂带垂直	与走滑断裂带平行
走滑运动的沉积学表现	沉积区与物源区错位，沉积体系的侧向迁移或侧向叠置，多沉积中心的产生和沉积中心侧列、古流向有规律性的偏转等		
实例	伊利诺伊盆地(Nelson等，1980)；安达曼海盆地(Harding等，1985)；莺歌海盆地(李思田等，1995)；伊通盆地(李思田等，1997；侯启军等，2009)	加州南部的文图拉盆地(Yeats等，1985)；斯匹次尔根挽近纪中央盆地(Steel等，1985)；云南景谷始新世盆地(刘善印等，1998)；下扬子中晚三叠世盆地(夏邦栋等，1994)	死谷盆地(Burchifel等，1966)；云南陇川盆地(陈布科等，1994)；下扬子地区宁芜中生代拉分盆地(林鹤鸣等，1997)

第三节 主要储集体类型和含油气性

含油气盆地中的岩石(层)，不论是沉积岩、火成岩和变质岩，只要具备了一定的可供油气聚集的储集空间和渗流条件，都可以作为油气的储集岩(层)。目前世界含油气盆地的储集层主要是沉积碎屑岩和碳酸盐岩，占世界油气储量90%以上的油气是储藏在沉积岩中。也有一些油藏的储集层是火成岩和变质岩，但所占比例很小，不足10%。含油气盆地沉积学在油气地质领域的主要作用就是运用盆地沉积学理论和技术方法为油气勘探和开发提供生油层、储集层、封闭层的时空分布位置，确定有利的圈闭场所，为油气勘探和开发决策提供科学依据。

生油层、储集层和封闭层是油气生成、运移、聚集和形成油气藏的物质基础，与油气藏的形成、分布和特征有密切的关联。

以碎屑岩沉积为主的陆相含油气盆地中，烃类储集层以碎屑岩占绝对优势。碎屑岩储集层以砂岩为最多，砾岩和泥岩仅占其少数。砂岩中又以粗粉砂—细、中砂岩为主。除碎屑岩外，也经常有一些湖相碳酸盐岩，如生物礁和滩坝相碳酸盐沉积，也是良好的储集层。有些盆地还发现不少裂缝、溶洞型基岩潜山油气藏，其原岩可以是各种岩类，包括前中生代的碳酸盐岩、变质岩、侵入岩和喷发岩，当储集空间发育时，也可成为储集层。

陆相沉积盆地所有沉积环境的碎屑岩都有可能接受油源成为油气储集层。但湖盆中的三角洲、扇三角洲、水下扇（重力流成因为主）、滩坝等砂体临近生烃坳陷（深湖-半深湖沉积区）是最有利的油气聚集场所。近源冲积扇砂砾岩体、河流砂体成为大油田的例子也屡见不鲜。其根本原因在于断陷盆地的沉积体系从近源端冲积扇到最远端湖泊中心，其搬运距离仅数千米到数十千米，靠近生烃中心，储集物性条件较好，常可形成好的储集层。

沉积体系的大小与形成油田规模呈线性递增关系。如河流三角洲沉积体系在拉张型的坳陷和断陷盆地中常沿盆地的长轴发育，这种沉积体系河流长，流域面积大，坡度小，往往成为一个盆地中发育的最大的沉积体系，储层最发育（如松辽盆地大庆油田、渤海湾盆地东营凹陷的胜坨油田等）。各种扇体通常发育于盆地的短轴方向，虽然同期发育的单个沉积体系规模较小，但一般多为继承性发育，靠近盆缘沿盆地长轴方向形成一系列的沉积扇裙，砂体连片分布，厚度大，同样也可形成较大规模的油气富集区。如准噶尔盆地西北缘三叠系洪积扇裙构成了克拉玛依油田储集层的主体，南襄盆地泌阳坳陷南侧发育的近岸水下扇和扇三角洲砂体是双河油田的主要储集砂体。

一、碎屑岩储集层

1.冲（洪）积扇沉积储层

在气候干旱或半干旱地区，季节性山洪暴发时或高山积雪融化时，在山口堆积的粗碎屑扇体称为洪积扇，碎屑物质的搬运和沉积机制以碎屑流（泥石流）为主。在气候潮湿地区，山地河流在出山口处堆积的粗碎屑扇体，称为冲积扇，碎屑物质的搬运和沉积机制以牵引流为主。与洪积扇相比，组成冲积扇的物质的分选性和圆度有所改善，砾石直径减小。冲积扇和洪积扇主要组成物质是水道的砂砾和溢岸漫流的砂泥物质。总的岩性特征是组成物质粗而杂乱，粒级分布很宽，从泥、砂到巨砾都有，砂砾含量很高，分选和圆度较差，碎屑成分完全承袭附近物源区母岩的物质成分。

冲积扇砾岩储层存在以下几种孔隙类型：粒间孔、粒间溶孔、粒内溶孔、杂基或胶结物中微溶孔、微缝隙。储层多数属中低孔隙度，平均在11%～15%，而渗透率变化较大，在$60\times10^{-3}\sim6\ 000\times10^{-3}\mu m^2$。储层吼道均值小，大小和分布不均匀。渗透率对岩石结构敏感性极大，平面和层间非均质性严重，主要表现在相带间的差别。一般来说，从扇根向扇端物性变差，各亚相带内主水道微相物性最好。

新疆克拉玛依油田的储集层主要是准噶尔盆地西北边缘沿克-乌大断裂分布的三叠系冲积扇体，油源主要是下伏老地层石炭系—二叠系的生油层，油气通过断裂输导到上覆扇体内，形成油气藏。其储层的特点是砂泥比高、砂砾岩厚度大、粒度中值大、分选差，孔隙度达20%

左右，渗透率达 $100\times10^{-3}\mu m^2$，有利储层主要分布在扇中水道内。

2. 河流沉积储层

河流沉积物多年来一直是我国陆相含油气盆地油气勘探与开发的重要研究对象之一。河流作用形成的砂体是重要的油气储集层，具有如下共同特点：①主要储层是河道砂和各类沙坝，决口扇是次要的储集体；②总的砂体走向平行于河道走向，但是也存在显著的局部性变化；③平行河道方向储层连续性好，垂直河道方向变化大；④平面和层内非均质性严重（表 10－2，图 10－4）。

表 10－2　不同河流沉积储集层物性特征比较(据于兴河，2002)

储层类型	辫状河	曲流河	网状河
储层厚度	中厚层状—厚层状 几米至几十米	中厚层状，几米至几十米	厚层状 十几米至几十米
砂体叠置	多层式垂向叠置	单边或多边式侧向叠置	孤立式
横向连续性	宽，连续性好	较宽，连续性好	窄，连续性差
砂体连通性	好	较好	较差
隔夹层	不常见，且不连续	常见，且连续	很多，常见
垂向物性	无明显规律，多呈现出高低相间的分段特征	自下而上孔隙度降低，渗透率变差	自下而上孔隙度降低，渗透率变差
平面物性	具成带分段特征，好储层段成带出现	好储层具分带分段性	窄条带状储层交织成网状

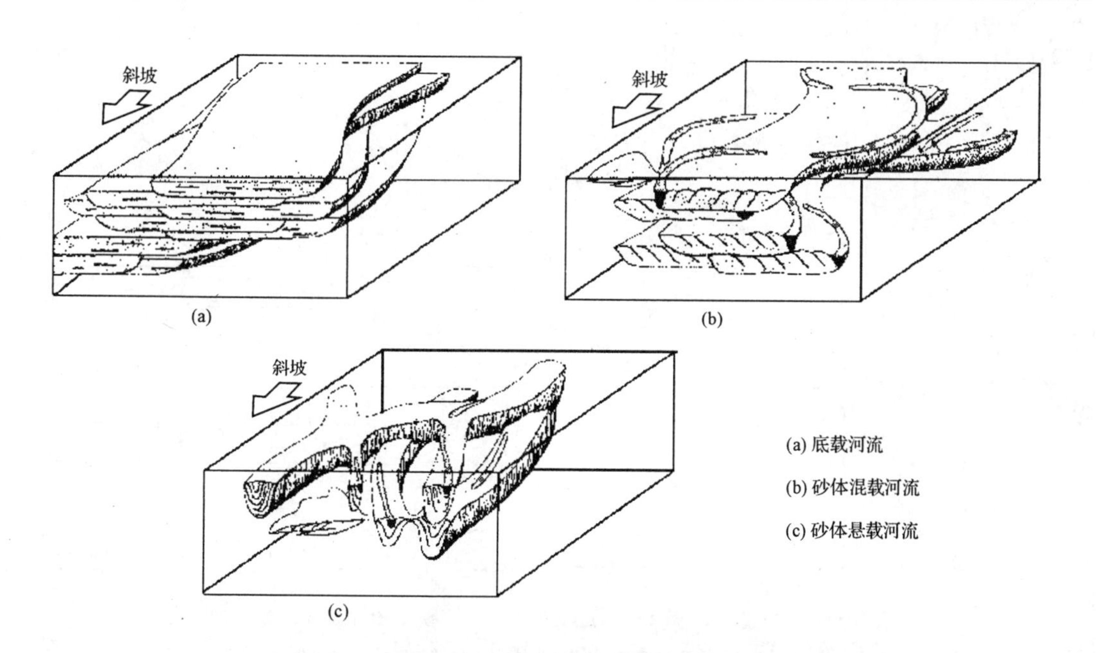

图 10－4　河流砂体储层空间形态特征(据 Galloway，1993)

辫状河沉积储集砂体在平面上呈交叉条带状分布，砂岩厚度达 50～150m，有利储集相带主要为辫状河心滩相。孔隙度在 10%～20%，渗透率达 $112\times10^{-3}\mu m^2$。辫状河沉积储层在我国西部准噶尔盆地、塔里木盆地、鄂尔多斯盆地等中生界地层较为发育，是一种重要的油气储集层。曲流河和三角洲平原分支河道沉积储层优于冲积扇和辫状河流沉积，储层结构成熟度和成分成熟度逐渐增高，孔渗条件通常优于辫状河道沉积，储层砂体在平面上常为条带状、剖面上常呈透镜状分布。曲流河、三角洲平原分支河道储层通常在坳陷盆地比较发育。

3. 三角洲和滨岸障壁沙坝沉积储层

通常在坳陷型盆地发育的远源河流三角洲沉积体系，由于沉积物搬运距离较远，砂体的结构成熟度和矿物成分成熟度较高，一般具有较好的储集性，如松辽盆地早白垩世从北向南依次发育洪积扇相、河流相、三角洲平原相、三角洲缘相、较深-深湖相五个带。洪积扇相砂岩类岩性由砂砾岩、砾岩、角砾岩组成；河流相为含砾砂岩和砂岩；三角洲平原相和前缘相为粉砂岩和粉细砂岩组成；较深湖-深湖相以泥岩为主夹薄层粉砂岩组成。尤其是三角洲前缘的河口坝、水下分流河道和前缘席状砂砂体（图 10-5、图 10-6）储集物性最好。滨岸障壁沙坝砂体连续性好，由于受到波浪的不断改造，储层物性也较好（图 10-7）。下白垩统主要含油气层是姚家组、青山口组和泉头组，油气主要储集在三角洲平原和三角洲前缘砂岩中。这些相区接近油源，砂岩比较发育，砂体物性好，砂泥比值适中。据姚家组、青山口组的油层统计，河流相砂岩油气储量占总储量 17.4%，三角洲分流河道砂岩油气储量占 58%，三角洲前缘砂体的储量占 20%，滨浅湖亚相的储量占 0.6%，还有 4%的储量在泉头组，储存在成岩后生作用较弱的河流相砂体中（据吴崇筠等，1992）。从物性上看，这种远源河流三角洲沉积体系中的河流相（包括三角洲平原分支河道相）砂

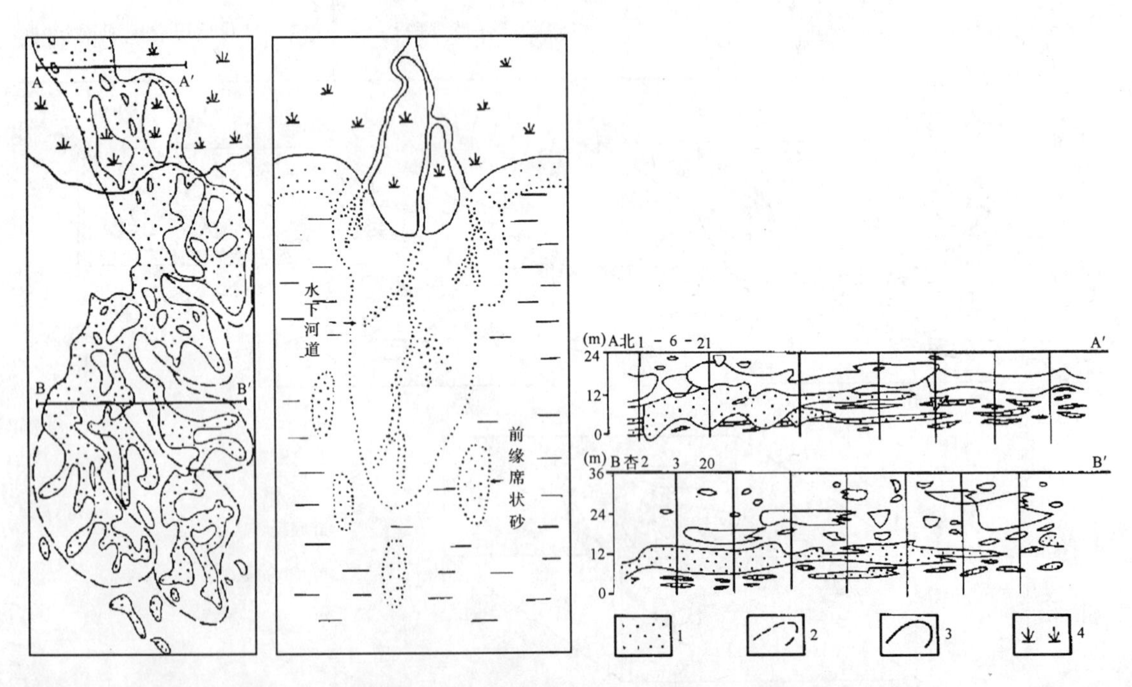

图 10-5 松辽盆地姚家组鸟足状三角洲沉积模式图（据吴崇筠等，1992）

1. 主体砂岩；2. 三角洲朵体分界线；3. 湖岸线；4. 三角洲平原

体储集性最好，其次为前缘席状砂相和滨浅湖相(表 10－3、表 10－4)。

表 10－3　大庆油田萨尔图油层(姚二段、姚三段)储层物性(据吴崇筠等，1992)

相区	粒度中值(mm)	分选系数	孔隙度(%)	渗透率($\times10^{-3}\mu m^2$)
河流相	0.142～0.147	2.98～4.44	26.0～27.0	472～686
三角洲分流平原亚相	0.119～0.131	1.86～2.02	24.8～25.9	528～543
滨湖亚相	0.133	2.95～3.10	24.8～26.5	426～784
浅湖亚相	0.122～0.129	3.09～3.30	25.5～26.3	274～436

表 10－4　大庆油田高台子油层(青二段、青三段)储层物性(据吴崇筠等，1992)

相区		粒度中值(mm)	分选系数	渗透率($\times10^{-3}\mu m^2$)	孔隙度(%)
三角洲平原分流河道砂		0.11～0.17	2.00～3.00	上部 300～500 下部 790～1 400	28～29
水下分流河道砂	叶状三角洲	0.10～0.15	1.16～2.30	上部 450 下部 950～1 500	27
	鸟足状三角洲	0.12～0.13	1.16～2.30	上部 50～350 下部 500～700	26～29
内前缘席状砂	叶状三角洲	0.11	2.50	650～150	24～26
	席状三角洲	0.10	2.00～4.00	750～160	24～26
外缘前席状砂		0.06～0.10	2.00～250	上部 300 下部 130～150	24～27

4.(扇)三角洲沉积储层

发育扇三角洲的重要条件是海、湖岸附近地形高差大，岸上斜坡陡窄，物源近，碎屑物质供应充足。扇三角洲与河流三角洲类似，都处于过渡带，具有三层结构单元——河流作用为主的(扇)三角洲平原，河、海、湖共同作用的(扇)三角洲前缘带和海(湖)作用的前(扇)三角洲带。前缘带砂体受波浪和潮汐改造，说明其位于浪基面以上的浅水带。垂向层序绝大多数呈反旋回，层理构造指示牵引流性质为主，但有时会伴随滑塌等重力流性质的构造特点。

三角洲和扇三角洲的区别主要在于：在地理位置上，长河流三角洲向陆方向与曲流河相邻，距物源区远，从山麓到湖或海岸发育有较长的平缓斜坡。短河流三角洲向陆方与辫状河相邻，岸上斜坡较短，坡度较大，三角洲分布范围大。扇三角洲向陆方向为冲积扇或靠近物源区。岸上斜坡更短更陡，甚至水体直达盆缘山根(图 7－21)。在岩性上，三角洲岩性相对较细，以砂为主；扇三角洲岩性粗，以砂砾岩和粗砂岩为主，水下水道比三角洲发育，河口坝发育较差，扇三角洲平原相带一般发育很窄，有时不发育。扇三角洲常成群出现，沿湖盆短轴陡坡处分

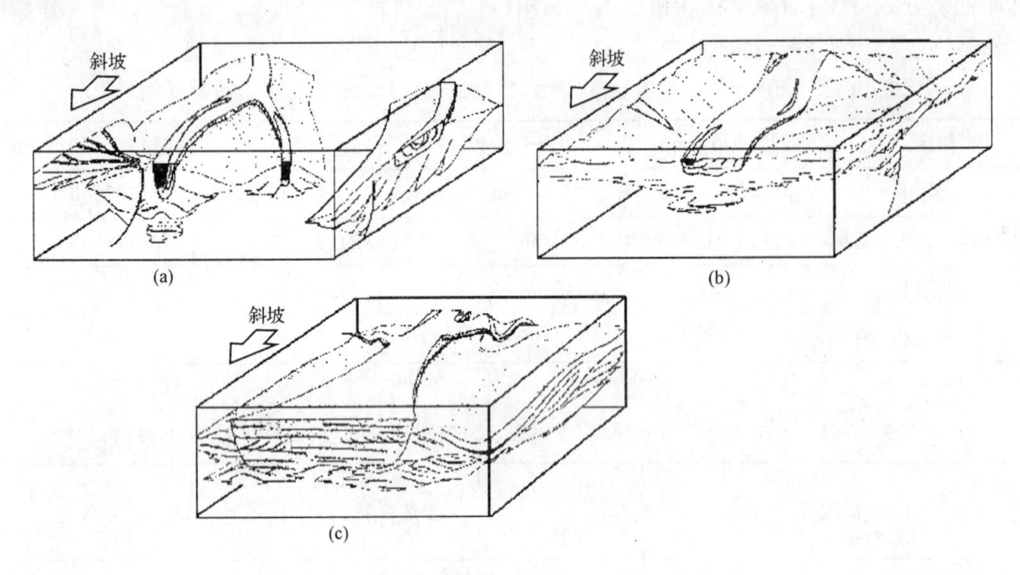

图 10-6 河控三角洲(a)、浪控三角洲(b)、潮控三角洲(c)储集砂体的空间几何形态特征
(据 Galloway,1993)

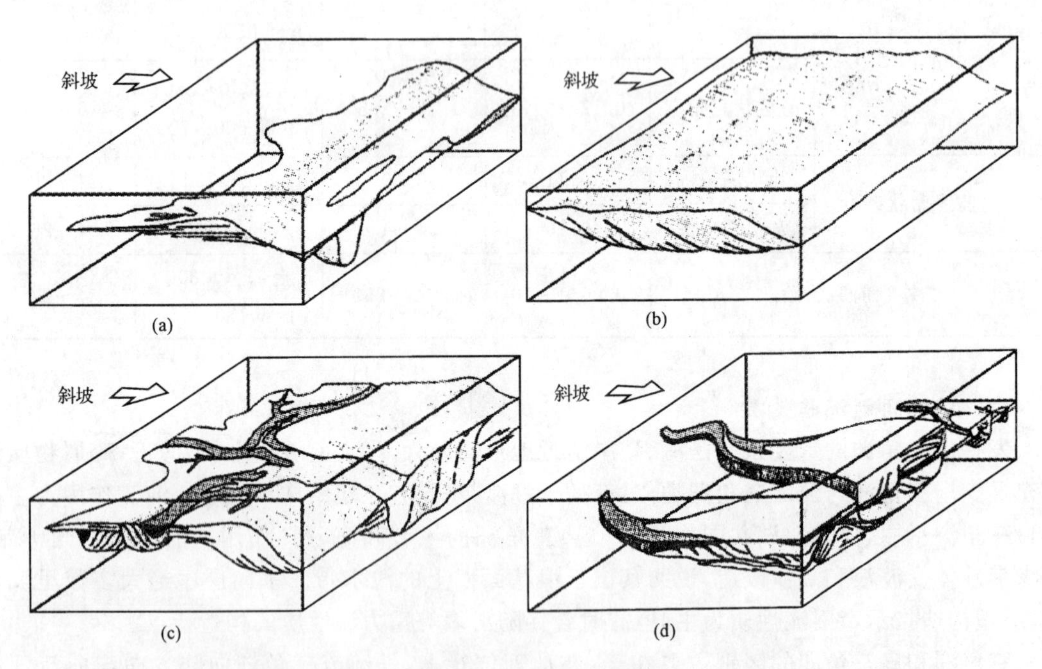

图 10-7 海侵障壁砂体(a)、进积的砂质海岸平原砂体(b)、障壁沙坝和进潮口砂体(c)、河口湾与潮下砂坪砂体(d)的空间几何形态特征(据 Galloway,1993)

布,剖面砂体呈楔状体,并快速向湖盆中心方向尖灭。长河流三角洲一般沿盆地长轴或靠近长轴的短轴缓坡处发育,对着主要物源方向。短河流三角洲介于长河流三角洲和扇三角洲之间,

在断陷湖盆的长轴和短轴方向的缓坡处都可发育这种类型。

(扇)三角洲砂体具有厚度大，连片分布，近油源区的特点，虽然以粗粒碎屑沉积为主，结构成熟度和成分成熟度较低，一般以泥质胶结物为主，但在成岩作用较弱的地质条件下，仍然可以形成较好的油气储集层。特别是扇三角洲前缘水下分流河道、河口坝和席状砂，分布较广，受波浪作用的冲刷改造，孔渗性较好。如东濮凹陷白庙扇三角洲前缘席状砂孔隙度高达23%，渗透率高达 $119.8\times10^{-3}\mu m^2$，从而形成富含油气的高产区块(图 10-8)(朱筱敏，1995)。

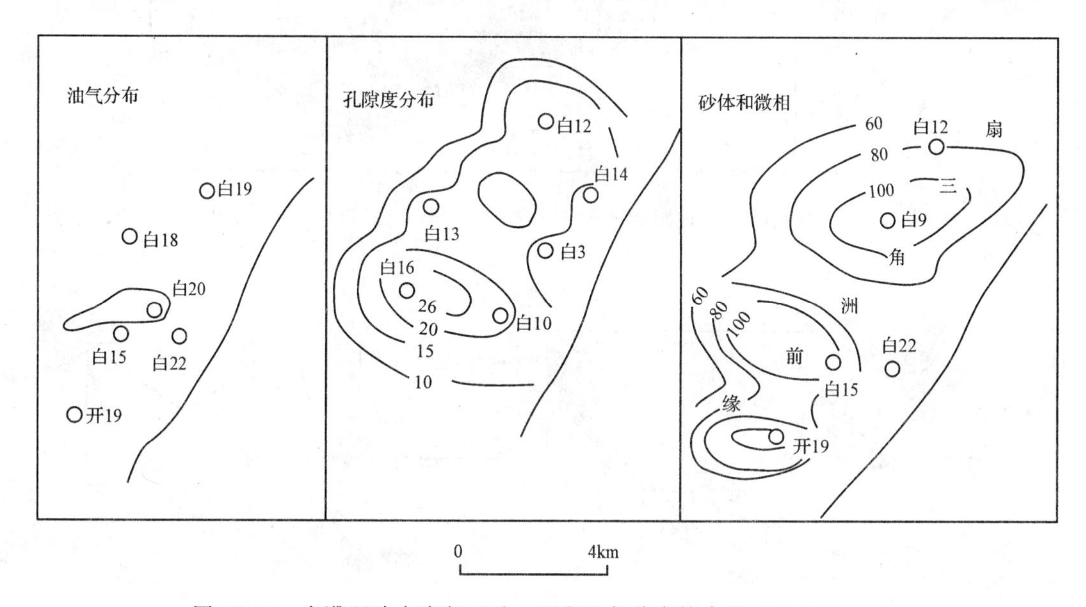

图 10-8　东濮凹陷白庙气田沙二下段油气分布综合图(据朱筱敏，1995)

5. 水下扇和浊积水道砂体沉积储层

水下扇沉积物质的搬运和沉积机制主要以重力流为主，如滑塌浊积扇、湖(海)底扇、盆底扇等，这些沉积通常形成于陆相湖泊的半深湖-深湖相区，海相盆地形成于半深海—深海地区。滑塌成因的重力流沉积主要与坡度、地震活动、风暴作用等因素有关，也可发育于近岸地区，在断陷盆地易产生滑塌重力流沉积。与冲(洪)积扇直接如水形成的扇三角洲不同，水下扇主要发育在各种类型盆地的深水区(图 10-9)。浊积水道砂体的走向连续性较好，呈带状分布，横向呈透镜状，以砂砾岩为主，成熟度中等—差，沟道沉积为储集层，储层物性中等—差(图 10-10)。

各类水下扇沉积体紧邻生油洼陷，对形成油气藏十分有利。据吴崇筠等(1992)对渤海湾盆地黄冀中坳陷水下扇浊积砂砾岩体的物性统计，其孔隙度达 17.5%～21.2%，渗透率达 38×10^{-3}～$143\times10^{-3}\mu m^2$，并均获得工业油流。

6. 滨岸滩坝沉积储层

滩坝砂体主要见于湖盆边缘或湖盆局部隆起周围和湖湾等处的缓坡滨—浅湖地区，离开河流入口处，迎风侧湖岸湖浪作用较强处发育最好。

滩坝有陆源碎屑物质组成的砂(砾)质滩坝和由湖内生物碎屑、鲕粒、内碎屑等碳酸盐物质组成的滩坝。砂质滩坝的物质主要来源于附近的三角洲、扇三角洲和水下扇等较大砂体，经湖

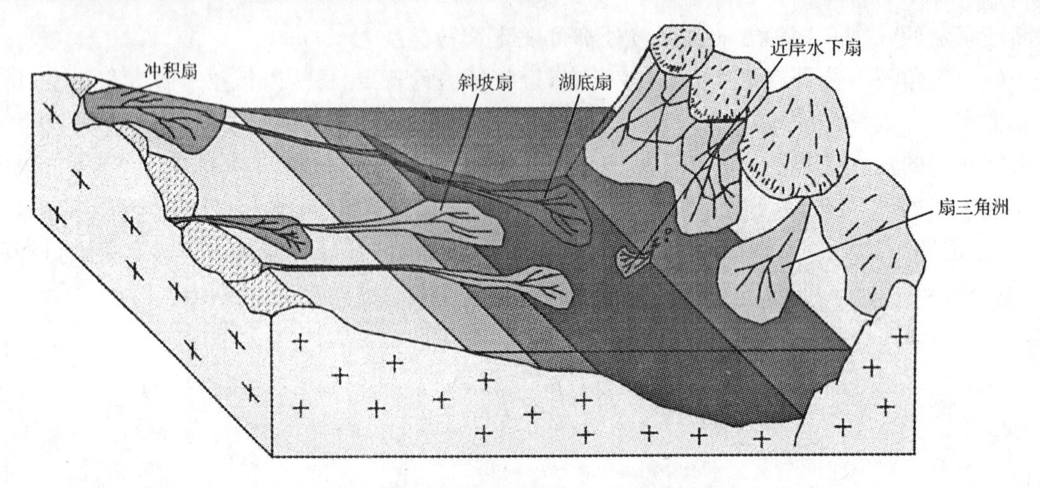

图 10-9 陆相断陷盆地扇状沉积体在盆地中的分布位置(据马立祥等,2009)

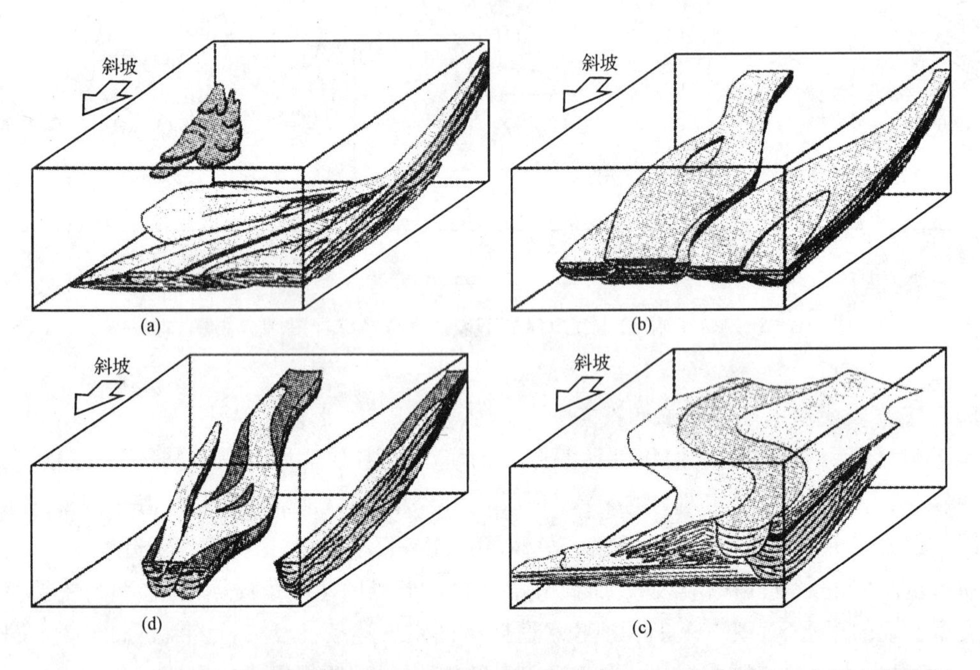

图 10-10 浊积水道-扇砂体(a)、粗粒浊积水道充填砂体(b)、细粒侵蚀浊积水道充填砂体(c)、细粒浊积水道-扇砂体(d)的空间几何形态特征(据 Galloway,1993)

浪和湖流搬运到湖岸附近堆积形成,分选圆度和砂岩的成熟度较高。粒级以中、细和粉砂岩为主,有时也发育有砾质滩坝,这主要与滩坝的物质来源有关。滩坝砂体往往临近生油区,砂岩原生孔隙发育,渗透率较高,上下连通性较好,是很好的油气储集层。

二、碳酸盐岩储层

碳酸盐岩储集性能的控制因素很多。作为其物质基础的岩石类型或沉积相是基本控制因素，成岩作用、风化溶蚀作用对碳酸盐岩储层是尤为重要的控制因素，特别是古生代多旋回盆地的碳酸盐岩储层，溶蚀作用相对破裂作用显得更为重要。

碳酸盐岩的孔隙体系主要是由原生孔隙和大量发育的次生孔隙构成，与碎屑岩相比，碳酸盐岩的孔隙体系要复杂得多。主要原因有：①复杂的原生孔隙类型。碳酸盐沉积物多与生物成因有关，生物成因颗粒内部及颗粒之间，礁体生物骨架之间存在着大量的原生孔隙，而不同地质时期生物类型和生物的发育程度又有很大差别，这一点比碎屑岩要复杂得多；②碳酸盐（岩）是一种化学活动性较强的岩石，在其沉积和埋藏历史过程中极易受溶蚀及白云石化作用（包括其他成岩作用）的影响，普遍发育次生孔隙和改造型孔隙。这就构成了碳酸盐岩丰富的孔隙类型和复杂的孔隙体系（马永生等，1999）。

碳酸盐岩的孔隙结构主要表现为孔、缝、洞的大小、形状、发育程度及其相互连通的程度。孔隙喉道主要有喉状喉道、管状或纤维状喉道和片状喉道三种（表 10－5）。碳酸盐岩储层孔隙空间形成的因素随地质条件而异。中国碳酸盐岩储层的年代比较老，地质历史复杂，冯福凯（1995）将其成因类型依所经历的演化历史及其主要地质因素划分为五种（表 10－6）。

表 10－5 四川盆地碳酸盐岩孔隙结构分类表（据马永生等，1999）

孔隙结构类型	中值喉道宽度 γ_{50}（μm）	孔隙度（%）		绝对渗透率（$\times10^{-3}\mu m^2$）		评价	样品数（块）
		界限	范围	界限	范围		
粗孔大喉型	72	＞12	30.8～12.25	＞10	65～10	工业性孔隙型储集岩	6
粗孔中喉型或细孔中喉型	2～0.25	＞6	17.38～6	10～0.25	5.32～0.26	较好的工业性储集岩且易储存	24
粗孔小喉型或细孔小喉型	0.25～0.02	＞2	19.29～2	0.25～0.02	0.17～0.04	中等储集岩，储集能力中等，渗透性差	56
微隙微喉型	＜0.04	＜2	8.02～0.3	＜0.02	0.002 25～0.000 05	存的储集	51

碳酸盐岩储层的成因类型包括以下几种。

1．生物礁（滩）型储层

据马永生统计（1999），世界碳酸盐滩、礁型油气田占世界可采储量的 19%，占碳酸盐岩储量的 47%。世界上三个超大型油田沙特的 Chawar 油田（储量 87×10^8 t）和 Rurnaila 油田（储量 20×10^8 t），伊拉克的 Kirkuk 油田（储量 23×10^8 t），基本上是以滩或礁作为储层的。在地质记录中，由于受生物演化进程的控制，生物礁的丰度、类型和待征变化十分明显，由此造成不同类型的礁（滩）型储集体。碳酸盐岩生物滩礁相主要发育在台地边缘相带。许多现代陆架边缘生物礁都由骨架岩、黏结岩及障积岩或者其中的任何一种礁岩组成，形成一种规则的相模式，即礁坪、礁脊(礁顶)、礁坡(前礁)相带构成的相模式(图 10-11)。

表 10-6 中国碳酸盐岩储层主要成因类型及其特征(据冯福凯等,1995)

特征＼类型	粒屑滩(礁)型	白云石化-生物礁型	溶蚀孔洞白云(灰)岩	古风化溶蚀型	裂缝型
地质环境	沉积环境、热演化		多期构造运动、沉积间断、表生成岩(溶解)作用		局部构造破裂、埋藏成岩作用
主要岩性	生物粒屑灰岩、鲕粒灰岩	礁灰岩、礁白云岩	砂屑灰岩、白云岩	各种灰岩、白云岩	各种灰岩、白云岩
主要沉积相	滩(礁)相	礁相	浅滩、潮坪	各种环境	台地相为主
储集类型	孔隙型	孔隙型	裂缝-孔隙型、孔缝型	裂缝-孔隙型、孔隙-裂缝型	缝合线-裂缝型、微孔-裂缝型
储集空间组合	粒间孔-晶间溶孔组合	晶间孔-晶间溶孔组合	晶间孔-晶间溶孔-裂缝组合	溶孔-溶洞-裂缝组合	缝合线-微孔-裂缝组合
裂缝意义	不起控制作用		主要是沟通孔洞决定产能		裂缝不仅是渗滤通道,也是储集空间
实例	渤海湾 E、南海 N	川东 P_2	四川 T_2、T_1,华北 Pz_1	塔北 Z—Q,四川 Z、C、P,华北 Z—Q	川东 T_1f

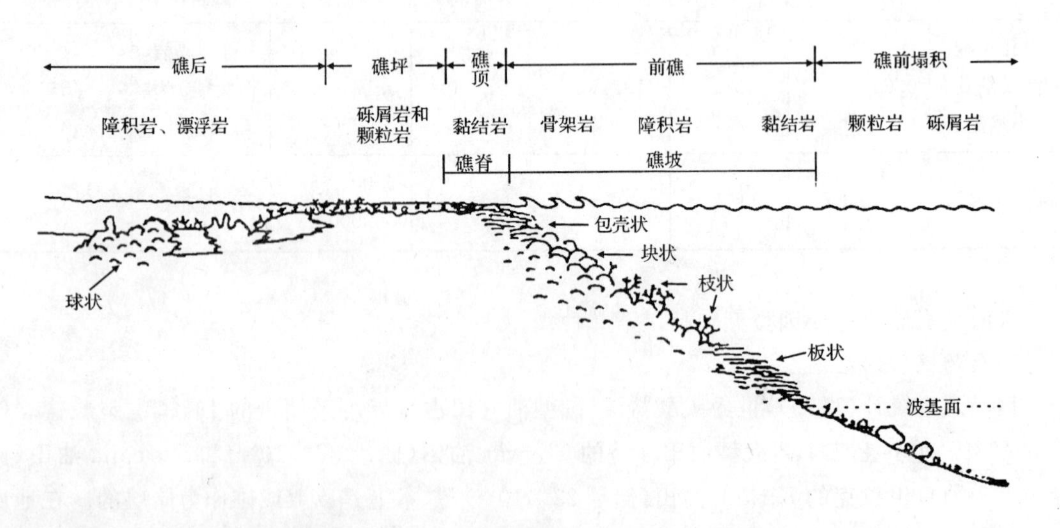

图 10-11 横过陆棚边缘礁的相带分布(据 James,1984)

碳酸盐生物碎屑滩和生物礁主要由生物颗粒碳酸盐岩构成，这就造成了滩和礁储集体内原生孔隙比较发育，容易形成很好的油气聚集。因此，在碳酸盐岩油气勘探中应特别注意寻找这种礁(滩)型储层。

2. 浅滩和潮坪成因型内碎屑和鲕粒碳酸盐岩储层

在碳酸盐浅滩和潮坪环境中发育的内碎屑灰岩、鲕粒灰岩也有较好的原生孔隙发育。这种储集体类型多发育在浅滩和潮坪环境。

3. 斜坡、盆地相重力流成因的碳酸盐岩储层

这种成因类型储层主要以各种颗粒碳酸盐岩为主，如斜坡滑塌重力流形成的碳酸盐角砾岩和盆地相的碳酸盐浊积岩。

4. 其他非颗粒碳酸盐岩成因型储层

这类储层主要以各类结晶碳酸盐岩为主，一般以开阔海台地相和局限海台地相最为发育。这类储层一般原生孔隙不很发育，主要靠成岩期的溶蚀和构造作用导致孔隙不十分发育的碳酸盐岩形成次生成因孔隙而成为储层。

碳酸盐岩储层与碎屑岩相比，受沉积相带的控制不是十分明显，碳酸盐岩次生成岩和构造破裂作用对其形成好的油气聚集储层具有重要的影响。

陆相沉积盆地与海相盆地相比，具有面积小和周缘多碎屑物质来源充填沉积的特点。可作为油气储层的碎屑岩沉积相类型丰富，原生孔渗性好，如与烃源岩、圈闭和封闭层在空间上配置好，极易形成丰富的油气聚集。由于陆相盆地的特殊性，沉积相类型的多样性，在含油气盆地沉积学的研究中精细刻画有利储集相带的空间分布规律就显得十分重要。海相盆地的面积广阔，少物源充填，沉积相带的类型和变化相对简单。储层的含油气性和评价，除了考虑沉积成因以外，还要更多地考虑岩性、成岩作用和构造改造作用对储层优劣的综合影响等因素。

三、非常规储层

在含油气盆地内发育一些非沉积成因储层，如岩浆岩、变质岩和风化壳类储层(包括泥页岩裂缝性储层)，这类储层属于非常规储层，在已发现的油气储量中所占比例较少。

岩浆岩油气储层在我国古生代和中新生代盆地中均有分布，如江汉盆地、渤海湾盆地、四川盆地和准噶尔盆地等。岩性以玄武岩、安山岩和粗面岩类为主，在喷发、喷溢、冷凝、结晶、构造运动和风化作用等因素影响下，火山岩体内形成各种孔隙、裂缝和风化溶蚀带，由孔、缝和洞交织在一起时可作为油气的储集空间。储层孔隙度和渗透率一般较高，在构造裂隙发育部位孔隙度可高达22.2%，水平渗透率高达$181\times10^{-3}\mu m^2$，垂直渗透率高达$998\times10^{-3}\mu m^2$。次火山岩体、熔岩体均可成为良好的油气储集体。

我国西部的酒西盆地到东部的渤海湾盆地均已发现变质岩油气藏，在世界上这种类型的基岩油气藏分布也较广泛，如北美和南美西部地区。我国变质岩储层的岩石类型以混合岩为主，其次是板岩、千枚岩、片岩、角闪质岩石、片麻岩、变粒岩等区域变质岩类和碎裂岩类。变质岩储集体的储集空间仍为以孔隙和裂隙为主。根据岩性、构造破裂作用、风化淋滤作用，以及储集空间、物性、压汞等资料综合分析，我国变质岩古潜山储层可划分三类(表10-7)。变质岩油气藏类型有块状古潜山和裂缝带古潜山油气藏。

表 10-7 变质岩古潜山储层分类(据赵澄林,1998)

分级	岩石类型	储集空间	孔隙度(%)	渗透率($\times10^{-3}\mu m^2$)
Ⅰ	强碎裂混合岩、区域变质岩	裂缝-微裂缝-粒间孔隙型	5～10	10～50
Ⅱ	中等碎裂风化淋滤混合岩、区域变质岩	裂缝-微裂缝-溶蚀孔隙型	5～1	1～10
Ⅲ	轻微碎裂-风化淋滤混合岩、区域变质岩	微裂缝-微孔隙型	<1	<1

古潜山油气藏主要聚集在古风化壳储层中。风化壳储层可根据构成风化壳的岩石大类进行划分,如碎屑岩风化壳、碳酸盐岩风化壳、火山岩风化壳和变质岩风化壳。其实在多旋回复杂构造活动的沉积盆地中,任何岩类由于构造抬升、风化淋滤、重新沉降演化都能形成风化壳储层。

风化壳储层在我国分布范围较广,层位较多,部分风化壳形成的时间也较长。碎屑岩风化壳常形成较为有利的溶蚀溶孔-溶洞型储层。火山型风化壳形成原生粒间孔-溶孔溶缝-蚀变自碎角砾岩化熔岩储层,原生孔隙发育,有火山熔岩中的气孔、原生粒间孔隙和原生粒内孔隙。次生孔隙有溶蚀粒间孔隙、溶解粒内孔隙和溶解晶内孔隙,裂缝有泥岩收缩缝和破裂孔缝两类。

火山岩风化壳油气成藏模式受断层、油源、盖层及风化壳储层岩性、岩相控制,多为构造-岩性油气藏。

第十一章　盆地构造-沉积响应与油气聚集关系

20 世纪 60—70 年代初，作为地球科学革命的板块学说的兴起给沉积盆地研究带来了巨大变革和深刻影响，人们从岩石圈板块的相互作用中，重新认识了沉积盆地的成因和演化，开启了盆地构造-沉积响应关系研究的新篇章。Dickinson(1974)等许多学者从板块构造背景认识沉积盆地的成因并提出了新的分类。从此，沉积盆地分析的内容和方法日益体现了多学科的综合，并成为地球科学的热点研究领域。推动沉积盆地研究最大的驱动力来自全球对能源的迫切需求。20 世纪 80 年代以来，出版了大量关于沉积盆地分析的系统专著，使得盆地分析与沉积学的关系更加密切。主要的专著有《盆地分析原理》(Miall,1984、1990)；《古流和盆地分析》(波特和裴蒂庄,1984)；《构造和沉积作用》(许靖华,1985)；《沉积环境和相》(Reading,1978、1986)；《沉积盆地:演化、相和沉积体》(Einsele,1992、2000)；《构造和沉积盆地》(Busby 和 Ingerssol,1995)，AAPG 的系列著作(Leighton *et al.*,1991;Edwards 和 Samtogrossi,1990;Landon,1994;Biddle,1991)；《盆地分析:原理和应用》(Allen *et al.*,1990、2005)等。此外，该阶段中国学者在陆相盆地和大型叠合盆地领域也发表了大量专著和论文(Zhu Xia,1983;田在艺,1996;李德生,1992;胡见义、黄第藩等,1991;刘和甫,1993;李思田等,1988、2004;陆永潮等,1999;任建业等,1999、2004;林畅松等,2000;王成善等,2003;陈发景等,2004;冯有良,2006)。

沉积学研究离不开沉积盆地。从沉积相模式到层序地层学，从盆地动力学到盆地模拟，随着油气勘探的不断深入，以及新理论、新技术和新方法的不断涌现，使得人们越来越认识到盆地构造与沉积之间相互控制和影响的重要性。沉积盆地的充填型式(basin - fill style)是指盆地内部充填沉积物的模型或类型分布和组合特点，盆地充填样式、充填序列和充填模式揭示了盆地内部沉积物(或沉积层序)的时空分布和演化与盆地构造演化的耦合关系。盆地充填型式研究是为了说明各类沉积盆地在其形成和演化过程中，盆地内部充填沉积物的垂向和横向组成和分布特点及其规律。它有助于认识各类沉积盆地的构造-沉积演化格局，对未知区沉积体系的分布和特点作出预测，对油气资源及其他沉积矿产的勘探有重要实践意义。

第一节　盆地构造-沉积充填样式

盆地沉降过程中接受了沉积充填，地质家可以根据盆地充填序列(basin - fill sequence)重建盆地的沉降史和构造活动史，层序地层学的产生为研究盆地充填提供了较完整的理论与方法体系。已积累的大量资料表明多数盆地特别是大盆地的充填序列具有多幕性和构造运动面特征(李思田等,2004)。这种多幕性反映了盆地的构造演化阶段,例如在裂谷盆地中首先可识别出裂陷期和裂后期,裂陷期通常都有明显的多幕性,反映幕式的伸展构造过程。盆地充填序列的精细研究中可发现一系列角度不整合和平行不整合形式的古间断面,大的间断面缺失的地层可逾千米,此外还有许多更低级别的间断面。区域性的古间断面标志着构造的反转,即由沉降转化为抬升和剥蚀,或其他形式的构造变形。许多大盆地如塔里木、松辽盆地构造反转也是多期的。在反射地震剖面上低角度的古间断面较露头上更易识别,它们大量存在于地层记录中,是层序概念提出的客观基础。古构造运动面的识别是划分盆地演化阶段,确定高级别层序地层单元的边界的重要基础,它们也是油气运聚的有利通道。

不同类型的沉积盆地具有不同的构造样式和地层-沉积充填格架,盆地充填物包括由沉积作用、岩浆活动和变质作用形成的沉积物,它们通过几何形态、叠置关系、地层格架、沉积体系、地球化学、地震反射等得到反映(王成善等,2003)。盆地充填序列是盆地演化的真实写照,反映了盆地演化的构造背景,是盆地构造演化分析的重要手段。

由于盆地的沉积和构造样式演化主要受到地球动力学构造环境的影响,因此,从岩石圈动力学角度进行盆地分类是近年来人们比较强调的一种分类方案。按照盆地形成的力学机制将沉积盆地划分为三种基本类型,即:①由岩石圈伸展作用形成的伸展型盆地;②由岩石圈弯曲产生的挠曲类盆地;③与走向滑动或巨型剪切带有关的走滑带盆地。从水平应力场考虑,与伸展型盆地、挠曲类盆地和走滑带盆地相对应的盆地形成的动力学背景可以分为张性的、压性的和剪切的,相应的沉积盆地的边界断裂性质为正断层、逆断层和平移断层(李思田等,2004)。

一、与伸展背景有关的盆地充填样式

伸展盆地是与在引张作用下地壳和岩石圈伸展、减薄作用有关的一类裂陷盆地,主要形成于离散板块构造背景,由陆内裂谷到被动大陆边缘这一盆地演化序列所构成。常见的伸展盆地类型有:裂谷盆地、坳陷、坳拉槽和被动大陆边缘盆地。

1. 大陆裂谷盆地

代表性盆地为美国盆岭省及东非裂谷、北海盆地及渤海湾盆地等。

大陆裂谷盆地是由大陆岩石圈变薄、张裂、伸展而成,因此弯曲、裂陷和成盆是代表不同阶段的成因序列,在裂陷早期常形成上覆岩石圈张性破裂处的狭长凹地(裂谷),常形成地堑或半地堑,后期大面积沉降形成广阔盆地。盆地主要特征为:①负的布格重力异常;②高的热流值,一般为 6.4~80mW/m^2;③频繁的火山活动,早期常为广泛玄武岩流,后期为熔岩流,但对于大陆碰撞或大陆滑散形成的裂谷,常缺失早期隆曲阶段;④ 沉积作用常出现从冲积扇到湖相-河流相沉积或发展为膏盐相及海相碳酸盐沉积,在裂谷陡坡带以冲积扇、扇三角洲和浊流沉积为主,缓坡带以细粒沉积为主,沉积速率为 100~1 000m/Ma,具良好的生储盖组合,烃源岩厚度大,储层发育,地层和构造圈闭发育,因此常具有巨大的油气远景(图 11-1、图 11-2)。

2. 陆间裂谷盆地

以红海盆地、中国右江-南盘江盆地和甘孜-理塘陆间海盆地等为代表。

陆间海盆地(初始大洋盆地)系大陆裂谷型盆地演化的继续,当大陆裂谷进一步伸展,大陆漂移开始,产生海底扩展,洋壳沿中脊侵位。因此,陆间海的产生常与大陆解体有关,往往形成

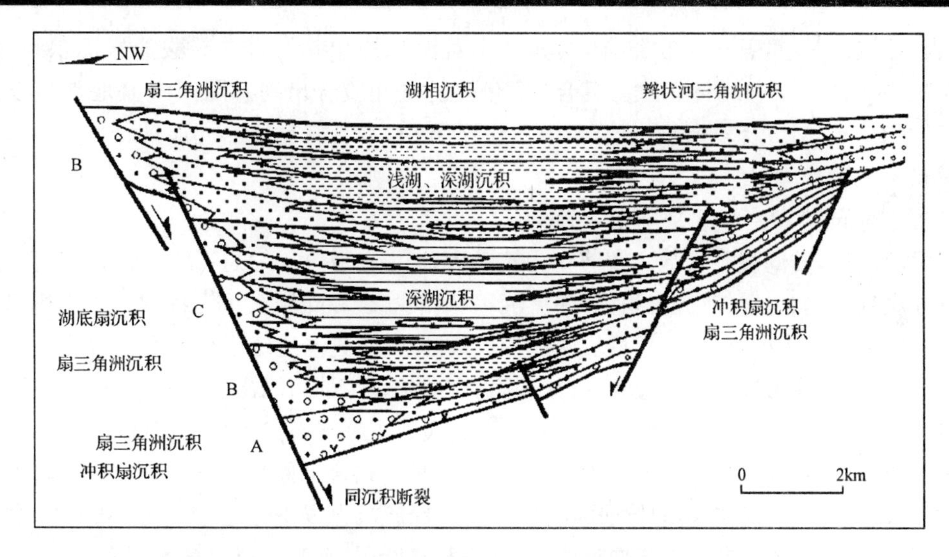

图 11-1　典型断陷盆地构造-沉积充填样式(据蔡希源等,2003)

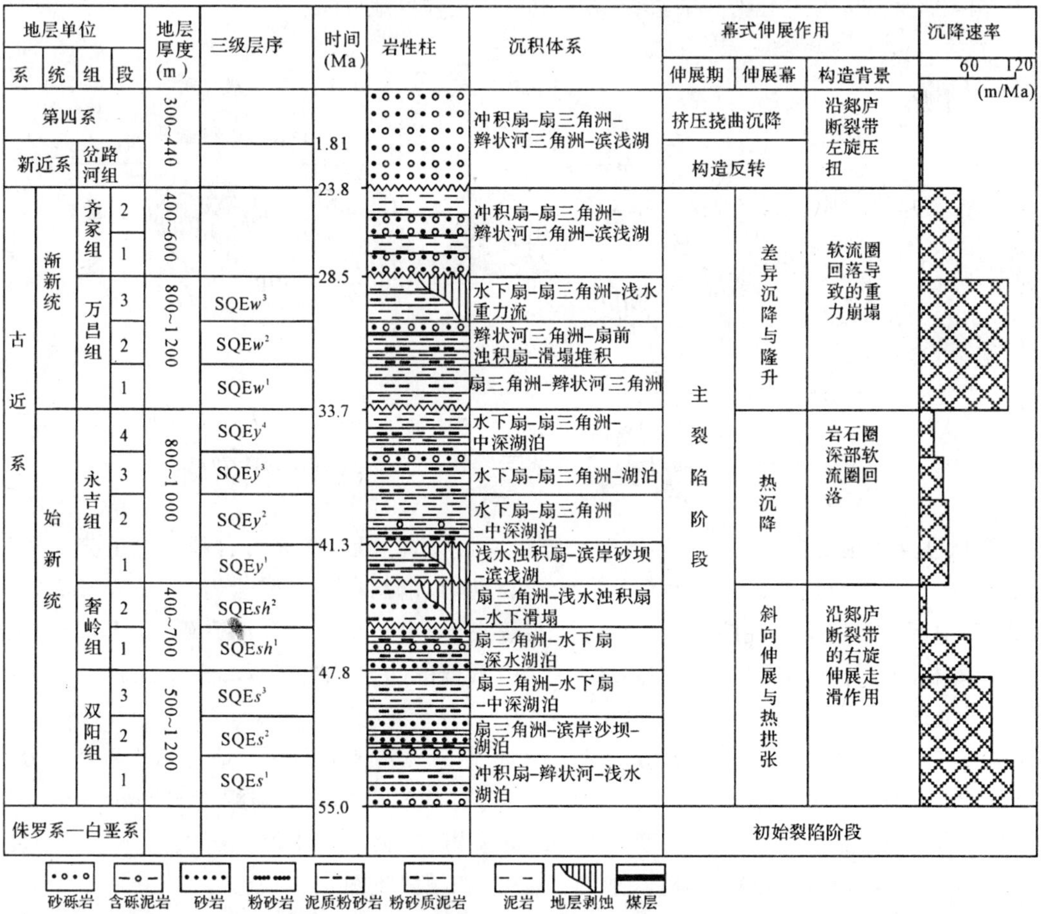

系	统	组	段	地层厚度(m)	三级层序	时间(Ma)	岩性柱	沉积体系	伸展期	伸展幕	构造背景	沉降速率 60 120 (m/Ma)
第四系				300~440		1.81		冲积扇-扇三角洲-辫状河三角洲-滨浅湖	挤压挠曲沉降		沿郯庐断裂带左旋压扭	
新近系		岔路河组				23.8			构造反转			
古近系	渐新统	齐家组	2	400~600				冲积扇-扇三角洲-辫状河三角洲-滨浅湖	主裂陷阶段	差异沉降与隆升	软流圈回落导致的重力崩塌	
			1			28.5						
		万昌组	3	800~1 200	SQEw^3			水下扇-扇三角洲-浅水重力流				
			2		SQEw^2			辫状河三角洲-扇前浊积扇-滑塌堆积				
			1		SQEw^1	33.7		扇三角洲-辫状河三角洲				
	始新统	永吉组	4	800~1 000	SQEy^4			水下扇-扇三角洲-中深湖泊		热沉降	岩石圈深部软流圈回落	
			3		SQEy^3			水下扇-扇三角洲-湖泊				
			2		SQEy^2			水下扇-扇三角洲-中深湖泊				
			1		SQEy^1	41.3		浅水浊积扇-滨岸砂坝-滨浅湖				
		砦岭组	2	400~700	SQEsh^2			扇三角洲-浅水浊积扇-水下滑塌		斜向伸展与热拱张	沿郯庐断裂带的右旋伸展走滑作用	
			1		SQEsh^1	47.8		扇三角洲-水下扇-深水湖泊				
		双阳组	3	500~1 200	SQEs^3			扇三角洲-水下扇-中深湖泊				
			2		SQEs^2			扇三角洲-滨岸沙坝-湖泊				
			1		SQEs^1	55.0		冲积扇-辫状河-浅水湖泊				
侏罗系—白垩系									初始裂陷阶段			

图例：砂砾岩　含砾泥岩　砂岩　粉砂岩　泥质粉砂岩　粉砂质泥岩　泥岩　地层剥蚀　煤层

图 11-2　伊通盆地构造-沉积充填演化(据任建业等,1999;孙家振等,2008 改编)

红层-熔岩-蒸发岩-碳酸盐岩沉积组合，为典型的浅海陆棚相碎屑岩一碳酸盐岩沉积组合，有时伴随出现重力块体流-碎屑流-浊流组合，并有放射虫硅质岩出现。陆间海盆地常具较高沉积速率(50～100m/Ma)及较高热流值(75～80mW/m²)，常具有良好油气远景。

3.被动大陆边缘盆地

以中国东海陆架和南海北部陆架盆地为代表。

裂谷发育晚期，陆间裂谷盆地通常演化为被动大陆边缘(图11-3)。盆地底部为洋壳，充填物以深海硅质软泥、黏土层、浊流沉积、等深流沉积、碳酸盐岩和陆棚沉积为特点。大陆边缘盆地是由于大洋中脊进一步扩张，在离散板块两侧形成大陆边缘，这些边缘很少或几乎没有明显的地震和火山活动，因此称为被动大陆边缘。但实际上有些被动大陆边缘出现有张裂的火山活动，故可更确切地称为张裂大陆边缘(刘和甫，1993)。张裂大陆边缘与裂谷后扩展沉降有关，在近大陆一侧有潜埋的裂谷系，两者之间出现区域性不整合，这种不整合可称为破裂不整合或裂解不整合(break up unconformity)，在成熟的伸展大陆边缘硅质碎屑沉积以中等速率(10～50m/Ma)沉积，发育楔形沉积体，沉积中心向盆地方向迁移，发育生长正断层，有时可以发育大型三角洲，出现大量盐或泥底辟构造。当推进到陆坡以远时形成海底扇，在气候和纬度适宜时形成碳酸盐建隆。在大西洋两侧，可以形成共轭的大陆边缘盆地，其间为大洋盆地分隔。

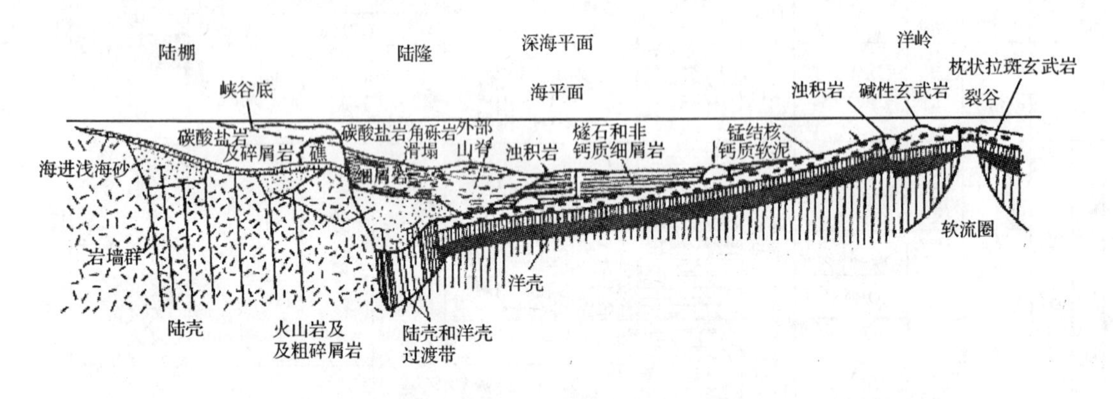

图11-3 被动大陆边缘构造-沉积充填样式(据Deway和Bird，1970)

巴西坎波斯盆地是典型的大西洋被动大陆边缘含油气盆地，在火山岩基底之上充填了三个沉积层序：下部为早白垩世裂谷发育的玄武岩和湖泊、扇三角洲碳酸盐岩、砂页岩和砾岩非海相层序，中部为早白垩世晚期陆间裂谷过渡相蒸发岩、扇三角洲和湖泊砂砾岩，上部晚白垩世以来的海相层序为典型的大西洋型陆缘层序，由频繁的陆架、陆坡浊积岩、扇三角洲碳酸盐岩、砂砾岩组成(图11-4)。

Frostick和Reid(1990)根据原始地壳厚度和控制总体构造复杂性的地壳韧性将裂谷分为三种不同构造-沉积模式：Baringo型模式(火山岩+沉积岩供给≥沉降幅度)，Tanganyika型模式(火山岩+沉积岩供给≤沉降幅度)，Turkana型模式(火山岩+沉积岩供给≈沉降幅度)(图11-5)。典型的箕状不对称断陷盆地的构造-沉积模式见图11-6。

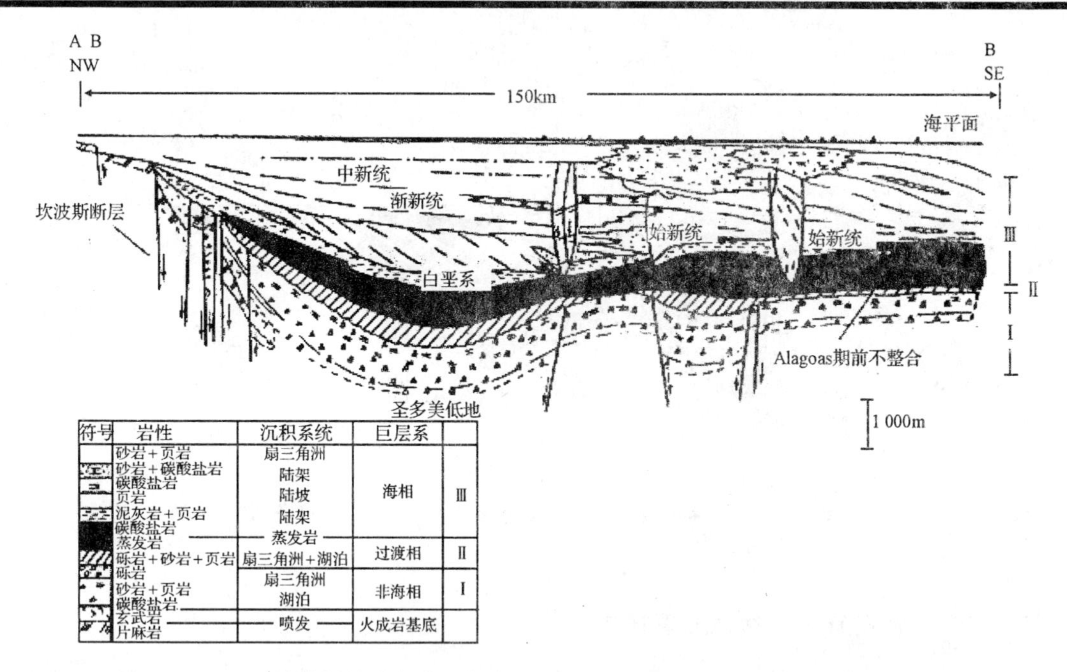

图 11-4 巴西坎波斯被动大陆边缘盆地构造-沉积充填样式(据 Oyedn 修编,1983)

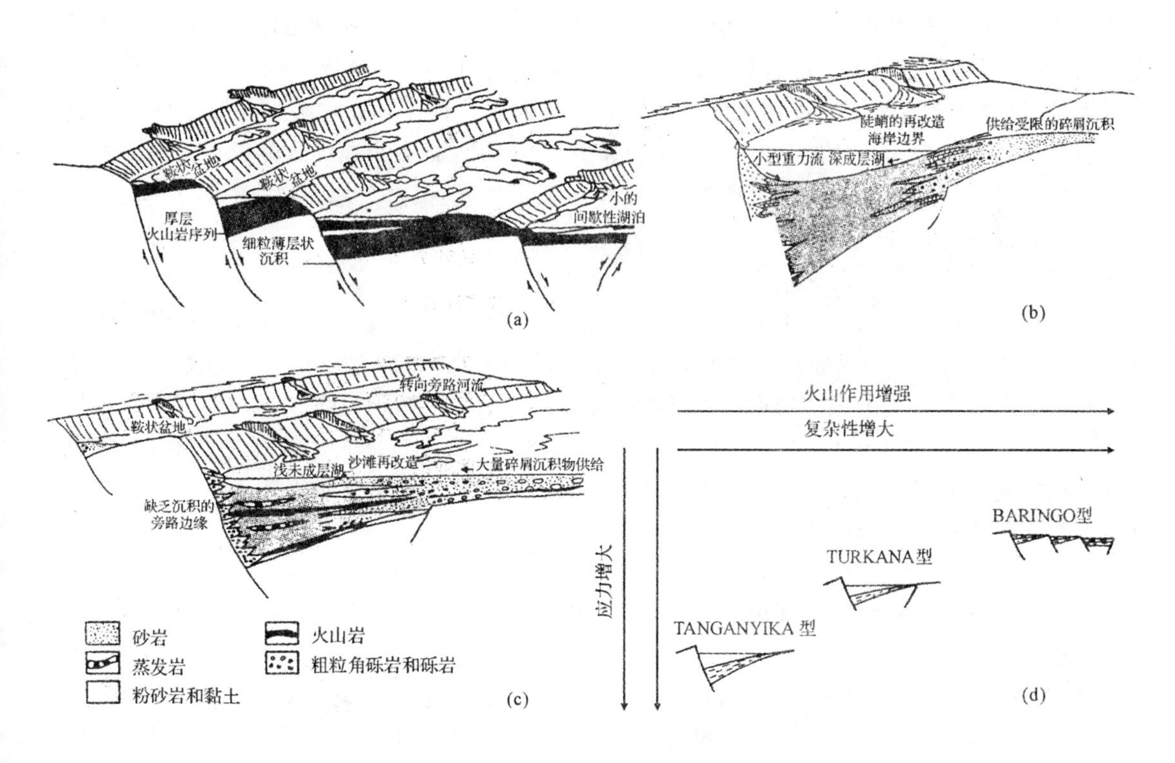

图 11-5 不同构造背景下大陆裂谷沉积充填模式(据 Frostick 和 Reid,1990)

(a)Baringo 型模式;(b)Tanganyika 型模式;(c)Turkana 型模式;(d)可能的演化类型

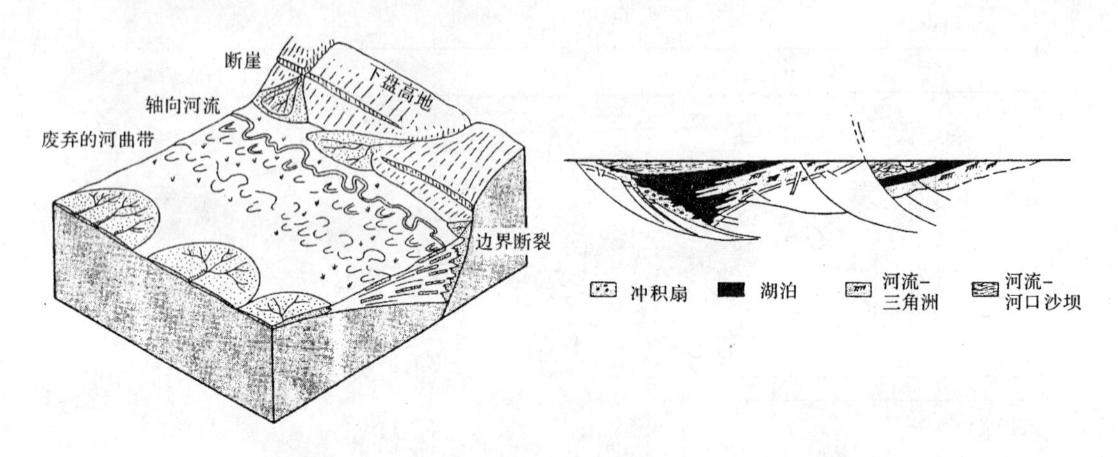

图 11-6 典型的箕状不对称断陷盆地的构造-沉积模式

二、与挤压背景有关的盆地充填样式

这类盆地主要形成于板块聚敛处及其附近，俯冲带活动大陆边缘附近(火山弧、海沟和贝尼奥夫带三者的共生是俯冲带的基本特征)，以及陆陆碰撞造山带附近。它们是由于岩石圈受外力作用发生挠曲所形成的盆地。在海沟-岛弧体系中，大洋岩石圈的挠曲是弹性板块受到垂直外力、水平外力以及弯力矩综合作用的结果。在碰撞造山带翼部和克拉通盆地边缘则形成前陆盆地，而在碰撞造山带形成的末期有残留大洋盆形成。介于陆壳碰撞挤压带之间可形成大型复合盆地和小型山间盆地。此外，由于相邻板块的作用，在克拉通内也能形成挤压挠曲类盆地。常见的与挤压背景有关的盆地类型有海沟、弧前盆地、弧内盆地、弧后盆地、弧间盆地、周缘前陆盆地、弧后前陆盆地等。

1. 海沟

为直接邻接俯冲带由大洋地壳构成的深海渊。充填物主要为远洋沉积物、凝灰岩及浊积岩堆积(图 11-7)。主要成分是粉砂和黏土及部分砂和火山灰，通常以不整合覆盖在深海平原沉积物之上。海沟中沉积物的堆积速度约为深海盆地的 10 倍，但是沉积物的厚度很少超过 1km，沉积物的年龄也很少超过 100 万年(许靖华，1980)。判别古海沟的证据主要有：①深海和浊流沉积物；②混杂堆积；③有蛇绿岩断片时的混杂岩和已变形的复理石带等。海沟具有较高的沉积速率和较低的热流值。

2. 弧前盆地

以中国西藏日喀则白垩纪弧前盆地、美国加州大谷弧前盆地为代表。

位于海沟坡折与岩浆弧之间(图 11-7)。由于弧前地形复杂，差异大，并受隆起山带、大陆低地、陆架、深海阶地、深海槽等的影响，使得弧前盆地沉积充填相变大，可能包括河流-三角洲-滨岸沉积、活动陆架沉积和深海浊积岩。这些沉积物主要来自火山弧附近(火山碎屑)或隆起的基底(变质岩和深成岩)的侵蚀作用。理想的弧前盆地的沉积充填层序可能是：底部是大洋的或岛弧的火山岩、深成岩或沉积盆地的基底岩系，下部由深水的蒙脱石质页岩、火山灰和少量的细的浊积岩组成，向上渐变为较粗的浊积岩、陆架碎屑岩，并可能出现礁碳酸盐岩，如果盆地逐渐变浅，上部可出现三角洲、滨岸及陆架相碎屑沉积。如果发生碰撞造山活动，将出现磨拉石沉积。在整个沉积期间，盆地内侧因岩浆弧的火山活动而可出现熔岩流、火山碎屑岩、凝灰岩，它们与海盆中的沉积岩系成指状交互穿插。弧前盆地具有较高的沉积速率(200～300m/Ma)和较低的热流值。

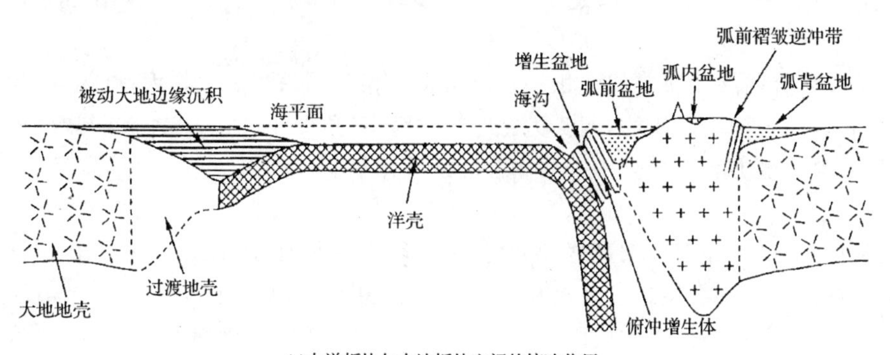

(a)大洋板块与大地板块之间的俯冲作用

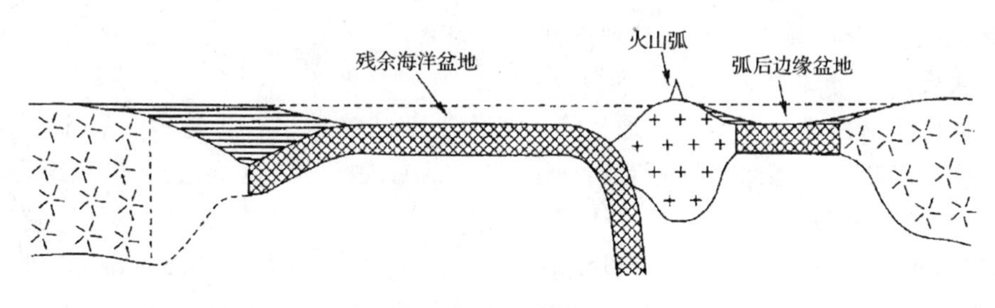

(b)大洋板块之间的俯冲作用

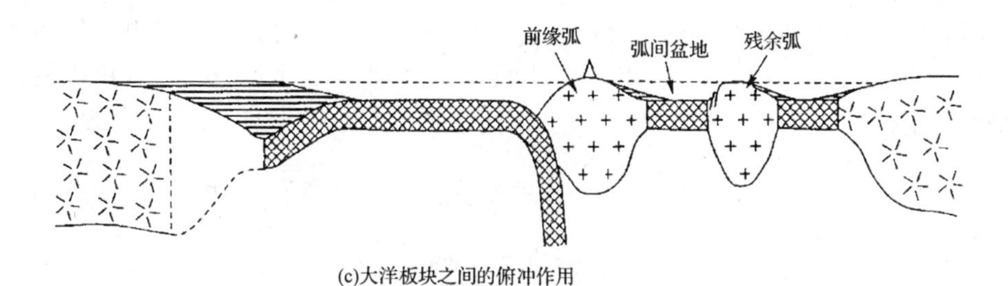

(c)大洋板块之间的俯冲作用

图 11-7　与板块汇聚边缘有关的盆地类型及其发育的构造位置(据 Dickinson，1976)

3. 弧内盆地

亦即岩浆弧内盆地，包括洋内型和大陆边缘型(Dickinson，1974)。沉积物中火山碎屑及深成岩屑占有极重要地位，可能包括有从陆相层到深水浊积岩等一系列类型(图 11-7)。发育早期主要是拉斑玄武岩，中晚期通常渐变为安山岩，甚至英安岩和流纹岩系列。岛弧火山岩主要为爆裂喷发作用产物，形成具有火山碎屑结构的火山岩。其周围有火山碎屑浊积岩及海相凝灰岩。在许多岩浆弧内，通常发育与火山-构造沉陷有关的拉张盆地，以火山碎屑充填地层为主，还可包括陆相红层到浊积岩沉积。

4.弧后盆地

位于大陆边缘岩浆弧后环境，亦称岛弧-大陆盆地。盆地对于岩浆弧而言是弧后盆地，对于大陆板块内部而言是前陆盆地（图 11-7）。弧后前陆盆地就很可能是在已褶皱的原有边缘海盆地或被动陆缘沉积岩系的基底上发展起来的继承性盆地，可以被海水淹没，形成河流三角洲相、浅海陆架相沉积，也可以全部处于大陆环境，形成山麓相、河流相及湖沼相等磨拉石沉积。

弧后盆地以发育陆缘浅海碎屑沉积和缺乏与洋流相关的深海沉积物为特征。沉积物横向变化明显，中心为薄层深海沉积物，两侧为巨厚滨浅海-三角洲相沉积、浅海碳酸盐沉积和深水浊流沉积，靠岛弧一侧夹有大量火山碎屑物和凝灰质沉积。

5.弧间盆地

位于岛弧后侧，前缘弧与残余弧之间，水深 2～2.5km，具有极高的热流值（图 11-7）。该类盆地以薄层深海沉积物和缺乏陆缘沉积为特征，沉积物主要是来自岩浆弧的火山碎屑浊积层、火山碎屑、蒙脱石质黏土、生物成因软泥、风成沉积物。弧间盆地沉积作用不对称，邻近岩浆弧一侧发育火山碎屑海底扇，远离海底扇以远洋棕色黏土及远洋碳酸盐软泥沉积为主，并以富含蒙脱石、玻璃质及斑晶等与深海盆地区别。

6.前陆盆地

前陆盆地位于造山带侧翼与克拉通边缘。平面上前陆盆地平行于造山带展布，在造山带一侧发育向前陆区逆冲的褶皱－冲断带，盆地近克拉通一侧可发育正断层。沉积组合常见的有洪积-河流三角洲相和浅海相，有时有浊积岩（图 11-8）。前陆盆地充填物一般具有双向物源，具明显不对称性，主要来自造山带，克拉通为一次要物源区，沉降中心常逐渐向克拉通方向迁移，成分成熟度和结构成熟度由下向上明显降低（图 11-9）。控制前陆盆地沉降的主要因素是：①构造负荷（造山带褶皱冲断岩层）和沉积负荷（前陆盆地沉积物）的大小和形状；②前陆盆地岩石圈的挠曲刚度和岩石圈板片厚度。常见的前陆盆地有北美洲落基山西侧的前陆盆地，我国西北地区的酒泉、民乐盆地为祁连山北缘前陆盆地，昆仑山、天山、祁连山等造山带前缘均发育有新生代前陆盆地。四川盆地、塔里木盆地的三叠纪和新生代也发育前陆盆地。

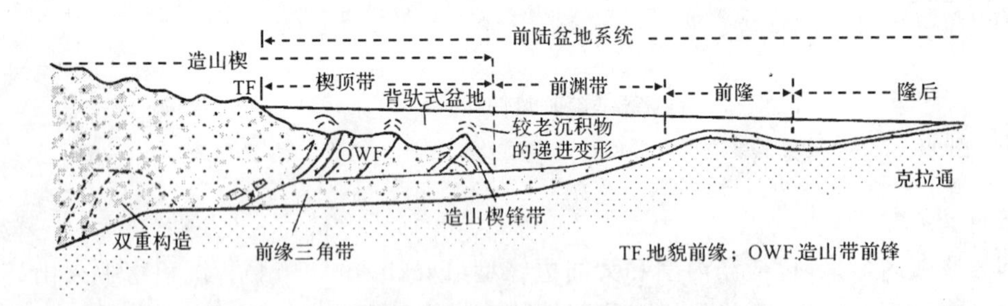

图 11-8 前陆盆地的结构单元（据 Einsele，2000）

前陆盆地充填总的趋势常常是向上变浅的沉积序列，从下到上由深水沉积物、浅海沉积物、三角洲沉积物变化到陆相沉积。前陆盆地这种向上变粗或变细的超层序一般是逆冲带幕式构造演化的响应，反映了盆地在一个构造旋回（从活动逆掩作用到均衡回弹）期间的演化过程。

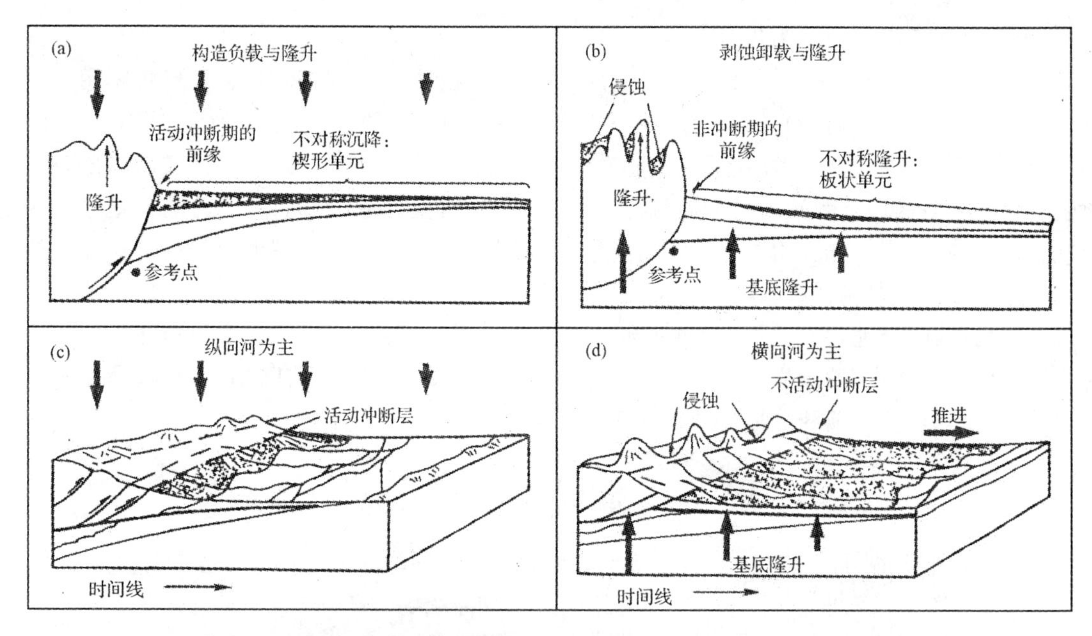

图 11-9 前陆盆地在构造负载和剥蚀卸载条件下的沉降和沉积样式对比

(据 Burbank 等，2001)

(1)周缘前陆盆地：以喜马拉雅前渊、阿尔卑斯山山前晚白垩世—中新世磨拉石盆地、古生代阿巴拉契亚前陆盆地及波斯湾挽近纪盆地为代表。

周缘前陆盆地与A型俯冲作用有关(大陆边缘碰撞造山)，形成于造山带前缘的俯冲板块之上，是大陆碰撞及其以后由于板块自身重力作用造成内俯冲而形成的岩石圈挠曲盆地(图 11-10)。它也可在弧-陆碰撞期间在弧前发展起来，是由俯冲带杂岩体及残留在消减板块边缘的沉积楔形体演化而成，即形成于大陆壳表面向下拖曳与碰撞造山缝合线带相接之处，此时蛇绿岩缝合线带比岩基岩浆带和火山岩更靠近盆地。

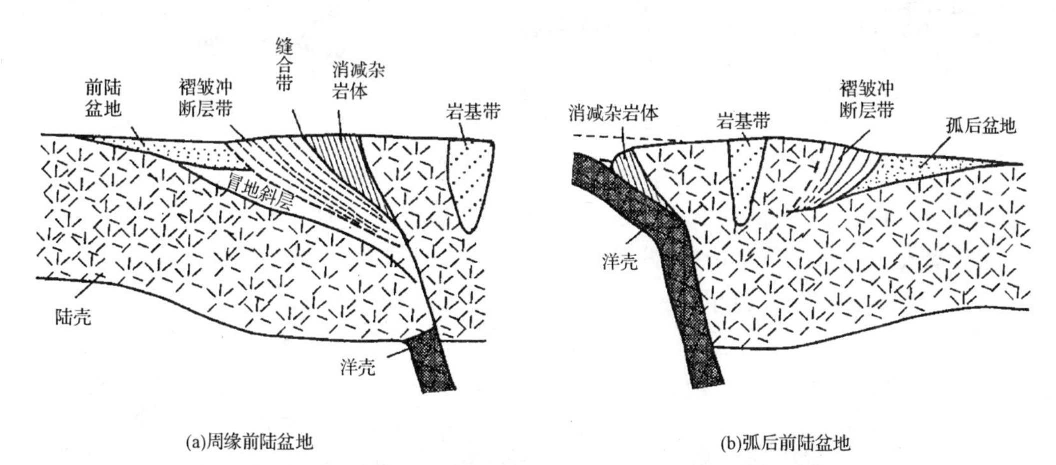

(a)周缘前陆盆地

(b)弧后前陆盆地

图 11-10 周缘前陆盆地和弧后前陆盆地构造发育位置(据 Dickinson，1974)

(2)弧后前陆盆地:以加拿大阿尔伯达盆地、安第斯山东侧新生代盆地、冈底斯白垩纪盆地、台湾西部新近纪盆地等为代表。

弧后前陆盆地形成于大陆边缘岩浆弧内侧的仰冲板块之上,与陆内B型俯冲作用有关(大洋板块向大陆板块俯冲),既可与板块碰撞相联系,也可形成于洋壳俯冲作用时期(图11-10)。与B型俯冲有关的岩浆、变质及构造作用的分析有助于判断沟-弧环境。弧后前陆盆地形成于大陆壳表面向岛弧造山带的后侧方向向下拖曳处,相邻造山带向这类前陆盆地推覆逆冲,蛇绿岩消减杂岩体和火山岩带远离这类盆地。按照许靖华(1994)提出的弧后造山作用理论,弧后盆地的消减(俯冲极性与B型俯冲相反)可导致弧-陆碰撞及弧后前陆盆地的发育。

(3)背驮前陆盆地:当前陆盆地的一部分位于下伏褶皱冲断带之上,在褶皱冲断构造带后期的持续推进过程中,冲断岩席可以上冲劈开上覆盆地,并携带其向前陆扩展,形成所谓的背驮式盆地(如阿尔卑斯前陆盆地)(图11-11)。

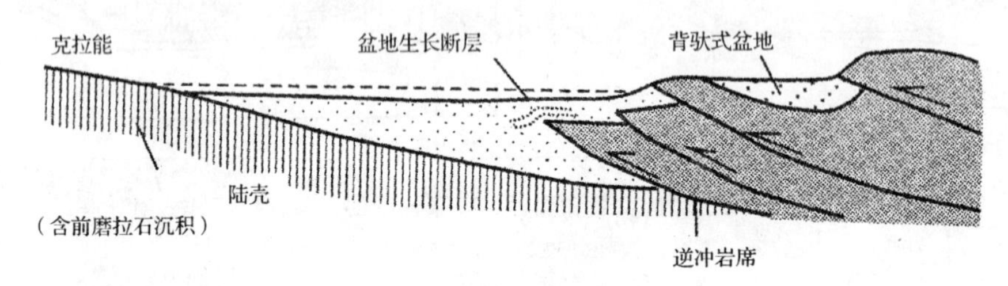

图11-11 背驮式前陆盆地(据Einsele,2000)

三、与走滑背景有关的盆地充填样式

与走滑断层作用有关而产生的盆地,总称为走滑带盆地。这些盆地发生在走滑断层带内的局部拉张地区(图11-12)。常见的盆地类型有:拉分盆地、转换伸展盆地、转换挤压盆地。

图11-12 走滑构造带盆地的发育及类型(李思田等,2004)

走滑盆地构造系统主要由走滑断裂带控制,这类断裂带在平面上表现为直线型或曲线型位移带,聚合型扭动会形成雁列褶皱,并可能伴生雁列式逆冲断层,而离散型扭动则主要出现雁列式张性正断层。在深部,由相对狭窄、近于直立的主位移带组成。在沉积盖层中,断层向上并向侧旁分叉张开,重新组合形成"花状构造"(包括正花状、负花状构造和正形负花状构造)(图11-13)。正形负花状构造在歧口凹陷、渤中凹陷发育,剖面形态与传统的负花状构造类似,一系列花状断层向下收敛于深层近直立的走滑断裂带,且断层为正向滑移。与传统的花状构造最大的区别是其内部结构不同,这类构造的浅部为上凸的背形,而下部为下凹的向形,背形和向形之间为水平镜像界面(图11-14)。

走滑盆地具有沉积充填的不对称性、沉降中心的迁移性、快速沉降和幕式演化等特点。一般在主要走滑断裂一侧堆积巨厚的沉积物，湖相沉积主要集中在靠近主走滑断裂的盆地轴部(图 11－15)。走滑断层一侧往往发育陡坡扇三角洲体系，并常常有小型碎屑流占优势的冲积扇、湖底扇等形式的粗粒沉积角砾岩。在盆地演化的早期阶段，常常被湖水或海水注入填充。已知的走滑盆地的沉积速率很高，可以保持与盆地沉降同步或超过盆地的沉降，当拉伸作用增强时也可以发育火山岩。

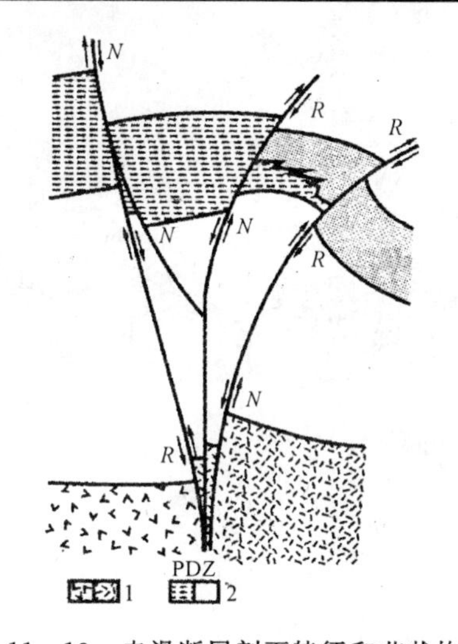

图 11－13　走滑断层剖面特征和花状构造

(据 Christi－Blick 等，1985)

1. 结晶基底；2. 具不同沉积相的年代地层单位；PDZ. 主位移带；*N*. 正断距；*R*. 逆断距

近年来的研究表明，有许多与大型走滑带相关的盆地，其形成演化并不能很好地以走滑带的“拉分”模型来解释，而是受伸展-走滑或挤压-走滑运动机制的双重控制(李思田等，1995)。例如发育于红河断裂带南端的莺歌海

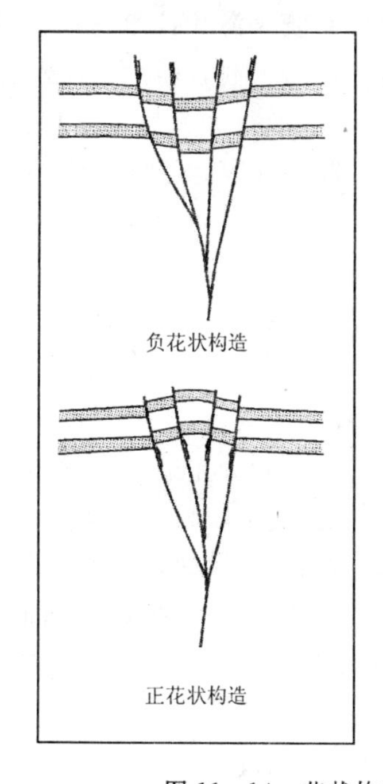

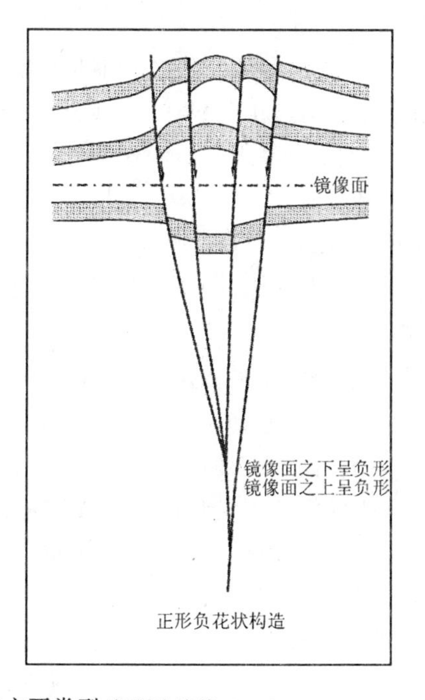

图 11－14　花状构造主要类型(据刘晓峰等，2009)

挽近纪盆地，就显示了伸展与右旋走滑双重机制的联合作用，中国西部许多大型盆地的分析则表明挠曲与走滑作用的联合影响普遍存在(李思田等，1995)。

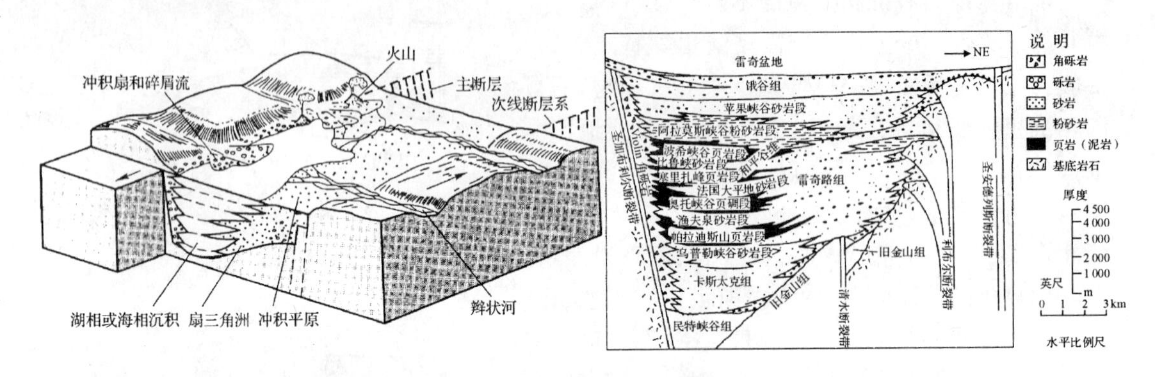

图 11-15　走滑带盆地的构造-沉积充填格架(据 Stell 等,1980;Croweell 和 link,1982)

1. 拉分盆地

代表性盆地有死谷盆地,我国的陇川、下扬子地区中生代盆地等。

拉分盆地产生在两个走滑断层羽列重叠部位的拉张区,其拉伸轴基本上平行主断层。这类盆地表现为菱形断陷。一般拉分盆地的长度是宽度的 3～10 倍,甚至更大。拉分盆地的发育机制有主要有四种模型:①走滑断裂的叠覆;②离散断层段的滑动;③雁行式断裂或里德尔剪切的集结作用;④相邻的小次级盆地结合成较大的系统。海相拉分盆地的沉积充填以深海相沉积开始,包括碎屑流和浊积岩。当盆地的流域范围增大时,其沉积环境转变为浅海相,最终盆地填满后可以保持陆相沉积环境。陆相拉分盆地一般被冲积扇或湖相沉积体系充填,相带窄,且变化快。受盆地幕式的走滑作用和沉降的控制,可以产生湖相和辫状河平原的交替变化。

2. 转换-伸展盆地

代表性盆地有中东死海盆地、伊利诺伊盆地、安达曼海盆地,以及我国的莺歌海、渤海湾、伊通盆地等。

转换-伸展盆地可发育在转换、离散和聚敛板块构造环境,受伸展和走滑双重控制,具有明显的盆地结构不对称性,盆地一侧为走滑断层控制,另一侧为正断层。盆地一般呈狭长的带状,平面上常为单断箕状或双断盆地,可以呈单一的盆地或呈雁列状盆地群分布于主走滑断裂带的一侧。控盆边界主断裂是盆地的形成演化和盆地内地层格架的主控因素。沿控盆边界断裂分布的沉积体系(如冲积扇)的侧向迁移或侧向叠置,平行于盆地延长方向产生多个沉积中心,沉积中心在空间上侧列,古流向发生有规律性的偏转。盆地内部 2、3 级断层常常与盆缘主干断裂斜交,呈雁列状分布。

陆相走滑-伸展盆地以湖泊沉积为主,具有双向充填和点物源供给的特征。盆地呈一侧受主干断裂控制的半地堑型式,其沉积和沉降中心均偏向于陡坡带主干断裂一侧,发育冲积扇-水下扇-扇三角洲-水下滑塌沉积。在盆地另一侧的缓坡带,发育扇三角洲-辫状河三角洲-浅水重力流沉积。盆地中心以湖泊沉积和浊流沉积为主。

3. 转换-挤压盆地

代表性盆地有加州南部的文图拉盆地、斯匹次尔根挽近纪盆地,以及我国的景谷、下扬子中晚三叠世沿江盆地等。

转换-挤压盆地可发育在冲断带、造山带前缘等斜向挤压部位，受挤压和走滑双重控制，构造-沉积特点类似于前陆盆地(王成善等，2003)。转换-挤压盆地的一侧与造山带或冲断带、推覆带相毗邻，盆缘断裂常为逆冲断裂，并伴有明显的走滑。转换-挤压盆地的控盆断裂常为走滑挤压断裂。盆地的挤压方向垂直于控盆断裂，走滑作用主要沿平行于控盆断裂方向发生。

转换-挤压盆地以冲积扇和辫状河流沉积为主，但有些盆地也有湖泊沉积。盆地具有双向充填特征，紧靠主断裂带一侧为冲积扇沉积，扇的规模相对较大，碎屑物质的搬运方向垂直于盆缘断裂而指向盆地轴部(李培军等，1995)。相对于另一侧，发育规模较小的冲积扇，盆地轴部为河相或湖相沉积，古流向与轴向一致。盆地充填上表现为与前陆盆地相类似的特征，垂向上显示出向上变粗的进积型层序。随着盆缘造山带不断冲断隆升，盆地物源为愈来愈向盆地迁移的逆冲推覆带。盆地内相变迅速及相带发生迁移。与转换-伸展盆地相比，转化-挤压盆地的走滑特征相对简单，盆地内常发育有包括低角度冲断层在内的大量逆断层、褶皱构造甚至推覆构造。盆地内的褶皱常呈雁行状侧列或平行于主位移带。在挤压比较强烈时，其构造型式变得与冲断褶皱带的构造特征相类似，发育于转换-挤压盆地内的断裂大多呈雁列状分布。

4. 沉积盆地的构造反转

构造反转指的是变形作用的反转，如原来的构造低地后期发生了上隆，早期的正断层晚期又以逆断层方式重新活动等。构造反转包括正构造反转和负构造反转两种基本类型。前者指早期沉降，发生正断层，晚期上隆，转变为逆断层，而后者的情况则恰恰相反。正构造反转的油气地质条件优于负构造反转(李思田等，2004)。反转构造样式包括铲式正断层反转、断坡一断坪式正断层反转和多米诺式正断层反转(图 11-16)。

不同盆地的反转程度有很大的变化，有的盆地仅表现为先前盆地基底的掀斜作用，或先前盆地充填地层的局部变形和挤出[图 11-17(b)]。当整个盆地的充填全部被推挤出其原始位置时，盆地实际发生了强烈的反转。盆地边缘断层可以转变为逆掩断层，将盆地边缘的沉积推移到先前盆地的中央[图 11-17(c)]，我国东北的挽近纪伊舒地堑和密山抚顺盆地均发育有这种强烈反转的构造。盆地的反转造成了新的地形起伏和剥蚀，因而也可形成与先前盆地相邻的新的构造凹陷和充填[图 11-17(a)、(c)](李思田等，2004)。

四、克拉通盆地和褶皱带盆地

在远离板块边界的大陆板块内的盆地，其成因和发展历史都比较复杂，可划分为完全在大陆地台区的克拉通盆地和褶皱带盆地。

克拉通盆地相当于台向斜以及台背斜上的盆地，如莫斯科盆地、巴黎盆地、撒哈拉盆地、塔里木盆地、四川盆地等，一般面积较大，外形近圆或椭圆、菱形等。发育时间较长，而且沉积作用可能与沉降保持同步，所以不但以浅水沉积为主，并且其等厚线可反映盆地形状。通常处于陆表海、陆棚海及大陆湖盆等环境，形成地台型的海相及陆相沉积。主要沉积有沉积较厚、原来高程较大的台地碳酸盐组合、台地之间原来较深凹陷的台间碳酸盐组合、大型三角洲组合，以及裂谷型火山喷发岩的内陆盆地红层组合、类磨拉石组合等(姜在兴等，2003)。

褶皱带盆地包括两种：一种是褶皱带内原来的稳定断块或小板块后来沉降而演化成的盆地，例如柴达木盆地、准噶尔盆地和今日的黑海盆地，它们的发生和发展主要与周围褶皱带的

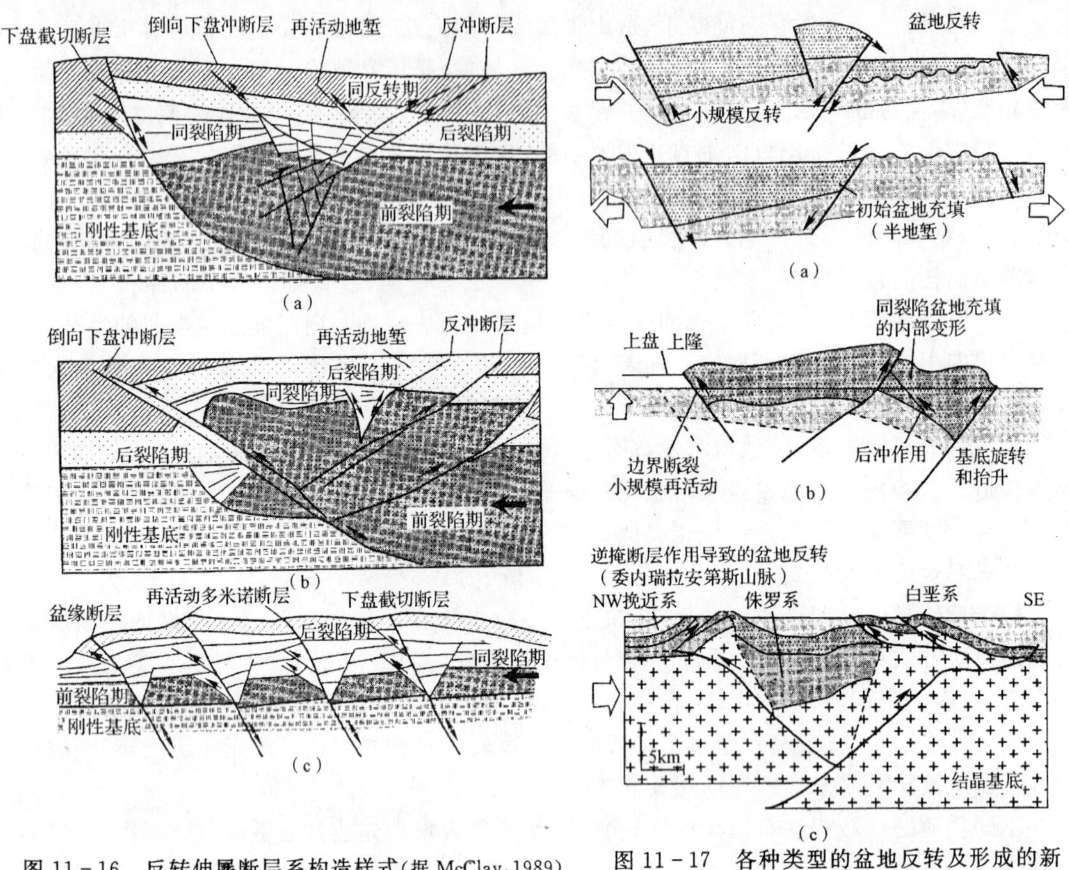

图 11－16　反转伸展断层系构造样式(据 McClay,1989)

(a)反转铲式伸展断层,截切断层发育;

(b)反转坡坪式伸展断层,突起构造发育;

(c)反转多米诺式断层,截短断层及鱼叉构造发育

图 11－17　各种类型的盆地反转及形成的新的沉积盆地(据 Einsele,2000)

发展历史和后期的板内断块活动有关;另一种是叠置在褶皱带上,可能是构造陷落的山间盆地,其分布受褶皱带形成时的断裂分布所控制。这两类盆地面积小,沉降和演变迅速。如果沉积物供应丰富,则形成粗碎屑岩甚至磨拉石沉积,并以浅水或陆相环境为主;反之,如果沉积物的补偿不足,就会保持相当大的水深(如里海),它们与海连通的规模很小。盆地的构造可以是挤压、纯拉张、张扭和压扭性质,这取决于盆地边缘断层运动的相互关系。

第二节　盆地充填和演化的控制因素

盆地充填和演化受到构造沉降、海平面变化、沉积物供给和气候四大参数的控制(Sangree 和 Vail,1989),构造沉降、海平面变化和沉积物供给三个参数控制沉积盆地的几何形态,构造沉降和海平面变化两个参数决定了沉积物可容纳空间的大小。构造作用,尤其是大陆地幔的热作用和板块运动对盆地充填序列的影响极为重要,局部的构造作用,如推覆构造和同沉积断裂也不容忽视。大多数情况是多种参数联合作用，例如，构造运动和气候影响沉积物供给，构造的抬升也会造成气候的变化，而这两种作用所产生的效应类似区域规模到大陆规模的海平面升降变化(王龙樟,2008)。海平面变化和构造作用对于层序的形成起主要的控制作用，但应综合考虑包括沉积物供给和气候变化在内的其他参数，不同地质条件各控制因素的相对重要性是不同的(表11-1)。

表11-1　盆地充填和演化的主要控制因素

层序形成的控制因素	沉积充填响应
构造沉降	沉积物的沉积空间
海平面变化	地层和岩相的展布型式
沉积物供给	沉积物的充填和古水深
气候	沉积物的类型

一、构造作用

盆地充填序列的形成过程中，构造活动是主要的控制因素。长周期的造陆运动形成了超大陆旋回($n\times100$Ma)，大陆地幔热作用和板块运动形成幕式旋回($n\times10$Ma)，区域或局部规模的基底运动形成百万年尺度的幕式旋回。由热沉降和负荷作用造成的一、二级构造事件往往控制了盆地规模的构造-沉积格局和充填序列，与盆地内部构造活动有关的三级构造事件控制着盆地内部层序构成样式、沉积体系的特征和分布(王龙樟,2008)。显然，构造作用对盆地充填层序的控制作用是多尺度的，包括地球深部引起的长周期的全球热活动、板块运动过程中板块之间的相互作用、板块内部甚至盆地内部的局部构造活动等。不同尺度的构造作用对层序形成的控制作用截然不同，有时存在几种尺度的共同作用。

构造作用是控制盆地充填样式的重要因素，它与全球海平面变化、气候和沉积物供给量(或沉积速率)等因素一起影响着可容纳空间的变化。研究表明，构造作用的影响延续的时间较长，构造沉降作用具有旋回性；同时在盆地的不同部位具有差异性。在一些盆地演化过程中，构造作用往往是控制层序地层构成样式的主要因素。构造作用对沉积记录的影响可分为三个不同级别：①抬升和盆地演变；②沉降速率变化；③褶皱、断层、岩浆活动和底劈作用。

以断陷盆地为例，陡坡带发育在对盆地具控制性的边缘断裂一侧。断裂的规模是该盆地中最大的，经常为深断裂。由于断裂的活动具有同生性，因此该带在盆地中岩性最粗，以发育冲积扇-扇三角洲体系为特征。与断层的幕式活动相联系，垂向上往往发育多个层序，每个层序代表一次断裂活动。扇三角洲体系的外侧，迅速过渡为较深水的湖相-水下扇-水下重力流沉积(图11-18)。

缓坡带发育在陡坡带的对岸，一般发育有小型的同沉积断层或断阶带。缓坡带的沉降幅度相对较小，发育冲积扇-辫状河三角洲-浅水重力流沉积-浅水湖泊沉积(图11-19)。

轴向物源表现在湖域的大幅度缩小期间。由于没有大型湖泊的存在，沉积物可以向更远的地方搬运，其结果陡坡与缓坡两侧的沉积物在这里集中，沿盆地的低洼轴向方向搬运。此时冲积平原比较发育，并最终搬运入湖，形成轴向三角洲体系。

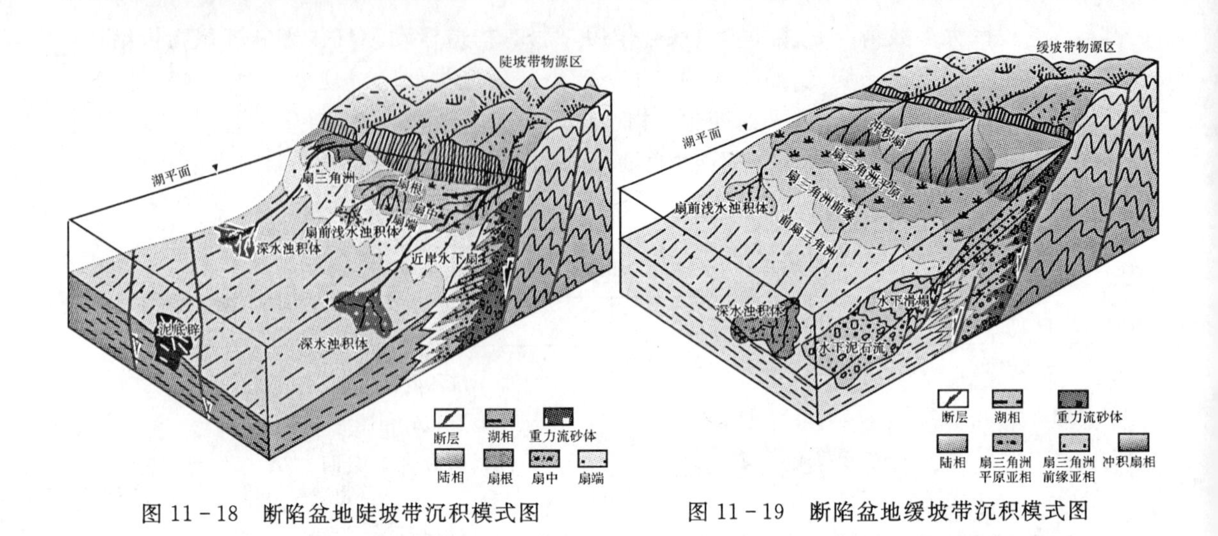

图 11－18　断陷盆地陡坡带沉积模式图

图 11－19　断陷盆地缓坡带沉积模式图

二、相对海(湖)平面周期性升降

1.全球海平面变化

全球海平面变化又称绝对海平面变化,是指海平面相对于某一固定基准面位置(例如地心)的变化,与局部因素无关。全球海平面变化和构造沉降共同决定了相对海平面变化。大陆泛滥旋回代表一级海平面变化旋回,对应产生一级层序(巨层序),持续时间分别为 259Ma、350Ma 和 600Ma。大海侵/海退旋回(3～50Ma)代表二级全球海平面变化旋回,周期较长,对应产生二级层序(超层序)。三级至五级全球海平面变化旋回与前两者相比规模较小,频率较高,对应产生三级层序、四级层序(准层序组)和五级层序(准层序)。

2.相对海平面变化

相对海平面变化通常指海平面距海底或接近海底的某一基准面(例如基岩)发生的相对位置迁移,与局部沉降或隆升等密切相关。相对海平面变化直接控制着沉积物可容纳空间的增加(对应相对海平面上升)或减少(对应相对海平面下降)。

三级至五级全球海平面旋回可在层序旋回、体系域和周期式小层序上反映出来。这些旋回被认为是冰川海平面升降引起的。冰川海平面升降幅度小,但频率比引起海侵/海退相旋回的构造海平面升降和沉降速率变化要高。三级旋回持续 1～5Ma,四级旋回持续数十万年,五级旋回持续数万年。

沉积物的进积、地壳的垂直运动或岩石圈板块的构造翘起、地壳的均衡下沉和回返、海水体积的变化都可引起海平面的相对变化。全球构造变化可以造成影响整个全球范围内的较大的海侵和海退。在极地冰盖中,水的封冻和解冻产生了快速的海平面的全球性变化。层序地层学中的海平面变化是影响沉积环境发生变迁的主要因素,可以形成不同的沉积体系域的类型。

三、沉积物供给量

沉积物供给量决定了盆地充填层序的发育规模以及层序构成样式。沉积物供给量丰富,则层序发育完整，地层厚度大、延伸远，多个小层序叠置，重复出现，层序和复合层序发育。

1.对海相层序充填的影响与控制

沉积物供给量主要受构造和气候的控制。沉积物补充量也与盆地的沉降有关，许多沉积盆地的沉积物是由河流体系补给的。对于一个盆地不同部位来说，如果具有相同的相对海平面变化速率，但沉积物供给速度不同，那么就会产生不同的古水深和岩相变化(图11－20)。

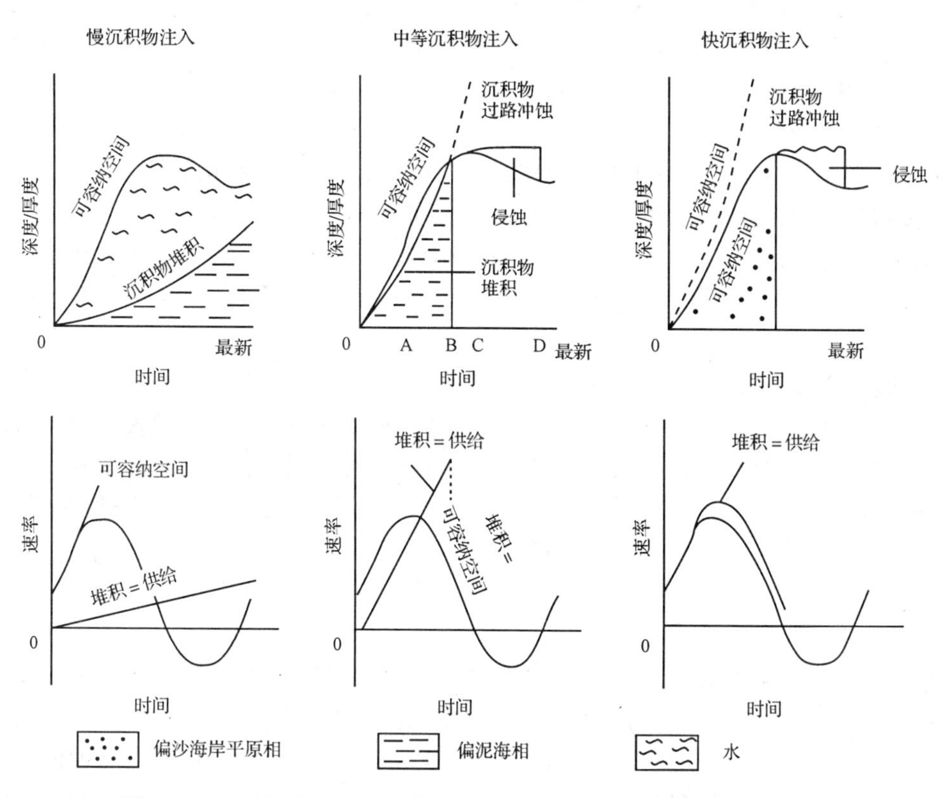

图11－20　在沉积物注入速率变化的条件下沉积相和可容空间的关系

(据Jervey，1988)

在沉积物注入速率较慢的部位，沉积物可容空间大于沉积物的体积时，岸线向陆迁移并随之发生海侵，水体深度明显增加，偏泥的海相地层的堆积向陆地方向迁移。

对于中等沉积物注入速率来说，可容空间的增加速率大于沉积物供给，发生海侵和水体的加深，沉积了海相。随着相对海平面上升速率的降低，开始发生岸线海退，直至海相沉积加积到海平面，岸线又回退到初始位置。随着可容空间减小和相对海平面的下降，先前沉积的沉积物可能会遭受剥蚀，在快速的沉积物注入处，沉积物的供给速率总是大于可容空间的增长速率，从而堆积了海岸平原或三角洲平原沉积物。

在快速沉积物注入处的堆积速率受限于可容空间增长的速率。在海平面相对下降期间，可容空间消失，原沉积处发生了侵蚀作用(朱筱敏，1998)

2.对陆相层序充填的影响与控制

陆相湖盆中沉积物供给具有多源、近源、快速的特点，另外，沉积物注入速率高可使盆地水域大规模缩小甚至消失殆尽。湖平面的升降控制了湖盆的水域范围及水体深度。而一旦湖泊与海洋连通，原来的湖泊就变成了海湾，湖平面就等同于海平面，其变化的影响因素完全与海平面变化的影响因素相同(李思田等，2004)。

沉积物供给对陆相层序形成过程的影响是与其他因素一起共同作用的。一般而言，在物源充足、沉积物供给速率较高的条件下，常可形成进积式的准层序组，沉积物供给速率低且稳定的条件下，可形成加积式的准层序组，沉积物供给速率减小且发生湖扩条件下，沉积退积式的准层序组。沉积物类型、物源特征及沉积环境等还直接控制着沉积体系的发育。当然，沉积物供给速率本身也受到其他因素的影响。

沉积物供给能力是控制沉积物厚度的一个重要因素，也可以控制水深和环境。沉积物的补给主要有两个来源：盆地外的陆源物质和盆地内物源(主要是生物化学沉积，来自生物化学沉淀、动植物生长，盆地内先前物质的剥蚀，或从下向上挤入的沉积物，如沙泥和泥火山)。当沉降和海平面上升速度超过陆源碎屑沉积物的补给量时，水体加深，并发生化学和生物成因沉积的增加。当沉降和海平面上升速度不超过陆源沉积物的补给量时，会导致进积作用和陆相沉积比例的增加。

发生在某一特定沉积环境中的沉积过程本身就与相的分布及其变化有关。一个长条状三角洲的分流河道的进积作用可使河道坡度减小。河道冲破堤岸形成新的河道。在三角洲斜坡或海底扇上，当沉积物负载超过其本身的强度时，沉积物的堆积可引起河道的改变或者发生滑塌。各种下伏沉积物的差异压实作用以及与盐穹和生长断层共生的地下沉积物的运动，导致差异沉积降。

四、古气候

气候(包括气温、降雨量、大气圈湿度和风的强度等)是影响海或湖平面变化和沉积的重要因素之一，决定了水的循环状况和水的盐度。温度的指示物包括蒸发岩、古岩溶、植被、鲕粒灰岩、冰碛岩，雨量指示包括植被、古溶液蒸发岩、沙丘成因的层状砂岩、河流和湖泊的形态。温暖气候对灰岩、蒸发岩和煤沉积的影响较大。气候因素对盆地充填层序形成的控制作用主要体现在对沉积物类型的控制。

对于海相地层来说，气候对海相碳酸盐岩形成的影响与控制作用比较明显。热带海洋浅水比中纬度温带海洋具有更高的含盐饱和度，通过影响水的循环状况和海水盐度的分布，这个差异影响了碳酸盐岩沉积物的产率。在干旱气候和水体环境较局限的环境下，在陆棚上盆地、泻湖、潮上坪等环境会产生蒸发岩沉积物。若陆缘沉积物供源点邻近碳酸盐岩台地，气候的差异将会影响硅质碎屑沉积物供给的类型。这些在碳酸盐岩地层序列中出现的沉积物类型不仅反映了气候条件，而且也反映了相对海平面的变化(朱筱敏，1998)。气候对早期成岩作用的范围也有重要的控制作用，这种成岩作用通常与碳酸盐岩在海平面下降期和低水位期的出露有关。潮湿、炎热的气候条件最有利于岩溶作用的发育，次生岩溶孔隙的发育程度与分布面积与出露时间的长短以及因降雨量大小而引起的潮湿或干旱气候有关。

气候对陆相层序的影响更普遍地是体现在对水文状况和沉积类型的控制上。潮湿气候有利于河流、三角洲硅质碎屑沉积物的沉积，而干旱气候则有利于风成硅质碎屑。众所周知，陆相盆地无论是在规模上、还是在水体深度上均无法与海相盆地相比，气候因素对陆相层序的影响要比海相显著得多。Van Wagoner(1995)提出了气候影响下的海平面变化是层序形成的驱动机制。对于近海环境内非海相层序地层的发育而言，这种影响会是非常显著的。

气候因素也不是孤立地起作用的。在陆相环境中，气候会通过影响环境水体蒸发量与供给量的平衡而控制着基准面的变化；气候对沉积物的类型和供给速率也有着直接的影响。同时，气候因素本身又受制于许多地内和地外因素的影响，如构造运动、米兰科维奇旋回等都是重要的影响因素(刘招君等，2002)。

气候的变化对陆相层序的影响是多方面的，直接影响是湖平面变化。气候影响了湖泊的蒸发量和注入量，进而影响了湖平面的升降变化，湖平面的升降变化控制了地层的重叠样式和沉积相的分布。例如气候的变化会造成植被和降雨量的改变。若气候温暖潮湿，则植被发育，降雨量多，母岩的风化作用较显著，网状河流发育，沉积物供源较多且湖平面易于上升，利于陆相盆地层序的发育。反之，气候干旱炎热，植被不发育，降雨量少，辫状河系较发育，粗粒物源短距离供给，湖平面易于下降，不太利于层序的发育(朱筱敏，1998)。

全球气候变化具有周期性或旋回性和级次性，与气候相关的三级、四级和五级周期控制或影响了层序的形成与发育。陆相层序的形成常受构造沉降和气候周期的双重驱动与控制。

五、其他因素

生物活动、化学作用和火山活动对盆地沉积充填也存在影响。珊瑚、苔藓虫、藻类和其他生物礁的形成以及厚的植物堆积是有机质沉积作用中的主要构成要素。动物和树根通过抑制水的流动和剥蚀，可以固定沉积物。在陆地上植被有助于土壤的发育，并缓和降水、径流和风的侵蚀作用。生物与化学沉淀作用密切相关，它们对沉积物孔隙水的 pH 值和 Eh 值有很大的影响。植物根扰动土壤，使环绕它们的溶液浓缩而形成结核。掘穴生物不仅会破坏沉积物的结构，使沉积物均匀化，而且也起着沉积物和化学的分选器作用。

海水和湖水的盐度和成分在不同的地区和地史时期内都在发生着变化。水化学条件控制着碳酸盐和其他化学、生物化学沉积物的形成。温度和盐度的变化是气候的分带性和变动的结果。海洋环流使养分丰富的水上涌，造成某些软泥、磷酸盐和硅藻土的局部堆积。$CaCO_3$的饱和度控制着钙质骸晶的侵蚀、溶解或沉淀及保存。

火山活动成为沉积物和溶液中离子的一种局部的盆地内的来源。海水对枕状熔岩的淋滤作用，海水和伴生的富金属的热液流体经过化学交换形成黏土矿物。火山丘陵和火山岛的产生和沉没可能会引起环境的快速变化。

第三节　盆地构造对沉积的控制作用

构造对沉积的控制作用不仅表现在板块构造对盆地类型和充填沉积作用的控制方面，而且更多的是指各种盆地内部的各种断裂构造和构造-古地貌对沉积的控制作用，包括构造转换带、构造坡折带、同沉积断裂带、沟谷-古地貌和物源等对盆地沉积充填的控制作用。研究盆地构造对沉积的控制作用，对于预测沉积体系分布和砂体发育位置、预测隐蔽油气藏具有重要意义。

一、几个基本概念

传递带(transfer zone)、调节带(accommodation zone)、构造坡折带(tectonic slope-break zone)、转换带(transform zone)、中继带(relay ramp)和变换构造带(transfer tectonic zone)是地质学家常用的术语。传递带的概念是由 Dahlstrom(1970)在研究挤压变形中褶皱-逆冲断层的几何形态时首次提出的,Morley 等(1990)将传递带概念应用于研究伸展构造。

传递带是指首尾主逆冲断层之间的构造带,为构造变形中在区域上保持缩短量或伸展量守恒而产生的调节构造(陈发景等,2004)。具有大量走滑运动分量的横向断层、正断层和伸展构造体系在这些走滑断层带内终止,走滑断层作用传递正断层或伸展构造体系之间的应变带。

调节带是指多个叠覆断层末端交错构成的区带,它包括同向(倾向相同)或反向(倾向相反)正断层系的末端以及伴生的翘倾断块区等几个部分,是调节侧列正断层和它们之间应变和位移的一类构造,其标志是侧列状正断层的叠覆,应变是在叠覆正断层之间直接传递的,而不是通过其间的走滑断层(图 11-21)。

转换带是指在走向上平行或微斜交于伸展方向具走滑或斜滑断层作用的不连续带,该带使沿走向上不同区段的非均匀变形域间的应变易于转换,在转换带任一侧的断层体系一般倾向相同(图 11-21、图 11-22)。

实际上,传递带、转换带、变换带和中继带均与走滑伸展背景有关,为避免混淆,可以用转换带概念来统一描述。Morley 等的传递带与国内学者的转换带、变换带或变换构造的涵义是一致的,可统一使用转换带的概念,Faulds 等的调节带和传递带统称为调节带(刘和甫等,2003、2004)。

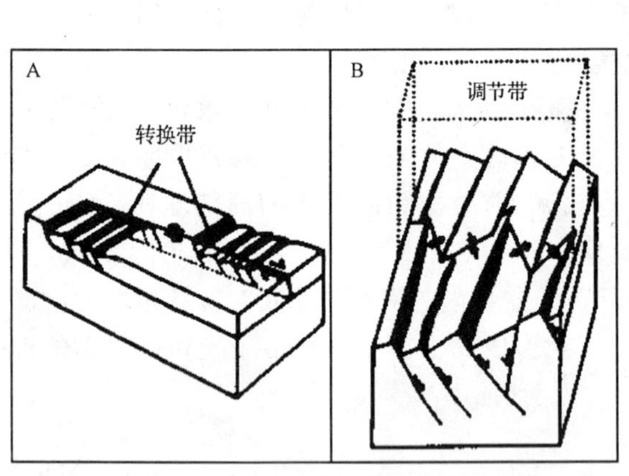

图 11-21 典型调节带和转换带示意图

(据 Faulds 和 Varga,1998)

(a)转换带由在走向上平行或微斜交于伸展方向的单个断层或断裂带组成,它调节着大部分走滑分量;(b)调节带发育在一系列叠覆断层的末端

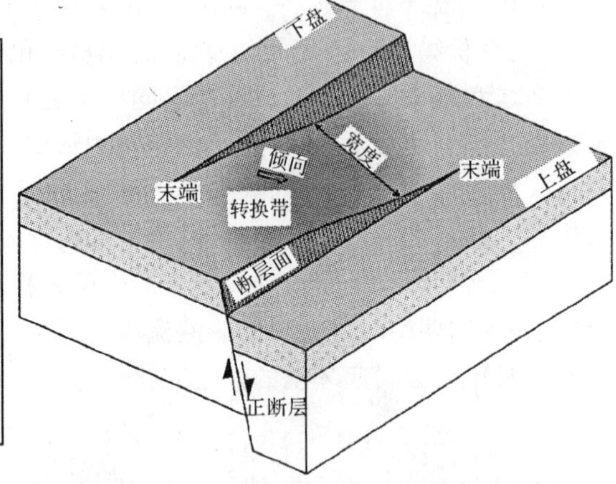

图 11-22 表示一个综合的构造转换带主要特征的立体图(Larsen,1988;Peacock 和 Sanderson,1991、1994)

二、构造转换带

构造转换带发育于相邻的分段活动的断层之间,是伴随断层活动而形成的一种构造形式。

它通常表现为转换构造脊、转换断层、传递变形带、传递断坡等形式。由于构造转换带对入盆水系起着非常显著的控制作用，因而对同裂陷地层和盆地内砂体的分布也有着明显的影响。同时构造转换带构造类型复杂，是盆地内潜在的有利圈闭发育区，因此，盆地内转换带构造的研究对油气勘探非常重要(李思田等，2004)。构造转换带可以发育在相邻的盆地之间，也可以发育在同一盆地内部相邻的主断裂之间。前者被称之为盆间转换带，一般为几千米、几十千米规模，连接两相邻的断陷盆地，后者被称之为盆内转换带，一般为几百米、几千米规模。

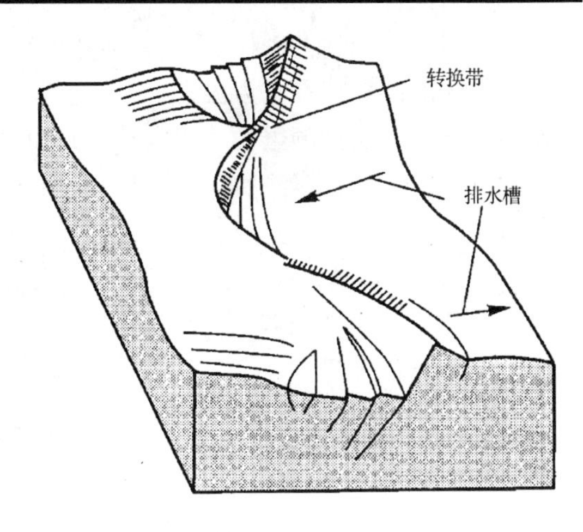

图 11－23　断陷盆地和盆地极性变化

(据李思田等，2004)

构造转换带是断层的区段式活动的几何表现，穿过共轭式断层转换带，盆地的滑移方向或极性发生反转(图 11－23)，导致水系或沉积物运移方向的变化。实际盆地中的构造转换带非常复杂，而且可以在不同的规模上发育。构造转换带比较系统的分类是由 Morley(1990)提出的(图 11－24)。

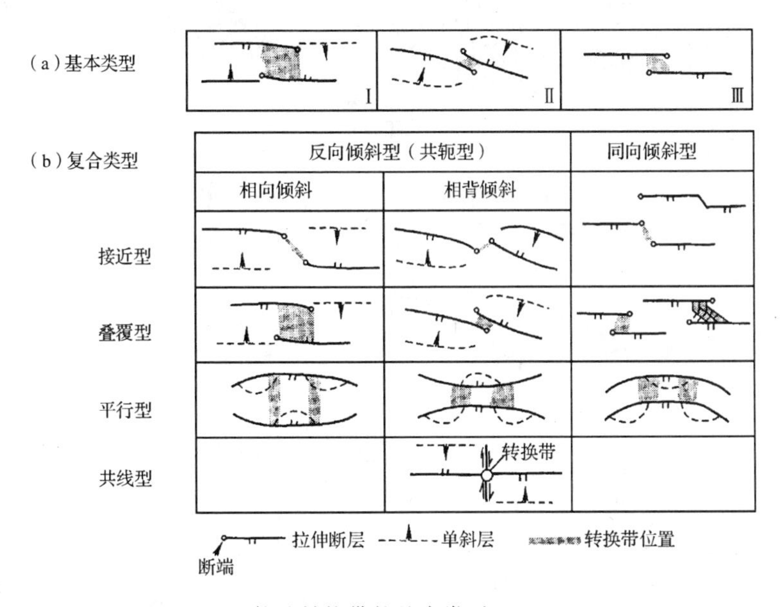

图 11－24　构造转换带的基本类型(据 Morley，1990)

越来越多的证据表明，伸展或伸展-走滑盆地内构造转换带对砂分散体系具有重要控制作用。砂体沿低洼处流动，遇见构造转换带发生分散，并向构造调节带发生转向分散流动。可以通过各阶段断裂分布、组合和活动特征、砂体厚度分布规律分析构造转换带和调节带对砂分散体系的控制作用。

通过伊通盆地钻井砂体对比、砂体厚度图与断裂分布关系的研究，发现研究区砂体（尤其是扇三角洲前缘砂体和重力流砂体）受到2、3及断裂控制明显。钻井之间砂体对比较困难，原因是砂分散体系受到频繁的分流河道变迁以及断裂的控制，砂体受到正断层软连接传递带控制，在断层末端调节带处发育浅水重力流扇体（图11－25～图11－27）。

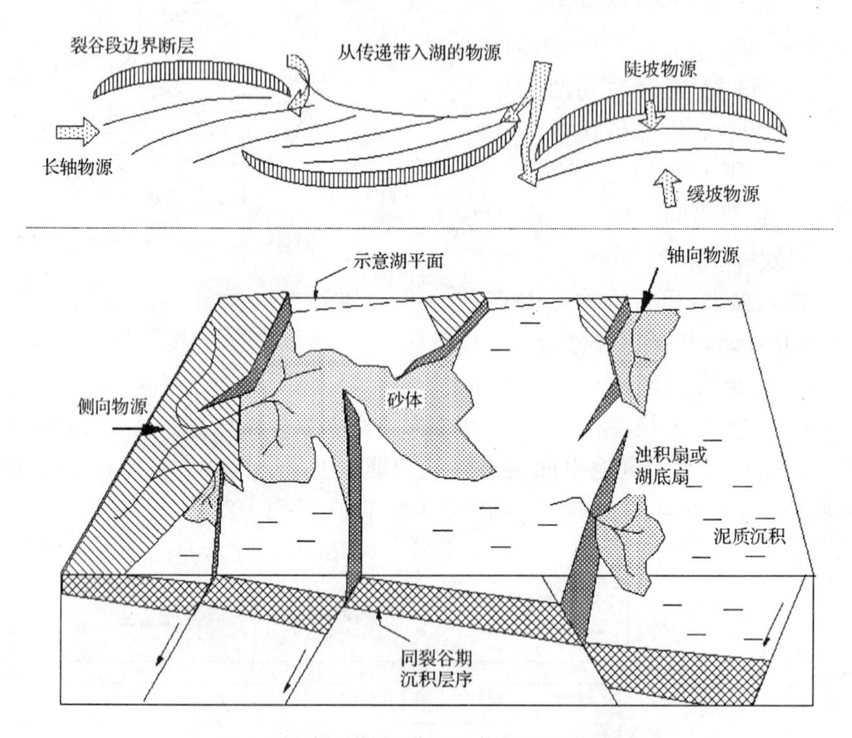

图11－25　构造转换带对砂体的控制作用模式

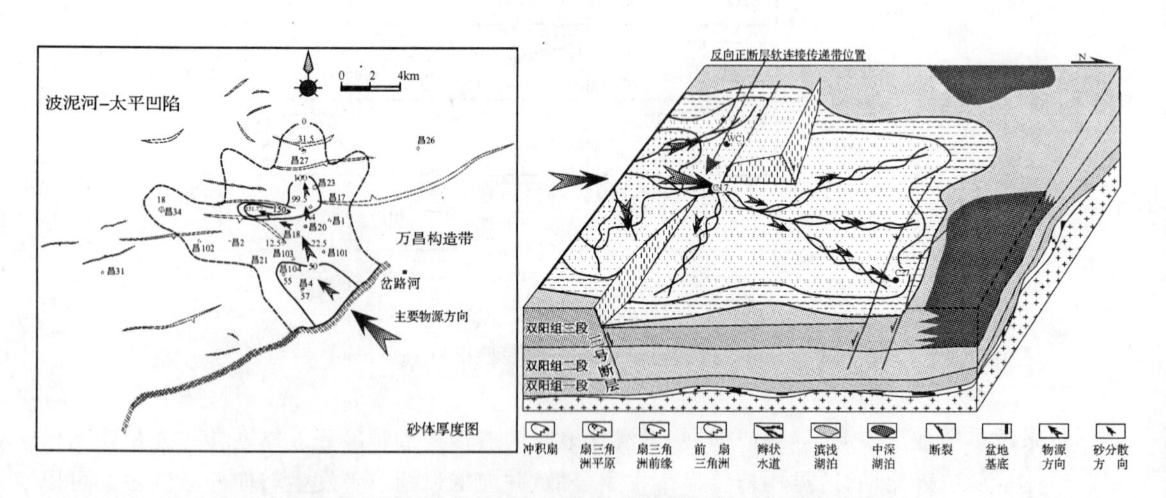

图11－26　伊通盆地万昌构造带双阳组构造转换带断裂控砂模式图（周江羽等，2008）

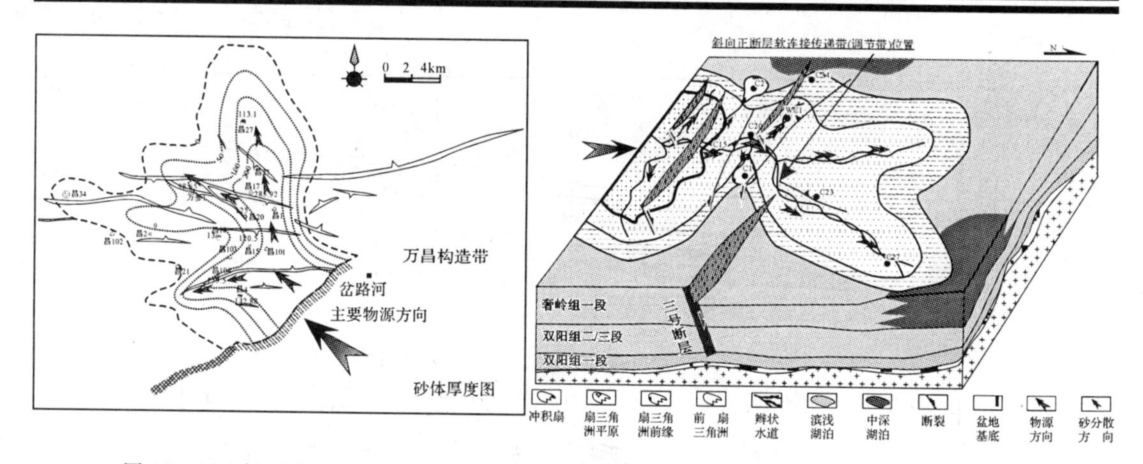

图 11-27　伊通盆地万昌构造带奢岭组一段构造转换带断裂控砂模式图(周江羽等,2008)

三、构造坡折带

构造破折带是指由同沉积构造活动所形成的、古地貌上发生突变的地貌单元。坡折带是指沉积斜坡具明显突变的地带，它制约着盆地充填的可容空间的变化，控制着低位体系域、高位体系域三角洲-岸线体系的发育部位，对沉积体系的发育和砂体分布起着重要的控制作用。在断陷盆地中，规模较大的同沉积断裂和褶皱常常形成构造古地貌上的突变带或坡折带(任建业等,2004)。构造破折带的基本特点是：

(1)是古构造活动产生明显差异沉降的古构造枢纽带，其沉积厚度发生突变，主控同沉积断裂或断裂组的生长系数一般大于1.4～1.6。在断裂坡折带下降一侧的沉积旋回增多，碎屑体系到达的部位砂体的层数和厚度明显加大。

(2)是沉积相域分带的一个重要界线。在洼陷边缘构造坡折带以下常发育低位域沉积，在高水位时则构成从浅水区向较深水区过渡的突变界线。

(3)在陡坡或斜坡带发育多个断阶时，可以形成多个构造坡折带。它们一般都构成沉积坡折带，对沉积体系的发育、分布产生重要影响。

(4)构造坡折带所形成的构造古地貌一般都很复杂，与同沉积断裂的性质、活动性及分布组合样式密切相关，不同的构造坡折带具有多样化的砂体分布样式。

(5)构造坡折带往往是砂岩厚度和砂岩层数的加厚带，一旦确定控制砂体的构造坡折带，沿坡折带走向的碎屑体系供给部位可能会找到加厚的砂岩体。特别是洼陷边缘的断裂坡折带，往往控制着低位扇或三角洲砂岩体的发育部位，而在洼陷边缘坡折带之上则有利于低位期下切水道和不整合面的发育。

在断陷湖盆中，凹陷内部的同沉积断裂在沉降、沉积和古地貌上易形成坡折，即构造坡折带(李思田,1988)。在研究过程中，人们将构造坡折带进一步细分为断坡带和坳折带，前者是在断陷湖盆中受同沉积断裂控制的坡折带，后者是挠曲成因的坳陷盆地中由挠曲作用引起的沉积坡折(李思田等,2002)。在断陷盆地中，不同构造背景对砂体形成和岩性圈闭有重要的控制作用(图 11-28)。

根据控制坡折带发育的背景因素，可以分为沉积坡折带和构造坡折带。前者是构造稳定

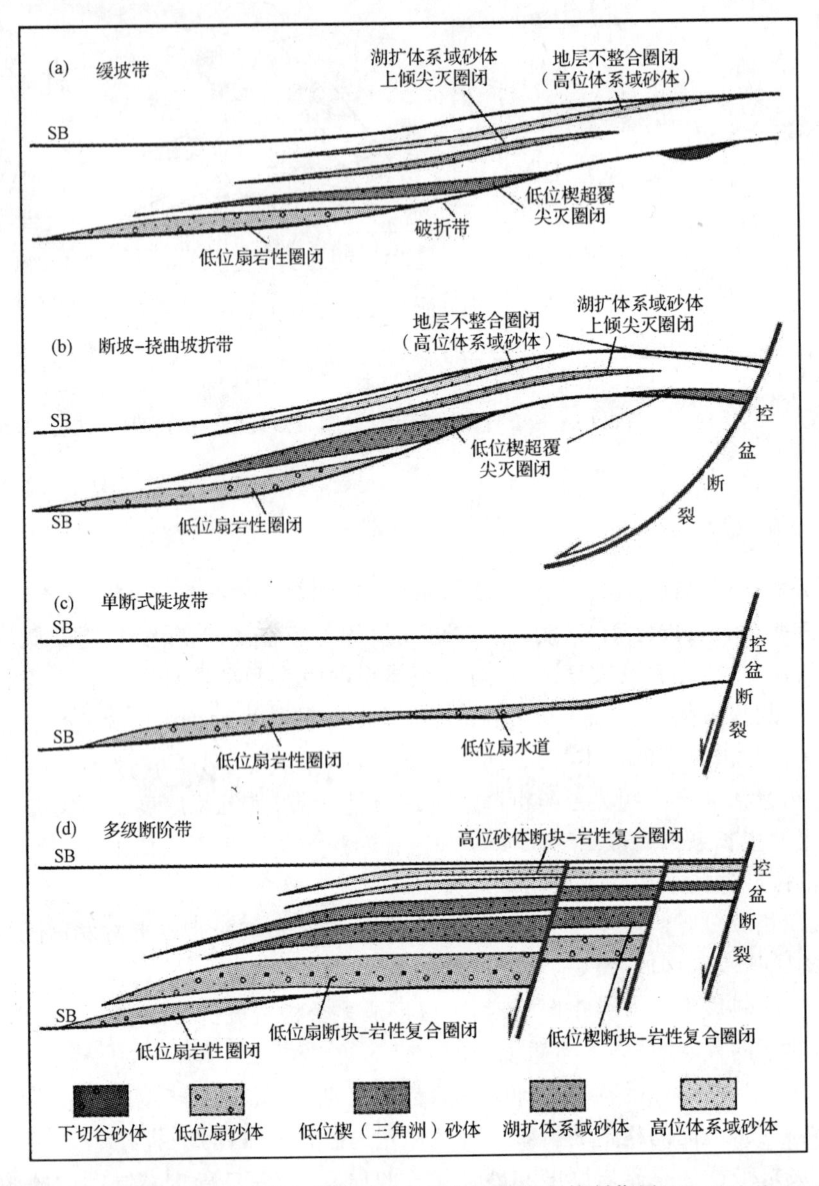

图 11-28　断陷盆地不同构造背景对砂体和岩性圈闭的控制作用(据王家豪等,2008)

的背景下,由于大规模的物源供给(如三角洲体系或陆架-陆坡推进)形成的地貌突变,常见于被动大陆边缘盆地陆架—陆坡的形成阶段;后者是指由同沉积构造长期活动引起的沉积斜坡明显突变的地带(林畅松等,2000、2003;李思田等,2002)。在断陷盆地中,规模较大的、活动时期贯通到地表的同沉积断裂常构成断裂坡折带,简称断坡带。断坡带是同沉积断裂活动产生明显差异升降和沉积地貌突变的古构造枢纽带,构成盆内古构造地貌单元和沉积区域的边界,是沉积相带和沉积厚度发生突变的地带,在不同的盆地演化阶段控制着特定的沉积相域的展布(任建业等,2004)(表 11-2)。

表 11-2　坡折带的分类(据任建业等,2004;冯有良等,2006)

类型	亚类	发育背景
同沉积坡折带	同沉积披覆背斜	常见于被动大陆边缘陆架-陆坡
	同沉积逆牵引背斜	
构造坡折带	断裂坡折带	由贯通式断裂活动形成
	弯折带或挠曲坡折带	形成于伸展断弯褶皱或隐伏式断裂活动背景
	缓坡枢纽带	断陷盆地旋转掀斜作用的上盘

1. 同沉积坡折带

断陷盆地中因同沉积背斜的发育而造成的古地貌折曲、地形坡度发生突变的地带称为同沉积构造背斜坡折带,是同沉积背斜构造的组成部分,与逆牵引背斜、披覆背斜这些同沉积构造带发育有密切关系,进一步可划分为同沉积逆牵引背斜构造坡折带和同沉积披覆背斜构造坡折带两类(表 11-2,图 11-29)(冯有良等,2006)。同沉积背斜坡折带位于盆地边缘的同沉积背斜构造带造成的湖底古地貌弯曲、倾斜地带,湖底古地貌弯曲的脊线部位相当于低位期湖泊的沉积滨线位置。同沉积构造背斜坡折带之下可发育低位域砂体,对低位域砂体的控制作用表现在低位域砂体发育在同沉积背斜构造坡折带的槽线位置。盆地边缘的逆牵引背斜、披覆背斜构造带的低部位是发育低位域砂体的部位,也是形成岩性油气藏的有利部位。

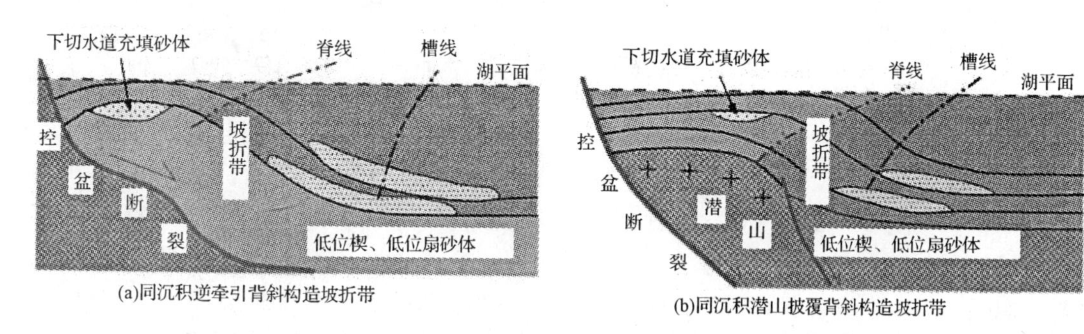

图 11-29　断陷盆地同沉积背斜构造坡折带与砂体展布特征(据冯有良等,2006)

2. 断裂坡折带-断坡带

断陷盆地内对层序及其体系域发育起明显控制作用的同生断裂带、阶状断裂面及其断层转换带引起地形坡度的突变带称为断裂坡折带。断陷盆地中断块掀斜、反向调节断裂和走滑拉伸等各种同生断裂作用均可以沿盆地的陡坡、缓坡和中央洼陷带形成多个断裂坡折带。按照断裂坡折带的分布部位可以划分为陡坡断裂坡折带和缓坡断裂坡折带,根据控制坡折带的断层组合样式的不同,断裂坡折带又可以分单阶式断裂坡折带和多阶式断裂坡折带(任建业等,2004;冯有良等,2006)。不同坡折带样式控制着砂体的形态及分布样式,盆缘沟谷控制着扇体发育的位置,构造坡折带控制着砂体的厚度,构造坡折带之下砂体明显加厚,砂体的展布方向受控于坡折断裂的走向(图 11-30)。

构造坡折带不但控制砂体的厚度和展布方向,砂体的发育部位与盆缘沟谷有一定对应关系,而且控制优质烃源岩发育和岩性油气藏富集带的位置(图 11-31、图 11-32)。在凹陷陡

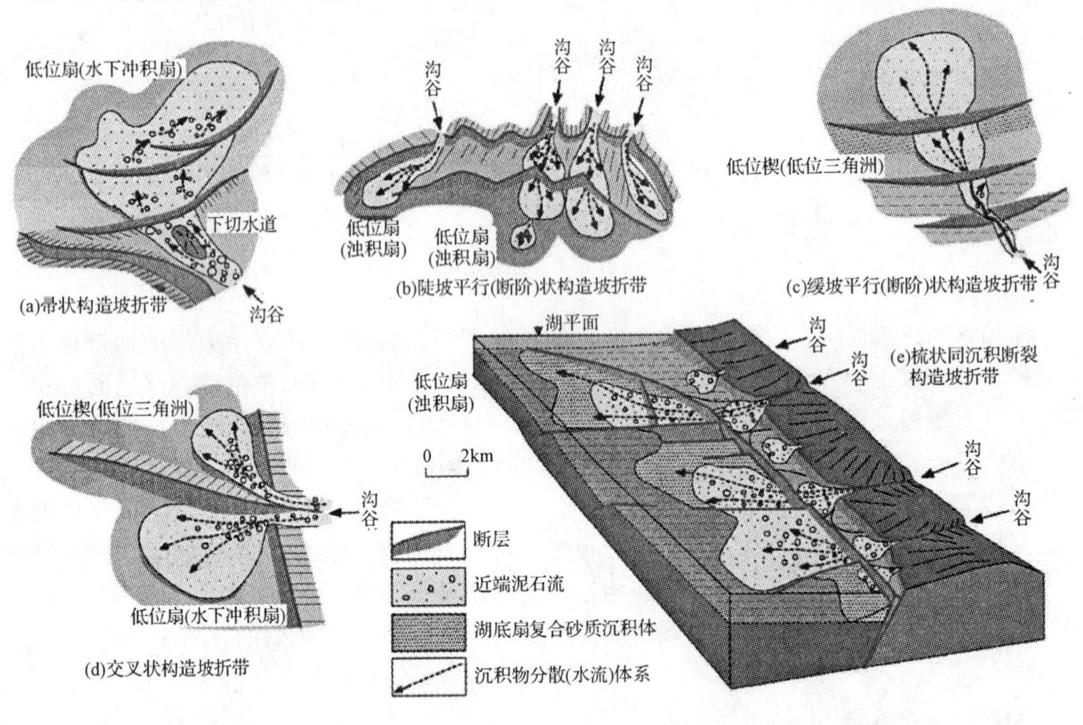

图 11-30 断陷盆地同沉积断裂坡折带与砂体展布特征(据冯有良等,2006)

坡和缓坡主要构造坡折带的位置,不但发育了较厚的河流-三角洲砂体,而且也是湖侵域和高位域早期优质烃源岩发育的主要部位(图 11-33)。发育在层序低位域砂体之上的湖侵域和高位域早期优质烃源岩既是低位域砂体的盖层,也是直接的油源岩,构成了良好的生储盖组合。同时坡折断裂在活动期可以作为油气向上运移的输导系统,使得位于坡折断裂两侧的砂体与油源层沟通。在坡折断裂活动的宁静期,又可以作为油气藏的封堵断层,极有利于油气成藏。另外,坡折断裂带还是横向分割超压带的主要因素之一,在断层活动期或压力封存箱幕式排烃期,坡折断裂更易成为排放含烃流体的主要通道(冯有良等,2006)。

3. 弯折带、挠曲带、枢纽带

铲式断层是断陷盆地的主边界断层常见的几何学形态,这种断层常常导致断层上盘伸展断弯褶皱的发育,进而形成弯折型坡折带,简称弯折带。弯折带是由于沿半地堑式盆地陡坡带的控凹铲型正断层滑动导致断层上盘(缓坡带)弯折变形使沉积斜坡坡度发生明显变化的地带。弯折带上曲率最大的线,即枢纽线直接控制了湖盆的低水位滨岸坡折,典型实例如南阳凹陷控凹边界断层上盘古近纪充填时期古构造地貌(任建业等,2004)。

很多情况下,断陷盆地中基底断层表现为隐伏式活动,可造成上覆地层的变形、挠曲,导致沉积斜坡发生显著突变,这种变形带被称为挠曲坡折带,简称挠曲带。在伸展作用背景下,挠曲带的发育一般是隐伏式正断层的断层扩展式褶皱作用在地表产生的构造结果,莺歌海盆地裂后期沉降阶段这种构造活动非常明显,且对盆地低位扇有明显的控制作用。断层扩展褶皱作用是很多断陷盆地古地貌的重要构造控制因素,其发育部位形成挠曲坡折带。在半地堑断

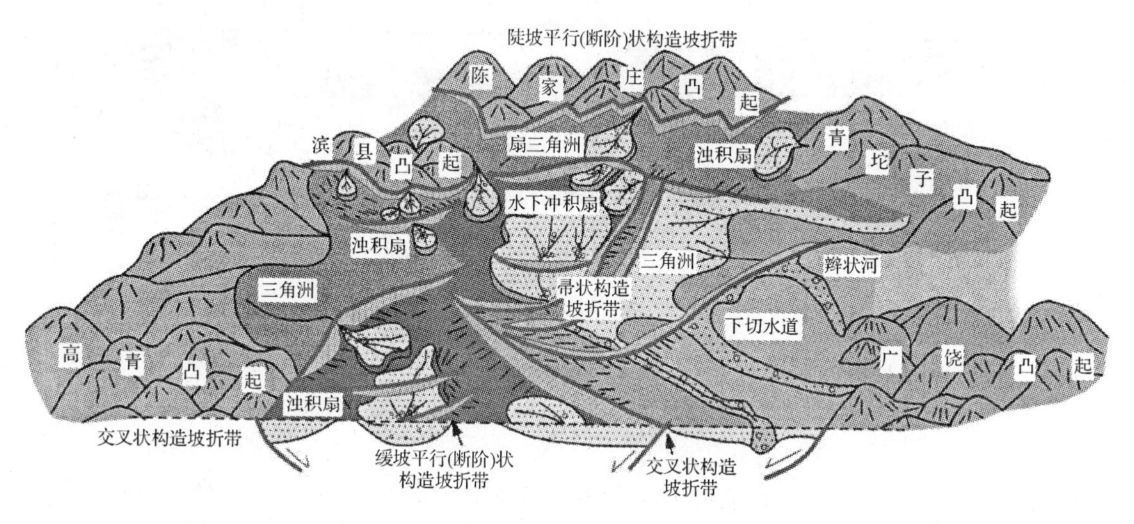

图 11-31　东营凹陷构造坡折带对低位域砂体分布的控制(据冯有良等,2006)

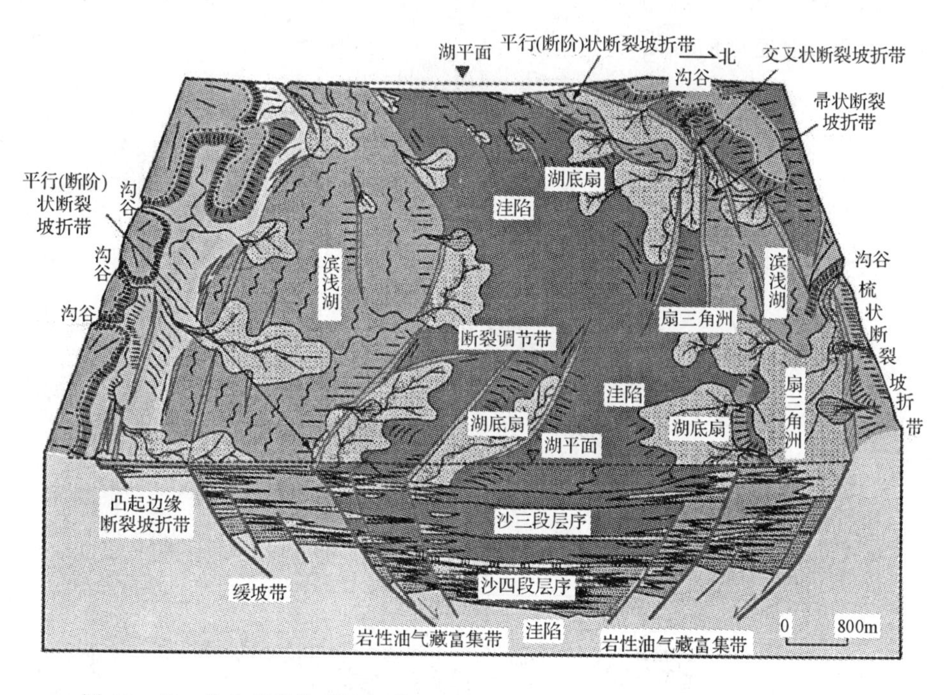

图 11-32　沾化凹陷构造坡折带对砂体、烃源岩分布的控制(据冯有良等,2006)

陷中,挠曲带多是构造转换带发育部位,而转换带构造是流入盆地的水系汇聚地,在挠曲带部位往往发育着盆地靠近边界断层处最大的三角洲或规模非常大的扇体,垂向上表现为以加积和进积型为特征的砂体叠加样式。

如果断陷盆地的边界断层为平面式陡倾正断层,通常断层的上盘只发生变位,即旋转掀斜

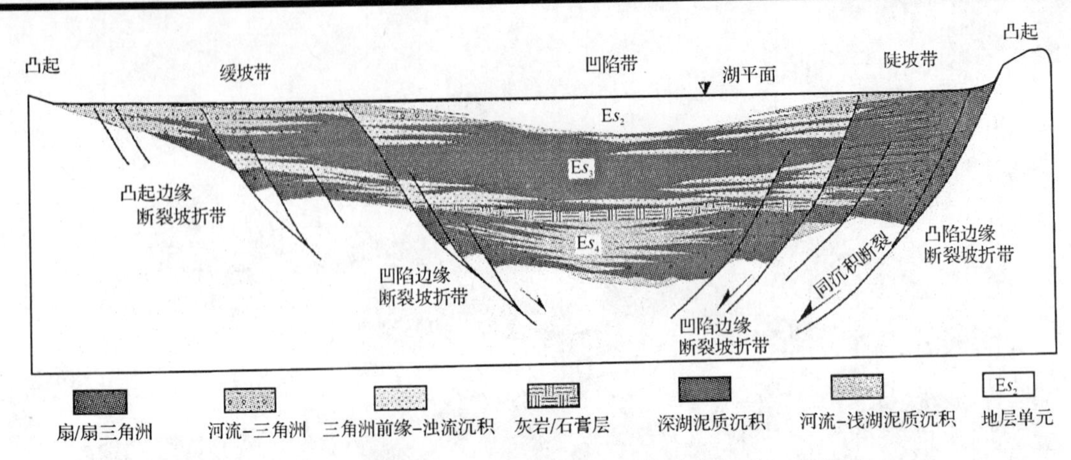

图 11-33 半地堑断陷湖盆断裂构造破折带与砂体分布关系(据蔡希源等,2003)

作用,这时在断层的上盘形成缓坡枢纽带,简称枢纽带。在枢纽带(点)附近,当盆地基底发生旋转掀斜作用时,靠近主边界断层的一侧发生沉降,且离主边界断层越近沉降量越大,而远离主边界断层的一侧不发生沉降反而上升。所以,远离枢纽点向边界断层的方向,沉降量由零逐渐增大,而离开枢纽点向缓坡带方向,上升量逐渐增大,旋转掀斜作用与湖平面变化相叠加就控制了断层上盘可容空间的变化(图 11-34)。

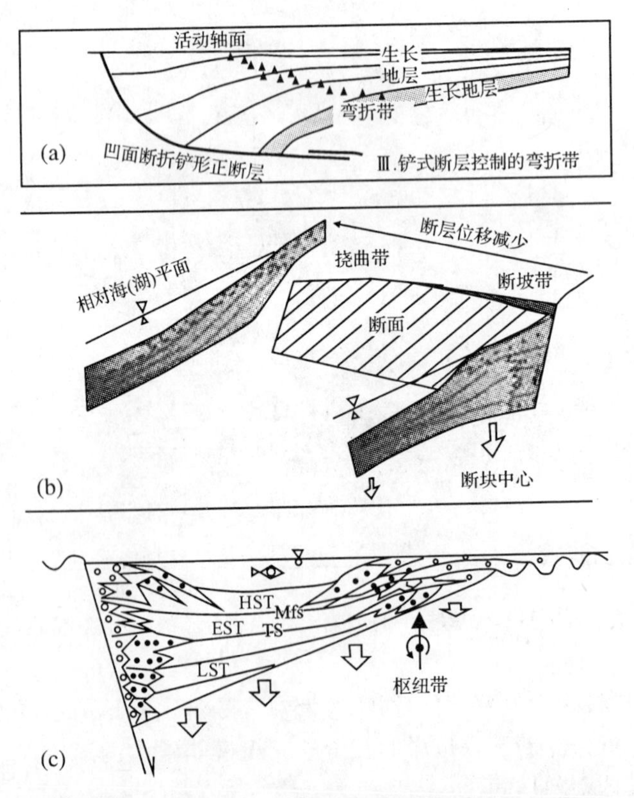

图 11-34 弯折带(a)、挠曲带(b)、枢纽带(c)发育的构造样式(据任建业等,2004)

断陷盆地中的局部因素，如幕式裂陷作用、物源供给变化对层序边界和层序构成样式发育具重要控制作用。在盆地快速沉降部位，如边界主断层上盘的沉降中心，可容空间持续增加，一般形成Ⅱ型层序，而在构造沉降的缓慢部位，如构造转换带、缓坡断坡带、弯折带部位，一般发育Ⅰ型层序，盆地的缓坡枢纽带部位，可容空间持续减小，发生强制性水退，多形成缓坡型三角洲或辫状河三角洲组成的强制海退型层序。中国东部中新生代断陷盆地的构造坡折带及其配置对沉积物的分散过程和砂体的分布样式起到了关键的控制作用(任建业等，2004；王华等，2008)。

四、同沉积断裂

同沉积断裂对盆地砂体和沉积层序充填样式的控制作用主要表现在陡坡带盆缘同沉积断裂、陡坡和缓坡带多阶同沉积断裂(或缓坡断阶带)、盆内同沉积断裂带几个方面。同沉积断裂的平面组合样式有犁形同沉积断裂系及其伴生构造、梳状断裂构造系、帚状断裂构造系和复合叉形断裂构造系(图 11－35)(林畅松等，2000)。

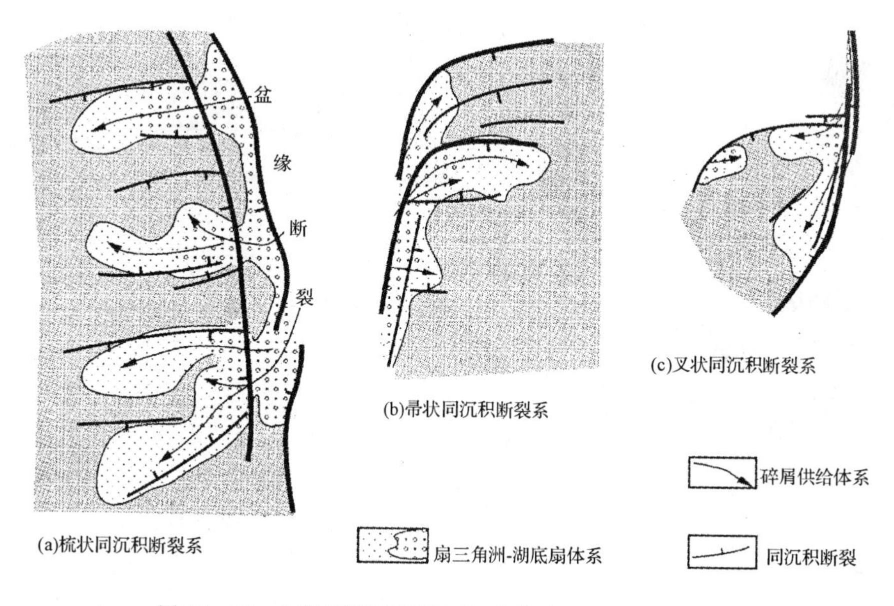

图 11－35　同沉积断裂的平面组合样式(据林畅松等，2000)

许多断陷盆地陡坡带盆缘同沉积断裂系大都具有犁形断裂面特征，且十分发育。由于断裂面向下产状变缓，在下降盘常伴生同生的滚动背斜及次级伴生断裂。沿陡坡断裂带这类构造尽管规模不等，但十分发育。在陡坡带发育滚动背斜的情况下，缓坡带反向重力调整断层也可引起地层弯曲滚动，从而形成跨过洼陷的大型的“双向滚动背斜”。

梳状断裂构造是指由主干断裂和与之垂向的一组伴生次级断裂构成的同沉积断裂系，发育于下降盘的次级断裂的形成可能与多种机制有关，沿主干断裂断距变化引起的断裂调整，或者是近于垂直的另一组主干断裂活动产生的断裂调整均可能形成这种组合样式。

帚状断裂组合一般是由一两条主干断裂向一端发散或分叉成多条规模变小，断距变小的次级断裂系，在平面上呈帚状。帚状断裂系呈左步阶排列，表明盆地曾受到过右旋张扭作用。

典型实例为南堡凹陷蛤坨4号构造带、渤海湾盆地四扣洼陷东部。

复合叉形断裂构造系是由两条断裂带相交形成的叉形断裂构造系(图11-35),如沾化凹陷孤南洼陷东端控制洼陷发育的叉形断裂系,是由孤南断裂和孤东弧形断裂相交构成。交叉的内角带控制着洼陷的沉积中心。此外,在许多盆地中还可观察到鱼鳞状、平行状、棋盘状等断裂组合样式。

同沉积断裂活动常常导致逆牵引褶皱的形成,是断层作用的挠曲响应,断层上盘发育背形,下盘形成向形(图11-36)。区段式正断层系发于多个位移最大和最小区域,断层上盘向斜发育一般在位移最大的断层区段的中心部位,背斜发育在局部唯一距离最小部位,一般位于断层区段边界附近,并与叠覆断层区段之间的侧向断坡相伴(李思田等,2004)(图11-37)。

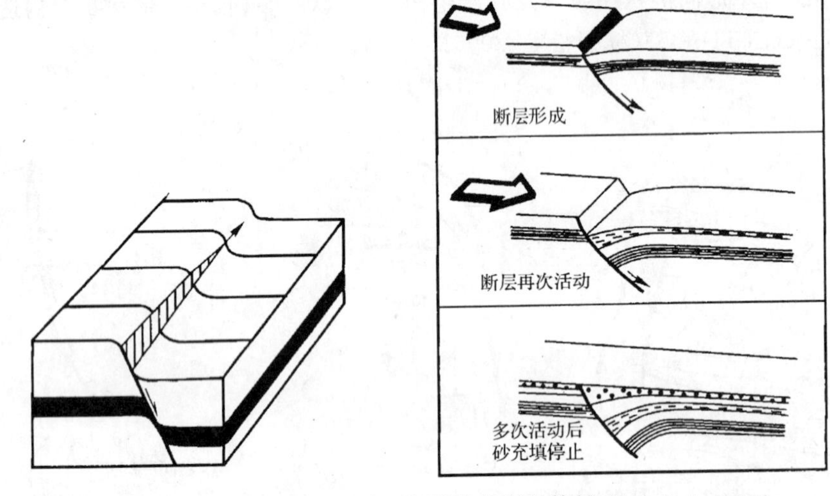

图11-36 拖曳褶皱和逆牵引褶皱的几何学特征(据Schlische,1995)

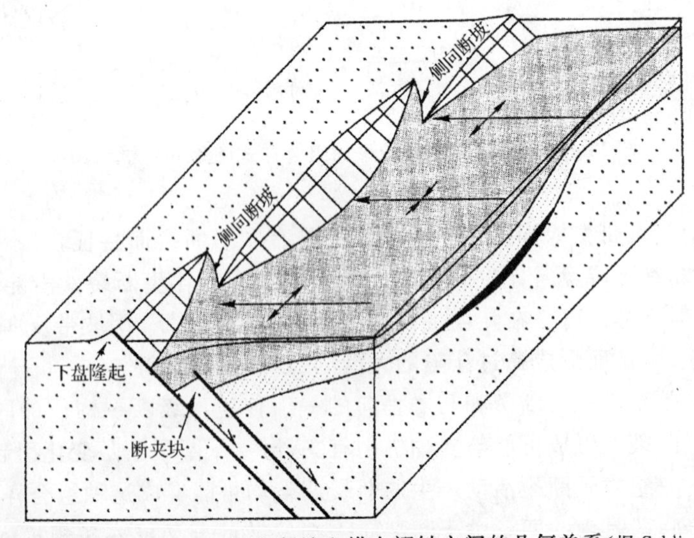

图11-37 区段式正断层系、侧向断坡和横向褶皱之间的几何关系(据Schlische,1995)

五、沟谷体系和古地貌控制

断陷湖盆流域内的水系和碎屑物质是通过河谷及盆缘沟谷汇入湖盆的，因此盆缘沟谷不但是湖盆发育碎屑岩沉积体的主要场所，而且也是寻找和预测砂体的极为重要的古地貌要素。盆缘沟谷按其成因可划分为断槽、断裂调节带和下切河谷 3 种类型(图 11－38)(冯有良，2006)。断槽是最为常见的盆缘沟谷，通常发育在凹陷边缘，可以是由两组走向不同的控凹断裂相交形成的断沟，也可以是由一组与控凹断裂斜交的断裂组成的地堑。它们是凹陷流域水系入湖的部位，也是发育各类砂砾岩扇体的主要部位，可以持续发育(扇)三角洲或水下扇沉积体系，但这些沉积体入湖后砂体的富集位置受到构造坡折带的控制。下切河谷处于湖盆边缘或湖岸线之上，是由于湖平面快速下降导致河流下切河床而形成的。由于沟谷处坡折带之下有较大的可容空间，因此砂体展布方向明显受坡折带走向的控制。

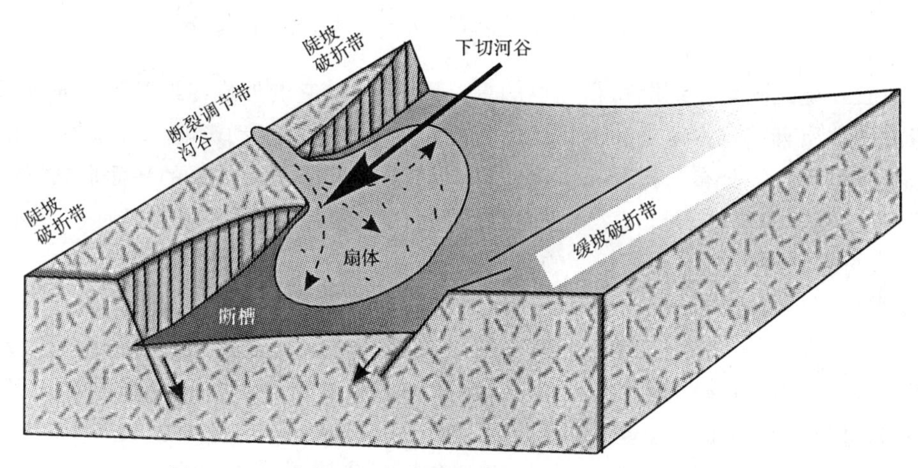

图 11－38　盆缘沟谷与扇体发育关系图(据冯有良，2006)

沟谷和古地貌特点直接控制着物源进入盆地的通道和盆地内部砂体分布，盆地边缘山谷是物源进入盆地的直接通道(图 11－38)。然而，在不同的裂陷幕，断陷湖盆的构造活动、气候和沉积充填特征不同，沟谷及构造坡折对层序发育和砂体的控制作用也不相同。初始裂陷幕，在凹陷陡坡，沿沟谷进入湖盆的砂体主要发育在平行(断阶)状和交叉状同沉积断裂构造坡折带之下，在凹陷缓坡，沿沟谷进入湖盆的砂体顺反向平行断裂坡折走向展布。主裂陷幕，反向断裂停止活动，凹陷陡坡控盆断裂和缓坡同向断裂活动加剧，在平面上形成平行状、交叉状和帚状同沉积断裂构造坡折带(图 11－39)。沿盆缘沟谷进入湖盆的砂体在断裂坡折带之下厚度加大，砂体厚度中心和有利相带主要分布在断裂坡折之下，砂体和烃源岩同时发育，有利于形成岩性油气藏。裂陷收敛幕，由于断裂构造活动减弱，湖盆古地貌变得较为平缓，一部分断裂构造坡折带转化为挠曲构造坡折带。构造沉降中心和沉积中心向凹陷中心迁移，沿沟谷进入湖盆的轴向物源和侧向物源极为发育，砂体在构造坡折带的低部位厚度较大，储层物性较好(冯有良，2006)。

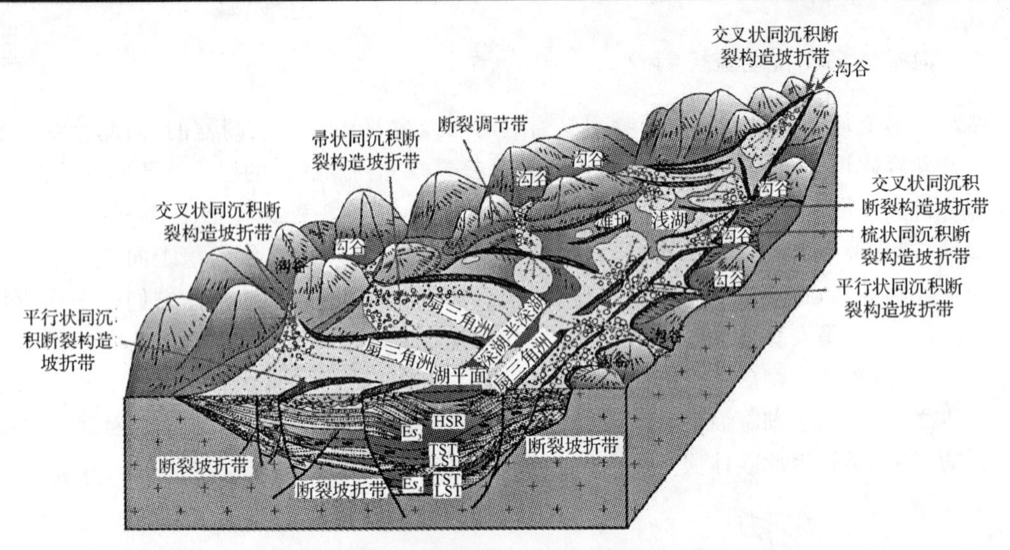

图 11-39 断陷湖盆主裂陷幕沟谷——断裂坡折带控砂模式(据冯有良,2006)

古地貌环境是决定盆地沉积物充填的重要因素之一,它的形成与地壳不同时期、不同地区的构造活动性质有关。古地貌和沉积环境的分布受断块升降运动影响。古地貌单元在基准面变化过程中对沉积物分布和相分异作用的影响,直接决定了沉积体系的平面展布、纵向组合规律和结构特征(刘晓峰等,2008)。对于顺物源方向的古沟谷带,无论是基准面上升还是下降期间,其潜在可容纳空间都要大于相邻的其他区域,沉积物往往优先充填沟谷带。在基准面下降期间,浅水沉积物沿着沟谷带向前推移。而对于垂直物源方向的古沟谷带来说,沉积物搬运至此就会顺着沟谷卸载。在可容纳空间较小的时候,沉积物无法越过沟谷带继续向盆地内推进,直到某个时期该沟谷带被沉积物填平消失,沉积物方可顺利地继续向盆地方向进积。受古沟谷带影响,沉积物并不简单地遵循边缘向盆地方向推进或中心向盆地边缘退缩的原理。基准面下降期间,古凸起对于沉积物分布的影响也十分明显,由于盆地边缘可容纳空间减小,运移到盆地中心的沉积物体积增加,而沉积物向盆地方向推进时,遇到凸起带的阻挡,沉积物会在凸起周围沉积下来,凸起较高的部分会出露地表受到剥蚀,凸起本身也提供物源,随着长期剥蚀,凸起会渐趋低平,对沉积物分布的影响也逐渐变弱。

在碳酸盐岩发育地区,古构造格局往往控制了岩溶古地貌的基本形态、古水系和岩溶发育特征,而不同岩溶地貌单元具有各自独特的岩溶发育特征。古水系大致与断裂系统平行延伸并与古地形等高线的法线方向一致,水系发育区及其两侧,是岩溶作用最为发育的部位,坡度较缓的岩溶斜坡特别是其上的丘丛是岩溶发育的有利地区。

第四节 盆地类型与油气聚集模式

裂谷盆地是最重要的含油气盆地,约占世界已探明储量的70%左右,其中不包括未来远景极大的大部分现代的被动陆缘和边缘海。波斯湾相当一部分生油层就形成于古特提斯洋南侧的被动陆缘上,西非著名的尼日尔油田产在贝鲁坳拉谷的尼日尔三角洲中。我国松辽、渤海湾地区等油田的形成与陆内裂谷有关，渤海油田与陆间裂谷有关，东部海域油田与边缘海发育有关。这些环境有利于油气藏形成的条件是：长期稳定沉降形成巨厚沉积；来自大陆和原地成因的有机质十分丰富，并易于聚集和保存；与碎屑岩、礁灰岩、泥岩、泥灰岩、岩盐、石膏层等形成良好的生储盖组合。块断差异运动造成的内部次级凹陷与凸起则是有利的油气生成和聚集地带。主要的油气藏类型有断块、断背斜、岩性、不整合面和古潜山等(图 11-40、图 11-41)。

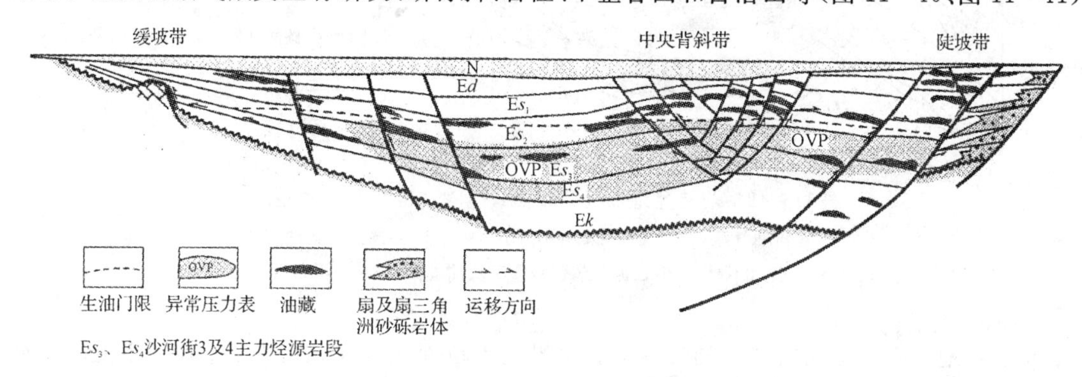

图 11-40　裂陷盆地油气分布模式(据李思田等，2004)

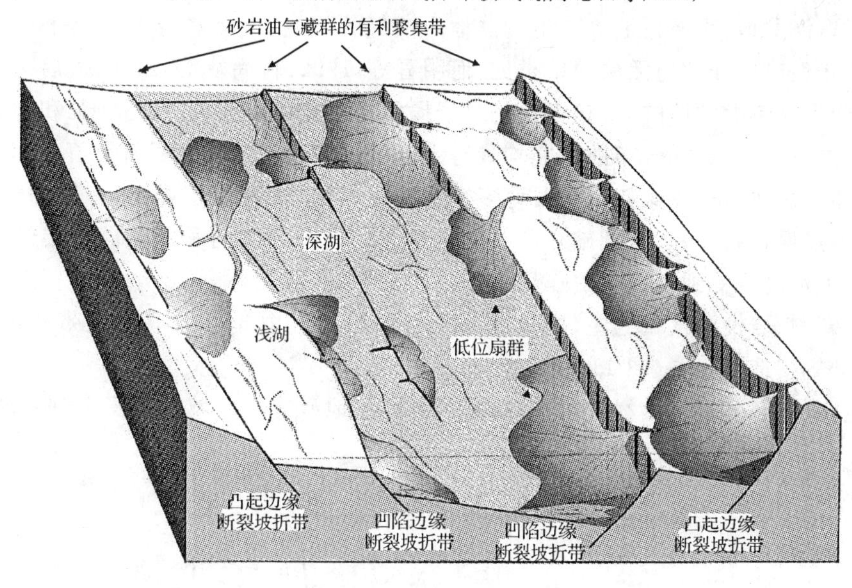

图 11-41　断陷盆地砂岩油气藏群的分布模式(据蔡希源等，2003)

在俯冲带处于挤压状态的弧后前陆盆地和弧前盆地中，沉积层系很厚，在有机质供应充裕的条件下，可形成重要的油气藏。印尼米纳斯油田及该国多数油田、我国台湾西部的天然气田、安第斯山东缘普图玛约油田等都产于弧后前陆盆地中；北美西缘萨克拉门托油田产于弧前盆地中。碰撞成因的盆地尤其是在被动大陆边缘陆架基础上发育起来的周缘前陆盆地，陆架层系中丰富的油气因挤压而侧向或向上运移，与周缘前陆层系中的油气一起在有利的部位聚集，形成大型或特大型油气田。例如，中东地区的波斯湾盆地、北美落基山前的阿尔伯达盆地、南美新生代弧后前陆盆地等一系列盆地均发现了大油气田。我国前陆盆地油气资源总体均较丰富，主要分布于中西部地区的四川盆地、准噶尔盆地、塔里木盆地、鄂尔多斯盆地等盆地。主要油气藏类型有挤压背斜、断块、岩性、生物礁、披覆背斜和古潜山等(图 11-42)。

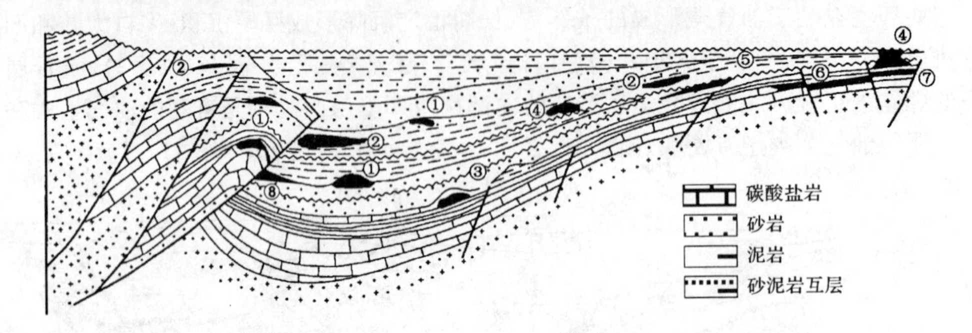

图 11-42 前陆盆地油气分布模式(据翟光明等,2002 修编)

①挤压背斜油气藏;②岩性油气藏;③生物礁油气藏;④披覆背斜油气藏;

⑤地层油气藏(不整合、侵蚀面与超覆);⑥断块油气藏;⑦断垒潜山油气藏

走滑盆地通常是小而富的含油气盆地。世界上单位面积和单位体积油气产、储量最丰富的盆地几乎均与走滑变形有着十分密切的联系,如死海盆地、加州的洛杉矶盆地、文图拉盆地和我国的莺歌海盆地、伊通盆地等。走滑盆地内油气的成生、成藏和分布独具个性,其成藏模式与单纯的张性或压性盆地无法简单类比(何明喜等,1992;肖尚斌等,2000;侯启军等,2009)。因而,走滑变形和走滑盆地的研究,无论是对于揭示走滑盆地的沉积、构造特征和动力学机制,还是对油气的成生、成藏和分布的研究均具有十分重要的理论意义和经济价值。

走滑-伸展盆地油气成藏特点是发育多个富生烃凹陷,多种储层类型,多期油气充注和成藏,下盘比上盘保存条件好,后期破坏和改造明显等。具有单侧向和双侧向断层供烃,靠近深大断裂带附近油气藏受到生物降解作用的影响比较明显(侯启军等,2009),发育断层遮挡、断背斜、断块、背斜、岩性油气藏为主(图 11-43)。走滑-挤压盆地常常在断裂带附近形成断层遮挡、断背斜等构造油气藏(图 11-44)。

越来越多的证据表明,走滑变形在造山带、沉积盆地演化和区域构造演化中起着十分重要

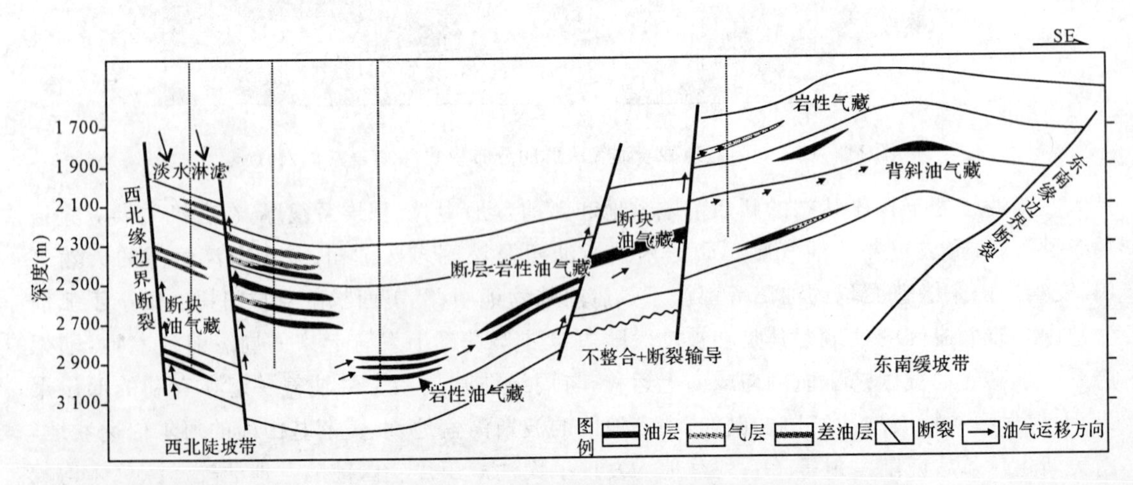

图 11-43 走滑-伸展盆地油气分布模式(据陈红汉等,2008 修编)

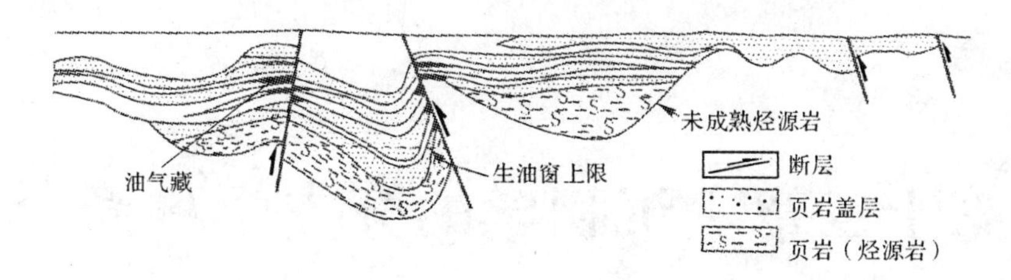

图 11-44　走滑-挤压盆地油气分布模式(据 Magoon 和 Dow,1994)

的作用。走滑变形不仅控制了许多沉积盆地的形成位置、盆地的形态、沉积盆地的沉降、沉积作用、变形作用和盆地内油气的成藏(Balance 等,1980;Christie-Blick 等,1985),而且大规模的走滑变形还会使大陆聚敛带内发生构造逃逸,成为碰撞后陆内变形的一种重要方式(Molnar 等,1975;Tapponnier 等,1982;钟大赉等,1997)。

克拉通盆地内部常常发育大型古隆起带,是油气勘探的重要领域,形成广泛的复合油气藏(图 11-45)。具有多期构造运动、多套烃源岩、多套生储盖组合、多种油气藏类型、多期成藏的特点,发育构造、岩性、不整合和古潜山等多种油气藏类型(翟光明等,2002)。

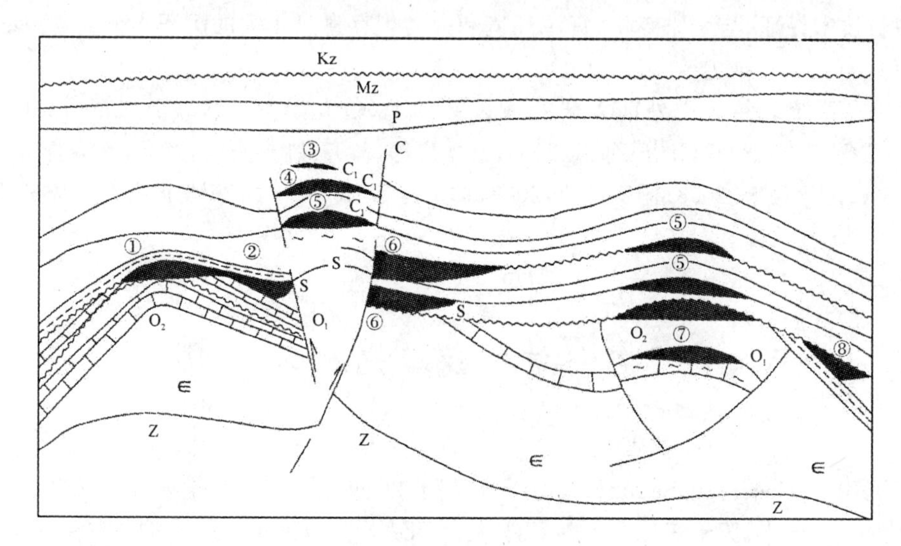

图 11-45　克拉通内部隆起带油气分布模式(据翟光明等,2002)

①和④背斜油气藏;②单斜油气藏;③岩性油气藏;⑤和⑦潜山内幕油气藏;⑥断层油气藏;⑧不整合油气藏

第十二章　沉积学的分支学科简介

随着社会的进步和经济的快速发展，各种新理论和新方法的不断涌现，各种边缘、分支、交叉及横断学科的发展，深刻影响着沉积学学科的发展和完善，沉积学研究取得了重大进展，分支学科不断出现和逐渐完善，标志着沉积学学科应用领域的不断扩大。进入21世纪，随着地球科学的发展，石油、天然气、水和矿产资源的勘探和开发，乃至人们对气候和环境问题的关注，当今沉积学面临着许多重要科学问题，沉积学也从传统的对沉积岩的研究，转向与构造、气候、环境等相结合的综合响应研究，强调多学科的交叉和高新技术的应用。古地磁、地面雷达、高精度遥感技术、地球化学、深部地震反射剖面、层析成像、大地电磁测探、热流和应力测量、X衍射、离子和激光探针、加速质谱仪、科学深钻、计算机和通讯技术等对现代沉积学研究与应用提供了高新技术保证，与全球变化、资源环境和人类生存息息相关的沉积学分支学科必将得到快速发展。

本章将在系统总结国内外前人研究成果基础上（曾允孚等，1999；于兴河等，2004；李忠，2006；刘宝珺等，2001、2002、2006；孙枢，2005；鲜本忠等，2005；姚光庆等，2005；董春梅等，2006；杜德文等，2006；陆永潮等，2008；杨贵祥等，2009；林正良等，2009），对沉积学的各分支学科进行简单介绍。

第一节　储层沉积学

储层沉积学（Reservoir Sedimentology）兴起于20世纪60年代，是以实用角度从沉积学中派生出来的一个分支，第十三届国际沉积学大会（ISA，1990）正式应用该术语并引入文献，表明沉积学（含古地理学）与油气勘探和开发的关系十分密切，其在阐明生、储、盖层的形成和分布规律等方面具有重要指导作用（赵澄林等，1998）。储层沉积学是研究油气储层沉积物（岩）和沉积作用的科学。严格地讲，它主要是研究碎屑岩储层和碳酸盐岩储层形成、演化、分布及其基本特征（成分、结构、构造等）的一门科学，是沉积学理论与油气勘探开发实践密切结合的结果。一般来讲，石油和天然气生于沉积岩中，也主要储集在沉积岩中，从沉积岩石学、沉积学以及岩相古地理学深化对各类油气储层形成机理的研究，可以为油气勘探开发提供更多的科学依据，因此，储层沉积学的形成和发展有着重要的实际意义。

储层沉积学来自于储层地质学，是沉积学与储层物理学、储层地球化学等相互交叉综合的产物。它是以沉积学理论为基础，对储层古地理、沉积相、成岩作用、孔隙演化及其与储层发育、演化及其分布之间的关系进行研究，进而为有利储层的勘探和预测、油气田勘探和开发提供科学依据的边缘分支学科。长期以来，储层储集性的不均一性和差异性一直构成储层研究和勘探的最大障碍。储层沉积学也是进行含油气盆地分析与油藏描述的核心内容之一，是综合利用地质、地震、测井、试井等资料和各种储层测试手段，以沉积学原理为指导，以油气储层为研究对象，以分析和预测油气储层不同层次的非均质性特征为内容，以提高油田勘探与开发效果为目的的综合性学科。

储层沉积学的发展经历了萌芽、兴起和成熟三大阶段(于兴河等，2009)。

(1)萌芽与初步形成阶段(1960—1977 年)：随着 20 世纪 50—60 年代世界上一系列大油气田的发现，石油勘探家与油藏工程师们则希望以较少的钻井资料，对油气储层的特征与分布作出较为准确地评价与预测。这就使人们日益感到需要从储层形成的沉积成因与分布规律上对储层特征进行更为细致地分析与研究。在勘探开发过程中采用沉积学的理论和方法来对储层进行特征描述，解释和预测储层的宏观到微观的各种特征日益受到重视，储层沉积学随之诞生，并成为其后油气勘探与开发的核心内容之一。

(2)广泛兴起与发展阶段(1977—1989 年)：20 世纪 70 年代后期，随着石油工业的迅速发展与各种测试手段的不断涌现，储层沉积学在油气勘探和开发的实践中得到了许多广泛而成功的应用。1977 年《石油工艺杂志》以专刊发表储层沉积学论文，大部分学者认为这是一个新的标志性里程碑。1982 年美国 AAPG 组织出版了《砂岩沉积环境》一书，1987 年 Tillman 主编出版了第一本以储层沉积学为题的论文集，1982 年，我国学者裘怿楠发表论文“储层沉积相研究现状”，从多方面论述了储层沉积相研究的内容、国外发展状况以及国内的一些进展，标志着储层沉积学进入广泛发展阶段。

(3)基本成熟与发展阶段(1990—)：1990 年国际沉积学家协会(1SA)正式将储层沉积学(Reservoir Sedimentology)作为一个学科名称提出，并在当年召开的第十三届国际沉积学大会上将“储层沉积学和建立地质模型”列为第一个技术讨论主题，1991 年召开的第十三届世界石油大会也把储层沉积学列为一个专门主题进行讨论，标志着从此出现了一个新的热潮，就是把应用沉积学的发展提到一个更高的层次。1990 年裘怿楠先生发表了题为“储层沉积学研究工作流程”的文章，系统地介绍了储层沉积学研究内容、方法流程，我国陆相碎屑岩储层的特征，沉积学特色以及在油田开发中对应的问题等。1992 年他总结了这些成果，并在《沉积学报》发表“中国陆相碎屑岩储层沉积学进展”一文，标志着中国的油气储层沉积学也开始走向成熟。2002 年召开的第十六届国际沉积学大会中，国际著名的加拿大沉积学家 Walker 做了一个题为“应用沉积学——沉积环境、沉积岩相学、层序地层学和储层工程学之间的关系：以加拿大南阿尔伯达白垩系的配置类型和储层表征为例”的特别报告，强调应用沉积学原理开展储层表征的研究已成为地学界的一个热点。2006 年第十七届国际沉积学大会和前三届中国沉积学大会，都涉及了许多储层沉积学方面的内容。在此期间，我国学者也先后出版了《碳酸盐岩储层沉积学》(马永生等，1999)、《碎屑岩系油气储层沉积学》(于兴河，2002)和《油气储层地质学原理与方法》(姚光庆等，2005)等专著或教科书。油气勘探开发与学科的发展，要求储层沉积学向定量化方向发展，应用地质统计学和计算机技术及三维地球物理技术相结合进行定量化储层地质模型的研究是目前储层沉积学的热点，这都标志着我国储层沉积学研究已经逐渐走向成熟。现代沉积和野外露头研究、地球物理方法应用、多参数沉积相编图技术、层序地层学应用、深水沉积储层成因和预测、地震沉积学、盆地充填研究、成岩作用和成岩相研究、储层表征与随机建模等将成为今后储层沉积学研究的一些热点问题(于兴河等,2009)。

目前,在能源研究由勘探转向提高油气回采率的新形势下,储层沉积学引起了人们的极大关注并开始迅速发展。其研究的重点对象就是储层不均一性和差异性及其控制因素,并着重于下列诸方面的研究:

1)成岩作用及其模拟在储层沉积学研究中的应用——成岩储层沉积学的发展,包括三方面:储层定量化模拟-储层孔隙度和渗透率及其变化的模拟;储层流体动力学研究——流体运移及物质平衡模拟;化学热力学研究——化学反应及物理平衡模拟。

2)古岩溶学在储层沉积学中的应用——岩溶储层沉积学。

3)有机地球化学在储层沉积学中的应用——有机成因储层沉积学。

4)矿物包裹体学在储层沉积学中的应用——储层包裹体沉积学。

5)裂缝性和致密性储层沉积学的发展,次生孔隙发育带研究。

6)综合成因储层沉积学的发展,特殊岩类储层研究——包括火成岩、变质岩、泥岩裂缝、煤系和风化壳等组成的储层类型。从我国近年油气勘探实践来看,特殊岩类储层领域尚需扩大领域和探入研究。

7)储层数值模拟和描述——储层表征与随机建模。

第二节　地震沉积学

地震沉积学(seismic sedimentology)是应用地震信息研究沉积岩及其形成过程的学科,它是继地震地层学、层序地层学之后的又一门新的边缘交叉学科。1998年曾洪流、Henry Riola等首次使用“地震沉积学”一词。其研究内容、方法和技术与地震地层学、层序地层学和沉积学等其他学科都有所不同,地震沉积学最大的理论突破在于对地震同相轴穿时性的重新认识,但它是沉积学的发展而不是替代。地震沉积学研究要以地质研究为基础,在沉积学规律的指导下进行,是基于高精度三维地震资料、现代沉积环境、露头和钻井岩心资料建立的沉积环境模式的联合反馈,是用以识别沉积单元的三维几何形态、内部结构和沉积过程的一项新的方法体系(Zeng *et al.*,2007)。精细沉积建模是地震沉积学研究的基础,正演模型技术是地震沉积学研究的桥梁(陆永潮等,2008)。

研究内容和思路上,地震沉积学主要是在地质规律(尤其是沉积学理论和沉积相模式)的指导下,利用高分辨率三维地震信息和现代地球物理技术进行沉积体结构、沉积体系和沉积相平面展布的研究,从而实现对古沉积体系的精细刻画(林正良等,2009)。具体研究流程为建立地质模型—确立地震响应模型—高精度层序地层分析—建立沉积体系空间分布规律—储层精细刻画和描述—有利区带预测(图12-1～图12-5)。

研究方法技术上,沉积学研究离不开对岩石的直接观察和实验分析,综合各种相标志,运用沉积学原理,对古沉积环境作出正确的解释。地震地层学主要是在井点信息的约束下研究地震剖面上的反射结构样式,从中获取层序地层信息,它的研究手段和研究内容相对比较单

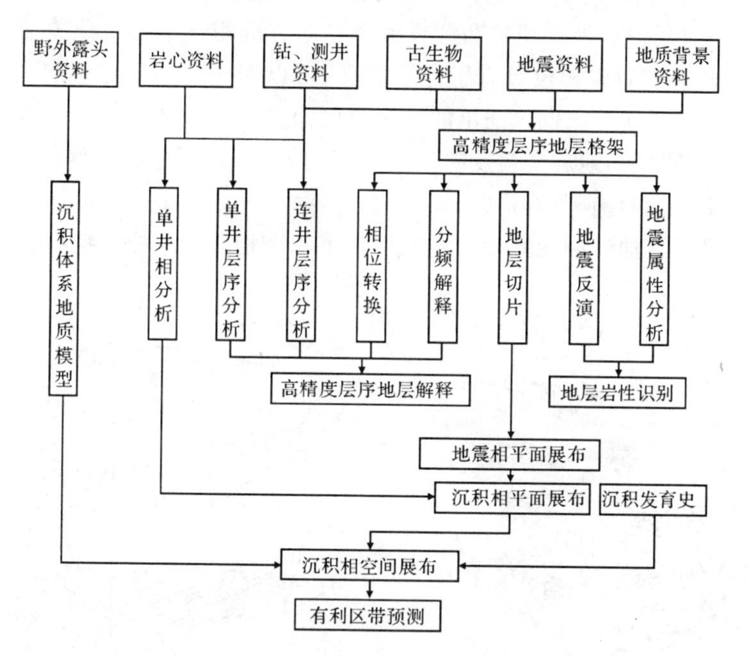

图 12-1　地震沉积学研究思路和流程(据林正良等,2009)

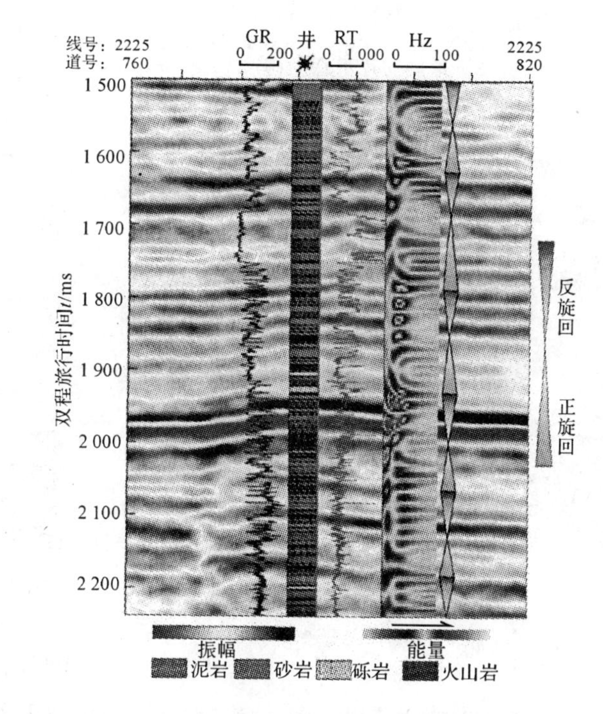

图 12-2　综合视频分析图(据林正良等,2009)

一。地震沉积学在井资料、基础地质研究成果及地质规律指导下更多地运用地震资料和地震的研究方法。90°相位转换、地层切片和分频解释是地震沉积学中的三项关键技术(图 12-2、图 12-3)。相位转换使地震相位具有了地层意义,可以用于高频层序地层的地震解释;地层切片是沿两个等时界面间等比例内插出的一系列层面进行切片来研究沉积体系和沉积相平面展布的技术;基于不同频率地震资料反映地质信息的不同,采用分频解释的方法,使得地震解释结果的地质意义更加明确(董春梅等,2006)。

地震沉积学目前在油气勘探开发中主要用于沉积微相研究和构造精细解释。

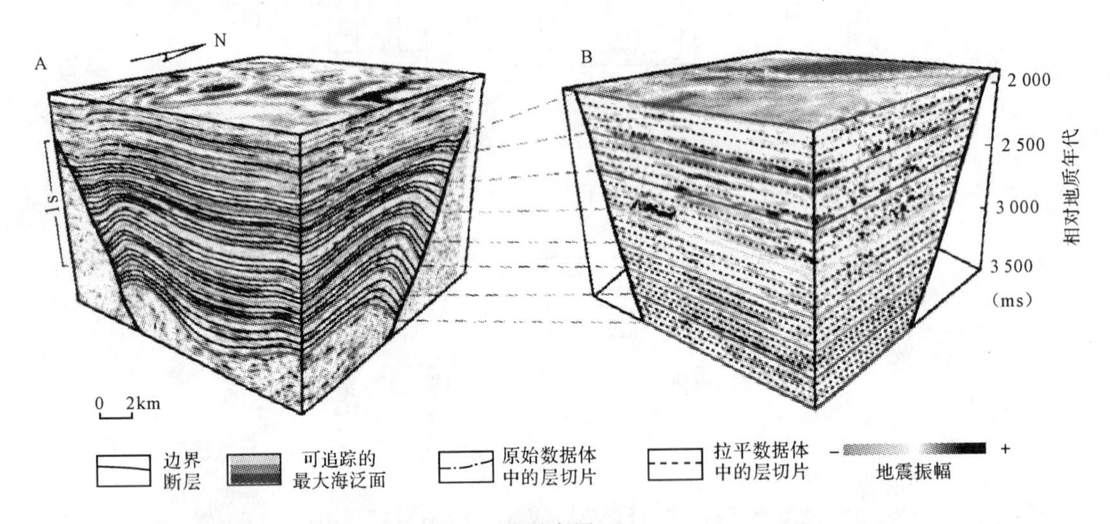

图 12-3 地层切片示意图(据 Zheng *et al.*,2007)

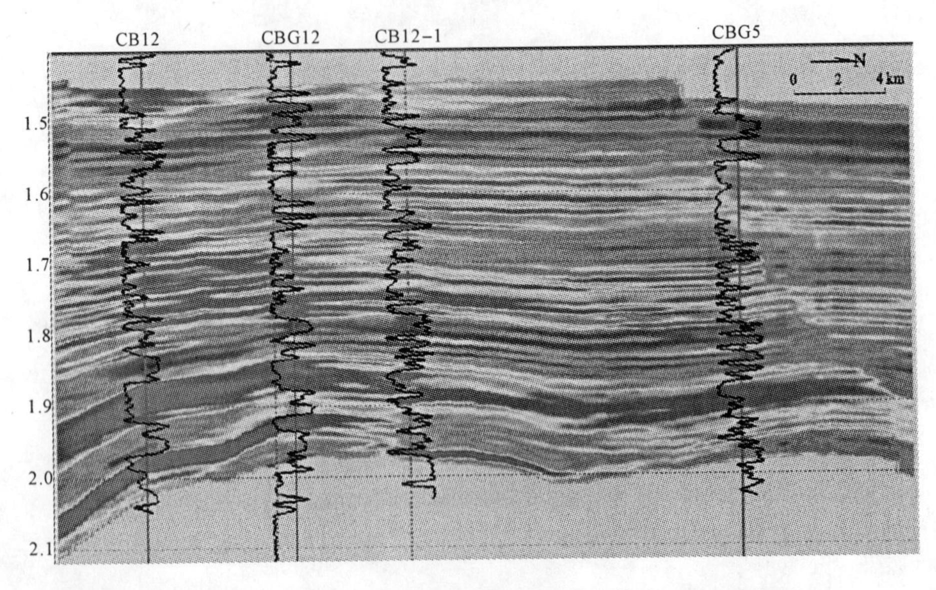

图 12-4 测井约束反演技术的储层预测和砂体描述(据陆永潮等,2008)

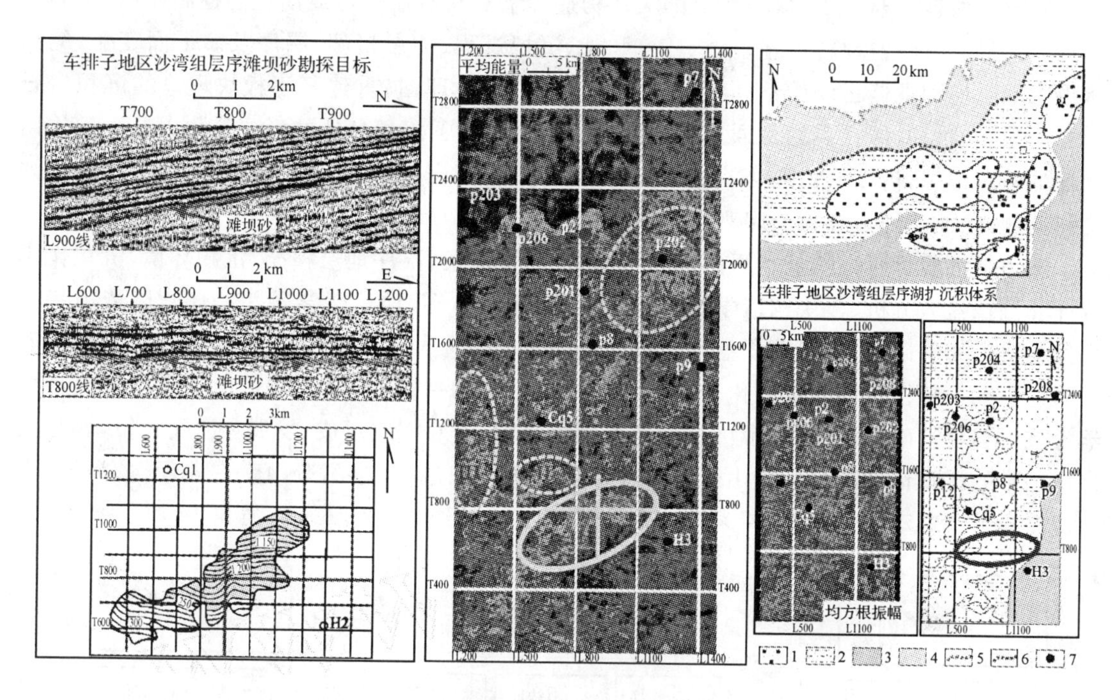

图 12-5　储层精细解释和多属性预测(据陆永潮等,2008)

1.滩坝砂;2.滨湖相;3.浅湖相;4.滨岸平原;5.滨湖边缘.;6.山前边缘;7.钻孔

第三节　板块构造沉积学

也称为大陆构造沉积学、板块沉积学、造山带沉积学、构造地层学、大地构造沉积学、构造论岩相古地理或构造沉积组合等(Plate Tectono-sedimentology)。板块沉积学是研究不同板块构造背景下盆地的沉积作用过程及沉积充填特点,研究板块作用过程与沉积过程的响应关系。大地构造沉积学是大地构造学(确切地说是板块构造学)与沉积学相结合的产物。它是以板块构造学和沉积学的基本原理为基础,从宏观和整体的角度,对沉积盆地的大地构造背景、形成条件、成因及其机制和演化历史以及沉积作用过程进行研究的边缘学科。它以各种大地构造背景(克拉通板块、被动大陆边缘、活动大陆边缘和大洋岛弧沉积区)的沉积岩为主要研究对象,并具有如下基本特点:

(1)属宏观沉积学范畴,以“活动论”为指导思想。

(2)强调板块构造对盆地沉积作用的控制意义。

(3)强调板块构造背景与沉积作用的对立统一性。

(4)强调不同大地构造条件下沉积盆地类型及其成因地层格架的差异性。

(5)强调前陆与断陷盆地中幕式沉积作用与板块构造周期性活动的关系。

(6)注重活动大陆边缘海平面变化与板块构造的关系及其对沉积作用的控制。

其研究内容主要包括：盆地所处的大地构造背景及其对盆地形成演化的控制作用；不同大地构造背景下沉积盆地古地理、沉积环境和相、沉积过程、地层格架、层序及海平面变化；编制体现大陆变形和地体运动的不同级别的活动论岩相古地理图；重建基于板块理论的沉积岩石学方法和标准。其研究目的是通过对不同大地构造背景下沉积盆地的形成演化以及沉积作用过程的动态模拟，借以认识地壳演化特征，并对相关矿产资源（如石油、煤和天然气等）进行评价和预测，从而达到指导人类宏观经济活动之目的。

造山带沉积学研究的基本思路是：把造山带地层格架、层序地层格架、沉积环境、沉积作用特征和沉积盆地分析、板块构造学、生物地质学及地球物理、地球化学融为一体。以造山带沉积盆地演化为基础，并重视沉积盆地演化过程中全球性重大地质事件的记录，而且把盆地中矿产等有用元素的富集和分散变化作为沉积盆地演化中的一部分，同时以造山带沉积盆地动力学为成因解释基础，探讨造山带沉积盆地形成和展布，内部物质组成、发展和演化特征，就是通过造山带的沉积记录来分析造山带的形成和演化的详细过程，重溯造山带古地理、古海洋、古构造格局及地球动力学特征，探索全球古地理演化和对比（图12-6）（徐强，2001）。

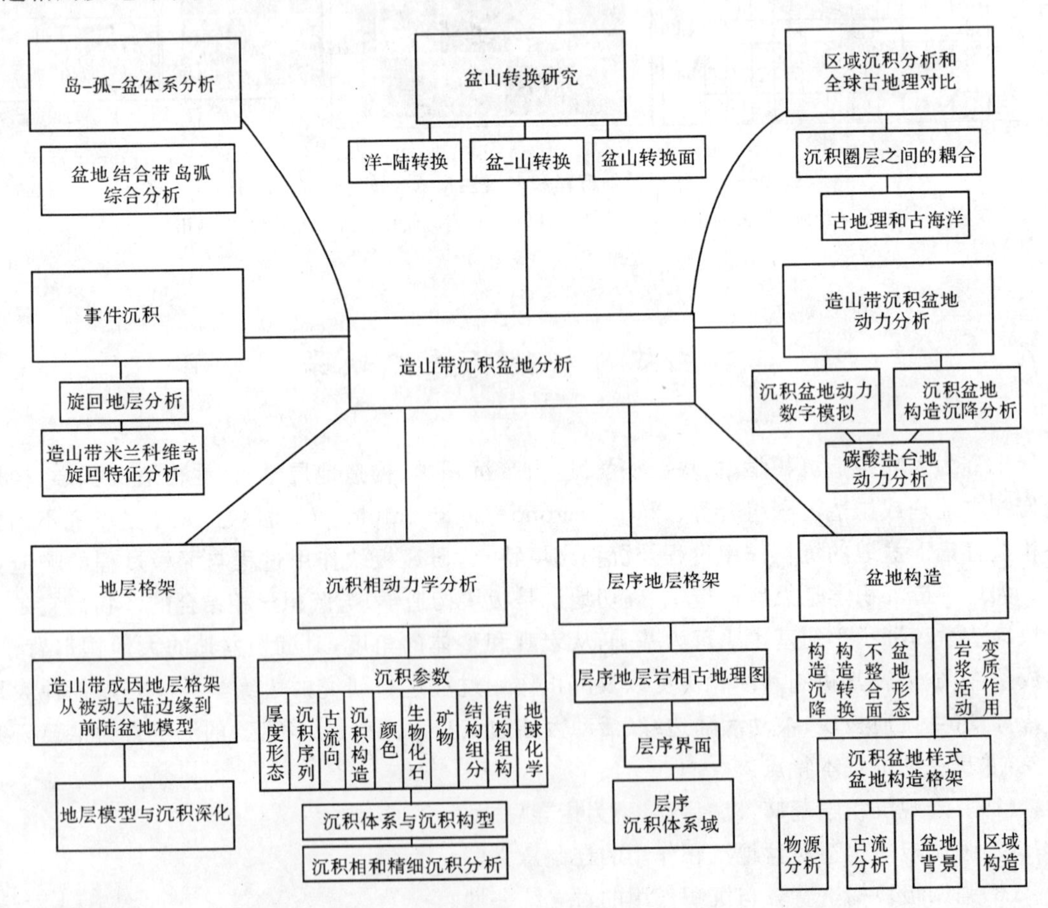

图12-6 造山带沉积学研究内容和流程（据徐强，2001）

20世纪80年代中期以来，由于板块构造学在解决大陆内部地质问题中面临越来越多的挑战，在此种背景下，大陆动力学（Geodynamics）应运而生，并成为当代地质研究的主要前沿之一。其研究核心是把造山带和沉积盆地作为独立的统一系统来研究，通过对大陆演化历史、构造和物理机制等研究，阐明大陆岩石圈动力学及其与整个地球系统各圈层之间的相互作用。

造山带和相邻的沉积盆地作为大陆构造的两个基本构造单元，它们在空间上相互依存、在物质上相互补偿，在演化上相互转化，在动力上相互转换。盆地和陆块相互作用、岩石圈相互耦合的复杂系统，是大陆动力学研究的重要内容(曾允孚等，1999)。

大陆动力沉积学(geodynamic sedimentology)正是在大陆动力学计划提出和不断实施背景下产生的。作为大陆动力学和沉积学相互渗透综合的产物，它以大陆动力学和沉积学理论为基础，探讨与造山带相关的沉积盆地的形成机理和发展演化。由于与造山带相邻的沉积盆地是伴随造山带的形成与演化过程而生成发展的，因而它是造山事件全过程的重要历史见证和物质记录，沉积盆地中的沉积充填型式、沉积序列、沉积体系记载着造山带形成发展的动力学信息。因此，详细研究相关沉积盆地中的物质记录和变形历史，可恢复造山带演化过程中古动力条件和古构造环境，阐述沉积盆地的形成发展与大陆动力学之间的对应关系，协助建立大陆形成演化的动力学模型，并借以了解岩石圈、地幔、生物圈、大气圈和水圈之间的相互关系，为维护人类社会与自然界的协调持续发展提供宏观基础。大陆动力沉积学研究的核心内容如下：

(1)协助研究大陆组成、特征、形成及演化。

(2)地震及板块边界相互作用以及岩浆-火山系统与沉积盆地演化的关系。

(3)陆壳变形与陆内沉积物充填及变形的关系。

(4)岩石圈和地内作用对地球气候和环境的影响。

(5)沉积盆地形成过程动力学机制及模拟。

(6)陆壳与水圈和大气圈之间的物理化学过程。

(7)深部过程对浅部构造、成矿、沉积过程的控制作用。

(8)流体作用与盆山系统形成演化的耦合关系。

(9)造山带与相关盆地岩石圈的圈层结构及其相互作用。

第四节　全球变化和环境沉积学

环境沉积学与全球变化沉积学为沉积学的重要分支，已经成为地球科学研究的前沿领域之一。它以现代沉积学理论为基础，结合气候学、第四纪地质学、环境沉积学、灾害沉积学、资源沉积学、生态学、生物学、水文地质学以及物理化学等自然及工程学科，运用湖泊、河流、深海、冰心、黄土等沉积记录，孢粉、硅藻、浮游生物、珊瑚、树轮、古土壤、黏土矿物、自生矿物、古地磁、地球化学、人类活动等信息，采用多指标定量恢复物源、古植被、古生态、水面波动变化、古盐度、古温度及环境演变等，对沉积记录中近2Ma来有关气候、环境等全球事件的成因、过程及后果进行研究，并为预测未来可能的全球变化提供科学依据的横断交叉边缘学科。

随着国际地圈生物圈计划(IGBP)、国际减灾十年计划(DDR)和全球环境变化中的人类因素计划(HDP)等重大国际计划的提出和实施，面对生态、环境、灾害全球变化等重大问题和环境科学、沉积学的发展，环境沉积学应运而生并得到迅速发展，其研究内容几乎涉及人类生活和工农业发展的各个领域。环境沉积学(environmential sedimentology)是环境科学与沉积学相互渗透而发展起来的一门新兴学科,以沉积学原理为基础,结合沉积学和环境科学的研究技术,研究各种沉积循环、环境变化过程中的环境问题和环境科学中的沉积问题,以预防和减轻自然灾害,协助解决和控制环境污染,科学有效地实现生态环境保护和缓解、控制全球环境恶化,实现人与自然协调和可持续发展(李任伟,1998;鲜本忠等,2005;Landrurn,2000;Stevens,2003)。环境沉积学的研究对象是沉积环境及沉积循环过程与人类活动的关系,研究内容既包括沉积学中的环境问题(如污染物质在沉积循环过程中的迁移、转化、聚集及毒性降解规律,以及沉积记录中高精度的环境污染、生态破坏及全球环境变化信息的提取),又包括环境保护中的沉积学问题(如自然灾害发生过程中的沉积物侵蚀、搬运及沉积,污染治理工程中沉淀池内的搬运、沉积动力及沉积作用对污染物沉淀和处理效率的影响等)(图 12-7),研究目的在于预防和减轻自然灾害,协助解决和控制环境污染,科学有效地实现生态环境保护和缓解、控制全球环境恶化,实现人与自然协调和可持续发展。

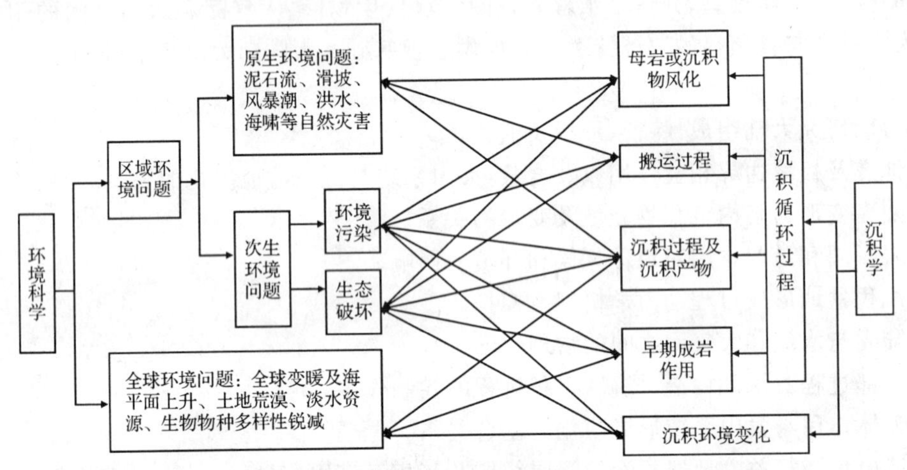

图 12-7 环境沉积学的研究内容体系(据鲜本忠等,2005)

环境沉积学的发展经历了萌芽和兴起两个阶段,直至 20 世纪 90 年代中后期,其研究得以受到广泛关注。环境沉积学的 4 个研究方向分别为:原生环境沉积学、污染物环境沉积学、生态环境沉积学和全球变化环境沉积学。环境沉积学以环境和灾害研究为己任,将在解决人类面临的环境污染、生态破坏、地质灾害、全球气候变化等重大问题的研究中发挥越来越重要的作用,是未来沉积学发展的重要方向之一(鲜本忠等,2005)。

目前,环境沉积学主要通过与生物学、生态学、土壤学、第四纪地质学、环境科学和社会科学的交叉综合,围绕人地作用、人口、经济资源环境的协调持续发展开展研究。环境沉积学以现代沉积物或现代沉积环境(如海洋湖泊、河流冰川、沙漠水库等)中沉积物为研究基础,按环境不同可分为原生环境(地质灾害)沉积学、污染物环境沉积学、生态环境沉积学和全球变化环境沉积学。原生环境沉积学以自然因素引起各沉积环境中发生的各种自然地质灾害为主要研究对象,研究目的在于科学地认识其起因、过程、制约条件、控制因素及其危害性和破坏能力,从而有效地检测和预防这类灾害,尽可能地削弱其破坏力,减轻其危害程度。地质灾害沉积学研究的主要内容包括各种地质灾害的物质基础、成因及来源、搬运的动力、搬运介质性质及泥沙动力学及运动学特征、沉积物分异作用及沉积作用等。污染物环境沉积学是环境沉积学最主要的研究内容，是次生环境问题与沉积学问题交叉研究的环境沉积学的一个重要分支，主要研究各种沉积过程和沉积环境中沉积介质及与之密切相关的各种污染物质的迁移、聚集、富集、转化等过程，研究污染物的时空分布与沉积介质类型及特征、沉积物类型、岩相、沉积动力条件、沉积相和沉积体系之间的相互关系，研究污染物在风化、侵蚀、搬运、沉积和早期成岩作用中的物理化学行为，研究污染沉积环境突变时污染物的物理化学变化及可能引起的二次污染，对各种污染沉积环境的环境质量进行评估和综合治理。生态环境沉积学以遭受人为活动直接或间接破坏的各种生态环境为研究对象。生态环境沉积学的研究内容包括生态环境的物质基础，营养物质和污染物质的搬运、沉积、再搬运、再沉积的循环，以及生态破坏导致的自然环境或沉积环境的变化。生态环境沉积学的研究有助于从沉积学的角度科学地认识人与生态环境的相互影响，保护生态环境，协调人类与生物圈间的相互关系。全球变化环境沉积学以现代沉积学理论为基础，结合气候学、第四纪地质学、灾害沉积学、生态学、生物学、水文学、物理化学等自然及工程学科，对沉积记录中近 2Ma 来有关气候、环境等全球事件的成因、过程及后果进行研究，可再造过去全球变化历史及其对生物圈的影响，并借以验证其他研究方法所提出的区域性或全球性气候等预测模型，从而提高人类预测未来全球变化的能力。

21 世纪，环境沉积学研究重点和目标主要表现在：①环境沉积学研究已经从环境地质背景的调查分析，发展到为解决实际规划和设计决策提供定量和最优化评价科学依据的新阶段，重视对各种环境沉积过程和环境效应的定量预测；②地下水资源和水环境作为环境沉积学研究的核心问题之一，其研究重点将由水资源勘查为主转入注重地下水与大气降水的相互关系，并重视水质和污染研究；③地质灾害作为环境地质学尤其是环境沉积学研究的又一项重要内容，研究重点将由地质灾害发生的地质背影过程及机理研究，转向预测、防治和减灾，重视自然灾害系统的规律和防治研究。

可见，未来的环境沉积学必将围绕着环境保护、遏止日趋严重的环境恶化方面发挥作用，环境沉积学与全球变化沉积学已经成为地球科学研究的前沿，它以现代沉积学理论为基础，结合气候学、第四纪地质学、环境沉积学、灾害沉积学、资源沉积学、生态学、生物学、水文地质学以及物理化学等自然及工程学科，运用湖泊、河流、深海、冰心、黄土等沉积记录，孢粉、硅藻、浮游生物、珊瑚、树轮、古土壤、黏土矿物、自生矿物、古地磁、地球化学、人类活动等信息，采用多指标定量恢复物源、古植被、古生态、水面波动变化、古盐度、古温度及环境演变等（刘宝珺等，2002）。

环境沉积学研究的核心内容：①农业沉积学；②灾害沉积学——人为灾害沉积学，自然灾害沉积学；③水动力沉积学；④生态沉积学；⑤旅游沉积学；⑥工程沉积学；⑦环境地质化学沉积学；⑧气候沉积学。

由于沉积记录中蕴含着过去全球变化的信息，因而通过全球变化沉积学的研究，可再造过去全球变化历史及其对生物圈的影响，并借以验证其他研究方法所提出的区域性或全球性预测模型，从而提高人类预测未来全球变化的能力。近几年来，通过深海沉积、冰心、黄土、古土壤、湖泊及河流沉积等研究，进一步验证了近 2Ma 来地球气候主要受轨道参数控制的米兰科维奇理论，并把这一理论推向前第四纪的全球变化研究，发现了越来越多的非轨道力驱动的气候变化旋回，使得全球变化再造研究越来越重视地表变化、海陆分布、地壳隆起、火山活动、大气环流和洋流等多种因素对地球气候和环境的影响。进入21世纪以来，全球变化沉积学的研究范围不断扩大。

目前，随着GSGP（全球沉积地质计划）、GCP（全球变化计划）、WCRP（世界气候研究计划）、HDP（全球环境变化中的人类因素计划）和IGAC（国际全球大气化学计划）等重大国际地学计划的陆续实施，沉积学有可能再次进入全球繁盛时期。

全球变化沉积学研究的核心内容如下：①全球显生宙气候历史的高精度再造；②全球碳平衡、含烃流体和地下水体系的演化过程；③重要地史时期古气候和古环境重建；④非轨道力驱动旋回；⑤全球水文循环与气候旋回的相互作用及其效应；⑥古大气圈、生物圈及水圈演化及其动态模拟；⑦米兰科维奇驱动的气候旋回；⑧温室-冰室气候作为全球碳循环变化响应；⑨未来可能的全球气候变化；⑩未来全球海平面变化。

第五节 资源沉积学

面对全球资源的恶性损耗和社会对自然资源需求的与日俱增，资源和发展问题成为全球研究热点。作为资源科学与沉积学之间交叉渗透产物的资源沉积学（Resource Sedimentology），将以崭新的姿态展现在现代科学的舞台上，并可能会进入高速发展时期。按研究内容、范围及重点，资源沉积学进一步分为传统资源沉积学和现代资源沉积学。传统资源沉积学是指对各种地质矿产，能源矿产及地下水资源等的矿源层（或烃源岩）、含矿岩系（或储层）和含水层等进行沉积学研究，并了解成矿地质背景，成矿条件、成矿过程及其与古地理、沉积相和成岩作用之间的关系，进而对矿产的时空分布规律进行预测的一个沉积学分支（曾允孚等，1999）。它是沉积学在找矿、煤田及油气勘探活动中应用的必然产物，属“矿产型”资源沉积学。现代资源沉积学的研究重点主要包括资源与环境生态之间的关系，研究内容涉及资源、环境、生态、社会以及它们之间的相互关系，其目的是为资源生态资源经济、资源管理以及区域资源开发战略等提供背景资料和科学依据（刘宝珺等，2006）。

随着人类对自然资源需求与日俱增和全球资源的恶性损耗，资源与发展问题已成为全社会关注的焦点。应运而生的资源沉积学，作为资源科学与沉积学的交叉渗透学科，已发展到现代资源沉积学，其重点是研究资源与环境、生态、社会及其相互间的关系，目的是为资源经济、资源管理以及区域资源勘探开发提供背景资料和科学依据。

Belonin等通过研究，建立了俄罗斯西西伯利亚盆地和Timan－Pechora盆地同沉积期、后生成岩期有机质演化与次生孔隙形成的关系模型，从而建立了高孔隙度储层形成的模型，分析了控制埋深超过5 000m的储层储集能力的地质因素，绘制了圈闭模式图，预测了26个最有利地层圈闭发育区。Wood等运用钻井、地球物理和地震反射剖面等方法研究了美国爱德华挽近纪温带湖泊不同沉积相带的含水性及其所赋存的地下水的物理化学性质等特点。Gurgel通过对瑞典白垩纪盆地沉积类型和成因研究，用以指导开发利用物化性质较好的白垩沉积，勾画白垩的品级等值线图，以满足客户选择开发的需要，从而减少成本，提高最终产品的质量。

可见，现代资源沉积学比传统资源沉积学更为社会化，环境化和实用化，并更具使命性和现实性。资源沉积学研究的核心内容：①传统资源沉积学——矿床沉积学、储层沉积学、煤田沉积学；②现代资源沉积学——资源与环境、生态、社会的关系；资源的不可再生性和稀有性；资源经济、立法、管理及中长期利用。

第六节　其他沉积学分支学科

一、层序地层学

层序地层学是从20世纪80年代以来在地震地层学基础上发展起来的一门新兴边缘学科。层序地层学及精确定年技术（高分辨率古生物学和同位素定年技术）不仅提出了建立等时地层格架、确定盆地中沉积体系三维配置的理论与方法，而且大大推动了沉积充填动力学的研究。层序地层学、事件地层学和构造—地层学等相关分支学科的密切结合，将使得盆地充填的动力学过程研究产生飞跃，并将有效地用于能源和矿产资源勘探（刘宝珺等，2006；王华等，2008）。层序地层学的重要突破在于建立了盆地、区域乃至全球的等时地层格架，并将沉积相和沉积体系的研究放在统一的等时地层格架中进行，因而能有效地揭示沉积体系的三维时空配置关系，指导含油气盆地乃至全球范围内的层序地层对比、层序沉积模式建立、储集砂体预测、矿产资源评价以及油气勘探。同时，其自身理论学科也得到了进一步完善和发展，形成了生物层序地层学、高分辨率层序地层学、高频层序地层学、层序充填动力学及应用层序地层学等一些新的发展方向（曾允孚等，1999）。

1.生物层序地层学

生物层序地层学作为层序地层学和生物地层学交叉综合产物，是层序地层学高度发展的必然结果。它首先提供可预测的相关界面体系组成的一个物理框架，把生物地层学观察结果置于此框架中，这些物理相关面确定了真实的年代地层单元，通过时间间隔网格，这些地层单元可用于评估生物带顶、底的相对位置。殷鸿福等（1997）通过层序地层与生态地层关系的研究，提出了层序生态地层学体系。生物层序地层学的发展和应用具重大意义：

（1）更精确地确定地层年龄、对比地层和评价沉积环境。

（2）通过生物层序地层学中的物理相关界面，可把非海相生物带与开阔大洋微古化石带进行对比。

（3）为使用高新技术辨认地下层序单元提供了可预测方法和理论前提。

2.成岩层序地层学

自20世纪90年代初以来，一些具有远见卓识的沉积学家已意识到成岩微观资料在层序地层学研究中的重要性，并很快把成岩作用与层序研究有机结合起来。研究发现，在沉积岩粒间胶结物、次生加大边、自生矿物和孔洞充填矿物中，准确记载着当时地球动力学和物理化学条件及各种自然变迁的信息。从此，成岩层序地层学应运而生，如胶结物层序地层学和孔隙层序地层学等。这不仅为成岩矿物研究方法在层序地层学中的应用铺平了道路，而且作为理想的桥梁，把成岩作用和孔隙演化与海平面变化科学地联系起来。成岩层序地层学研究的内容主要包括：

（1）沉积相、层序与成岩作用的关系。

(2)成岩作用与层序边界的关系。

(3)不同成因层序的成岩物理、化学特征及其变化。

(4)胶结成岩事件的区域对比和连续性。

(5)层序边界代表胶结物晶体生长间断事件。

(6)层序是胶结物结晶生长过程中一系列沉积、加大事件的总和。

(7)孔隙和孔隙流体阶段性演化与海平面周期性变化的关系。

3. 高分辨率层序地层学

高分辨率层序地层学(high - resolution sequence stratigrapgy)概念首先由 Posamentier 等(1991)和 Ross 等(1994)在阿伯塔东坷里三角洲人工模拟试验基础上提出。与盆地或区域规模的层序分析不同,高分辨率层序地层学分析以三维露头、岩心、测井和高分辨率地震反射剖面资料为基础,运用精细层序划分和对比技术,将钻井的一维信息变为三维地层关系预测的基础,建立区域油田乃至油藏级储层的成因地层对比骨架,对储层、盖层及生油层分布进行评价及预测。由于时间分辨率增加,大大提高了地层预测的准确性,并为地层内流体最佳模拟提供可靠的岩石物理模型。高分辨率层序作为一次海平面升降旋回的沉积响应,其分级单位仍是层序,它具有常规层序的一般属性,并在控制生、储层分布及圈闭岩性分类中具重要作用。由于陆相地层缺乏生物化石,古地磁资料进行的层序对比准确性低,随着高分辨率层序地层学的发展及其在陆相地层中的应用,地层学家仅通过有限的盆内地层对比,可精确预测沉积相几何形态及其变化。高分辨率层序地层学研究在陆相石油储层、层控矿床及地下含水层等的预测中正发挥着重要作用。

4. 高频层序地层学

高频层序地层学(high - frequency sequence stratigrapgy)概念最初由 Wagoner 等提出,相当于 Maill 等(1990)和 Posanentier 等(1982)的四至六级旋回,周期为 0.01～0.5Ma,为米兰科维奇驱动的气候变化和高频短周期海平面变化的综合产物。高频层序资料最早发现于北美中大陆晚宾夕法尼亚世碳酸盐岩地层中,其中共划分为至少 55 个旋回束或四至六级旋回。随着工作的深入和研究程度的提高,发现在全球范围内不同时代碳酸盐岩地层中均分布有类似的高频层序。按其内部结构特征可分为退积型、加积型和进积型高频层序。按成因可划分为 LM 型、TR 型、PAC 型和 CC 型四种。Woganer 等认为,这种高频层序横向追踪范围最小仅数平方千米,最大可达数百平方千米,具局部或区域性对比意义,在特殊条件下可进行全球对比。高频层序地层学关键技术包括:①为了更好地进行井与测井曲线综合,通过 90°相位调整使地震数据与测井岩性综合;②进行沉积体系的层序和平面地貌的解释与成像,将高频层序地层研究的重点从解释垂直地震剖面转移到分析更多水平的高分辨率地震地貌信息上(Zeng *et al.*,2004;蔡希源等,2003;Eberli 等,2004)。

大量研究证实,碳酸盐岩地层中之所以大量发育四至六级高频层序,其原因主要有:

(1)在碳酸盐岩中大多数旋回为自旋回,海平面升降标记保存良好。

(2)碳酸盐岩形成于具有稳定大地构造背景的构造沉降速率低的盆地或台地中,微小的全球海平面下降均可造成明显的相对下降。

(3)碳酸盐岩主要形成于中低纬度地区,温暖的气候背景有利于海相生物的繁盛和碳酸盐砂的堆积,允许高沉积速率的产生,从而提高了易于显示轻微海平面波动的沉积厚度和沉积相。

5. *层序充填动力学*

地球深部过程引起板块运动，板间、板缘及板内构造过程而形成沉积盆地，盆地充填演化形成沉积层序，层序—盆地—板块—深部过程之间存在密切关系，层序充填动力学正是在此背景下，随着沉积盆地动力学的发展应运而生。层序充填动力学作为沉积盆地动力学的一个重要组成部分，目前正在成为沉积学研究的重要领域。层序充填动力学系指通过层序形成动力、发育过程、控制因素及其内在联系的研究，反映盆地性质、板块属性，进而揭示地球演化的综合学科。由于作为记录地球演化史的地层序列，只记载了不足 1/2 的地质历史，更长的时期是间断期或剥蚀期。因而层序充填动力学研究的基础不仅是层序实体，同时还包括层序顶、底的界面及时间的损失量(曾允孚等，1999)。

层序作为盆地充填几何块体，是盆地形态发展及演化的信息库，因而通过这一信息库的解译，可揭示盆地成因、性质及类型，进而了解板块属性及构造背景。地壳形成演化史就是盆地充填、叠置及演化的过程，通过层序地层学可将代表地球历史的地层序列划分为不同规模、受不整合面限定的具成因联系的成因地层单元——层序。因而若说盆地动力学是地球动力学的基础，则层序-盆地关系即层序充填动力学的研究是盆地动力学的关键。Krapez(1996，1997)着重论述了层序级别划分与盆地的关系，许效松等(1996、1997a、1997b)侧重阐述了层序界面成因类型与盆山转换的关系。

层序充填动力学的研究内容主要包括：

(1)层序界面成因、性质及级别划分与盆山转换。

(2)层序级别划分与盆地规模。

(3)层序成因格架与盆地类型。

(4)层序充填过程与盆地演化。

(5)高频—高分辨率层序与米兰科维奇气候旋回。

(6)层序规模和几何形态与盆地轮廓和类型。

(7)层序成因与盆地性质，进而探讨板块属性，揭示地球演化。

二、事件沉积学

“事件”(或沉积幕、灾变地质事件)一词被用于描述地球科学领域中许多不同类型的地质现象。这里所说的沉积事件指短时间内(几小时至几天)、快速沉积的、少见的沉积单元，它们出现在相对缓慢的背景沉积之中(王璞珺，2001)。事件沉积学主要研究全球性灾变或突变事件(如气候突变、星球撞击、生物绝灭、海平面上升等)发生中产生的沉积作用过程，对预测全球环境和气候变化具重要科学意义。

事件层与背景沉积之间在岩石类型、结构、构造和生物特征等诸方面均具有显著差别，通常表现出良好的侧向延伸性。事件沉积层的形成通常伴随着下伏沉积物的剥蚀，这一点在近源浊积岩和风暴岩中表现尤为明显(Einsele 等，1991)。事件层覆盖或削截先前的、具有生物扰动构造的下伏层顶面，事件层的顶面常常以具有底栖生物为鉴定标志。一系列事件层可能联合构成较厚的复合体。其他类型的特殊沉积层序，如凝缩段、含有特殊动物群的沉积层、各种滞留沉积(包括海进型和海退型)，不属于事件沉积，因为这些沉积层序代表着一个相当长的地质时限，有些甚至是穿时的。事件沉积既可以反映盆地内部的地质作用(自旋回沉积、局部因素控制的沉积)，又可以反映盆地外部的地质作用(区域或全球因素控制的沉积)。事件沉积往往在地层中重复出现。有些表现为周期性特点(旋回性事件)，即在一定的时限内重复出现，有些则表现为不规律的再现性(非周期性或非旋回性事件)。与冰川作用有关的海平面变化，以及具一定规律性的地震活动，通常被认为是周期性事件沉积的触发机制，而风暴事件、灾变性洪水事件及重力块体流，往往在地层序列中呈现不规则重复的特点。事件沉积既可以出现在大陆环境也可以出现在海洋环境(表 12-1)。

表 12-1　事件沉积的类型(据王璞珺，2001)

海洋	海洋和陆地	陆地和湖泊
海啸沉积(海底和海岸)	原地地震构造(震积岩)	洪泛沉积
风暴浪沉积(潮上带)	火山灰降落沉积	
风暴岩(潮下带硅质碎屑和生物成因的砂、泥)	陨石撞击成因的沉积	与间歇性湖海沟通事件有关的沉积
浊积岩(硅质碎屑和生物成因的砂、粉砂和泥及有机质和火山灰)	岩崩、滑坡和滑塌沉积，沉积物重力流沉积(泥流、颗粒流、碎屑流、火山碎屑流沉积、滑塌堆积)	湖泊浊积岩

大多数事件沉积是先期的盆地边缘沉积物经过再搬运、再沉积的产物。在这种情况下我们要区分出与事件层相关的几种成因要素：①事件前沉积物(沉积事件的物源)；②再沉积的门限条件和触发机制(边坡坍塌、风暴、地震或呼啸浪、火山喷发、天然堤的毁坏、陨石撞击)；③事件层的最终沉积方式。事件沉积的形成过程、触发机制见图 12-8、图 12-9。

20 世纪 80 年代以来，在地学领域中一个引人注目的焦点是"灾变论"的复活。随着 GSGP(全球沉积地质计划)、CREC(白垩纪地质记录与全球地质作用、资源韵律和事件)和 PGP(联合古陆计划)的提出与实施，事件沉积学与事件地层学发展成为新兴边缘学科，认为风暴及其他类似突发沉积事件、季纹泥沉积物、不整合事件或沉积物漫流面事件、大洋缺氧事件、大洋分层事件及海洋环流事件是一种区域性甚至洲际性事件。另外，磁极倒转、气候突变、构造巨变、全球海平面上升、星球撞击(陨击事件)、凝灰沉降(火山灰事件)、全球冰川、全球生物(革新、辐射、播散及绝灭事件)、全球化学、复合事件以及包括陨石在内的其他事件等已确认为全球地质事件，目前成为地学研究的热点。在这些事件沉积记录中，往往记载着有关地球和太阳系统甚至其他宇宙系统有关物理、化学及生物演化过程中灾变事件的信息。因而事件沉积学的发展不仅对地球、生命的起源和演化研究带来巨大冲击和突破，而且对研究和预测全球环境变迁、全球水文循环和全球气候变化等，具重大的现实意义。事件沉积学研究除了需要其他地学、自然科学及工程科学的协助外，为了获得有关地球演化过程中可供研究的精确连续资料，尚需大量基本数据积累与综合分析。随着大量实时、实地观测技术的开发，地球科学的长期监测、定量描述、模拟预测工作迅速发展，已先后建立和正在建立有关地球、海洋、气候、陆地、环境等各种观察系统。这些观测系统的建立和运行不仅获得了大量有关地球过程的数据，还促进了地

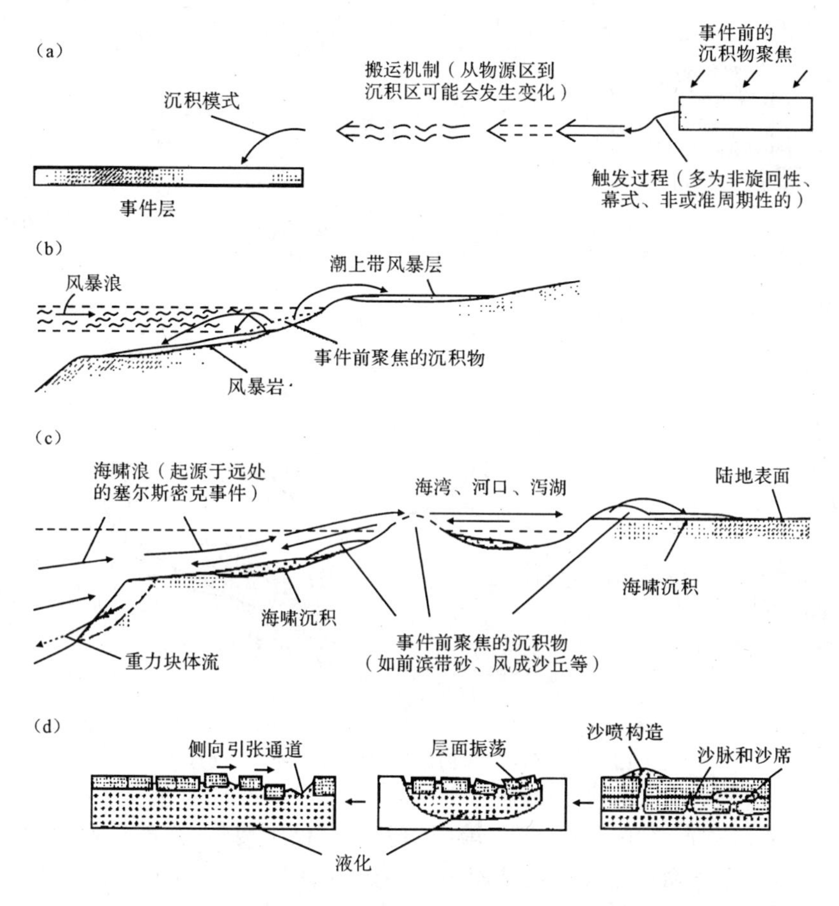

图 12－8　事件沉积的形成过程(据王璞珺,2001)

(a)事件发生前已经形成的沉积物在事件沉积过程中发生再搬运是事件沉积的一般规律;(b)风驱风暴浪产生潮上带风暴层和潮下带风暴岩,它们主要由事件前聚集在前滨带的沉积物组成;(c)地震引起的海啸浪,向下波及陆架区,向上形成海岸带洪溢(据 Minoura 和 Makaya,1991)。海啸沉积既可以源于向陆又可以源于向海的海啸浪,还可以是边坡坍塌的结果(产生泥流和浊积岩),海啸沉积主要由前滨带和海岸带的事件前沉积物组成;(d)地震对事件前平坦层状沉积物的原地扰动作用(Green *et al.*,1994)。

面监测、空间观测、海洋观测、科学深钻、信息处理、数据储存、网络通讯等地球科学技术的发展,从而为事件沉积学研究以及未来全球可能事件的预测提供了基础。

事件沉积学研究的核心内容:①磁极倒转事件;②全球海平面上升事件;③大洋环流事件;④全球气候事件;⑤全球构造事件;⑥星球撞击事件;⑦凝灰沉降事件;⑧全球冰川事件;⑨全球生物事件——革新、辐射、播散和绝灭事件;⑩复合陨石及其他事件。

三、声学与海洋沉积学

海洋沉积学是海洋地质学的重要分支,是海洋学和沉积学之间的边缘学科。海洋沉积学是研究现代海底沉积物(及沉积岩)的组分、结构、分布规律、岩相、形成作用及形成机理的科学。从 1968 年开展深海钻探以来,已采集了大量沉积物、沉积岩岩心,使海洋沉积学的研究对

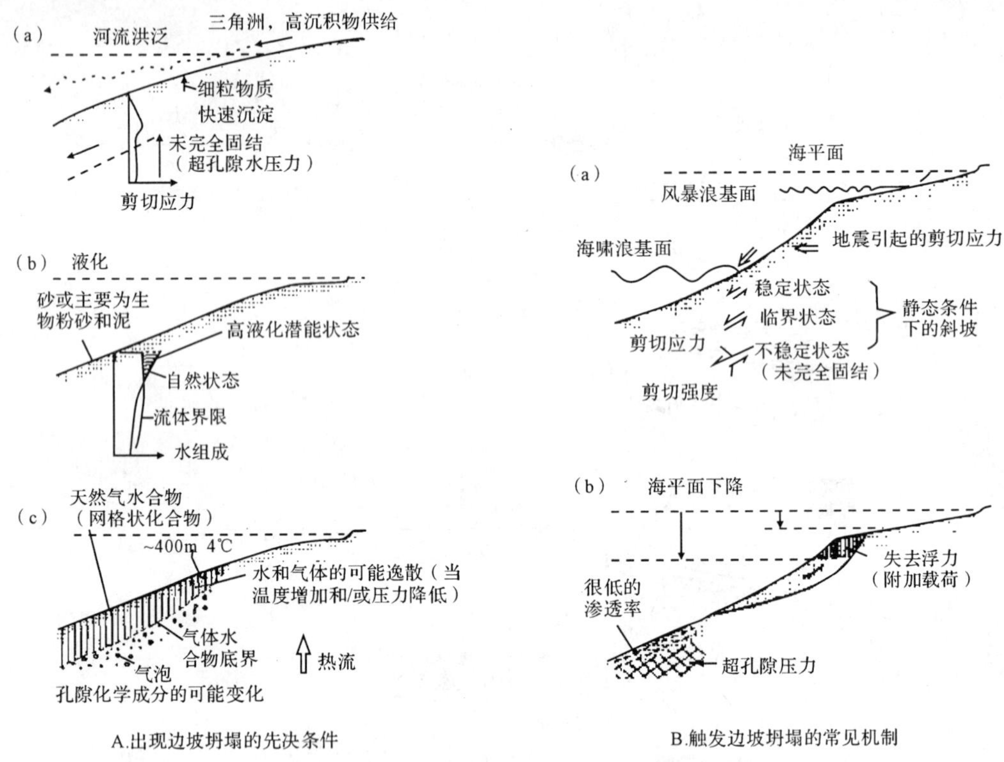

图 12－9　事件沉积的触发机制(据王璞珺,2001)

象由表层沉积物扩展到深部的沉积岩(王琦等,1989)。板块构造、深海钻探及现代科学的发展,海洋沉积学发生了革命性变化。已从静态描述走向动态分析,由定性到定量、由区域性研究到全球模式,精度已逐渐达到毫米-毫克-百年级。海洋沉积学与比较沉积学、沉积动力学、大陆边缘沉积学、古海洋学、碳酸盐沉积学、陆屑沉积学、化学沉积学及构造沉积学的关系更加密切。

声学与海洋沉积学交叉领域的研究,可应用于海上钻井井位和海底管线路由调查、渔业资源管理、海洋生物习性评估、海洋环境监测、海岸带管理、航道疏浚和码头港口建设、扫雷、布雷和潜艇航行等军事应用以及河道、内陆湖泊的相关工程应用(杜德文等,2006)。这些领域的研究工作可能带来海洋沉积学的技术革新,正在国内外掀起研究高潮。

国外对南沙海区的调查始于 20 世纪 20 年代,对海洋沉积学作了富有成效的研究,通过一些沉积柱状样研究了生物沉积作用、古生产率、大气中 CO_2 循环、表层沉积物地球化学特征等。1984 年起,中国科学院开展了南沙海区的综合调查,10 多年来,实施了十几个航次的沉积采样(表层和柱状样 500 多个)和实验分析,完成了近 8 000km 电火花或浅地层剖面以及多道地震资料,取得了有关海洋沉积学诸方面的丰硕成果,在现代沉积作用过程、海洋声学、沉积地球化学、地层层序和盆地分析、礁沉积地质学、天然气水合物的沉积学识别、古海洋学和全球变化等领域取得了一系列重大进展(罗又郎等,1995)。

声学与海洋沉积学相关的领域的研究可分为 4 个方面:①沉积层声学特性的研究;②回声参数反演海底类型技术;③海底高频声散射或低频声反射与底质类型之间关系的研究;④海底

回声图像识别海底沉积类型技术。

四、实验沉积学

随着古地磁、地面雷达、高精度空间遥感技术、地球化学、深部地震反射剖面、层析成像、大地电磁测深、热流和应力测量、X衍射、离子和激光探针、科学深钻、显微技术、波谱技术、核分析技术、色谱-质谱分析技术、电子技术和计算技术等高新实验分析和测试技术的广泛应用，使得沉积学理论体系和研究领域发生了重大变革，相关新概念及边缘学科不断涌现，如实验沉积学、模拟沉积学和定量沉积学等概念的提出。实验沉积学作为沉积学高度发展和高新技术应用的综合产物，它使沉积学研究的深度、广度和成效大大提高。它摒弃了定性和描述性研究，注重定量统计、成因规律和机制模拟等方面的研究。

实验沉积学是指以野外宏观沉积学为基础，利用各种仪器设备和技术方法对沉积岩微观领域进行观察、测试和分析，从而对各种沉积学现象进行解释的交叉学科。其研究的基本内容及途径是：①对沉积岩物质构成（矿物成分、化学成分及有机组分）和组构（粒度分布及概率、颗粒形态、表面结构、排列方式、填积型式和孔渗分布特征等）进行观察、测试和分析，提供定性-定量资料和数据；②对所获得资料和数据进行分项整理、参数计算、统计观察，并绘制相关图表；③对处理结果进行综合分析，并与野外宏观实测资料进行对比验证，从中寻找其相关性和规律性；④在综合分析基础上，对沉积岩分类、成因、岩相古地理、环境、盆地、成矿关系进行合理解释和模拟；⑤对沉积岩搬运、沉积、成岩及孔隙演化史进行运动学、动力学、热力学等方面的定量模拟，建立相应预测模型；⑥对相关矿产、能源资源及地下水的形成演化及分布进行动态模拟；⑦指导找矿及油气勘探活动。

实验沉积学研究的核心内容：①沉积岩物质组成和组构的定性—定量资料获取；②参数计算、统计规律及相关图表；③沉积岩搬运、沉积、成岩、演化的定量过程；④相关矿产的形成和分布；⑤沉积矿产时空分布动态模拟；⑥指导找矿及油气勘探。

五、沉积地球化学

沉积地球化学是一门沉积学与地球化学相互渗透、相互结合而产生的新兴边缘学科。是以沉积物和沉积岩为研究对象，利用元素地球化学和同位素地球化学理论，以及先进的X荧光光谱仪、ICP-MS（电感耦合等离子体质谱）分析技术，通过对碎屑岩（主要是砂岩和泥岩）和碳酸盐岩的主量、微量和稀土元素、同位素的分析，经过国际标样的标准化校正，提取和判别沉积岩形成的盆地构造背景、物源区和沉积环境等信息。研究沉积岩（物）在沉积-成岩过程中所含元素及稳定同位素的迁移、聚集与分布规律，最终判别沉积岩（物）的成因。

沉积地球化学的研究内容包括沉积中物质的化学运动和变化过程（化学成分、化学元素及同位素的分布与分配、分散与集中、共生组合与迁移）、沉积物质中化学运动和变化过程中的控制因素（研究控制和影响元素和同位素运动和变化的各种因素）。沉积地球化学研究不仅有助于进行地层对比、恢复物源和古环境（古气候、古盐度、古水温、氧化-还原条件和古水深等），还可以判断当时海平面变化旋回，为层序地层学研究提供证据。

研究成果表明，在层序界面的形成过程中，伴随着风化作用的进行，在层序界面上的Fe元素以高价Fe的氧化物形式出现，Al含量高，主要为Al的氧化物，K的含量大于Na元素的含量，Th/U 比值很大。体系域与 REE、微量元素和常量元素含量密切相关，LST（或 SMST）时期 REE 含量最低，TST 期 REE 含量逐渐增高至最大，海泛期达到最高，HST 期又逐渐下降。LST 期，微量元素含量最低，TST 期微量元素含量逐渐增高直至最高，HST 期微量元素含量又逐渐下降（田景春等，2006）。

六、比较沉积学和露头沉积学

比较沉积学思想是一种新的科学哲学，它的理论基础是自然界的有序性和系统性，相模式是这种有序性和系统性在沉积学中的最佳表现形式。比较沉积学既区别于均变论，又与历史比较法不同，它的产生是沉积学历史发展的必然结果，其核心是模式比较。建立相模式时，既要剔除事件沉积记录，又要注意沉积物的旋回性，将环境作为三度空间的整体加以考虑（何起祥等，1988）。比较沉积学的诞生是沉积学进一步趋向成熟的重要标志。20 世纪 60 年代相模式的出现使比较沉积学的认识论发生了一次意义深远的质的飞跃。应当指出，比较地质学和比较沉积学的思想在地球科学发展的早期就已有了。但是，只有在相模式的概念和方法产生之后，才有了真正具有科学内涵的比较沉积学。当代的比较沉积学，已不是岩石类型或成因标志的简单类比，而是模式的对比。沉积学家已经通过地质记录的观察、现代沉积作用的研究和实验模拟，建立了各种沉积相的标准模式或一般模式，甚至可以定量地描述某些环境的边界条件。因此，比较沉积学已经成为具有其独立的、完整的理论和方法学体系的沉积学分支。

比较沉积学在地质科学领域内是一门年轻的学科。从定性的描述发展到定量的解释，以及与这个过程相关的沉积学研究，已经成为目前研究工作的新动向。从岩石的沉积构造、层序和岩性的研究到解释其沉积过程，使沉积学向前跨了一大步。为了了解沉积过程，地质学家从不同的方面进行研究。所以，比较沉积学研究包括水的流动过程、沉积物的搬运、沉积动力学等方面的研究。

露头观测是沉积学研究的基础，实验模拟已成为一些研究的重要方法。当前沉积学研究已广泛采用高新技术，包括激光显微取样技术、DNA 测序技术、穿地雷达、三维地震和高性能计算机等（孙枢等，2005）。超级沉积学露头剖面计划是 IAS 的一个新事物，超级沉积学露头剖面（Super Sedimentological Exposures）的目的是选择和介绍一些有重要沉积学意义的露头供沉积学家考察。

露头沉积学也是油气储层表征过程中，原型地质模型建立的基础。即通过露头建立已知模型，而后推广到地下。当所研究的储层在附近有出露时，这是一种既直观又相对准确的好方法，北美许多油田的储层特征预测就是采用此方法。尽管我国绝大部分油田不具备这种先决条件，但是相同沉积体系的露头研究对推理地下油气储层特征，尤其是宏观特征仍具有积极作用或理论指导含义，其局限性在于难以寻找和观察到三维野外露头（于兴河等，2002）。

目前，国外大的石油公司与研究机构均十分热衷于从事露头研究工作，原因之一是用露头研究所获得的地质模型及所掌握的储层非均质性分布规律来指导井间预测，即在露头上建立各类砂体的原型地质模型（Maill，1998；Grammer 等，2004），以指导和约束井间的随机建模，并可在露头上检验各种技术的应用条件和效果（图 12－10、图 12－11）。其基本思路是在野外露头进行密集采样，实测孔、渗等岩石物理参数，把所研究的某种沉积体系砂体内部的物性变化如实地表征出来，然后用各种地质统计方法来模拟，抽稀控制点，用某种数理统计方法把控制

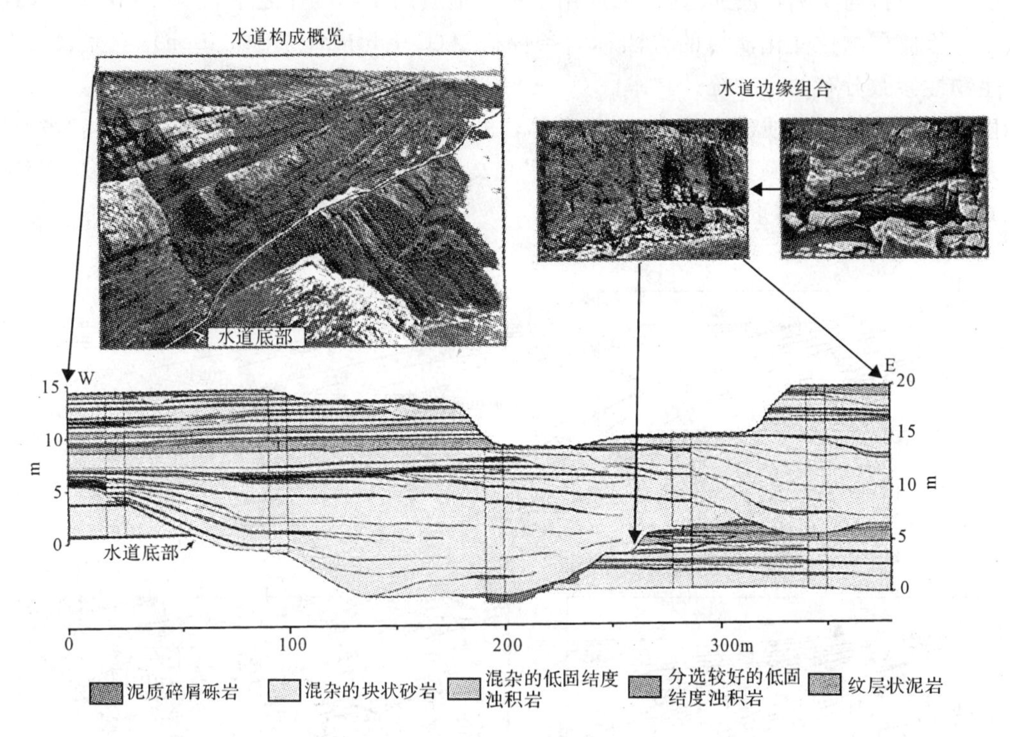

图 12-10　墨西哥湾西部深水扇储层露头地质建模(据 Grammer 等,2004)

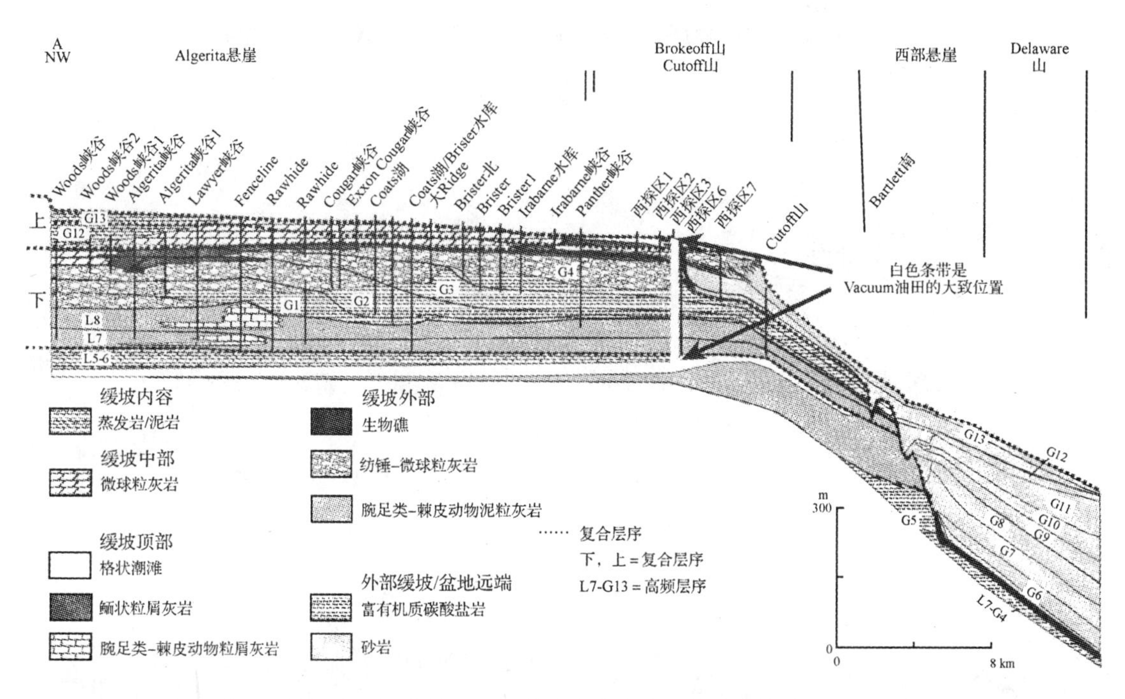

图 12-11　美国特拉华盆地西北部二叠纪碳酸盐岩露头层序分布模式图(据 Grammer 等,2004)

点间的参数模拟与实际地质逼近，随后应用于地下地质的实际工作之中，这种用各种概率统计模型来进行储层物性变化模拟的方法称为条件模拟（Conditional Simulation），它是在已知点间产生物性参数分布的一种统计技术。

国内在露头储层地质建模研究（焦养泉等，1998；）、露头砂体建模（杨勇，1997；贾爱林等，2000）（图 12-12）、露头碳酸盐岩层序研究（罗光文等，1998）和露头层序地层学研究（王华等，2002）方面也取得了许多重要成果。

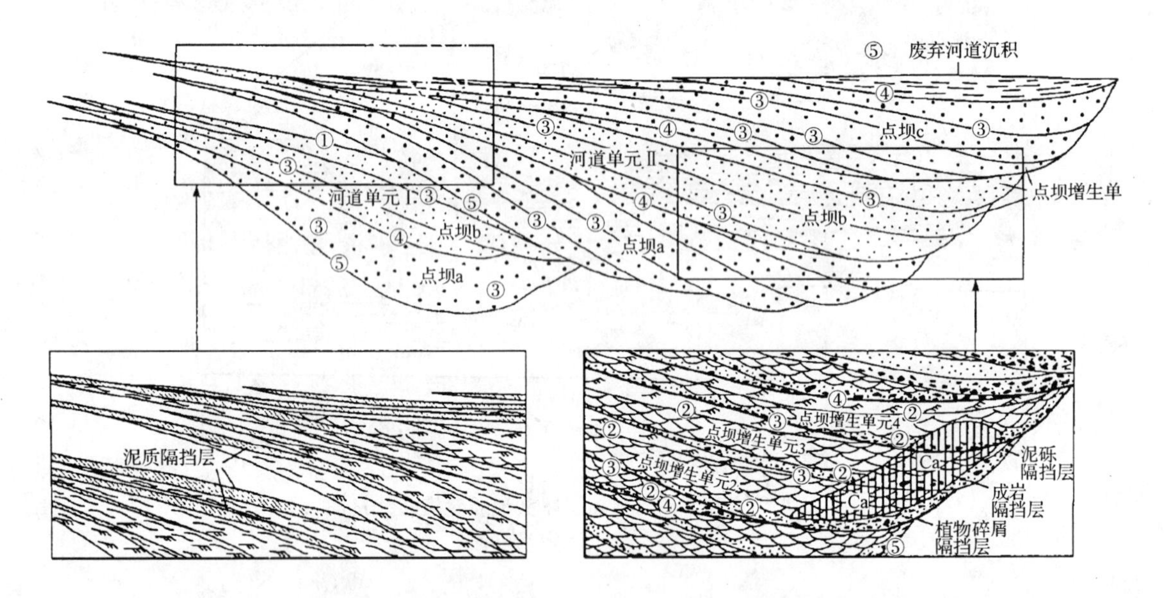

图 12-12　曲流河道砂体的内部构成与隔挡层类型分布模式图（据焦养泉等，1995）

主要参考文献

波特,裴蒂庄. 古流和盆地分析[M]. 北京:科学出版社,1984

蔡希源,李思田等. 陆相盆地高精度层序地层学[M]. 北京:地质出版社,2003

沉积相研究文集编委会. 含油气盆地沉积相与油气分布[M]. 北京:石油工业出版社,1989

陈发景,贾庆素,张洪年. 传递带及其在砂体发育中的作用[J]. 石油与天然气地质,2004,25(2):144~148

陈钟惠. 煤和含煤岩系的沉积环境[M]. 武汉:中国地质大学出版社,1988

董春梅,张宪国,林承焰. 地震沉积学的概念、方法和技术[J]. 沉积学报, 2006, 24(5):698~704

杜德文,王宁,周兴华. 声学与海洋沉积学交叉领域的研究[J]. 沉积学报, 2006, 24(3):92~396

冯有良. 断陷湖盆沟谷及构造破折带对砂体的控制作用[J]. 石油学报,2006,27(1):13~16

冯有良,徐秀生. 同沉积构造坡折带对岩性油气藏富集带的控制作用[J]. 石油勘探与开发,2006,33(1):22~31

冯增昭,王英华,刘焕杰等. 中国沉积学[M]. 北京:石油工业出版社,1994

何镜宇, 孟祥化. 沉积岩和沉积相模式及建造[M]. 北京:地质出版社,1987

何明喜,刘池阳. 盆地走滑变形研究与古构造分析[M]. 西安:西北大学出版社,1992

侯启军,赵志魁,陈红汉等. 伊通盆地演化与油气成藏动力学[M]. 北京: 石油工业出版社, 2009

黄乃和,王根发. 古代潮汐沉积物的新判据——潮汐周期层序[J]. 沉积学报,1987, 5(2):40~44

贾爱林,穆龙新,陈亮等. 扇三角洲储层露头精细研究方法[J]. 石油学报,2000,21(4):105~108

贾振远,李之琪. 碳酸盐岩沉积相和沉积环境[M]. 武汉:中国地质大学出版社,1989

姜在兴. 沉积学[M]. 北京:石油工业出版社,2003

焦养泉,李思田,李祯. 等曲流河与湖泊三角洲沉积体系及典型骨架砂体内部构成分析[M]. 武汉:中国地质大学出版社,1995

焦养泉,李思田. 陆相盆地露头储层地质建模研究与概念体系[J]. 石油实验地质,1998,20(4):346~353

赖志云, 张金亮. 中生代断陷湖盆沉积学研究与沉积模拟实验[M]. 西安:西北大学出版社,1994

李培军,夏邦栋. 走滑挤压盆地——以中晚三叠纪下扬子沿江盆地为例[J]. 地质科学,1995,30(2):130~138

李任伟. 沉积物污染和环境沉积学[J]. 地球科学进展,1998,13(4): 398~402

李思田. 沉积盆地的动力学分析——盆地研究领域的主要趋向[J]. 地学前缘,1995, 2(3~4):1~8

李思田. 断陷盆地分析与煤聚集规律[M]. 北京:地质出版社,1988

李思田. 含能源盆地沉积体系[M]. 武汉:中国地质大学出版社,1996

李思田,解习农,王华等. 沉积盆地分析基础与应用[M]. 北京:高等教育出版社,2004

3李忠."从最高到最深"——从第17届国际沉积学大会看沉积学研究前沿[J].沉积学报,2006,24(6):928～933
林畅松,潘元林,肖建新等.构造破折带——断陷盆地层序分析和油气预测的重要概念[J].地球科学,2000,25(3):260～266
林正良,王华,李红敬等.地震沉积学研究现状及进展综述[J].地质科技情报,2009,28(5):131～137
刘宝珺.沉积岩石学[M].北京:地质出版社,1980
刘宝珺.中国沉积学的回顾和展望[J].矿物岩石,2001,21(3):1～7
刘宝珺,曾允孚.岩相古地理基础和工作方法[M].北京:地质出版社,1985
刘宝珺,韩作振,杨仁超.当代沉积学研究进展、前瞻与思考[J].特种油气藏,2006,13(5):1～9
刘宝珺,王剑,谢渊等.当代沉积学研究的新进展与发展趋势——来自第三十一届国际地质大会的信息[J].沉积与特斯地质,2002,22(1):1～6
刘和甫.沉积盆地地球动力学分类及构造样式分析[J].地球科学～中国地质大学学报,1993,18(6):699～724
陆永潮,杜学斌,陈平等.油气精细勘探的主要方法体系——地震沉积学研究[J].石油实验地质,2008,30(1):415～419
陆永潮,任建业,李忠等.伊通地堑的沉积充填序列及其对转换—伸展过程的响应[J].石油实验地质,1999,21(3):232～236
罗光文,梅冥相,苏德辰.露头碳酸盐岩旋回层序的识别与划分[J].石油勘探与开发,1998,25(2):13～16
罗又郎,吴时国.南沙海区海洋沉积学研究进展[J].地球科学进展,1995,10(2):143～147
马永生,梅冥相,陈小兵等.碳酸盐岩储层沉积学[M].北京:地质出版社,1999
任建业,陆永潮,李思田等.伊舒地堑构造演化的沉积充填响应[J].地质科学,1999,34(2):196～203
任建业,陆永潮,张青林.断陷盆地构造破折带形成机制及其对层序发育样式的控制[J].地球科学,2004,29(5):596～602
孙枢.中国沉积学的今后发展:若干思考与建议[J].地学前缘,2005,12(2):3～10
孙永传,李蕙生.碎屑岩沉积相和沉积环境[M].北京:地质出版社,1986
覃建雄,徐国盛,曾允孚.现代沉积学理论重大进展综述[J].地质科技情报,1995,14(3):23～32
田景春,陈高武,张翔等.沉积地球化学在层序地层分析中的应用[J].成都理工大学学报(自然科学版),2006,33(1):30～35
汪品先等.古湖泊学译文集[M].北京:海洋出版社,1991
王成善,李祥辉.沉积盆地分析原理与方法[M].北京:高等教育出版社,2003
王华.层序地层学——基本原理、方法与应用[M].武汉:中国地质大学出版社,2008
王华,肖军,崔宝琛等.露头层序地层学研究方法综述[J].地质科技情报,2002,21(4):15～22
王璞珺,刘万洙,单玄龙等.事件沉积[M].长春:吉林科学技术出版社,2001

王琦，朱而勤. 海洋沉积学[M]. 北京:科学出版社,1989

吴崇筠，薛叔浩. 中国含油气盆地沉积学[M]. 北京:石油工业出版社,1992

鲜本忠,姜在兴. 环境沉积学的兴起[J]. 沉积学报,2005,23(4):677～682

许靖华. 大地构造与沉积作用[M]. 何起祥,赵霞飞,宋鸿林译. 北京:地质出版社,1985

杨贵祥,黄捍东,高锐等. 地震反演成果的沉积学解释[J]. 石油实验地质,2009,31(4):415～419

杨卫东,关平,李健明. 英汉沉积学解释词典[M]. 北京:北京大学出版社,1990

杨勇. 露头区辫状河砂体建模方法探讨[J]. 石油与天然气地质,1997,18(1):50～53

姚光庆，蔡忠贤. 油气储层地质学原理与方法[M]. 武汉:中国地质大学出版社, 2005

于兴河,李胜利. 碎屑岩系油气储层沉积学的发展历程与热点问题思考[J]. 沉积学报,2009, 27(5): 880～895

于兴河. 碎屑岩系油气储层沉积学[M]. 北京:石油工业出版社, 2002

于兴河,郑秀娟. 沉积学的发展历程与未来展望[J]. 地球科学进展,2004,19(2):173～182

曾允孚,覃建雄. 沉积学发展现状与前瞻[J]. 成都理工学院学报,1999,26(1):1～7

翟光明,宋建国,靳久强等. 板块构造演化与含油气盆地形成与评价[M]. 北京:石油工业出版社,2002

赵澄林. 沉积学原理[M]. 北京:石油工业出版社,2001

赵澄林. 储层沉积学[M]. 北京:石油工业出版社,1998

赵澄林,季汉成. 现代沉积[M]. 北京:石油工业出版社,1997

赵澄林,朱筱敏. 沉积岩石学(第三版)[M]. 北京:石油工业出版社,2001

钟大赉, Tapponnier P, 吴海威等. 大型走滑断层——碰撞后陆内变形的重要方式[J]. 科学通报,1989,34(7):526～529

中国石油学会石油地质专业委员会编译. 国外浊积岩和扇三角洲研究[M]. 北京:石油工业出版社,1986

中国石油学会石油地质专业委员会编译. 碎屑岩沉积相研究[M]. 北京:石油工业出版社,1988

周书欣. 湖泊沉积体系与油气[M]. 北京:科学出版社,1991

朱筱敏. 层序地层学原理及应用[M]. 北京: 石油工业出版社, 1998

朱筱敏. 沉积岩石学[M]. 北京:石油工业出版社,2007

Moorhouse W W. 马志先,吴国忠,马绍周译. 岩石薄片研究入门[M]. 北京:地质出版社,1986

Allen P A, Allen J R. Basin analysis: Principles and Applications[M]. Oxford, U. K: Blackwell Scientific Publications, 1990

Allen P A, Allen J R. Basin analysis: Principles and Applications(2nd, updated)[M]. Oxford, U. K: Blackwell Scientific Publications, 2005

Bull W B. Recognition of alluvial fan deposits,in the stratigraphic record, In: Recogniton of ancient sedimentary environments(Ed. By K. J. Rigby & W. K. Hamblin)[M]. Spec. Publ. Son. Econ. Paleont. Miner,16,Tulsa. 1972, 68～83

Busby C J，Ingersoll R. V. Tectonics of Sedimentary Basins[M]. Blackwell Science Ltd.，1995

Dickinson W R，Suczek C A. Plate tectonics and sandstone compositions[J]. AAPG，1979，63:189～194

Dickinson W R. Plate tectonic and sedimentary basin[M]. SEPM，Special Publication，1974，22

Dunne L A and Hempton M R. Deltaic sedimentation in the Lake Hazar pull～apart basin，southeastern Turkey[J]. Sedimentology，31，1984，401～412

Dutton S P. Pennsylvanian fan-delta and carbonate deposition，Monbeetie field，Texas Panhandle[J]. AAPG Bulletin. 1982，66：389～407

Eberli G P，Masaferro J L，Sarg J F R. Seismic imaging of carbonate reservoirs and systems[M]. AAPG Memoir 81. AAPG publication，Tulsa，Oklahoma，USA. 2004. 蔡希源，李思田，郑和荣等译. 碳酸盐岩储层和沉积体系的地震成像[M]. 北京：地质出版社，2007

Einsele G. Sedimentary basin～evolution，facies and sediment budget[M]. Springer-Verlag，New York，1992

Faulds J E，Varga R J. The role of accommodation zones and transfer zones in the regional segmentation of extended terranes[M]. In：Faulds J E，Stewart J H. eds. Accommodation zones and transfer zones：segmentation of the Basin and Range Province. Boulder，Colorado，GSA Special，1998. 323

Galloway W E，Hobday D K. Terrigenenous clastic depositional systems(2nd edition)[M]. Springer-Verlag Berlin Heidelberg New York，1996

Galloway W E. Sediment and stratigraphic framework of the Copper River fandelte，Alaska[J]. J. Sediment. Petrol. 1976，46：726～737

Galloway W E，Hobday D K. Terrigenous clastic depositional dystems～applications to petroleum，coal，and Uranium exploration[M]. Springer. New York. 1983

Grammer G M，Harris P M M，Eberli G P. Intergration of outcrop and moden analogs in reservoir modeling[M]. AAPG Memoir 80. AAPG publication，Tulsa，Oklahoma，USA. 2004. 蔡希源，李思田，郑和荣等译. 储层模拟中露头和现代沉积类比的综合研究[M]. 北京：地质出版社，2008

Ham W E. Classification of Carbonate Rocks[M]. Am. Assoc. Petrol. Geologists Publication，Tulsa，1982

Hayes M O，Michel J. Shoreline Sedimentation within a forearc embayment，lower Cook Inlet，Alaska[J]. J. Sediment Petrol. 1982，52：251～263

Hongliu Zeng，Stephen C Henry，John Y Riola. Stratal slicing part Ⅱ Real 3-D seismic data[J]. Geophysics，1998，63(2)：514～522

Landrurn K E. The environmental sedimentology and trace metal geochemistty of the upper Brataria Basin and Mississippi river-gulf outlet estuaries，Lousiana. A dissertation submitted for the degree of doctor of philosophy[M]. Tulane University(America)，2000

Lowe D R. Sediment gravity flows II. Depositional model with special reference to deposits of high-density turbidity currents[J]. Journal of Sedimentary Petrology, 1982, 52: 279～297

Mail A D. Principles of Sedimentary Basins Analysis(3rd, updated)[M], Springer - Verlag Berlin Heidelberg New York, 1999

Mail A D. Principles of Sedimentary Basins Analysis[M]. Springer - Verlag Berlin Heidelberg New York, 1984

Maill A D. Reservoir heterogeneities in fluvial sandstone: Lessons from outcrop studies[J]. AAPG Bulletin, 1998, 72(6): 682～697

McGwen J H, Garner L E. Physiographic features and sedimentation types of coarse - grained point bas: modern and ancient examples[J]. Sedimentology. 1970, 14: 77～111

Mike L. Sedimentology and Sedimentary Basins[M]. Blackwell Science Ltd., 1999

Morley C K, Nelson R A, Patton T L, *et al*.. Transfer zones in the East African rift system and their relevance to hydrocarbon exploration in rifts[J]. AAPG Bulletin, 1990, 74: 1234～1253

Nemec W, Steel R J. What is a fan delta and how do we recognize it? In: Fan Deltas: Sedimentology and Tectonic Settings(Eds. by W. Nemec and R. J. Steel)[M], Blackie and Son, London. 1988, 3～13

Peacock D C P. Scaling of transfer zones in the British Isles[J]. Journal of Structural Geology, 2003, 25: 1 561～1 567

Reading H G. Sedimentary Environments and Facies(2nd edition)[M]. Oxford, London: Blackwell Scientific Publications, 1986

Reading H G. Sedimentary Environments and Facies[M]. Oxford, London: Blackwell Scientific Publications, 1978

Reineck H E, Singh I B. Depositional Sedimentary Environments - with Reference to terigenous clastics(2nd edition)[M]. Springer - Verlag Berlin. 1980

Richard C. S. Applied Sedimentology[M]. Elsevier Inc. All rights reserved. 2000

Scholle P A, Spearing D. Sandstones Depositional Environments[M]. Memoir 31, American Assoc. of Petroleum Geologists, Tulsa. Oklahoma. 1982

Scholle P A, Ulmer - Scholle D S. Acolor guide to the petrography of carbonate rocks: Grains, textures, porosity, diagenesis[M]. AAPG Memoir 77, Published by AAPG, Tulsa, 2003

Selley R C. Applied sedimentology(2nd edition)[M]. London, Academic Press, 2000

Sneh A. Late Pleistocene fan deltas along the Dead Sea Rift[J]. J. Sediment. Petrol. 1979, 49: 541～522

Stevens R L. Harbours - silting and environmental sedinenblogy[J]. Environmental Geology, 2003, 43: 432～433

Tucker M E. Sedimentary Rocks in the Field(3rd edition)[M]. John Willy & Sons Ltd, 2003

Turker M E, Wright V P. Carbonate Sedimentology[M], Blackwell Scientific Publications. 1990

Walker R G, James N P. Facies Models, Respones to sea level change[M]. Geological Association of Canada Publication, Love Printing Service Ltd. 1982

Wescott W A, Ethrideg F G. Fan - delta sedimentology and tectonic setting - Yallahs fan delta, Southeast Jamaica[J]. AAPG Bulletin. 1980, 64:374～399

Xu Qinghua. Tectonic and Deposition[M]. Beijing: Geological Publishing House, 1985(in Chinese)

Zeng H L, Hentz T F. High - frequency sequence stratigraphy from seismic sedimentology: Applied to Miocene, Vermilion Block 50, Tiger Shoal area, offshore Louisiana[J]. AAPG Bulletin, 2004, 88(2): 153～174

Zeng H L, Robert G. Mapping sediment - dispersal patterns and associated systems tracts in fourth - and fifth - order sequences using seismic sedimentology: Example from Corpus Christi Bay, Texas[J]. AAPG Bulletin, 2007, 91(7): 981～1 003

Zhu X. Tectonics and evolution of Chinese Meso - Cenozoic basins[M]. Oxford Elseveir, 1983